ACTA

SOCIETATIS

PRO FAUNA ET FLORA FENNICA.

VOLUMEN SEPTIMUM.

HELSINGFORSIÆ.

EX OFFICINA TYPOGRAPHICA HEREDUM J. SIMELII,

1890.

ÉTUDE

SUR

LA CLASSIFICATION NATURELLE ET LA MORPHOLOGIE DES LICHENS DU BRÉSIL

PAR

EDOUARD A. WAINIO,
DOCTEUR.

———————— ·❦· ————————

HELSINGFORS,
HÉRITIERS J. SIMELIUS, 1890.

Pars prima.

$\mathcal{D}$ans cette étude sur les Lichens du Brésil, j'ai essayé de tracer les principaux contours d'un nouveau système de Lichens, basé sur les résultats actuellement admissibles de la morphologie et de la classification. J'ai choisi comme sujet, pour les recherches de détail nécessaires à ce but, une collection de lichens récoltée dans 1700 localités environ, pendant un voyage que je fis en 1885 dans les états des Mines et de Rio de Janeiro. C'est à cette collection que se rapportent les analyses des 582 espèces et variétés que je présente dans cet ouvrage; mais, pour généraliser les descriptions, j'ai aussi recouru pendant l'exécution de mon travail aux riches collections du Musée d'Histoire Naturelle de Paris et les ai comparées avec les publications lichénologiques. J'ai mis exclusivement entre crochets les additions ainsi obtenues.

Déduction faite des Cladonies, que j'ai commencé à traiter dans un autre ouvrage (Monographia Cladoniarum universalis), la collection du Brésil, que j'analyse ici, embrasse 516 espèces et sous-espèces, dont 240 sont nouvelles pour la science.

Pour que la science puisse profiter de cette collection, j'ai l'intention de la distribuer entre quelques musées et plusieurs savants, comme exsiccata portant les numéros sous lesquels ils sont déjà cités dans ce travail.

Je ne puis manquer d'adresser ici mes plus vifs remerciements à MM. les professeurs Ph. Van Tieghem à Paris, E. Warming à Copenhague, et J. Müller à Genève, ainsi qu'au conservateur du Musée d'Histoire Naturelle de Paris, M. P. Hariot, qui, avec une extrême bienveillance, ont mis à ma disposition soit des collections de musées, soit leurs propres herbiers, et m'ont ainsi procuré l'occasion d'étudier des échantillons authentiques d'un grand nombre d'espèces exotiques décrites par Fée, Persoon, Montagne, Tuckerman, Nylander, Krempelhuber, Müller d'Argovie, Leigthon et autres.

Helsingfors, le 20 août 1890.

Introduction.

Les systèmes de Lichens, fondés sur l'hypothèse du développement des gonidies des éléments hyphiques, ont perdu leur base fondamentale par suite de la découverte que les Lichens sont des plantes complexes, formées d'Ascophytes (Ascomycètes) qui vivent en symbiose avec des Algues.

Une différence plus ou moins grande dans la structure des gonidies, sans qu'elle soit accompagnée de dissemblances dans les organes formés des hyphes, ne peut plus être considérée comme offrant une base suffisante pour établir les groupes principaux d'un système de Lichens.

Des groupements tels, par exemple, que celui du système de Nylander [1]), encore admis par plusieurs auteurs, où, d'après une idée bien passée de mode, on tend à relier les Lichens en une chaîne ininterrompue, en les rattachant d'un côté aux Champignons par les Pyrénolichens, et d'un autre côté aux Algues par les espèces qui à cause de leur richesse en Algues muqueuses rappellent celles-ci, de tels groupements présentent maintenant un manque de caractères propres à un système naturel.

Même tous les autres systèmes actuellement admis par les lichénologues reposent sur la fausse hypothèse concernant l'origine des gonidies, et mènent par suite à des conséquences qui ne sont pas d'accord avec des faits constatés aujourd'hui.

Toutefois, dans cette étude, notre intention n'est pas d'en faire la critique, pas plus que celle des anciens systèmes, qui ont été établis à une époque où l'anatomie des Lichens était étu-

---

[1]) Dans le *Synopsis methodica lichenum* (1858—60) Nylander classe les Lichens en: Collémacés, Myriangiacés et Lichénacés. Dans les Lichenes Novae Zelandiae (1888) il les divise en: Éphébacés, Collémacés et Lichénacés.

diée d'une façon trop imparfaite. Nous renvoyons pour cela le lecteur au précis, encore aujourd'hui presque complet, des systèmes de Lichens, qui se trouve dans „Geschichte und Litteratur der Lichenologie" par A. v. Krempelhuber.

Dans cette introduction, nous nous bornons à mettre en évidence seulement quelques-uns des principes et des points de vue généraux qui nous ont servi de guide pour l'établissement du système de Lichens que nous exposons dans ce travail.

Lorsqu'il s'agit d'établir un système de Lichens cette question se présente la première:

Les Lichens forment-ils un groupe naturel bien distinct des Ascomycètes?

Caractères différentiels. Jusque dans ces derniers temps on a considéré comme une des différences capitales entre les Lichens et les Ascomycètes les dissemblances dans les organes de fécondation de ces groupes.

Les spermaties qui se développent dans les spermogonies ont généralement été considérées comme des organes de fécondation mâles des Lichens, et plusieurs naturalistes ont regardé comme organes femelles les carpogones avec leurs ascogones et trichogynes, découverts par Stahl. Chez les Ascomycètes, au contraire, les pollinides et les carpogones constitueraient les organes de fécondation le plus généralement rencontrés. Ajoutons que l'on trouverait encore dans certains genres une autre sorte d'organes de fécondation.

Sans plus approfondir la question concernant les organes de fécondation des Ascomycètes ayant des affinités avec les Lichens, nous pouvons cependant avancer ici que l'inconstance de ces organes et leur complète dissemblance dans certains genres, sont un argument important qui parle contre leur fonction comme véritables organes de fécondation. Si la formation des ascospores était dans plusieurs cas le résultat d'une fécondation antérieure, leur apparition sans fécondation dans nombres d'espèces serait en contradiction avec les lois générales de la nature.

Ces opinions ont été émises par plusieurs auteurs qui rejettent même complètement toute sexualité chez les Ascomycètes.

Quant aux Lichens, Möller a montré que les spermaties soumises à la culture germent et donnent un thalle de conformation normale, et que, par conséquent, elles ne sont pas des organes de fécondation, mais bien des conidies analogues aux spermaties des Ascomycètes. Aussi les nomme-t-il pour cette raison pycnoconidies [1]).

On a trouvé des ascogones ou des trichogynes dans un grand nombre de genres de différents groupes. Stahl en a trouvé dans les espèces suivantes: *Collema microphyllum* Ach. [2]). *C. conglomeratum* Hoffm. [3]), *C. melaenum* Ach. (multifidum Koerb.) [4]), *C. pulposum* Ach. [5]), *C. chalazanum* Ach. [6]), *C. myriococcum* Ach. [7]), *Leptogium Hildenbrandii* (Garov.) [8]), *L. microscopicum* Nyl. [9]), *Omphalaria botryosa* (Mass.) [10]), *Physica stellaris* (L.) [11]), *Ph. pulverulenta* (Schreb.) [12]), *Dermatocarpon miniatum* (L.) [13]): Fünfstück dans: *Peltigera malacea* Ach. [14]), *P. canina* L. [15]), var. *rufescens* (Hoffm.) [16]), *P. polydactyla* Hoffm. [17]), *P. horizontalis* Hoffm. [18]), *P. aphthosa* L. [19]), *P. venosa* Hoffm. [20]), *Nephroma to-*

---

[1]) Möller A., Üeber die Cultur flechtenbildender Ascomyceten ohne Algen (1887) p. 17.

[2]) Stahl E., Beiträge zur Entwickelungsgeschichte der Flechten I (1887) p. 12, pl. I fig. 1, 5, 7. 8, 10, pl. II fig. 2—6, pl. III fig. 1, 6.—8.

[3]) L. c., p. 23. pl. I fig. 2, 4, pl. II fig. 1.

[4]) L. c., p. 13, 24.

[5]) L. c., p. 24, pl. I fig. 3, 6, 9, pl. III fig. 3—5.

[6]) L. c., p. 33. pl. III fig. 2, pl. IV fig. 1—6.

[7]) L. c., p. 31.

[8]) L. c., p. 29, 30.

[9]) L. c., p. 30.

[10]) L. c., p. 39.

[11]) L. c., p. 42. Comp. aussi Lindau G., Üeber die Anlage und Entwicklung einiger Flechtenapothecien (1888) p. 23.

[12]) Stahl, l. c., p. 42. Comp. Lindau. l. c.. p. 26.

[13]) Stahl, l. c., p. 42.

[14]) Fünfstück M., Beiträge zur Entwickelungsgeschichte der Lichenen (1884) p. 5, pl. III fig. 2, pl. IV fig. 1, 3, 4, 9, 11. pl. V fig. 1—5.

[15]) L. c., p. 12. pl. III fig. 1, pl. IV fig. 5—8, 12, pl. V fig. 6—17.

[16]) L. c., p. 12.

[17]) L. c., p. 12.

[18]) L. c., p. 13.

[19]) L. c., p. 13, pl. IV fig. 2.

[20]) L. c.. p. 13.

mentosum (Hoffm.) [1]), *N. laevigatum* (Ach.) [2]); Lindau dans: *Ana-ptychia ciliaris* (L.) [3]), *Ramalina fraxinea* (L.) [4]), *Parmelia tiliacea* (Hoffm.) [5]), *Xanthoria parietina* (L.) [6]), *Lecanora saxicola* (Pollich.) [7]), *L. subfusca* (L.) [8]), *Lecidea goniophila* Floerk. *(entero-leuca)* [9]).

J'ai observé moi-même des ascogones ou des trichogynes dans: *Pyrenopsis* (jeune et d'une espèce inconnue), *Usnea laevis* (Eschw.), *Sphaerophoropsis stereocauloides* Wainio, *Coccocarpia pellita* (Ach.), dans plusieurs espèces de *Cladonies* et dans le *Pseudopyrenula* (jeune et d'une espèce inconnue).

Dans le *Pyrenopsis* on observa des ascogones renflés affectant un peu la forme d'une spirale, avec un trichogyne en spirale à sa partie inférieure et qui ne s'étendait pas jusqu'à la surface du jeune hymenium.

Dans l'*Usnea laevis* les ascogones étaient enroulés en spirale, prolongés par un trichogyne, qui différait sensiblement des jeunes paraphyses grêles et connexes, s'étendant droit jusqu'à la surface du jeune hymenium.

Dans le *Sphaerophoropsis stereocauloides* on observa sur de très jeunes apothécies de nombreux trichogynes, coniques à leur extrémité, en partie fasciculés et agglutinés, et se prolongeant au-dessus de l'hymenium. En dessous ils se continuaient en une hyphe droite, qui ne différait pas des autres hyphes, ce qui empêcha d'en suivre la marche plus loin, la préparation étant faite pour un autre but.

Dans le *Coccocarpia pellita* var. *parmelioides* et var. *sma-ragdina* on trouve sur certains exemplaires (v. I p. 209 et 210) un grand nombre de trichogynes, qui recouvrent toutes les jeunes apothécies d'un duvet très perceptible, déjà distinct à la loupe.

---

[1]) Fünfstück, l. c., p. 16, pl. III fig. 3, 4.
[2]) L. c., p. 16, pl. IV fig. 10.
[3]) Lindau, l. c., p. 11, pl. X fig. 1—3.
[4]) L. c., p. 19, pl. X fig. 4, 5.
[5]) L. c., p. 20.
[6]) L. c., p. 20.
[7]) L. c., p. 30, pl. X fig. 6.
[8]) L. c., p. 35, pl. X fig. 7.
[9]) L. c., p. 40.

Ces trichogynes s'allongent en dessous en hyphes droites qui ne
sont pas bien distinctes des autres hyphes environnantes. Dans
les autres exemplaires des mêmes variétés, toutes les apothécies,
même les plus jeunes, sont complètement lisses et ne montrent
aucune trace de trichogynes poussant au dehors. En revanche,
j'ai observé plusieurs fois sur le thalle, du reste complètement
lisse, des faisceaux d'extrémités d'hyphes semblables à des trichogynes, et qui étaient probablement le premier indice de l'apothécie.

Dans le *Cl. pyxidata*, *Cl. papillaria* et plusieurs autres espèces on aperçoit aussi, à la naissance de la toute jeune verrue
des podétions, des extrémités d'hyphes semblables à des trichogynes, souvent en petits faisceaux plus ou moins unis et qui se
prolongent en dessous par des hyphes droites ne se distinguant
pas nettement des hyphes environnantes.

Dans une espèce de *Pseudopyrenula* (n. 1505) à jeunes apothécies, dont le développement paraissait arrêté, on voit, au som-
met de l'excipulum, des extrémités d'hyphes semblables à des trichogynes, qui se prolongent jusque dans le nucleus par des hyphes légèrement irrégulières, quelquefois en forme de spirale. J'ai
aussi trouvé de semblables organes dans quelques autres Pyrénolichens incomplètement développés.

Ces faits, constatés par plusieurs auteurs, montrent que la
formation soit des asques, soit de l'hymenium, soit même de
l'excipulum, est souvent précédée de l'apparition des soi-disant
ascogones, dont les prolongements, ou trichogynes, dépassent souvent la surface du tissu environnant, mais restent, dans d'autres
cas, complètement renfermés dans le thalle ou dans l'apothécie
(comp. Fünfstück, l. c.). Ces derniers cas doivent exclure toute
possibilité de fécondation par les spermaties, d'autant plus qu'il
a déjà été démontré par Möller que les spermaties remplissent la
fonction de conidies.

Aucun indice de quelque autre organe mâle de fécondation
n'a été observé chez les Lichens. Il est vrai que les trichogynes se rapprochent souvent ou croissent en faisceaux, phénomène
analogue à la soudure des ,,pollinides'' et des ,,ascogones'' chez
les Ascomycètes, mais aucune anastomose des trichogynes n'a pu
être observée chez les Lichens, ce qui du reste ne serait pas encore une preuve de fécondation, car les anastomoses des hyphes

sont des phénomènes extrêmement généraux, aussi bien chez les Lichens que chez les Champignons. De plus, la circonstance que les trichogynes sont en général divisés en articles nombreux par des cloisons, s'oppose à ce qu'on puisse les considérer comme intermédiaires pour la fécondation des ascogones.

C'est pourquoi nous trouvons plus vraisemblable que les ascogones sont une espèce de réservoir nutritif[1]) pour la formation des spores, ou présentent en général une phase du développement des hyphes précédant la formation des asques sans fécondation.

Nous laissons de côté la question de savoir si les trichogynes remplissent quelque autre fonction que celles des poils en général chez les Lichens ou s'ils ne sont peut-être que des prolongements accidentels d'ascogones qui, par suite d'une accumulation plus abondante de substances assimilées, leur permettent de se développer avec plus de vigueur que les autres parties de la jeune apothécie.

Nous considérons donc comme un fait démontré, qu'il n'y a aucune différence essentielle et bien marquée au point de vue des organes de fécondation entre les Ascomycètes et les Lichens.

Un caractère auquel on peut distinguer, au premier coup d'œil, les Lichens supérieurs des Ascomycètes consiste dans l'organisation plus parfaite du thalle des Lichens. Cet organe, comparable au *strome*[2]) des Ascomycètes, montre cependant chez les Lichens inférieurs une transition à un thalle qui ne se distingue de celui des espèces parentes d'Ascomycètes que par la présence des gonidies.

On cite également, comme un caractère propre aux Lichens, la présence de la lichénine dans l'hyménium des Lichens. Les réactions caractéristiques à l'iode, observées dans l'hyménium de la plupart des Lichens supérieurs, n'apparaissent pourtant pas non plus dans un grand nombre d'espèces de Lichens inférieurs, qui, sous ce rapport, ne peuvent point se distinguer de la plupart des Ascomycètes.

---

[1]) Comp. Van Tieghem, Traité de botanique (2 ed. 1890) p. 1132.

[2]) Comp. par ex. le strome dans le *Naetrocymbe* Koerb. (Millardet, Mém. l'hist. des Collem. p. 16, pl. II f. 18—22).

Comme, en tout cas, les Lichens se distinguent des Ascomycètes par leur symbiose avec les Algues, il s'en suit qu'il doit
y avoir entre eux une différence de structure soit chimique, soit
moléculaire, même si elle ne peut être précisée à l'aide des moyens actuellement fournis par la science. Mais il ressort de ce
qu'un grand nombre de genres, aussi bien de Discolichens que de
Pyrénolichens, montrent des transitions aux Ascomycètes, que
cette différence n'est pas bien tranchée ni d'une importance suffisante pour marquer deux séries de développement ou deux groupes naturels bien séparés depuis le commencement.

Par conséquent ce n'est que par un caractère biologique,
savoir leur *symbiose avec les Algues,* que les Lichens se distinguent des Ascomycètes. C'est le *seul caractère général* qui les
distingue des Champignons.

**Formes intermédiaires entre les Lichens et les Ascomycè-
tes.** Plusieurs auteurs, qui ont adhéré à l'hypothèse que les gonidies proviennent des éléments hyphiques, ont aussi rangé parmi les
Lichens un grand nombre d'espèces manquant de gonidies, c'est-
à-dire les *Pseudolichens,* qui sont, en partie, dans les récents
ouvrages de mycologie, déjà considérés comme des Champignons.
Telles sont par ex. les espèces: *Biatorella resinae* (Fr.), *B. difformis*
(Fr.), plusieurs espèces d'*Arthonia,* comme l'*A. punctiformis* Ach.,
A. dispersa (Schrad.) Nyl.[1]), *A. galactites* (D. C.) Duf.[2]), *A. sub-
astroidea* Anzi[3]), *A. Scandinavica* (Th. Fr.) Nyl., *A. fusispora*
(Th. Fr.) Almq., *Calicium parietinum* Ach., *C. pusillum* Floerk.,
C. pusiolum Ach., *C. byssaceum* Fr., *Coniocybe pallida* (Pers.)
Fr. [*C. crocata* Koerb.], *Leptorhaphis epidermidis* (Ach.) Th. Fr., *L.
populicola* (Nyl.), *Arthopyrenia punctiformis* (Ach.) Arn., *A. cinchonae* (Ach.) Müll. Arg., la plupart des espèces de *Mycoporum,*
ainsi que les nombreuses espèces parasites des Lichens dans
les genres: *Buellia, Lecidea, (Epiphora, Agyrium), Arthonia
(Sphinctrina), Calicium, Verrucaria* Nyl., *Endococcus, Xenosphae-
ria,* etc.

En ce qui concerne les espèces parasites, il serait possible
d'admettre qu'elles sont de véritables Lichens, qui, pour leur sym-

---

[1]) Comp. Almquist S., Monographia Arthoniarum Scandinaviae (1880) p. 43.
[2]) L. c., p. 45.
[3]) L. c., p. 40.

biose, profitent des gonidies de leur plante nourricière. On ne peut pourtant citer aucun fait à l'appui d'une pareille hypothèse, qui ne parait pas non plus vraisemblable *a priori*, parce que, dans ce cas, un thalle contenant des gonidies devrait s'y former aussi bien que dans les autres espèces vivant en symbiose. On connait même un certain nombre de pareilles espèces, se trouvant sur d'autres Lichens, mais munies d'un thalle gonidifère. Comme exemple nous pouvons citer la *Buellia scabrosa* (Ach.) Koerb., où l'on trouve un thalle jaune-vert souvent parfaitement distinct, quoique plusieurs auteurs ne l'aient pas remarqué à cause de son développement souvent très faible.

Ces espèces parasites privées de gonidies, par leurs caractères principaux, se rattachent par conséquent aux Champignons, quoique plusieurs d'entre eux donnent avec l'iode la même réaction que la majeure partie des Lichens.

On ne peut non plus nier que les Pseudolichens montrent une ressemblance si parfaite avec les genres correspondants de Lichens, qu'on ne peut les distinguer de ces derniers que par l'absence de gonidies.

Ils montrent de la façon la plus claire la grande affinité des Lichens avec les Ascomycètes et forment une transition immédiate à ceux-ci.

Mais en même temps, cette transition des genres de Lichens aux Ascomycètes appartenant aux différents groupes, prouve que *les Lichens composent un groupe polyphylétique caractérisé par des phénomènes biologiques analogues,* provenant d'un développement analogue, ou lichénisation, d'un certain nombre de genres de Gymnocarpes [1]) aussi bien que de Pyrénocarpes ayant, en partie, une proche parenté entre eux, en partie, peu d'affinité.

Il suit de là que *les Lichens ne forment pas un groupe systématique distinct,* mais appartiennent en partie aux Gymnocarpes (Discomycètes, dans le sens le plus large) en partie aux Pyrénocarpes (Pyrénomycètes, dans le sens le plus large) parmi les Ascophytes.

C'est pourquoi nous divisons les *Gymnocarpes* d'après leurs phénomènes biologiques, et non d'après leur développement

---

[1]) Pour ce qui concerne les „*Hymenolichens*‟ voir la fin de ce travail p. 239 (partie II).

systématique ou phylogénétique, en *Discomycètes* et *Discolichens* et les *Pyrénocarpes* en *Pyrénomycètes* et *Pyrénolichens.* Nous avons jugé aussi convenable d'admettre la dénomination d'*Ascophytes* [1]) proposée par Th. Fries, pour ne désigner sous le nom d'*Ascomycètes,* d'accord avec l'usage généralement adopté, que les Ascophytes privés de gonidies, au contraire des Lichens.

Il y a lieu de remarquer ici qu'aussi les *Discolichens* et les *Pyrénolichens,* de même que les *Cyclocarpées,* les *Graphidées* et les *Coniocarpées,* ainsi que certaines de leurs divisions, sont des groupes polyphylétiques, dont les genres, dans le système embrassant à la fois les Lichens et les Ascomycètes, doivent être rangés auprès des genres des Discomycètes et des Pyrénomycètes avec lesquels ils ont de l'affinité.

Les *Cyclocarpées* et les *Coniocarpées* sont, à l'état lichénisé, des groupes tout-à-fait isolés, sans formes intermédiaires et avec des caractères distincts, tandis qu'au contraire, à l'état de Champignon, ou par leurs représentants privés de gonidies, elles montrent des transitions et constituent des associations extrêmement peu différentes, fait complètement explicable au point de vue de la théorie de la descendance. A l'état de Champignon, on peut bien les concevoir comme se trouvant dans un état de développement plus primitif, où plusieurs des caractères du groupe ne sont par encore parus.

La plupart des tribus appartenant aux Lichens n'ont aucun représentant parmi les Ascomycètes, tandis qu'au contraire les *Buelliées,* les *Lécidées* et les *Lécanactidées* de même que les *Graphidées,* les *Caliciées* et les *Pyrénolichens* représentent un développement où, pour ainsi dire, une continuation des groupes, en partie peu marqués, en partie bien délimités, parmi les *Discomycètes* et les *Pyrénomycètes.* La réunion des Lichens et des Ascomycètes en un groupe commun doit donc visiblement modifier les systèmes admis jusqu'ici dans la mycologie; car des genres d'Ascomycètes, qui, jusqu'à présent, n'avaient pas été considérés comme formant des groupes particuliers, réunis aux Lichens se trouvent être des représentants inférieurs de tribus de Lichens renfermant aussi des genres ayant une organisation très développée.

---

[1]) Th. Fries, Lich. Scand. (1871) p. 2.

Évolution analogue du thalle dans différents groupes.

Dans les *Lécanorées*, les *Théloschistées*, les *Buelliées*, les *Pannariées*, les *Collémées*, les *Lécidées*, les *Coniocarpées* et les *Pyrénolichens*, on trouve des genres à thalle crustacé aussi bien que squamuleux, foliacé ou même fruticuleux. En général on trouve aussi dans les mêmes groupes naturels des états intermédiaires, qui indiquent que ces dernières formes de thalle ne sont qu'un développement plus parfait de la première forme et se produisant d'une façon analogue dans les différents groupes. Une classification des Lichens en groupes principaux, caractérisés seulement par l'aspect habituel du thalle, n'est donc pas naturelle.

Il est déjà généralement admis dans la lichénologie que, dans plusieurs cas, ces différents types de thalles peuvent appartenir à des mêmes groupes naturels, ce qu'il est aussi facile de prouver par l'observation des formes intermédiaires.

C'est le cas par ex. dans les *Pyrénolichens*, où le *Dermatocarpon miniatum* foliacé et les *Verrucaria* crustacées présentent dans le même groupe naturel deux formes de thalle différentes. De même le *Sphaerophorus* fruticuleux et le *Calicium* à thalle crustacé ou squamuleux sont généralement admis comme appartenant au même groupe, et sont aussi, à certains égards, rattachés entre eux par les formes intermédiaires des *Tholurna* et *Thylophoron*. Dans les *Collémées*, les thalles crustacés, foliacés et fruticuleux montrent des transitions si distinctes que dans plusieurs cas on ne peut pas même distinguer les genres d'après ce caractère.

En ce qui concerne l'affinité des différentes formes de thalles dans les *Théloschistées*, les *Buelliées* et les *Lécidées*, les opinions ont, par contre, singulièrement divergé. La série *Théloschistes, Xantoria* et *Placodium* d'une part, et les *Anaptychia, Physcia, Pyxine, Rinodina* et *Buellia* d'autre part, montrent pourtant, déjà en partie, par les espèces qui entrent dans ce travail, une transition bien nette du thalle crustacé et squamuleux au thalle foliacé et fruticuleux. On trouve aussi cette transition du type squamuleux au type foliacé dans: *Xanthoria polycarpa* (Ehrh.), *lychnea* (Ach.) et *substellaris* (Ach.) Wainio (= Ph. fallax Hepp), *Physica aegialita* (Ach.) et *Pyxine minuta* Wainio. Quant aux autres détails, nous les donnerons dans les descriptions des genres et des sous-genres de ces tribus.

Les *Lécidées* renferment des genres ayant en général des aspects fort différents, mais qui se rapprochent beaucoup par leurs formes inférieures. Le thalle fruticuleux des *Cladines* et autres *Cladonies* est formé, comme je l'ai déjà montré antérieurement [1]), des stipes métamorphosés en podétions, ayant l'aspect d'un thalle, et qui, dans quelques espèces, comme *Cl. caespiticia* (Pers.) Floerk. et quelques variétés épiphylles ont encore visiblement conservé leurs caractères de stipes. Plusieurs variétés épiphylles de *Cladonia* et les *Baeomyces*, munies d'apothécies subsessiles, se rapprochent tellement du *Lecidea*, que si les autres espèces et variétés des genres ci-dessus nommés étaient disparues, il y aurait à peine une raison de les distinguer du *Lecidea*. Dans le genre *Cladonia* on trouve aussi des thalles primaires crustacés, squamuleux et foliacés; ces deux premières formes de thalle sont également représentées dans le *Lecidea* et le *Baeomyces*. Le *Sphaerophoropsis* encore, a un thalle fruticuleux, mais c'est un genre très isolé, qui pourtant par ses apothécies ressemble complètement au *Lecidea*.

Évolution analogue des spores dans différents groupes.

Les avis ne sont pas peu partagés au sujet de l'importance des spores pour la classification des Lichens, ce qu'il est bien facile d'expliquer, vu l'inégale constance que les spores montrent dans les différents groupes. Chez les *Théloschistées, Buelliées, Peltigérées, Stictées, Pannariées, Heppiées* et plusieurs moindres tribus, elles sont fort constantes, mais, dans les *Gyrophorées* et les *Parméliées*, très développées au point de vue du thalle, elles sont simples et incolores dans toutes les autres, à l'exception d'un certain nombre d'espèces où elles peuvent être même brunes et parenchymateuses, par ex. dans les *Umbilicaria pustulata* (L.)

---

[1]) Wainio, Tutkimus Cladoniain phylogenetillisestä kehityksestä (1880) p. 7.

Hoffm. et *Atestia Loxensis* (Fée) Trév., qui par leur aspect exté-
rieur peuvent à peine se distinguer des genres les plus voisins,
les *Gyrophora* et *Alectoria.*

Les spores sont singulièrement variables dans les genres du
Lecidea et du *Graphis,* qui, pour cette raison, ont été divisés par
plusieurs auteurs en un certain nombres de genres séparés.

Dans ce cas, comme en général dans la classification, on
n'aboutit qu'à un système artificiel, si l'on établit les divisions
d'après un schéma déterminé une fois pour toutes. Pour trouver
les groupes naturels, on doit, dans chaque cas, étudier séparément
la constance des caractères et leur développement morphologique,
pour leur attribuer une importance primaire ou secondaire, quoique l'on puisse en effet obtenir bien souvent aussi des résultats
exacts au moyen d'analogies. Il est également d'un poids important, aussi bien pour la détermination de l'affinité et du rang des
formes et des groupes, que pour l'étude du développement morphologique et phylogénétique des caractères, d'observer les formes intermédiaires.

Quant à ce qui concerne les différents types de spores chez
le *Lecidea* et le *Graphis,* ils se rapprochent par les formes intermédiaires, de sorte que, à l'égard de certaines espèces, on ne
peut déterminer avec précision à quel groupe, établi d'après la
nature des spores, on doit les rapporter, et parfois, par suite
d'une affinité marquée, on doit rapporter de telles espèces à des
groupes auxquels elles ne ressemblent pas au point de vue des
spores. Ainsi, par ex., on peut citer parmi les groupes à spores
simples certaines variétés et sous-espèces du *Lecidea vernalis*
(L.) Ach. (v. *subduplex* Nyl., **L. epixanthoidiza* Nyl.), qui ont en
partie des spores cloisonnées (à 1 cloison). Le *Graphis Afzelii*
Ach. à spores brunes a une très grande affinité avec le *Gr. atroalba* Wainio, qui a des spores incolores, et, dans un grand nombre d'espèces, les spores sont très peu colorées. Quant aux autres exemples, nous les citons dans la deuxième partie de notre
travail, où nous aurons souvent l'occasion d'indiquer, parmi les
espèces du Brésil, de telles formes intermédiaires entre les différents sous-genres et les sections.

L'existence de ces formes intermédiaires a son explication
dans ce que l'évolution des spores a eu lieu dans les différents

groupes d'après le même schèma. Aux spores d'un développement supérieur appartiennent les parenchymateuses brunes, dont le développement ontogénétique est le suivant. D'abord elles sont simples et incolores, ensuite elles se divisent par des cloisons transversales et enfin même par de longitudinales, formant un tissu parenchymateux, qui pendant ce développement a même pris une teinte brune. Les spores dont la membrane montre des épaississements et des stries sont pareillement un développement de celles à membranes minces. L'évolution phylogénétique des spores doit aussi avoir été semblable, quoique dans certains cas un retour à des phases plus simples puisse aussi avoir eu lieu. Dans des séries d'évolution complétement distinctes, les types plus simples de spores ont donc ainsi, d'une façon indépendante, engendré des types analogues, qui, dans ces cas, ne sont nullement une preuve d'affinité. Nous retrouvons ainsi la spore parenchymateuse brune dans *l'Umbilicaria pustulata,* l'*Atestia Loxensis* (congénère à l'*Alectoria*), le *Lecidea (Rhizocarpon),* le *Graphis (Phaeographina),* ainsi que dans les *Endocarpon pallidum* (Ach.) et *psorodeum* (Nyl.) appartenant aux Pyrénolichens, sans qu'il puisse y avoir aucune affinité entre ces genres. Également dans le même genre, une évolution analogue de spores peut avoir lieu et entrainer la formation de certaines formes intermédiaires entre les sections basées sur les caractères des spores.

Groupes caractérisés par les gonidies.

On trouve dans la plupart des tribus plusieurs espèces de gonidies [1]). Dans les *Peltigérées, Stictées, Pannariées (Lécidées)* et les *Pyrénolichens,* on trouve des gonidies appartenant aussi bien aux *Cyanophycées* qu'aux *Chlorophycées,* et, comme on le sait, il y a aussi des groupes qui ne se distinguent l'un de l'autre par aucun autre caractère perceptible qu'en ce que dans l'un des groupes les gonidies appartiennent aux Cyanophycées, et dans l'autre aux Chlorophycées. Font partie de cette catégorie: le

---

[1]) Nous ne tenons pas compte de la présence de différentes espèces d'Algues dans les céphalodies, que nous considérons comme des monstruosités.

Gloeocapsidium et le *Protococcophila* (II p. 38 et 39) du genre
Lecidea, l'*Emprostea* et le *Peltidea* (I p. 179) du genre *Peltigera*[1]),
le *Parmostictina* et le *Parmosticta*, de même le *Lecidostictina* et
le *Lecidosticta* (I p. 183) du genre *Pseudocyphellaria*, le *Lecanostictina* et le *Lecanosticta*, de même l'*Eustictina* et l'*Eusticta* (I
p. 187) du genre *Sticta*, le *Lecanolobarina* et le *Lobarina* ainsi
que le *Ricasolia* et l'*Eulobaria* (I p. 194) du genre *Lobaria*.
Chez les *Collémées*, où les gonidies sont d'espèces extrêmement
variées, elles appartiennent pourtant toutes aux Cyanophycées.
Chez les *Caliciées*, comme chez les *Coniocarpées* en général, et
chez les *Graphidées* on trouve également plusieurs sortes de gonidies, mais toutes appartenant aux Chlorophycées. Dans plusieurs
tribus on ne trouve, en revanche, qu'une sorte de gonidies.

Nous trouvons par conséquent que, dans certains groupes,
les gonidies présentent un signe distinctif des plus importants,
accompagné d'autres caractères du plus grand poids. Dans d'autres cas, leurs dissemblances coïncident avec les différences des
espèces, ou constituent des groupes peu importants, pour lesquels
on ne peut découvrir d'autres caractères que ceux donnés par
les gonidies. On doit naturellement pourtant admettre que, quand
les Lichens choisissent toujours pour leur symbiose les mêmes
espèces d'Algues, cela dépend de certaines particularités de ceux-
là, ne pouvant être précisées avec les moyens fournis par la
science. Par ces considérations on peut donc établir des groupes
d'après ce caractère, de même qu'en général les caractères exclusivement biologiques et physiologiques peuvent dans une cer-
taine mesure être utilisés pour la classification naturelle des plantes.

Disposition des gonidies.

A l'unanimité on a considéré comme un caractère de la
plus haute importance la disposition des gonidies dans le Lichen.
D'après ce caractère J. v. Flotow a partagé les Lichens en deux
séries: „*Lichenes Heteromerici*" et „*L. Homoeomerici*"[2]), qui ré-

---

[1]) Le *Nephromium* et le *Nephroma* ainsi que le *Solorinina* et le *Solorina*
sont également des groupes analogues.

[2]) Comp. A. v. Krempelhuber, Geschichte und Litteratur der Lichenologie II (1869) p. 193.

pondent dans les traits principaux aux familles de *Lichens* et de *Byssacées* de E. Fries [1]), et aux *Collémacés* et *Lichénacés* de Nylander [2]). Un examen plus minutieux de ces groupes montre cependant que, même chez les Homoeomerici, il peut se développer dans le thalle une couche médullaire privée de gonidies (chez les *Ephebe, Ephebeia* et *Leptodendriscum* Wainio), et que les *Coenogonium,* appartenant aux Heteromerici, ainsi qu'un très grand nombre de Lichens à thalle crustacé, n'ont pas de couche médullaire particulière sans gonidies, laquelle couche n'est pas ordinairement développée dans les espèces ou exemplaires de Lichens inférieurs, où le thalle a une minime épaisseur.

En règle générale, les gonidies ne se présentent que sur les parties de la couche médullaire du thalle où elles reçoivent une lumière suffisante pour leur développement.

Chez les espèces fruticuleuses le *Ramalina inflata* et le *Thelochistes exilis* on peut aussi observer que, sur le côté ombragé du thalle, les gonidies se développent pas, et, dans quelques espèces, elles ne s'y montrent qu'en très petit nombre. Chez les Collémées, même dans les espèces à thalle épais, les hyphes de la couche médullaire sont très dispersées, et les gonidies entourées d'un mucilage transparent, qui permet à la lumière de pénétrer dans toute la couche médullaire. La couche corticale supérieure pseudoparenchymateuse ou cartilagineuse n'est pas, chez les „Heteromerici", aussi intransparente que la couche médullaire, c'est pourquoi l'on trouve les gonidies dans les parties de cette couche très voisines de la couche corticale. Certaines parties des Lichens, en particulier la couche corticale et l'hypothalle (même la partie marginale), doivent aussi, pour une cause encore inexpliquée, offrir pour les Algues des conditions tout à fait défavorables, puisque, en général, on n'y en trouve pas. Quand, par exception, elles viennent sur la couche corticale (par ex. dans le *Peltigera aphthosa*), elles y engendrent des déformations par-

---

[1]) E. Fries, Summa Vegetabilium Scandinaviae I (1846) p. 102.

[2]) La troisième famille, les *Myriangiacés,* mise par Nylander dans son „Essai d'une nouvelle classification des Lichens" et dans son „Synopsis methodica Lichenum", appartient aux véritables Champignons, par la raison qu'elles manquent totalement de gonidies, ce qui a déjà été démontré par Millardet et Bornet.

ticulières nommées *céphalodies*. L'hymenium, également, ne contient que rarement des gonidies; on n'y en trouve que dans un petit nombre de *Pyrénolichens* et dans le groupe *Gonothecium* Wainio, du genre *Lecidea*, comme nous aurons l'occasion de le montrer dans la deuxième partie de notre travail (II p. 29); les gonidies hyméniales ont pourtant toujours un tout autre aspect que celles du thalle et appartiennent peut-être aussi à une autre espèce.

Dans la plupart des genres de Lichens supérieurs, les gonidies se montrent avec beaucoup de constance dans l'excipulum, c'est pourquoi ce caractère est unanimement considéré comme un des plus importants pour la distinction des genres et des tribus. Chez les *Stereocaulon, Placodium, Pyxine, Stictées, Gyalecta, Graphis* et plusieurs genres de *Pyrénolichens*, la présence des gonidies dans les apothécies est, ou moins constante, ou sans coïncidence avec d'autres caractères plus importants; aussi cette diagnose ne peut-elle servir à constituer que des groupes secondaires. Chez le *Gyalecta perminuta* Wainio, on trouve, sur le même exemplaire, des gonidies dans quelques apothécies, tandis que dans les autres elles manquent complètement.

Ajoutons que les gonidies peuvent se trouver, ou dans la couche externe de l'excipulum (chez les *Collema, Baeomyces, Gyalecta, Graphis, Pyrénolichens*) ou, chez d'autres groupes, dans la couche médullaire voisine de la couche corticale, ou sous l'hypothecium (*Parméliées, Lécanorées,* etc.). Dans le premier cas, la couche contenant des gonidies est sortie de fragments arrachés du thalle lors de la croissance des apothécies, qui y étaient enfoncées à l'époque de leur premier développement (*Gyalecta,* plusieurs espèces de *Graphis, Aspidothelium* Wainio), ou elle est issue d'un renflement ou excroissance (amphitecium) du thalle autour de l'hymenium et du perithecium (*Collema, Graphis,* plusieurs genres de *Pyrénolichens*). Quand les gonidies sont renfermées dans les parties intérieures des apothécies, c'est dans une couche médullaire lâchement feutrée qu'elles se trouvent, et elles sont alors en continuité immédiate avec la zone gonidiale du thalle, d'où elles ont passé dans les apothécies; mais, dans d'autres cas, cette continuité n'a lieu que pendant la première période de développement des apothécies. Chez les genres qui ont des apothécies sans gonidies, l'excipulum est aussi en général cartilagineux ou pseudoparenchymateux *(Lecidea,* etc.), mais pourtant, dans quelques cas exceptionnels, il contient aussi une couche médullaire feutrée *(Stereocaulon, Stictées),* qui n'a pas été reliée à la zône gonidiale du thalle *(Stereocaulon).* Parfois cette couche n'offre qu'un faible développement (certaines Stictées).

Par conséquent, *les gonidies de l'excipulum sont* toujours, d'une manière ou d'une autre, *issues primitivement du thalle.*

Pseudostromes des Lichens.

Les genres *Glyphis* Ach., *Chiodecton* Ach. et *Trypethelium* Spreng., établis par les anciens auteurs d'après l'aspect stromatique de l'excipulum, n'ont pas été maintenus dans ce travail comme genres autonomes. Leur soi-disant strome, que j'ai appelé pseudostrome [1]), provient d'une adhérence des périthèces des apothécies agglomérées et saillantes du thalle [chez les *Glyphis, Pseudopyrenula* stirps *Melanothelium* Wainio, *Leptorhaphis* subg. *Tomasellia* (Mass.), *Arthopyrenia,* etc.], ou bien dans sa composition il entre aussi bien les périthèces que les amphitèces [2]), c'est-à-dire les parties environnantes du thalle, quelquefois altérées et contenant différentes matières colorantes, ou souvent aussi, des fragments de substratum. Dans plusieurs espèces ces pseudostromes sont globuleux et à base étranglée, mais dans de nombreuses espèces aussi, très indistincts. Ils sont toujours, à l'égard de leur évolution, des formations secondaires, ne paraissant qu'après que les périthèces (ou l'hymenium) sont formées. Leur apparition dépend en général tout simplement de la coïncidence de proéminence et d'adhérence simultanée des apothécies, quoique plusieurs auteurs aient appelé aussi stromes (chez le *Sarcographa* Fée), les apothécies immergées et adhérentes.

---

[1]) Pour les distinguer des *stromes* des Champignons, nous nommons *pseudostromes* les excipula adhérents, parce que ces organes, aussi bien par leur structure que par leur mode de développement, présentent des différences importantes. Aussi les *stromes* des Champignons sont-ils plutôt analogues au thalle des Lichens supérieurs (comp. Van Tieghem, l. c. p. 1156).

[2]) L'excipulum est formé, soit du périthèce (ou „excipulum proprium“), soit de l'amphithèce (ou „excipulum thallodes“), soit de tous les deux.

Dans un assez grand nombre d'espèces on trouve pourtant, sur le même exemplaire, une partie des apothécies, ou seulement quelques-unes d'entre elles, adhérentes en forme de pseudostromes ou plus ou moins groupées, tandis que d'autres sont complètement simples et isolées. A l'égard de ces espèces, on trouve aussi que les mêmes auteurs les rapportent tantôt aux genres caractérisés par les pseudostromes, tantôt à ceux ayant de simples apothécies. Ces formes intermédiaires sont très nombreuses, et, dans la deuxième partie de notre travail nous aurons l'occasion d'en décrire plusieurs exemples. Surtout dans le genre *Graphis* on trouve des transitions d'apothécies simples à des composées, en ce que les hymenium et les excipulum y sont souvent plus ou moins rameux ou radiés. En rattachant à des genres particuliers (*Sarcographa* Féc, *Medusula* Nyl., *Glyphis* Ach.) les espèces qui ont d'une façon plus constante leurs apothécies composées, on en vient à les éloigner des espèces pour lesquelles elles ont de l'affinité par les spores, les paraphyses, la structure de l'excipulum et souvent aussi le même habitus général [comp. sect. *Platygramma* (Meyer) et *Pyrrhographa* (Mass.)]; de plus, on ne peut donner pour ces genres que des caractères relatifs et vagues. Même pour le *Glyphis,* qui forme pourtant une section très isolée, outre les apothécies composées, on en trouve souvent aussi, sur les mêmes exemplaires, quelques-unes de complétement simples.

Chez les *Pertusaria* on trouve également des transitions entre les apothécies simples et les composées, et pareillement chez les espèces de *Lecidea, Lecanora* et *Buellia,* où l'on trouve des „apothécies confluentes". Dans ces dernières la transition est si évidente qu'aucun auteur n'a encore cru devoir diviser ces genres en raison d'une telle dissemblance.

Groupes caractérisés par les paraphyses.

Parmi les Pyrénolichens et les Graphidées on trouve beaucoup de genres naturels, qui se distinguent entre eux par le caractère des paraphyses, outre celui des spores. Les paraphyses ramifiées et connexes se rencontrent chez les *Pyrénolichens* suivants: *Aspidopyrenium, Heufleria, Astrothelium, Campylothe-*

lium, Pseudopyrenula, Leptorhaphis, Microthelia, Arthopyrenia, Haplopyrenula. Par contre, elles sont simples ou non connexes, chez les *Aspidothelium, Porina* et *Strigula,* et variables chez les *Bottaria, Pyrenula* et *Thelenella.* Parmi les *Graphidées,* elles sont ramifiées et connexes chez les *Helminthocarpon, Opegrapha, Chiodecton* et *Arthonia,* mais simples ou non connexes chez les *Acantothecium, Graphis* et *Melaspilea.* Chez les *Pertusariées* elles sont aussi ramifiées et connexes. Dans les groupes supérieurs, elles sont, en général, simples ou variables, et, dans ce dernier cas, tout à fait insuffisantes pour caractériser des groupes naturels, même subordonnés; dans plusieurs cas pourtant, elles donnent des caractères spécifiques moins importants. Surtout dans le genre *Parmelia,* on peut observer que parmi les espèces voisines, les unes ont des paraphyses simples et les autres de connexes. Chez les *Lecidea versicolor* Fée (II, p. 36), *L. dichroma* Fée (II, p. 37), *L. micrococca* (Koerb.) Nyl. (II, p. 38), et *L. leptoplaca* Wainio (II, p. 43) appartenant aux *Psorothecium* (Mass.), *Biatorina* (Mass.) et *Eucatillaria* Th. Fr., on trouve des paraphyses ramifiées et connexes, quoiqu'en général elles soient simples dans les espèces voisines des mêmes groupes. Dans le *Lecanora symmictella* Wainio (I, p. 75) appartenant à l'*Eulecanora* (Th. Fr.) de même que dans une partie des espèces du sous-genre *Lecania* (Mass.) Wainio (ou les espèces appartenant au *Calenia* Müll. Arg.), les paraphyses sont également ramifiées et connexes, mais elles sont, du reste, en général, simples chez le *Lecanora.* Comme la plupart des espèces énumérées tiennent de très près aux espèces à paraphyses simples, ce caractère ne paraît pas suffisant pour constituer des groupes différents dans ces genres.

Le genre *Ochrolechia* encore est caractérisée, outre ses spores, par ses paraphyses ramifiées, mais non connexes.

Caractères chimiques.

Quoique plusieurs auteurs aient vivement protesté contre la valeur des diagnoses chimiques pour la détermination et la classification des Lichens, elles coïncident pourtant souvent complètement avec des signes distinctifs que personne n'hésite à em-

ployer dans la lichénologie. La couleur des apothécies, des spores et du thalle est regardée comme donnant une diagnose très
importante; or, comme elle est causée par la présence ou l'absence de certaines matières colorantes, on peut arriver aussi aux
mêmes résultats systématiques par l'étude des réactions de ces
organes. Dans les cas où l'on peut distinguer les variétés, les
espèces, ou les groupes, d'après la couleur de certains organes,
on ne peut qu'atteindre à une plus grande précision scientifique,
en montrant par quelle substance chimique ces dissemblances
sont causées. Mais la même couleur, surtout la blanche, la jaune
et la brune, s'obtient par un grand nombre de matières chimiques différentes, qui, par conséquent, dans des cas particuliers,
peuvent produire des ressemblances apparentes, qui, pourtant, ne
sont pas réelles. Si l'on néglige dans ce cas les réactions chimiques, on est alors porté à considérer comme unités systématiques d'un rang plus ou moins élevé, des collection d'individus
qui, en fait, diffèrent les uns des autres.

Dans les cas où chez les Lichens les matières en question
sont déjà caractérisées par leur couleur, on obtient, naturellement,
les mêmes résultats systématiques, même sans étudier les réactions. Quand les variétés, les espèces ou les groupes sont aussi
caractérisés par d'autres propriétés que la présence de certaines
matières, les résultats systématiques ne changent pas non plus
si l'on néglige les réactions. Mais même dans ces deux cas, les
réactions donnent une utile diagnose accessoire, et peuvent s'em-
ployer pour contrôler les résultats acquis, ce qui, en particulier,
est d'un grand poids pour les groupes difficiles à classer.

Il se présente aussi de nombreux cas où la variabilité des
matières, chez les Lichens, n'est pas accompagnée d'autres chan-
gements dans l'aspect de l'espèce. Dans de telles occurrences on
se trouve dans le doute au sujet de l'importance de cette variabilité, mais on a, pour fixer son opinion, les mêmes méthodes
que celles qui concernent les autres caractères, comme la couleur, la dimension etc. Quand une diagnose basée sur les réactions chimiques est inconstante, il y a des exemplaires, ou même
des parties du même exemplaire, où les matières réagissantes se
trouvent moins abondamment, de sorte que, dans ce cas, comme
dans les autres on trouve des transitions plus ou moins nettes.

Nous ajoutons enfin ici un aperçu du système que nous
avons suivi dans ce travail.

Ascophyta Th. Fr.

I. Gymnocarpeae Wainio.

1. Discolichenes.   **(2. Discomycetes.)**

A. **Cylocarpeae** Wainio.

[*Gyrophoreae* (Gray[1]) Nyl.[2]): Gyrophora.]

Parmelieae Wainio: Parmelia (Anzia,
Hetcrodea, Platysma, Cetraria, Evernia), Ramalina (Dufourca, Alectoria,
Atestia, Argopsis, Schizopelte), Usnea. I 1.

[*Roccelleae* (Nyl.[3]) Mass.[4]): Rocella,
Combea.]

[*Thamnolieae* Mass.[5]): Thamnolia.]

Stereocauleae Naeg. et Hepp[6]): Stereocaulon. I 66.

Lecanoreae Wainio: Candelaria (Knightiella), Haematomma, Lecanora (Icmadophila, Acarospora), Maronea,
Ochrolechia, Phlyctis. I 69.

Pertusarieae Mass.[7]): Pertusaria (Varicellaria). I 104.

Thelochisteae Norm.[8]): Theloschistes
(Xanthoria), Placodium (incl. subg.
Blastenia). I 112.

Buellieae Wainio: Anaptychia, Physcia,
Pyxine, Rinodina, Buellia. I 127.

---

[1] *Gyrophorideae* Gray, Nat. Arrang. Brit. Plants (1821): Krempelh.,
Gesch. Lichenol. II p. 97. — [2] Ess. Nouv. Classif. (1854) p. 13. — [3] L. c.,
p. 11. — [4] Sched. Crit. (1855) p. 15. — [5] L. c., p. 15. — [6] Flecht. Eur.
(1853) tab. I. — [7] L. c., p. 17. — [8] Conject. Mut. Heterolich. (1871) p. 16,
Con. Gen. Lich. (1852) p. 241 (nomen).

Peltigereae (Fée [9]) Nyl. [10]): Peltigera
(Nephroma, Solorina, Solorinella). I
178.

Stieteae: Mass. [11]): Pseudocyphellaria,
Sticta, Lobaria. I 182.

Pannarieae (Mass. [12] et Nyl. [13]) Wainio: Erioderma, Pannaria (Psoroma,
Massalongia, Parmeliella), Coccocarpia. I 201.

Heppieae Müll. Arg. [14]): Heppia. I 212.

Collemeae (Gray [15]) Wainio: Leptodendriscum, Leptogium, Lepidocollema,
Collema (Lecidocollema), Pterygiop-
sis (Cryptothele), Pyrenopsis, Calo-
thricopsis, Ephebeia (Ephebe, Ther-
mutis, cet.). I 219.

Lecideae Wainio: Cladonia (Pilophoron),
Baemyces (Glossodium, Thysanothe-
cium, Gomphillus), Sphaerophoropsis,
Lecidea, Biatorella (cet.). I 245.

Coenogonieae (Link [16]) Wainio: Coenogonium. II 63.

Gyalecteae Mass. [17]): Gyalecta (Petractis, Ionaspis, cet.). II 67.

Urceolarieae Wainio: Urceolaria. II 72.

Thelotremeae Müll. Arg. [18]): Thelotrema
(Polystroma), Gyrostomum. II 75.

[*Chrysothriceae* Wainio: Chrysothrix.]

Pilocarpeae Wainio: Pilocarpon. II 88.

Lecanactideae Wainio [19]): Lecanactis.
II 90.

---

[9]) Ess. Crypt. Écore. (1824) p. LXVI. — [10]) L. c., p. 13. — [11]) L. c.,
p. 15. — [12]) L. c., p. 15. — [13]) Hue, Addend. (1886) p. 60. — [14]) Princ. Classif. (1862) p. 37. — [15]) *Collematideae* Gray, l. c. — [16]) *Coenogoniaceae* Link,
Handb. Gew. (1833): Krempelh., l. c. p. 168. — [17]) L. c., p. 16. — [18]) Graph.
Féean. (1887) p. 3. — [19]) Stizenb., Beitr. Flechtensyst. (1862) p. 155 pr. p.

B. **Graphideae** Eschw. (em.) [20]): Acantho-
thecium, Graphis, Helmintocarpon,
Opegrapha, Chiodecton (Dirina), Arthonia, Melaspilea (Xylographa, cet.). II 92.

C. **Coniocarpeae** (Meyer [21]) Wainio.
Sphaerophoreae Fr. [22]): Sphaerophorus
(Pleurocybe, Acroscyphus). II 168.
Calicieae (Fée [23]) Endl. [24]): Tylophoron
(Tylophorella, Tholurna), Pyrgillus
(Acolium), Calicium, Coniocybe. II 170.

II. **Pyrenocarpeae** [25]) Wainio.

1. Pyrenolichens.   **(2. Pyrenomycetes.)**

Dermatocarpon, Normandina, Aspidothelium, Aspidopyrenium, Heufleria,
Astrothelium, Campylothelium, Bottaria, Pyrenula, Pseudopyrenula, Thelenella (Polyblastia), Porina (Verrucaria), Strigula, Leptorhaphis, Microthelia, Arthopyrenia, Haplopyrenula,
Mycoporum (cet.). II 136.

Appendix.

Lichenes imperfecti: Cora (Dichonema), Corella (Coriscium,
Siphula, Leprocaulon, Leproloma, Lepraria, cet.). II 238.

---

[20]) Syst. Lich. (1824) p. 13 em. — [21]) *Coniocarpi* Meyer, Nebenst. Pflan-
zenk. (1825) p. 322. — [22]) Syst. Orb. Veg. (1825) p. 258. — [23]) Calycioides
Fée, l. c. p. XXVIII. — [24]) Gen. Plant. (1836—40) p. LIII et 12: Krempelh.,
l. c. p. 169. — [25]) Familiae gonidiis egentes in hac tabula omisimus.

I. Discolichenes

sive

Ascomycetes gymnocarpi cum algis symbiotice vigentes.

Hymenium discum applanatum, dilatatum aut puncti- vel rimaeformem, primum excipulo thallove inclusum et demum aut jam primo denudatum, formans.

A. Cyclocarpeae.

Apothecia saltem primo orbicularia. *Paraphyses* arcte aut laxe conglutinatae, aeque longae, in *capillitium* haud continuatae. *Sporae* ejectae *mazaedium* (vel massam sporalem capillitio immixtam) haud formantes.

Trib. 1. **Parmelieae.**

Thallus foliaceus aut fruticulosus filiformisve, applanatus aut teres, heteromericus. *Stratum corticale* cartilagineum, ex hyphis sat pachydermaticis, conglutinatis, crebrius aut increbrius septatis, lumine cellularum angusto instructis formatum. *Stratum medullare* hyphis vulgo comparate pachydermaticis, lumine cellularum tenui. *Gonidia* protococcoidea, simplicia, flavovirescentia. *Apothecia* thallo innata, demum elevata peltataque et basi excipuli bene constricta. *Excipulum* thallodes, gonidia continens, *strato corticali* cartilagineo, ex hyphis sat pachydermaticis, conglutinatis, lumine cellularum angusto instructis, formato, *strato medullari* stuppeo. *Paraphyses* evolutae, simplices aut ramoso-connexae. *Sporae* decolores aut raro fuscescentes, ellipsoideae aut oblongae aut globosae, simplices aut raro septatae (Schizopelte Th. Fr.)

muralesve (Atestia Trev. et Argopsis Th. Fr.), membrana interne haud incrassata.

Subtribus Parmeliearum hic omisimus, quia tantum tria earum genera, omnia ad diversos subtribus pertinentia, in territorio nostro nobis obvenerunt.

1. Usnea.

Dill., Hist. Musc. (1741) p. 56 (pr. p.); Pers. in Ust. Neue Annal. 1 St. (1794) p. 21; Ach., Lich. Univ. (1810) p. 127 et 618 (pr. p., excl. Neurop. melaxantho); De Not., Framm. Lich. (1846) p. 26; Tul., Mém. Lich. (1852) p. 27; Mass., Mem. Lich. (1853) p. 72 (pr. p.); Speerschneid. in Bot. Zeit. 1854 p. 193, 209, 233, tab. 7; Koerb., Syst. Germ. (1855) p. 2; Linds., Mem. Sperm. (1859) p. 121, tab. IV fig. 1—8; Schwend., Unters. Flecht. (1860) p. 110, tab. I, II; Th. Fr., Gen. Heterolich. (1861) p. 47 (pr. p.); Nyl., Syn. Lich. (1858—60) p. 266, tab. VIII fig. 7—11; Müll. Arg., Princ. Classif. (1862) p. 25; Th. Fr., Lich. Scand. (1871) p. 13; Tuck., Gen. Lich. (1872) p. 12 (pr. p.); Stirt., On Gen. Usn. (Scott. Nat. 1881) p. 2 (emend.); Tuck., Syn. North. Am. (1882) p. 40.

Thallus fruticulosus aut demum fruticuloso-filiformis, teres aut angulosus, ramosus, undique similaris, rhizinis veris nullis, basi (saepe incrassata) substrato affixus. *Stratum corticale* thalli chondroideum, ex hyphis formatum demum irregulariter contextis aut partim subverticalibus, ramosis, conglutinatis, in cellulas suboblongas elongatasve divisis, membrana incrassata et lumine cellularum angustissimo aut rarius bene distincto instructis, interdum demum subamorphum. *Stratum medullare* thalli parte exteriore *myelohyphicum* vel stuppeum et ex hyphis irregulariter contextis, membrana incrassata et lumine cellularum tenui instructis constans, in parte interiore *axem chondroideum* centralem, ex hyphis formatum longitudinalibus conglutinatis, membrana incrassata et tubulo tenui instructis, continens. *Gonidia* protococcoidea (Bornet, Rech. Gon. Lich. 1873 p. 25), globosa, membrana sat tenui. *Apothecia* lateralia aut demum habitu subterminalia (apice rami fertilis usque ad apothecium evanescente et demum solum appendicem, lateri inferiori excipuli affixam, formante), peltata, tenuia, subpallida aut substraminea. *Excipulum* lecanorinum, margine tenui, vulgo radiato-ramoso, extus strato corticali chondroideo, cortici thalli simili, obductum. *Hypothecium* tenue, chondroideum, ex hyphis crebre contextis conglutinatis formatum, strato medullari impositum stuppeo, gonidia praecipue in parte inferiore infra stratum corticale excipuli et parcius infra hypothecium et interdum etiam in partibus interioribus continenti. *Paraphyses* arcte cohaerentes. *Sporae* 8:nae, decolores, ellipsoideae aut subglobosae, simplices, membrana sat tenui, sat parvae. „*Conceptacula pycnoconidiorum* lateralia, thallo immersa leviterque protuberantia. *Sterigmata* tenuia, pauciarticulata, *anaphysibus* vel filamentis anastomosantibus immixta. *Pycnoconidia* fusiformi-acicularia, ad alterum apicem leviter fusiformi-incrassata, aut raro cylindrica, recta" (Linds., Nyl., Th. Fr.).

1. **U. barbata** (L.) Ach. *U. florida (L.) Wainio. *Lichen floridus* L., Spec. Plant. (1753) p. 1156. *Usnea florida* Ach., Meth. Lich. (1803) p. 307 (emend.).

Thallus erectus, longitudine mediocris aut brevis, rigidiusculus aut mollis, sorediosus aut esorediatus, stramineo-glaucescens aut flavescens aut rarius rufescens vel puniceus, ramis omnibus teretibus, plus minusve verruculosus, verruculis minutis, ramis primariis sat crassis, crebre ramulosis aut ramulis spinulaeformibus nullis. *Stratum myelohyphicum* KHO lutescens aut demum rubescens aut non reagens, jodo non reagens.

Var. **comosa** (Ach.) Wainio. *Lichen comosus* Ach. in Kongl. Vet. Ac. Handl. 1795 p. 209, tab. 8 fig. 1 (hb. Ach.). *Usnea plicata* β. *U. comosa* Ach., Meth. Lich. (1803) p. 311. *Lichen floridus* L., Spec. Plant. (1753) p. 1156 (hb. Linn., conf. Wainio, Rev. Lich. Linn. 1886 p. 10). *Usnea florida* Ach., Meth. Lich. (1803) p. 307 (excl. var.) secund. hb. Ach.

Thallus erectus, sat brevis aut longitudine mediocris, rigidiusculus, sorediosus aut esorediatus, stramineo-glaucescens, ramis omnibus teretibus, crebre verruculosis, ramis primariis sat crassis, crebre ramulosis aut ramulis spinulaeformibus nullis. *Stratum myelohyphicum* crebre contextum, KHO lutescens aut non reagens, I non reagens. |*Apothecia* magna].

Sterilis ad corticem et ramulos arborum in silvis prope Sitio (1000 metr. s. m.), n. 387, 974, et in Carassa (1400—1500 metr. s. m.), n. 1527, in civ. Minarum. — *Thallus* fruticulosus, circ. 30—40 millim. altus, ramis primariis 1,5—0,7 millim. crassis, ramulis adventitiis interdum passim sat numerosis, brevibus aut sat brevibus, aut fere nullis, verruculis subalbidis, demum in partibus superioribus thalli saepe in soredia fatiscentibus. *Stratum corticale* circ. 0,060—0,100 millim. crassum, subamorphum, cartilagineum, subpellucidum, tubulis ramosis, irregularibus, tenuibus. *Stratum medullare exterius vel myelohyphicum* sat bene evolutum, *Axis chondroideus* crassus, ex hyphis longitudinalibus formatus, membranis conglutinatis, indistinctis, tubulis conspicuis.

U. florida γ. *U. strigosa* Ach., Meth. Lich. (1803) p. 310, secundum specimen l. c. (tab. 6 fig. 3) delineatum, in hb. Ach. asservatum, est forma hujus variationis, ramulis adventitiis sat brevibus numerosis ab ea differens (stratum myelohyphicum crebre contextum. KHO non reagens, thallus esorediatus).

Var. **mollis** (Stirt.) Wainio. *Usnea mollis* Stirt., On Gen. Usn. (Scott. Nat. 1881) p. 11 (secund. descr.). *U. barbata* var. *strigosa* Müll. Arg., Lich. Parag. (1888) p. 3, n. 4141 (mus. Paris.).

Thallus erectus, sat brevis aut longitudine mediocris, sat mollis, esorediatus, flavescenti-stramineus aut flavescenti-glauce-scens, ramis primariis sat crassis, ramis omnibus teretibus, crebre cartilagineo-verruculosis, ramulis adventitiis sat crebris brevibusque instructus. *Stratum myelohyphicum* laxissime contextum, fere ca-vernosum, KHO lutescens aut non reagens, I non reagens.

Ad corticem et ramulos arborum in silvis prope Sitio (1000 metr. s. m.), n. 938, et in Carassa (1400—1500 metr. s. m.), n. 1155, 1348, in civ. Minarum. — *Thallus* fruticulosus, circ. 60—20 mil-lim. altus, ramis primariis circ. 2—0,7 millim. crassis, ramulis ad-ventitiis spinulaeformibus, saepe circ. 1—2—3 millim. longis. *Stra-tum corticale* subamorphum, cartilagineum, semipellucidum, in la-mina tenui stramineum, circ. 0,060—0,050 millim. crassum, tubu-lis tenuibus ramosis, irregulariter et in primis subverticaliter con-textis (in KHO conspicuis). *Stratum medullare myelohyphicum* crassum, hyphis 0,004—0,002 millim. crassis, irregulariter contex-tis, materia amorpha granulosa straminea incrustatis, membrana incrassata, tubulo tenuissimo. *Axis chondroideus* tenuis, ex hy-phis longitudinalibus formatus, membranis conglutinatis indistin-ctis. *Apothecia* circ. 3—15 millim. lata, disco stramineo aut thallo subconcolore, margine vulgo spinuloso-ramuloso, spinulis vulgo numerosis. *Excipulum* subtus verruculosum aut laevigatum. *Hy-pothecium* dilute stramineum. *Hymenium* circ. 0,080 millim. cras-sum, jodo subpersistenter caerulescens. *Epithecium* stramineum, subgrannlosum. *Paraphyses* 0,0015 millim. crass., apicem versus levissime incrassatae, gelatinam haud abundantem firmam percur-currentes, sat parce rammoso-connexae, septatae, levissime sub-constrictae. *Asci* clavati, 0.012—0,014 millim. crassi, apice membrana modice incrassata. *Sporae* distichae, breviter ellipsoideae aut subglobosae, apicibus rotundatis, long. $0,012$—$0,008$, crass. $0,009$—$0,006$ millim.

Ad Lafayette in civ. Minarum (1000 metr. s. m.), n. 280, f. **elegantem** Stirt. (U. barbata v. elegans Stirt., Add. Lich. Queensl. p. 3: Lojka, Lich. Univ. n. 106; U. elegans Stirt. in Shirley, Lich. Fl. Queensl. I p. 108) legi, thallo creberrime spinuloso, spinulis vulgo $0,3$—1 millim. longis tenuissimis (e verruculis accrescentes) dignotam (excipulum subtus laevigatum aut reticulatum).

Ad Sitio (1000 metr. s. m.) in civ. Minarum f. **denudatam** Wainio legi, thallo instructam flavido-glaucescente, increbre cartilagineo-verruculoso, apicem versus stramineo-soredioso, ramulis adventitiis fere nullis, medulla myelohyphica laxe contexta, KHO lutescente (jodo non reagente). U. dasypogoides var. cladoblephara Müll. Arg., Lich. Beitr. (Fl. 1886) n. 1006 (mus. Paris.), huic habitu subsimilis est, at thallo fere laevigato (soredioso) ab ea differt.

Var. **perplexans** (Stirt.) Wainio. *U. perplexans* Stirt., On Gen. Usn. (Scott. Nat. 1881) p. 5 (secund. descr.). *U. barbata* f. *ceratina* Nyl. in coll. Lindig. n. 2568 (mus. Paris.). *U. florida* Nyl. in Fl. 1874 p. 71 (Spruce, Lich. Amaz. et And. n. 48: mus. Paris).

Thallus erectus aut subpendulus, sat brevis aut longitudine mediocris, vulgo rigidiusculus, esorediatus aut sorediosus, glaucescenti- aut flavescenti-stramineus, ramis omnibus teretibus, ramis primariis sat crassis, creberrime verruculosis, verruculis angustissimis. *Stratum myelohyphicum* crebre aut sat crebre contextum, KHO rubescens, I non reagens.

Ad corticem et ramulos arborum in silvis prope Sitio (n. 921, 1002) et ad Lafayette (n. 272) in civ. Minarum (circ. 1000 metr. s. m.). — *Thallus* fruticuloso-erectus aut subpendulus, long. circ. 50—160 millim., ramis primariis circ. $1-0,8$ (—$1,5$) millim. crassis, verruculis angustissimis, at saepe demum leviter elongatis, interdum in spinulas $1-0,5$ millim. longas accrescentibus, ramulis adventitiis passim sat numerosis, saepe circ. 10—5 millim. longis. *Stratum corticale* cartilagineum, pellucidum, circ. $0,070$—$0,060$ millim. crassum, tubulis distinctis tenuibus, varie contextis, partim subverticalibus, ramosis. *Stratum medullare myelohyphi-*

cum sat bene evolutum, hyphis sat crebre contextis, haud cavernosum. KHO primo lutescens, dein rubescens, crystallos parvos rubros formans. *Axis chondroideus* vulgo sat crassus. *Apothecia* circ. 5—15 millim. lata, disco albido-straminco aut carneopallido, margine spinuloso-ramuloso, spinulis numerosis. *Excipulum* subtus laevigatum. *Hypothecium* dilute stramineum. *Hymenium* circ. 0,060—0,055 millim. crassum, jodo persistenter caerulescens. *Epithecium* stramineum, subgranulosum. *Paraphyses* 0,0015 millim. crass., apice non aut levissime incrassatae, gelatinam haud abundantem firmam percurrentes. sat parce ramosoconnexae furcataeque, septatae, partim apice subconstricte articulatae. *Asci* clavati, apice membrana modice incrassata. *Sporae* distichae, ellipsoideae aut breviter ellipsoideae aut globosae (in eodem asco quoque), apicibus rotundatis, long. 0,011—0,007, crass. 0,008—0,005 millim.

Ad ramulos arborum prope Lafayette (1000 metr. s. m.) et in Carassa (1400—1500 metr. s. m.) in civ. Minarum f. **spinuliferam** Wainio legi, thallo creberrime spinuloso instructam, spinulis circ. 1—0,5 millim. longis, tenuissimis, ramis minoribus sulfureo-sorediosis, medulla myelohyphica sat crebra, KHO rubescente, jodo non reagente. Facie externa subsimilis est f. eleganti Stirt.

Var. **subelegans** Wainio.

Thallus erectus aut subpendulus, sat brevis aut longitudine mediocris, sat mollis, esorediatus aut sorediosus, flavescenti-stramineus aut flavescenti-glaucescens, ramis omnibus teretibus, ramis primariis sat crassis, verruculis in maxima parte thalli mox in spinulas brevissimas creberrime dispositas accrescentibus. *Stratum myelophyphicum* laxissime contextum, fere cavernosum, KHO aurantiaco-rubescens, jodo non reagens.

Frequens ad corticem et ramulos arborum in silvis prope Sitio (1000 metr. s. m.) in civ. Minarum, n. 923, 989, 1106, 1107. — Ab U. constrictula Stirt., On Gen. Usn. (Scott. Nat. 1881) p. 11, thallo creberrime spinuloso recedit. Habitu similis est f. eleganti Stirt. (Lojka, Lich. Univ. n. 105), quae strato medullari KHO non reagente ab ea differt. — *Thallus* fruticuloso-erectus aut subpendulus, long. circ. 50—130 millim., ramis primariis circ. 4—0,8 millim. crassis, ramulis spinulaeformibus saepe circ. 0,3—1 millim. longis, ramulis adventitiis saepe circ. 5—1 millim. longis, passim sat numerosis, vulgo sat mollis. *Stratum corticale* subamorphum, cartilagineum, subpellucidum, circ. 0,050—0,070 millim. crassum, tubulis tenuissimis, subverticalibus aut varie contextis, ramosis, crebre septatis (in $H_2 SO_4$). *Stratum medullare exterius* vel *myelohyphicum* crassum, hyphis 0,003 —0,004 millim. crassis, irregulariter contextis, membrana incrassata, tubulo tenuissimo, KHO primo lutescens, dein aurantiaco-rubescens, crystallos parvos tenues rubros formans. *Axis chondroideus* tenuis, ex hyphis longitudinalibus formatus, membranis conglutinatis indistinctis. *Apothecia* circ. 3—10 millim. lata, disco carneopallido aut stramineo, margine vulgo spinuloso-ramuloso, spinulis vulgo numerosis. *Excipulum* subtus laevigatum aut interdum partim crebre brevissime spinulosum. *Hypothecium* dilutissime stramineum. *Hymenium* circ. 0,050—0,055 millim. crassum, jodo persistenter caerulescens. *Epithecium* stramineum, subgranulosum. *Paraphyses* 0,0015 millim. crass., apicem versus levissime incrassatae, gelatinam haud abundantem firmam percurrentes, sat parce ramoso-connexae, sat crebre septatae (in $H_2 SO_4$). *Asci* clavati, 0,010—0,014 millim. crassi, apice membrana modice incrassata. *Sporae* distichae, breviter ellipsoideae aut subglobosae, apicibus rotundatis, long. 0,010—0,007, crass. 0,008—0,005 millim.

Ad ramulos arborum in Carassa (1400—1500 metr. s. m.) in civ. Minarum f. **subinermem** Wainio legi, thallo instructam flavido-glaucescente, creberrime cartilagineo-verruculoso, haud spinuloso, ramis tenuioribus stramineo-sorediosis, ramulis adventitiis circ. 6—1,5 millim. longis, increbris, sed sat numerosis, strato myelohyphico laxe contexto, KHO rubescente, jodo non reagente.

2. **U. aspera** (Eschw.) Wainio. *Parmelia coralloides, aspera* Eschw. in Mart. Fl. Bras. (1833) p. 227. *U. barbata* var. *aspera* Müll. Arg., Rev. Lich. Mey. p. 309, Lich. Beitr. (Fl. 1888) n. 1238 (ex specim. authent.). *U. jamaicensis* Krempelh. in Warm. Lich. Bras. (1873) p. 4 (hb. Warm.), haud Ach.

Thallus erectus, longitudine mediocris, rigidus, esorediatus, flavescenti-stramineus, ramis primariis crassis aut sat crassis, ramis omnibus teretibus, crebre aut sat crebre verrucosis, verrucis crassitudine vulgo mediocribus. *Stratum myelohyphicum* KHO rubescens, jodo non reagens.

Supra rupes nudas in montibus Carassae (1500—1600 metr. s. m.) in civ. Minarum, n. 391. — Ab U. Jamaicensi Ach. differt thallo majore crassioreque, verrucis crassioribus (apotheciis margine spinulosis). — *Thallus* fruticulosus, vulgo ramosissimus, fragilis, long. 40—140 millim., ramis primariis circ. 3— 1,5 millim. crassis, irregulariter subdichotome ramosus, ramis adventitiis fere nullis aut in partibus junioribus passim sat numerosis, circ. 7—1 millim. longis, spinulis nullis. *Stratum corticale* thalli circ. 0,300 —0,200 millim. crassum, cartilagineum, extus stramineum impellucidumque, ceterum maxima parte subpellucidum, tubulis distinctis tenuibus subverticalibus. *Stratum myelohyphicum* sat bene evolutum, hyphis sat crebre contextis, KHO primo lutescens, dein rubescens, crystallos rubros parvos formans. *Axis chondroideus* bene evolutus, membranis hypharum conglutinatis, indistinctis. *Apothecia* circ. 4—10 millim. lata, disco pallido aut stramineo, margine spinuloso-ramuloso, ramulis numerosis aut paucis, vulgo sat brevibus. *Excipulum* subtus laevigatum aut raro verruculosum. *Hypothecium* subalbidum. *Hymenium* circ. 0,100—0,090 millim. crassum, jodo persistenter caerulescens, parte superiore stramineum. *Paraphyses* 0,0015—0,002 millim. crass., apice non aut levissime incrassatae, gelatinam parum abundantem firmam percurrentes, parce ramoso-connexae furcataeque, septatae, vix aut parum constrictae. *Asci* clavati, 0,012—0,010 millim. crass., apice membrana modice incrassata. *Sporae* distichae, breviter ellipsoideae aut subglobosae, apicibus rotundatis, long. 0,007— 0,009, crass. 0,004—0,006 millim.

3. **U. laevis** (Eschw.) Nyl., Syn. Lich. (1858—60) p. 271; Krempelh., Lich. Süds. (1873) p. 97; Stirt., On Gen. Usn. (Scott. Nat. 1881) p. 10. *Parmelia coralloides, laevis* Eschw. in Mart. Fl. Bras. (1833) p. 227.

Thallus erectus aut partim demum prostratus, longitudine vulgo mediocris, rigidus, esorediatus [aut raro demum parce sorediosus], ramis primariis crassis, omnibus teretibus, laevigatis [aut raro partim minutissime soredioso-verruculosis aut sorediosorimulosis, ceterum verrucis nullis], ramis adventitiis nullis. *Stratum myelohyphicum* KHO rubescens, jodo non reagens.

Supra rupes nudas in regione subalpina montis (1600 metr. s. m.) in Carassa in civ. Minarum, n. 394. — *Thallus* fruticulosus, sat increbre dichotome ramosus, long. 50—200 millim. (in speciminibus nostris omnino laevigatus), ramis primariis basin versus circ. 1,5—1 millim. crassis. *Stratum corticale* cartilagineum, subamorphum, impellucidum, extus stramineum, intus albidum. *Stratum myelohyphicum* bene evolutum, hyphis sat crebre contextis, KHO primo lutescens, dein rubescens. *Axis chondroideus* diametro stratum myelohyphicum fere aequans, membranis hypharum conglutinatis indistinctis. *Apothecia* circ. 5—3[—17] millim. lata, disco carneo-pallido aut caesio-stramineo, margine radiato, radiis numerosis aut paucis, vulgo elongatis. *Excipulum* subtus laevigatum [aut raro soredioso-punctulatum], zonam continuam infra stratum corticale et glomerulos sparsos infra hypothecium continens. *Hypothecium* dilute pallidum. *Hymenium* circ. 0,050 millim. crassum, jodo persistenter caerulescens, parte superiore stramineum. *Paraphyses* 0,002 millim. crass., apice vix incrassatae, ramoso-connexae, septatae, haud constrictae (H_2SO_4). *Asci* clavati, 0,012 millim. crass., apice membrana incrassata. *Sporae* distichae aut monostichae, breviter ellipsoideae aut subglobosae, apicibus rotundatis, long. 0,009—0,006, crass. 0,006—0,004 millim.

4. **U. gracilis** Ach., Lich. Univ. (1810) p. 627 (hb. Ach.). *U. barbata* **U. gracilis* Nyl., Syn. Lich. (1858—60) p. 270.

Thallus pendulus, demum elongatus, sat mollis, vulgo esorediatus, flavescenti-stramineus [aut osteoleucus], maxima parte tenuis tenuissimusve, filaminibus vetustis tenuibus aut crassiusculis, ramis omnibus teretibus, laevigatis, ramis adventitiis fere nullis. *Stratum myelohyphicum* KHO lutescens, demum aurantiacum [aut fulvescens], aut non reagens (hb. Ach.), jodo non reagens.

Sterilis ad ramulos arborum in Carassa in civ. Minarum (1470 metr. s. m.), n. 390. — U. trichodea Ach. ab hac specie differt medulla (parte interiore) KHO rubescente, ramis adventitiis sat numerosis, et habitu sat similis est U. longissimae Ach. (hb. Ach.). — *Thallus* filiformis, haud articulatus, dichotome ramosus, pendulus vel pendulo-prostratus implexusque, longitudine circ. 200 —100 millim., crassitudine maxima parte circ. 0,2—0,5 millim., partibus paucis —0,8 millim., laevigatus verrucisque nullis, esorediatus. *Stratum corticale* inaequaliter incrassatum, —0,100 millim. crass., cartilagineum, extus stramineum impellucidumque, parte interiore subpellucidum decoloratumque, tubulis sat distinctis, maxima parte subverticalibus. *Stratum myelohyphicum* sat bene evolutum, hyphis sat laxe contextis, KHO intense lutescens, dein fulvescens, (demum aurantiaco-rubescens). *Axis chondroideus* comparate sat crassus, membranis hypharum conglutinatis, partim distincte striatis.

5. **U. intercalaris** Krempelh., Lich. Süds. (1873) p. 96, Müll. Arg., Lich. Beitr. (1887) p. 57 (n. 1062).

Thallus pendulus, demum elongatus, sat rigidus, flavescenti-stramineus, ramis omnibus teretibus, ramis primariis sat crassis, laevigatis, esorediatis, ramulis brevioribus saepe sorediosis, spinulis nullis. *Stratum myelohyphicum* KHO lutescens, demum rubescens, jodo violascens.

Sterilis ad ramos arborum in silva Carassae in civ. Minarum (1470 metr. s. m.), n. 392. 393. — *Thallus* filiformis, haud articulatus, dichotome aut saepius sympodialiter ramosus, longitudine — 700—800 millim., ramis primariis (sympodiis) circ. 1,5—1 millim. crassis, ramis adventitiis fere nullis, at ramulis abbreviatis sympodiorum passim sat numerosis, increbris, circ. 15—6 millim. longis, saepe sorediosis vel verrucoso-sorediosis. *Stratum corticale* inaequaliter incrassatum, cartilagineum, extus stramineum impellucidumque, intus semipellucidum subpellucidumve, tubulis sat distinctis, maxima parte subverticalibus. *Stratum myelohyphicum* sat bene evolutum, hyphis crebre contextis, KHO primo lutescens, demum rubescens. *Axis chondroideus* sat crassus, membranis hypharum conglutinatis, pr. p. sat distincte striatis. „*Apothecia* parva vel mediocria in ramulis terminalia vel et lateralia, disco plano ochraceo nudo, margine subexcluso sparse ciliato: *sporae* 8:nae, subglobosae, hyalinae, long. 0,008—0,010, crass. 0,006—0,007 millim." (Krempelh., l. c.).

U. intercalaris Krempelh. e specimine authentico nobis non est cognita, at descriptione plantae nostrae satis congruit et teste Krempelh. etiam in Brasilia obvenit. U. arthroclada Fée, Ess. Crypt. Écorc. (1824) p. XCVII, tab. III f. 4, observante Müll., Lich. Beitr. (Fl. 1887) n. 1062, „thallo undique laevissimo et ramulis et ramillis ciliisque apotheciorum dense articulatis" (partim constricte articulatis) ab U. intercalari differt. U. articulata (L.) Hoffm. (Schaer., Lich. Helv. n. 497; Stirt., On Gen. Usn. 1881 p.

4) ramis primariis constricte articulatis, demum partim subangulosis rugosisve, medulla laxa, KHO — aut lutescente, thallo passim parce subsoredioso-verruculoso distinguitur. U. Vriesiana Mont. et v. d. Bosch (Krempelh., Reis. Novar. p. 123, Lich. Süds. p. 97) secund. specim. orig. in mus. Paris. est tenuior et subsimilis U. gracili, at medulla adhuc laxiore, KHO dilute lutescente deindeque dilute aurantiaca, axi chondroideo tenuiore, cortice parce articulato-diffracto (parum constricte articuluta). U. laevigata Pers. (in Gaudich. Voy. Uran. 1826 p. 209) synonymon sit U. arthrocladae Fée (medulla laxa, KHO lutescens, dein aurantiaca: secund. specim. orig. n. 20, ad Rio de Janeiro lectum, in mus. Paris.). Hae omnes forsan transeunt.

6. **U. angulata** Ach., Syn. Lich. (1814) p. 307 (hb. Ach.); Tuck., Lich. Am. Exs. (1854) n. 51 (mus. Paris.), Wright. Lich. Cub. n. 48 (mus. Paris.); Syn. North Am. (1882) p. 42; Nyl., Syn. Lich. (1858—60) p. 272 pr. p.; Krempelh., Lich. Argent. (1878) p. 5; Stirt., On Gen. Usn. (Scott. Nat. 1881) p. 10.

Thallus pendulus, demum elongatus, sat mollis aut rigidiusculus, flavescenti- vel stramineo-glaucescens, ramis primariis angulosis, sat crassis aut crassitudine mediocribus, ramulis adventitiis crebris aut sat numerosis, teretibus. *Stratum myelohyphicum* KHO rubescens.

Sterilis ad ramos arborum in silvis prope Sitio (1000 metr. s. m., n. 388, 389, 922, 953) et in Carassa (1400—1500 metr. s. m., n. 1387) in civ. Minarum. — *Thallus* dichotome et sympodialiter ramosus et ramulis adventitiis saepe circ. 3—7 millim. longis (demum interdum in ramos accrescentes aut ramulis adventitiis secundariis instructi) saepe albido-sorediosis et soredioso-verruculosis teretibus crebre aut sat crebre instructus, longitudine circ. 100—350 millim., ramis primariis 2—0,6 millim. crassis, inaequaliter costato-angulosis, primum vulgo quadrangularibus, fere esorediatis et vix aut parum papillosis, cortice crebre articulato-diffracto vel angulis subcrenato-diffractis. *Stratum corticale* circ. 0,070—0,100 millim. crassum, cartilagineum, semipellucidum aut subpellucidum, parte exteriore stramineum, tubulis subdistinctis, majore parte subverticalibus. *Stratum myelohyphicum* sat tenue, hyphis crebre contextis, KHO primo lutescens, dein rubescens, jodo leviter caerulescens aut (in n. 389 et 922) non reagens. *Axis chondroideus* bene evolutus, membranis hypharum conglutinatis, distincte striatis. *Apothecia* (in specim. Mexicanis) circ. 15—6 (—3) millim. lata, in latere ramorum brevium lateralium nata, disco stramineo aut albido-glaucescente, margine spinuloso-ramuloso. *Excipulum* subtus spinulosum aut partim sublaevigatum. „*Sporae* ellipsoideae, long. 0,008—0,012—0,005, crass. 0,004—0,005—0,0055 millim." (Nyl. et Tuck.). „*Conceptacula pycnoconidiorum* in fibrillis sita. *Pycnoconidia* acicularia, altero apice fusiformi-incrassata, long. circ. 0,009 millim." (Nyl.).

    *U. goniodes Stirt., On Gen. Usn. (Scott. Nat. 1881) p. 10. *U. angulata* Mont., Fl. Chil. (1852) p. 66 (mus. Paris.); Krempelh. in Warm. Lich. Bras. (1873) p. 4 (specim. authent.).

    Subsimilis U. angulatae, sed strato myelohyphico KHO non reagente aut dilute lutescente).

    Ad ramos arborum in silvis prope Sitio (394 b) et Chequeira (n. 395) in civ. Minarum abundantissime fructifera. — *Thallus* facie externa omnino sicut in specie praecedente, long. 600—1200 millim., dichotome et sympodialiter ramosus, et ramulis adventitiis circ. 3—10 millim. longis (saepe denuo ramulis adventitiis instructis), teretibus, vulgo esorediatis, raro parce albidosorediosis crebre aut sat crebre instructus, ramis primariis 3—1 millim. crassis, inaequaliter subcostato-angulosis, primum vulgo quadrangularibus, esorediatis, vulgo parum aut vix papillosis, angulis subcrenato-diffractis aut cortice crebre articulato-diffracto, ramis junioribus interdum passim verruculosis. *Stratum corticale* circ. 0,200 millim. crassum, cartilagineum, subpellucidum, majore parte stramineum, ex hyphis irregulariter contextis ramosis conglutinatis formatum, membranis bene incrassatis, indistinctis, saepe stratosis, tubulis tenuibus aut interdum mediocribus. *Stratum myelohyphicum* sat bene evolutum, hyphis crebre contextis, 0,002 —0,004 millim. crassis, jodo dilutissime violascens (n. 395) aut non reagens (n. 394 b). *Axis chondroideus* bene evolutus, membranis hypharum conglutinatis, distincte striatis. *Apothecia* — 23 (—30) millim. lata, in latere ramorum brevium lateralium nata, disco stramineo aut albido-glaucescente, margine spinuloso-ramuloso. *Excipulum* subtus laevigatum aut leviter reticulatum aut parce spinosum. *Hypothecium* subalbidum. *Hymenium* circ. 0,060 millim. crassum, jodo persistenter caerulescens. *Epithecium* stramineum aut subpallidum. *Paraphyses* $0,0015$ millim. crass., apicem versus parum incrassatae, haud ramosae, haud constrictae. *Asci* clavati, $0,012$—$0,010$ millim. crass., apice membrana modice incrassata. *Sporae* distichae, breviter ellipsoideae aut subglobosae aut ovoideae, apicibus rotundatis, long. $0,009$—$0,006$, crass. $0,007$ —$0,004$ millim.

2. Ramalina.

Ach., Lich. Univ. (1814) p. 122 et 598; Fr., Lich. Eur. (1881) p. 28; De Not., Framm. Lich. (1846) p. 33; Tul., Mém. Lich. (1852) p. 26, 168, tab. 2 fig. 13—15; Mass., Mem. Lich. (1853) p. 63; Speerschneid. in Bot. Zeit. 1855 p. 345, 361, 377, tab. III; Koerb., Syst. Germ. (1855) p. 38; Linds., Mem. Sperm. (1859) p. 126, tab. V fig. 6—18; Nyl., Syn. Lich. (1858—60) p. 287, tab. 8 fig. 24—31; Schwend., Unters. Flecht. (1860) p. 155, tab. 5 fig. 7—11; Th. Fr., Gen. Heterolich. (1861) p. 50; Nyl., Mon. Ram. (1870) p. 5; Th. Fr., Lich. Scand. (1871) p. 33; Tuck., Gen. Lich. (1872) p. 5, Syn. North Am. (1882) p. 20; Lindau, Anlag. Flechtenap. (1888) p. 17.

Thallus fruticulosus, basi substrato affixus, teres aut saepius foliaceo-complanatus, erectus aut pendulus, ramosus, vulgo stramineus aut stramineo- vel albido-glaucescens aut pallidus, undique fere similaris (aut latere inferiore raro gonidiis destituto), rhizinis veris nullis. *Stratum corticale* thalli chondroideum, ex hyphis formatum longitudinalibus [sect. Euramalina Stizenb.] aut transversalibus [sect. Desmazieria (Mont.) et Cenozosia (Mass.)] conglutinatis, membrana incrassata et tubulo tenui instructis, interdum majore minoreve parte demum fere amorphum. *Stratum medullare* stuppeo-arachnoideum aut totum in zonam gonidialem reductum, solidum aut cavernosum aut fistulosum, hyphis tenuibus aut crassis, membrana incrassata et tubulo tenui instructis. *Gonidia* protococcoidea, globosa, membrana sat tenui. *Apothecia* marginalia aut lateralia aut apicibus ramorum recurvis evanescentibusve demum subterminalia, peltata aut cupulaeformia, vulgo straminea aut testaceo-pallida. *Excipulum* lecanorinum, margine integro aut subintegro, haud radiato, extus strato corticali obductum chondroideo, ex hyphis formato conglutinatis, membrana incrassata et lumine tenuissimo instructis. *Hypothecium* chondroideum, ex hyphis crebre contextis conglutinatis formatum, albidum aut pallidum aut subdecoloratum, strato medullari impositum stuppeo aut intus cavo, gonidia et infra stratum corticale excipuli et

infra hypothecium continenti. *Paraphyses* arcte cohaerentes.
Sporae 8:nae, decolores, ellipsoideae aut oblongae aut fusiformes,
1-septatae. *Conceptacula pycnoconidiorum* thallo immersa aut semiimmersa. *Sterigmata* pauciarticulata aut exarticulata, *anaphy-*
sibus vel filamentis anastomosantibus immixta. *Pycnoconidia* suboblonga, recta.

Species infra commemoratae omnes ad sect. *Euramalinam* Stizenb.
pertinent.

Stirps 1. **Fistularia** Wainio. *Thallus* inflatus fistulosusque.

1. **R. inflata** (J. D. Hook. et Tayl.) Nyl., Mon. Ram. (1870)
p. 65; Tuck., Gen. Lich. (1872) p. 6; Krempelh. in Warm. Lich.
Bras. (1873) p. 6 (hb. Warm.); Müll. Arg., Lich. Beitr. (Fl. 1888) n.
1277 (pr. p.), 1364 (pr. p.). *Cetraria inflata* J. D. Hook. et Tayl.,
Lich. Antarct. (1844) p. 646. *R. geniculata* Nyl., Mon. Ram. (1870)
p. 65 (pr. min. p.), ex specim. orig. in mus. Paris. (haud Hook. &
Tayl., l. c. p. 655: Müll. Arg., l. c. n. 1280); Müll. Arg., l. c. (1878)
n. 83 (pr. p.), (1879) n. 128 (pr. p.). „R. pollinaria" Krempelh.,
Fl. 1876 p. 61 (coll. Glaziou n. 1855: hb. Warm.).

Thallus sat brevis aut brevis, longitudine circ. 15—45 millim., erectus, teretiusculus, inflatus, crebre ramosus, ramis crassioribus circ. 7—1 millim. crassis, apicibus inflatis breviterque vel
conico-acutatis aut obtusis, sat laevigatus, esorediatus, foraminibus in serie subsimplice in latere inferiore sparsis, medulla KHO
non reagente. *Apothecia* mediocria aut majuscula, 1,5—8 millim.
lata, subterminalia. *Sporae* oblongae aut ellipsoideae aut subovoideae, pr. p. rectae, pr. p. curvulae, long. 0,012—0,008, crass.
0,005—0,004 millim.|long. —0,016, crass. —0,007 millim.: Nyl., l. c.|.

Ad ramulos arborum suis locis, velut ad Sitio in civ. Minarum, satis frequenter, n. 618, 951, 956, 961, 1048 b. — *Thallus*
stramineus aut stramineo-glaucescens aut rarius partim olivaceus
aut subtus stramineo-albidus semipellucidusque, nitidiusculus,
fistulosus, parietibus tenuibus, teretiusculus aut leviter inflato-compressiusculus, subdichotome ramosus, ramis patentibus, KHO non
reagens. *Stratum corticale* inaequaliter incrassatum, —0,120 millim.
crassum, parte interiore fasciato-laceratum, ex hyphis formatum
flexuosis, sublongitudinalibus, conglutinatis, membranis modice incrassatis, indistinctis aut partim stratosis (in aqua), tubulo distincto, in parte exteriore corticis fere amorpha minus distincto.

Stratum medullare evanescens, solum in latere superiore thalli gonidia continens. *Apothecia* versus summitates laciniarum enata et, apicibus brevibus laciniarum recurvis evanescentibusve, demum subterminalia, distincte podicellata, disco pallido aut stramineo, pruinoso aut denudato. *Excipulum* extus laevigatum rugosumve, podicellum versus sensim angustatum, podicello fistuloso inflatoque, strato corticali cartilagineo bene evoluto, ex hyphis conglunatis irregulariter contextis formato, strato medullari intus cavo, toto gonidia continente. *Hypothecium* fere decoloratum, tenue, cartilagineum. *Hymenium* circ. 0,040 millim. crassum, jodo caerulescens, demum vinose rubens. *Paraphyses* gelatinam firmam parum abundantem percurrentes, 0,001 millim. crassae, apice leviter clavato-incrassatae, parce ramoso-connexae, inaequaliter elongatae apicibusque in epithecio subliberis (in KHO visae). *Asci* clavati, 0,010—0,008 millim. crassi, apice membrana leviter incrassata. *Sporae* 8:nae, distichae, apicibus obtusis aut altero apice roduntato. *Pycnoconidia* „cylindrica, long. 0,0035, crass. 0,001 millim.‟ (Nyl., l. c.).

2. **R. geniculata** Nyl., Mon. Ram. (1870) p. 65, pr. maj. p. (mus. Paris.), haud Hook. et Tayl., Lich. Antarct. (1844) p. 655 (conf. Müll. Arg., Lich. Beitr. 1888 n. 1280). „R. complanata‟ Krempelh., Fl. 1876 p. 61 (coll. Glaziou n. 1859 in hb. Warm.).

Thallus brevis, longitudine circ. 15—30 millim., erectus, teretiusculus, inflatus, crebre ramosus, ramis crassioribus circ. 2—0,4 millim. crassis, apicibus tenuibus sensimque attenuatis, acutis, sat laevigatus, esorediatus, foraminibus in serie subsimplice in latere inferiore sparsis, medulla KHO non reagente. *Apothecia* demum mediocria majusculave, 1,5—7 millim. lata, subterminalia. *Sporae* oblongae aut parcius ovoideo-oblongae, pr. p. rectae, pr. p. curvatae, long. 0,015—0,009, crass. 0,005—0,003 millim.

Ad ramulos arborum suis locis, velut ad Sitio in civ. Minarum, satis frequenter at parce obveniens, n. 288, 607, 629, 952, 960, 962, 998, 1048. — R. inflatae proxime est affinis, sed in eam transire non videtur, et ramis tenuioribus ab ea differt. R. subgeniculata Nyl. (R. inflata var. tenuis Tuck., Gen. Lich. p. 6: mus. Paris.) apotheciis minoribus, magis peltatis (haud turbinatis), brevius podicellatis et paullo magis lateralibus a R. geniculata distinguitur. — *Thallus* stramineus aut stramineo-glaucescens [aut demum pallidus] aut subtus stramineo-albidus semipellucidusque, nitidiusculus, fistulosus, parietibus tenuibus (circ. 0,110 —0,180 millim. crassis), teretiusculus aut leviter inflato-compressiusculus, dichotome ramosus, ramis patentibus, ramis sterilibus vulgo multo crassioribus, quam ramis fertilibus, KHO non reagens [in R. dichotoma Hepp vel *R. subpusillo Nyl., quae ex opinione cel. Müll. Arg. (vide: Lich. Beitr. n. 83) est variatio hujus speciei, medulla KHO flavescit vel adhuc deinde rubescit]. *Stratum corticale* sicut in R. inflata. *Stratum medullare* evanescens, solum e zona gonidiali tenui constans, in latere inferiore thalli solum maculas zonae gonidialis sparsas rarasque formans. *Apothecia* prope summitates laciniarum enata, apicibus sat brevibus (circ. 5—3 millim. longis) laciniarum recurvis demum subterminalia, distincte podicellata, disco stramineo aut pallido, pruinoso aut rarius denudato. *Excipulum* rugosum aut laevigatum, podicellum versus sensim angustatum, aut rarius demum sat abrupte dilatatum subpeltatumve, podicello fistuloso inflatoque, strato corticali ex hyphis praesertim subverticalibus formato; stratum medullare excipuli totum gonidia continens, medio fatiscens, ita ut partim hypothecio, partim strato corticali adhaereat. *Hypothecium* dilute pallidum. *Hymenium* 0,100 millim. crassum, jodo caerulescens, dein obscure vinose rubens. *Paraphyses* sicut in R. inflata. *Sporae* apicibus rotundatis aut altero apice obtuso.

Stirps 2. **Myelopoea** Wainio. *Thallus* medulla laxe aut cavernose stuppea instructus.

*Teretiuscula** Wainio. *Thallus* teres aut anguloso-teres.

3. **R. rigida** (Pers.) Ach., Syn. Lich. (1814) p. 294 (hb. Ach.); Nyl., Mon. Ram. (1870) p. 14 (pr. p.).

Thallus brevis, circ. 15—5 millim. altus, suberectus, teres, dichotome aut irregulariter crebre vel creberrime ramosus, fragilis, ramis primariis circ. 0,3—0,5 millim. latis, sorediosus, sorediis minutis rotundatis, medulla KHO demum rubescente. „*Apothecia* parva, 1—2 millim. lata. *Sporae* ellipsoideae aut oblongo-ellipsoideae, rectae, long. 0,015—0,010, crass. 0,008—0,007 millim." (Nyl., l. c.).

Sterilis ad saxa prope Sepitiba in civ. Rio de Janeiro, n. 406, 408. — *Thallus* stramineus aut stramineo-pallescens aut testaceus, nitidiusculus, estriatus, apicibus saepe breviter et creberrime ramulosis, attenuatis, sorediis thallo subconcoloribus, interdum isidioso-ramulosis, KHO primum subflavescentibus, demum rubescentibus. *Stratum corticale* inaequaliter incrassatum, sed haud fasciatum, —0,090 millim. crassum, extus stramineum, ex hyphis formatum longitudinalibus, conglutinatis, membranis partim subdistinctis aut stratosis, tubulis distinctis. *Stratum medullare* laxe stuppeum, hyphis 0,006—0,0015 millim. crassis, infra stratum corticale glomerulos gonidiorum continens. „*Apothecia* luteopallida sparsa plana, excipulo laevi basi constricto, margine integro. *Pycnoconidia* long. circ. 0,0035, crass. 0,001 millim." (Nyl., l. c.).

4. R. gracilis (Pers.) Nyl., Syn. Lich. (1858—60) p. 296, Mon. Ram. (1870) p. 17; Müll. Arg., Rev. Mey. p. 310. *Physcia gracilis* Pers. in Gaudich. Voy. Uran. (1826) p. 209.

Thallus sat brevis aut mediocris aut raro longiusculus, circ. 25—70 (—130) millim. altus, erectus aut suberectus, angulato-teretiusculus, fruticuloso-ramosus, sensim attenuatus, ramis primariis circ. 0,5—1 millim. crassis, trunco communi basi —2 millim. crasso, longitudinaliter parallele nervoso-striatus, esorediatus, medulla KHO non reagente, ramis patentibus. *Apothecia* parva aut sat parva, 1—3,5 millim. lata, lateralia. *Sporae* ellipsoideae aut partim ovoideae, rectae, long. 0,020—0,013, crass. 0,010—0,006 millim.

Ad ramos arborum sat frequenter ad Rio de Janeiro (n. 17, 40, 63, 64, 71) et Sepitiba (n. 383, 384, 420) in civ. Rio de Janeiro. — *Thallus* stramineo- aut rarius demum pallido- vel testaceo-glaucescens, striis longitudinalibus demum albis. *Stratum corticale* inaequaliter incrassatum et fasciato-divisum, —0,080 aut —0,110 millim. crassum, cartilagineum, ex hyphis formatum longitudinalibus conglutinatis, membranis incrassatis partim subdistinctis, extus stramineum impellucidumque et elementis minus distinctis, intus albidum subdecoloratumque. *Stratum medullare* bene evolutum, hyphis 0,006—0,0015 millim. crassis, laxissime contextis, membranis sat bene incrassatis, lumine tenui. *Apothecia* peltata aut primum diu breviter subturbinata, demum subpodicellata, disco sat tenuiter caesio-pruinoso aut rarius denudato testaceoque vel testaceo-pallido, plano aut demum convexiusculo, margine tenui, integro aut subflexuoso, demum discum haud superante, testaceo aut testaceo-pallido. *Excipulum* subtus laevigatum, testaceum aut testaceo-glaucescens, strato corticali cartilagineo, ex hyphis irregulariter contextis conglutinatis formato, strato medullari gonidia infra hypothecium et stratum corticale continente. *Hypothecium* albidum aut dilutissime pallidum. *Hymenium* 0,070—0,090 millim. crassum, jodo persistenter caerulescens. *Epithecium* inspersum, stramineum, subgranulosum. *Paraphyses* 0,0015—0,001 millim. crass., apice parum aut leviter incrassatae et in epithecio inaequaliter elongatae, parce ramoso-connexae, plurimae simplices, gelatinam haud abundantem percurrentes, haud constrictae. *Asci* clavati aut suboblongi, 0,016—0,010 millim. crass., apice membrana incrassata. *Sporae* 8:nae, distichae aut monostichae, apicibus rotundatis aut altero apice obtuso, 1-septatae, non aut levissime constrictae. *Conceptacula pycnoconidiorum* thallo immersa, fusconigra, globosa, ostiolo comparate lato, macula parvula nigra indicata. *Sterigmata* increbre articulata, ramosa, ramis acicularibus exarticulatis, aut ex ramis anaphysium constantia. *Pycnoconidia* ovoideo- aut subcylindrico-oblonga, apicibus rotundatis aut obtusis, recta, long. 0,005—0,003, crass. 0,001 millim. *Anaphyses* 0,002 millim. crassa, anastomosantia.

**Compressiuscula Wainio. *Thallus* applanatus aut rarius anceps.

5. **R. anceps** Nyl., Syn. Lich. (1858—60) p. 290, Mon. Ram. (1870) p. 15.

Thallus elongatus, longitudine circ. 10—50 centimetr., pendulus, compressiusculo- aut anguloso-anceps, linearis, gracilis, ramis latioribus —0,7 millim. latis, sensim attenuatus, ramosus, laevis aut sat laevis, estriatus aut parce longitudinaliter striatus, esorediatus, medulla KHO lutescente et demum rubescente. „*Apothecia* parva, latit. circ. 1 millim. vel minora, in geniculis thalli adnata. *Sporae* ellipsoideae aut oblongo-ellipsoideae, rectae, long. 0,018—0,012 millim., crass. 0,008—0,006 millim.“ (Nyl., l. c.).

Sterilis in latere saxi prope Rio de Janeiro, n. 65. — *Thallus* stramineo-pallescens aut rarius testaceo-pallescens [„aut albidus": Nyl., l. c.], nitidiusculus, ramis increbris aut sat crebris, divaricatis aut patentibus, demum· vulgo elongatis, axilla acuta—rotundata. *Stratum corticale* inaequaliter fasciatum, —0,150 millim. crassum, extus stramineum, ex hyphis formatum longitudinalibus, membranis incrassatis, conglutinatis, distinctis, tubulis conspicuis. *Stratum medullare* tenue, hyphis 0,001—0,003 millim. crassis, membranis incrassatis; zona gonidialis in interstitia corticis penetrans. *Excipulum* extus laevigatum.

6. **R. usneoides** (Ach.) Fr., Lich. Eur. (1831) p. 468; Nyl., Syn. Lich. (1858—60) p. 291, Mon. Ram. (1870) p. 23; Tuck., Syn. North Am. (1882) p. 22. *Parmelia* Ach., Meth. Lich. (1803) p. 270.

Thallus elongatus, circ. 1—pluri-pedalis, pendulus, compressus, planus, linearis, saltem maxima parte angustus (circ. 0,5—2 millim. latus), sensim attenuatus, ramosus, longitudinaliter parallele nervoso-striatus, esorediatus, medulla KHO haud reagente, ramis (basi) divaricatis. *Apothecia* parva, 0,8—1,5 (—3) millim. lata, vulgo e margine thalli enata. *Sporae* oblongo-fusiformes, rectae aut parcius subcurvulae, long. 0,028—0,015, crass. 0,004—0,003 millim. |—0,0045 : Nyl., Mon. Ram. p. 24].

In ramis arborum prope Rio de Janeiro (n. 385, 386), et in Sepitiba (n. 382) in civ. Rio de Janeiro. — *Thallus* flavido· vel stramineo-glaucescens aut rarius demum glaucescenti-pallidus. tenuis, demum saepe partim spiraliter tortus, interdum basi — 5 millim. latus, striis longitudinalibus demum albis, ramis increbris aut raro sat crebris, vulgo demum elongatis pendulisque. *Stratum corticale* — 0,100 millim. crassum, cartilagineum, fasciato-divisum. ex hyphis formatum longitudinalibus conglutinatis, membranis incrassatis distinctis, albidum, parte exteriore ceterum subsimili stramineum. *Stratum medullare* tenue, laxe stuppeum, abundanter oleosum, hyphis 0,001—0,0015 millim. crassis, zona gonidiali in interstitia fasciarum corticis penetrante. *Apothecia* peltato-compressa, demum subpodicellata, testaceo-pallida aut testacea, disco subnudo aut tenuissime pruinoso, plano, margine tenui, integro, demum discum vix superante, disco vulgo fere concolore. *Excipulum* subtus laevigatum aut levissime rugulosum, strato corticali cartilagineo, in parte exteriore hyphis subverticalibus ramosis, in parte interiore irregulariter contextis, strato medullari tenui, infra stratum corticale et hypothecium aut fere toto gonidia'continente. *Hypothecium* dilutissime pallidum aut subalbidum. *Hymenium* 0,060 millim. crassum, jodo persistenter caerulescens. *Epithecium* tenue, stramineum, parum granulosum. *Paraphyses* 0,0015—0,001 millim. crass., apice levissime incrassatae, gelatinam haud abundantem firmam percurrentes, parce ramoso-connexae, apice saepe breviter ramosae ibique saepe constricte articulatae. *Asci* clavati, 0,008 millim. crass., apice membrana leviter incrassata. *Sporae* 1-septatae, apicibus attenuatis, sed obtusis. *Conceptacula pycnoconidiorum* margini thalli subimmersa aut semiimmersa, pallida, ostiolo pallido aut obscurato prominente. *Pycnoconidia* „oblongo-cylindrica, long. vix 0,004 millim., crass. haud 0,001 millim. *Anaphyses* crass. 0,002 millim." (Nyl., l. c.).

7. **R. Yemensis** (Ach.) Nyl., Mon. Ram. (1870) p. 46, Fl. 1874 p. 71. *R. fraxinea β. R. Yemensis* Ach., Lich. Univ. (1810) p. 602 (hb. Ach.). *Parmelia Eckloni* Spreng., Linn. Syst. Veg. IV Suppl. (1827) p. 328. *Ramalina Eckloni* Mont., Fl. Chil. (1852) p. 79; Müll. Arg., Lich. Parag. (1888) p. 3, Lich. Beitr. (Fl. 1888) n. 1240, 1241, 1283, (1889) n. 1478.

Thallus mediocris aut elongatus, longitudine circ. 50—100 |—10| millim., suberectus aut subpendulus, compressus, basin versus subdigitatim aut irregulariter laciniatus, laciniis subsimplicibus aut basin versus parce divisis, lanceolatis aut rarius sublinearibus oblongisve, sensim attenuatis aut rarius breviter obtusatis, laciniis primariis 30—0,8 millim. latis, longitudinaliter tenuissime striatus rimulosusve, demum saepe basin versus nervosus, planus aut superne canaliculato-concavus, esorediatus, nitidiusculus, medulla KHO non reagente. *Apothecia* numerosa, parva, 0,8—2,5 millim. lata, marginalia et lateralia. *Sporae* ellipsoideae aut oblongae aut parcius subovoideae, rectae aut curvatae, long. 0,017—0,009, crass. 0,007—0,0045 millim. |—0,003 millim.: Nyl., Mon. Ram. p. 48].

Var. **Eckloni** (Spreng.) Wainio. *Parmelia Eckloni* Spreng., l. c.

Thallus longit. circ. 50—100 millim., laciniis lanceolatis aut sublinearibus, sensim attenuatis, planis aut canaliculatis, circ. 30 —3 millim. latis. *Sporae* rectae aut parcius curvatae, long. 0,017 —0,009, crass. 0,007—0,0045 millim.

Ad corticem et ramos arborum frequenter in Brasilia provenit (n. 23, 381, 617, 917, 925, 961, 963, 976). — *Stratum corticale* in fascias inaequales divisum, —0,200 millim. crassum, extus stramineum, ex hyphis formatum longitudinalibus conglutinatis, membranis sat crassis et saepe distincte stratosis, tubulo conspicuo. *Stratum medullare* evanescens, fere solum e zona gonidiali constans, in lateribus ambobus gonidia continens, passim tenue laxissimeque contextum, hyphis 0,003—0,0015 millim. crassis, inter fascias corticis in superficiem thalli penetrans. *Apothecia* demum peltata, sessilia, disco plano aut demum convexo, carneopallido, tenuiter caesio-pruinoso, margine tenuissimo, integro, demum saepe excluso. *Excipulum* extus testaceum aut pallidum, subtus laevigatum, strato corticali cartilagineo, ex hyphis verticalibus irregulariter ramosis formato, tubulis conspicuis, strato medullari fere toto gonidia continente. *Hypothecium* albidum. *Hymenium* 0,070 millim. crassum, jodo persistenter caerulescens, ascis partim fere violascentibus. *Epithecium* stramineum, subgranulosum. *Paraphyses* 0,001 millim. crass., apicem versus leviter aut levissime incrassatae, gelatinam firmam haud abundantem percurrentes, parce ramoso-connexae aut furcatae, plurimae simplices, haud constrictae. *Asci* subclavati, 0,014—0,012 millim. crass., apice membrana modice incrassata. *Sporae* 8:nae, distichae, ellipsoideae aut oblongae aut ovoideo-ellipsoideae, apicibus vulgo rotundatis, rarius obtusis, 1-septatae, haud constrictae. *Pycnoconidia* „long. 0,003—0,005, crass. 0,001 millim." (Nyl., Mon. Ram. p. 46).

8. **R. complanata** (Sw.) Ach., Lich. Univ. (1810) p. 599 (hb. Ach.), Syn. Lich. (1814) p. 294; Nyl., Mon. Ram. (1870) p. 29. *Lichen complanatus* Sw., Fl. Ind. Occ. III (1806) p. 1911.

Thallus sat brevis aut mediocris aut sat elongatus, circ. 15 —100 millim. altus, suberectus, compressus, dichotome aut irregulariter laciniatus, laciniis sublinearibus aut irregularibus, patentibus, apice obtusis aut attenuatis, laciniis primariis circ. 1—4 millim. latis, superne canaliculato-concaviusculis aut partim planis, saltem margine papillosus, papillis minutissimis, apice demum sorediosis, ceterum esorediatus, medulla KHO non lutescente. *Apothecia* mediocria, circ. 2—10 millim. lata, marginibus et saepe etiam lateribus laciniarum praesertimque summitates versus laciniarum affixa. *Sporae* oblongae aut partim ovoideo-oblongae, curvulae aut partim rectae, long. 0,016—0,010, crass. 0,005— 0,0035 millim.

Ad truncum et ramulos arborum prope Rio de Janeiro (n. S. 24) et ad Sepitiba (n. 425) in civ. Rio de Janeiro. — *Thallus* stramineus aut stramineo-glaucescens [aut pallidus testaceusve], solum margine aut parcius abundantiusve etiam latere superiore inferioreve papillosus, papillis apice demum albidis, superne et inferne nervoso-inaequalis aut partim laevigatus, medulla KHO non reagente (aut in f. reagente Wain. dilute rubescens). *Stratum corticale* sicut in R. denticulata. *Stratum medullare* cavernoso-stuppeum, hyphis 0,002—0,006 millim. crassis. *Apothecia* primum cupuliformia, demum peltata, sessilia aut rarius subpodicellata, disco stramineo aut carneo-pallido, pruinoso. *Excipulum* subtus reticulato-rugosum aut laevigatum aut rarius papillosum. *Epithecium* paululum granulosum. *Paraphyses* 0,001—0,0015 millim. crass., apice paululum incrassatae (—0,003 millim.), partim ramoso-connexae, pro majore parte simplices. *Sporae* apicibus rotundatis aut partim obtusis. *Pycnoconidia* „long. 0,0035— fere 0,004, crass. 0,001 millim." (Nyl., l. c. p. 30).

F. **reagens** Wainio. *Thallus* superne et inferne et margine crebre papillosus, medulla KHO leviter rubescente (haud lutescente). *Excipulum* subtus papillosum.

Ad corticem arboris prope Rio de Janeiro, n. 56. — Thallus circ. 25—20 millim. altus, stramineo-glaucescens aut partim stramineus, laciniis circ. 5—1,5 millim. latis. *Excipulum* extus haud reticulato-rugosum. *Paraphyses* 0,001 millim. crass., apicem versus levissime incrassatae, simplices aut parcissime ramoso-connexae, apice saepe breviter ramulosae. *Sporae* ellipsoideae aut oblongae aut subovoideae, apicibus rotundatis aut raro obtusis, rectae aut obliquae, long. 0,014—0,010, crass. 0,006—0,003 millim.

9. **R. denticulata** (Eschw.) Nyl., Mon. Ram. (1870) p. 28; Müll. Arg., Lich. Beitr. (Fl. 1880) n. 170, (1885) n. 927, 928. *Parmelia* Eschw. in Mart. Fl. Bras. (1833) p. 221.

Thallus sat brevis aut mediocris, circ. 15—70 millim. altus [—5 millim.: Müll. Arg., Lich. Beitr. n. 928], suberectus, compressus, irregulariter laciniatus, laciniis sublinearibus aut irregularibus, patentibus vel patulis, apice obtusis aut attenuatis, laciniis primariis circ. 1—3 (—4) millim. latis, superne vulgo canaliculato-concavus, margine et plus minusve etiam latere inferiore superioreque papillosus, papillis minutissimis, apice demum subsorediosis, ceterum esorediatus, medulla KHO lutescente, demum rubescente. *Apothecia* mediocria, circ. 2 – 10 millim. lata, prope summitates laciniarum sita. *Sporae* oblongae, rectae aut partim curvatae, long. 0,016—0,011, crass. 0,005—0,003 [—0,006: Nyl., l. c.].

Var. **subolivacea** Wainio. *R. denticulata* Nyl., l. c. (excl. var.): mus. Paris. *R. rigida* Krempelh. in Warm. Lich. Bras. (1873) p. 5 (ex spec. orig.).

Thallus olivaceo- vel pallido-glaucescens aut partim glaucescens vel stramineo-glaucescens. *Laciniae* haud aut parum nervosae, apicibus compressis, obtusis aut breviter attenuatis.

Ad truncum et ramulos arborum prope Rio de Janeiro (n. 1, 16, 218) et ad Sepitiba (n. 407, 412, 417, 423, 426) in civ. Rio de Janeiro. — *Thallus* circ. 15—50 millim. alt., saepe solum margine aut etiam latere superiore et inferiore papillosus, papillis apice demum albidis, laciniis superne vulgo irregulariter canaliculato-concavis aut rarius partim planis, inferne vulgo convexis. *Stratum corticale* duas zonas continens: 1) zona exterior continua aut subcontinua, circ. 0.020—0,015 millim. crassa, majore parte straminea impellucidaque, a zona interiore sat distincte limitata, fere amorpha, ex hyphis formata incrassatis conglutinatisque, membranis indistinctis, tubulis tenuissimis, in KHO subconspicuis: 2) zona interior in fascias divisa, —0,120 vel 0,160 millim. crassas, pellucidas, hyphis longitudinalibus conglutinatis, membranis incrassatis, subindistinctis, at stratosis, tubulis conspicuis. *Stratum medullare* tenue, stuppeum, hyphis 0,0015—0,004 millim. crassis, membranis incrassatis; zona gonidialis inter fascias corticis in papillas penetrans. *Apothecia* cupuliformia aut demum peltata, sessilia aut rarius subpodicellata, disco carneo-pallido aut rarius stramineo-glaucescente, tenuiter aut tenuissime subcaesio- aut stramineo-pruinoso, demum vulgo planiusculo, margine tenui, integro aut demum flexuoso, thallo concolore. *Excipulum* subtus vulgo plus minusve papillosum aut reticulato-rugosum aut sublaeve, strato corticali cartilagineo, sat tenui, inaequaliter incrassato, strato medullari toto gonidia continente. *Hypothecium* albidum aut dilutissime pallidum, ex hyphis crebre contextis conglutinatis formatum. *Hymenium* 0,055—0,050 millim. crassum, jodo caerulescens, dein obscure vinose rubens aut fere violascens. Hymenium superius stramineum, epithecio haud aut parum granuloso. *Paraphyses* 0,0005 millim. crass., apice vix aut paululum incrassatae, haud aut parcissime ramosae, gelatinam sat abundantem firmam percurrentes, haud constrictae. *Asci* clavati, 0,010 —0,008 millim. crass., apice membrana leviter incrassata. *Sporae* 8:nae, distichae, oblongae aut parce ovoideo-oblongae, apicibus obtusis aut rarius altero apice rotundato, 1-septatae, haud constrictae, rectae, long. 0,016—0,011, crass. 0,005—0,003 millim.

Var. **canalicularis** Nyl., Mon. Ram. (1870) p. 28. Coll. Glaziou n. 1851 (hb. Warm.).

Thallus stramineo- aut albido-glaucescens. *Laciniae* irregulariter canaliculatae, subtus et saepe demum etiam superne nervis elevatis crassiusculis longitudinalibus irregulariter confluentibus instructae, apicibus et ramulis irregulariter sensim attenuatis, angustis, summitates versus saepe teretiusculis.

Ad ramulos arborum prope Sitio (1000 metr. s. m.) in civ. Minarum, n. 619, 955, 957, 1108. — Variatio est bene distincta, at in v. subolivaceam transire videtur. Specimen originale v. canalicularis Nyl. non vidimis, at descriptio, quidem nimis brevis, cum planta nostra satis convenit. Conferenda etiam cum v. fallaci Müll. Arg., Lich. Beitr. (Fl. 1885) n. 928. — *Thallus* 20—70 millim. altus, solum margine aut etiam latere inferiore et interdum passim parce latere superiore papillosus, medulla KHO primum lutescente, dein rubescente. *Stratum corticale* zona exteriore circ. 0,020—0,030 millim. crassa, fasciis zonae interioris —0,080 millim. crassis. *Stratum medullare* hyphis 0,0015—0,005 millim. crassis, pro majore parte tenuibus, membranis incrassatis, tubulo tenui. *Apothecia* prope summitates laciniarum enata et, apicibus brevibus laciniarum recurvis, demum subterminalia, demum vulgo subpodicellata. *Excipulum* infra stratum corticale et parcius infra hypothecium gonidia continens. *Hymenium* circ. 0,070 millim. crassum, jodo caerulescens, dein vinose rubens, ascis apice persistenter caerulescentibus. *Epithecium* subgranulosum. *Paraphyses* 0,001 millim. crass., apicem versus sensim incrassatae (—0,002 millim.), apicibus inaequaliter elongatis subliberisque, flexuosis torulosisque et breviter ramulosis, aut partim simplices. *Sporae* oblongae, apicibus obtusis rotundatisve, rectae aut aliae curvatae, long. 0,015—0,012, crass. 0,005—0,004 millim.

10. **R. flagellifera** Wainio (n. sp.).

Thallus mediocris aut elongatus, longitudine circ. 40—90 millim., suberectus, compressus, crebre sympodialiter et dichotome ramosus, ramis linearibus, patentibus, sensim attenuatis, apicibus angustissimis, sympodio et ramis primariis circ. 1,5—0,8 millim. latis, marginibus sorediosis, sorediis angustis elongatisque, lateribus parce longitudinaliter tenuissime striatis, planis, medulla KHO non reagente. *Apothecia* incognita.

In ramulis arborum ad Sitio in civ. Minarum (1000 mctr. s. m.), n. 620. — Affinis sit R. protensae Nyl. (Mon. Ram. p. 35), sed thallo in primis sympodialiter ramoso, striato et ramis apicem versus tenuissimis coloreque thalli differens. A R. subfarinacea Nyl. (Cromb., Brit. Ram. p. 5) ramis tenuioribus et medulla KHO non reagente differt. — *Thallus* flavescenti-stramineus, nitidiusculus, striis demum albidis, sorediis albidis. *Stratum corticale* inaequaliter fasciatum, —0,160 millim. crassum (extus stramineum), ex hyphis formatum longitudinalibus conglutinatis, membranis incrassatis, partim subdistinctis aut distincte striatis, tubulo distincto. *Stratum medullare* evanescens, maxima parte in zonam gonidialem reductum, hyphis 0,001—0,003 millim. crassis, membrana incrassata; zona gonidialis inter fascias corticis penetrans.

11. **R. peranceps** Nyl., Fl. 1876 p. 411. Wright, Lich. Cub. n. 23.

Thallus longitudine circ. 40—90 millim., suberectus aut subpendulus prostratusve, compressus, crebre dichotome aut partim trichotome ramosus, ramis linearibus, patentibus, sensim attenuatis, ramis primariis circ. 1,5—0,5 millim. latis, marginibus et parcius etiam lateribus soredioso-striatis, sorediis sat angustis et vulgo elongatis, lateribus planis, medulla KHO lutescente et demum rubescente. *Sporae* ,,fusiformi-oblongae, curvulae, long. 0,021—0,015, crass. 0,006—0,004 millim." (Nyl., l. c.).

Sterilis in latere saxi prope Rio de Janeiro, n. 15, 65 b, 70, 72, 86. — Affinis et facie externa subsimilis est R. protensae et R. subfarinaceae. *Thallus* stramineus aut stramineo-glaucescens, nitidiusculus aut subopacus, partibus attenuatis laciniarum haud elongatis. *Stratum corticale* inaequaliter fasciatum, —0,120 millim. crassum, extus stramineum, ex hyphis formatum longitudinalibus, conglutinatis, membranis sat crassis, distinctis, stratosis, tubulis distinctis. *Stratum medullare* tenue, hyphis 0,0035—0,0025 millim. crassis, glomerulos gonidiorum in lateribus ambobus continens, zona gonidiali inter fascias corticis erumpente.

12. **R. Peruviana** Ach.. Lich. Univ. (1810) p. 599 (hb. Ach.), Syn. Lich. (1814) p. 295; Nyl., Mon. Ram. (1870) p. 30.

Thallus sat brevis, longitudine circ. 20—40 millim., erectus, partim compressus, partim anceps vel teretiusculus, undulato-sublinearis, sat tenuis, crebre ramosus, ramis latioribus 0,4—1,2 millim. latis, satis sensim attenuatus, passim tenuissime striatus, margine sorediosus, sorediis oblongis rotundatisve, lateribus plani-usculis aut convexis aut passim subfoveolato-inaequalibus, medulla KHO non reagente. |Apothecia parva, 0,8—1,5 millim. lata, e margine thalli enata.| „*Sporae* oblongae aut fusiformi-oblongae, rectae, long. 0,015—0,012, crass. 0,004—0,003 millim." (Nyl., l. c.).

Sterilis in ramulis arborum prope Rio de Janeiro, n. 35, 41, 68. — Proxime affinis est R. farinaceae (L.), a qua laciniis haud canaliculatis et colore thalli forsan sat constanter suboliva-ceo differt. *Thallus* pallide olivaceo-glaucescens |aut testaceo-olivaceus| aut ramis nonnullis magis umbratis stramineis, nitidi-usculus, crebre sympodialiter aut fere dichotome ramosus, ramis divaricatis aut patentibus, sorediis albis, mediocribus aut sat an-gustis. *Stratum corticale* inaequaliter fasciatum, —0,170 millim. crassum, extus stramineum, ex hyphis formatum longitudinalibus, membranis sat crassis conglutinatis subindistinctis, distincte stra-tosis, tubulis conspicuis. *Stratum medullare* tenue, stuppeo-caver-nosum, hyphis 0,0015—0,003 millim. crassis; zona gonidialis in interstitia fasciarum corticis penetrans. |*Apothecia* disco strami-neo, opaco, plano, margine integro, thallo concolore. *Excipulum* subtus laevigatum.|

13. **R. subpollinaria** Nyl., Mon. Ram. (1870) p. 27 (mus. **Paris.**).

Thallus sat brevis aut mediocris, circ. 15—60 millim. altus, suberectus, platysmoideo-compressus, fere dichotome aut subdigita-tim aut irregulariter laciniatus, laciniis subcuneatis, patentibus, apice breviter attenuatis aut obtusis, laciniis primariis circ. 0,8—4 millim. latis, sublongitudinaliter leviter nervoso- et rugoso-inaequalis, superne canaliculato-concavus, inferne convexus, apice laciniarum et margine apicem versus passim soredioso, sorediis capitatis, medulla KHO primo lutescente, dein rubescente. *Apothecia* ignota.

Ad ramos et truncos arborum et rarius ad saxa prope Rio de Janeiro (n. 20, 67, 69) et ad Sepitiba (n. 405, 409, 422) in civ. Rio de Janeiro. — *Thallus* stramineo- aut demum pallido-glaucescens, sorediis albidis. *Stratum corticale* duas zonas continens: 1) zona exterior continua aut subcontinua, circ. 0,025—0.020 millim. crassa, straminea aut partim subdecolorata, a zona interiore distincte limitata, fere amorpha, tubulis longitudinalibus. in aqua parum conspicuis, in KHO distinctis, at tenuissimis (multo tenuioribus et magis ramosis, quam in zona interiore): 2) zona interior e fasciis formata, zona gonidiali disjunctis, inaequaliter incrassatis, —0,100 millim. crassis, decoloratis, hyphis longitudinalibus, membranis incrassatis partim subdistinctis aut stratosis, tubulo tenui. *Stratum medullare* maxima parte in zonam gonidialem reductum, ubi evolutum laxe stuppeum, hyphis sat aequalibus, 0,0015—0,002 millim. crassis, inter fascias zonae interioris corticis penetrans.

3. Parmelia.

Ach., Meth. Lich. (1803) p. 153 (pr. p.); Fr., Lich. Eur. Ref. (1831) p. 56 (pr. p.); De Not. in Giorn. Bot. It. 1847 p. 189; Tul., Mém. Lich. (1852) p. 139, tab. 2 fig. 18—23; Mass., Mem. Lich. (1853) p. 48; Speerschneid. in Bot. Zeit. 1854 p. 481, 497, tab. 12; Linds., Mem. Sperm. (1859) p. 205, tab. XI, XII fig. 1—40, 42, XIII fig. 1—12; Nyl., Syn. Lich. (1858—60) p. 375 (pr. p., excl. gen. Anzia Stizenb.); Th. Fr., Gen. Heterol. (1861) p. 58, Lich. Scand. (1871) p. 111; Tuck., Gen. Lich. (1872) p. 20 (pr. p.). Syn. North Am. (1882) p. 52 (pr. p.); Nyl. & Hue, Addend. (1886) p. 39 (pr. p.). *Imbricaria* Koerb., Syst. Germ. (1855) p. 68; Schwend., Unters. Flecht. II (1863) p. 157, tab. 8 fig. 3—5; Lindau, Anlag. Flechtenap. (1888) p. 26.

Thallus foliaceus aut raro filiformis, adpressus aut adscendens, rhizinis lateri infereriori affixis numerosis aut parcissimis demumque evanescentibus instructus [subg. Euparmelia Nyl.] aut iis destitutus [in subg. Menegazzia *) (Mass.) Wainio], superne et inferne strato corticali obductus. *Gonidia* protococcoidea,

---

*) Gen. Menegazzia Mass.. Neag. Lich. (1854) p. 3, a cel. Nyl. (in Hue Addend. 1886 p. 46) nomine novo inutili Hypogymnia (subg) nuncupatur.

in zona infra stratum corticale superius thalli disposita. *Stratum corticale superius* pseudoparenchymaticum, ex hyphis formatum verticalibus (aut ramis subhorizontalibus parce instructis), conglutinatis, parenchymatice septatis, membrana incrassata, loculis minutissimis. *Stratum medullare* stuppeum [in subg. Me n e g a z z i a (Mass.) fistulosum], hyphis implexis, tenuibus (circ. 0,002—0,003, raro 0,005 millim. crassis), membranis incrassatis, lumine tenuissimo. *Apothecia* supra thallum sparsa. *Excipulum* thallodes, strato corticali pseudoparenchymatico, strato medullari ex hyphis pachydermaticis contexto, zonam gonidialem infra hypothecium et vulgo etiam glomerulos sparsos gonidiorum infra stratum corticale continente. *Hypothecium* albidum aut pallidum. *Paraphyses* gelatinam firmam percurrentes. *Sporae* 8:nae aut raro 4:nae vel 2:nae, ellipsoideae aut globosae aut oblongae, simplices, decolores. *Conceptacula pycnoconidiorum* thallo sparsa aut raro in margine apotheciorum sita, thallo immersa aut rarius apice prominulo, conceptaculo nigricante aut parte inferiore fuscescente [vel raro decolore: Nyl., Syn. p. 375]. *Sterigmata* pauciarticulata aut raro exarticulata, „in nonnullis speciebus *anaphysibus* vel filamentis anastomosantibus immixta" (Linds., l. c.). *Pycnoconidia* subbifusiformia aut cylindrica aut raro subfusiformia, recta aut raro arcuata.

Species infra enumeratae hujus generis omnes ad subg. *Euparmeliam* Nyl. (Hue, Addend. 1886 p. 3) pertinent.

Sect. 1. **Amphigymnia** Wainio. *Thallus* superne albidus aut flavescens, subtus rhizinis instructus, at ambitus late nudus aut tantum ipse margo ciliis ornatus; apices marginesve laciniarum adscendentes. *Apothecia* vulgo demum subpodicellata.

*Subglaucescens Wainio. *Thallus* superne glaucescenti-albidus albidusve.

1. **P. perlata** Krempelh., Fl. 1869 p. 222; Nyl., (Syn. Cal. 1868 p. 17) Fl. 1869 p. 290, Fl. 1878 p. 247, Fl. 1885 p. 608 pr. p. (excl. v. sorediata Nyl., quae margine thalli ciliato differt); Hue, Addend. (1886) p. 41. — Ach., Meth. Lich. (1803) p. 216 pr. p.; Th. Fr., Lich. Scand. (1871) p. 111 pr. p. — *Lichen perlatus* L., Syst. Nat. ed. XII (1767) p. 712 pr. p. ?

Thallus glaucescenti-albidus aut pallido-glaucescens, subtus niger aut ambitu castaneus pallidusve, laciniis circ. 15—5 millim.

latis, irregulariter lobatis, marginibus adscendentibus vulgo demum sorediosis et undulato-crispatis [aut rarius esorediatis], in ambitu lobis sat latis rotundatis integris adscendentibus, laevigatus, eciliatus, isidiis destitutus, subtus rhizinis paucissimis brevibus simplicibus nigris passim parcissime instructus, fere glaber, KHO superne et intus lutescens. Ca Cl$_2$ O$_2$ non reagens, KHO (Ca Cl$_2$ O$_2$) intus rubescens aut aurantiacus. [„*Apothecia* mediocria, vulgo imperforata, excipulo extus laevigato. *Sporae* ellipsoideae, long. 0,017—0,011, crass. 0,010—0,007 millim."; Krempelh., Fl. 1869 p. 222.]

Sterilis ad truncos arborum prope Sitio (1000 metr. s. m.) in civ. Minarum, n. 538 b, 1082 b. — *Thallus* subopacus aut nitidiusculus, intus albus, laciniis contiguis, demum vulgo subimbricato-confertis, superne concavis, axillis vulgo subacutis. In „P. perlata v. sorediata" Nyl., quae autem secund. specimina authentica in mus. Paris. asservata ad hanc speciem non pertinet, pycnoconidia „acicularia vel aciculari-fusiformia (vix vel obsolete interdum subbifusiformia), long. 0,007—0,005, crass. 0,0007—0,0005 millim." indicantur (Nyl., Fl. 1885 p. 608).

2. **P. proboscidea** Tayl. in Mack., Fl. Hibern. II (1836) p. 143: Müll. Arg., Fl. 1884 p. 619 n. 818 (coll. Hildebr. n. 3051: mus. Paris.). *P. crinita* Nyl., Syn. Lich. (1858—60) p. 380 pr. p. (in mus. Paris.), Hue, Addend. (1886) p. 41 (haud Ach.).

Thallus superne laevigatus, glaucescenti-albidus aut albidus, intus albus, inferne niger aut ambitu castaneo- vel testaceo-pallido aut raro albido (n. 973), laciniis circ. 20—4 millim. latis, irregulariter lobatis, lobis inaequaliter rotundato- aut angulato-crenatis, margine et apice laciniarum recurvo-adscendente, sat crebre aut partim sat parce ciliato, ciliis 4—2 millim. longis. nigris. simplicibus, esorediatus, isidiis destitutus, KHO superne lutescens, intus non reagens, Ca Cl$_2$ O$_2$ non reagens, sed KHO (Ca Cl$_2$ O$_2$) intus leviter rubescens. *Apothecia* magna, circ. 20—5 millim. lata, cupuliformia, sessilia aut demum subpodicellata, imperforata, disco rufo aut fuscescente aut rarius testaceo, margine subintegro aut subcrenulato, eciliato, excipulo extus demum tenuiter crebreque reticulato-rugoso. *Sporae* ellipsoideae vel breviter ellipsoideae, long. 0,022—0,014, crass. 0,012—0,009 millim. *Pycnoconidia* cylindrica. long. 0,005, crass. 0,0005 millim.

Ad saxa in montibus Carassae (circ. 1450 metr. s. m.), n.
400, et ad truncos arborum prope Sitio (1000 metr.), n. 582 b,
973, 1000, in civ. Minarum. — P. melanothrici (Mont.) est affinis, at marginibus apotheciorum eciliatis et reactione thalli ab
ea differens. P. Nilgherrensis Nyl., Fl. 1885 p. 608, praecipue
sporis majoribus recedit.

Thallus nitidiusculus, subtus passim rhizinis sat longis (circ.
4—2 millim. longis) simplicibus nigris increbre aut sat crebre instructus, ambitu maxima parte glaber, laciniis demum saepe subimbricatis, superne concaviusculis aut planiusculis, axillis vulgo
subacutis. *Apothecia* bene concava, disco nitidiusculo aut subopaco, margine tenui, eciliato aut rarissime parcissimeque ciliato
(n. 973). *Excipulum* strato medullari infra hypothecium et parcius infra stratum corticale gonidia continente. *Hypothecium*
subdecoloratum. *Hymenium* circ. 0,090 millim. crassum, jodo
persistenter caerulescens. *Epithecium* rufescens. *Paraphyses*
0,0015—0,002 millim. crassae, apice leviter incrassatae, parce
ramoso-connexae, plurimae simplices, parum constrictae. *Asci*
clavati aut suboblongi, 0,020—0,024 millim. crass., apice membrana incrassata. *Sporae* 8:nae, di—tristichae, apicibus rotundatis,
membrana sat tenui (0,0015 millim. crassa). *Conceptaculum pycnoconidiorum* fuscescens. *Pycnoconidia* recta, apicibus truncatis.

3. **P. melanothrix** (Mont.) Wainio. *P. urceolata* var. *melanothrix* Mont. in Ann. Sc. Nat. 2 sér. Bot. T. 2 (1834) p. 372, pro
maxima parte (hb. Mont.). *P. crinita* Nyl., Syn. Lich. (1858—60)
p. 380 pr. p. (mus. Paris.), haud Ach. (conf. infra).

Thallus superne glaucescenti-albidus aut albidus, intus albus,
inferne albido- et testaceo- et nigro-variegatus, laciniis circ. 20—5
millim. latis, irregulariter lobatis, lobis inaequaliter crenatis, margine et apice laciniarum recurvo-adscendente, crebre ciliato, ciliis
5—2 millim. longis, nigris, simplicibus, esorediatus, isidiis destitutus, KHO superne lutescens, intus non reagens, Ca Cl$_2$ O$_2$ non
reagens. *Apothecia* mediocria aut magna, circ. 5—12 millim. lata,
cupuliformia, sessilia aut subpodicellata, imperforata, disco spadi-
ceo aut rarius olivaceo-testaceo, margine crenulato, demum ciliato,
excipulo extus glabro sublaevigatoque. *Sporae* ellipsoideae, long.
0,024—0,018, crass. 0,014—0,011 millim. *Pycnoconidia* cylindrica,
long. 0,009—0,007, crass. circ. 0,0005 millim.

Ad ramos et truncos arborum suis locis satis frequenter, velut ad Sitio in civ. Minarum, n. 622, 950, 1053, 1072, 1086. — *Thallus* nitidiusculus, medulla KHO (Ca Cl$_2$ O$_2$) non reagente, subtus passim rhizinis sat longis (circ. 4—1 millim. longis) simplicibus nigris increbre aut sat crebre instructus, ambitu maxima parte glaber, laciniis demum saepe subimbricatis, superne concavis aut planiusculis, axillis acutis. *Apothecia* primum concava, demum planiuscula, disco nitidiusculo aut subopaco, margine demum saepe anguste membranaceo-dilatato (— circ. 0,5 millim. lato), crenato aut inciso-crenato. *Excipulum* strato medullari infra hypothecium et stratum corticale gonidia continente. *Hypothecium* subdecoloratum. *Hymenium* circ. 0,080 millim. crassum, jodo persistenter caerulescens. *Epithecium* rufescens. *Paraphys's* 0,0015 millim. crassae, apice vulgo leviter clavato-incrassatae, gelatinam firmam sat abundantem percurrentes, increbre ramoso-connexae. *Asci* suboblongi, 0,026 millim. crass., apice membrana leviter incrassata. *Sporae* 8:nae, tri—distichae, apicibus rotundatis. *Conceptaculum* pycnoconidiorum fuscescens. *Sterigmata* 0,0015 millim. crassa, pauci-articulata, leviter constricta, articulis elongatis aut oblongis, vulgo haud ramosa. *Pycnoconidia* recta, apicibus truncatis.

Ab auctoribus saepe commixta est cum *P. crinita* Ach. (Syn. Lich. 1814 p. 196), quae secundum hb. Ach. thallo superne isidioso (margine ciliato), subtus nigricante, KHO superne et intus lutescente instructa est.

4. **P. subrugata** (Nyl.) Krempelh., Exot. Flecht. hb. Wien (1868) p. 320; Nyl., Fl. 1869 p. 291; Tuck., Syn. North Am. (1882) p. 54; Nyl., Fl. 1885 p. 608. *P. latissima* f. *subrugata* Nyl. in Krempelh. Exot. Flecht. hb. Wien (1868) p. 321; Krempelh., Lich. Arg. (Fl. 1878) p. 10; Müll. Arg., Rev. Fée (1887) p. 11 ?

Thallus superne albidus aut gläucescenti-albidus, intus albus, subtus albido- et nigro-variegatus aut vulgo centro niger et ambitum versus latissime albidus, laciniis — 15 millim. latis, apice et margine anguste breviter aut profunde laceratis multifidisve, passim parce etiam rotundato-lobatis, adscendentibus, lacinulis vulgo superne convexis, margine ciliatus, esorediatus, isidiis destitutus, subtus rhizinis brevibus simplicibus nigris passim parcissime instructus, KHO superne lutescens, intus non reagens, Ca Cl$_2$ O$_2$ non reagens, KHO (Ca Cl$_2$ O$_2$) intus leviter rubescens aut aurantiacus. *Apothecia* magna aut mediocria, circ. 15—6 millim. lata, cupuliformia, imperforata, demum subpodicellata, disco rufo aut testaceo, margine demum dentato-crenulato, parce ciliato aut eciliato, excipulo extus demum reticulato-rugoso. *Sporae* ellipsoideae aut oblongo-ellipsoideae, long. $0,034-0,020$ millim. [,,$0,040$ —$0,030$": Nyl., Fl. 1885 p. 608], crass. $0,018-0,010$ millim. [,,$0,024$ —$0,012$": Nyl., l. c.]. *Pycnoconidia* ,,cylindrica, long. $0,005-0,004$, crass. vix $0,001$ millim." (Nyl., l. c.).

Ad truncos arborum in Sitio (1000 metr. s. m.) in civ. Minarum, n. 994. — A P. latissima Fée (Nyl., Fl. 1885 p. 608) margine apotheciorum dentato et thallo margine demum pr. p. multifido, subtus ambitu albido cet. facile distinguitur. *Thallus* nitidiusculus, subtus ambitu nudus, KHO (Ca Cl$_2$ O$_2$) superne lutescens, laciniis latioribus planiusculis aut undulato-plicatis, laciniis angustioribus lacinulisque superne convexis et inferne concavis canaliculatisve, circ. $0,4-2$ millim. latis, axillis lacinularum rotundatis acutisve. *Apothecia* bene concava, disco nitidiusculo aut opaco, margine saepe demum anguste membranaceo-dilatato, subacute denticulato. *Excipulum* strato medullari infra hypothecium et infra stratum corticale gonidia continente. *Hypothecium* subdecoloratum. *Hymenium* circ. $0,140-0,120$ millim. crassum, jodo persistenter caerulescens. *Epithecium* testaceum. *Paraphyses* $0,0015-0,002$ millim. crassae, apice non aut leviter incrassatae, gelatinam firmam abundantem percurrentes, parce furcatae et sat abundanter ramoso-connexae. *Asci* oblongi, primo clavati, circ. $0,030-0,026$ millim. crassi, apice membrana incrassata. *Sporae* 8:nae, 2—3-stichae, apicibus rotundatis, membrana leviter incrassata ($0,003$ millim. crassa).

5. **P. dilatata** Wainio (n. sp.).

Thallus superne glaucescenti-albidus, subtus niger et ambitu late pallidus vel rarius subalbidus, laciniis circ. 30—15 millim. latis, irregulariter lobatis, marginibus adscendentibus, sorediosis et undulato-crispatis, in ambitu lobis sat latis, rotundatis, integris, plus minusve adscendentibus, laevigatus, eciliatus, isidiis destitutus, subtus rhizinis paucissimis brevibus simplicibus nigris passim parcissime instructus, fere glaber, KHO superne flavescens et intus lutescens, Ca Cl$_2$ O$_2$ non reagens, KHO (Ca Cl$_2$ O$_2$) intus rubescens aut aurantiacus. *Apothecia* mediocria aut sat parva, circ. 7—3 millim. lata, cupuliformia, subpodicellata aut subsessilia, imperforata, disco testaceo aut rufescente, margine subintegro aut vulgo soredioso. *Sporae* oblongae, long. 0,028—0,020, crass. 0,010—0,008 millim.

Ad truncos arborum prope Sitio (1000 metr. s. m.) in civ. Minarum, n. 397. — Laciniis primariis multo latioribus, abundanter fertilibus (et sporis oblongis) differt a P. perlata (Ach.). Magis affinis est P. saccatilobae Tayl. (Nyl., Fl. 1885 p. 608), quae thallo esorediato, apotheciis majoribus, esorediatis, sporis subellipsoideis distinguitur. — *Thallus* opacus aut subopacus, basi saepe morbose flavescenti-stramineus, intus albus, laciniis contiguis, axillis acutis. *Apothecia* bene concava, disco subopaco, margine vulgo incurvo. *Excipulum* extus parte superiore sorediosum, ceterum laevigatum, strato corticali infra hypothecium et infra stratum corticale gonidia continente. *Hypothecium* subalbidum. *Hymenium* circ. 0,090 millim. crassum, ascis et hypothecio subhymeniali jodo persistenter caerulescentibus. *Epithecium* pallidum. *Paraphyses* 0,0015 millim. crassae, apice haud aut vix incrassatae, gelatinam firmam parum abundantem percurrentes, sat abundanter ramoso-connexae. *Asci* clavati, 0,022—0,020 millim. crassi, apice membrana incrassata. *Sporae* 8:nae, 2—3-stichae, apicibus rotundatis aut rotundato-obtusis, membrana sat tenui (0,0015 millim. crassa).

6. **P. coralloidea** (Mey. & Flot.) Wainio. *P. perlata* var. *coralloidea* Mey. et Flot. in Act. Ac. Leop. Nat. Cur. XIX Suppl. I (1843) p. 219 (teste Müll. Arg., Rev. Lich. Mey. p. 312); Müll. Arg., Lich. Beitr. (Fl. 1884) n. 818 (coll. Hildebr. n. 2149: mus. Paris.), (1889) n. 1492 (mus. Paris). *P. tinctorum* Despr. in Nyl., Pyr. Or. (Fl. 1872) p. 16 (secund. specim. authent. in mus. Paris.). *P. praetervisa* Müll. Arg., Lich. Beitr. (Fl. 1880) n. 191, (1882) n. 410, (1888) n. 1353, 1363. *P. perlata* var. *platyloba* Müll. Arg., Lich. Beitr. (Fl. 1884) n. 818 (coll. Hildebr. n. 2148: mus. Paris).

Thallus superne albidus aut glaucescenti- vel cinereo-glaucescenti-albidus, inferne niger et ambitu late pallidus aut castaneo-fuscescens, laciniis circ. 20—5 millim. latis, irregulariter lobatis, lobis apice rotundatis integrisque aut rarius rotundato-crenatis, apicibus marginibusve laciniarum vulgo plus minusve recurvo-adscendentibus, eciliatus, esorediatus, medium versus isidiosus, isidiis tenuissimis brevissimisque, subtus rhizinis brevibus simplicibus passim parcissime instructus, KHO superne lutescens, intus non reagens, Ca Cl$_2$ O$_2$ intus intense rubescens. *Apothecia* magna aut mediocria, circ. 14—5 millim. lata, cupuliformia, perforata, demum subpodicellata, disco testaceo aut rufescente, margine eciliato, excipulo extus demum vulgo isidioso, primum laevigato. *Sporae* ellipsoideae, long. $0,014$—$0,010$ |—$0,017$: Müll. Arg., Lich. Beitr. n. 191|, crass. $0,009$—$0,0055$ millim. *Pycnoconidia* „cylindrica, long. $0,014$—$0,011$, crass. $0,0005$ millim." (Nyl., l. c.).

Ad truncos arborum prope Sitio (1000 metr. s. m.) in civ. Minarum, n. 537, 614, 666, 977 (juvenilis), 1082. — *Thallus* nitidiusculus, intus albus, demum varie increbre complicato-rugosus, isidiis saepe cinereo-albidis instructus, ceterum laevigatus, lobis apice vulgo latis, laciniis superne vulgo concavis, axillis vulgo acutis. *Apothecia* bene concava, disco nitidiusculo, margine tenui, subintegro aut isidioso. *Excipulum* strato medullari infra hypothecium et infra stratum corticale gonidia continente. *Hypothecium* subdecoloratum. *Hymenium* circ. $0,060$ millim. crassum, ascis jodo persistenter caerulescentibus. *Epithecium* pallidum. *Paraphyses* $0,002$—$0,0015$ millim. crassae, apicem versus leviter incrassatae, gelatinam firmam sat abundantem percurrentes, haud aut parce ramosae, haud connexae, increbre subconstricte articulatae. *Asci* clavati aut demum suboblongi, circ. $0,018$ millim. crassi, apice membrana incrassata. *Sporae* 8:nae, polystichae, apicibus rotundatis (sat evolutae in specim. meis).

7. **P. sulphurata** Nees et Flot. in Linnaea 1834 p. 501; Nyl., Syn. Lich. (1858—60) p. 377, Fl. 1869 p. 291; Tuck., Syn. North. Am. (1882) p. 55 (pr. p.).

Thallus superne glaucescenti- aut cinereoglaucescenti-albidus aut albidus, intus lutescens vel albido-sulphureus, inferne niger et ambitu late castaneus testaceusve, laciniis circ. 15—8 millim. latis, irregulariter lobatis, lobis apice rotundatis integrisque aut parcius rotundato-crenatis, apicibus marginibusve laciniarum vulgo plus minusve recurvo-adscendentibus, eciliatus, esorediatus, medium versus isidiosus, isidiis tenuissimis, subtus rhizinis brevibus simplicibus passim parcissime instructus, KHO superne lutescens, intus fulvescens, $CaCl_2O_2$ intus dilute lutescens. „*Apothecia* mediocria, disco badio-rufo, margine tenui crenulato-eroso. *Sporae* long. $0,026$—$0,020$, crass. $0,012$—$0,009$ millim." (Nyl., Syn. Lich. p. 377).

Sterilis ad truncum arboris prope Sepitiba in civ. Minarum, n. 480. — Facie externa subsimilis est Parmeliae tinctorum, cui etiam proxime sit affinis, quamquam medulla lutescente ab ea differens. — *Thallus* nitidiusculus aut fere opacus, demum varie increbre complicato-rugosus, isidiis saepe cinereo-albidis instructus, ceterum laevigatus, lobis apice vulgo latis, laciniis superne concavis aut partim planiusculis, axillis vulgo acutis. [*Excipulum* extus isidiosum.]

8. **P. hypomiltoides** Wainio (n. sp.).

Thallus superne glaucescenti-albidus, inferne niger aut ambitu castaneo-fuscescente, medulla maxima parte alba et in parte inferiore maculis croceo-fulvescentibus fulvisve (KHO rubentibus), laciniis circ. 10—5 millim. latis, irregulariter lobatis, lobis rotundatis, inaequaliter rotundato- aut angulato-crenatis, margine et apice laciniarum recurvo-adscendente, sat parce ciliato, ciliis circ. 1,5—1 millim. longis, nigris, simplicibus, isidiis destitutus, margine et marginem versus sorediosus, KHO superne lutescens, intus partibus albidis non reagentibus, Ca Cl$_2$ O$_2$ non reagens, KHO (Ca Cl$_2$ O$_2$) superne lutescens et intus rubescens.

Ad truncum arboris prope Sitio (1000 metr. s. m.) in civ. Minarum parce lecta. — Haec species insignis habitu subsimilis est P. proboscideae Tayl., a qua colore medullae et sorediis distinguitur. A P. hypomilta Fée (Nyl., Syn. Lich. p. 377, Müll. Arg., Rev. Lich. Fée p. 13) colore thalli, laciniis latioribus et lobis rotundatis differt.

**Subflavescens Wainio. *Thallus* superne subflavescens.

9. **P. delicatula** Wainio (n. sp.).

Thallus superne stramineo-flavescens, inferne niger aut passim summo margine castaneo-fuscescente, laciniis circ. 5—2 millim. latis, irregulariter lobatis et lobis rotundato-crenatis, margine et apice laciniarum recurvo-adscendente ciliato, ciliis 2,5—1.5 millim. longis, esorediatus, isidiis destitutus, laevigatus, Ca Cl$_2$ O$_2$ non reagens, KHO superne flavescens, intus primo lutescens, dein rubescens. *Apothecia* mediocria, circ. 5—4 millim. lata, cupuliformia, subpodicellata, disco rufo aut testaceo, excipulo eciliato, extus laevigato. *Sporae* ellipsoideae, long. 0,013—0,010, crass. 0,008—0,005 millim.

Supra rupem in montibus Carassae (1400—1500 metr. s. m.)

in civ. Minarum. — A P. caperata Ach. (Nyl., Fl. 1885 p. 605) marginibus thalli ciliatis et reactionibus atque sporis minoribus differt. *Thallus* nitidiusculus, KHO superne sat dilute flavescens, intus demum rubescens et praecipitatum amorphum floccosum rubrum formans, subtus ambitu nudus, ceterum passim rhizinis brevibus simplicibus nigris crebre instructus, laciniis contiguis, superne concavis, axillis acutis, medulla alba. *Stratum corticale superius* circ. 0,010 millim. crassum. *Apothecia* bene concava, imperforata, disco nitidiusculo, margine integro. *Excipulum* strato medullari infra stratum corticale et hypothecium gonidia continente. *Hypothecium* dilute pallidum aut subdecoloratum. *Hymenium* 0,050 —0,055 millim. crassum, parte superiore rufescente, jodo persistenter caerulescens. *Paraphyses* 0,0015 millim. crassae, apice vix incrassatae, gelatinam firmam sat crebre percurrentes, increbre ramoso-connexae. *Asci* clavati, 0,018 millim. crassi, apice membrana modice incrassata. *Sporae* 8:nae, distichae, apicibus vulgo rotundatis.

10. **P. conformata** Wainio. *P. caperata* f. *isidiosa* Müll. Arg., Lich. Parag. (1888) p. 4, secund. descr., at reactione incognita (nomen jam nimis adhibitum).

Thallus superne stramineo-flavescens, inferne niger et margine testaceo aut castaneo-fuscescente, laciniis circ. 8—4 millim. latis, irregulariter lobatis, lobis rotundatis, integris aut subintegris, margine laciniarum demum vulgo recurvo-adscendente, at apice saepe adpresso, eciliatus aut raro margine parce ciliatus, esorediatus, superficie et margine passim isidioso, KHO intus dilute lutescens, deinde rubescens, $CaCl_2O_2$ non reagens.

Sterilis ad truncos arborum prope Sitio (1000 metr. s. m.) in civ. Minarum, n. 538 b, 650, 650 b, 981. — A P. caperata Ach. thallo isidioso et reactionibus differt. *Thallus* nitidiusculus, ecialiatus aut margine interdum passim parce breviter ciliatus (f. **ciliolifera** Wainio, n. 615), KHO superne non reagens aut dilute flavescens, subtus ambitu nudus, ceterum passim rhizinis brevibus simplicibus nigris crebre instructus, laciniis contiguis, superne concavis et saepe passim plicatis, ambitum versus planis, axillis acutis, medulla alba. *Stratum corticale superius* 0,010 millim. crassum, ex hyphis formatum verticalibus, conglutinatis, membrana incrassata, lumine minutissimo. *Stratum medullare* hyphis

0,002 millim. crassis. *Stratum corticale inferius* adhuc tenuius quam str. cort. superius, cui textura ceterum subsimile est. „*Apothecia* in dorso et summo margine parce isidiosa. *Sporae* long. 0,015—0,014, crass. 0,010—0,009 millim." (Müll. Arg., l. c.).

11. **P. xanthina** (Müll. Arg.) Wainio. *P. proboscidea* var. *xanthina* Müll. Arg., Lich. Beitr. (Fl. 1884) n. 809 (secund. descr., at reactione incognita).

Thallus superne stramineo-flavescens, inferne niger et margine castaneo-fuscescente testaceove, laciniis circ. 10—6 millim. latis, irregulariter lobatis, lobis rotundatis et paululum crenatis, margine et apice laciniarum demum vulgo recurvo-adscendente, passim parce ciliato, ciliis 2—0,5 millim. longis, esorediatus, superficie et margine passim isidioso, KHO non reagens, KHO (Ca Cl$_2$ O$_2$) intus rubescens. *Apothecia* mediocria aut magna, circ. 5—15 millim. lata, cupuliformia, sessilia aut demum subpodicellata, disco rufo aut testaceo, excipulo eciliato, extus isidioso. *Sporae* ellipsoideae, long. 0,016—0,013, crass. 0,010—0,008 millim.

Ad truncos arborum in Carassa (1400 metr. s. m.), n. 1181 in civ. Minarum. — P. conformata Wain. lobis thalli haud aut raro parce ciliatis et reactionibus ab hac specie differt. — *Thallus* subopacus, Ca Cl$_2$ O$_2$ intus rubescens, KHO (Ca Cl$_2$ O$_2$) superne intense lutescens, intus rubescens, KHO superne — aut dilutissime flavescens, subtus ambitu nudus, ceterum passim late nudus, passim rhizinis brevibus simplicibus nigris crebre instructus, medulla alba, laciniis contiguis, superne concavis, axillis acutis. *Stratum corticale superius* circ. 0,010 millim. crassum. *Stratum medullare* hyphis 0,003—0,0025 millim. crassis. *Apothecia* bene concava, imperforata, disco nitidiusculo, margine integro, vulgo incurvo. *Excipulum* strato medullari infra hypothecium et parcius infra stratum corticale gonidia continente. *Hypothecium* subdecoloratum. *Hymenium* 0,070 millim. crassum, parte superiore testaceo-rufescente, jodo persistenter caerulescens. *Paraphyses* 0,001 millim. crassae, apice non aut parum incrassatae, gelatinam firmam sat increbre percurrentes, increbre ramoso-connexae. *Asci* clavati, 0,018 millim. crass., apice membrana modice incrassata. *Sporae* 8:nae, distichae, apicibus vulgo rotundatis.

F. **aberrans** Wainio. Medulla Ca Cl$_2$ O$_2$ non reagens.

Ad truncum arboris prope Sitio (1000 metr. s. m.) in civ.

Minarum parce et sterilis lecta, n. 664. — *Thallus* isidiosus, margine ciliatus, KHO non reagens aut superne dilutissime flavescens, KHO (Ca Cl₂ O₂) superne lutescens.

Sect. 2. **Hypotrachyna** Wainio. *Thallus* superne albidus aut glaucescens, subtus usque ad apicem laciniarum rhizinis munitus aut ad ambitum initiis rhizinarum papillaeformibus instructus aut angustissime nudus.

*Irregularis Wainio. *Thallus* laciniis inaequaliter dilatatis et irregulariter divisis, partim sat latis, apicibus marginibusve partim adscendentibus. *Apothecia* bene elevata.

12. **P. acanthifolia** Pers. in Gaudich. Voy. Uran. (1826) p. 197 (secund. specim. orig. in mus. Paris.). *P. perforata* Nyl., Syn. Lich. (1858—60) p. 377, pro minore parte.

Thallus superne albidus aut glaucescenti-albidus, intus albus, inferne testaceus fuscescensve, laciniis circ. 12—4 millim. latis, irregulariter lobatis, lobis irregulariter crenatis aut partim inciso-crenatis, crenis rotundatis aut angulosis, laciniis apice et marginibus plus minusve adscendentibus, esorediatus, isidiis destitutus, laeviter rugosus aut fere laevigatus, cortice continuo, margine parce breviterque ciliato, subtus usque ad marginem rhizinis brevibus (circ. 0,5 millim. longis), nigris, simplicibus et parce ramulosis, tenuibus, crebris, intricatis instructus, KHO superne lutescens, intus primo lutescens, dein rubescens, Ca Cl₂ O₂ non reagens. *Apothecia* vulgo mediocria (circ. 10—8 millim. lata), cupuliformia, perforata, subpodicellata, disco testaceo-rufescente, margine integro, eciliato, excipulo extus levissime rugoso aut fere laevigato. *Sporae* ellipsoideae, long. 0,015—0,012, crass. 0,008—0,006 millim. (conf. infra). *Pycnoconidia* cylindrica, long. 0,010—0,009, crass. 0,0007 millim.

Ad truncum arboris in Sitio (1000 metr. s. m.) in civ. Minarum, n. 737. — P. perforata Ach. lobis subtus ambitu nudis aut subnudis ab hac specie, quacum commixta est, facile distinguitur et in stirpem P. perlatae pertinet. P. acanthifolia magis affinis est P. cetratae Ach., quae cortice maculoso ab ea recedit. Etiam P. tenuirimis var. crimis Nyl., Fl. 1885 p. 610, secundum descriptionem ab ea differt. — *Thallus* laciniis superne vulgo concaviusculis, interdum subimbricatis, cortice continuo, neque rimuloso, nec maculato, axillis loborum crenorumque saepe rotundatis. *Apothecia* bene concava, disco nitidiusculo, margine tenui (in planta nostra haud bene evoluta). *Paraphyses* 0,002—0,0015 millim. crassae, apice non aut leviter incrassatae, gelatinam sat abundantem percurrentes, increbre ramoso-connexae, haud aut leviter constrictae. *Asci* circ. 0,018 millim. crassi, apice membrana incrassata. *Sporae* 8:nae, apicibus rotundatis (in specim. orig. ad Rio de Janeiro a Gaudich. lecto sporae long. 0,012—0,016, crass. 0,007—0,011 millim.). *Sterigmata* 0,0015 millim. crassa, increbre articulata, articulis vulgo oblongis elongatisve. *Pycnoconidia* recta, apicibus truncatis.

13. **P. mutata** Wainio (n. sp.).

Thallus superne albidus, intus albus, inferne niger aut ambitu anguste castaneo-fuscescens, laciniis circ. 10—3 millim. latis, adpressis, irregulariter lobatis, lobis irregulariter crenatis aut partim inciso-crenatis, crenis rotundatis aut angulosis, esorediatus, isidiis destitutus, fere laevigatus, cortice continuo, eciliatus, subtus rhizinis brevibus (circ. 0,5 millim. longis). nigris, simplicibus aut parce ramosis, tenuibus, intricatis sat crebre instructus aut demum passim denudatus et ambitu laciniarum saepe anguste denudato, KHO superne lutescens, intus primo lutescens, dein rubescens, Ca Cl$_2$ O$_2$ non reagens. *Apothecia* fere mediocria, circ. 5.—2,5 millim. lata, applanato-cupuliformia, imperforata, sessilia, disco rufo aut testaceo-rufescente, margine integro, vulgo incurvo, eciliato, excipulo extus laevigato. *Sporae* ellipsoideae, long. 0,022—0,015, crass. 0,014—0,008 millim. *Pycnoconidia* subbifusiformia, medio leviter attenuata, altero apice acuto, altero obtusiusculo, long. 0,005, crass. 0,0005 millim.

Ad ramos arboris prope Sitio (1000 metr. s. m.) in civ. Minarum, n. 539. — Cum P. sublaevigata Nyl. (conf. p. 53) comparari potest, at laciniis thalli latioribus et sporis majoribus ab ea differens. Apotheciis minus elevatis, imperforatis, sporis majoribus, pycnoconidiis cet. a P. acanthifolia distinguitur. — *Thallus* KHO superne lutescens et demum subaurantiacus, nitidus aut partim opacus, laciniis planiusculis, cortice neque rimuloso nec maculato, axillis loborum lacinularumque saepe rotundato-conniventibus. *Stratum corticale superius* 0,020 millim. crassum. *Stratum medullare* hyphis 0,003 millim. crassis. *Apothecia* concava, disco nitidiusculo. *Excipulum* strato medullari infra hypothecium et parcius infra stratum corticale gonidia continente. *Hypothecium* fere decoloratum aut dilutissime pallidum. *Hymenium* circ. 0,110 millim. crassum, ascis solis jodo caerulescentibus. *Epithecium* rufescens. *Paraphyses* 0,002—0,0015 millim. crassae, apice vulgo clavato-incrassatae, gelatinam firmam sat abundantem percurrentes, increbre ramoso-connexae. *Asci* clavati, 0,026—0,024 millim. crassi, apice membrana incrassata, hymenio $^1/_3$ breviores. *Sporae* 8:nae, di—polystichae, apicibus rotundatis.

14. **P. cetrata** Ach., Syn. Lich. (1814) p. 198 (hb. Ach.); Tuck., Syn. North Am. (1882) p. 54. *P. perforata* var. *cetrata* Nyl., Syn. Lich. (1858—60) p. 378, Addit. Lich. Boliv. (1862) p. 373, Fl. 1869 p. 290.

Thallus superne albidus aut glaucescenti-albidus, inferne niger aut margine castaneo-fuscescens, laciniis circ. 12—3 millim. latis, inaequaliter dilatatis, irregulariter lobatis lacinulatisque, lobis lacinulisque apice sinuato-crenatis vel sinuatim inciso-crenatis, crenis vulgo subangulosis, apice laciniarum vulgo recurvo-adscendente, esorediatus aut laciniis interdum apice sorediosis, isidiis destitutus, sublaevigatus, at creberrime reticulato-rimulosus vel primo areolato-maculatus, subtus usque ad marginem rhizinis crebris, brevibus, circ. 0,5 millim. longis, nigris, simplicibus, tenuibus instructus, KHO superne lutescens, intus lutescens, dein rubescens, $CaCl_2O_2$ non reagens. *Apothecia* magna aut mediocria, circ. 17—6 millim. lata, cupuliformia, perforata, demum subpodicellata, disco rufo aut testaceo, margine subintegro, eciliato, excipulo extus sublaevigato aut tenuiter reticulato-rugoso. *Sporae* ellipsoideae, long. 0,018—0,012, crass. 0,010—0,008 millim. *Pycnoconidia* cylindrica, long. 0,008—0,006, crass. 0,0007 millim.

Ad truncos arborum in silvis ad Sitio in civ. Minarum (1000 metr.), n. 616, 1051. Cum n. 616 etiam f. **sorediifera** Wainio parce est lecta, lacinulis apice sorediatis dignota. Specimen hujus formae in mus. Paris. a cel. Nylandro determinata est „P. comparata", cujus descriptioni (Fl. 1869 p. 290) tamen non congruit. — P. cetrata ab auctoribus saepe cum P. perforata commiscitur, quae autem thallo ambitu subtus nudo, (margine

ciliato) facile ab ea distinguitur et in aliam sectionem pertinet. —
Thallus opacus, subtus passim demum denudatus, laciniis demum
saepe subimbricatis, superne concaviusculis aut inaequaliter planiusculis, axillis rotundatis aut acutis. *Stratum medullare* hyphis
0,004 millim. crassis. *Apothecia* bene concava, disco nitidiusculo,
margine tenui. *Excipulum* strato medullari infra hypothecium et
infra stratum corticale gonidia continente. *Hypothecium* subdecoloratum aut pallidum. *Hymenium* circ. 0,080 millim. crassum,
jodo persistenter caerulescens. *Epithecium* pallidum. *Paraphyses* 0,0015 millim. crassae, apice haud aut parum incrassatae,
gelatinam firmam sat abundantem percurrentes, parce ramoso-
connexae, haud aut parum constrictae. *Sporae* 8:nae, distichae,
apicibus rotundatis, membrana sat tenui (0,0015 millim. crassa).
Sterigmata 0,0015—0,002 millim. crassa, articulis elongatis. *Pycnoconidia* recta aut subrecta, apicibus truncatis.

Ad formam hujus speciei thallo digitato-laciniato instructam coll. Glaz.
n. 1837 („P. cervicornis" in Krempelh., Fl. 1876 p. 73, false nuncupata)
pertinet.

15. **P. Warmingi** Wainio. *P. angustata* Krempelh. in Warm.
Lich. Bras. (1873) p. 13 (secundum specim. orig. in hb. Warm.),
haud Pers. in Gaudich. Voy. Uran. 1823 p. 195 (Nyl., Syn. Lich.
p. 403).

Thallus superne albidus aut denum partim cinerascens ob-
scuratusve, intus albus, subtus niger aut partim ambitu castaneus,
inaequaliter irregulariterque areolato-rimulosus (nec maculatus),
laciniatus, laciniis 4—1 millim. latis, partim in lacinulas breves,
partim in elongatas, sensim angustatas divisis, adscendentibus
intricatisque aut partim adpressis, apicibus obtusis aut acutis
aut truncatis, laevigatus, esorediatus, isidiis destitutus, margine
ciliatus, ciliis brevibus (circ. 1 millim. longis) simplicibus nigris,
subtus rhizinis brevibus simplicibus nigris passim parce usque ad
apicem instructus, partim etiam apicem versus nudus, KHO superne lutescens, intus lutescens et deinde rubescens, Ca Cl$_2$ O$_2$ non
reagens. *Apothecia* majuscula aut mediocria, circ. 10—5 millim.
lata, peltata aut cupuliformia, demum saepe subpodicellata, diu
imperforata, inderdum demum perforata, disco fusco, margine subintegro. *Sporae* ellipsoideae, long. 0,013—0,010 millim. [0,016—
0,015 millim.: Krempelh., l. c.], crass. 0,007—0,005 [0,011—0,010
millim.: Krempelh., l. c.].

Supra rupem in Carassa (1400—1500 metr. s. m.), in civ. Minarum, n. 1164. — Facie externa subsimilis est P. cervicorni Tuck., at revera magis P. cetratae affinis. Planta nostra sporis minoribus a specimine originali P. angustatae Krempelh. differt, at sine dubio ad eandem speciem pertinent. — *Thallus* nitidiusculus aut subopacus, lacinulis patentibus, vulgo planiusculis, axillis rotundatis aut rotundato-acutis. *Apothecia* concava, disco vulgo opaco. *Excipulum* subtus laevigatum, strato medullari infra hypothecium et stratum corticale gonidia continente. *Hypothecium* subdecoloratum. *Hymenium* circ. 0,070 millim. crassum, jodo persistenter caerulescens. *Epithecium* fuscescens. *Paraphyses* circ. 0,0015 millim. crassae, apice leviter clavato-incrassatae, arcte cohaerentes, haud ramosae, increbre septatae, haud aut parum constrictae. *Sporae* 8:nae, apicibus vulgo rotundatis, membrana sat tenui. *Pycnoconidia* parcissime vidi cylindrica, recta, long. 0,011, crass. 0,0007 millim. (incertum, anne typica).

16. **P. macrocarpoides** Wainio (n. sp.).

Thallus superne albidus aut glaucescenti-albidus, intus albus, inferne niger aut margine anguste castaneo-fuscescens, laciniis circ. 10—5 millim. latis, inaequaliter dilatatis, irregulariter inaequaliterque lacinulatis aut sinuato-crenatis vel sinuatim incisocrenatis, crenis lacinulisque apice vulgo subangulosis, apicibus laciniarum pro parte adscendentibus, pro parte adpressis, esorediatus, aut apicibus lacinularum sorediatis (f. *subcomparata* Wainio), isidiis destitutus, creberrime reticulato-rimulosus aut primo areolato-maculatus, ceterum laevigatus, subtus usque ad marginem rhizinis crebris, sat brevibus, circ. 1—0,5 millim. longis, nigris, demum parcius ramulosis aut partim simplicibus, tenuibus instructus, KHO superne lutescens, intus non reagens, Ca Cl$_2$ O$_2$ non reagens. *Apothecia* mediocria aut majuscula, circ. 10—5 millim. lata, cupuliformia, vulgo perforata, demum subpodicellata, disco rufo aut testaceo-rufescente, margine subintegro, eciliato, excipulo extus sublaevigato aut leviter reticulato-rugoso. *Sporae* ellipsoideae, long. 0,018—0,014, crass. 0,010—0,007 millim.

Ad truncos arborum prope Sitio (1000 metr. s. m.) in civ. Minarum, n. 399, 538, 582, 616 b. — A P. homotoma Nyl., Fl. 1885 p. 613, solum reactione thalli differre videtur. P. consors Nyl. (l. c.), quacum reactionibus congruit, thallo neque rimuloso nec maculato et pycnoconidiis longioribus differt. P. macro-carpa Pers. in Gaudich. Voy. Uran. 1826 p. 197 (Nyl., Fl. 1885 p. 607) in stirpem P. perlatae pertinet, laciniis ambitu subtus nudis instructa, at ceterum P. macrocarpoidi simillima est.

Thallus opacus, KHO (Ca Cl$_2$ O$_2$) intus non reagens, laciniis demum saepe subimbricatis, superne inaequaliter planiusculis aut partim concaviusculis (esorediatis in hac forma primaria), axillis lacinularum crenarumque vulgo rotundatis. *Apothecia* bene con-cava, disco nitidiusculo, margine tenui. *Excipulum* strato medul-lari infra stratum corticale et infra hypothecium gonidia conti-nente. *Hypothecium* decoloratum. *Hymenium* circ. 0,080 millim. crassum, ascis jodo persistenter caerulescentibus. *Epithecium* pallidum. *Paraphyses* 0,0015 millim. crassae, apice haud aut pa-rum incrassatae, gelatinam firmam sat abundantem percurrentes, increbre ramoso-connexae, haud aut parum constrictae. *Asci* subclavati, 0,020—0,014 millim. crassi, apice membrana incras-sata. *Sporae* 8:nae, distichae, apicibus rotundatis, membrana sat tenui.

F. **subcomparata** Wainio. Lacinulae thalli pro parte apice sorediosae. — Ad truncos arborum prope Sitio in civ. Minarum; n. 582 b, 918. — Cum forma esorediata crescit et in eam distin-cte transit.

*P. homotoma Nyl., Fl. 1885 p. 613 (secund. specim. orig. in mus. Paris.).

Thallus superne glaucescenti-albidus albidusve, intus albus, inferne niger aut margine anguste castaneo-fuscescens, laciniis circ. 10—3 millim. latis, inaequaliter dilatatis, irregulariter inae-qualiterque lacinulatis multifidisve aut sinuato-crenatis vel sinua-tim inciso-crenatis, crenis lacinulisque apice rotundatis aut obtu-sis aut truncatis, demum saepe imbricatus aut partim adscendens, partim adpressus, esorediatus, isidiis destitutus, creberrime reti-culato-rimulosus aut primo areolato-maculatus, ceterum vulgo laevigatus, subtus usque ad marginem rhizinis crebris, brevibus, circ. 0,5 (—1,5) millim. longis, nigris, simplicibus aut partim parce ramulosis, tenuibus instructus, KHO superne lutescens, intus non reagens, Ca Cl$_2$ O$_2$ non reagens, KHO (Ca Cl$_2$ O$_2$) intus rubescens. *Apothecia* mediocria aut majuscula, circ. 17—7 millim. lata, cu-puliformia, vulgo perforata, demum subpodicellata, disco testaceo aut rufescente vel glaucescenti-testaceo |aut fuscescente|, margine subintegro, eciliato, excipulo extus leviter ruguloso aut sublaevigato. *Sporae* ellipsoideae, long. 0,017—0,012, crass. 0,010—0,007 millim. *Pycnoconidia* cylindrica, long. 0,009—0,007, crass. 0,0007 millim.

Ad truncos arborum prope Sitio (1000 metr. s. m.) in civ. Minarum, n. 396, 396 b. — In descriptione P. homotomae Nyl. in Fl. 1885 p. 613 reactiones thalli false indicatae sunt, in schedula speciminis originalis recte annotatae. *Thallus* subopacus aut nitidiusculus, centrum versus demum interdum cinereoglaucescens, laciniis superne inaequaliter planiusculis aut partim concavis concaviusculisve, axillis crenarum atque lacinularum laciniarumque rotundato-patentibus aut conniventi-rotundatis. *Apothecia* bene concava, disco nitidiusculo, margine tenui. *Excipulum* strato medullari abundanter infra stratum corticale et infra hypothecium gonidia continente. *Hypothecium* decoloratum. *Hymenium* circ. 0,070—0,100 millim. crassum, praesertim ascis jodo caerulescentibus (persistenter). *Epithecium* pallidum. *Paraphyses* 0,0015 millim. crassae, apice haud aut parum incrassatae, gelatinam firmam sat abundantem percurrentes, increbre parceque ramoso-connexae, apice parce aut parum constricte articulatae. *Asci* clavati, 0,016—0,018 millim. crassi, apice membrana incrassata. *Sporae* 8:nae, di—tristichae, apicibus rotundatis, membrana sat tenui. *Sterigmata* articulis elongatis subcylindricis 0,0015 millim. crassis. *Pycnoconidia* cylindrica, recta, apicibus truncatis.

F. **inciso-crenata** Wainio. *Laciniae* thalli partim inciso-crenatae, partim breviter lacinulatae (lacinulae circ. 1—2 millim. longae). — N. 396.

F. **subcervicornis** Wainio. *Laciniae* thalli partim dichotome aut digitatim lacinulatae, lacinulis elongatis et sat angustis (circ. 7—5 millim. longae, 2,5—0,8 millim. latae). — N. 396 b. — Hae formae, etsi satis dissimiles sunt, transeunt, et specimen originale P. homotomae (in mus. Paris.) ad statum intermedium earum pertinet.

17. **P. consors** Nyl., Fl. 1885 p. 613 (secund. specim. orig. in mus. Paris.).

Thallus superne glaucescenti-albidus albidusve, intus albus, inferne niger aut margine sat anguste castaneus vel olivaceo-fuscescens, laciniis inaequaliter dilatatis, circ. 12—3 millim. latis, irregulariter lobatis et sinuatim inciso-crenatis, lobis sinuato-crenatis et sinuatim inciso-crenatis, crenis rotundatis aut pro parte angulosis, apicibus laciniarum vulgo adpressis, esorediatus, isidiis destitutus, laevigatus, cortice continuo, rigidiusculus nitidusque, subtus usque ad marginem rhizinis longiusculis (maxima parte circ. 2—1 millim. longis), nigris, demum parcius ramosis ramulosisve aut pro parte simplicibus, tenuibus, crebris, demum intricatis instructus, KHO superne lutescens, intus non reagens, Ca Cl₂ O₂ non reagens. *Apothecia* demum magna, circ. 20—7 millim. lata, cupuliformia, perforata, subpodicellata, disco fulvo-rufescente aut testaceo-rufescente, margine subintegro, eciliato, excipulo extus levissime rugoso aut fere laevigato. *Sporae* breviter ellipsoideae aut pro parte subgloboso-ellipsoideae, long. 0,016—0,011 [—0,018: Nyl., l. c.], crass. 0,012—0,009 millim. *Pycnoconidia* „aciculari-cylindrica, long. 0,014—0,018, crass. 0,0005 millim." (Nyl., l. c.).

Ad truncos arborum in silva prope Sitio (1000 metr. s. m.) in civ. Minarum, n. 398. — Bona est species. *P. homotomae et P. cetratae est affinis, nec P. laevigatae (quacum a cel. Nylandro comparatur), quod et apotheciorum et thalli structura facile demonstrant. — *Thallus* KHO (Ca Cl₂ O₂) intus non reagens, laciniis demum passim complicatis, interdum subimbricatis, planis, axillis laciniarum et loborum crenorumque rotundato-conniventibus aut crenorum pro parte rotundato-sinuatis. *Apothecia* bene concava, disco nitidiusculo, margine tenui. *Excipulum* strato medullari infra stratum corticale et infra hypothecium gonidia continente. *Hypothecium* fere decoloratum aut dilute pallidum. *Hymenium* circ. 0,100 millim. crassum, jodo persistenter caerulescens. *Epithecium* (in lamina tenui) pulchre lutescens. *Paraphyses* 0,0015 millim. crassae, apice haud incrassatae, gelatinam firmam haud abundantem percurrentes, increbre parceque ramoso-connexae, haud aut leviter constricte articulatae. *Asci* subclavati, circ. 0,020 millim. crassi, apice membrana incrassata. *Sporae* 8:nae, distichae, apicibus rotundatis, membrana sat tenui.

18. **P. pluriformis** Nyl., Fl. 1869 p. 117, 289 (pr. p.); Müll. Arg., Lich. Beitr. (Fl. 1881) n. 240. *P. crinita *P. pluriformis*

Nyl., Syn. Lich. (1858—60) p. 381 pr. p. (excl. specimine subsimili, thallo subtus ambitu nudo): mus. Paris.

Thallus superne albidus aut glaucescenti-albidus, intus albus, inferne niger aut ambitu passim late albidus testaceusve, laciniis circ. 7—2 millim. latis, irregulariter inaequaliterque lacinulatis lobatisque (lacinulis pro parte angustis), vulgo demum adscendentibus, vulgo irregulariter crenato-incisis, crenis vulgo rotundatis, esorediatus, cortice continuo, subtus fere usque ad marginem rhizinis crebris, brevibus, circ. 0,5 millim. longis, nigris, demum vulgo parcius ramulosis, tenuibus instructus, KHO superne lutescens, intus non reagens, $Ca\,Cl_2\,O_2$ intus sat leviter rubescens. *Apothecia* mediocria aut magna, circ. 12—3 [—23] millim. lata, cupuliformia, imperforata, demum subpodicellata, disco pallido aut glaucescenti-pallido [aut testaceo], margine eciliato, excipulo extus vulgo demum plus minusve reticulato-rugoso. *Sporae* ellipsoideae, long. 0,015—0,010, crass. 0,009—0,006 millim. *Pycnoconidia* cylindrico-bifusiformia medioque levissime attenuata aut subcylindrica, long. 0,003, crass. 0,0005 millim.

Ad ramos et truncos arborum prope Sitio (1000 metr. s. m.) in civ. Minarum, n. 794, 1049, 1052. — Specimina nostra ad f. **chlorocarpam** Müll. Arg. (Lich. Beitr. 1881 n. 240), apotheciis glaucescenti-pallidis dignotam, pertinent. *Thallus* opacus aut nitidiusculus, KHO ($Ca\,Cl_2\,O_2$) intus rubescens et demum aurantiacolutescens, laciniis demum saepe subimbricatis, lacinulis circ. 1—0,5 millim. latis, superne saepe convexis, lobis laciniisque latioribus vulgo planis, axillis vulgo rotundato-conniventibus aut axillis lacinularum rotundato-patentibus. *Apothecia* saepe subterminalia, bene concava aut rarius demum planiuscula, demum interdum radiatim fissa sublobatave, disco nitidiusculo, margine tenui, subintegro [aut crenulato]. *Excipulum* strato medullari infra stratum corticale et infra hypothecium gonidia continente. *Hypothecium* fere decoloratum. *Hymenium* circ. 0,060 millim. crassum, jodo persistenter caerulescens. *Epithecium* dilute pallidum. *Paraphyses* 0,0015 millim. crassae, apice haud aut parum incrassatae, gelatinam firmam haud abundantem percurrentes, parce ramoso-connexae, leviter constricte articulatae. *Asci* clavati, circ. 0,016—0,015 millim. crassi, apice membrana incrassata. *Sporae* 8:nae, apicibus rotundatis, membrana sat tenui. *Sterigmata* 0,002 millim. crassa, constricte articulata, articulis subellipsoideis, in apice et in lateribus pycnoconidia insigniter brevia (0,003 millim.) efferentia.

**Cyclocheila Wainio. *Thallus* laciniis adpressis, inaequaliter dilatatis sinuatisque, irregulariter divisis, in ambitu lobis vulgo subrotundatis inciso-crenatisque. *Apothecia* minus elevata, subsessilia.

19. **P. Amazonica** Nyl., Fl. 1885 p. 611.

Thallus albidus aut glaucescenti-albidus, inferne niger aut ambitu olivaceo-spadiceus castaneusve, laciniis circ. 6—2 millim. latis, adpressis, lobatis et incisis, lobis lacinulisque crenatis aut sinuatim inciso-crenatis, crenis rotundatis aut rotundato-angulosis, axillis lacinularum rotundato-conniventibus et crenarum saepe rotundato-sinuatis, lamina isidiosa, isidiis tenuissimis et demum interdum in soredia fatiscentibus, ceterum laevigatus, subtus rhizinis brevibus (circ. 0,5 millim. longis), nigris, saepe fere usque ad marginem instructus, aut partim sat late passimve denudatus, KHO superne et intus lutescens, Ca Cl₂ O₂ non reagens. *Apothecia* mediocria, circ. 6,5—3 millim. lata, applanato-cupuliformia, imperforata, sessilia, disco rufo aut badiorufescente, margine incurvo, subintegro, excipulo extus isidioso. *Sporae* „ellipsoideae, long. 0,018—0,015, crass. 0,012—0,009 millim." (Nyl., l. c.).

Ad truncos arborum prope Sitio (1000 metr. s. m.) in civ. Minarum, n. 588, 603, 675, 711. — P. tiliaceae est affinis et habitu subsimilis. *Thallus* nitidiusculus, KHO (Ca Cl₂ O₂) superne et intus lutescens, laciniis tenuibus, planiusculis aut demum partim complicato-rugosis vel marginibus incurvis, contiguis, cortice neque rimuloso, nec maculato, rhizinis crebris aut increbris, simplicibus aut subsimplicibus (in n. 711 parce ramosis), in ambitu subtus juvenilibus et saepe solum papillas parvulas formantibus. *Apothecia* concava. *Excipulum* strato medullari gonidia infra stratum corticale et infra hypothecium continente. *Hypothecium* fere decoloratum. *Epithecium* testaceo-rufescens. *Paraphyses* 0,002 millim. crassae, apice clavatae aut parum incrassatae, subconstricte articulatae, haud ramosae. In speciminibus nostris hymenium non est bene evolutum.

20. P. Minarum Wainio (n. sp.).

Thallus superne glaucescenti-albidus aut albidus, intus albus, inferne niger aut ambitu sat anguste castaneo-fuscescens, laciniis circ. 4—1 millim. latis, adpressis, sinuato-incisis et sinuatim inciso-crenatis, crenis rotundatis aut rotundato-angulosis, axillis lacinularum laciniarumque rotundato-conniventibus, et crenarum rotundato-sinuatis, esorediatus, lamina isidiosa, isidiis tenuissimis, ceterum laevigatus, subtus rhizinis brevibus (circ. 0,5 millim. longis), nigris, parce ramosis aut pro parte simplicibus, tenuibus, crebris, fere usque ad marginem instructus, KHO superne lutescens, intus non reagens, Ca Cl$_2$ O$_2$ intus dilute rubescens. *Apothecia* sat parva aut mediocria, circ. 4,5—2,5 millim. lata, primum applanato-cupuliformia, demum subpeltata, imperforata, sessilia, disco rufo aut testaceo-rufescente, margine vulgo minutissime crenulato-denticulato isidiosove, excipulo ceterum laevigato aut fere toto isidioso. *Sporae* ellipsoideae, long. 0,016—0,012, crass. 0,009 —0,007 millim.

Ad truncos arborum prope Sitio (1000 metr. s. m.) in civ. Minarum, n. 1040. — Sporis majoribus et laciniis paullo angustioribus differt a P. tiliacea v. scortea, cui proxime est affinis. *Thallus* KHO (Ca Cl$_2$ O$_2$) intus dilute rubescens, laciniis tenuibus, nitidiusculis, planiusculis, contiguis, cortice neque rimuloso, nec maculato, isidiis glaucescenti-cinereis. *Apothecia* concava, demum fere planiuscula, tenuia. *Excipulum* strato medullari gonidia infra stratum corticale et infra hypothecium continente. *Hypothecium* fere decoloratum. *Hymenium* circ. 0,045 millim. crassum, jodo persistenter caerulescens (praesertim asci). *Epithecium* testaceum. *Paraphyses* 0,002—0,0015 millim. crassae, apice vulgo clavato-incrassatae, apice interdum leviter constricte articulatae, haud ramosae. *Asci* oblongi, 0,018—0,020 millim. crassi, apice membrana plus minusve incrassata, hymenio parum aut paullo breviores. *Sporae* 8:nae, di—polystichae, apicibus rotundatis.

Specimina sterilia eamque ob causam haud satis certe determinanda specierum plurium in stirpem P. tiliaceae sicut etiam in alias stirpes *Parmeliarum* pertinentium, quas in Brasilia legi, in hoc opusculo omisi. Commemoretur tamen planta n. 693 ad Sitio lecta, **P. isidizae** Nyl., Fl. 1885 p. 612, subsimilis, thallo isidioso, KHO superne lutescente, intus primum lutescente et dein rubescente instructa.

21. **P. Mülleri** Wainio (n. sp.).

Thallus superne glaucescenti-albidus, intus albus, subtus niger et ambitu fuscescens aut olivaceus, laciniis circ. 10—5 millim. latis, irregulariter lobatis, lobis rotundatis, rotundato-crenatis et partim sinuato-incisocrenatis, adpressus planusque aut demum passim rugis elevato-complicatis magnis irregularibus instructus, demum centrum versus sorediis rotundatis circ. 0,3—1.5 millim. latis adspersus, ceterum laevigatus, isidiis destitutus, margine parce ciliatus, ciliis nigris, brevibus (0,3—0,5 millim. longis), simplicibus aut rarius parce ramosis, subtus rhizinis brevibus, simplicibus, nigris, crebris (ad ambitum brevioribus papillaeformibusve) instructus, KHO superne et intus lutescens, Ca Cl$_2$ O$_2$ non reagens. *Apothecia* sat parva aut mediocria, circ. 5—2 millim. lata, cupuliformia aut demum subpeltata, subsessilia, disco testaceo aut testaceo-rufescente, margine tenuissimo, subintegro aut soredioso. *Sporae* breviter ellipsoideae, parce subglobosis et ellipsoideis immixtae, long. 0,014—0,011, crass. 0.010—0.008, raro 0,007 millim.

Ad truncos arborum prope Sitio (1000 metr. s. m.) in civ. Minarum, n. 948. — Laciniis thalli P. tiliaceae subsimilis est, at sorediosa. P. Balansa f. sorediata Müll. Arg., Lich. Montev. (1888) p. 2, est magis rigida, neque KHO nec Ca Cl$_2$ O$_2$ reagit. P. Borreri minus est affinis. *Thallus* nitidiusculus aut demum subopacus, tenuis, laciniis contiguis, axillis anguste rotundato-conniventibus. *Apothecia* bene concava aut demum planiuscula, imperforata, ambitu saepe radiatim fissa, disco subopaco, ambitu interdum demum lobato. *Excipulum* extus sublaevigatum aut parte superiore sorediosum, strato medullari infra hypothecium et stratum corticale gonidia continente. *Hypothecium* dilutissime pallidum aut subalbidum. *Hymenium* circ. 0,080 millim. crassum, jodo persistenter caerulescens. *Epithecium* testaceo-pallidum vel pallidum. *Paraphyses* 0,0015 millim. crassae, apicem versus leviter incrassatae (0,002—0,003 millim.), gelatinam sat firmam parum abundantem percurrentes, parce ramoso-connexae, haud constrictae. *Asci* clavati, 0,016—0,014 millim. crassi, apice membrana leviter incrassata. *Sporae* 8:nae, distichae, apicibus rotundatis, membrana sat tenui.

4

***Sublinearis Wainio. *Thallus* laciniis adpressis, dichotome aut partim trichotome divisis, sublinearibus, apicibus vulgo subtruncatis. *Apothecia* minus elevata, vulgo sessilia.

22. P. Brasiliana Nyl., Fl. 1885 p. 611 (mus. Paris.).

Thallus superne albus, subtus niger aut ambitu anguste castaneo-fuscescens, sat crebre dichotome iteratim laciniatus, laciniis 2,5—1,2 millim. latis, fere linearibus aut subcuneatis, adpressis, planis, apicibus obtusis, saepe breviter angustatis, laevigatus, esorediatus, isidiis destitutus, subtus rhizinis brevibus, irregulariter ramosis, crebris, fere usque ad apicem laciniarum instructus, KHO non reagens (aut intus dilutissime lutescens), Ca Cl$_2$ O$_2$ non reagens. *Apothecia* mediocria, circ. 5—3 millim. lata, peltata aut cupuliformia, sessilia, disco fusco aut fusco-rufo, margine subintegro aut rarius crenato. *Sporae* ellipsoideae, long. 0,010—0,007, crass. 0,005—0,004 millim. [0,007—0,005 millim.: Nyl., l. c.]. *Pycnoconidia* vulgo subbifusiformi-clavata, long. 0,006—0,005, crass. 0,0007 millim.

Frequenter supra rupes in montibus Carassac (1400—1500 metr. s. m.), n. 1184, 1189, 1249, sicut etiam in Serra de Ouro Branco in civ. Minarum. — P. osteoleuca Nyl., Lich. Nov.-Granat. (1863) p. 439, thallo crebrius laciniato, Ca Cl$_2$ O$_2$ intus rubescente et sporis crassioribus a P. Brasiliana differt, sed ei proxime est affinis. — *Thallus* rigidiusculus, nitidus, intus albus, laciniis patentibus, interdum demum imbricatis, apicibus vulgo subincurvis, axillis vulgo subrotundato-acutis. *Stratum corticale* 0,020 —0,025 millim. crassum. *Stratum medullare* hyphis 0,003 millim. crassis. *Apothecia* concava aut demum planiuscula, disco nitidiusculo aut subopaco, margine sat tenui. *Excipulum* subtus laevigatum, strato medullari infra hypothecium et stratum corticale gonidia continente. *Hypothecium* subdecoloratum. *Hymenium* circ. 0,050 millim. crassum, jodo persistenter caerulescens. *Epithecium* rufescens. *Paraphyses* 0,002—0,0015 millim. crass., apice leviter clavatae, gelatinam firmam parum abundantem percurrentes, increbre ramoso-connexae, increbre subconstricte articulatae. *Asci* clavati, 0,010—0,012 millim. crassi, apice membrana leviter incrassata. *Sporae* 8:nae, distichae, apicibus rotundatis. *Pycnoconidia* recta, medium versus levissime attenuata, altero apice crassiore fusiformi-acutato, altero obtusiusculo.

23. **P. revoluta** Floerk., Deutsch. Lich. (1815) n. 15: Nyl., Fl. 1869 p. 289; Hue, Addend. (1886) p. 41.

Thallus superne albidus aut glaucescenti-albidus, subtus niger aut ambitu castaneus, adpressus, creberrime iteratim dichotome laciniatus, laciniis 3—1 millim. latis, planiusculis, conniventibus axillisque rotundatis, axillis lacinularum apicalium rotundato-patentibus, apicibus rotundato-subtruncatis, isidiis destitutus, passim sorediis instructus, ceterum laevigatus, subtus rhizinis brevibus (circ. 0,5 millim. longis), ramosis, nigris, crebris, fere usque ad apicem laciniarum instructus, KHO superne lutescens, intus non reagens, Ca Cl$_2$ O$_2$ dilutissime rubescens. *Apothecia* mediocria, circ. 7—3 millim. lata, primum applanato-cupuliformia, demum subpeltata, sessilia, disco rufo aut testaceo, concavo aut rarius demum planiusculo, margine crenulato. *Sporae* ellipsoideae aut oblongo-ellipsoideae, long. 0,013 - 0,009, crass. 0,007—0,005 millim. (long. 0,019—0,011, crass. 0,012—0,007 millim.: Nyl. in Hue Add. p. 41). *Pycnoconidia* subbifusiformi-acicularia aut sub-acicularia, long. 0,005, crass. 0,0005 millim.

Ad truncos arborum prope Sitio (1000 metr. s. m.) in civ. Minarum, n. 547, 1140. — Sporis paullo minoribus planta nostra a speciminibus europaeis P. revolutae differt. *Thallus* nitidus, neque rimulosus, nec maculatus, KHO (Ca Cl$_2$ O$_2$) dilutissime rubescens, sorediis elevatis semiglobosis (haud elevatis in speciminibus europaeis) albidis aut cinerascentibus instructus, intus albus, subtus demum passim rhizinis destitutus. *Stratum corticale superius* 0,020 millim. crassum. *Stratum medullare* hyphis 0,003—0,002 millim. crassis. *Apothecia* disco nitidiusculo aut opaco. *Excipulum* extus laevigatum, strato medullari infra hypothecium et infra stratum corticale gonidia continente. *Hypothecium* fere decoloratum. *Hymenium* 0,050 millim. crassum, parte superiore pallidum, jodo persistenter caerulescens. *Paraphyses* 0,002—0,0015 millim. crassae, apice haud incrassatae, gelatinam sat abundantem percurrentes, neque ramosae, nec connexae, crassitudine inaequales, sed haud constricte articulatae. *Asci* clavati, 0,014 millim. crassi, apice membrana incrassata. *Sporae* 8:nae, distichae, apicibus rotundatis aut obtusis, long. 0,013—0,009, crass. 0,007—0,005 millim. (in specim. Brasilianis). *Sterigmata* 0,002 millim. crassa, constricte articulata, articulis ellipsoideis.

24. P. affinis Wainio (n. sp.).

Thallus superne albidus aut glaucescenti-albidus, subtus niger aut ambitu castaneo-fuscescens, adpressus, crebre iteratim dichotome laciniatus, laciniis circ. 2—0.7 millim. latis (raro partim —0.2 millim. latis), planis, sinuato-cuneatis aut partim sinuatodentatis lacinulatisve, vulgo conniventibus axillisque rotundatis, axillis lacinularum rotundato-patentibus, apicibus vulgo subtruncatis, isidiis destitutus, passim sorediis instructus, ceterum laevigatus, subtus rhizinis brevibus (circ. 0.5 millim. longis), ramosissimis, nigris, increbris aut fere solum margini affixis aut passim primo crebris, fere usque ad apicem laciniarum instructus, demum maxima parte subtus denudatus, KHO neque superne nec intus reagens aut intus demum sordide rubescens, Ca Cl$_2$ O$_2$ non reagens, KHO (Ca Cl$_2$ O$_2$) plus minusve distincte rubescens aut non reagens. *Apothecia* mediocria, circ. 5—2.5 millim. lata, primum applanato-cupuliformia, demum subpeltata, sessilia, disco testaceo aut testaceo-rufescente, concavo aut demum concaviusculo, margine vulgo crenato. *Sporae* ellipsoideae aut breviter ellipsoideae, long. 0.012—0.008, crass. 0.007—0.005 millim.

Ad truncos arborum prope Sitio (1000 metr. s. m.), n. 771, 861, 986, 1021, et in Carassa (1400 metr.), n. 1331, 1391, in civ. Minarum parce, at locis numerosis, lecta. — Facie externa simillima est P. revolutae Floerk., thallo superne KHO non reagente et subtus demum denudato (atque sporis minoribus) ab ea differens. *Thallus* subopacus aut nitidiusculus, neque rimulosus, nec maculatus, KHO intus haud lutescens, sed saepe demum sordide rubescens, sorediis elevatis, semiglobosis, thallo subconcoloribus, intus albus. *Apothecia* disco nitidiusculo. *Excipulum* extus laevigatum aut rarius partim sorediosum, strato medullari infra hypothecium et parcius etiam infra stratum corticale gonidia continente. *Hypothecium* fere decoloratum. *Hymenium* 0.045—0.050 millim. crassum, parte superiore testacea, jodo persistenter caerulescens. *Paraphyses* 0.0015 millim. crassae, apice parum aut paululum incrassatae, gelatinam haud firmam sat crebre percurrentes, parce ramoso-connexae, pro parte simplices, haud constricte articulatae, at crassitudine inaequales. *Asci* clavati, 0.014 millim. crassi, apice membrana incrassata. *Sporae* 8:nae, distichae, apicibus rotundatis.

25. **P. intercalanda** Wainio.

Thallus superne albidus aut glaucescenti-albidus, subtus niger aut ambitu castaneo-fuscescens, adpressus, crebre iteratim dichotome laciniatus, laciniis circ. 2,5—1 (—0,7) millim. latis, planiusculis, subcuneatis aut partim fere linearibus, irregulariter sinuato-lacinulatis, apicibus subtruncatis aut angulosis, axillis laciniarum acutis aut rotundato-obtusis, axillis lacinularum rotundato-obtusis, laciniis contiguis aut conniventibus, lacinulis conniventibus aut patentibus, esorediatus, isidiis destitutus, laevigatus, subtus rhizinis brevibus (circ. 0,5 millim. longis), ramosis, nigris, crebris, fere usque ad apicem laciniarum instructus, KHO superne lutescens, intus dilute rubescens (demum sat distincte), Ca Cl$_2$ O$_2$ intus rubescens. *Apothecia* mediocria, circ. 8,5—2,5 millim. lata, primum applanato-cupuliformia, demum subpeltata, sessilia, disco fusconigro aut testaceo, concavo aut concaviusculo, margine subintegro (aut fisso). *Sporae* ellipsoideae, long. 0,010—0,008, crass. 0,007—0,005 millim.

Ad truncos arborum in Sitio (1000 metr. s. m.) in civ. Minarum, n. 899, 936. — *Thallus* nitidiusculus, neque rimulosus, nec maculatus, intus albus. *Stratum medullare* hyphis 0,002 millim. crassis. *Apothecia* disco nitidiusculo. *Excipulum* extus laevigatum, strato medullari infra hypothecium et infra stratum corticale gonidia continente. *Hypothecium* subpallidum aut sordide testaceum aut fere albidum. *Hymenium* circ. 0,055 millim. crassum, jodo persistenter caerulescens. *Epithecium* fuscescens. *Paraphyses* 0,0015 millim. crassae, arcte cohaerentes, haud ramosae, haud aut parum constricte articulatae. *Asci* clavati, 0,010—0,012 millim. crassi, apice membrana leviter incrassata. *Sporae* 8:nae, distichae, apicibus rotundatis.

P. *sublaevigata* Nyl., Fl. 1885 p. 611 (*P. tiliacea* var. *sublaevigata* Nyl., Syn. Lich. 1858—60 p. 383), secundum specim. orig. a Bonpl. lectum (in mus. Paris.) plantae nostrae non est affinis et laciniis inaequaliter dilatatis (fere sicut in *P. cetrata*) 7—1 millim. latis ab ea facile distinguitur. Ad species omnino diversas (ad *P. atrichellam* Nyl., cet.) autem pertinent plantae plures hoc nomine a cel. Nylandro postea nuncupatae (mus. Paris.), nequidem reactionibus cum ea congruentes (KHO +).

26. **P. gracilescens** Wainio (n. sp.).

Thallus superne albidus aut rarius griseus vel cinereus, subtus niger aut ambitu castaneo-fuscescens, adpressus, crebre iteratim dichotome aut rarius etiam trichotome laciniatus, laciniis 2,5 —0,5 millim. latis, fere linearibus aut subcuneatis aut sinuatim inaequaliter dilatatis, planis aut planiusculis, apicibus obtusis aut vulgo subtruncatis, axillis rotundato-obtusis aut primum rotundato-patentibus aut demum rarius acutis, laciniis conniventibus aut subcontiguis aut fere patentibus, laevigatus, esorediatus, isidiis destitutus, subtus rhizinis brevibus (circ. 0,5 millim. longis), ramulosis, nigris, crebris, fere usque ad apicem laciniarum instructus, KHO superne lutescens, intus non (aut vix) reagens, Ca Cl$_2$ O$_2$ non reagens. *Apothecia* mediocria aut sat parva, circ. 7—2 millim. lata, subpeltata aut applanato-cupuliformia, sessilia, disco fusco, concavo aut demum planiusculo, margine crenulato aut subintegro aut fisso, interdum parce conceptaculis coronato. *Sporae* ellipsoideae, long. 0,012—0,007, crass. 0,006—0,005 millim. *Pycnoconidia* subbifusiformia aut clavato-subbifusiformia, long. 0,005—0,006, crass. 0,0007 millim.

Frequens supra rupes in Carassa (1400—1500 metr. s. m.) in civ. Minarum, n. 1218, 1280, 1400, 1517, 1532. — N. 1180, 1250, 1425 et 1431 ad f. **obscurellam** Wainio, laciniis thalli angustioribus (0,5—1 millim. latis), cinerascentibus griseisve dignotam, pertinent (P. laevigata v. obscurata Müll. Arg., Lich. Neo-Gren. 1879 p. 13, ab hac differre videtur). — P. Chilena, P. Bahiana et P. subsinuosa (Nyl. in Fl. 1885 p. 612 et 613), quae P. gracilescenti subsimiles sunt, medulla KHO (Ca Cl$_2$ O$_2$) erythrinose reagente ab ea differunt. P. insinuans Nyl., Fl. 1885 p. 612, thallo rugoso opacoque secund. specim. orig. recedit. P. meizospora Nyl. (Fl. 1885 p. 611) sporis majoribus et medulla KHO (Ca Cl$_2$ O$_2$) rubescente ab ea distinguitur (reactio medullae a Nyl. false indicatur; secund. specim. orig. KHO non reagit aut dilutissime lutescit; ceterum P. laevigatae neque P. tiliaceae est affinis).

Thallus nitidus aut (in f. obscurella saepe) subopacus, intus albus, KHO (Ca Cl$_2$ O$_2$) intus non reagens, laciniis rarius demum subimbricatis, neque rimulosis, nec maculatis, subtus rhizinis passim fere destitutus. *Stratum corticale* 0,020—0,015 millim. crassum, ex hyphis crassis formatum, membranis incrassatis, conglutinatis, distinctis (in KHO), lumine tenuissimo. *Stratum medullare* hyphis 0,004—0,003 millim. crassis. *Apothecia* primum concava, demum vulgo planiuscula, demum saepe radiatim fissa, disco nitido, margine sat tenui, demum vulgo discum subaequante. *Excipulum* subtus laevigatum, strato medullari infra hypothecium et infra stratum corticale gonidia continente. *Hypothecium* decoloratum. *Hymenium* circ. 0,050—0,070 millim. crassum, jodo persistenter caerulescens. *Epithecium* rufescens. *Paraphyses* 0,002 —0,0015 millim. crass., apice haud incrassatae aut (in f. obscurella) clavatae (0,004—0,003 millim. crass.), increbre septatae, haud constrictae aut parce subconstricte articulatae, increbre ramoso-connexae aut maxima parte simplices. *Asci* clavati, 0,016 —0,012 millim. crassi, apice membrana incrassata. *Sporae* 8:nae. distichae, apicibus rotundatis, simplices, at interdum (in f. obscurella) guttulas duas oleosas continentes, quare 1-septatae videntur. *Pycnoconidia* (in f. obscurella) medium versus vix aut levissime angustata, apice crassiore acuto, altero apice obtusiusculo.

27. **P. gracilis** (Müll. Arg.) Wainio. *P. laevigata* var. *gracilis* Müll. Arg., Lich. Neo-Gren. (1879) p. 13 (secund. specim. authent. e Rio de Janeiro).

Thallus superne albidus aut centrum versus cinerascens, subtus niger aut ambitu anguste castaneo-fuscescens, adpressus, crebre iteratim subdichotome aut sat irregulariter laciniatus, laciniis 2—0,5 millim. latis, fere linearibus aut subcuneatis, vulgo planiusculis, apicibus vulgo subtruncatis, axillis rotundato-obtusis, laciniis conniventibus, laevigatus, esorediatus, isidiis destitutus, subtus rhizinis brevibus (circ. 0,5 millim. longis), subsimplicibus et partim parce ramulosis, nigris, sat increbris, fere usque ad apicem laciniarum instructus, KHO superne lutescens, intus sat leviter rubescens aut ferrugineo-subrubescens, $CaCl_2O_2$ non reagens. *Apothecia* sat parva, circ. 4—2,5 millim. lata, primum cupuliformia, demum subpeltata, sessilia, disco fusco, concavo, margine subintegro aut subcrenulato fissove, haud raro conceptaculis pycnoconidiorum coronato. *Sporae* subglobosae aut globosae aut pro parte ellipsoideae, long. 0,010—0,006, crass. 0,007—0,006 millim. *Pycnoconidia* subbifusiformia aut subbifusiformi-cylindrica, long. 0,005, crass. 0,0007 millim.

Supra rupes in Carassa (1400—1500 metr. s. m.) in civ. Minarum, n. 1280 b, 1400. — P. gracilescenti Wainio habitu est subsimilis et affinis. — *Thallus* nitidus, intus albus, KHO

(Ca Cl$_2$ O$_2$) superne lutescens et intus intensius rubescens, laciniis demum vulgo continuis, neque rimulosis, nec maculatis. *Apothecia* demum saepe radiatim fissa, disco nitidiusculo. *Excipulum* subtus laevigatum, strato medullari infra hypothecium et parcius infra stratum corticale gonidia continente. *Hypothecium* decoloratum. *Hymenium* circ. 0,060—0,055 millim. crassum, jodo persistenter caerulescens. *Epithecium* rufescens. *Paraphyses* 0,002 millim. crassae, apice leviter aut parum incrassatae (—0,003—0,004 millim.), increbre septatae, haud constrictae aut parce subconstricte articulatae, haud ramosae. *Asci* clavati, circ. 0,014—0,012 millim. crassi, apice membrana incrassata. *Sporae* 8:nae, vulgo distichae, apicibus rotundatis, simplices, membrana sat tenui. *Pycnoconidia* medium versus leviter aut vix angustata, apice crassiore acuto, altero apice obtusiusculo.

28. **P. novella** Wainio (n. sp.).

Thallus superne albidus aut glaucescenti-albidus aut centrum versus cinerascenti-obscuratus, subtus niger aut ambitu anguste castaneus, adpressus, crebre iteratim dichotome laciniatus, laciniis circ. 2,5—1 millim. latis, planis, sinuato-lacinulatis, laciniis lacinulisque conniventibus axillisque rotundatis sinuatisve aut axillis lacinularum apicalium rotundato-patentibus, apicibus vulgo subtruncatis, esorediatus, isidiis destitutus, laevigatus, subtus rhizinis brevibus (circ. 0,5 millim. longis), ramosis, nigris, increbris aut passim crebris, fere usque ad apicem laciniarum instructus, KHO superne haud reagens, intus intense rubescens, Ca Cl$_2$ O$_2$ non reagens. *Apothecia* mediocria, circ. 6,5—2 millim. lata, cupuliformia aut demum subpeltata, sessilia, disco testaceo-rufescente aut testaceo aut fusco, concavo aut rarius demum planiusculo. *Sporae* ellipsoideae, long. 0,011—0,008 (raro 0,007), crass. 0,006—0,005 millim.

Ad truncum arboris prope Sitio (1900 metr. s. m.), n. 1028, et supra rupem in Carassa (1400 metr.), n. 1280, in civ. Minarum. *Thallus* nitidus aut nitidiusculus, neque rimulosus, nec maculatus, intus albus. *Stratum corticale superius* 0,020—0,015 millim. crassum. *Stratum medullare* hyphis 0,003—0,002 millim. crassis. *Apothecia* imperforata, disco subopaco aut nitidiusculo. *Excipulum* extus laevigatum, strato medullari infra hypothecium et infra stratum corticale gonidia continente. *Hypothecium* fere albidum.

Hymenium circ. 0,070—0,060 millim. crassum, parte superiore testaceo-rufescente, jodo persistenter caerulescens. *Paraphyses* 0,002—0,0015 millim. crassae, apice haud incrassatae, gelatinam parum abundantem (in KHO sat laxam) percurrentes, simplices aut parce furcatae, sat increbre constrictae aut subconstricte articulatae. *Asci* clavati, 0,014—0,012 millim. crassi, apice membrana modice incrassata. *Sporae* 8:nae, apicibus rotundatis.

29. **P. microblasta** Wainio (n. sp.).

Thallus superne albidus aut glaucescenti-albidus, subtus niger aut ambitu castaneo-rufescens, adpressus, crebre iteratim dichotome laciniatus, laciniis 2—1 (—0,5) millim. latis, sinuato-lacinulatis, planis, sublinearibus aut subcuneatis, apicibus vulgo subtruncatis, axillis laciniarum lacinularumque rotundatis, patentibus aut conniventibus, esorediatus, demum parce aut parcissime isidiosus aut isidiis fere destitutus, ceterum laevigatus, subtus rhizinis brevibus (circ. 0,7—0,5 millim. longis), bene ramosis, nigris, crebris, fere usque .ad apicem laciniarum instructus, KHO superne non reagens, intus primo lutescens, dein rubescens, Ca Cl₂ O₂ non reagens.

Sterilis muscis immixtus supra truncos arborum in Carassa (1400—1500 metr. s. m.) in civ. Minarum, n. 1160, 1214. Affinis est P. laevigatae. A P. sinuosa (Sm.) jam thallo superne KHO non reagente differt. *Thallus* nitidiusculus, intus albus, laciniis remotis, neque rimulosis, nec maculatis.

30. **P. dactylifera** Wainio (n. sp.).

Thallus superne albidus aut glaucescenti-albidus, subtus niger aut ambitu castaneus, adpressus, crebre irregulariter laciniatus, laciniis 2,5—0,7 millim. latis, planis, sinuato-crenatis et sinuato-lacinulatis, lacinulis crenisque apice rotundato-angulosis, axillis lacinularum rotundato-conniventibus, esorediatus, medium versus isidiosus, isidiis firmiusculis (circ. 0,2 millim. crassis), subtus rhizinis sat brevibus (circ. 1 millim. longis), demum bene ramosis, nigris, crebris, fere usque ad apicem laciniarum instructus, KHO superne lutescens et intus rubescens, Ca Cl₂ O₂ non reagens. *Apothecia* mediocria aut sat parva, circ. 5—2 millim. lata, subpeltata aut applanato-cupuliformia, sessilia, disco rufo aut testaceo, concaviusculo, margine crenulato aut subintegro. *Sporae* ellipsoideae, long. 0,010—0,007, crass. 0,005—0,004 millim.

Ad truncos arborum in silva prope Lafayette (1000 metr. s. m.) in civ. Minarum, n. 363. — A P. microblasta Wain. thallo magis irregulariter laciniato et isidiis majoribus sicut etiam reactione recedit. P. isidiza Nyl., Fl. 1885 p. 612, habitu P. tiliaceae, isidiis tenuioribus et sporis crassioribus secundum descriptionem differt. — *Thallus* nitidiusculus, intus albus, KHO (Ca Cl₂ O₂) haud rubescens, laciniis contiguis, demum creberrime crasseque isidiosis, ceterum laevigatis, neque rimulosis, nec maculatis. *Apothecia* disco nitidiusculo, margine sat tenui. *Excipulum* subtus vulgo laevigatum, strato medullari infra hypothecium et infra stratum corticale gonidia continente. *Hypothecium* decoloratum. *Hymenium* circ. 0,030—0,045 millim. crassum, jodo persistenter caerulescens. *Epithecium* pallidum. *Paraphyses* 0,0015 millim. crassae, gelatinam firmam sat abundantem percurrentes, sat parce increbreque ramoso-connexae, pro parte simplices, constricte articulatae. *Asci* clavati, 0,010—0,012 millim. crassi, apice membrana incrassata. *Sporae* 8:nae, distichae,. apicibus rotundatis.

Huc forsan pertinet *P. sublaevigata* f. *isidiosa* Müll. Arg. (Lich. Beitr. 1880 p. 187), quae autem reactionibus defecte est cognita.

31. **P. consimilis** Wainio (n. sp.).

Thallus superne albidus aut glaucescenti-albidus, subtus niger aut ambitu castaneus, adpressus, crebre dichotome et parcius etiam trichotome iteratim laciniatus, laciniis 1,5—0,7 millim. latis, vulgo fere linearibus, planis, apicibus vulgo subtruncatis, axillis rotundato-obtusis, conniventibus aut patentibus, esorediatus, medium versus isidiosus, isidiis sat tenuibus aut tenuissimis, ceterum laevigatus, subtus rhizinis brevibus (circ. 0,5—1 millim. longis), demum ramosis, nigris, crebris, fere usque ad apicem laciniarum instructus, KHO superne lutescens, intus dilute lutescens, Ca Cl₂ O₂ non reagens. *Apothecia* mediocria, circ. 7—3 millim. lata, primum cupuliformia, demum subpeltata, sessilia, disco rufo, concavo aut rarius demum planiusculo, margine minute isidioso-denticulato, saepe passim etiam conceptaculis nigris coronato. *Sporae* ellipsoideae, long. 0,012—0,007, crass. 0,006—0,005 millim. *Pycnoconidia* subbifusiformia, long. 0,005, crass. 0,0007 millim.

Ad truncos arborum prope Sitio (1000 metr. s. m.), n. 1133, et in Carassa (1400 metr.), n. 1295, in civ. Minarum. — Secundum descriptionem satis congruit (colore medullae excepto) cum

P. subaurulenta Nyl. (Fl. 1885 p. 606), quae autem, ut specimina originalia in mus. Paris. ostendunt, e 4 speciebus diversis, etiam in diversas stirpes pertinentibus, composita est. — *Thallus* nitidiusculus, intus albus, KHO (Ca Cl$_2$ O$_2$) haud rubescens, laciniis subcontiguis aut fere remotis, neque rimulosis, nec maculatis. *Apothecia* disco nitiusculo, margine subincurvo. *Excipulum* subtus laevigatum aut demum leviter rugosum, strato medullari infra hypothecium et parce infra stratum corticale gonidia continente. *Hypothecium* fere decoloratum. *Hymenium* circ. 0,060 millim. crassum. *Epithecium* rufescens. *Paraphyses* 0,002—0,0015 millim. crassae, apicem versus leviter incrassatae, gelatinam firmam parum abundantem percurrentes, pro parte increbre ramoso-connexae, pro parte apice subconstricte articulatae. *Asci* clavati, 0,012—0,015 millim. crassi, apice membrana leviter incrassata. *Sporae* 8:nae, distichae, apicibus rotundatis. *Conceptacula pycnoconidiorum* thallo et margini apotheciorum immersa, punctis nigris indicata. *Sterigmata* 0,0025 millim. crassa, constricte articulata, articulis oblongis aut ellipsoideis. *Pycnoconidia* medium versus levissime attenuata, altero apice acuto, altero obtusiusculo.

32. **P. coronata** Fée, Ess. Crypt. Écorc. (1824) p. 124, tab. **XXXI** fig. 2; Müll. Arg., Rev. Lich. Fée (1887) p. 12. *P. relicina* var. *coronata* Nyl., Syn. Lich. (1858—60) p. 386.

Thallus superne albidus aut glaucescenti-albidus, subtus niger aut ambitu anguste fuscescens testaceusve, adpressus (aut lacinulis isidioideo-divisis adscendenti-imbricatis), crebre iteratim dichotome laciniatus, laciniis circ. 2,5—0,5 millim. latis, planis, sinuato-lacinulatis, laciniis lacinulisque conniventibus axillisque rotundatis sinuatisve aut axillis lacinularum apicalium rotundato-patentibus, apicibus vulgo subtruncatis, csorediatus, isidiis destitutus aut lamina margineque isidiosa aut medium versus margine in lacinulas divisus angustissimas, isidioideas, saepe demum lacinias omnino obtegentes, ceterum laevigatus, subtus rhizinis sat brevibus (circ. 1—0,5 millim. longis), simplicibus aut rarius parcissime ramosis, nigris, crebris, fere usque ad apicem laciniarum instructus, KHO superne lutescens, intus non reagens, Ca Cl$_2$ O$_2$ non reagens. *Apothecia* mediocria, circ. 6—2,5 millim. lata, primum cupuliformia, demum subpeltata, sessilia, disco rufo aut rarius testaceo-pallido, primum concavo, demum flexuose planiusculo, margine integro aut subcrenulato aut isidioso-denticulato, saepe etiam conceptaculis nigris ornato. *Sporae* ellipsoideae, long. 0,018—0,014, crass. 0,012—0,009 millim. (long. 0,010—0,009, crass. 0,006—0,005 millim.: Nyl., Syn. Lich. p. 386).

Var. **isidiosa** Müll. Arg., Lich. Parag. (1888) p. 4 (secund. specim. authent). *Thallus* isidiosus.

Ad truncos arborum in Carassa (1400 metr. s. m.) in civ. Minarum, n. 1235, 1284, 1319. — Isidia in hac specie fere aeque inconstantia sunt, quam in P. conspersa. *Thallus* nitidiusculus aut subopacus, neque rimulosus, nec maculatus, KHO (Ca Cl$_2$ O$_2$) non reagens, intus albus, in speciminibus nostris isidiis superne albidis, subtus nigris et saepe etiam rhizinis instructis. *Apothecia* imperforata, disco nitidiusculo. *Excipulum* extus laevigatum, strato medullari infra hypothecium et parcissime infra stratum corticale gonidia continente. *Hypothecium* fere decoloratum. *Hymenium* circ. 0,070 millim. crassum, jodo persistenter caerulescens. *Epithecium* testaceum. *Paraphyses* 0,002—0,0015 millim. crassae, apice leviter clavato-incrassatae, gelatinam sat abundantem percurrentes, increbre ramoso-connexae, apice constricte articulatae. *Asci* clavati, 0,022—0,020 millim. crassi, apice membrana modice incrassata. *Sporae* 8:nae, distichae, apicibus rotundatis.

Sect. III. **Xanthoparmelia** Wainio. *Thallus* superne flavevescens stramineusve, subtus usque ad apicem laciniarum rhizinis crebris parcissimisve instructus, adpressus. *Apothecia* sessilia.

*Endoleuca Wainio. *Thallus* medulla alba instructus.

33. **P. conspersa** (Ehrh.) Ach., Meth. Lich. (1803) p. 205 (hb. Ach.); Nyl., Syn. Lich. (1858—60) p. 391, Fl. 1869 p. 292; Th. Fr., Lich. Scand. (1871) p. 127; Müll. Arg., Lich. Beitr. (Fl. 1883) n. 575 (pr. p.). *Lichen conspersus* Ehrh. in Ach. Lich. Suec. Prodr. (1798) p. 118. *Imbricaria conspersa* Koerb., Syst. Germ. (1855) p. 81.

Thallus superne flavescens vel stramineo-flavescens, subtus cinereo-pallescens [aut testaceus vel testaceo-fuscescens], aut ambitu obscuratus, adpressus aut adpresso-imbricatus, irregulariter iteratim laciniatus, laciniis circ. 3—0,7 [—5] millim. latis, conniventibus aut contiguis aut imbricatis, axillis rotundato-obtusis aut acutis, apicibus inaequaliter crenatis lacinulatisve, axillis crenarum lacinularumque sinuato-patentibus, apicibus crenarum lacinularumque anguloso-rotundatis aut rotundato-subtruncatis, esorediatus, isidiis destitutus aut isidiosus, ceterum laevigatus, subtus rhizinis previssimis, simplicibus, pallidis [aut fuscescentibus], parcissimis [aut parcis] instructus, maxima parte nudus, KHO intus lutescens et demum fulvescens [deindeque aurantiacus in formis plurimis], Ca Cl$_2$ O$_2$ non reagens. *Apothecia* mediocria, circ. 0—2 [—8] millim. lata, peltata, sessilia, disco testaceo aut testaceorufescente [aut in speciminibus europaeis vulgo fuscorufescente], plano aut [in specim. europ. vulgo concavo], margine subintegro aut isidioso. *Sporae* ellipsoideae, long. 0,009—0,007 [—0,012], crass. 0,005—0,0045 [—0,007] millim. *Pycnoconidia* aciculari-fusiformia, long. 0,005—0,004, crass. 0,001 millim.

Ad saxa et rupes prope Rio de Janeiro, n. 106. — Planta nostra apotheciis planis testaceisque et medulla KHO haud rubescente a f. isidiata Anzi (Cat. Sondr. 1860 p. 28) differt, at hae notae in P. conspersa valde inconstantes sunt, et ad Rio de Janeiro specimina etiam normalia f. isidiatae lecta sunt. — *Thallus* nitidiusculus, neque rimulosus, nec maculatus, KHO superne sat intense flavescens, KHO (Ca Cl$_2$ O$_2$) haud rubescens, laciniis planiusculis aut paululum subrugoso-inaequalibus, laevigatis, 20 millim. longis, medulla alba. *Stratum corticale superius* 0,015 millim. crassum. *Stratum medullare* hyphis 0,002—0,0015 millim. crassis. *Stratum corticale inferius* 0,020—0,015 millim. crassum. *Apothecia* imperforata, disco opaco [aut nitido]. *Excipulum* extus flavescens, isidiosum, ceterum sublaevigatum, strato medullari infra hypothecium et parcius infra stratum corticale gonidia continente. *Hypothecium* fere decoloratum aut dilutissime pallidum. *Hymenium* circ. 0,055 millim. crassum, jodo leviter caerulescens. *Epithecium* rufescens. *Paraphyses* 0,002 millim. crassae, in KHO sat facile separatae, increbre ramoso-connexae ramosaeque, constricte articulatae. *Sporae* 8:nae, distichae, apicibus rotundatis, simplices, at saepe 2 guttulas oleosas continentes, quare 1-septatae videntur. *Conceptaculum pycnoconidiorum* thallo immersum, pallidum, ostiolo pallido. *Sterigmata* 0,002 millim. crassa, brevia, constricte articulata, articulis subglobosis. *Pycnoconidia* alterum apicem versus paullo crassiora.

34. P. farinosa Wainio (n. sp.).

Thallus superne stramineo-flavescens, nitidus, leviter rugosus, medulla alba, inferne testaceus aut testaceo-fuscescens, adpressus, irregulariter iteratim laciniatus, laciniis circ. 3—1 millim. latis, planis, contiguis, axillis vulgo acutis, apicibus inaequaliter crenatis et inciso-crenatis, crenis anguloso-rotundatis, axillis crenarum acutis aut obtusis, isidiis destitutus, lamina et margine sorediis rotundatis semiglobosis, flavis instructo, ceterum laevigatus, subtus rhizinis brevibus (circ. 0,5 millim. longis), simplicibus, crassiusculis, testaceis fuscescentibusve, increbris passim parce instructus, intus KHO primo lutescens, dein rubescens, $CaCl_2O_2$ non reagens.

Sterilis in rupe ad Sitio, (1000 metr. s. m.) in civ. Minarum, n. 551. P. conspersae est affinis, at thallo soredioso ab ea differt. P. soredians Nyl., Pyr. Or. (1873) p. 5 (Hue, Addend. p. 39), sorediis albis et laciniis thalli angustioribus recedit. P. conspersa v. rugulosa Müll. Arg., Lich. Cap Horn (1888) p. 158, solum thallo magis ruguloso et KHO fulvescente vel fulvoaurantiaco differt et revera forma sit P. farinosae. Nomine novo plantam nostram designavimus, quia species alia jam nuncupata est P. rugulosa (Nyl. in Hook. Fl. Tasm. 1860 p. 348).

35. P. stenophylloides (Müll. Arg.) Wainio. *P. adpressa* Krempelh. var. *stenophylloides* Müll. Arg., Lich. Parag. (1888) p. 4. (ex specim. authent.).

Thallus superne stramineo-flavescens aut centro demum cinereo-flavescens, subtus testaceus pallescensve aut ambitu obscuratus, intus albus, arcte adpressus, crebre iteratim dichotome laciniatus, laciniis circiter 0,5—0,2 millim. latis, convexiusculis, sublinearibus aut sat inaequaliter dilatatis, apicibus subtruncatis aut obtusis, axillis obtusis aut rotundatis aut acutiusculis, esorediatus, demum isidiosus aut isidiis destitutus, ceterum laevigatus, subtus rhizinis brevissimis, simplicibus, fuscescentibus, parcissimis, fere usque ad apices laciniarum instructus, KHO superne flavescens, intus lutescens, $CaCl_2O_2$ non reagens.

Sterilis supra rupes in Carassa (1400 metr. s. m.) in civ. Minarum, n. 1241 b (ad var. **propaguliferam** Wain. pertinet, thallo isidioso instructam). — Subsimilis est Parmeliae Mougeotii Schaer., quae jam reactione medullae differt. P. adpressam Krempelh. (Fl. 1876 p. 72) non vidimus, at laciniis latioribus, laxe adpressis, sinuoso-incisis a specie nostro bene differre videtur. — *Thallus* nitidiusculus, neque rimulosus, nec maculatus, laciniis subcontiguis aut discretis, KHO (Ca Cl$_2$ O$_2$) superne fulvescens, intus fulvescens lutescensve.

36. **P. flava** Krempelh. in Warm. Lich. Bras. (1873) p. 9 (secund. specim. orig.).

Thallus superne stramineo-flavescens, nitidus, subtus niger aut ambitu anguste castaneo-fuscescens, intus albus, adpressus, crebre iteratim dichotome laciniatus, laciniis circ. 2—1 millim. latis, leviter convexiusculis, sublinearibus aut subcuneatis, apicibus rotundato-subtruncatis aut obtusis, paululum incurvis, axillis patentibus, esorediatus, isidiis destitutus, laevigatus, subtus rhizinis brevibus (circ. 0,5 millim. longis), ramosis, nigris, increbris, fere usque ad apicem laciniarum instructus, KHO vix aut parum reagens, Ca Cl$_2$ O$_2$ non reagens, KHO (Ca Cl$_2$ O$_2$) intus non aut parum reagens (interdum dilutissime subrubescens). *Apothecia* mediocria aut sat parva, circ. 6—2 millim. lata, primum cupuliformia, demum saepe subpeltata, sessilia, disco fusco, concavo aut rarius demum planiusculo, margine leviter crenato, saepe etiam conceptaculis nigris parce coronato. *Sporae* ellipsoideae, long. 0,010—0,008, crass. 0,006—0,005 millim. *Pycnoconidia* subbifusiformi-acicularia aut fere acicularia, long. 0,006—0,005, crass. 0,0007—0,0005 millim.

Supra rupes apricas in Carassa (1400—1500 metr. s. m.) in civ. Minarum, 1163. — Habitu P. Brasilianae subsimilis, at colore thalli ab ea differens et magis affinis P. centrifugae, a qua jam thallo nitido distinguitur. *Thallus* nitidus aut centrum versus opacus, neque rimulosus, nec maculatus, KHO intus primo dilute lutescens, dein mox decoloratus (sic etiam in specim. orig. Krempelhuberi). *Stratum corticale superius* 0,020 millim. crassum. *Stratum medullare* hyphis 0,002—0,0025 millim. crassis. *Rhizinae* ex hyphis conglutinatis formatae. *Apothecia* imperforata, saepe demum radiatim fissa, disco subopaco. *Excipulum* extus laevigatum, strato medullari infra hypothecium et infra stratum corticale gonidia continente. *Hypothecium* fere decoloratum. *Hy-*

menium circ. 0,050 millim. crassum, parte superiore rufescens, parte inferiore pallidum, jodo persistenter caerulescens. *Paraphyses* 0,002—0,0015 millim. crassae, apice leviter aut vix incrassatae (0,002—0,003 millim. crassae), ramoso-connexae, septatae aut parce leviterque constricte articulatae. *Asci* clavati, 0,012—0,014 millim. crassi, apice membrana leviter aut modice incrassata. *Sporae* 8:nae, distichae, apicibus rotundatis. *Conceptacula pycnoconidiorum* nigricantia vel fusconigricantia, parte inferiore dilutius nigricantia sordidescentiave, thallo (et margini apotheciorum) immersa, macula minuta nigricante saepe substellata indicata, vetusta demum verruculas nigras formantia. *Sterigmata* 0,002 millim. crassa, constricte articulata, articulis saepe ellipsoideis. *Pycnoconidia* medio saepe levissime angustata, altero apice acutiusculo, altero obtusiusculo.

37. **P. Velloziae** Wainio (n. sp.).

Thallus superne stramineo-flavescens, subtus niger aut ambitu anguste castaneo-fuscescens, intus albus, adpressus, crebre iteratim dichtome laciniatus, laciniis circiter 1,5—0,4 millim. latis, planis, sublinearibus aut sinuato-dentatis, apicibus subtruncatis aut obtusis, planis aut levissime incurvatis, axillis vulgo rotundato-obtusis laciniisque vulgo conniventibus, isidiis destitutus, lamina sorediis flavis elevatis subglobosis aut semiglobosis obsita, ceterum laevigatus, subtus rhizinis brevibus (circ. 0,5 millim. longis), ramosis, nigris, crebris, fere usque ad apices laciniarum instructus. KHO superne flavescens, intus non reagens, Ca Cl$_2$ O$_2$ non reagens.

Sterilis supra truncos Velloziarum in montibus Carassae (circ. 1500 metr. s. m.) in civ. Minarum, n. 1455. — Facie externa subsimilis est P. ambiguae (Ach.), quae thallo paullo minore, subtus fuscescente et rhizinis simplicibus distinguitur. *Thallus* nitidiusculus aut centrum versus subopacus, neque rimulosus, nec maculatus, sorediis demum majusculis (—2 vel 3 millim. latis), KHO (Ca Cl$_2$ O$_2$) superne intusque flavolutescens.

38. **P. abstrusa** Wainio (n. sp.). *P. limbata* Nyl. in Lich. Nov.-Gran. (1863) p. 439 (secund. specim. orig. in mus. Paris.), haud Laur. in Linnaea 1827 p. 37. *P. relicina* Krempelh., Fl. 1876 p. 73 (coll. Glaziou n. 2000 in herb. Warm.), haud Fr., Syst. Orb. Veg. 1825 p. 283. *P. limbata* f. *isidiosa* Müll. Arg., Lich. Beitr. (1887) n. 1075? (nomen speciei ineptum, jam nimis adhibitum).

Thallus superne flavescens aut flavido-glaucescens aut stramineo-flavescens, subtus niger, intus albus, adpressus, crebre iteratim dichotome laciniatus, laciniis circ. 2 —0,4 millim. latis, planis, sinuato-lacinulatis, laciniis lacinulisque conniventibus axillisque
rotundatis sinuatisve aut axillis lacinularum rotundato-patentibus,
apicibus vulgo subtruncatis, esorediatus, isidiosus, isidiis tenuissimis, laminae thalli affixis, ceterum laevigatus, subtus rhizinis mediocribus aut brevibus (circ. 1,5—0,5 millim. longis), simplicibus
et pro parte parce ramosis, nigris, crebris aut sat crebris, fere
usque ad apicem laciniarum instructus, KHO superne dilute flavescens, intus primo lutescens, dein rubescens, $Ca\,Cl_2\,O_2$ haud
reagens. [*Apothecia* mediocria aut sat parva, circ. 4—2 millim.
lata, subpeltata, sessilia, disco rufo, concaviusculo aut planiusculo,
margine leviter crenato, saepe etiam conceptaculis nigris parce
coronato. *Excipulum* subtus partim nigricans et rhizinis brevibus
nigris instructum. *Sporae* ellipsoideae aut subgloboso-ellipsoideae,
long. 0,008—0,006, crass. 0,005—0,004 millim.]

Sterilis supra rupem, n. 1347, et ad corticem arboris, n.
1589, in Carassa (1400—1500 metr. s. m.) in civ. Minarum. —
Apothecia secundum coll. Lindig. n. 701 descripta sunt. *Epithecium* violaceo-rufescens. *Paraphyses* 0,002 millim. crassae, apice
leviter clavato-incrassatae (0,003 millim.), haud ramosae, constricte articulatae, praesertim parte superiore. *Sporae* 8:nae, apicibus rotundatis, membrana sat tenui.

Parmelia limbata Laur. secundum specimina ad Sidney in Australia lecta
(in mus. Paris.) thallo haud isidioso, subtus testaceo, zona gonidiali KHO lutescente et demum aurantiaca, medulla inferiore haud reagente, excipulo apotheciorum subtus partim testaceo rhizinosoque dignoscitur. In coll. Thiébaut
n. 22 (e Nova Caledonia), qui a cel. Nylandro (Syn. Cal. p. 18) ad *P. relicinam*
ductus est, thallus KHO non reagit (thallus subtus testaceus). *P. relicina* Fr.
secundum specimen authenticum (coll. Gaudichaud n. 54 in mus. Paris.) thallo
subtus nigro, KHO non reagente, excipulo subtus nigricante, rhizinoso, instructa est.

**Endoxantha Wainio. *Thallus* medulla lutescente strami-
neave instructus, laciniis inaequaliter dilatatis et irregulariter lobatis.

39. P. flavidoglauca Wainio (n. sp.).

Thallus superne flavido-glaucescens, subtus sordide pallescens aut ambitu obscuratus, medulla straminea, adpressus, planus,

irregulariter laciniatus lobatusque, laciniis inaequaliter dilatatis, —5 millim. latis, contiguis, lobis rotundatis, inaequaliter crenatis et inciso-crenatis, crenis apice vulgo subrotundatis, axillis acutis aut pro parte rotundatis, esorediatus, isidiis destitutus, laevigatus, subtus rhizinis brevibus (circ. 1—0,5 millim. longis), simplicibus, pallidis aut cinerascentibus, tenuibus, sat crebris, saepe fere usque ad apicem loborum instructus, KHO superne flavescens et intus lutescens, Ca Cl$_2$ O$_2$ intus aurantiacus (qui color dein mox evanescit). *Apothecia* sat parva, 2,5—1 millim. lata, peltata, sessilia, adpressa, disco rufo, plano, margine integro. *Sporae* globosae aut parcius subglobosae, diametro 0.007—0.005 millim.

Ad truncum arboris in Carassa (1400—1500 metr. s. m.) in civ. Minarum, n. 1301. — Affinis sit P. limbatae Laur. (Müll. Arg., Lich. Beitr. n. 411), quae laciniis apice haud rotundatis, magis glaucis, medulla albida, sporis subellipsoideis ab ea differt. Conferenda etiam cum P. ecoronata Nyl., Lich. Andam. p. 5. — *Thallus* tenuis, nitidiusculus aut fere opacus, neque rimulosus, nec maculatus, KHO (Ca Cl$_2$ O$_2$) superne flavescens et intus lutescens. *Stratum corticale superius* 0,020 millim. crassum. *Stratum medullare* hyphis 0,005—0,004 millim. crassis, membranis incrassatis, lumine tenuissimo. *Apothecia* imperforata, disco nitidiusculo aut subopaco. *Excipulum* extus flavescens, laevigatum, strato medullari solum infra hypothecium gonidia continente. *Hypothecium* fere decoloratum. *Hymenium* circ. 0,050 millim. crassum, parte superiore rufescente, jodo persistenter caerulescens. *Paraphyses* 0,0015—0,003 millim. crassae, apice clavatae aut parum incrassatae, gelatinam sat crebre percurrentes, haud ramoso-connexae, at pro parte furcatae, increbre septatae aut subconstricte articulatae. *Asci* clavati, 0,012—0,016 millim. crassi, apice membrana incrassata. *Sporae* 8:nae. distichae.

Trib. 2. **Stereocauleae.**

Thallus primum subcrustaceus, verrucosus aut subsquamosus; verrucis squamisve *thalli primigenii* demum in pseudopodetia accrescentibus. *Pseudopodetia* fruticulosa, teretia aut raro leviter compressa, heteromerica, *ramulis phyllocladoideis* thallo primigenio consimilibus, *strato corticali* cartilagineo obductis, instructa.

Stratum medullare hyphis pachydermaticis, lumine cellularum tenui. *Gonidia* protococcoidea (conf. Bornet, Rech. Gon. Lich. p. 25). *Apothecia* peltata basique apothecii bene constricta. *Excipulum* gonidia continens aut gonidiis destitutum, strato medullari stuppeo instructum*). *Paraphyses* evolutae, haud ramoso-connexae. *Sporae* longae, subfusiformes aut aciculares, septatae, decolores.

1. Stereocaulon.

Schreb., Gen. Pl. II (1791) p. 763; Ach., Lich. Univ. (1810) p. 113 et 580 pr. maj. p., Syn. Lich. (1814) p. 284 pr. maj. p.; Fr., Lich. Eur. (1831) p. 200; Tul., Mém. Hist. Lich. (1852) p. 26. II p. 197, Mass., Mem. Lich. (1853) p. 74, Norm., Con. Gen. Lich. (1852) p. 20; Koerb., Syst. Germ. (1855) p. 10; Th. Fr., De Ster. Comm. (1857) p. 6, Monogr. Ster. (1858) p. 9, tab. 7—10 (excl. Chondrocaulon); Nyl., Syn. Lich. (1858—60) p. 230, tab. VII f. 7—31; Linds., Mem. Sperm. (1859) p. 152, tab. VI fig. 27—42; Schwend., Unters. Flecht. (1860) p. 173, tab. VII fig. 10, 11; Th. Fr., Gen. Heterol. (1861) p. 76; Müll. Arg., Princ. Class. (1862) p. 24; Koerb., Par. Lich. (1865) p. 7; Stizenb., Beitr. Flechtensyst. (1862) p. 167; Th. Fr., Lich. Scand. (1871) p. 42; Tuck., Gen. Lich. (1872) p. 143; Wainio, Clad. Phylog. (1880) p. 14; Tuck., Syn. North Am. (1882) p. 230.

Initia thalli phyllocladoidea, verrucaeformia aut teretia applanatave, saepe ad instar crustae aggregata confertave, demum longitudine accrescentia et pseudopodetia formantia (conf. Wainio, Tutk. Phylog. 1880 p. 14 et Mon. Clad. 1887 p. 53). *Pseudopodetia* fruticulosa, ramosa, solida, *ramulis phyllocladoideis* verrucaeformibus aut teretibus aut plus minusve applanatis, strato corticali obductis, plus minusve abundanter instructa, plus minusve corticata, aut jam mature decorticata, *strato medullari* ex hyphis laxe contextis sat pachydermaticis formato, *axem centralem* chondroideum, ex hyphis longitudinalibus conglutinatis membrana incrassata et tubulo tenui instructis formatum continente. *Apothecia* fusca aut nigra. *Excipulum* lecideinum gonidiisque destitutum [subg. Lecidocaulon Wainio] aut lecanorinum gonidiisque instructum [subg. Lecanocaulon (Nyl.), incl. Coryno-

---

* Jam ob hanc notam genus *Pilophoron* a *Stereocauleis* est excludendum. Valde affine est *Cladoniis.*

phoron Nyl.], *stratum medullare* ex hyphis sat laxe contextis formatum continens. *Sporae* 8:nae aut pauciores, elongatae, sub-fusiformes aut aciculares, 4—plejo-blastae, decolores. *Concepta-cula pycnoconidiorum* ramulis phyllocladoideis immersa. *Ste-rigmata* brevia, pauci- aut pluriarticulata. *Pycnoconidia* sub-fusiformia aut subcylindrica, recta aut curvata (conf. etiam. Th. Fr., Linds., l. c.).

1. **S. implexum** Th. Fr., De Stereoc. Comm. (1857) p. 23, Mon. Ster. (1858) p. 31. *S. ramulosum* var. 1. *implexum* Nyl., Syn. Lich. (1858–60) p. 236.

Pseudopodetia brevia, caespitosa aut subcaespitosa, sub-erecta, sat tenuia, etomentosa, albida vel cinereoglaucescenti-albida aut partim pallescentia, substrato arcte adfixa, corticata, demum partim decorticata, sat bene aut rarius sat parce ramosa, ramis sat brevibus, vulgo abhuc ramulosis, ramulis phyllocladoideis te-nuibus, simplicibus aut divisis crenatisque, subteretibus aut leviter compressis aut verruculaeformibus, sat crebris aut sparsis, albidis vel cinereoglaucescenti-albidis. *Apothecia* apicibus pseudopode-tiorum affixa, sat parva aut mediocria, demum convexa aut se-miglobosa, margine tenui, sat mature excluso. *Excipulum* goni-diis destitutum. *Sporae* bacillari-fusiformes, primo 1-septatae, de-mum 3—5-septatae, long. 0,027—0,052 millim., crass. 0,004—0,003 millim. (0,005—0,006 millim.: Th. Fr. et Nyl., l. c.).

In lateribus abruptis rupium in montibus Carassae (1470 metr. s. m.), n. 1361, et alibi in Serra do Frio, n. 1188, in civ. Minarum. — *Thallus* interdum apice ramoso parce sorediosus (f. **sorediosa** Wain.: n. 1188). — In speciminibus nostris *thallus* est circ. 10 millim. altus, KHO extus lutescens, intus (axis) —. *Stratum corticale* evanescens tenueque, passim etiam in ramis crassioribus distinctum, chondroideum, ex hyphis crassis, irregu-lariter contextis aut partim subverticalibus formatum, membranis incrassatis, conglutinatis aut passim liberis. *Stratum medullare exterius* tenue, laxe contextum, gonidia continens, hyphis circ. 0,003—0,004 millim. crassis, membranis incrassatis, tubulo tenui. *Axis chondroideus centralis* hyphis conglutinatis, parallelis, longi-tudinalibus, membranis incrassatis, subdistinctis aut stratosis, tu-bulo tenui. *Apothecia* solitaria aut aggregata, disco fusconigro. *Excipulum* primum subturbinatum, demum peltatum, strato corticali extus pallido, pseudoparenchymatico-chondroideo, ex hyphis conglutinatis parenchymatice divisis formato, membranis incrassatis, loculis 0,004—0,002 millim. latis, in parte exteriore subrotundatis, in parte interiore elongatis; in parte interiore excipuli adest stratum myelohyphicum, gonidiis destitutum, hyphis sat laxe contextis. *Hypothecium* pallidum. *Hymenium* 0,070—0,060 millim. crassum, parte superiore rufum. *Paraphyses* sat arcte cohaerentes, 0,001 millim. crass., apice clavatae (0,003 millim. crass.). neque ramosae, nec constrictae, sat increbre septatae (in Zn Cl$_2$ + I visae). *Asci* clavati, 0,012—0,010 millim. crass., apice membrana incrassata. *Sporae* bacillari-fusiformes, apices versus leviter attenuatae, apicibus obtusis, subrectae aut subcurvatae, decolores. polystichae, haud constrictae. *Conceptacula pycnoconidiorum* apicibus pseudopodetiorum affixa, saepe aggregata, verruculis ovoideis vel subglobosis cinereis albidisve inclusa. *Sterigmata* brevia, circ. 0,002 millim. crassa, crebre septata, haud constricta, cellulis fere aeque longis, ac crassis (in Zn Cl$_2$ + I examinata). apicibus et parcius lateribus pycnoconidia efferentibus. *Pycnoconidia* filiformi-fusiformia, medio incrassata, apicibus attenuatis tenuissimisque, curvata, long. 0,013—0,008, crass. 0,001 millim. *Cephalodia* e ramulis phyllocladoideis morbose turgescentibus formata. irregulariter subglobosa aut ovoidea, demum plus minusve foveolatorugosa, breviter podicellata aut sessilia, thallo vulgo concoloria, circ. 0,5—1 millim. lata, strato corticali bene evoluto instructa, gonidia sirosiphoidea, cellulis aureis (in specim. nostr.) aut caeruleovirescentibus (in mus. Paris.), in serie simplice aut partim duplice dispositis, vagina subdecolore tenui instructa, inter hyphas laxe contextas continentia. — Quamquam planta nostra sporis tenuioribus a speciminibus in mus. Paris. asservatis S. implexi Th. Fr. differt, sine dubio ad eandem speciem pertinent, facie externa simillima.

Trib. 3. **Lecanoreae.**

Thallus crustaceus aut ex areolis breviter fruticuloso-elongatis constans aut squamosus vel minute foliaceus, heteromericus aut raro homoeomericus. *Stratum corticale* haud evolutum aut cartilagineum parenchymaticumve. *Stratum medullare* stuppeum, hyphis pachydermaticis aut leptodermatis. *Gonidia* in zona supra stratum medullare disposita aut in thallo toto obvenientia, palmellacea (vulgo protococcoidea aut rarius pleurococcoidea aut leptogonidia). *Apothecia* lecanorina, thallo innata et immersa permanentia aut demum elevata, infra hypothecium aut in strato medullari excipuli aut in margine vel circa hymenium gonidia continentia. *Excipulum* nullum distinctum aut thallodes et strato medullari stuppeo instructum. *Paraphyses* evolutae, simplices aut ramosae aut raro ramoso-connexae. *Sporae* breves aut longae, simplices aut septatae, decolores, membrana interne haud incrassata.

1. Candelaria.

Mass., Syn. Lich. Blast. (Fl. 1852) p. 8., Mem. Lich. (1853) p. 46 (excl. C. vitellina), Mon. Blast. (1853) p. 62 (pr. p.); Koerb., Syst. Germ. (1855) p. 120 (pr. p.). *Xanthoria* B. *Candelaria* Th. Fr., Lich. Scand. (1871) p. 147.

Thallus foliaceus, laciniatus, superne citrinus, KHO—, superne et inferne *strato corticali* pseudo-parenchymatico instructus, inferne *rhizinis* ornatus. *Stratum medullare* thalli ex hyphis membrana tenui instructis formatum. *Gonidia* protococcoidea. *Apothecia* lecanorina, excipulo gonidiis instructo, disco acidum chrysophanicum haud continente. *Sporae* decolores, simplices (demum 1-septatae forsan false indicantur), breves. „*Conceptacula pycnoconidiorum* thallo subimmersa vel leviter protuberantia, pallida. *Sterigmata* exarticulata, basi leviter ramosa. *Pycnoconidia* ellipsoidea." (Linds., Mem. Sperm. 1859 p. 252, tab. XIV fig. 5—6).

1. **C. concolor** (Dicks.) Wainio. *Lichen* Dicks., Fasc. Crypt. III (1793) p. 18: hb. Ach. (conf. etiam Th. Fr., Lich. Scand. p. 148). *Xanthoria* Th. Fr., l. c. (1871) p. 147. *Theloschistes concolor* b. *effuse* Tuck., Syn. North Am. (1882) p. 52. *Candelaria vulgaris* Mass., Syn. Lich. Blast. (Fl. 1852) p. 8, Mon. Blast. (1853) p. 64; Koerb., Syst. Germ. (1855) p. 120.

Thallus membranaceus, laciniatus, superne citrinus aut citrino-flavescens [aut raro cerinus], laciniis angustissimis angustisve, laevigatis, margine sorediosis aut granuloso- vel isidioso-divisis. [Apothecia tenuia, margine tenui.]

Sterilis supra corticem arborum prope Rio de Janeiro et ad Sitio (1000 metr. s. m.), n. 554, et in Carassa (1400 metr.) in

civ. Minarum. — *Thallus* KHO—, laciniis circ. 0,2—0,4 millim.
latis, stellato-radiantibus aut imbricatis, adpressis aut rarius sub-
adscendentibus, superne subtusque planis, subtus albidis pallidisve,
rhizinis albidis vel pallidis, brevibus, simplicibus, numerosis. *Stratum corticale* thalli pseudo-parenchymaticum, e seriebus cellularum
pluribus horizontalibus formatum, cellularum loculis 0,006—0,003
millim. latis, membranis tenuibus. *Stratum medullare* vulgo totum
gonidia continens, membranis hypharum tenuibus. *Gonidia* protococcoidea, globosa, membrana sat tenui. *Rhizinae* ex hyphis
conglutinatis formatae. *Apothecia* (in specim. europaeis) 0,5—1,8
millim. lata, plana, thallo concoloria aut disco rarius fuscescente,
margine tenui, integro aut leproso, thallo concolore. *Excipulum*
gonidia continens, strato corticali parenchymatico, membranis
cellularum tenuibus. *Paraphyses* laxe cohaerentes, haud ramosae
aut parcius apice furcatae, apice clavatae, clava constricte articulata (in K Cl O aut $PH_3 O_4 + I + Kl$). *Sporae* numerosae, simplices, (guttulas oleosas continentes, quare 1-septatae interdum
videntur), ellipsoideae aut rarius ovoideae, apicibus rotundatis,
„long. 0,006—0,014, crass. 0,004—0,006 millim." (Nyl., l. c.).

F. **substellata** Nyl., Syn. Lich. (1858—60) p. 413, Lich. Nov.-
Gran. (1863) p. 439 (mus. Paris.). *Lecanora candelaria* γ. *L. sub-
stellata* Ach., Syn. Lich. (1814) p. 192 pr. min. p. (specimen ex
America sept. in hb. Ach.).

Thallo adpresso, laciniis radiantibus, pr. p. paullo latioribus
a forma vulgari leviter differens. Huc planta n. 554, supra commemorata pertinet.

Lecanora candelaria γ. *L. substellaris* Ach., Lich. Univ. (1810) p. 417
(γ. *L. substellata* Ach., Syn. Lich. 1814 p. 192 pr. p.) secund. specim. orig.
(e Lusatia: Mosig) in hb. Ach. ad *Physciam fallacem* Hepp (*ulophyllam* Wallr.)
spectat, quae igitur nuncupanda est *Xanthoria substellaris* (Ach.).

2. Haematomma.

Mass., Ric. Lich. Crost. (1852) p. 32; Koerb., Syst. Germ. (1855) p. 152;
Th. Fr., Gen. Heterolich. (1861) p. 67, Lich. Scand. (1871) p. 296.

Thallus crustaceus, effusus, rhizinis veris nullis et hypothallo
aut hyphis medullaribus substrato affixus, superne *strato corticali*
obductus ex hyphis formato tenuibus, subverticalibus aut partim
irregulariter contextis, crebre aut sat increbre septatis, conglutinatis, membranis modice aut parum incrassatis et lumine cellula-

rum angusto instructis, aut strato corticali nullo. *Stratum medullare* stuppeum, hyphis implexis, tenuibus aut sat tenuibus, membranis tenuibus aut leviter incrassatis et lumine cellularum comparate sat lato aut sat tenui. *Gonidia* protococcoidea aut pleurococcoidea. *Apothecia* lecanorina, thallo innata, vulgo mox emergentia adpressaque, aut raro immersa permanentia, disco vulgo rubescente rufescenteve. *Excipulum* thallodes, textura thallo consimile, perithecio proprio nullo aut plus minusve evoluto. *Hypothecium* albidum pallidumve. *Sporae* fusiformes acicularesve, longae angustaeque, 3—pluri-septatae, decolores, 8:nae. „*Sterigmata* exarticulata aut pauciarticulata. *Pycnoconidia* cylindrica" (Linds., Mem. Sperm. Crust. Lich. p. 232, tab. 9 fig. 39 et 41).

1. **H. puniceum** (Ach.) Wainio. *Lecanora punicea* Ach., Syn. Lich. (1814) p. 174 (pr. p.: hb. Ach.); Nyl., Lich. Nov.-Gran. (1863) p. 443, Syn. Nov. Cal. (1868) p. 30; Tuck., Syn. North Am. (1882) p. 194. *Lecania* Müll. Arg., Lich. Beitr. (1881) n. 331, Rev. Lich. Fée (1887) p. 10, Lich. Parag. (1888) p. 10.

Thallus crustaceus, effusus, sat tenuis, verruculoso-inaequalis, vulgo continuus, albidus, esorediatus aut raro sorediosus. *Apothecia* 1.5—0.8 millim. lata, demum elevata adpressaque, disco plano, normaliter coccineo, margine thallode crassiusculo aut sat tenui, thallo concolore. *Sporae* aciculari-fusiformes, pluri-septatae, decolores, long. circ. 0,060—0,072, crass. 0,003—0,004 millim.

Var. **esorediata** Wainio. *Thallus* esorediatus. *Apothecia* disco coccineo.

Ad corticem arborum sat frequenter in Brasilia provenit, n. 542, 792, 845, 848, 862, 1029. — *Thallus* neque KHO nec I reagens; stratum medullare hyphis tenuibus, membrana sat tenui et lumine comparate sat lato instructis. *Gonidia* protococcoidea, simplicia, globosa, membrana tenui. *Apothecia* interdum sat diu thallo immersa permanent, at vulgo jam valde juvenilia emerguntur, disco coccineo, margine vulgo extus minute crenulato, rarius (in eodem specimine quoque) integro aut flexuoso instructa. *Excipulum* gonidia continens, strato corticali obductum subamorpho, ex hyphis subverticalibus conglutinatis parum distinctis formato; excipulum proprium nullum. *Hypothecium* crassum, dilute sublutescens, KHO non reagens aut fulvescens. *Hymenium* circ. 0,100—0,120 millim. crassum, jodo persistenter caerulescens. *Epi-*

thecium rubescens, KHO solutionem violaceam effundens. *Para-*
physes 0,0005—0,001 millim. crassae, apice non aut levissime incrassatae, gelatinam firmam parum aut sat abundantem percurrentes, neque ramosae, nec constrictae. *Asci* oblongi aut oblongo-
clavati, 0,014—0,012 millim. crassi, apice membrana parum aut
leviter incrassata. *Sporae* 8:nae, 8-stichae, leviter curvatae flexuo-
saeve, altero apice sensim attenuato, altero breviter acutato aut
rarius obtusiusculo, vulgo 13-septatae [7—15-septatae, long. 0,035
—0,085, crass. 0,003—0,0065 millim.: Nyl., Syn. Cal. p. 30, et
Müll. Arg., Lich. Par. p. 10]. „*Conceptacula* pycnoconidiorum in-
coloria; *sterigmata* gracilenta simpliciuscula: *pycnoconidia* recta,
long. 0,007, crass. vix 0,001 millim." (Nyl., l. c.).

F. **rufopallens** Nyl. *Lecanora punicea* var. *rufopallens* Nyl.,
Lich. Nov.-Gran. Addit. (1867) p. 331.

Apothecia disco demum roseo aut rufopallescente. — Ad
lignum putridum prope Sitio in civ. Minarum, n. 1095. — In apotheciis juvenilibus discus est coccineus.

Var. **leprarioides** Wainio.

Thallus sorediosus. *Apothecia* disco coccineo. — Ad corticem arboris prope Rio de Janeiro, n. 197. — *Thallus* sorediis
rotundatis albis abundanter instructus.

3. Lecanora.

Ach., Lich. Univ. (1810) p. 77, 344 (pr. p.); Tul., Mém. Lich. (1852) p.
174, 176, 182, 215, tab. 13 fig. 18—23; Nyl., Ess. Nouv. Classif. (1855) p. 178
(pr. p.), Lich. Scand. (1861) p. 139; Th. Fr., Gen. Heterolich. (1861) p.
69 (em.); Fuisting, De Apoth. Evolv. (1865) p. 10, 19. Th. Fr., Lich. Scand.
(1871) p. 219 (em.); Tuck., Gen. Lich. (1872) p. 110 (pr. p.), Syn. North Am.
(1882) p. 181 (excl. Haematomma, Ochrolechia, Ionaspis, Acarospora); Hue,
Addend. (1886) p. 64 (pr. p.); Lindau, Anlag. Flechtenap. (1888) p. 32.

Thallus crustaceus, uniformis aut ambitu lobatus, aut caespitoso-areolatus et areolis fruticuloso-elongatis, aut squamosus
aut subfoliaceo-squamosus, rhizinis veris nullis, hypothallo aut
hyphis medullaribus substrato affixus, *strato corticali* nullo aut
superne et in speciebus magis evolutis etiam inferne thallum obducente, ex hyphis formato irregulariter contextis aut partim verticalibus, conglutinatis, vulgo sat increbre septatis, membranis
modice aut parum incrassatis et lumine angusto aut sat angusto

(in Squamariis), aut superne strato corticali instructus pseudo-parenchymatico, lumine cellularum lato et membrana tenui (in Aspiciliis nonnullis). *Stratum medullare* stuppeum, hyphis im-plexis, tenuibus aut sat tenuibus, pachydermaticis et lumine cellu-larum tenuissimo tenuive instructis, aut leptodermaticis et lumine cellularum comparate sat lato [L. (Aspicilia) cinerea, cet.]. *Gonidia* protococcoidea. *Apothecia* lecanorina, thallo innata, im-mersa permanentia aut vulgo mox emergentia adpressaque. *Ex-cipulum* nullum distinctum aut thallodes, textura thallo consimile aut strato medullari toto gonidiis impleto, perithecio proprio raro magis evoluto, vulgo abortivo et stratum tenuissimum pa-rumque distinctum circa hypothecium et saepe etiam inter hyme-nium et marginem thallodem formante. *Sporae* minores medio-cresve, breves, ellipsoideae aut oblongae aut globosae, simplices aut 1—3-septatae, decolores, membrana et septis tenuibus, 8:nae aut raro pauciores pluresve. *Sterigmata* exarticulata aut rarius articulata. *Pycnoconidia* filiformi-cylindrica aut oblonga aut ellip-soidea.

Subg. I. **Lecania** (Mass.) Wainio. *Thallus* crustaceus, uni-formis. *Sporae* 1—3-septatae. „*Sterigmata* exarticulata. *Pycno-conidia* filiformi-cylindrica." (Th. Fr., Lich. Scand. p. 290, Nyl. in Hue Addend. p. 99).

Lecania Mass., Alc. Gen. Lich. (1853) p. 12; Koerb., Syst. Germ. (1855) p. 121; Th. Fr., Gen. Heterolich. (1861) p. 68; Müll. Arg., Princ. Classif. (1862) p. 45 (p. p.); Th. Fr., Lich. Scand. (1871) p. 289; Müll. Arg., Lich. Epiphyll. (1890) p. 3 (excl. sect. Secoligella). Calenia Müll. Arg., l. c.

1. **L. hymenocarpa** Wainio (n. sp.).

Thallus crustaceus, tenuis aut tenuissimus, sat laevigatus, continuus, glauco-virescens. *Apothecia* thallo subimmersa, 1,2--0,5 millim. lata, membranacea et habitu arthonioidea, disco pla-niusculo aut levissime convexiusculo, pallido aut fulvescenti-pallido aut cinerascente aut cinerascenti-obscurato, immarginata. *Hypo-thecium* albidum. *Epithecium* decoloratum aut pallidum. *Sporae* vulgo 8:nae, oblongae, rectae, 3-septatae, long. 0,022—0,015, crass. 0,006—0,005 millim.

Ad folia perennia arborum prope Lafayette (1000 metr. s. m.) in civ. Minarum, n. 365 b. — Planta est insignis inter Leca-

noras et Lecideas intermedia. *Thallus* opacus, hypothallo indistincto. *Gonidia* protococcoidea, globosa aut ellipsoidea, diam.
vulgo 0,006—0,005 millim., membrana sat tenui. *Excipulum* thallodes haud evolutum. *Perithecium* (excipulum proprium) tenuissimum, albidum, evanescens. *Hypothecium* tenue, subhymeniale,
thallo gonidiifero impositum. *Hymenium* circ. 0,070 millim. cras-
cum, jodo persistenter caerulescens. *Paraphyses* 0,001 millim.
crassae, apice haud incrassatae, arcte cohaerentes, haud ramosae.
Asci clavati, 0,011 millim. crassi, membrana interdum apice leviter incrassata. *Sporae* 8:nae aut abortu pauciores, apicibus rotundatis aut rarius altero apice obtuso, decolores, ad septas demum vulgo constrictae.

Subg. II. **Eulecanora** (Th. Fr.) Wainio. *Thallus* crustaceus,
uniformis. *Apothecia* demum vulgo adpressa. *Sporae* simplices.
Sterigmata vulgo exarticulata, rarius articulata. *Pycnoconidia*
vulgo filiformi-cylindrica.

<small>*Lecanora* *Eulecanora Th. Fr., Lich. Arct. (1860) p. 99 (pr. p.), Lich.
Scand. (1871) p. 233 (pr. p.); Tuck., Syn. North Am. (1882) p. 185 (pr. p.).</small>

2. **L. symmictella** Wainio (n. sp.).

Thallus crustaceus, uniformis, tenuis, e granulis vel verruculis minutissimis, contiguis subcontiguisve constans, stramineus,
Ca Cl$_2$ O$_2$ non reagens. *Apothecia* minutissima, vix 0,2 millim.
lata, adpressa, disco convexo, stramineo aut stramineo-pallescente,
nudo, Ca Cl$_2$ O$_2$ non reagente, margine tenuissimo, subcrenulato,
mox excluso, thallo concolore. *Hypothecium* albidum. *Hymenium*
jodo persistenter caerulescens. *Sporae* 8:nae, oblongae, curvatae
aut pro parte rectae, long. 0,015—0,011, crass. 0,0045—0,0035
millim.

Ad corticem *Araucariae brasiliensis* in Carassa (1400 metr.
s. m.) in civ. Minarum parce lecta, n. 1441. — Habitu potius L.
pallenti Kullh., quam L. symmictae Ach. et L. conizaeae Ach.
similis, cui posterioribus tamen proxime est affinis. *Thallus* hypothallo nigro instructus. *Gonidia* protococcoidea. *Apothecia* ma-
tura immarginata. *Hymenium* 0,040 millim. crassum. *Epithecium*
stramineum, haud granulosum. *Paraphyses* 0,001 millim. crassae,
apice haud incrassatae, ramoso-connexae, gelatinam sat abundantem percurrentes, haud constrictae. *Asci* late clavati, 0,014—0,010

millim. crassi, apice membrana modice incrassata. *Sporae* simplices, apicibus obtusis, polystichae.

3. **L. epirhoda** Wainio (n. sp.).

Thallus crustaceus, uniformis, tenuis, subcontinuus, subcontiguc verruculosus et verruculoso-inaequalis, glaucescenti-albidus, esorediatus. *Apothecia* adpressa, mediocria aut minora, 1,5—0,8 millim. lata, disco plano, rufo aut fusco-rufescente, nudo, margine sat tenui aut mediocri, minute transversim ruguloso aut subcrenulato aut subintegro, discum leviter aut parum superante, thallo concolore. *Epithecium* purpureo- aut subviolaceo-rubescens. *Hypothecium* sat dilute luteo-pallidum aut parte superiore albidum. *Hymenium* jodo persistenter caerulescens. *Sporae* 8:nae, oblongae aut ellipsoideae, long. 0,022—0,015, crass. 0,010—0,007 millim.

Ad corticem arborum prope Sitio (1000 metr. s. m.) in civ. Minarum, n. 1009, 1102. — Cum L. perithiode Nyl., Fl. 1876 p. 508, et L. subgranulata Nyl., (Nov.-Gran. Addit. 1867 p. 310) est affinis, at ab ambabus diversa. Colore epithecii a L. subfusca differt. *Thallus* KHO lutescens, Ca Cl$_2$ O$_2$ non reagens, medulla alba, hypothallo caeruleonigricante partim tenuiter limitatus. *Excipulum* gonidia continens. *Epithecium* neque KHO, nec HNO$_3$ reagens. *Paraphyses* 0,001—0,0015 millim. crassae, apice haud incrassatae, gelatinam firmam, haud abundantem percurrentes, septatae, neque ramosae, nec constrictae. *Asci* clavati, circ. 0,020 millim. crassi, apice membrana modice incrassata. *Sporae* distichae, apicibus rotundatis, simplices.

4. **L. subfusca** (L.) Ach., Lich. Univ. (1810) p. 393 (pr. p.); Stizenb. in Bot. Zeit. 1868 p. 889 (pr. p.); Th. Fr., Lich. Scand. (1871) p. 238 (pr. p.); Nyl. in Hue Addend. (1886) p. 84 (em.); Möller, Cult. Flecht. (1887) p. 18. *L. subfuscus* L., Fl. Suec. ed. 2 (1755) p. 409.

Thallus crustaceus, uniformis, sat tenuis aut tenuis aut sat crassus, verruculosus aut inaequalis aut laevigatus, albidus aut glaucescenti-albidus, KHO lutescens, Ca Cl$_2$ O$_2$ non reagens, esorediatus aut raro sorediis sparsis instructus. *Apothecia* adpressa, majuscula aut mediocria aut minora, disco plano aut demum convexiusculo, rufo aut pallescente aut fusco aut fusco-nigro, nudo aut raro tenuissime pruinoso, margine sat tenui aut mediocri, persistente, integro aut crenulato aut flexuoso, thallo concolore.

Epithecium rufescenti-pallidum aut pallidum aut rufescens aut fuscescens. *Hypothecium* albidum aut pallidum. *Hymenium* jodo persistenter caerulescens aut demum vinose rubens. *Sporae* 8:nae, distichae, ellipsoideae aut ellipsoideo-oblongae, long. 0,022—0,008 millim., crass. 0,012—0,004 millim. *Conceptacula pycnoconidiorum* supra nigra. *Pycnoconidia* cylindrico-filiformia, arcuata.

Var. **glabrata** Ach., l. c. *L. allophana* **L. glabrata* Wainio, Adj. Lich. Lapp. (1881) p. 156 (excl. form.).

Thallus tenuis aut sat tenuis, laevigatus aut sublaevigatus, continuus, aut rimoso-diffractus, albidus, esorediatus. *Apothecia* mediocria, circ. 1,2—0,7 millim. lata, disco plano, rufo, vulgo nitido aut nitidiusculo, nudo, margine tenui, discum subaequante aut parum superante, integro aut subintegro aut interdum flexuoso. *Hymenium* jodo persistenter caerulescens. *Sporae* long. 0,014—0,008, crass. 0,009—0,005 millim.

Ad corticem arborum prope Sitio (1000 metr. s. m.) in civ. Minarum, n. 943, 944 b. — Thallo laevigato et margine apotheciorum integro differt a var. subcrenulata Nyl. (ad quam pertinet v. festiva Fée, Bull. Soc. Bot. Fr. XX 1873 p. 312: coll. Glaz. n. 1951 in mus. Paris.), sed in specimine nostro (n. 943) in eam transit. — In specimine nostro *hypothecium* est album et *epithecium* rufescens. *Paraphyses* 0,001 millim. crassae, apice clavatae (0,003—0,002 millim.), gelatinam firmam sat abundantem percurrentes, neque ramosae, nec constrictae. *Sporae* ellipsoideae, long. 0,010—0,008, crass. 0,006—0,005 millim.

Var. **chlarotera** (Nyl.) Wainio. *L. chlarotera* Nyl., Fl. 1872 p. 550.

Thallus tenuis aut sat tenuis, crebre verruculosus et verruculoso-inaequalis, albidus, esorediatus. *Apothecia* sat parva aut mediocria, vulgo circ. 0,8—0,6 (—1,2) millim. lata, disco plano, testaceo-rufescente aut testaceo-pallido aut rufescente, opaco, nudo, margine tenui aut sat tenui, varie crenulato, simul interdum etiam flexuoso, discum subaequante aut superante. *Hymenium* jodo persistenter caerulescens. *Sporae* long. 0,013—0,008, crass. 0,008—0,005 millim.

Ad corticem arborum prope Sitio (1000 metr. s. m.), in civ· Minarum, n. 740, 798, 837, 895, 1004. — Transire videtur in var. subcrenulatam Nyl. (Lich. Nov.-Gran. Addit. 1867 p. 310), quae

disco nitide rufo et margine minutissime subcrenulato et epithecio
rubescenti-rufo ab ea differt (L. subcrenulata Nyl., Lich. Ins.
Guin. 1889 p. 15, diversa est, hymenio jodo fulvorubescente recedens). — *Hypothecium* albidum. *Hymenium* circ. 0,060 millim.
crassum. *Epithecium* pallidum aut testaceo-rufescens aut rufum.
Paraphyses gelatinam firmam haud valde abundantem percurrentes, 0,001—0,0015 millim. crassae, apice non aut levissime incrassatae, neque constrictae, nec ramosae aut parum ramosae. *Sporae* ellipsoideae.

5. **L. subalbellina** Wainio (n. sp.).

Thallus crustaceus, uniformis, tenuis, verruculosus aut verruculoso-inaequalis, albidus, esorediatus. *Apothecia* mediocria,
circ. 1,3—1 millim. lata, adpressa, disco plano aut concavo aut
convexo, pallido aut carneo-pallido, tenuiter pruinoso, Ca Cl$_2$ O$_2$
non reagente, margine mediocri aut tenui, crenulato aut subcrenulato, thallo concolore. *Hypothecium* albidum. *Hymenium* jodo
caerulescens, dein vinose rubens. *Sporae* 8:nae, ellipsoideae, long.
0,015—0,008, crass. 0,008—0,0055 millim.

Ad corticem arboris prope Sitio (1000 metr. s. m.) in civ.
Minarum, n. 594. — Proxime affinis est L. peralbellae Nyl.
(Wainio, Adj. Lich. Lapp. I p. 159), quae margine apotheciorum
integro ab ea recedit. Etiam L. albellina Müll. Arg. (Hariot,
Lich. Cap Horn. 1888 p. 162) habitu ei subsimilis est (sc. specimen in mus. Paris.). — *Thallus* KHO lutescens, hypothallo nigro
partim limitatus. *Apothecia* margine discum superante aut subaequante. *Hymenium* circ. 0,080 millim. crassum. *Epithecium*
pallidum, granulosum. *Paraphyses* 0,001 millim. crassae, apice
non aut parum incrassatae, gelatinam firmam, parum aut sat
abundantem percurrentes, neque ramosae, nec constrictae. *Asci*
subclavati, 0,012—0,014 millim. crassi, apice membrana modice
incrassata. *Sporae* distichae, simplices.

6. **L. myriocarpoides** Wainio (n. sp.).

Thallus crustaceus, uniformis, sat tenuis, verruculoso-inaequalis, albidus aut sordide albidus, esorediatus, KHO flavescens.
Apothecia mediocria, circ. 2,5—1,3 millim. lata, adpressa, disco
plano, stramineopallido, nudo, Ca Cl$_2$ O$_2$ non reagente, margine
tenui, flexuoso aut subintegro aut subcrenulato, thallo concolore.
Hypothecium albidum. *Hymenium* jodo persistenter caerulescens·

Sporae 8:nae, ellipsoideae, long. 0,012—0,009, crass. 0,007—0,005 millim.

Ad corticem arboris prope Sitio (1000 metr. s. m.) in civ. Minarum, n. 912. — L. distantem habitu in memoriam revocat. L. myriocarpa Müll. Arg., Lich. Seb. (1889) p. 358, jam sporis majoribus ab ea differt. — *Thallus* partim hypothallo nigro limitatus. *Apothecia* saepe demum flexuosa lobatave, bene evoluta increbra inter apothecia imperfecta minutissima numerosissimaque. *Excipulum* gonidia continens, margine discum subaequante aut parum superante. *Hypothecium* sensim in hymenium transiens. *Epithecium* pallidum, haud granulosum. *Paraphyses* 0,001 millim. crassae, apice haud incrassatae, gelatinam firmam parum abundantem percurrentes, neque ramosae, nec constrictae. *Asci* clavati. *Sporae* distichae, simplices.

7. L. macrescens Wainio (n. sp.).

Thallus crustaceus, uniformis, dispersus, tenuis et e verruculis dispersis aut passim parcissime in areolas crassiusculas connatis constans, albidus, KHO lutescens, esorediatus. *Apothecia* mediocria, 0,12—0,8 millim. lata, adpressa, disco planiusculo, pallido, nudo, $Ca\,Cl_2\,O_2$ non reagente, margine tenui, flexuoso et subcrenulato integrove, thallo concolore. *Hypothecium* albidum. *Hymenium* jodo persistenter caerulescens. *Sporae* 8:nae, ellipsoideae, long. 0,012—0,008, crass. 0,005—0,004 millim.

Ad saxa itacolumitica in Carassa (1400 metr. s. m.) in civ. Minarum, n. 1310. — L. distantem Ach. et L. dispersam (Pers.) in memoriam revocat et in stirpem L. angulosae pertinet. *Thallus* $Ca\,Cl_2\,O_2$ non reagens, hypothallo nigro parce evoluto. *Apothecia* numerosa et vulgo sat crebra, saepe demum irregularia angulosave. *Hypothecium* sensim in hymenium transiens. Pars inferior hypothecii et excipuli sicut etiam thallus infra apothecia jodo vinose rubens. *Hymenium* circ. 0,050—0,060 millim. crassum, majore parte dilute luteo-pallescens. *Paraphyses* 0,001 millim. crassae, apice haud incrassatae, arcte cohaerentes, haud articulatae. *Asci* clavati, circ. 0,012 millim. crassi. *Sporae* distichae, simplices.

8. L. achrooides Wainio (n. sp.).

Thallus crustaceus, uniformis, tenuis, verruculoso-inaequalis, albidus, esorediatus. *Apothecia* sat parva, circ. 0,6—0,8 (—1) millim. lata, adpressa, disco plano, stramineo-pallido, nudo, $CaCl_2O_2$ rubescente, margine tenui, crenulato aut subcrenulato, thallo concolore. *Hypothecium* albidum aut stramineo-albidum. *Hymenium* jodo persistenter caerulescens. *Sporae* 8:nae, vulgo ellipsoideae, long. $0{,}012-0{,}009$, crass. $0{,}007-0{,}005$ millim.

Ad corticem arboris prope Sitio (1000 metr. s. m.) in civ. Minarum, n. 912 b. — Habitu subsimilis est L. cinereocarneae (Eschw.). *Thallus* KHO lutescens flavescensve, $CaCl_2O_2$ non reagens, hypothallo nigro partim limitatus. *Apothecia* numerosissima crebraque, margine discum subaequante. *Excipulum* gonidia continens. *Hypothecium* KHO sublutescens aut non reagens, in hymenium sensim transiens. *Epithecium* stramineum, haud granulosum. *Paraphyses* $0{,}0005-0{,}0007$ millim. crassae, apice haud incrassatae, strato gelatinoso firmo indutae et arcte cohaerentes, neque ramosae, nec constrictae. *Asci* clavati, $0{,}014-0{,}010$ millim. crassi, apice membrana leviter incrassata. *Sporae* distichae, vulgo ellipsoideae, parcius ovoideae, apicibus obtusis, simplices.

9. **L. cinereocarnea** (Eschw.) Wainio. *Parmelia varia, cinereocarnea* Eschw. in Mart. Fl. Bras. (1833) p. 187. *L. subfusca* var. *cinereocarnea* Tuck. in Wright Lich. Cub. n. 118; Müll. Arg., Rev. Lich. Eschw. (Fl. 1884) p. 14, Rev. Lich. Fée (1887) p. 10. *L. leprosa* Fée, Ess. Lich. Écorc. (1824) p. 118, tab. 25 fig. 6 (nomen ineptum), Bull. Soc. Bot. Fr. (1873) XX p. 313 (coll. Glaz. n. 1921 in mus. Paris.). *L. fuscescens* Fée, Bull. Soc. Bot. Fr. XX (1873) p. 312 (coll. Glaz. n. 5476: mus. Paris.). *L. subfusca* f. *chlarona* Krempelh., Fl. 1876 p. 144 (saltem n. 1921). *L. chlaroterodes* Nyl., Fl. 1876 p. 508 (teste Müll. Arg., Rev. Lich. Eschw. l. c.).

Thallus crustaceus, effusus, tenuis, verruculosus aut verruculoso-inaequalis, glaucescenti-albidus, KHO lutescens, esorediatus. *Apothecia* numerosissima crebraque, demum adpressa, parva, $0{,}4-0{,}8$ millim. lata, disco plano aut rarius demum convexiusculo, pallido aut stramineo-pallido aut rarius testaceo, haud distincte pruinoso, margine tenui, subcrenulato aut subintegro, thallo concolore. *Hypothecium* albidum. *Hymenium* jodo persistenter caerulescens. *Sporae* 8:nae, ellipsoideae aut fere oblongae, long. $0{,}014-0{,}009$, crass. $0{,}007-0{,}005$ millim.

Ad corticem arborum prope Rio de Janeiro, n. 92, 130, 144, et ad lignum in Sitio (1000 metr. s. m.) in civ. Minarum, n. 597.

— *Thallus* hypothallo nigro passim limitatus. *Apothecia* primum et interdum sat diu thallo immersa, demum adpressa, margine discum subaequante. *Excipulum* gonidia continens. *Hymenium* circ. $0,060-0,050$ millim. crassum. *Epithecium* pallidum, subgranulosum, Ca Cl$_2$ O$_2$ non reagens. *Paraphyses* $0,001-0,0015$ millim. crassae, apice paululum aut vix incrassatae, sat arcte cohaerentes, neque constrictae, nec ramosae. *Asci* clavati, $0,010-0,014$ millim. crassi, apice membrana modice incrassata. *Sporae* distichae, simplices. *Pycnoconidia* „arcuata, long. $0,020-0,025$, crass. $0,0005$ millim." (Nyl., l. c.).

10. **L. pallidofusca** Krempelh., Fl. 1876 p. 141 (hb. Warm.). *L. sulfurescens* Fée, Bull. Soc. Bot. XX (1873) p. 313 (nomen ineptum), coll. Glaz. n. 3850 (mus. Paris.).

Thallus crustaceus, uniformis, crassitudine mediocris aut sat tenuis, continuus aut demum rimoso-diffractus, sublaevigatus aut leviter verruculoso-inaequalis, albidus aut rarius sordide albidus, KHO flavolutescens, esorediatus. *Apothecia* sat parva, $0,6-0,4$ (—1) millim. lata, demum adpressa, primo et interdum sat diu immersa, disco demum vulgo convexo aut rarius persistenter plano, testaceo-pallido aut rarius testaceo, haud distincte pruinoso, Ca Cl$_2$ O$_2$ non reagente, margine tenui, vulgo integro, rarius subcrenulato, persistente aut rarius demum subexcluso, thallo concolore. *Hypothecium* albidum. *Hymenium* jodo persistenter caerulescens. *Sporae* 8:nae, ellipsoideae, long. $0,012-0,009$, crass. $0,006-0,005$ millim.

Supra rupes graniticas prope Rio de Janeiro (haud rara), n. 43, 100. — *Thallus* Ca Cl$_2$ O$_2$ non reagens, partim hypothallo nigro limitatus (aut saepe reticulatim divisus). *Apothecia* numerosissima crebraque. *Excipulum* gonidia continens. *Hypothecium* sensim in hymenium transiens, jodo persistenter caerulescens. *Hymenium* superne pallescens, epithecio granuloso tenui. *Paraphyses* $0,001$ millim. crassae, apice vix crassiores, arcte cohaerentes. *Asci* clavati, $0,010$ millim. crassi. *Sporae* simplices, distichae.

Ad statum morbosum formae *depressae* (Fée) Krempelh., l. c., pertinet etiam *L. frustulosa* v. *cinerascens* Krempelh., l. c. p. 172 (coll. Glaz. n. 3293: mus. Paris., hb. Warm.).

11. **L. pallidofuscescens** Wainio (n. sp.).

Thallus crustaceus, uniformis, sat tenuis, areolatus, areolis parvis, partim contiguis, partim dispersis, irregularibus, vulgo pla-

6

niusculis, albidus aut glaucescenti-albidus, KHO lutescens, esorediatus. *Apothecia* parva, 0,7—0,4 millim. lata, adpressa, disco
vulgo leviter convexo aut rarius plano, testaceo-fuscescente aut
fusco testaceove, nudo, margine tenui, subcrenulato aut integro,
thallo concolore. *Hypothecium* albidum. *Hymenium* jodo persistenter caerulescens. *Sporae* 8:nae, ellipsoideae aut oblongae, long.
0,013—0,008, crass. 0,005—0,0035 millim.

Supra rupem in littore maris prope Rio de Janeiro, n. 85.
— Affinis est L. cinereocarneae Eschw. et L. pallidofuscae
Krempelh., a quibus apotheciis convexis obscurioribusque differt.
L. dispersula Müll. Arg., Lich. Seb. p. 358, margine apotheciorum
bene crenulato ab ea recedit. Etiam L. dispersa (Pers.) ei subsimilis est. — *Thallus* Ca Cl₂ O₂ non reagens, hypothallo indistincto. *Apothecia* thallo innata, dein mox jam juvenilia emergentia
adpressaque, disco Ca Cl₂ O₂ non reagente. *Hymenium* circ. 0,050
millim. crassum, jodo persistenter caerulescens. *Epithecium* fuscescens aut pallido-fuscens, KHO non reagens. *Paraphyses* 0,001
0.0015 millim. crassae, apice vulgo bene clavatae, arcte cohaerentes, neque ramosae, nec constrictae, at in Zn Cl₂ + I visae bene
septatae. *Asci* clavati, 0,010—0,012 millim. crassi. *Sporae* distichae, simplices, at saepe vacuolo centrali spurie divisae.

12. **L. flavovirens** Fée, Ess. Crypt. Écore. (1824) p. 115, tab.
29 fig. 3, Suppl. (1837) p. 111, tab. 42 fig. 34; Nyl., Nov.-Granat.
Addit. (1867) p. 312, Not. Lich. Port-Natal (1868) p. 7 (specim. cit.
huc non pertinet); Müll. Arg., Rev. Lich. Fée (1887) p 9.

Thallus crustaceus, uniformis, crassitudine mediocris aut sat
tenuis, continuus, verruculosus et verruculoso-inaequalis, esorediatus, stramineus aut sordide stramineus—albicans aut glaucescenti-
albidus. *Apothecia* adpressa, mediocria, circ. 2—1 (—4 millim.
lata, disco plano planiusculove, aeruginoso-virescente aut caeruleo-
virescenti-nigricante aut pallido-aeruginoso aut fusco- vel livido-
pallescente, nudo, margine sat tenui aut crassiusculo, crenulato
aut flexuoso subintegrove, thallo concolore. *Hypothecium* parte
superiore fulvo-rufescente, parte inferiore sat tenui rufescente.
Hymenium jodo persistenter caerulescens. *Sporae* 8:nae, ellipsoideae aut oblongae aut parcius subglobosae, long. 0,019—0,008,
crass. 0,011—0.005 millim.

Var. **subvirescens** Wainio. *Apothecia* disco aeruginoso-

virescente aut caeruleo-virescenti-nigricante aut pro parte pallido-
aeruginoso.

Ad corticem arborum prope Sitio (1000 metr. s. m.), n. 567,
914, et in Carassa (1400—1550 metr. s. m.), n. 1168, 1560, in civ.
Minarum. — L. concilianti Nyl. (Lich. Nov.-Granat. 1863 p.
445) et L. Warmingi Müll. (Lich. Beitr. 1880 n. 199) proxime
est affinis et in eas forsan transit. *Thallus* KHO lutescens, Ca
Cl$_2$ O$_2$ non reagens, hypothallo caeruleo-nigricante saepe limitatus.
Excipulum margine in lamina tenui albidum, basi lutescens, gonidia continens. *Hymenium* circ. 0,060—0,070 millim. crassum.
Epithecium pallidum aut livido-pallescens. *Paraphyses* 0,001—
0,0015 millim. crass., apice haud incrassatae, arcte cohaerentes,
neque ramosae, nec constrictae. *Asci* clavati. 0,014—0,010 millim. crassi. *Sporae* distichae, ellipsoideae aut oblongae aut parcius subglobosae, simplices, long. 0,015—0,008, crass. 0,010—
0,006 millim.

Var. **subaeruginosa** (Nyl.) Wainio. *L. granifera* var. *subaeruginosa* Nyl., Lich. Nov.-Granat. (1863) p. 445. *L. subaeruginosa* Nyl.,
Nov.-Granat. Addit. (1867) p. 313; Müll. Arg., Lich. Beitr. (Fl.
1880) n. 199.

Apothecia disco fusco-pallenscente aut livido-fuscescente aut
pro parte livido-nigricante. — Ad corticem arborum prope Sitio
(1000 metr. s. m.), n. 898, 944 b, et in Carassa (1400—1500 metr.
s. m.), n. 1283, 1371, 1528, in civ. Minarum. — *Thallus* glauce-
scenti- aut substramineo-albidus, KHO lutescens, Ca Cl$_2$ O$_2$ non
reagens, esorediatus, hypothallo caeruleo-nigricante aut evanescente. *Apothecia* margine subintegro aut crenulato. *Excipulum*
margine albidum, basi lutescens fulvescensve. *Hymenium* circ.
0,070—0,080 millim. crassum, jodo persistenter caerulescens. *Epithecium* subpallidum. *Sporae* long. 0,017—0,009, crass. 0,009—
0,005 millim., in speciminibus orig. L. subaeruginosae (coll.
Lindig. n. 2782: mus. Paris.) long. 0,014—0,019, crass. 0,008—0,011
millim. *Conceptaculum* pycnoconidiorum caeruleo-nigricans. *Sterigmata* circ. 0,0015 millim. crassa, haud septata aut septa una instructa (in Zn Cl$_2$ + I), haud constricta. *Pycnoconidia* cylindrica,
recta, long. 0,010—0,007, crass. 0,0005 millim.

13. **L. Warmingi** Müll. Arg., Lich. Beitr. (Fl. 1880) p. 199
(secund. specim. orig. in herb. Warm.).

Thallus crustaceus, uniformis, crassitudine mediocris, con-

tinuus, verruculosus et verruculoso- vel verrucoso-inaequalis, esorediatus, albidus aut sordide albicans. *Apothecia* adpressa, mediocria, circ. 1—2 millim. lata, disco plano, livido- aut subcae-
ruleo-nigricante, nudo, margine crasso aut crassiusculo, crenulato
et demum flexuoso vel flexuoso-incurvo, thallo concolore. *Hypothecium* parte superiore fulvescens aut pallidum, parte inferiore
rubricoso-rufescens. *Hymenium* jodo persistenter caerulescens.
Sporae 8:nae, ellipsoideae aut partim subglobosae, long. 0,012—
0,010 [—0,014], crass. 0,009—0,007 [—0,006] millim.

Ad corticem arboris prope Sitio (1000 metr. s. m.) in civ.
Minarum, n. 820 b. — Haec species inter L. flavovirentem
Fée et L. conciliantem Nyl. intermedia est, a posteriore vix
nisi sporis minoribus differens (etiam secundum specimina originalia thallo ei omnino congruens). In L. flavovirente apothecia obscuriora subvirescentia sunt et in L. Warmingi subcae-
rulescentia. — *Thallus* KHO lutescens, hypothallo caeruleonigricante partim limitatus. *Epithecium* caeruleosmaragdulo-nigricans
aut partim (in eodem apothecio quoque) olivaceo-pallidum. *Paraphyses* 0,001 millim. crassae, apice haud incrassatae, gelatinam
firmam percurrentes. *Asci* clavati, circ. 0,014 millim. crassi, apice
membrana modice incrassata. *Sporae* distichae, simplices.

14. **L. aemulans** Wainio (n. sp.).

Thallus crustaceus, uniformis, crassitudine mediocris aut sat
tenuis, continuus, soredioso-leprosus et partim verruculosus et
verruculoso-inaequalis, albidus aut stramineo-albidus. *Apothecia*
adpressa, mediocria, circ. 1,5—0,8 millim. lata, disco plano, cae-
ruleo- aut aeruginoso-nigricante aut livido-aeruginoso, nudo, margine sat tenui, subintegro aut crenulato aut soredioso-fatiscente,
thallo concolore. *Hypothecium* fusco-rufescens rufumve aut parte
superiore pallescens, crassum. *Hymenium* jodo subpersistenter
caerulescens. *Sporae* 8:nae, ellipsoideae aut parcius oblongae sub-
globosaeque, long. 0,015—0,008, crass. 0,009—0,006 millim.

Ad corticem arborum in Carassa (1400—1500 metr. s. m.),
in civ. Minarum, n. 1346, 1380. — A L. flavovirente Fée thallo
leproso et colore hypothecii excipulique leviter recedit et forsan
est subspecies ejus. Forma variolosa Müll. Arg. (Rev. Fée p.
8 et 9) saltem colore hypothecii a specie nostra differre videtur.
L. lividofusca Krempelh., Lich. Arg. p. 19, disco livido luridove

ab ea distinguitur. *Thallus* KHO lutescens, Ca Cl$_2$ O$_2$ non reagens. *Excipulum* gonidia continens, intus albidum, basi in hypothecium sensim transiens. *Hymenium* in hypothecium sensim transiens, ascis in latere hymenii jodo saepe sordide subvinose rubentibus. *Epithecium* lividum aut livido-pallescens. *Paraphyses* arcte cohaerentes. *Sporae* distichae, simplices.

15. **L. concilianda** Wainio (n. sp.).

Thallus crustaceus, uniformis, tenuis aut sat tenuis, subcontinuus, contigue verruculosus et partim parce etiam granulosus, glaucescenti-albidus. *Apothecia* adpressa, mediocria, 1,5—0,8 millim. lata, disco vulgo plano (raro convexiusculo), fusco aut fusconigricante aut rufescenti-fusco, nudo, margine sat tenui vel mediocri, minute crenulato, discum demum subaequante, thallo concolore. *Hypothecium* parte superiore fulvescente, parte inferiore rufescente aut fusco-fulvescente. *Hymenium* jodo persistenter caerulescens. *Sporae* 8:nae, vulgo ellipsoideae, long. 0,016—0,011, crass. 0,009—0,006 millim.

Ad corticem arborum prope Sitio (1000 metr. s. m.) in civ. Minarum, n. 520, 804. — Inter L. graniferam Ach. et L. conciliantem[1] Nyl. (Lich. Nov.-Gran. p. 445) est intermedia. Prior thallo increbre verrucoso et posterior margine apotheciorum crassiore magisque elevato, disco pure atro et epithecio obscuriore differt (mus. Paris.). Affinis etiam est L. coronulans Nyl., Fl. 1876 p. 510, at apotheciis et sporis minoribus ab ea recedit. — *Thallus* KHO lutescens, Ca Cl$_2$ O$_2$ non reagens, medulla alba, hypothallo nigricante partim tenuiter limitatus. *Excipulum* gonidia continens. *Hymenium* circ. 0,100—0,070 millim. crassum. *Epithecium* fusconigrum aut partim sat dilute fuscescens, parte inferiore interdum passim parce caeruleonigricans, KHO non reagens, HNO$_3$ violascens. *Asci* clavati, 0,016—0,014 millim. crassi, apice membrana modice incrassata. *Paraphyses* 0,001 millim. crassae, apice haud incrassatae, gelatinam firmam sat abundantem percurrentes, haud constrictae, raro furcatae. *Sporae* ellipsoideae aut pro parte breviter ellipsoideae, apicibus rotundatis aut rarius obtusis, distichae, simplices.

---

[1]) *Lecanora concilians* Nyl. in Hue Addend. (1886) p. 71 (Nyl., Lich Scand. 1860 p. 143) ad gen. *Placodium* pertinet.

16. **L. melanocardia** (Tuck.) Wainio. *L. subfusca* v. *melanocardia* Tuck. in Wright Lich. Cub. n. 117 (mus. Paris.).

Thallus crustaceus, uniformis, tenuis. subcontinuus, contiguo verruculosus et verruculoso-inaequalis, glaucescenti- aut cinerascenti-albidus, esorediatus. *Apothecia* adpressa, minora, 0,8—0,6 (—1) millim. lata, disco plano aut leviter convexiusculo, fusco-nigro fuscove, nudo, margine tenui, crenulato (praecipue latere interiore) aut subintegro, discum subaequante, thallo concolore. *Hypothecium* rubricoso-nigricans aut rubricoso-fuscescens. *Hymenium* jodo persistenter caerulescens. *Sporae* 8:nae, oblongae aut ellipsoideae, long. 0,014—0,011, crass. 0,008—0,005 millim.

Ad corticem arboris prope Rio de Janeiro, n. 115. — A L. concilianda Wain. praesertim colore hypothecii differt. *Thallus* KHO lutescens, Ca Cl₂ O₂ non reagens, medulla alba, hypothallo nigricante partim tenuiter limitatus. *Excipulum* gonidia continens. *Hymenium* circ. 0,060 millim. crassum. *Epithecium* rubescenti-fuscofuligineum aut rufescenti-fuscum, KHO non reagens, HNO₃ distinctius purpureum. *Asci* clavati. *Paraphyses* 0,001 millim. crassae, apice capitato-clavatae (0,004—0,003 millim.), gelatinam firmam haud abundantem percurrentes, neque ramosae, nec constrictae. *Sporae* distichae, apicibus obtusis, simplices.

17. **L. pallidostraminea** Wainio (n. sp.).

Thallus crustaceus, uniformis, crassitudine mediocris, continuus, crebre verruculosus aut verrucosus vel verruculoso-inaequalis, flavescenti-stramineus, haud distincte sorediosus. *Apothecia* adpressa, mediocria, circ. 3—1 millim. lata, disco plano, pallido aut sordide pallido, nudo, margine sat tenui aut crassiusculo, vulgo crenulato, thallo concolore. *Hypothecium* albidum lutescensve, strato excipulari fulvescenti impositum. *Hymenium* jodo persistenter caerulescens. *Sporae* 8:nae, ellipsoideae aut parcius subgloboso-ellipsoideae, long. 0,016—0,010, crass. 0,011—0,007 millim.

Ad corticem arboris prope Sitio (1000 metr. s. m.) in civ. Minarum, n. 583. — Affinis est L. flavovirenti Fée. *Thallus* granulis parcissimis sorediorum passim inspersus, KHO lutescens, Ca Cl₂ O₂ levissime rubescens (punctis rubris passim distinctioribus). *Excipulum* extus albidum, intus lutescens, gonidia continens. *Hymenium* circ. 0,080 millim. crassum. *Epithecium* dilute pallescens. *Paraphyses* 0,001 millim. crassae, apice haud incrassatae, arcte cohaerentes, neque constrictae, nec ramosae. *Asci* clavati, 0,014—0,016 millim. crassi. *Sporae* distichae, simplices.

*L. mesoxanthoides Wainio (n. subsp.).

Thallus crustaceus, uniformis, crassitudine mediocris aut sat tenuis, subcontinuus, cinerascens vel sordide albicans, verruculis verrucisve stramineo-glaucescentibus sparsis instructus, esorediatus. *Apothecia* adpressa, mediocria, circ. 2—1 millim. lata, disco plano, pallido, nudo, margine crassiusculo, crenulato aut transversim ruguloso flexuosoque, stramineo-glaucescente. *Hypothecium* albido-pallescens, strato excipulari luteo-fulvescenti impositum. *Hymenium* jodo persistenter caerulescens. *Sporae* 8:nae, vulgo ellipsoideae, long. 0,020—0,010, crass. 0,011—0,006 millim.

Ad corticem arboris prope Lafayette (1000 metr. s. m.) in civ. Minarum, n. 224. — Habitu L. mesoxantham Nyl. in memoriam revocat, at in L. pallido-stramineam Wain. transire videtur (forma fere intermedia est n. 1138, ad Sitio lecta). *Thallus* KHO non reagens, Ca Cl$_2$ O$_2$ leviter rubescens, medulla alba, hypothallo caeruleonigricante partim limitatus. *Excipulum* gonidia continens, parte marginali intus albida. *Hymenium* circ. 0,100 millim. crassum, sine limite distincto in hypothecium transiens. *Epithecium* luteo-pallescens. *Asci* clavati, 0,014—0,020 millim. crassi. *Paraphyses* 0,001 millim. crassae, apice haud incrassatae, arcte cohaerentes. *Sporae* ellipsoideae aut parcius ovoideae, distichae, simplices.

18. L. hypocrocea Wainio (n. sp.).

Thallus crustaceus, uniformis, tenuis, verruculoso-inaequalis, albidus aut sordide albidus, esorediatus. *Apothecia* mediocria, 1,5—1 millim. lata, adpressa, disco planiusculo, pallido, haud distincte pruinoso, Ca Cl$_2$ O$_2$ rubescente, margine sat tenui, crenulato aut subcrenulato, thallo concolore. *Hypothecium* superne fulvolutescens, inferne intense fulvum et KHO rubescens. *Hymenium* jodo persistenter caerulescens. *Sporae* 8:nae, ellipsoideae, long. 0,017—0,007, crass. 0,009—0,005 millim.

Ad corticem arboris prope Sitio (1000 metr. s. m.) in civ. Minarum, n. 873. — *Thallus* KHO vix reagens aut dilutissime flavescens, Ca Cl$_2$ O$_2$ non reagens, hypothallo nigro limitatus. *Apo-*

thecia margine discum leviter superante aut subaequante. *Exci-pulum* gonidia continens. *Hymenium* ab hypothecio haud distincte limitatum. *Epithecium* pallidum, subgranulosum. *Paraphyses* 0,001—0,0015 millim. crassae, apice haud incrassatae, gelatinam neque valde firmam nec abundantem percurrentes, parcissime ramoso-connexae, pro maxima parte simplices, haud constrictae. *Asci* clavati, 0,020—0,022 millim. crassi, apice membrana incrassata. *Sporae* distichae, apicibus rotundatis, simplices.

19. **L. stramineopallens** Wainio (n. sp.).

Thallus crustaceus, uniformis, tenuis aut crassitudine mediocris, verruculis (et parce etiam granulis) subcontiguis aut subdispersis, stramineis vel stramineo-flavescentibus, Ca Cl$_2$ O$_2$ rubescentibus, supra hypothallum tenuem albidum hypophloeodem instructus, partim linea hypothallina nigra limitatus. *Apothecia* mediocria aut majuscula, 2,5—1,5 millim. lata, adpressa, disco planiusculo aut concaviusculo, pallido-stramineo, nudo, Ca Cl$_2$ O$_2$ rubescente, margine sat crasso, elevato incurvoque, vulgo flexuoso, subintegro aut ruguloso-subcrenulato, thallo concolore. *Hypothecium* superne pallidum, inferne fulvescens. *Hymenium* jodo persistenter caerulescens. *Sporae* 8:nae, ellipsoideae aut parcius oblongae subglobosaeve, long. 0,017—0,010, crass. 0,012—0,005 millim.

Ad corticem arboris in Carassa (1400—1500 metr. s. m.) in civ. Minarum, n. 1338. — Habitu est quasi L. varia, sed multo major. *Thallus* KHO non reagens. *Excipuli* margo et pars inferior intus albida, pars superior sicut etiam hypothecii pars inferior fulvescens, KHO non reagens. *Hymenium* sensim in hypothecium transiens, parte superiore pallidum. *Paraphyses* 0,001 millim. crassae, apice haud incrassatae, arcte cohaerentes. *Asci* clavati, 0,012—0,020 millim. crassi. *Sporae* distichae, simplices.

20. **L. rabdota** Krempelh. in Warm. Lich. Bras. (1873) p. 18 (hb. Warm.).

Thallus crustaceus, uniformis, tenuis aut crassitudine mediocris aut rarius sat crassus, subcontinuus, verruculoso-inaequalis aut verruculis verrucisve contiguis sparsisve instructus, albidus aut cinerascens, KHO lutescens et demum fulvescens, vulgo esorediatus. *Apothecia* majuscula, circ. 4—2 [—5,5] millim. lata, vulgo cupuliformia, elevata, sessilia, disco concavo, stramineo-pallido aut pallido, nudo, Ca Cl$_2$ O$_2$ non reagente, margine valido, demum flexuoso et transversim minute ruguloso, inflexo, thallo subconcolore. *Hypothecium* albidum. *Hymenium* jodo persistenter caerulescens. *Sporae* 8:nae, ellipsoideae, long. 0,024—0,012, crass. 0,012—0,008 millim.

Ad corticem Velloziarum in montibus Carassae (circ. 1500 metr. s. m.) in civ. Minarum, n. 1427, 1459, 1506. — O. tartaream in memoriam revocat. *Thallus* Ca Cl$_2$ O$_2$ non reagens, raro parce sorediatus, hypothallo nigro passim parce limitatus. *Apothecia* neque disco nec margine Ca Cl$_2$ O$_2$ reagente. *Hymenium* circ. 0,080 millim. crassum. *Epithecium* stramineum, haud granulosum (solum in parte interiore granula amorpha straminea continens). *Paraphyses* 0,001 millim. crassae, apice haud incrassatae, increbre ramoso-connexae, gelatinam firmam sat abundantem percurrentes, haud constrictae. *Asci* clavati, circ. 0,020 millim. crassi, apice membrana leviter incrassata. *Sporae* 8:nae aut abortu pauciores, simplices, membrana sat tenui.

21. **L. sordidescens** Wainio (n. sp.).

Thallus crustaceus, uniformis, crassitudine mediocris aut sat tenuis, areolatus aut areolato-diffractus, areolis contiguis, inaequalibus, minutis, albidus aut pallidoalbidus, KHO lutescens, dein fulvescens, esorediatus. *Apothecia* sat parva, vulgo circ. 1 (0,7—1,2) millim. lata, adpressa, disco planiusculo aut rarius convexiusculo, nigro, nudo, margine sat tenui aut mediocri, subintegro aut subcrenulato, discum haud superante, thallo concolore. *Hypothecium* albidum. *Hymenium* jodo persistenter caerulescens. *Sporae* 8:nae, vulgo ellipsoideae, long. 0,011—0,007, crass. 0,005—0,003 millim.

In latere rupis ad Carassa (1450—1500 metr. s. m.) in civ. Minarum, n. 1236. — Thallo L. glaucomam in memoriam revocat, at apotheciis nigris ab ea differens. *Thallus* Ca Cl$_2$ O$_2$ non reagens, hypothallo nigro anguste limitatus. *Gonidia* globosa, diam. 0,010—0,007 millim. *Hymenium* circ. 0,060 millim. crassum. *Epithecium* fuligineum, KHO olivaceum. *Paraphyses* 0,0015 millim. crassae, apice bene clavatae, arcte cohaerentes, haud constrictae. *Asci* clavati, 0,014—0,012 millim. crassi. *Sporae* vulgo ellipsoideae, parcius oblongae ovoideaeve, simplices.

22. **L. blanda** Nyl., Lich. Exot. (1859) p. 219 (mus. Paris.), Nov.-Gran. Addit. (1867) p. 309. *L. albescens* Fée, Bull. Soc. Bot. XX (1873) p. 313 (coll. Glaz. n. 3486: mus. Paris., hb. Warm.). *L. pruinata* Krempelh., Fl. 1876 p. 143 (hb. Warm., cet.).

Thallus crustaceus, uniformis, tenuis aut sat tenuis aut mediocris, rimoso-areolatus aut partim subcontinuus, areolis planis aut parcius convexis, sat laevigatis, carneo-albidus aut subalbidus, KHO lutescens, dein saepe (haud semper) sanguineo-rubescens. *Apothecia* adpressa, mediocria, circ. 2—1 [—2.7] millim. lata, disco vulgo plano, caesio-carneo-albicante, dense pruinoso, Ca Cl$_2$ O$_2$ non reagente, margine crassiusculo [aut demum interdum attenuato], integro aut flexuoso, discum parum superante, thallo concolore. *Hypothecium* albidum aut dilutissime carneo-pallidum. *Hymenium* jodo persistenter caerulescens. *Sporae* 8:nae, ellipsoideae aut parce subglobosae, simplices, long. 0,016—0,009, crass. 0,011—0,006 millim.

F. **albescens** (Fée) Wainio. *L. albescens* Fée, l. c.

Thallus sat tenuis aut mediocris, carneo-albidus. Saxicola. — Ad saxa itacolumitica in Carassa (1400—1500 metr. s. m.) in civ. Minarum, n. 1292. — *Thallus* opacus, subpruinosus, in KHO crystallos rubros aciculares formans (qui observari possunt etiam quum thallus haud distincte rubescit), Ca Cl$_2$ O$_2$ non reagens, hypothallo indistincto. *Excipulum* in lamina tenui albidum, gonidia etiam infra hypothecium continens. *Hymenium* circ. 0,080 millim. crassum. *Epithecium* pallido-fuscescens, pruina gelatinosa albida granulosa obductum. *Paraphyses* 0,001 millim. crass., apice vulgo aliquantum clavato-incrassatae, arcte cohaerentes, indistincte plus minusve septatae, haud constrictae. *Asci* clavati, 0,010—0,018 millim. crassi. *Sporae* distichae, ellipsoideae, long. 0,15—0,009, crass. 0,007—0,006 millim.

F. **caesiocarnea** Wainio.

Thallus tenuis, glaucescenti-albidus. Corticola. — Ad corticem arborum prope Sitio (1000 metr. s. m.) in civ. Minarum haud rara, n. 752, 817, 867, 882, 904, 1058. — Facie externa haec forma vix distingui potest a L. caesiorubella Ach. (coll. Lindig n. 2684: mus. Paris.), quae tamen sporis minoribus et thallo KHO flavescente ab ea differt. Conf. cum L. leucomate Nyl., Fl. 1864 p. 268. — *Thallus* sat laevigatus, haud pruinosus, KHO lutescens, demum plus minusve distincte rubescens et crystallos rubros formans, hypothallo indistincto. *Epithecium* dilute pallidum aut fuscescenti-pallidum. *Hymenium* circ. 0,075 millim. crassum. *Hypothecium* albidum. *Asci* circ. 0,020—0,022 millim. crassi. *Sporae* long. 0,016—0,010, crass. 0,011—0,009 millim., ellipsoideae aut pro minore parte subglobosae.

L. *clandestina* Fée, Bull. Soc. Bot. XX (1873) p. 313 (*L. blanda* Krempelh., l. c.), secundum coll. Glaz. n. 5116 (mus. Paris., hb. Warm.) est autonoma species, thallo crasso (1—0,5 millim.), rimoso-areolato, areolis demum crebre verrucosis. apotheciis crassioribus, minus crebre pruinosis, et habitu omnino alieno a *L. blanda* Nyl. differens. Ad Rio de Janeiro.

23. **L. Carassensis** Wainio (n. sp.).

Thallus crustaceus, uniformis, sat tenuis, subcontinuus, veruculoso-inaequalis aut partim sat laevigatus, cinereoglaucescens. KHO flavescens, esorediatus. *Apothecia* mediocria, 1,5 – 0,8 millim. lata, adpressa, disco planiusculo aut demum convexiusculo, nigro, nudo, margine tenui, crenulato aut subcrenulato, discum subaequante, thallo concolore. *Hypothecium* fuscescens. *Epithecium* caeruleonigricans nigricansve. *Sporae* 8:nae, ellipsoideae, long. 0,012—0,009, crass. 0,006—0,005 millim.

Supra muscos in rupe ad Carassa (1400—1500 metr. s. m.) in civ. Minarum, n. 1572. — Affinis L. atrac (Huds.). *Thallus* Ca Cl$_2$ O$_2$ non reagens, hypothallo nigro partim limitatus. *Hypothecium* ex hyphis erectis formatum et in hymenium sensim transiens, saepe ascos abortivos sporis obscuratis impletos continens. *Hymenium* parte inferiore fuscescens, jodo persistenter caerulescens aut demum partim decoloratum, ascis persistenter caerulescentibus, circ. 0,060 millim. crassum. *Epithecium* KHO dilutescens aut virescens aut decoloratum, H NO$_3$ violascens. *Paraphyses* 0,001 millim. crassae, apice haud incrassatae, arcte cohaerentes, neque ramosae, nec constrictae. *Asci* clavati, circ. 0,013 millim. crassi. *Sporae* distichae, simplices.

24. **L. epichlorina** Wainio (n. sp.).

Thallus crustaceus, uniformis, sat crassus aut crassitudine mediocris, areolato-diffractus, areolis inaequalibus aut verruculosorugosis aut sublaevigatis, planis aut convexis, glaucescenti-albidus albidusve, KHO lutescens, esorediatus. *Apothecia* mediocria aut sat parva, circ. 1,5—0,7 millim. lata, demum adpressa, interdum sat diu immersa aut semiimmersa, disco plano, nigro, nudo, margine tenui aut sat tenui, integro aut flexuoso aut rarius subcrenulato, thallo concolore. *Hypothecium* parte superiore sordide pallescens aut sordide diluteque fulvofuscescens, parte inferiore fulvo- aut fuscescenti-rufescens. *Hymenium* parte superiore smaragdulo-caerulescens caerulescensve, epithecio caeruleosmaragdulofuligineo. *Sporae* 8:nae, ellipsoideae aut parcius subgloboso-ellipsoideae, long. 0,015—0,009, crass. 0,009—0,005 millim.

Supra rupes itacolumiticas ad Carassa (1400—1500 metr. s. m.) in civ. Minarum, n. 1264, 1477. — Affinis est L. atrae, a qua praesertim epithecio differt. *Thallus* Ca Cl$_2$ O$_2$ non reagens, hypothallo caeruleo-nigricante partim limitatus. *Apothecia* margine discum subaequante aut laeviter superante. *Hymenium* jodo persistenter caerulescens. *Epithecium* KHO non reagens. *Paraphyses* 0,001 millim. crassae, apice paululum aut vix incrassatae, arcte cohaerentes, neque ramosae, nec constrictae. *Asci* clavati, circ. 0,014 millim. crassi. *Sporae* distichae, simplices.

N. 1477 ad formam pertinet thallo sublaevigato, apotheciis diutius immersis et hypothecio parte superiore dilutius colorato recedentem (f. **sublaevigata** Wainio).

25. **L. atra** (Huds.) Ach., Lich. Univ. (1810) p. 344 (excl. var.); Wainio, Adj. Lich. Lapp. I (1882) p. 166. *Lichen ater* Huds., Fl. Angl. (1778) p. 530.

Thallus crustaceus, uniformis, crassus aut tenuis, areolatodiffractus aut verrucoso-areolatus aut continuus, albidus aut cinereo-albidus [aut raro olivaceo-virescens: Müll. Arg., Lich. Beitr. n. 495], KHO lutescens, esorediatus. *Apothecia* vulgo mediocria, circ. 2—1,5 (3—1) millim. lata, adpressa, disco plano aut rarius demum leviter convexo. atro, nudo, margine crassitudine mediocri, integro aut flexuoso, thallo concolore aut raro leviter obscurato. *Hypothecium* violaceo-purpureum, parte infima fuscescente. *Epithecium* violaceopurpureo-fuligineum. *Sporae* 8:nae, ellipsoideae aut partim globosae aut oblongae, long. 0,016—0,009, crass. 0,011 —0,005 millim. „*Pycnoconidia* filiformi-cylindrica, rectiuscula, long. 0,026—0,007 millim., crass. fere 0,001 millim." (Tul., Mém. Hist. Lich. p. 159, tab. 13 fig. 21—23, Linds., Mem. Sperm. Crust. Lich. p. 217, tab. 8 fig. 19—22, Th. Fr., Lich. Scand. p. 238, Nyl. in Cromb. Lich. Ins. Rodrig. p. 440).

F. **vulgaris** Koerb., Syst. Germ. (1855) p. 140; Th. Fr., Lich. Scand. (1871) p. 237.

Thallus crassus aut sat crassus aut mediocris, arcolato-diffractus aut verrucoso-arcolatus, arcolis demum verrucoso-inaequalibus vel verrucosis. — Supra rupes ad Carassa (1400—1500 metr. s. m.), n. 1277, et supra corticem arborum prope Sitio (n. 830 b) in civ. Minarum. — *Thallus* Ca Cl$_2$ O$_2$ non reagens, hypothallo nigricante saepe partim limitatus. *Hypothecium* ab hymenio haud distincte limitatum. *Hymenium* totum sordide violaceo-purpureum, jodo persistenter caerulescens, KHO non reagens. *Paraphyses* 0,0015 millim. crassae, apice haud incrassatae. strato indutae gelatinoso crasso firmo, neque ramosae, nec constrictae, parce septatae. *Asci* late clavati, circ. 0,024—0,016 millim. crassi. *Sporae* distichae, simplices. „*Sterigmata* pauciarticulata aut exarticulata. *Pycnoconidia* long. 0,026—0,012 millim.'' (Tul., l. c., Th. Fr., l. c., Nyl., Obs. Lich. Pyr. Or. p. 53).

F. **Americana** Müll. Arg., Rev. Lich. Fée (1887) p. 8.

Thallus tenuis aut sat tenuis, contiguus aut rimulosus, verruculoso-inaequalis aut laevigatus. — Ad corticem arborum haud rara in Brasilia, n. 820, 916, 1148, 1149. — In f. vulgarem Koerb. saepe transit. *Thallus* partim hypothallo nigricante limitatus. *Asci* clavati, circ. 0,014—0,012 millim. crassi. *Sporae* distichae, oblongae aut ellipsoideo- aut rarius ovoideo-oblongae. long. 0,014—0,009, crass. 0,006—0,005 millim. *Pycnidia* conceptaculis nigricantibus, basidiis simplicibus. *Stylosporae* ovoideo-ellipsoideae, decolores, simplices, long. 0,006—0,005, crass. 0,003—0,0025 millim.

L. **Minarum Wainio (n. subsp.).

Thallus crustaceus, uniformis, sat tenuis, subcontinuus aut rimulosus, verruculoso-inaequalis, glaucescenti-albidus, KHO non reagens, esorediatus. *Apothecia* mediocria, circ. 1,5—1 millim. lata, adpressa, disco plano planiusculove, nigro, nudo, margine tenui aut sat tenui, integro, discum haud superante, thallo concolore. *Hypothecium* violaceo-fuscescens aut purpureum. *Epithecium* violaceo-purpureo- aut violaceofuscescenti-fuligineum. *Sporae* 8:nae, vulgo ellipsoideae, long. 0,016—0,010, crass. 0,007—0,005 millim.

Ad corticem arboris prope Sitio (1000 metr. s. m.) in civ· Minarum, n. 746. — Vix nisi thallo KHO non reagente a L. atra differens. *Thallus* Ca Cl$_2$ O$_2$ non reagens, hypothallo indistincto.

Apothecia disco demum leviter elevato. *Hypothecium* ex hyphis erectis formatum, in hymenium sine limite transiens, KHO non reagens. *Hymenium* totum violaceo-purpureum, jodo persistenter caerulescens, KHO non reagens. *Paraphyses* 0,0015—0,002 millim. crassae, apice paululum aut vix incrassatae, strato gelatinoso firmo violaceo modice incrassato indutae, neque ramosae, nec constrictae (in KClO et $H_2 SO_4$). *Asci* clavati, 0,012—0,010 millim. crassi. *Sporae* distichae, ellipsoideae aut partim ovoideae aut ellipsoideo-oblongae.

26. **L. atroviridis** Fée. Bull. Soc. Bot. XX (1873) p. 312 (coll. Glaz. n. 3487: mus. Paris.). *L. sulphureoatra* Krempelh., Fl. 1876 p. 140.

Thallus crustaceus, uniformis, sat tenuis aut crassitudine mediocris crassiusculusve, areolatus aut rimoso-areolatus, areolis contiguis aut raro dispersis, sat laevigatis auf verruculoso-inaequalibus, cinereo- aut flavido-stramineus aut caeruleo-flavescenti-variegatus, KHO leviter flavescens, esorediatus, hypothallo nigro limitatus aut passim inter areolas conspicuo. *Apothecia* mediocria, circ. 1—2 millim. lata, demum adpressa, disco vulgo plano planiusculove, nigro nudoque aut tenuissime viridi-pruinoso, margine tenui, integro aut subcrenulato flexuosove, discum vulgo aequante, thallo concolore. *Hypothecium* parte superiore sordide fulvescens aut pallido-fuscescens, parte inferiore fulvo-rufescens aut fuscescens aut raro fusco-rubricosum. *Epithecium* caeruleo-smaragdulo- aut caeruleo-fuligineum. *Sporae* 8:nae, vulgo ellipsoideae, aut partim subgloboso-ellipsoideae, long. 0,015—0,008, crass. 0,008—0,006 millim.

Supra rupem itacolumiticam in Carassa (1400—1500 metr. s. m.) in civ. Minarum, n. 1270, 1407, 1549. — L. chlorophacoidi Nyl. potius quam L. atrosulphureae (Wahlenb.) sit affinis, margine apotheciorum tenui et thallo ab ambabus differens. *Thallus* Ca $Cl_2 O_2$ non reagens aut raro rubescens (n. 1549 b: f. **smaragdula** Wainio, quae etiam disco apotheciorum viridipruinoso recedit, at notis ambabus in typum transit). *Apothecia* primum et interdum sat diu thallo immersa. *Hypothecium* KHO non reagens. *Hymenium* in hypothecium sensim transiens, jodo persistenter caerulescens. *Epithecium* KHO non reagens aut distinctius smaragdulo-fuligineum. *Paraphyses* 0,0015 millim. crassae, apice clavatae, clava smaragdulo- aut caeruleo-fuliginea, arcte cohaerentes, neque ramosae, nec constrictae. *Asci* clavati, 0,014 —0,010 millim. crassi. *Sporae* distichae, simplices.

27. **L. conformata** Wainio (n. sp.).

Thallus crustaceus, effusus, crassus, areolatus, areolis vulgo contiguis, verrucoso- et verruculoso-inaequalibus, stramineus, KHO non reagens. *Apothecia* mediocria, circ. 1,5—1 millim. lata, demum adpressa, disco plano, nudo, margine sat tenui, integro aut flexuoso, discum subaequante, thallo concolore. *Hypothecium* intense violaceum. *Epithecium* violaceo-fuligineum. *Sporae* 8:nae, suboblongae, long. 0,015—0,009, crass. 0,007—0,004 millim.

Supra rupem itacolumiticam in Carassa (1400—1500 metr. s. m.) in civ. Minarum, n. 1205. — Habitu subsimilis est L. atrae, at thallo stramineo instructa, et magis affinis sit L. frustulosae. *Thallus* Ca Cl$_2$ O$_2$ non reagens, areolis vulgo convexis, —4 millim. latis, 3—0,5 millim. crassis, hypothallo indistincto. *Hymenium* totum violaceum, jodo persistenter caerulescens. *Paraphyses* 0,001—0,0015 millim. crassae, strato indutae gelatinoso firmo modice incrassato, in apice clavam gelatinosam violaceo-fuligineam formante. *Asci* clavati. *Sporae* distichae, rectae aut rarius obliquae, simplices.

28. **L. frustulosa** (Dicks.) Schaer., Enum. Lich. Eur. (1850) p. 56; Th. Fr., Lich. Scand. (1871) p. 255.

Thallus crustaceus, uniformis, crassus aut sat crassus, areolatus aut verrucoso-areolatus, areolis convexis, stramineus aut flavicans aut raro partim cinereoalbicans. *Apothecia* mediocria, circ. 1,5—1 [—3] millim. lata, adpressa, disco plano aut convexo, fusco aut fusco-nigro, nudo, margine crassitudine mediocri aut sat tenui, integro aut subcrenulato, thallo concolore aut intensius flavescente. *Hypothecium* parte superiore pallidum et parte inferiore pallido- aut fulvo-rufescens. *Epithecium* rufescens. *Sporae* 8:nae, ellipsoideae aut parcius subgloboso-ellipsoideae, „long. 0,018 —0,008, crass. 0,009—0,005 millim." (Th. Fr., l. c.).

Var. **argopholis** (Wahlenb.) Koerb., Syst. Germ. (1855) p. 139; Th. Fr., l. c.

Thallus areolis subcontiguis aut parce confluentibus, sat crassis. *Apothecia* disco plano aut leviter convexo, margine persistente. — Supra rupes prope Rio de Janeiro, n. 82, 124. —

Thallus KHO leviter flavescens, Ca Cl$_2$ O$_2$ non reagens, areolis saepe margine crenatis, hypothallo caeruleonigricante passim conspicuo. *Hymenium* jodo persistenter caerulescens. *Epithecium* KHO non reagens. *Paraphyses* 0,0015—0,002 millim. crassae, apice vix incrassatae aut clavatae, gelatinam firmam haud abundantem percurrentes, neque articulatae, nec constrictae. *Asci* clavati, circ. 0,010—0,008 millim. crassi. *Sporae* distichae, simplices, at vacuolo saepe spurie divisae, long. 0,015—0,010, crass. 0,006—0,005 millim. „*Pycnoconidia* filiformi-cylindrica, arcuata, long. circ. 0,019 millim." (Tul., Mém. Hist. Lich. p. 159).

29. **L. badia** (Pers.) Ach., Lich. Univ. (1810) p. 407 (pr. p.); Koerb., Syst. Germ. (1855) p. 138; Th. Fr., Lich. Scand. (1871) p. 266. *Lichen badius* Pers. in Ust. Ann. VII (1794) p. 27.

Thallus crustaceus, uniformis, sat crassus, areolatus, areolis verruculosis vel e verruculis connatis formatae, olivaceo-fuscescens aut piceus aut cinereo-fuscescens, nitidiusculus. *Apothecia* circ. 0,7—1 [—3] millim. lata, adpressa, disco plano [aut demum convexiusculo], nigro, nudo, nitidulo, margine crassitudine mediocri aut sat tenui, integro aut flexuoso, thallo concolore. *Hypothecium* albidum. *Epithecium* fusconigrum. *Sporae* 8:nae, „ellipsoideovel suboblongo-fusiformes, long. 0,016—0,010, crass. 0,006—0,004 millim." (Th. Fr., l. c.).

Supra rupes in montibus Carassae (1400—1500 metr. s. m.) in civ. Minarum, n. 1509. — *Excipulum* parte inferiore strato pellucido subamorpho obductum. *Hymenium* jodo persistenter caerulescens. *Paraphyses* 0,0015—0,002 millim. crassae, arcte cohaerentes, parce septatae, neque ramosae, nec constrictae. *Sporae* in speciminibus nostris brasilianis haud evolutae. „*Sterigmata* articulata, articulis saepe 4—6. *Pycnoconidia* bacillaria" (Nyl., Obs. Lich. Pyr. Or. p. 10).

Subg. III. **Aspicilia** (Mass.) Th. Fr. *Thallus* crustaceus, uniformis. *Apothecia* thallo immersa, raro demum elevata, disco primum diu concavo. *Sporae* simplices. *Sterigmata* exarticulata. *Pycnoconidia* filiformi-cylindrica.

Aspicilia Mass., Ric. Lich. Crost. (1852) p. 36 (pr. p.). *Lecanora* D. *Aspicilia* Th. Fr., Lich. Scand. (1874) p. 273; Tuck., Syn. North. Am. (1882) p. 197 (pr. p.).

30. **L. diamartiza** Wainio (n. sp.).

Thallus crustaceus, tenuis aut sat tenuis, subcontinuus aut vulgo areolato-diffractus aut subdispersus, ferrugineo-ochraceus, medulla jodo non reagente. *Apothecia* parva, circ. 0,3—0,4 millim. lata, thallo immersa, disco concavo planove, livido-rufescente, nudo, margine thallode, discum et leviter demum etiam thallum superante, crassitudine mediocri aut sat tenui, integro, thallo concolore aut intensius colorato. *Hypothecium* albidum. *Epithecium* fulvescens aut fulvo-fuscescens, KHO non reagens. *Sporae* 8:nae, vulgo ellipsoideae, long. 0,015—0,011, crass. 0,008—0,007 millim.

Supra rupem itacolumiticam in Carassa (1400—1500 metr. s. m.) in civ. Minarum, n. 1436. — L. obtectae Wainio (Fl. Tav. 1878 p. 107) habitu omnino est similis, at reactione medullae ab ea sicut etiam a L. cinereorufescente var. diamarta (Ach.) differens. *Thallus* KHO non reagens, hypothallo indistincto. *Gonidia* protococcoidea. *Excipulum* proprium nullum. *Hypothecium* tenue. *Hymenium* circ. 0,100—0,090 millim. crassum, jodo leviter caerulescens, dein vinose rubens. *Paraphyses* arcte cohaerentes, 0,001 millim. crassae, neque constrictae, nec ramosae. *Asci* clavati, circ. 0,014—0,012 millim. crassi. *Sporae* distichae, simplices, ellipsoideae aut rarius pr. p. ovoideae.

31. **L. hypospilota** Wainio. *Lecidea subspilota* Müll. Arg., Lich. Beitr. (Fl. 1880) n. 201: hb. Warm. (nomen lat.-graec.).

Thallus crustaceus, crassitudine mediocris, subcontinuus, rimuloso-areolatus et areolato-diffractus, albidus vel caesio-albidus, KHO lutescens, medulla jodo non reagente. *Apothecia* parva, 0,6—0,4 millim. lata, thallo immersa, immarginata, disco plano, nigro, nudo, thallum aequante. *Hypothecium* parte superiore fulvo-rufescens, parte inferiore rubescenti-rufescens. *Epithecium* caeruleo-fuligineum, KHO smaragdulum. *Sporae* 8:nae, ellipsoideae, long. 0,011—0,008, crass. circ. 0,006 millim. (conf. Müll. Arg., l. c.).

Supra rupem itacolumiticam in Carassa (1400 metr. s. m.) in civ. Minarum, n. 1271. — *Thallus* laevigatus, opacus, hypothallo caeruleo-nigricante (KHO smaragdulo) ad ambitum et partim etiam inter areolas instructus, strato corticali impellucido, haud distincte limitato, ex hyphis formato erectis, conglutinatis, membrana parum incrassata, cellulis oblongis, tenuibus (PH_3O_4+I).

7

Stratum medullare hyphis tenuibus, membranis sat tenuibus, tubulo sat angusto. *Excipulum proprium* nullum. *Hypothecium*
crassum, ex hyphis erectis formatum, KHO non reagens, sine
limite in hymenium transiens. *Hymenium* parte superiore aut
fere totum caerulescens, jodo caerulescens. *Paraphyses* arcte
cohaerentes, 0,0015 millim. crassae, apice leviter aut levissime
incrassatae, haud aut fortuito parce ramosae, haud constrictae,
increbre septatae (Ph$_3$ O$_4$ + I, jam in KHO distincte). *Asci* clavati. *Sporae* in specimine nostro parum evolutae.

32. **L. subimmersa** (Fée) Wainio. *Lecidea subimmersa* Fée
in Bull. Soc. Bot. Fr. XX (1873) p. 314 (coll. Glaziou n. 3294:
mus. Paris. et hb. Warm.). *Lecidea homala* Krempelh., Fl. 1876 p.
319; Müll. Arg., Lich. Afr. (1879) p. 35.

Thallus crustaceus, sat tenuis aut crassitudine mediocris,
subcontinuus, rimuloso-areolatus vel areolato-diffractus, albidus aut
caesio-albidus, KHO lutescens, medulla jodo non reagente. *Apothecia* parva, 0,6—0,5 millim. lata, thallo immersa aut demum
verrucas depresso-convexas formantia, immarginata, disco planiusculo aut levissime convexiusculo, nigro aut (in nonnullis apotheciis) atro-sanguineo, nudo, thallum subaequante. *Hypothecium*
dilute pallidum. *Epithecium* fusco-rubescens, KHO non reagens.
Sporae „8:nae, ellipsoideae aut ellipsoideo-oblongae, long. 0,013
—0,012, crass. 0,006—0,005 millim." (Krempelh., l. c.).

Ad rupem itacolumiticam in Carassa (1400—1500 metr. s.
m.) in civ. Minarum, n. 1414. — *Thallus* laevigatus, hypothallo
caeruleo-nigricante partim limitatus. *Excipulum* proprium nullum.
Hypothecium crassum. *Hymenium* circ. 0,050—0,060 millim. crassum, jodo sat leviter caerulescens et dein mox obscure vinose
rubens. *Paraphyses* arcte cohaerentes. *Asci* clavati. *Sporae* in
specimine nostro parum evolutae.

33. **L. atroflavens** (Krempelh.) Wainio. *Lecidea atroflavens*
Krempelh., Fl. 1876 p. 319 (coll. Glaziou n. 3490: mus. Paris.,
hb. Warm.). *Lecidea aterrima* Fée, Bull. Soc. Bot. Fr. XX (1873)
p. 317 ex specim. orig. (nomen jam antea adhibitum).

Thallus crustaceus, sat crassus, subcontinuus, rimuloso-
areolatus vel areolato-diffractus, stramineus aut stramineo-albidus,
KHO fulvescens aut aurantiaco-fulvescens, medulla jodo non reagente. *Apothecia* sat magna aut mediocria, circ. 2—1 millim.
lata, thallo immersa, immarginata, disco plano planiusculove, nigro,

nudo, thallum aequante. *Hypothecium* dilute sordide fuscescens. *Epithecium* aeruginoso-nigricans, KHO non reagens. *Sporae* 8:nae, ellipsoideae, long. 0,014—0,008, crass. 0,008—0,005 millim.

Ad rupem itacolumiticam in Carassa (1500 metr. s. m.) in civ. Minarum, n. 1314. — Inter Lecanoras et Lecideas est intermedia, at excipulo proprio rite distincto carens magis Lecanoris congruit. Habitu Lecideam elatam Schaer. in memoriam revocat, at huic speciei, excipulo proprio bene evoluto instructae, vix sit vere affinis. — *Thallus* laevigatus, subopacus, circ. 1,5—0,5 millim. crassus, Ca Cl$_2$ O$_2$ non reagens, hypothallo indistincto, strato corticali ex hyphis erectis conglutinatis formato, membranis leviter incrassatis et lumine cellularum angusto oblongo vel elongato, strato medullari ex hyphis contexto sat tenuibus (0,003 millim. crassis), sat pachydermaticis, lumine cellularum sat tenui. *Excipulum* proprium fuscescens, tenuissimum, vix distinctum. *Hypothecium* sine limite in hymenium sensim transiens, jodo caerulescens. *Hymenium* jodo persistenter caerulescens. *Paraphyses* arcte cohaerentes, circ. 0,002—0,0015 millim. crassum, clava gelatinosa aeruginoso-fuliginea terminatae. *Asci* clavati, circ. 0,014 millim. crassi. *Sporae* distichae, simplices.

4. Maronea.

Mass. in Fl. 1856 n. 19: Koerb., Par. Lich. (1859—65) p. 90; Th. Fr., Gen. Heterolich. (1861) p. 70. *Acarospora a. Maronea* Stizenb., Beitr. Flechtensyst. (1862) p. 169.

Thallus crustaceus, effusus, rhizinis veris nullis et hypothallo aut hyphis medullaribus substrato affixus, strato corticali abortivo aut nullo distincto. *Stratum medullare* stuppeum, hyphis implexis, tenuibus aut sat tenuibus, membranis leviter incrassatis et lumine cellularum tenui. *Gonidia* protococcoidea aut pleurococcoidea. *Apothecia* lecanorina, thallo innata, mox emergentia adpressaque. *Excipulum* thallodes, strato corticali subcartilagineo instructum. *Hypothecium* albidum pallidumve. *Sporae* in ascis numerosissimae, breves minutaeque, suboblongae aut ellipsoideae globosaeve, simplices aut 1-septatae, decolores. *Pycnoconidia* (quantum cognita sunt) „filiformi-cylindrica" (Nyl., Lich. Nov.-Gran. p. 446).

1. M. **multifera** (Nyl.) Wainio. *Lecanora* Nyl., Lich. Nov.-Gran. (1863) p. 445, tab. I fig. 6 (coll. Lindig. n. 2676: mus. Paris.), Fl. 1869 p. 120; Müll. Arg., Lich. Parag. (1888) p. 10.

Thallus crustaceus, effusus, tenuis, albidus aut glaucescenti-albidus aut pallido-cinerascens, esorediatus, subcontinuus, verruculoso-inaequalis, aut rarius sublaevigatus evanescensve. *Apothecia* sat parva aut fere mediocria, 1—0,6 (—1,3) millim. lata, adpressa, numerosa, disco plano planiusculove, fusco aut rufo, nudo, nitidulo, margine tenui, flexuoso aut subintegro aut subcrenulato, discum subaequante [aut raro demum excluso], thallo subconcolore aut pallido-fuscescente. *Hymenium* jodo persistenter caerulescens. *Asci* late clavati. *Sporae* oblongae aut fusiformi-oblongae, long. 0,007—0,005, crass. 0,002—0,0015 millim. [„long. 0,008 —0,005, crass. 0,0035—0,002 millim.": Nyl., l. c.].

Ad corticem arborum et ad ligna, suis locis haud rara in Brasilia, n. 819, 1117, 1119 (ad Sitio) in civ. Minarum. — In coll. Lindig. n. 2676 apothecia margine persistente aut in aliis apotheciis demum excluso instructa sunt, ceterum speciminibus nostris congruit. Lecanora rubiginosa Krempelh. (Warm. Lich. Bras. 1873 p. 18) epithecio KHO violascente ab ea differt. — *Thallus* KHO non reagens, hyphis 0,002—0,004 millim. crassis, membrana leviter incrassata et lumine cellularum tenui instructis, hypothallo nigricante interdum partim limitatus. *Gonidia* protococcoidea, globosa, diam. 0,012—0,007 millim., flavovirescentia, simplicia, membrana tenui. *Apothecia* demum vulgo conferta angulosaque (margine persistente in speciminibus nostris). *Excipulum* thallodes, strato corticali instructus ex hyphis formato incrassatis verticalibus conglutinatis, membranis bene incrassatis, cellulis oblongis, sat angustis, gonidia infra stratum corticale et infra hypothecium continens, perithecio proprio nullo. *Hypothecium* albidum pallidumve. *Hymenium* —0,160 millim. crassum. *Epithecium* fuscescens rufescensve, KHO non reagens. *Paraphyses* 0,002— 0,0015 millim. crassae, apice non aut levissime incrassatae, gelatinam sat abundantem (in KHO sat laxam, in aqua sat firmam) percurrentes, haud aut parce constrictae, haud aut parce ramosae. *Asci* late clavati, 0,016—0,020 millim. crassi, apice membrana bene incrassata. *Sporae* in ascis numerosae, simplices, decolores, apicibus obtusis (raro evolutae). *Pycnoconidia* „filiformi-cylindrica, recta, long. 0,010—0,008, crass. 0,001 millim." (Nyl., Lich. Nov.-Gran. p. 446).

2. **M. caesionigricans** Wainio (n. sp.).

Thallus crustaceus, effusus, tenuis, continuus, verruculis sat crebris aut partim contiguis, vulgo depressis instructus, albido- aut cinereo-glaucescens. *Apothecia* mediocria aut sat parva, 1,2 —0,7 millim. lata, adpressa, disco plano, cinereo- vel caesio-nigricante, tenuissime pruinoso, margine mediocri, subcrenulato aut subintegro, discum leviter superante, thallo subconcolore. *Hymenium* jodo sat dilute caerulescens, dein vinose rubens. *Asci* cylindrici aut oblongi. *Sporae* ellipsoideae, long. 0,005—0,0035, crass. 0,0025—0,002 millim.

Ad corticem arboris prope Lafayette (1000 metr. s. m.) in civ. Minarum, n. 257. — Affinis M. crassilabrae (Müll. Arg., Lich. Beitr. 1888 n. 1371). *Thallus* neque KHO, nec Ca Cl$_2$ O$_2$ reagens, esorediatus, hypothallo caeruleo-nigricante partim limitatus. *Gonidia* ad speciem generis *Pleurococci* pertinentia (haud ad *Cystococcum humicolam* Naeg.), globosa, diam. 0,006—0,010 millim., simplicia aut parcissime bicellularia, flavovirescentia, saepe vacuolis lateralibus instructa, granula nonnulla continentia, membrana crassiuscula. *Excipulum* intus albidum, gonidia continens. *Hypothecium* albidum. *Hymenium* circ. 0,100—0,120 millim. crassum. *Epithecium* fuscescens aut fusco-rufescens, KHO non reagens. *Paraphyses* 0,001—0,0015 millim. crassae, apice leviter clavatae (0,003—0,002 millim.) aut haud incrassatae, gelatinam sat abundantem et laxam percurrentes, interdum passim ramosae, septatae (in PH$_3$ O$_4$ + I), apice saepe constricte articulatae aut haud constrictae. *Asci* 0,014—0,016 millim. crassi, membrana tota leviter incrassata aut interdum apice bene incrassata. *Sporae* numerosissimae, simplices, decolores (raro evolutae).

5. Ochrolechia.

Mass., Ric. Lich. Crost. (1852) p. 30; Koerb., Syst. Germ. (1855) p. 149; Fuisting, De Apoth. Evolv. (1865) p. 34; Müll. Arg., Fl. 1879 p. 484 (Rev. Lich. Féean. 1887 p. 11). — Tul., Mém. Lich. (1852) tab. 16 fig. 12—19 (p. 182).

Thallus crustaceus, effusus aut raro caespitoso-areolatus et areolis subfruticuloso-elongatis, rhizinis veris nullis, hypothallo aut hyphis medullaribus substrato affixus, superne strato corticali

obductus, ex hyphis formato subverticalibus aut partim irregulariter contextis, sat increbre aut partim crebre septatis, conglutinatis, membranis sat tenuibus et lumine sat angusto instructis,
parte superiore saepe amorpho, aut strato corticali nullo evoluto.
Stratum medullare stuppeum, hyphis implexis, sat tenuibus, membranis sat tenuibus, lumine cellularum comparate lato. *Gonidia*
protococcoidea. *Apothecia* lecanorina, thallo innata, mox emergentia adpressaque, disco saltem primo pallido. *Excipulum* thallodes, textura thallo consimile. *Paraphyses* ramosae intricataeque.
Sporae magnae lataeque, ellipsoideae, simplices, decolores, membrana tenui aut sat tenui, 8:nae—2:nae. „*Sterigmata* exarticulata
aut pauciarticulata. *Pycnoconidia* oblonga aut cylindrico-oblonga"
(Linds., Mem. Spermog. Crust. Lich. tab. 8 fig. 1—8).

1. **O. pallescens** (L.) Koerb., Syst. Germ. (1855) p. 149.
Lichen L., Spec. Plant. (1753) n. 15. *Lecanora* Th. Fr., Lich. Scand.
(1871) p. 235; Hue, Addend. (1886) p. 104.

Thallus crustaceus, effusus, tenuis aut mediocris aut crassus,
continuus aut dispersus, laevigatus aut inaequalis, vulgo esorediatus [aut raro sorediosus], neque KHO, nec $Ca\,Cl_2\,O_2$ reagens.
Apothecia magna aut mediocria, circ. 4—1 millim. lata, adpressa,
disco plano aut convexiusculo aut concavo, pallido aut subalbido,
tenuiter aut bene albido-pruinosa, margine crasso, integro, esorediato. *Sporae* 8:nae aut abortu pauciores, long. 0,088—0,032,
crass. 0,046—0,022 millim.

Var. **parella** (L.) Koerb., Syst. Germ. (1855) p. 149 (em.).
Lecanora parella Nyl., Fl. 1881 p. 454 (Hue, Addend. p. 104).

Discus apotheciorum KHO ($Ca\,Cl_2\,O_2$) rubescens. — Supra
rupem prope Rio de Janeiro (n. 427), ad corticem arborum prope
Sitio (n. 1104) et in Carassa (n. 1495) in civ. Minarum. — *Thallus* KHO ($Ca\,Cl_2\,O_2$) non reagens, in speciminibus nostris esorediatus. *Apotheciorum* margo solum latere intimo KHO ($Ca\,Cl_2\,O_2$)
rubescens, discus KHO lutescens, $Ca\,Cl_2\,O_2$ solo non reagens.
Excipulum thallodes, strato corticali extus amorpho, gonidiis infra
hypothecium et infra stratum corticale instructum; excipulum proprium nullum. *Hymenium* jodo persistenter caerulescens. *Paraphyses* ramosae, creberrime intricatae. *Asci* ventricoso-clavati,
apice membrana incrassata. *Sporae* distichae, ellipsoideae, membrana tenui. „*Conceptaculum* pycnoconidiorum pallidum. *Pycno-*

conidia breviter cylindrica, recta aut subrecta, long. 0,005, crass. 0,0005 millim." (Tul., Mém. Lich. II p. 182, Linds., Mem. Sperm. Crust. Lich. p. 212).

6. Phlyctis.

Wallr., Naturg. Flecht. (1825) p. 527; Mass., Ric. Lich. Crost. (1852) p. 58; Koerb., Syst. Germ. (1855) p. 390; Th. Fr., Gen. Heterolich. (1861) p. 76, Lich. Scand. (1871) p. 323; Krabbe, Entw. Flechtenap. (1882) p. 27; Müll. Arg., Lich. Beitr. (Fl. 1888) n. 1262. *Phlyctidia* Müll. Arg., l. c. (Fl. 1880) n. 220 (pr. p.). *Phlyctidium* Müll. Arg., l. c. (Fl. 1888) n. 1319 pr. p. (excl. Phyllophlyctidio).

Thallus crustaceus, uniformis, hyphis medullaribus substrato affixus, hypothallo indistincto, rhizinis nullis, strato corticali destitutus. *Stratum medullare* stuppeum, hyphis implexis, tenuibus, leptodermaticis, lumine cellularum comparate sat lato. *Gonidia* protococcoidea. *Apothecia* thallo innata, immersa permanentia aut demum emergentia, margine thallino, tenui, plus minusve distincto, soredioso aut fisso fatiscenteve, leviter elevato, cincta. *Excipulum proprium* (peritheciumve) latere evanescens vel tenuissimum albidum. *Paraphyses* simplices aut summo apice ramulosae, haud connexae. *Sporae* solitariae —8:nae, decolores, murales [subg. Euphlyctis Wainio] aut septatae et tum loculis cylindricis [subg. Phlyctidea (Müll. Arg.) Wainio]. „*Conceptacula pycnoconidiorum* thallo immersa. *Sterigmata* simplicia. *Pycnoconidia* oblonga" (Th. Fr., Lich. Scand. p. 323).

1. **Ph. Brasiliensis** Nyl., Fl. 1869 p. 121; Krempelh., Fl. 1876 p. 219 (coll. Glaz. n. 1903: hb. Warm.). *Phlyctidia Brasiliensis* Müll. Arg., Lich. Beitr. (Fl. 1880) n. 220.

Thallus sat tenuis aut crassitudine mediocris, glaucescentialbidus, sat laevigatus nitidiusculusque. *Apothecia* sat approximata, pro parte aggregata, disco thallo immerso, rotundato, 0,6 —0,3 millim. lato, albido-pruinoso, margine discum superante, abrupte leviter elevato, inaequali aut fatiscente, haud aut parcissime soredioso, opaco cincta. *Sporae* fusiformes, demum 7-septatae, long. circ. „0,030—0,050, crass. 0,0045 (—0,004) millim." (Krempelh., l. c.).

Secundum specimen a Glaziou lectum hanc speciem descripsimus, quia specimina nostra Brasiliana omnia hujus generis male sunt evoluta. — *Medulla* thalli jodo passim caerulescens, hyphis 0,002—0,0025 millim. crassis, leptodermaticis. *Gonidia* protococcoidea, diam. circ. 0,009—0,006 millim., membrana tenui. *Perithecium* albidum, in latere tenuissimum evanescensque, amphithecio thallino obductum. *Hypothecium* albidum, tenue aut sat tenue. *Hymenium* circ. 0,100 millim. crassum, jodo levissime caerulescens (asci distinctius colorantur). *Paraphyses* 0,0015 millim. crassae, apice haud incrassatae, sed granulis et ramulis minutissimis pruinam formantibus instructae, ceterum neque ramosae nec connexae, laxe cohaerentes. *Asci* clavati, circ. 0,010 millim. crassi, membrana tenui. *Sporae* 4:nae, decolores, saepe leviter flexuosae, apicibus attenuatis, primum 3-septatis, loculis cylindricis.

Trib. 4. **Pertusarieae.**

Thallus crustaceus. *Stratum corticale* haud evolutum aut cartilagineum. *Stratum medullare* stuppeum, hyphis leptodermaticis aut membranis leviter incrassatis. *Gonidia* in zona supra stratum medullare disposita. *Apothecia* lecanorina aut hymenia plura in eodem excipulo vel pseudostromate continentia, aut thallo immersa, disco punctiformi aut dilatato. *Excipulum* vel *pseudostroma* nullum distinctum aut verrucam thallinam strato medullari stuppeo instructam formans. *Paraphyses* bene evolutae, ramosoconnexae. *Sporae* magnae aut majusculae crassaeque, simplices aut 1-septatae (**Varicellaria**), membrana incrassata, decolore.

1. **Pertusaria.**

D. C., Fl. Fr. II (1805) p. 319; Fr., Lich. Eur. Ref. (1831) p. 417; Mass., Ric. Lich. Crost. (1852) p. 186; Tul., Mém. Lich. (1852) p. 48, 59, 189, tab. 11 fig. 1—10; Koerb., Syst. Germ. (1855) p. 381; Th. Fr., Gen. Heterolich. (1861) p. 105, Lich. Scand. (1871) p. 303; Tuck., Gen. Lich. (1872) p. 126 pr. p., Syn. North Am. (1882) p. 211 pr. p.; Krabbe, Entw. Flechtenap. (1882) p. 24; Müll. Arg., Lich. Beitr. (Fl. 1884) n. 705; Nyl. in Hue Addend. (1886) p. 117; Möller, Cult. Flecht. (1887) p. 24; Oliv., Étud. Pert. Franç. (1890) p. 9; Hue, Pert. Franç. (1890).

Thallus crustaceus, uniformis, interdum hypophloeodes, rhizinis nullis, hypothallo et hyphis medullaribus substrato affixus, *srato corticali* nullo aut superne thallum obducente, chondroideo, ex hyphis formato horizontalibus, irregulariter contextis, conglutinatis, leviter pachydermaticis, vulgo increbre septatis. *Stratum medullare* stuppeum, hyphis implexis, tenuibus aut mediocribus, leptodermaticis aut membranis leviter incrassatis, lumine cellularum comparate sat lato aut sat tenui. *Gonidia* protococcoidea. *Apothecia* plura conferta aut solitaria, *pseudostromatibus* verrucisve thallinis aut rarius thallo immersa, disco punctiformi-contracto aut leviter dilatato, hymenio nucleiformi aut disciformi. *Perithecium proprium* evanescens aut tenuissimum, pseudostromati interdum excipuliformi (in sect. Lecanorastro) aut thallo immersum, albidum pallidumve, ex hyphis cum hymenio parallelis concentricisve conglutinatis formatum. *Paraphyses* ramoso-connexae, gelatinam plus minusve abundantem percurrentes. *Sporae* 8:nae — solitariae, magnae aut majusculae crassaeque, suboblongae aut ellipsoideae, simplices, membrana incrassata, vulgo distincte stratosa, decolore, contento albido aut pallido aut raro obscurato. *Conceptacula pycnoconidiorum* thallo vel verrucis thallinis immersa. „*Sterigmata* simplicia aut subsimplicia. *Pycnoconidia* cylindrica aut cylindrico-filiformia." (Linds., Mem. Sperm. Crust. Lich. p. 233, tab. X fig. 3—5).

Sect. I. **Lecanorastrum** Müll. Arg. *Apothecia* disco demum distincte dilatatove nudo aut sorediis in margine pseudostromatum evolutis obducto.

Müll. Arg., Lich. Beitr. (Fl. 1884) n. 705.

1. **P. commutata** Müll. Arg., Lich. Beitr. (Fl. 1884) n. 706.
Thallus sat tenuis, subcontinuus, leviter verruculoso-inaequalis aut sat laevigatus, glaucescenti-albidus aut albidus, KHO non reagens. *Pseudostromata* 0,5—1 millim. lata, elevata, sorediato-fatiscentia, basi haud constricta, albida, apothecium unum continentia. *Discus* apotheciorum sorediis obductus aut demum apertus denudatusque, urceolatus, parvus, pallidus. *Sporae* solitariae, oblongae, long. circ. 0,114—0,090, crass. 0,042—0,026 millim.

Locis numerosis praesertimque ad Sitio in civ. Minarum observata, n. 688. — Habitu similis est P. multipunctae (Turn.), quae vix nisi disco nigrescente äb ea differt. — *Thallus* Ca Cl$_2$ O$_2$ non reagens. *Paraphyses* ramoso-connexae, 0,0015 millim. crassac. *Epithecium* albidum, KHO dilutius intensiusve rubescens (aut carneopallidum). *Asci* jodo caerulescentes. *Sporae* decolores, apicibus obtusis rotundatisve, membrana laevi, bene aut sat bene incrassata (circ. 0,010—0,020 millim. crassa), halone nullo indutae.

2. **P. velata** (Turn.) Nyl. in Hue Addend. (1886) p. 118.

Thallus sat tenuis aut mediocris, subcontinuus, sat laevigatus aut verruculoso-inaequalis, albidus aut glaucescens, KHO non reagens, Ca Cl$_2$ O$_2$ rubescens. *Pseudostromata* 0,8—0,5 millim. lata, sat leviter elevata, esorediata, basi demum leviter constricta, apothecium unum continentia, KHO non reagentia. *Discus* apotheciorum demum apertus, vulgo demum planus, aut concaviusculus urceolatusque, albidus aut pallescens, circ. 0,6—0,2 millim. latus. *Sporae* solitariae, oblongae, long. circ. 0,110—0,180, crass. 0,030—0,040 millim. (halone excluso) aut majores, strato gelatinoso crasso indutae.

Locis numerosis praesertimque ad Sitio in civ. Minarum obvia, n. 897, 1084. — *Medulla* jodo haud reagens. *Epithecium* KHO non reagens. *Paraphyses* ramoso-connexae, 0,0015—0,002 millim. crassae. *Asci* jodo caerulescentes. *Sporae* decolores, apicibus obtusis rotundatisve, membrana laevi, exosporio in stratum mucosum, crassum, saepe radiatim striatum, soluto.

3. **P. variolosa** (Krempelh.) Wainio (n. sp.).   *P. subvaginata* f. *variolosa* Krempelh., Fl. 1876 p. 218 (coll. Glaz. n. 3272: mus. Paris. et hb. Warm.).

Thallus sat tenuis aut mediocris, subcontinuus, verruculis vel apotheciorum initiis crebrius increbriusve instructus aut partim sat laevigatus, albido-glaucescens aut albidus, Ca Cl$_2$ O$_2$ non reagens, KHO non reagens aut leviter flavescens, verruculis et stromatibus apotheciisque KHO intense lutescentibus. *Pseudostromata* circ. 0,8—2,5 millim. lata, elevata, depresso-subglobosa, fere esorediata, basi constricta, apothecia solitaria et pro parte demum saepe apothecia plura (2—10) continentia. *Discus* apotheciorum demum apertus, immersus suburceolatusque, parvus, pallidus. *Sporae* solitariae, oblongae, long. circ. 0,200—0,140, crass. 0,050—0,034 millim., halone nullo.

Locis numerosis ad corticem arborum in Brasilia (n. 745 exactius examinata). — *Medulla* jodo non reagens aut interdum dilute caerulescens (n. 871). *Epithecium* albidum, KHO non reagens (in coll. Glaz. n. 3272 in nonnullis apotheciis materia nigricante aliena obsitum). *Paraphyses* ramoso-connexae, 0,0015 millim. crassae. *Asci* jodo caerulescentes. *Sporae* decolores, apicibus obtusis rotundatisve, membrana tenui (circ. 0,002 millim. crassa), laevi.

P. *subvaginata* Nyl. (Fl. 1864 p. 619. 1866 p. 290) ab hac specie differt apotheciis simplicibus simplicioribusve, KHO non reagentibus, KHO (Ca Cl₂ O₂) rubescentibus, thallo neque KHO nec Ca Cl₂ O₂ reagente, et magis est similis P. *velatae* (Turn.).

Sect. II. **Porophora** (Meyer) Müll. Arg. *Apothecia* disco contracto punctiformique.

Porophora Meyer, Entw. Flecht. 1825 p. 326. *Pertusaria* sect. 2. *Porophora* Müll. Arg., Lich. Beitr. (Fl. 1884) n. 705, 712.

Stirps 1. **Pertusae** Müll. Arg. *Pseudostromata* subglobosa, basi constricta. *Disci* demum bene impressi.

Müll. Arg., Lich. Beitr. (Fl. 1884) n. 715.

4. **P. Wulfenii** (D. C.) Fr.; Th. Fr., Lich. Scand. (1871) p. 312; Müll. Arg., Lich. Beitr. (Fl. 1884) n. 715; Hue, Addend. (1886) p. 122.

Thallus sat tenuis aut sat crassus, subcontinuus aut areolato-diffractus, verrucoso- vel verruculoso-inaequalis aut sat laevigatus, stramineus aut glaucescenti-stramineus aut rarius partim albescens, KHO (Ca Cl₂ O₂) aurantiaco-fulvescens. *Pseudostromata* circ. 2,5—1 millim. lata, thallo concoloria, KHO (Ca Cl₂ O₂) aurantiaco-fulvescentia, depresso-subglobosa, laevigata, basi constricta, apice demum vulgo late aut raro angustius impresso-concavo, apothecia vulgo plura (circ. 1—10) continentia, ostiolis confertis et vulgo pro parte demum confluentibus et discum dilatatum difformem nigricantem impressum formantibus. *Sporae* vulgo 8:nae, oblongae aut ellipsoideae, long. circ. 0,050—0,076 [—„0,085"], crass. 0,023—0,034 millim., membrana laevi, modice incrassata, halone nullo.

Ad corticem arboris prope Sitio (1000 metr. s. m.) in civ. Minarum, n. 645. — *Disci* in specimine nostro solito minores, KHO rubescentes. *Paraphyses* ramoso-connexae, 0,0015 millim. crassae. *Asci* jodo caerulescentes. *Sporae* distichae aut irregulares aut pro parte fere monstichae, decolores, apicibus rotundatis aut obtusis, membrana circ. 0,006—0,005 millim. crassa, strato exteriore paullo crassiore. *Pycnoconidia* „long. 0,023—0,013, crass. 0,0005 millim., recta" (Nyl., l. c.).

Stirps 2. **Leioplacae** Müll. Arg. *Pseudostramata* subglobosa aut hemisphaerica, bene evoluta, basi constricta aut dilatata. *Disci* thallum fere aequantes aut leviter prominuli.

Müll. Arg., Lich. Beitr. (Fl. 1884) n. 735.

5. **P. tuberculifera** Nyl., Lich. Nov.-Gran. (1863) p. 448 (mus. Paris.), Fl. 1869 p. 121; Krempelh., Fl. 1876 p. 218; Müll. Arg., Lich. Beitr. (Fl. 1884) n. 768. *P. leioplacoides* Müll. Arg., Lich. Beitr. (Fl. 1881) n. 342.

Thallus mediocris aut sat tenuis, subcontinuus, leviter verruculoso-inaequalis aut sublaevigatus, albidus aut glaucescens, neque KHO, nec Ca Cl$_2$ O$_2$ reagens. *Pseudostromata* thallo concoloria, circ. 1—3 [—6] millim. lata, depresso-subglobosa, basi vulgo demum plus minusve constricta, apice convexo aut rarius leviter concaviusculo, verruculis osteolaribus sparsis, parvulis, mamillari-prominentibus aut ostiolis haud prominentibus, pseudostroma aequantibus aut rarius leviter impressis, vulgo apothecia plura aut raro solitaria (1—10) continentia. *Sporae* 8:nae —2:nae aut solitariae, oblongae, long. circ. 0,065—0,180, crass. 0,026—0,040 millim., membrana demum intus transversim undulato-striata costatave, halone nullo.

Ad corticem arborum in Brasilia sat frequenter provenit. — *Medulla* jodo non reagens, hyphis sat pachydermaticis, lumine cellularum angusto instructis. *Pseudostromata* interdum sat constanter apothecia solitaria continent (f. **velloziae** Wainio, ad Vellozias in montibus Carassae in civ. Minarum proveniens, n. 1449), strato corticali ex hyphis conglutinatis irregulariter contextis formato obducta. *Ostiola* albida aut obscura [aut raro rubescentia]. *Paraphyses* ramoso-connexae, circ. 0,0015—0,001 millim. crassae. *Asci* cylindrici, jodo caerulescentes. *Sporae* monostichae, decolores, apicibus obtusis aut rotundatis, saepe intus membrana (endosporio) bene incrassata, exosporio sat leviter incrassato.

6. **P. leioplaca** (Ach.) Schaer., Lich. Helv. Spic. (1823) p. 66; Th. Fr., Lich. Scand. (1871) p. 316; Müll, Arg., Lich. Beitr.

(Fl. 1884) n. 743; Hue, Nyl. Addend. (1886) p. 122. *Porina* Ach. in Kongl. Vet. Ak. Handl. 1809 p. 159.

Thallus tenuis aut sat tenuis aut rarius mediocris, subcontinuus, laevigatus aut verrucoso- vel verruculoso-inaequalis, albidus aut glaucescens aut glaucescenti-stramineus, $Ca\ Cl_2\ O_2$ non reagens, KHO demum leviter lutescens. *Pseudostromata* circ. 0,8 —1,8 millim. lata, thallo concoloria, KHO leviter lutescentia, hemisphaerica aut demum depresso-subglobosa, apice convexo aut anguste impresso-concaviusculo, laevigata, basi sensim in thallum abeuntia aut demum constricta, apothecia vulgo plura (circ. 1—7) continentia, discis pseudostroma aequantibus aut leviter impressis, sparsis aut confertis. *Sporae* 8:nae —4:nae aut raro pro parte 2:nae solitariaeve, ellipsoideae aut oblongae, long. circ. 0,050— 0,115, crass. 0,012—0,040 millim., membrana laevi, in sporis normalibus modice incrassata, halone nullo.

Var. **turgida** Müll. Arg., l. c.

Pseudostromata depresso-subglobosa, basi demum constricta, disco pseudostroma aequante aut impresso. *Sporae* vulgo 4:nae aut pro parte 8:nae.

Ad corticem arboris in Carassa (1400 metr. s. m.) in civ. Minarum, n. 1483. — P. communi D. C. habitu est subsimilis. — *Thallus* crassitudine mediocris aut sat tenuis, vulgo plus minusve verrucoso- vel verruculoso-inaequalis, albidus aut glaucescenti-albidus. *Discus* KHO dilute rubescens, puncto nigricante minutissimo indicatus. *Paraphyses* ramoso-connexae, 0,002 millim. crassae. *Asci* jodo caerulescentes. *Sporae* monostichae, decolores, apicibus obtusis, membrana circ. 0,005 millim. crassa aut in sporis haud bene evolutis strato interiore bene incrassato.

7. **P. rhodostomoides** Wainio (n. sp.).

Thallus sat tenuis, subcontinuus, leviter verruculoso-inaequalis, albidus, $Ca\ Cl_2\ O_2$ non reagens, KHO maculatim lutescens, praesertimque verruculis et pseudostromatibus KHO lutescentibus. *Pseudostromata* circa discos decorticata et dilute rosea, ceterum thallo concoloria, circ. 2—1 millim. lata, depressa aut irregulariter subglobosa, rugosa tuberculatave, basi constricta, apice rugoso-concavo, apothecia plura (circ. 4—15) continentia, discis pseudostroma aequantibus sparsisque, aut in vertice concavo sitis aut impressis. *Sporae* 8:nae aut abortu pauciores, oblongae aut ellipsoideae, long. circ. 0,040—0,054, crass. 0,024—0,022 millim., membrana laevi, in sporis bene evolutis sat tenui, halone nullo.

Ad corticem arboris in Carassa (1400 metr. s. m.) in civ. Minarum, n. 1486. — Affinis sit P. leioplacae (Ach.). P. rhodostoma Nyl., Lich. Nov.-Gran. ed. 2 (1863) p. 323, pseudostromatibus sat regularibus, haud rugosis, thallo et pseudostromatibus KHO non reagentibus a P. rhodostomoide differt. — In planta nostra disci puncto nigricante minutissimo indicati. *Paraphyses* ramoso-connexae, 0,0015 millim. crassae. *Asci* jodo caerulescunt. *Sporae* monostichae, decolores, apicibus obtusis aut rotundatis, membrana circ. 0,003 millim. crassa aut in sporis haud bene evolutis strato interiore — 0,009 millim. crassa.

8. **P. limbata** Wainio (n. sp.).

Thallus sat tenuis, subcontinuus, leviter verruculoso- aut ruguloso-inaequalis, glaucescenti-albidus aut sordide albicans, neque KHO nec Ca Cl$_2$ O$_2$ reagens. *Pseudostromata* 1,5—0,8 millim. lata, subgloboso- aut fere lenticulari-depressa, basi constricta, albo-limbata marginatave, vertice pallido- vel ceraceo-albicante, leviter impresso aut planiusculo convexiusculove, verruculis ostiolaribus leviter prominulis solitariis aut vulgo confertis pallido- vel ceraceo-albicantibus instructo, apothecia vulgo plura aut pro parte solitaria (8—1) continentia. *Sporae* 8:nae, oblongae aut ellipsoideae, long. circ. 0,042—0,066, crass. 0,022—0,026 millim., membrana laevi, in sporis normalibus sat tenui, halone nullo.

Ad corticem arboris prope Rio de Janeiro, n. 208. — *Thallus* et *pseudostromata* strato chondroideo, ex hyphis conglutinatis formato, fere amorpho obducta. *Pseudostromata* vertice subceraceo-albicante simplice aut trabeculis albis in plures (2—4) diviso. *Disci* minutissimi, vertici concolores aut obscuriores, KHO non reagentes. *Paraphyses* ramoso-connexae, 0,0015 millim. crassae. *Asci* subcylindrici aut oblongo-elongati, jodo caerulescentes. *Sporae* distichae aut pro parte monostichae, decolores, apicibus rotundatis aut obtusis, membrana circ. 0,003—0,004 millim. crassa, in sporis haud bene evolutis interdum interne incrassata.

9. **P. verruculifera** Wainio (n. sp.).

Thallus sat tenuis aut mediocris, subcontinuus, leviter verruculoso- aut verrucoso- aut rugoso-inaequalis, albidus aut glaucescenti-albidus, KHO non aut partim demum leviter lutescens,

Ca Cl$_2$ O$_2$ non reagens. *Pseudostromata* 0,8—0,5 (—1) millim. lata, subglobosa, basi constricta, vertice convexo, thallo concoloria (eodemque modo reagentia), apothecia 1—3 continentia, discis minutissimis, pseudostroma aequantibus aut levissime prominulis, solitariis aut sparsis. *Sporae* circ. 6:nae aut abortu pauciores, cllipsoideae aut oblongae, long. 0,034—0,068, crass. 0,022—0,030 millim., membrana laevi, sat tenui, halone nullo.

Ad corticem arborum in Carassa (1400 metr. s. m.) in civ. Minarum, n. 1463, 1464. *Thallus* hypothallo fuscescente partim limitatus. *Disci* thallo concolores aut obscurati, KHO non reagentes. *Paraphyses* ramoso-connexae, 0,0015 milllm. crassae. *Asci* jodo caerulescentes. *Sporae* monostichae, decolores, apicibus obtusis aut rotundatis, membrana circ. 0,003 millim. crassa.

10. **P. leioplacella** Nyl., Syn. Lich. Cal. (1868) p. 32; Müll. Arg., Rev. Lich. Eschw. (1884) n. 31, Lich. Beitr. (Fl. 1884) n. 762.

Thallus tenuis aut sat tenuis aut mediocris, subcontinuus, sat laevigatus aut leviter verruculoso-inaequalis, stramineus aut stramineo-albicans, KHO (Ca Cl$_2$ O$_2$) aurantiaco-rubescens. *Pseudostromata* 1—0,5 millim. lata, hemisphaerica, basi sensim in thallum abeuntia, haud constricta, vertice convexo, straminea, apothecia solitaria aut pauca (vulgo 1—2) continentia, discis minutissimis, pseudostroma aequantibus vel vix prominulis, solitariis sparsisve. *Sporae* 8:nae, oblongae aut ellipsoideae, long. circ. 0,040—0,078, crass. 0,022—0,034 millim., membrana laevi, sat tenui aut modice incrassata, halone nullo.

Ad corticem arborum prope Rio de Janeiro et in Carassa (1400 metr. s. m.) in civ. Minarum, n. 113, 1334. Habitu P. leioplacae similis, colore et reactione thalli pseudostromatumque ab ea differens. — *Thallus* et *pseudostromata* neque KHO nec Ca Cl$_2$ O$_2$ reagentia aut KHO dilute lutescentia et demum fulvescentia (in n. 113), strato corticali circ. 0,020 millim. crasso, ex hyphis longitudinalibus conglutinatis formato, obducta. *Disci* leviter obscurati aut thallo fere concolores, KHO non reagentes. *Paraphyses* ramoso-connexae, 0,001 millim. crassae. *Asci* cylindrici, jodo caerulescentes. *Sporae* monostichae, decolores, apicibus obtusis aut rotundatis, membrana 0,005—0,003 millim. crassa.

Stirps 3. **Irregulares** Müll. Arg. *Pseudostromata* nana aut abortiva. *Disci* thallum et pseudostroma aequantes.

Müll. Arg., Lich. Beitr. (Fl. 1884) n. 780.

11. P. cryptocarpoides Wainio (n. sp.).

Thallus sat tenuis aut mediocris, sat continuus aut leviter verruculoso-inaequalis, albidus, neque KHO, nec Ca Cl$_2$ O$_2$ reagens. *Pseudostromata* evanescentia indistinctave, pro parte minute papillaeformia et levissime elevata, circ. 0,3 millim. lata, basi sensim in thallum abeuntia, haud constricta, vertice convexo. *Apothecia* thallo et pseudostromatibus abortivis immersa, solitaria aut aggregata, discis minutissimis thallum et pseudostroma fere aequantibus. *Sporae* vulgo circ. 6:nae aut abortu pauciores, oblongae aut ellipsoideae, long. 0,032—0,064, crass. 0,020—0,028 millim., membrana laevi, modice incrassata.

Ad corticem arboris prope Sitio (1000 metr. s. m.) in civ. Minarum, n. 865. — Proxime affinis est P. cryptocarpae Nyl., Lich. Exot. p. 221 (= P. corrugata Krempelh., Fl. 1876 p. 175, Müll. Arg., Lich. Beitr. 1884 n. 780), quae thallo obscuriore, cinereopallido-glaucescente et sporis majoribus ab ea differt. — *Disci* albidi aut dilute obscurati, KHO dilute rubescentes. *Paraphyses* ramoso-connexae, 0,0015 millim. crassae. *Sporae* monstichae, decolores, apicibus obtusis, membrana circ. 0,004—0,005 millim. crassa, exosporio et endosporio fere aeque crassis.

Trib. 5. Theloschisteae.

Thallus crustaceus aut squamosus aut foliaceus aut fruticulosus, heteromericus. *Stratum corticale* haud evolutum aut cartilagineum parenchymaticumve. *Stratum medullare* stuppeum, hyphis leptodermaticis. *Gonidia* in zona supra stratum medullare disposita, protococcoidea. *Apothecia* lecanorina aut lecideina, gonidiis instructa aut destituta, thallo innata, raro immersa permanentia, vulgo demum elevata et adnata adpressave aut peltata, epithecio vulgo KHO violascente. *Paraphyses* bene evolutae, haud ramoso-connexae. *Sporae* breves, ellipsoideae oblongaeve, 1—3-septatae, placodiomorphae, septis incrassatis, poro instructis, decolores.

Hic tribus jam 1871 a cel. Norman in Conject. Mut. Heterolich. p. 16 (Kongl. Norsk. Vet. Soc. Skr. 7 Bd.) optime est constitutus.

1. Theloschistes.

Norm., Con. Gen. Lich. (1852) p. 17 (pr. p.); Th. Fr., Gen Heterolich. (1861) p. 51; Tuck., Syn. North. Am. (1882) p. 48 (pr. p.). *Tornabenia* Mass.. Mem. Lich. (1853) 41 (haud Trev., 1853); Koerb., Par. Lich. (1859—65) p. 20.

Thallus fruticulosus aut foliaceus, teretiusculus aut compressus, ramosus laciniatusve, vulgo acidum chrysophanicum continens (KHO violascens), superne *strato corticali* ex hyphis longitudinalibus conglutinatis formato instructus, rhizinis veris nullis (at interdum fibrillis ornatus). *Stratum medullare* ex hyphis membrana tenui instructis formatum. *Gonidia* protococcoidea. *Apothecia* lecanorina, excipulo gonidiis instructo, disco acidum chrysophanicum continente (KHO violascente). *Sporae* breves, decolores, placodiomorphae, h. e. dy- aut raro tetra-blastae, septis incrassatis, poro instructis, membrana in apicibus sporarum tenui.

Ad hoc genus etiam spec. *cymbalifera* (Eschw.) et *villosa* (Ach.) et *brevis* Wainio. thallo foliaceo instructae, pertinent.

Xanthoria (Fr.) est genus autonomum hujus tribus, jam strato corticali parenchymatico a *Theloschiste* differens.

1. **Th. flavicans** (Sw.) Müll. Arg., Lich. Beitr. (Fl. 1885) n. 932. *Lichen* Sw., Pr. Fl. Ind. (1788) p. 147. *Borrera* Sw., Lich. Am. (1811) p. 15, tab. XI. *Physcia* Nyl., Syn. Lich. (1858—60) p. 406 (pr. p.). *Evernia* Schwend., Unters. Flecht. (1860) p. 158, tab. IV fig. 16, 17. *Theloschistes chrysophthalmus* b. *flavicans* Tuck., Syn. North Am. (1882) p. 49.

Thallus fruticulosus, teretiusculus aut partim leviter compressus, ramosus, erectiusculus aut fere prostratus, longitudine et crassitudine mediocris, subtus integer, fulvescens aut croceo-fulvescens aut raro majore parte albido-glaucescens, ramis sensim attenuatis, fibrillis parcis brevibus simplicibus thallo vulgo subconcoloribus apicem versus thalli affixis aut fere nullis. *Apothecia* disco croceo-fulvescente [aut rarius aurantiaco-rufo], excipulo fere efibrilloso. *Sporae* polari-dyblastae.

Frequenter ad corticem et ramulos arborum in Brasilia obvenit. — *Thallus* circ. 50—20 millim. altus, ramis circ. 0,8—0,5 —1,2 millim. crassis latisve (raro — 3 poll. alt. et — 2 millim. lat.: Müll. Arg.: Lich. Beitr. 1885 n. 932), laevigatus glaberque aut passim brevissime velutinus (ex hyphis verticalibus simplicibus

aut fasciculatis conglutinatisque), esorediatus aut sorediis thallo
concoloribus vulgo elongatis aut oblongis instructus, fibrilis 0,7—
0,5 millim. longis, thallo concoloribus aut apice breviter nigris,
KHO violascens. *Stratum corticale* thallum undique obtegens,
inaequaliter incrassatum, chondroideum, parte interiore laceratum,
ex hyphis longitudinalibus conglutinatis formatum, membranis
paululum aut modice incrassatis, majore parte indistinctis. *Stratum medullare* subfistulosum, hyphis parce evolutis, 0,003 millim.
crassis, membrana tenui instructis, undique infra stratum corticale gonidia continens. *Apothecia* circ. 1,5—10 millim. lata, in
latere thalli enata, plana aut concava, margine tenui, integro,
subpersistente, thallo concolore, haud fibrilloso aut raro nonnullis
fibrillis thallo concoloribus. *Excipulum* extus ex hyphis fasciculatis conglutinatis brevissime velutinum, strato corticali albido aut
extus fulvescente (jodo — aut levissime caerulescente), ex hyphis
irregulariter contextis conglutinatisque formato, membranis parum
incrassatis subdistinctis, strato medullari laxe contexto, gonidia
infra stratum corticale et in parte interiore continente (infra hypothecium nulla observavi). *Hypothecium* albidum. *Hymenium*
0,070—0,060 millim. crassum, jodo subpersistenter caerulescens.
Epithecium tenue, fulvescens, inspersum. *Paraphyses* sat laxe
cohaerentes, crass. 0,0015—0,001 millim., apice parum incrassatae,
haud ramosae aut pro parte furcatae, haud constrictae. *Asci*
oblongi aut oblongo-clavati, 0,016—0,014 millim. crassi, apice
membrana modice incrassata. *Sporae* 8:nae, distichae, fusiformi-
oblongae aut ellipsoideae, apicibus obtusis, polari-dyblastae, septa
crassa (loculis sat minutis), long. 0,020—0,012, crass. 0,009—
0,007 millim.

     F. **hirtella** m. *Thallus* passim velutinus, passim laevigatus,
sorediosus aut sorediis destitutus. — N. 374 (ad Sitio in civ.
Minarum lecta). Satis est frequens et saepe in formam sequen-
tem transit (velut in n. 39: ad Rio de Janeiro lect.).

     F. **glabra** m. (Evernia flavicans v. crocea f. tenuissima Mey.
& Flot.: Müll. Arg., Rev. Mey. p. 309; nomen ineptum). *Thallus*
glaber (haud velutinus). — Prope Rio de Janeiro (n. 18, 9, 429).
Specimina nostra sunt sorediosa, at in mus. Paris. etiam esorediata adest.

***Th. acromela** (Pers.) Wainio. *Borrera* Pers. in Gaudich. Voy. Uran. (1826) p. 208. *Physcia acromela Nyl., Syn. Lich. (1858—60) p. 407.

Thallus fruticulosus, teretiusculus aut partim leviter compressus, ramosus, erectiusculus aut fere prostratus, longitudine et crassitudine mediocris, subtus integer, fulvescens aut croceo-fulvescens aut raro majore parte albido-glaucescens, ramis sensim attenuatis, fibrillis sat parcis aut sat numerosis, brevibus, simplicibus, apice vulgo denigratis, apicem versus thalli affixis. *Apothecia* disco croceo-fulvescente [aut rarius aurantiaco-rufo, margine fibrilloso. *Sporae* polari-dyblastae.

Ad corticem et ramulos arborum frequenter in Brasilia provenit (n. 281, 924, 929, 937, 958, 965, 972, 1123). — Haec subspecies distincte in Th. flavicantem transit, at apotheciis fibrillosis et saepe etiam colore fibrillarum ab ea differt. — *Thallus* sicut in Th. flavicante, sorediosus aut esorediatus, partim brevissime velutinus aut rarius omino laevigatus glaberque, fibrillis vulgo apicem versus denigratis, aut interdum (in eodem specimine quoque) thallo concoloribus. *Apothecia* margine fibrillosa, fibrillis numerosis, circ. 0,8—0,5 millim. longis, apicem versus denigratis aut raro thallo concoloribus. *Excipuli* stratum corticale jodo leviter sed distincte caerulescens. *Hymenium* 0,090—0,080 millim. crassum, jodo persistenter caerulescens. *Paraphyses* laxe cohaerentes, parte superiore partim inaequaliter vel subconstricte articulatae, apice haud aut leviter incrassatae. *Sporae* 8:nae aut abortu pauciores, distichae, ellipsoideae aut fusiformi-ellipsoideae, apicibus obtusis, polari-dyblastae, septa crassa, loculis sat minutis, long. 0,021—0,013, crass. 0,014—0,006 millim. *Conceptacula pycnoconidiorum* verrucas fulvas aut demum sordidescentes in ramorum tenuiorum lateribus formantia. *Sterigmata* 0,003—0,002 millim. crassa, constricte articulata, articulis ellipsoideis. *Pycnoconidia* oblongo-cylindrica, medio vulgo levissime angustata, apicibus rotundatis, rectae.

2. **Th. exilis** (Michaux) Wainio. *Physcia* Michaux, Fl. Am. II (1803) p. 327 (hb. Ach.). *Ph. flavicans* var. *exilis* Nyl., Syn. Lich. (1858—60) p. 407.

Thallus fruticulosus, partim teretiusculus, partim leviter compressus, ramosissimus, erectiusculus aut fere prostratus, brevis, tenuissimus, ramis intricatis, breviter attenuatis, fibrillis increbris brevibus simplicibus instructus, partim glaucescens vel albido-glaucescens, partim praesertimque apicem versus glaucescenti-ful-vescens. *Apothecia* disco fulvo, excipulo elibrilloso. *Sporae* po-lari-dyblastae.

Ad corticem et ramulos arborum prope Rio de Janeiro (n. 44) et in Sepitiba in eadem civitate (n. 410, 418, 435, 456). — *Thallus* circ. 5—10 millim. altus, plagas circ. 10—30 millim. la-tas formans, ramis circ. 0,2—0,5 millim. latis, interdum subtus partim canaliculatis, vulgo laevigatis, vulgo esorediatis, raro pas-sim parce sorediosis, fibrillis 0,7—0,3 millim. longis, apicalibus aut lateralibus thallo concoloribus aut apice nigris instructus, KHO plus minus intense violascens. *Stratum corticale* thallum undique obtegens, inaequaliter incrassatum, chondroideum, ex hyphis lon-gitudinalibus conglutinatis formatum, membranis distinctis. *Stra-tum medullare* hyphis 0,0035—0,003 millim. crassis, laxissime con-textis, fere cavernosum, glomerulos gonidiorum in parte superiore et laterali infra stratum corticale continens. *Apothecia* numero-sissima, in latere thalli enata, demum saepe habitu subterminalia (apice thalli usque ad apothecium recurvo evanescenteve), circ. 1—2 millim. lata, plana vel concaviuscula, margine tenuissimo, subpersistente, integro, disco aut thallo concolore. *Excipulum* thallo concolor, subtus laevigatum aut leviter rugosum, strato cor-ticali ex hyphis varie contextis conglutinatisque formato obductum, strato medullari laxe contexto, gonidia praecipue in parte infe-riore infra stratum corticale et parcius infra hypothecium conti-nente instructum. *Hypothecium* albidum. *Hymenium* 0,060—0,070 millim. crassum, jodo persistenter caerulescens. *Epithecium* tenue, fulvescens. *Paraphyses* sat laxe cohaerentes, crass. 0,015 —0,001 millim., apice aliquantum incrassatae (0,003 millim.), haud ramosae aut pro parte apicem versus furcatae, haud constrictae. *Asci* oblongi aut subclavati, 0,014—0,022 millim. crassi, apice membrana modice incrassata. *Sporae* 8:nae, distichae aut tristi-chae, ellipsoideae, apicibus obtusis, raro rotundatis, polari-dyblas-stae, septa crassissima, loculis minutis, apicalibus, long. 0,017—0,013 (raro —0,010), crass. 0,010—0,007 millim.

2. Placodium.

D. C., Fl. Fr. 3 ed. II (1805) p. 377 (pr. p.), neque Hill. Hist. Plant. (1753) p. 96, nec Pers. in Ust. Neue Ann. 1 St. (1794) p. 22 (Lichen C. Placodium); Tul., Mém. Lich. (1852) p. 61 (174), 177 (185.; Linds., Mem. Sperm. (1859) p. 262 pr. p. (tab. XV pr. p.); Nyl., Lich. Scand. (1861) p. 135 (pr. p.); Tuck., Gen. Lich. (1872) p. 105 (pr. p.), Syn. North Am. (1882) p. 169 pr. p. *Lecanora* st. 2. *Placodium* et st. 3 in Hue, Addend. (1886) p. 64. *Callopisma* De Not., Nuov. Caratt. (1847) p. 24 (pr. p.); Mass., Syn. Blast. (Fl. 1852) p. 9 (em.), Mon. Blast. (1853) p. 69 (em.); Koerb., Syst. Germ. (1855) p. 127 (em.). *Blastenia* Mass., Syn. Blast. (1852) p. 13 (em.), Mon. Blast. (1853) p. 101 (em.); Koerb., Syst. Germ. (1855) p. 182 (em.); Th. Fr., Gen. Heterolich. (1861) p. 87 (em.), Lich. Scand. (1874) p. 391 (em.); Fuisting, De Ap. Evolv. (1865) p. 27 (22). *Caloplaca* Th. Fr., Lich. Arct. (1860) p. 118 (em.), Gen. Heterolich. (1861) p. 70 (em.), Lich. Scand. (1871) p. 167 (em.). *Amphiloma* Koerb., Syst. Germ. (1855) p. 110 (em.), neque Ach. (1810), nec Fr. (1825); Müll. Arg., Princ. Classif. (1862) p. 39 (em.); Weddell, Mon. Amphil. (1876) p. 3 (em.).

Thallus crustaceus, ambitu lobatus effiguratusve [subg. Euplacodium Stizenb.], aut effusus [subg. Callopisma (De Not.)], aut caespitoso-areolatus et areolis fruticuloso-elongatis [subg. Thamnoma Tuck.], rhizinis veris nullis et hypothallo aut hyphis medullaribus substrato affixus, in speciebus magis evolutis superne et raro etiam inferne *strato corticali* obductus pseudoparenchymatico, ex hyphis formato verticalibus, conglutinatis, crebre parenchymatice septatis, membranis tenuibus et cellulis parvis aut sat parvis, in speciebus inferioribus strato corticali destitutus. *Stratum medullare* stuppeum, hyphis implexis, sat tenuibus, membranis tenuibus, lumine cellularum comparate sat lato. *Gonidia* protococcoidea. *Apothecia* lecanorina aut lecideina, thallo innata, raro immersa permanentia, vulgo mox emergentia et adnata adpressave. *Epithecium* vulgo KHO violascens *). *Excipulum* thallodes strato corticali pseudoparenchymatico et strato medullari gonidia continente ex myelohyphis contexto, aut solum proprium pseudoparenchymaticumque et gonidiis destitutum, aut raro nullum distinctum. *Hypothecium* albidum pallidumve. *Sporae* ellipsoideae aut orculaeformes aut oblongae, decolores, placodiomor-

*) Hic notetur *Lecanoram pallidiorem* Nyl., Lich. Nov.-Gran. (1863) p. 443, apotheciis pallidis instructam, ad hoc genus non pertinere. Omnino false a cel. Nyl. descripta est, minime sporis placodiomorphis instructa, sed simplicibus, et revera *L. angulosae* Ach. est affinis (secund. specimen orig. in mus. Paris.).

phae, h. e. bi- aut raro tri-loculares, septis incrassatis, poro instructis, membrana in apicibus sporarum tenui. *Sterigmata*
articulata. *Pycnoconidia* vulgo brevia rectaque et oblonga aut
oblongo-cylindrica aut ellipsoidea, aut raro filiformi-cylindrica ar-
cuataque.

Subg. I. **Euplacodium** Stizenb. *Thallus* ambitu lobatus effiguratusve, centro areolatus verrucosusve, aut totus squamosus,
vulgo subminiatus luteusve, superne (raro etiam inferne) strato
corticali pseudoparenchymatico instructus. *Apothecia* lecanorina,
excipulo thallode gonidia continente instructa aut raro thallo
immersa.

Placodium β. *Euplacodium* Stizenb., Beitr. Flechtensyst. (1862) p. 172
(pr. maj. p.); Tuck., Syn. North Am. (1882) p. 169 (pr. maj. p.). *Amphiloma*
Koerb., Parerg. Lich. (1859—65) p. 47 (neque Fr., Syst. Orb. Veg. 1825 p. 243.
nec Nyl., Ess. Nouv. Classif. 1855 p. 176). *Caloplaca* A. *Gasparrinia* Th. Fr.,
Lich. Scand. (1871) p. 168 (Gasparrinia Tornab., Lich. Sic. 1849 p. 27 pr. p.).
Lecanora stirps 2. *Placodium* Nyl. in Hue Addend. (1886) p. 64.

1. **Pl. isidiosum** Wainio (n. sp.).

Thallus arcte adnatus, ambitum versus radiato-laciniatus
effiguratusque, centro areolatus aut verruculosus, laciniis angustis,
apice vulgo planis planiusculisve, sat tenuis, aurantiacus aut fulvescens, isidiosus, isidiis brevibus, fere papillaeformibus. *Apothecia* disco aurantiaco-rubescente, margine simplice, tenui, crenulato, thallo concolore. *Sporae* ellipsoideae, long. circ. 0,011—0,008,
crass. 0,006—0,0045 millim., 1-septatae.

Supra rupem graniticam in littore maris prope Rio de Janeiro, n. 219 b. — Thallo isidioso (nec granuloso) a Pl. granuloso (Müll. Arg., Princ. Classif. p. 40) differt. — *Thallus* epruinosus, opacus, KHO violascens, centro demum minute areolatus verruculosusve, laciniis apice saepe minute crenulatis, isidiis
cylindricis, supra thallum sparsis (praecipue centrum versus). *Apothecia* parce visa, circ. 0,5—0,3 millim. lata. *Excipulum* gonidia
continens. *Epithecium* fulvum, KHO violascens. *Paraphyses* laxe
cohaerentes, 0,0015 millim. crassae, apice clavatae, haud aut apicem versus constrictae, haud ramosae aut apice furcatae. *Asci*
clavati, apice membrana haud incrassata. *Sporae* 8:nae, distichae,
apicibus rotundatis, septa circ. 0,002—0,003 millim. crassa.

2. **Pl. cirrochroum** (Ach.) Nyl., Lich. Scand. (1861) p. 137; Tuck., Syn. North Am. (1882) p. 171. *Lecanora cirrochroa* Ach,, Syn. Lich. (1814) p. 181 (hb. Ach.). *Amphiloma cirrhochroum* Koerb., Parerg. Lich. (1859—65) p. 49; Weddell, Not. Mon. Amph. (1876) p. 11. *Caloplaca cirrochroa* Th. Fr., Lich. Scand. (1871) p. 171.

Thallus arcte adnatus, sat tenuis, primo ambitu subradiato-laciniatus effiguratusque, centro aut demum fere totus verrucosus verruculosusve, verrucis pro parte sorediosis aut soredioso-granulosis, fulvescens [aut aurantiaco-fulvescens]. *Apothecia* adpressa, disco plano, fulvo aut aurantiaco-fulvescente, margine simplice, tenui, integro, concolore. *Sporae* 8:nae, oblongae, long. 0,016—0,012, crass. 0,006—0,004 millim.

In muris hortorum prope Rio de Janeiro, n. 98. — In specimine nostro *thallus* est fulvus, sorediis concoloribus, KHO violascens. *Apothecia* 0,5—0,3 millim. lata, disco opaco, margine demum discum aequante. *Hymenium* circ. 0,060—0,070 millim. crassum, jodo persistenter caerulescens. *Hypothecium* albidum. *Paraphyses* 0,0015 millim. crassae, apice leviter clavato-incrassatae (0,003—0,002 millim.), haud ramosae aut apice parcius furcatae, apicem versus vulgo subconstricte articulatae. *Asci* oblongi, circ. 0,012 millim. crassi, apice membrana leviter incrassata. *Sporae* 8:nae, apicibus obtusis, septa 0,005—0,004 millim. crassa.

3. **Pl. xanthobolum** (Krempelh.) Wainio. *Lecanora xanthobola* Krempelh., Fl. 1876 p. 140. *L. microcarpa* Fée, Bull. Soc. Bot. Fr. XX (1873) p. 314, pr. p. (coll. Glaz. n. 3503: mus. Paris.).

Thallus sat arcte adnatus, ambitu laciniatus effiguratusque, centro areolatus aut verrucoso-areolatus aut subsquamosus, areolis squamisque crenulatis vel inciso-crenulatis aut verruculosis, luteis aut vitellinis, esorediatis, sat tenuibus aut crassitudine mediocribus. *Apothecia* adpressa, disco plano, aurantiaco aut aurantiaco-vitellino, margine integro, tenui, disco aut thallo subconcolore. *Sporae* 8:nae, ellipsoideae, long. 0,014—0,011, crass. 0,009—0,005 millim.

Ad rupem in Carassa (1400 metr. s. m.) in civ. Minarum, n. 1297. — *Thallus*, KHO violascens, hypothallo nullo distincto (descriptio a Krempelh. data falsa est). *Apothecia* 0,7—0,3 millim. lata, disco opaco, margine demum discum subaequante. *Excipulum* strato medullari toto gonidia abundanter continente. *Hymenium* circ. 0,080 millim. crassum, jodo persistenter caerulescens. *Hy-*

pothecium album, minute parenchymaticum. *Paraphyses* 0,0015
millim. crassae, apice haud aut parum incrassatae, haud ramosae,
haud constrictae, laxe cohaerentes. *Asci* oblongi aut clavati, 0,014
—0,012 millim. crassi, apice membrana modice incrassata. *Sporae*
apicibus obtusis aut rotundatis, septa 0,005—0,003 millim. crassa.

4. **Pl. subrubellianum** Wainio (n. sp.).

Thallus crustaceus, tenuis, subeffusus aut ambitu passim irregulariter indistincteque lacinulato-effiguratus, rimoso-areolatus,
areolis planis laevigatisque, aurantiacus vel fulvorubescens, esorediatus. *Apothecia* parva, 0,3—0,2 millim. lata, thallo immersa
aut demum paululum emergentia, disco plano, thallo subconcolore
aut intensius aurantiaco-rubescente, immarginata aut demum
margine thallode tenuissimo, integro, discum aequante instructa.
Sporae 8:nae, oblongae aut parcius ellipsoideae, long. 0,013—0,008,
crass. 0,004—0,003 millim.

Supra rupes itacolumiticas in Carassa (1400—1500 metr. s.
m.) in civ. Minarum, n. 1406, 1583. Subsimile est Pl. rubelliano
(Ach.) Wainio (Wedd., Not. Mon. Amph. p. 16), quae thallo minore, pallidiore, et sporis ellipsoideis, brevioribus, differt (in hb.
Ach. thallus haud est effiguratus). — *Thallus* maculas circ. 30—
20 millim. latas formans, primum subcontinuus, dein rimulosus
et rimuloso-areolatus, KHO violascens, ex hyphis formatus parenchymatice divisis, partim conglutinatis, 0,006—0,004 millim.
crassis, constricte articulatis, cellulis vulgo guttulam oleosam continentibus, in interstitiis hypharum gonidiis instructus, hypothallo
indistincto. *Hypothecium* albidum, tenue. *Hymenium* 0,055 millim. crassum, jodo caerulescens, dein subviolascenti-obscuratum.
Epithecium fulvescens. *Paraphyses* 0,0015—0,002 millim. crassae,
apice vulgo capitato-clavatae aut aliae vix incrassatae, ibique
parce septatae. *Asci* clavati, 0,016—0,012 millim. crassi. *Sporae*
apicibus vulgo obtusis, septa crassa.

5. **Pl. Mülleri** Wainio (n. sp.). *Pl. murorum* var. *cinnabarinum*
Nyl., Addit. Fl. Chil. (1855) p. 154 (mus. Paris.), haud Pl. cinnabarinum (Ach.). *Lecanora aurantiaca* var. *erythrella* Krempelh., Fl.
1876 p. 143 (coll. Glaz. n. 3292: mus. Paris.).

Thallus arcte adnatus, primo ambitu radiato-laciniatus effiguratusque, demum totus areolatus, areolis planis, contiguis aut
demum dispersis, crassitie mediocribus, circ. 1—0,5 millim. latis,

irregularibus, crenulatis aut angulosis, laevigatis, esorediatis, aurantiacis aut fulvis aut fulvo-aurantiacis, hypothallo caeruleonigricante. *Apothecia* demum adpressa, tenuia, disco plano, aurantiaco, margine simplice, tenui, integro, aut disco aut thallo concolore. *Sporae* 8:nae, ellipsoideae, long. 0,012—0,009 [—0,015: Nyl., Add. Lich. Chil. p. 154], crass. 0,006—0,003 millim. [—0,007: Nyl., l. c.].

Ad saxa granitica in littore maris prope Rio de Janeiro, n. 5, 219. — Specimen a Glaziou lectum a cel. Müll. Arg. nuncupatum est „Amphiloma murorum v. lobulatum Koerb.", quod autem jam laciniis thalli convexis a specie nostra differt, at ceterum habitu ei subsimile est). A Pl. cinnabarino (Ach.) hypothallo nigricante et thallo magis disperso distinguitur (secund. lib. Ach.). Colore thalli a Pl. erythrello (Ach.) differt. *Thallus* epruinosus, hypothallo caeruleo-nigricante, praecipue ad ambitum thalli distincto et saepe radiante, interdum indistincto et solum microscopio visibili (in Pl. cinnabarino deest aut est albidus indistinctusque). *Apothecia* 0,5—0,3 millim. lata, in initio primo thallo immersa, dein mox leviter elevata, basi tota thallo affixa, disco opaco, margine discum haud superante. *Hymenium* 0,080 —0,070 millim. crassum, jodo persistenter caerulescens. *Hypothecium* album. *Paraphyses* 0,0015—0,001 millim. crassae, apice vulgo leviter clavato-incrassatae (0,002—0,003 millim.), laxe cohaerentes, haud ramosae aut parcius furcatae, apicem versus crebrius septatae aut leviter constricte articulatae. *Asci* oblongi, 0,012—0,010 millim. crassi, apice membrana modice incrassata. *Sporae* distichae, apicibus obtusis aut rotundatis, septa demum 0,004—0,003 millim. crassa, primum tenuiore.

Subg. II. **Callopisma** (De Not.) Wainio. *Thallus* uniformis, effusus, strato corticali nullo. *Apothecia* lecanorina et excipulo thallode gonidia continente instructa aut demum margine thallode excluso habitu lecideina.

Callopisma De Not., Nuov. Caratt. (1847) p. 24 (pr. p.), Mass., Syn. Lich. Blast. (Fl. 1852) p. 9, Mon. Blast. (1853) p. 69; Koerb., Syst. Germ. (1855) p. 127 (pr. maj. p.); Caloplaca Th. Fr., Lich. Arct. (1860) p. 118, Gen. Heterolich. (1861) p. 70. Caloplaca B. Eucaloplaca Th. Fr., Lich. Scand. (1871) p. 172.

6. **Pl. gilvum** (Hoffm.) Wainio. *Verrucaria gilva* Hoffm., Deutsch. Fl. II (1796) p. 179. *Lecanora cerina* Ach., Lich. Univ. (1810) p. 390 (hb. Ach.); Nyl., Lich. Scand. (1861) p. 144 *) (haud *Lichen cerinus* Ehrh., Plant. Crypt. 1791 n. 216: mus. Berol.; conf. etiam Arn. in Fl. 1882 p. 405): Fuisting, De Ap. Lich. Evolv. (1865) p. 23. *Caloplaca* Th. Fr., Lich. Scand. (1871) p. 173.

Thallus crustaceus, effusus, subrugulosus aut verrucosus aut subareolatus, cinereus aut albidus aut virescenti-nigricans, esorediatus. *Apothecia* mediocria aut sat parva, demum subpeltata thalloque adpressa, disco plano aut rarius convexiusculo, cerino aut fulvo aurantiacove aut olivaceo fuscescenteve, raro etiam pruinoso, margine thallodo persistente, sat tenui aut crassiusculo, thallo concolore, integro aut subintegro. *Sporae* 8:nae, ellipsoideae, 2-loculares, long. 0,017—0,009, crass. 0,009—0,004 millim.

Var. **serenior** Wainio.

Thallus cinereus aut cinereo-albicans, tenuis, subcontinuus, ruguloso- vel verruculoso-subinaequalis. *Apothecia* disco pulchre fulvo (haud cerino). — Ad cortices arborum prope Rio de Janeiro, n. 109. — *Thallus* KHO non reagens, hypothallo caeruleo-nigricante, passim parce conspicuo, aut nullo distincto, strato corticali destitutus. *Apothecia* 1,5—0,8 millim. lata, margine integro aut rarius flexuoso. *Excipulum* gonidia continens, extus dilute pallidum, intus albidum. *Hypothecium* albidum aut dilutissime pallidum. *Hymenium* circ. 0,080 millim. crassum, jodo persistenter caerulescens. *Paraphyses* 0,0015 millim. crassae, apicem versus leviter incrassatae, ibique increbre constricte articulatae. *Asci* ventricoso-oblongi, 0,018—0,016 millim. crassi, apice membrana parum incrassata. *Sporae* ellipsoideae, apicibus obtusis, long. 0,017—0,015, crass. 0,009—0,008 millim., septa 0,008—0,006 millim.

Var. **erythranthoides** Wainio.

Thallus cinereo-albicans aut albidus, tenuis, subcontinuus, verruculoso-rugulosus aut leviter subinaequalis. *Apothecia* disco aurantiaco.

Ad cortices prope Rio de Janeiro, n. 93, 202. Subsimile est P. conjungenti (Nyl., Lich. Nov.-Gran. 1863 p. 442), quod disco apotheciorum obscurius rubente recedit, et P. erythrantho

---

*) Ex legibus prioritatis *Lecan. pyracea* (Ach.) Nyl. nuncupanda est *Pl. cerinum* (Ehrh.).

(Tuck., Obs. Am. Lich. 1862 p. 402), quod item disco distinctius rubro et margine thallode minute crenulato ab eo differt. — *Thallus* KHO non reagens, hypothallo caeruleo-nigricante passim conspicuo, in parte interiore ex hyphis formatus parenchymatice septatis, membrana tenui instructis, extus hyphis tenuiter obductus irregulariter contextis, partim conglutinatis, cellulis vulgo elongatis. *Apothecia* 2—0,8 millim. lata, disco plano aut interdum convexo, margine thallode integro aut flexuoso. *Excipulum* extus KHO leviter violascens, hyphis parenchymatice septatis, constrictis, in parte tenui exteriore conglutinatis. *Hymenium* 0,090—0,080 millim. crassum, jodo persistenter caerulescens. *Paraphyses* 0,0015 millim. crassae, apice clavatae (0,003—0,002 millim.), gelatinam sat firmam, haud abundantem percurrentes, praesertim apicem versus ramosae, aliae simplices, non aut apice parce constricte articulatae. *Asci* sicut in var. praecedente. *Sporae* ellipsoideae, apicibus obtusis, long. 0,015—0,013, crass. 0,009—0,008 millim.

7. **Pl. subcerinum** (Nyl.) Wainio. *Lecanora erythroleuca* var. *subcerina* Nyl., Fl. 1869 p. 119, Krempelh., Fl. 1876 p. 173 (haud *L. subcerina* Nyl., Fl. 1876 p. 282). *Callopisma australe* Müll. Arg., Lich. Beitr. (Fl. 1881) p. 249.

Thallus crustaceus, tenuis, effusus, subcontinuus, rugulosus aut verruculoso-rugulosus, cinereo-albicans, esorediatus. *Apothecia* mediocria, 2—1 millim. lata, demum subpeltata, thallo adpressa, disco plano, sordide cerino-aurantiaco aut cerino-fulvescente [pulchre aurantiaco in var. aurantiaca Müll. Arg., l. c.], margine thallode persistente, crassiusculo aut sat tenui, thallo concolore aut albido-flavicante, integro aut flexuoso [aut minute crenulata in var. crenulata Müll. Arg., L. B. n. 332]. *Sporae* 8:nae, oblongae aut ellipsoideae, 3-loculares, long. 0,025—0,019 (raro 0,015), crass. 0,011—0,010 [„—0,013"] millim.

Ad corticem arborum prope Sepitiba in civ. Rio de Janeiro, n. 462, 505. — Habitu Pl. gilvo (Hoffm.) subsimile est. *Thallus* KHO non reagens, hypothallo indistincto. *Apothecia* margine thallode primum leviter elevato, demum discum aequante, margine proprio spurio in nonnullis apotheciis conspicuo, tenuissimo, textura thalamio consimili. *Excipulum* thallodes gonidia continens. *Hypothecium* fere albidum. *Hymenium* circ. 0,160—0,120 millim. crassum, jodo persistenter caerulescens. *Epithecium* ful-

vescens, KHO violascens. *Paraphyses* 0,0015 millim. crassae, apice
parum aut leviter incrassatae (0,002—0,0015 millim.), gelatinam
sat firmam, sat abundantem percurrentes, sat abundanter ramosae
et ramoso-connexae, apice non aut parce constricte articulatae.
Asci oblongi, circ. 0,022 millim. crassi. *Sporae* rectae aut parce
obliquae, apicibus obtusis aut parcius rotundatis, septa incrassata,
poro medio in loculum tertium dilatato.

8. **Pl. caesiorufum** (Ach.) Wainio var. **caesiorufella** Wainio.
Lecanora microcarpa Fée, Bull. Soc. Bot. Fr. XX (1873) p. 314, pr.
p. (coll. Glaz. n. 3285: mus. Paris.).

Thallus crustaceus, dispersus, tenuis aut sat crassus, verruculosus aut ex areolis verruculoso-rugosis constans (coll. Glaz. n.
3285), cinerascens, esorediatus, aut evanescens, hypothallo caeruleo-nigricante, tenui, praecipue ad ambitum passim conspicuo.
Apothecia parva, diam. 0,8—0,5 millim., adpressa, disco plano aut
demum convexiusculo, aurantiaco aut fulvo- vel ferrugineo-rube-
scente, margine thallode cinereo tenuissimo demum excluso, margine proprio spurio, textura thalamio consimili, disco concolore,
tenui, discum primo leviter superante, demum evanescente.
Sporae 8:nae, ellipsoideae, long. 0,014—0,011, crass. 0,007—0,005
millim.

In rupe prope Rio de Janeiro, n. 83. — Apotheciis subsimile est L. subhaematiti Krempelh. (Fl. 1876 p. 140), quae
thallo glaucescenti-albido, et hypothallo indistincto a v. caesiorufella differt et item variatio est Pl. caesiorufi. — *Thallus* KHO
non reagens. *Excipulum* thallodes gonidia continens, demum solum basin apothecii obducens, KHO non reagens (excipula vacua
numerosa inter apothecia perfecta adsunt). *Hypothecium* subalbidum. *Hymenium* jodo persistenter caerulescens. *Epithecium*
aurantiacum, KHO solutionem violaceam effundens. *Paraphyses*
0,0015—0,001 millim. crassae, apice levissime incrassatae, parte
superiore increbre subconstricte articulatae aut indistincte septatae (in KHO), arcte cohaerentes. *Asci* oblongo-ventricosi, apice
membrana modice incrassata. *Sporae* distichae, apicibus obtusis,
septa 0,006—0,003 millim. crassa.

9. **Pl. diducendum** Wainio (n. sp.).
Thallus crustaceus, effusus, tenuis, rimoso-diffractus aut partim subcontinuus, cinereo-albicans albidusve, sorediis minutis, im-

pressis, rotundatis aut irregularibus, cinereo-virescentibus, crebre instructus, ceterum sublaevigatus. *Apothecia* parva, 0,5—0,3 millim. lata, sat tenuia, demum adpressa, disco planiusculo, rufo aut rarius fusco-rufescente, primo tenuissime marginata, margine disco fere concolore, aut fere mox immarginata. *Sporae* 8:nae, ellipsoideae, 2-loculares, long. 0,016—0,009, crass. 0,007—0,005 (raro —0,012) millim.

Ad corticem arborum prope Sepitiba in civ. Rio de Janeiro, n. 424, 428. — Habitu Lecideam fuscescentem Sommerf. in memoriam revocat. — *Excipulum* thallodes, gonidia abundanter (etiam in margine) continens. *Hypothecium* albidum. *Hymenium* circ. 0,050 millim. crassum, jodo persistenter caerulescens, parte superiore fulvorufescente, KHO violascente. *Paraphyses* 0,001— 0,0015 millim. crassae, apice haud aut parum incrassatae, sat arcte aut sat laxe cohaerentes, saepe furcatae, indistincte septatae (in KHO). *Asci* clavati, 0,016—0,012 millim. crassi. *Sporae* 8:nae aut abortu pauciores, distichae, loculis sat parvis, septa crassa.

Subg. III. **Blastenia** (Mass.) Wainio. *Thallus* uniformis vulgo effusus, raro squamulosus, strato corticali nullo. *Apothecia* lecideina, gonidiis destituta.

Blastenia Mass., Syn. Lich. Blast. (Fl. 1852) p. 13 (pr. p.), Mon. Blast. (1853) p. 101 (pr. p.); Koerb., Syst. Germ. (1855) p. 182 (pr. p.); Th. Fr., Lich. Arct. (1860) p. 200, Gen. Heterolich. (1861) p. 87, Lich. Scand. (1874) p. 391. *Placodium a Blastenia* Stizenb., Beitr. Flechtensyst. (1862) p. 171 (pr. p.).

10. **Pl. Floridanum** Tuck., Obs. Lich. (1864) p. 287, Syn. North Am. (1882) p. 179. *Lecanora Floridana* Tuck., Obs. North Am. Lich. (1862) p. 402 (Wright, Lich. Cub. n. 111: mus. Paris.); Krempelh., Fl. 1876 p. 173. *Callopisma Floridanum* Müll. Arg., Lich. Parag. (1888) p. 11.

Thallus crustaceus, effusus, tenuis aut tenuissimus, fere laevigatus aut leviter subverruculose inaequalis, continuus, cinerascenti-caesioalbicans aut fere albidus, esorediatus, hypothallo caeruleonigricante vulgo limitatus. *Apothecia* parvula, 0,3—0,4 millim. lata, tenuia, demum adpressa, disco planiusculo aut convexiusculo, nigro aut livido-nigricante, margine proprio tenuissimo, livido-cinereo aut livido-nigricante, demum excluso evanescenteque. *Sporae* 8:nae, ellipsoideae, 2-loculares, long. 0,015—0,008, crass. 0,006—0,005 millim. [—0,008 millim.: Tuck., Syn. North Am. p. 179].

Ad corticem arboris prope Rio de Janeiro, n. 31. — *Thallus* KHO partim levissime violascens, strato corticali destitutus. *Gonidia* protococcoidea. *Apothecia* numerosissima crebraque, opaca. *Excipulum* parum evolutum, in lamina tenui subalbidum, extus KHO violascens, gonidiis destitutum aut fortuito nonnulla continens, ex hyphis formatum tenuibus, parenchymatice septatis, conglutinatis. *Hypothecium* albidum. *Hymenium* circ. 0,060 millim. crassum, jodo persistenter caerulescens, parte superiore lividonigricante lividave, KHO violascente. *Paraphyses* circ. 0,0015— 0,001 millim. crassae, apice clavato-incrassatae, sat arcte cohaerentes, haud ramosae, indistincte septatae (in KHO). *Asci* clavati, 0,014—0,012 millim. crassi. *Sporae* distichae, loculis sat parvis, septa crassa.

11. **Pl. peragratum** (Fée) Wainio. *Lecidea peragrata* Fée in Bull. Soc. Bot. Fr. XX p. 317. *Lecanora* Krempelh., Fl. 1876 p. 141 (ex herb. Warm.). *Lecidea puncticulosa* Fée, l. c. (teste Krempelh., l. c.).

Thallus effusus, crustaceus, continuus rimosusque aut centro demum rimoso-subareolatus, tenuis, laevigatus, cinereo-albicans albidusve, esorediatus. *Apothecia* parva, diam. 0,5—0,4 millim., demum adpressa, disco primum plano, demum convexo, ferrugineonigricante aut ferrugineo-fusco, margine simplice, nigro, tenuissimo, integro. *Sporae* 8:nae, orculaeformes aut ellipsoideae, long. 0,012—0,008, crass. 0,005—0,004 millim.

Ad saxa granitica in littore maris prope Rio de Janeiro, n. 94, 99. — Habitu Lecideam (Rhizocarpon) lavatam in memoriam revocat. — *Thallus* KHO non reagens, hypothallo nigro limitatus. *Apothecia* vulgo numerosissima, thallo innata immersaque, demum elevata, margine subpersistente. *Excipulum* ipsum gonidiis omnino destitutum et zonae gonidiali thalli impositum, albidum, at summo margine caeruleo-fuligineo. *Hypothecium* albidum. *Hymenium* 0,070—0,080 millim. crassum, jodo persistenter caerulescens. *Epithecium* fulvescens, KHO solutionem violaceam effundens. *Paraphyses* 0,0015 millim. crassae, apice haud aut parum incrassatae, indistincte septatae (in KHO), sat laxe cohaerentes. *Asci* clavati, 0,012 millim. crassi. *Sporae* distichae, apicibus breviter angustatis obtusisque, septa crassa, poro distincto.

Trib. 6. **Buellieae.**

Thallus crustaceus aut squamosus aut foliaceus et sat anguste laciniatus, aut fruticulosus, heteromericus. *Stratum corticale* haud evolutum aut pseudoparenchymaticum. *Stratum medullare* stuppeum, hyphis leptodermaticis. *Gonidia* in zona supra stratum medullare disposita, protococcoidea. *Apothecia* lecanorina aut lecideina, gonidia continentia aut gonidiis destituta, thallo innata. rarius immersa permanentia, vulgo demum elevata et adpressa adnatave aut peltata, disco nigricante aut raro rufescente (aut caesio-pruinoso). *Paraphyses* evolutae, simplices aut ramoso-connexae. *Sporae* breves, suboblongae aut ellipsoideae, 1—pluriseptatae aut raro submurales, fuscescentes nigricantesve, membrana interne (aut septa) incrassata.

1. **Anaptychia.**

Koerb. in Mass. Mem. Lich. (1853) p. 33 (pr. p.); Syst. Germ. (1855) p. 49; Müll. Arg., Princ. Class. (1862) p. 27; Schwend., Unters. Flecht. (1863) p. 154, tab. VIII fig. 14; Lindau, Anlag. Flechtenap. (1888) p. 10. *Physcia* *Anaptychia* Th. Fr., Lich. Scand. (1871) p. 132. *Hagenia* Eschw., Syst. Lich. (1824) p. 20 (haud Lam.), De Not. in Giorn. Bot. Ital. 1846, pars I p. 180 (pr. p.); Speerschneid., Bot. Zeit. 1854 p. 593, 609, 625, tab. XIV; Schwend., Unters. Flecht. (1860) p. 161, tab. V fig. 12—13. *Physcia* *Hagenia* Tuck., Syn. North Am. (1882) p. 67. *Tornabenia* Trev., Nov. Parm. Gen. (1853) p. 1 (haud Mass., 1853); Th. Fr., Gen. Heterolich. (1861) p. 51. (Tul., Mém. Lich. 1852 p. 160, tab. 2 fig. 16, 17).

Thallus foliaceus aut fruticulosus, laciniatus ramosusve, adscendens aut suberectus aut adpressus, membranaceus aut compressus aut teretiusculus, vulgo fibrillis rhizinisve margine aut rarius toto lateri inferiori thalli affixis instructus. *Gonidia* protococcoidea, infra stratum corticale in latere superiore aut raro etiam in latere inferiore thalli disposita. *Stratum corticale* fere chondroideum, ex hyphis formatum sublongitudinalibus conglutinatis, cellulis elongatis oblongisve, membranis sat tenuibus aut leviter incrassatis, thallum solum superne aut in paucis speciebus etiam inferne obducens. *Stratum medullare* stuppeum, hyphis sat tenuibus, membranis tenuibus, lumine comparate sat lato. *Apothecia* disco nigricante aut fuscescente aut caesio-pruinoso. *Excipulum* thallodes, strato corticali fere chondroideo, zonam gonidialem obtegente. textura fere sicut in thallo, strato medullari ex hyphis laxe contextis formato. *Hypothecium* albidum aut pallidum. *Sporae* 8:nae. suboblongae aut ellipsoideae, fuscae. interne membrana incrassata. *Conceptacula pycnoconidiorum* thallo subimmersa. *Sterigmata* articulata.

1. **A. leucomelaena** (L.) Wainio. *Lichen leucomelas* L., Spec. Plant. ed. III (1764) p. 89. *Physcia leucomela* Nyl., Syn. Lich. (1858—60) p. 414 pr. p. (excl. v. podocarpa, galactophylla *), subcomosa): Müll. Arg., Rev. Lich. Mey. p. 313. *Anaptychia leucomelas* Trev., Fl. 1861 p. 52. *Physcia atrosetigera* Nyl., Exp. Lich. Nov. Cal. (1862) p. 43.

Thallus superne albidus aut cinereo- vel glaucescenti-albidus, subtus albus (aut partim lutescens rubescensve), laciniis increbre divisis, apice breviter subcuneato-angustatis, adscendentibus, margine increbre fibrilloso, fibrillis elongatis, subsimplicibus aut parum ramosis, vulgo apicem versus obscuratis. *Apothecia* caesio-pruinosa. *Excipulum* subtus laevigatum, margine membranaceo-dilatato, superne decorticato, radiato-laciniato, saepe fibrilloso.

Frequenter ad ramos et truncos arborum in Brasilia provenit.

Var. **vulgaris** Wainio. *Parmelia leucomela* var. *latifolia* Mont., Fl. Chil. (1852) p. 136 pr. p., ex specim. orig. in mus. Paris., haud Mey. et Flot. in Act. Ac. Leop. Nat. Cur. XIX suppl. 1 (1843) p. 221: Müll. Arg., Rev. Lich. Mey. p. 313.

Thallus laciniis sat latis (circ. 3—1 millim. latis), fibrillis vulgo apicem versus obscuratis.

Frequenter in Brasilia obvenit, n. 227, 255, 270, 289, 373, 375, 959 (n. 223, 228, 290, 995, 1112 ad lusum inter v. multi-fidam et v. vulgarem intermedium pertinent). — *Thallus* laciniis circ. 30—60 millim. longis, sublinearibus aut basin versus sensim angustatis, dichotome increbre divisis, tenuibus (circ. 0,100 millim. crassis), KHO superne et inferne lutescentibus, superne et inferne vulgo planiusculis, superne laevigatis aut partim papuloso-rugosis, esorediatis atque efibrillosis, margine fibrilloso (fibrillis circ. 5—9 millim. longis, simplicibus aut sat parce ramosis, basin ver-

---

*) *Anaptychia galactophylla* (Tuck.) distincta est species, thallo crebre et breviter laciniato, diu substellato, margine laciniarum et apotheciorum fibrilloso (fibrillis subsimplicibus), excipulo ceterum glabro ab *A. leucomelaena* differens. Tuck. Lich. Am. Exs. n. 82 et specimina in Mexicanis lecta, „*Ph. leucomela* f. *latifolia*“ a Mont. et Nyl. in mus. Paris. nominata, ad eam pertinent.

sus aut raro totis albidis, apicem versus aut raro totis nigricantibus), subtus nudis et indistincte subsorediosis et strato medullari
subaraneoso denudato. *Stratum corticale* ad margines laciniarum subtus anguste incurvatum (ceterum lateri inferiori thalli
deficiens), 0,040—0,030 millim. crassum, ex hyphis longitudinalibus conglutinatis formatum, zonam gonidialem obtegens. *Stratum
medullare* tenue, hyphis 0,003 millim. crassis, laxe contextis, membrana tenui. *Apothecia* circ. 3—7 millim. lata, in latere superiore
laciniarum sat prope apicem enata, demum apice laciniae recurvo
et thallo ad instar podicelli tubulati infra apothecia inflato, breviter podicellata, radiis marginis brevibus aut partim in lacinias
normales accrescentibus, disco fuscescente caesio-pruinoso, concavo aut planiusculo. *Excipulum* strato corticali chondroideo,
bene evoluto, albido, ex hyphis irregulariter contextis conglutinatis
normalibus formato, I —; stratum medullare excipuli solum infra
stratum corticale gonidia continens. *Hypothecium* dilute pallidum.
Hymenium 0,180 millim. crassum, jodo persistenter caerulescens.
Epithecium granulosum, pallidum (in lamina tenui). *Paraphyses*
vix 0,001 millim. crass., apice haud incrassatae, gelatinam firmam
sat abundantem percurrentes, ramoso-connexae, haud constrictae.
Asci subclavati, circ. 0,038—0,036 millim. crass., apice membrana
parum aut leviter incrassata. *Sporae* 8:nae, distichae, oblongae
aut ellipsoideae, apicibus rotundatis obtusisve, medio non aut levissime constrictae, 1-septatae, loculis ellipsoideis ovoideisve sat
parvis, apices versus cum loculis parvis apicalibus tubulo tenui
anastomosantibus, fuscae, long. 0,043—0,054, crass. 0,018—0,024
millim. *Conceptacula pycnoconidiorum* in marginibus laciniarum
sita, thallo immersa, apice prominulo, fusconigricante. *Sterigmata*
0,002 millim. crassa, constricte articulata, cellulis ellipsoideis. *Pycnoconidia* cylindrica, apicibus obtusis, recta, long. 0,003, crass.
0,0005 millim.

Var. **multifida** (Mey. et Flot.) Wainio. *Parmelia leucomela* b.
var. *angustifolia* f. *multifida* Mey. et Flot. in Act. Ac. Leop. Cur.
XIX suppl. 1 (1843) p. 221, tab. III fig. 7 (conf. Müll. Arg., Rev.
Mey. p. 313) *Parmelia leucomela* var. *angustifolia* Mont. in Fl. Chil.
(1852) p. 136 ex specim. orig. in mus. Paris.; Nyl., Syn. Lich.
(1858—60) p. 415.

Thallus laciniis angustis (circ. 0,5—0,2 millim. latis), fibrillis vulgo totis nigris.

Ad Sitio (1000 metr. s. m.), n. 695 et 1113, et in Carassa
(1400—1500 metr. s. m.), n. 1162 et 1200, in civ. Minarum. —
Laciniae thalli planae aut inferne canaliculatae, superne esorediatae aut raro sorediis majusculis morbosis instructae.

2. **A. podocarpa** (Bél.) Trev., Fl. 1861 p. 52. *Physcia* Bél.,
Voy. Ind.-Or. II (1834—38) p. 122: Mont. et v. d. Bosch, Lich.
Jav. (1855) p. 21 *(Parmelia).* *Physcia leucomela* var. *podocarpa* Nyl.,
Syn. Lich. (1858—60) p. 415. *Ph. podocarpa* Nyl., Fl. 1869 p. 322.
— Coll. Lindig n. 2558. Wright, Lich. Cub. n. 82 (Syn. North
Am. 1882 p. 70).

Thallus superne albidus aut cinereo- vel glaucescenti-albidus, subtus albus, laciniis sat crebre divisis, apice rotundatis, adscendentibus (aut raro laciniis sterilibus adpressis: v. stellata),
margine crebre fibrilloso, fibrillis thallo concoloribus, vulgo demum
ramosis. *Apothecia* caesio-pruinosa. *Excipulum* haud fibrillosum,
margine membranaceo-dilatato, superne decorticato.

Sat frequenter at parce ad ramos arborum in silvis prope
Sitio (1000 metr. s. m.) in civ. Minarum, n. 627, 796, 978, 1043,
1109, 1122. — *Thallus* laciniis circ. 5—35 millim. longis, saepe
sat inaequaliter lobato-dilatatis, apice circ. 3,5—1 millim. latis,
tenuibus, KHO superne et inferne lutescentibus (in speciminibus
morbose rubentibus reactio crocea videtur, conf. Nyl., Fl. 1869
p. 322), I —, superne convexis et esorediatis atque efibrillosis,
margine abundanter fibrillosis (fibrillis circ. 4—1 millim. longis et
vulgo apice demum bene ramosis aut rarius pr. p. simplicibus),
subtus nudis et indistincte subsorediosis et strato medullari subaraneoso denudato. *Stratum corticale* solum partem superiorem thalli obducens, 0,030—0,060 millim. crassum, ex hyphis
sublongitudinalibus implexis conglutinatis formatum, zonam gonidialem obtegens. *Stratum medullare* tenue, hyphis 0.003—0,004
millim. crassis, laxe contextis, membrana tenui instructis. *Apothecia* 4—15 millim. lata, prope apices aut in ipso latere superiore laciniarum enata, demum thallo ad instar podicelli tubulati
infra apothecia inflato, quasi breviter podicellata, margine membranaceo, circ. 0,5—1,5 millim. lato, vulgo crenato, rarius breviter laciniato-crenato, disco fuscescente plus minusve caesio-pruinoso, concavo aut plano. *Excipulum* strato corticali chondroideo, ex hyphis formato irregulariter contextis, majore parte subverticalibus, conglutinatis, normalibus; stratum medullare excipuli

solum infra stratum corticale gonidia continens. *Hypothecium* pallidum. *Hymenium* 0,200—0,180 millim. crassum, jodo subpersistenter caerulescens (asci partim vinose rubentes). *Epithecium* granulosum, pallidum (in lamina tenui). *Paraphyses* 0,0015 —0,001 millim. crass., apice leviter incrassatae (0,003—0,002 millim.), gelatinam firmam sat abundantem percurrentes, ramosoconnexae, haud constrictae. *Asci* clavati, circ. 0,034 millim. crass., apice membrana leviter incrassata. *Sporae* 8:nae, distichae, oblongae, apicibus rotundatis, medio vulgo leviter constrictae, 1-septatae, loculis majusculis, pyriformibus, apices versus in tubulos (3—1) angustos, demum septa clausos, continuatis, fuscae, long. 0,050— 0,035, crass. 0,019—0,014 millim. *Conceptacula pycnoconidiorum* in superficie thalli et interdum in laciniis apotheciorum sita. *Sterigmata* 0,003—0,002 millim. crassa, constricte articulata, articulis ellipsoideis. *Pycnoconidia* oblongo-cylindrica, apicibus obtusis, recta, long. 0,003—0,0025, crass. 0,0005 millim.

Var. **stellata** Wainio.

Thallus laciniis sterilibus adpressis, radiantibus, laciniis fertilibus brevibus, lateralibus, demum saepe adscendentibus.

Ad corticem arboris prope Sitio in civ. Minarum, n. 1080. — *Thallus* laciniis circ. 1—1,5 millim. latis, margine fibrillosis, fibrillis albidis, pr. p. simplicibus, pr. p. fasciculato-ramosis, convexis. *Apothecia* lateralia aut apicibus laciniarum lateralium affixa, subpodicellata, margine membranaceo, crenato. *Hymenium* 0,150—0,180 millim. crassum. *Paraphyses* 0,001—0,0005 millim. crass., apice haud incrassatae, gelatinam firmam parum abundantem percurrentes, parce ramoso-connexae. *Asci* 0,030 millim. crass. *Sporae* long. 0,040—0,034, crass. 0,018—0,016 millim. — „Ph. speciosa a. stellata" Tuck. in Wright Lich. Cub. n. 84 (Tuck., Syn. North. Am. p. 70) subsimilis est plantae nostrae.

3. **A. comosa** (Eschw.) Trev., Fl. 1861 p. 52. *Parmelia* Eschw. in Mart. Fl. Bras. (1833) p. 199. *Physcia* Nyl., Syn. Lich. (1858—60) p. 416; Tuck., Syn. North Am. (1882) p. 69 pr. p. — Coll. Lindig n. 2558. Wright, Lich. Cub. n. 83.

Thallus superne albidus aut cinereo-albicans aut albido-glaucescens, subtus albus, laciniis sat crebre divisis, apicem versus dilatatis, apice rotundatis, adscendentibus, margine crebre et parte superiore inaequaliter fibrilloso, fibrillis thallo concoloribus.

Apothecia subapicalia, caesio-pruinosa. *Excipulum* subtus fibrillosum. margine membranaceo-dilatato, superne decorticato.

Sat frequenter at parce ad ramos arborum in silvis prope Sitio (1000 metr. s. m.) in civ. Minarum. n. 613, 971, 975, 1121. — *Thallus* laciniis circ. 10—30 millim. longis, inaequaliter lobato-dilatatis, apice circ. 6--2 millim. latis, tenuibus, KHO superne et inferne lutescentibus, I —, superne subconvexis et esorediatis atque sat crebre aut parcissime fibrillosis, margine abundanter fibrillosis (fibrillis 4—1 millim. longis, simplicibus aut demum vulgo ramosis), subtus nudis et indistincte subsorediosis et strato medullari subaraneoso denudato. *Stratum corticale* solum partem superiorem thalli obtegens, 0,080—0,040 millim. crassum, ex hyphis sublongitudinalibus, conglutinatis formatum, membranis sat tenuibus, sat distinctis. *Stratum medullare* tenue, hyphis 0,003 millim. crassis, laxe contextis, membrana tenui instructis. *Apothecia* circ. 4—15 millim. lata, prope apices laciniarum enata, demum apice thalli subtubulato quasi breviter podicellata, margine membranaceo, circ. 0,5—2 millim. lato, crenato-lobato aut rarius subintegro, disco fuscescente caesio-pruinoso, concavo aut plano. *Excipulum* strato corticali chondroideo, ex hyphis irregulariter contextis conglutinatis formato, membranis distinctis, I —; stratum medullare excipuli solum infra stratum corticale gonidia continens. *Hypothecium* albidum aut dilutissime pallidum. *Hymenium* 0,130—0,140 millim. crassum, jodo persistenter caerulescens. *Epithecium* granulosum, pallidum (in lamina tenui). *Paraphyses* 0,001 millim. crass., gelatinam firmam parum aut sat abundantem percurrentes, pr. p. ramoso-connexae, haud constrictae, apice haud incrassatae. *Asci* clavati, 0,028 millim. crass., apice membrana leviter incrassata. *Sporae* 8:nae, distichae, oblongae aut ellipsoideae, apicibus rotundatis aut obtusis, 1-septatae, medio non aut levissime constrictae, interne membrana incrassata, loculis sat parvis, ovoideis (loculis apicalibus vulgo nullis), fuscae, long. 0,036 —0,026, crass. 0,016—0,012 millim. *Conceptacula pycnoconidiorum* in marginibus laciniarum sita, semiimmersa, papillas parvas fusconigras formantia. *Sterigmata* 0,003 millim. crassa, constricte aut subconstricte articulata, articulis ellipsoideis aut oblongis (aut subangulosis). *Pycnoconidia* oblonga aut subellipsoidea, apicibus obtusis, recta, long. 0,002, crass. 0,001—0,0005 millim.

4. **A. hypoleuca** (Mühlenb.) Wainio. *Parmelia* Mühlenb., Cat.
Am. Sept. (1813) p. 105: Tuck., Syn. Lich. New Engl. (1848) p.
33. *P. speciosa* b. *hypoleuca* Ach., Syn. Lich. (1814) p. 211 (hb.
Ach.). *Physcia speciosa* var. *hypoleuca* Nyl., Syn. Lich. (1358—60)
p. 417; Müll. Arg., Rev. Lich. Fée (1887) p. 12. *Physcia hypoleuca*
Tuck., Syn. North Am. (1882) p. 67.

Thallus superne albidus aut rarius cinereo-albicans vel albido-glaucescens, subtus decorticatus, albidus vel partim pallidus,
laciniis adpressis, planis aut convexis, margine sat crebre fibrillosis, fibrillis demum squarroso-ramosissimis, nigris. *Apothecia*
disco fusco. *Excipulum* laevigatum, efibrillosum, margine demum
laciniato-crenato, laciniis superne decorticatis.

Frequenter ad corticem arborum in Brasilia provenit, n. 268,
540, 749, 791, 855, 964, 969, 987, 997, 1036, 1141. — *Thallus*
laciniis circ. 1 (0,5—1,3) millim. latis, crassiusculis (circ. 0,3 millim. crassis), KHO superne et inferne lutescentibus, crebre dichotome aut partim subdigitato-divisis, subcuneatis aut linearibus,
contiguis aut remotis, superne convexis aut planis, inferne planiusculis aut concaviusculis, superne laevigatis nudisque, esorediatis aut apice margineve sorediosis, subtus nudis et strato medullari denudato, margine fibrilloso, fibrillis circ. 2—1 millim. longis, demum creberrime tenuissimeque simpliciter squarroso-ramosis. *Stratum corticale* circ. 0,060—0,070 millim. crassum, cartilagineum, ex hyphis longitudinalibus conglutinatis sat normalibus
formatum, membranis leviter incrassatis aut sat tenuibus, subdistinctis aut indistinctis, I —. *Stratum medullare* hyphis 0,003—
0,002 millim. crassis, membrana tenui. *Apothecia* circ. 3—10 millim. lata, in latere superiore thalli enata, cupuliformia elevataque,
subpodicellata, disco concavo aut rarius planiusculo, margine vulgo
incurvo, primum subintegro, demum laciniato-crenato aut raro laciniato, laciniis 0,5—1 millim. latis, circ. 1—1,5, raro —4 millim.
longis. *Excipulum* strato corticali chondroideo, crasso, albido aut
extus pallido, ex hyphis formato conglutinatis, in parte interiore
irregulariter contextis, in parte exteriore verticalibus, membranis
tenuibus, I —; stratum medullare excipuli infra stratum corticale
et infra hypothecium glomerulos gonidiorum continens. *Hypothecium* dilute pallidum aut albidum, ex hyphis crebre contextis subconglutinatis formatum. *Hymenium* 0,160—0,170 millim. crassum,
jodo persistenter caerulescens. *Epithecium* testaceum aut testaceo-

fuscescens. *Paraphyses* 0,001 millim. crass., apice parum aut levissime incrassatae, neque ramosae, nec constrictae. *Asci* subclavati, circ. 0,032—0,030 millim. crass., apice membrana leviter incrassata. *Sporae* 8:nae, distichae, ellipsoideae aut oblongae, apicibus rotundatis aut obtusis, medio non aut levissime constrictae, 1-septatae, loculis oblongis, in poros parvulos apicales saccatos continuatis, fuscae, long. 0,036—0,040, crass. 0,014—0,020 millim. *Conceptacula pycnoconidiorum* thallo immersa, apice fusconigro prominulo. *Sterigmata* 0,002 millim. crassa, subconstricte articulata, articulis oblongis, irregularibus. *Pycnoconidia* cylindricooblonga, apicibus obtusis, recta, long. 0,003—0,002, crass. 0,0005 millim.

*A. dendritica (Pers.) Wainio. *Borrera dendritica* Pers. in Gaudich. Voy. Uran. (1826) p. 207 (secund. specim. orig. in mus. Paris.).

Thallus superne albidus aut albido-glaucescens [aut fuscoglaucescens], subtus decorticatus, albidus, laciniis laxe adpressis, apice adscendentibus, superne totis concavis aut partim planiusculis, margine sat crebre aut increbre fibrillosis, fibrillis simplicibus, nigris. *Apothecia* incognita.

Supra muscos rupium in Carassa (1400—1500 metr. s. m.), n. 1410, et ad truncos arborum prope Sitio (1000 metr.), n. 723, in civ. Minarum. — Cum A. hypoleuca ab auctoribus commixta est (conf. Nyl., Syn. Lich. p. 417). Praesertim fibrillis simplicibus ab ea differt, et in eam transire adhuc non observavimus. *Thallus* laciniis 0,8—2 millim. latis, sat tenuibus, inferne intusque KHO lutescentibus et superne haud distincte reagentibus aut lutescentibus, crebre dichotome et partim subdigitato-divisis, subcuneatis aut sublinearibus, remotis, demum interdum imbricatis, superne laevigatis nudisque, esorediatis aut apice margineque sorediosis, superne praesertim apicem versus concavis aut partim totis planiusculis, subtus convexis aut partim planis nudisque, margine fibrilloso, fibrillis circ. 1—5 millim. longis, simplicibus aut raro (in specim. e Taiti) ramoso-connexis, ramis tenuissimis, increbris, divaricatis. *Stratum corticale* circ. 0,060—0,030 millim. crassum, ex hyphis sublongitudinalibus conglutinatis formatum, membranis leviter incrassatis aut sat tenuibus. parum distinctis· *Stratum medullare* ex hyphis 0,003—0,002 millim. crassis, membrana tenui instructis formatum, in latere inferiore thalli denudatum aut rarius passim hyphis conglutinatis.

*A. corallophora (Tayl.) Wainio. *Parmelia* Tayl. in Hook. Journ. Bot. (1847) p. 164. *Physcia speciosa* f. *isidiosa* Müll. Arg., Lich. Beitr. (Fl. 1888) n. 1328 (Nyl., Syn. Lich. 1858—60 p. 418).

Thallus sicut in Ph. hypoleuca, at superne et parcius margine isidiosus, esorediatus, inferne obscuratus et ambitum versus late albicans. *Excipulum* totum extus isidiosum.

Ad corticem truncorum in silva prope Sitio (1000 metr. s. m.) in civ. Minarum, n. 851. — *Thallus* laciniis circ. 1,5—1 millim. latis, crassiusculis, KHO superne et intus lutescentibus, laxe adpressis, superne vulgo convexis aut convexiusculis, albidis, passim crebre isidiosis (isidiis esorediatis, teretiusculis), subtus margine fibrilloso, fibrillis 2—1,5 millim. longis, nigris, demum crebre vel creberrime tenuissimeque simpliciter squarroso-ramosis. *Stratum corticale superius* circ. 0,030—0,040 millim. crassum, cartilagineum, sicut in A. hypoleuca. *Stratum medullare* hyphis 0,004 millim. crassis, membrana tenui. In latere inferiore thalli stratum corticale deficiens, at hyphae partim leviter conglutinatae. *Apothecia* sicut in A. hypoleuca, margine demum laciniato-crenato. *Excipulum* extus creberrime isidiosum, haud sorediosum. strato medullari solum infra stratum corticale gonidia continente. *Hypothecium* pallidum. *Hymenium* 0,160—0,200 millim. crassum. *Epithecium* testaceo-rufescens. *Paraphyses* 0,0015 millim. crassae. *Asci* clavati, 0,030—0,028 millim. crass. *Sporae* oblongae aut parcius ellipsoideae, apicibus obtusis aut parcius rotundatis, medio vulgo distincte constrictae, 1-septatae, loculis majusculis, saepe subangulosis, fuscae, long. 0,032—0,045, crass. 0,016—0,018 (raro —0,013) millim.

5. A. speciosa (Wulf.) Wainio. *Lichen speciosus* Wulf. in Jacq. Collect. Bot. III (1789) p. 119; Ach., Lich. Suec. Prodr. (1798) p. 123 (hb. Ach.). *Physcia speciosa* Nyl., Syn. Lich. (1858—60) p. 416; Th. Fr., Lich. Scand. (1874) p. 133; Tuck., Syn. North Am. (1882) p. 67.

Thallus superne albidus aut rarius cinereo-albicans vel albido-glaucescens, subtus albidus aut pallidus, superne et inferne strato corticali instructus, laciniis adpressis aut apice adscendentibus, superne planis aut rarius concavis, margine et parcius inferne fibrillosis, fibrillis demum vulgo irregulariter ramosis, sat brevibus, pallidis aut cinerascentibus aut pro parte obscuratis. *Apothecia* disco fusco aut rufescente. *Excipulum* laevigatum, efibrillosum, margine haud laciniato.

Sat frequenter ad corticem arborum et rarius ad saxa in Brasilia provenit, saepe etiam fertilis, n. 141, 247, 454, 568, 687, 709 (f. spathulata Wainio), 793, 869, 1037, 1265, 1531. — *Thallus* laciniis circ. 1—1,5 (—0,5) millim. latis, crassiusculis (circ. 0,3—0,4 millim. crassis, KHO superne et inferne lutescentibus, crebre dichotome et subdigitato-divisis, saepe inaequaliter crenatis, cuneatis aut fere linearibus, sat contiguis, superne planis aut rarius concavis (inferne planis aut rarius convexis), laevigatis nudisque, esorediatis aut apice margineve sorediosis, margine plus minusve et subtus parcius fibrillosis, fibrillis 0,5—1 millim. longis, demum vulgo irregulariter repetito-ramosis. *Stratum corticale superius* inaequaliter incrassatum, circ. 0,100—0,070 millim. crassum, cartilagineum, ex hyphis sublongitudinalibus, conglutinatis contextum, membranis leviter incrassatis, partim vulgo indistinctis, lumine 0,002—0,0015 millim. lato. *Stratum corticale inferius* circ. 0,040—0,050 millim. crassum, ceterum strato corticali superiori consimile. *Stratum medullare* hyphis 0,003—0,002 millim. crassis, membrana tenui. *Apothecia* circ. 1,5—6 millim. lata, in latere superiore thalli enata, demum applanata adpressaque, sessilia, disco plano aut primum concavo, margine crasso, vulgo leviter incurvo, integro aut demum rugoso-crenulato, neque laciniato, nec decorticato, aut rarius soredioso. *Excipulum* strato corticali chondroideo, crasso, albido, textura sicut in thallo: stratum medullare excipuli infra stratum corticale et infra hypothecium gonidia continens. *Hypothecium* albidum aut pallidum *Hymenium* 0,100—0,180 millim. crassum, jodo persistenter caerulescens. *Epithecium* testaceo-rufescens aut fuscum. *Paraphyses* 0,001—0,0015 millim. crass., apice parum aut leviter incrassatae (—0,002—0,003 millim. crass.), gelatinam firmam parum abundantem percurrentes, simplices aut parce ramoso-connexae, haud constrictae. *Asci* clavati, circ. 0,030—0,020 millim. crass., apice membrana parum aut leviter incrassata. *Sporae* 8:nae, distichae, ellipsoideae aut oblongae, apicibus obtusis aut rotundatis, medio non aut leviter constrictae, 1-septatae, loculis sat parvis, poris apicalibus nullis aut parum evolutis, fuscae, long. 0,032—

0,019, crass. 0,017—0,010 millim. *Conceptacula pycnoconidiorum* thallo immersa, apice fusconigro prominulo, conceptaculo fusco. *Sterigmata* parte inferiore 0,002—0,003 millim. crassa, constricte articulata, articulis ellipsoideis oblongisve, articulo summo attenuato. *Pycnoconidia* cylindrico-oblonga, apicibus obtusis, recta, long. 0,003, crass. 0,001—0,0008 millim.

F. spathulata Wainio.

Laciniae thalli e parte apicibus spathulatis, circiter 2—8 millim. latis, adscendenti-recurvis, inferne sorediosis. — Ad corticem prope Sitio in civ. Minarum, n. 709. In statum normalem transit et forma adventitia sit.

6. **A. obscurata** (Nyl.) Wainio. *Physcia speciosa* *Ph. obscurata Nyl., Lich. Nov.-Gran. (1863) p. 440 (mus. Paris.).

Thallus superne obscuratus aut partim albidus, subtus albidus, laciniis sublinearibus, divaricatim dichotome divisis, laxe adpressis demumque imbricatis, margine sat crebre fibrillosis, fibrillis demum sat bene ramosis, nigris. *Apothecia* disco fusco. *Excipulum* laevigatum, efibrillosum, margine demum laciniato-crenato, laciniis superne decorticatis.

Var. serpens Wainio.

Thallus laciniis apice haud sorediatis. *Stratum corticale* in basi excipuli et infra margines thalli jodo caerulescens.

Ad saxa aprica in montibus Carassae in civ. Minarum (1450 —1500 metr. s. m.), n. 1242. — Forsan est subspecies A. obscuratae (Nyl.). — *Thallus* laciniis 0,8—1 millim. latis (in speciminibus nonnullis —0,4 millim.), crassiusculis (—0,3—0,4 millim. crassis), KHO superne et inferne lutescentibus, superne planiusculis aut rarius convexiusculis, inferne planiusculis, superne laevigatis nudisque et esorediatis (in var. sorediata Wainio, coll. Lindig. n. 704, apice reflexo dilatatoque subtus soredioso), subtus nudis et passim indistincte sorediosis et strato medullari denudato, margine fibrilloso, fibrillis circ. 1—2 millim. longis, demum vulgo irregulariter repetito-ramosis, ramis sat firmis. *Stratum corticale* 0,150—0,100 millim. (in coll. Lindig. 0,060—0,080 millim.) crassum, cartilagineum, ex hyphis longitudinalibus conglutinatis formatum, zonam gonidialem obtegens, jodo haud reagens, infra margines laciniarum sat anguste continuatum ibique tenue et jodo intense caerulescens (in coll. Lindig. n. 704 I —). *Stra-*

tum medullare hyphis 0,003—0,004 millim. crassis, membrana tenui, I —. *Apothecia* (solum sat juvenilia visa) mediocria, in latere superiore laciniarum enata, concava, demum breviter podicellata, margine demum laciniato-crenato, laciniis brevissimis.
Excipulum strato corticali chondroideo, crasso, albido, in parte
basali excipuli jodo intense caerulescente; stratum medullare excipuli solum infra stratum corticale gonidia continens. *Hypothecium* dilute pallidum aut subalbidum. *Hymenium* 0,100—0,090
millim. crassum, jodo persistenter caerulescens. *Epithecium* fuscum. *Paraphyses* 0,0015 millim. crass., apice leviter aut parum
incrassatae (—0,002—0,004 millim.), neque ramosae, nec constrictae, apice arcte cohaerentes. *Asci* clavati, circ. 0,025 millim.
crass., apice membrana leviter incrassata. *Sporae* 8:nae, distichae, ellipsoideae aut oblongae, apicibus obtusis rotundatisve,
medio non aut levissime constrictae, rectae aut obliquae, 1-septa-
tae, loculis subangulosis, fuscae, long. 0,030—0,022 millim., crass.
0,014—0,010 millim.

2. Physcia.

Schreb., Gen. Plant. II (1791) p. 767 (pr. p.); Linds., Mem. Sperm. (1859)
p. 238 pr. p., tab. XIII fig. 22—35; XIV fig. 11—15, 18; Nyl., Syn. Lich.
(1858—60) p. 406 (pr. p.); Th. Fr., Gen. Heterolich. (1861) p. 59 (pr. p.), Lich.
Scand. (1871) p. 131 pr. p. (sect. *Euphyscia* Th. Fr.); Tuck., Gen. Lich. (1872)
p. 24 (pr. p.). Syn. North Am. (1882) p. 67 (pr. p.). *Parmelia* Tul., Mém. Lich.
(1852) p. 43, 63, 161, tab. I fig. 8—16; Koerb., Syst. Germ. (1855) p. 84 (pr.
p.); Schwend., Unters. Flecht. II (1863) p. 155 (pr. p.), tab. VIII fig. 1, 2; Lindau, Anlag. Flechtenap. (1888) p. 21; Bonnier, Rech. Synthès. Lich. (1889) p.
19 (pr. p.).

Thallus foliaceus vel membranaceus, laciniatus, adpressus
aut adscendens, latere inferiore vulgo rhizinis instructus aut raro
destitutus, superne et saepe etiam inferne strato corticali obductus. *Gonidia* protococcoidea, infra stratum corticale superius
thalli disposita. *Stratum corticale superius* thalli pseudoparenchymaticum, ex hyphis formatum verticalibus, conglutinatis, crebre parenchymatice septatis, membranis tenuibus et cellulis parvis. *Stratum medullare* stuppeum, hyphis sat tenuibus, membrana
tenui, lumine comparate sat lato. *Apothecia* disco nigricante aut
fusco aut rufo aut caesiopruinoso. *Excipulum* thallodes, strato

corticali pseudoparenchymatico, strato medullari ex hyphis laxe
contextis formato, praesertim infra stratum corticale gonidia continente. *Hypothecium* albidum aut pallescens aut fusconigrum.
Sporae 8:nae, suboblongae aut ellipsoideae, fuscae, 1-septatae aut
rarius 3—8-septatae, raro etiam nonnullis septis longitudinalibus
submurales, interne membrana incrassata. *Conceptacula pycnoconidiorum* thallo subimmersa. *Sterigmata* articulata.

Sect. 1. **Euphyscia** Th. Fr. *Hypothecium* albidum aut pallidum.

Physcia **Euphyscia Th. Fr., Lich. Scand. (1871) p. 135 (em..

a. **Albida** Wainio. *Thallus* subalbidus, KHO superne lutescens.

1. **Ph. alba** (Fée) Müll. Arg., Rev. Lich. Fée (1887) p. 12.
Parmelia Fée, Ess. Crypt. Écorc. (1824) p. 125, tab. XXX fig. 4,
Suppl. (1837) p. 122.

Thallus superne albidus aut caesio- vel glaucescenti-albidus,
sub lente haud maculatus, subtus pallidus aut obscuratus, KHO
superne intusque lutescens, irregulariter crebre laciniatus, laciniis
arcte adpressis, planis, tenuibus, vulgo sat linearibus, angustis,
circ. 0,4—0,7 millim. latis, discretis, remotis aut rarius contiguis.
esorediatis, subtus rhizinis brevibus sat parcis obscuratis aut passim pallidis instructus. *Apothecia* disco tenuiter caesio-pruï-
noso aut nudo fusco-nigroque. *Excipulum* efibrillosum. *Sporae*
1-septatae.

Sat frequenter ad cortices arborum in Brasilia provenit, n.
209, 324, 445, 519, 790, 985 (ad saxa itacolumitica in Carassa in
civ. Minarum lusus paulum differens, n. 1313, 1511). — Affinis
Ph. aipoliae (Ach.) Nyl. (Wainio, Adj. Lich. Lapp. I p. 135),
quae thallo paulo crassiore, sub lente maculato, KHO superne fulvescente ab ea differt. — *Thallus* plagas circ. 30—60 millim. latas formans, laciniis sublinearibus aut irregularibus, epruinosis,
laevigatis, subtus obscuratis aut pallidis aut passim pallidis et
passim obscuratis, rhizinis circ. 0,3—0,5 millim. longis, simplicibus aut subsimplicibus. *Stratum corticale superius* pseudoparenchymaticum, tenue (circ. 0,015 millim. crass.). *Stratum corticale
inferius* tenue, ex hyphis formatum irregulariter contextis conglu-

tinatis, cellulis brevibus aut oblongis. *Apothecia* sat parva (0,8—1,5, raro 2,5 millim. lata), disco plano, opaco, margine sat tenui aut rarius crassiusculo, parum elevato aut rarius bene elevato, integro aut leviter flexuoso. *Excipulum* strato corticali pseudoparenchymatico, albido. *Hypothecium* albidum aut dilutissime pallidum. *Hymenium* 0,180—0,080 millim. crassum, jodo persistenter caerulescens. *Epithecium* fuscum. *Paraphyses* sat laxe aut sat arcte cohaerentes, 0,002—0,001 millim. crassae, apice clavatae (0,004—0,002 millim. crass.), haud ramosae, haud constrictae aut clava interdum constricte articulata. *Asci* clavati, 0,020—0,022 millim. crass., apice membrana primo incrassata. *Sporae* 8:nae, distichae, oblongae aut ellipsoideae aut fusiformi-oblongae, apicibus obtusis aut rotundatis, medio non aut levissime constrictae, loculis subangulosis, parvis, long. 0,028—0,017 millim., crass. 0,013—0,008 millim. *Pycnoconidia* cylindrico-oblonga, apicibus obtusis, recta, long. 0,003—0,004, crass. 0,001 millim.

2. **Ph. convexa** Müll. Arg., Lich. Parag. (1888) p. 5 (spec. anth.).

Thallus superne caesio-albidus aut albido-pallescens, subtus pallidus albidusve, KHO superne intusque lutescens, crebre irregulariter repetito-laciniatus, laciniis adpressis, convexis, circ. 1 (1,2—0,5) millim. latis, discretis, remotis, esorediatis, subtus rhizinis sat brevibus, sat parcis, pallidis aut fuscescentibus. *Apothecia* disco fusco aut nigro aut tenuiter caesio-pruinoso. *Excipulum* efibrillosum. *Sporae* 1-septatae.

Ad saxa prope Rio de Janeiro, n. 52 (ibi etiam a Glaziou lecta). — Ph. aipoliae (Ach.) haec species proxime est affinis. Specimen nostrum thallo caesio-albido et apotheciis nigris aut caesio-pruinosis a speciminibus a cel. Müll. descriptis differt, sed ceterum satis conveniunt et sine dubio ad eandem speciem pertinent. — *Thallus* plagas circ. 30—50 millim. latas formans, laciniis vulgo sublinearibus, fragilibus, tenuibus aut crassiusculis, demum interdum leviter imbricatis, epruinosis, laevigatis (sub lente maculis nullis), constanter convexis, subtus concavis, rhizinis circ. 1—0,5 millim. longis simplicibus instructus. *Stratum corticale superius* et *inferius* thalli pseudo-parenchymaticum. *Apothecia* 1—1,5 millim. lata, disco plano, opaco, nudo aut in eodem specimine pruinoso, margine integro, tenui, demum haud elevato. *Excipulum* strato corticali tenui in margine, inferne bene evoluto, grosse pseudo-parenchymatico: stratum medullare excipuli solum in margine et infra stratum corticale gonidia continens. *Hypothecium* albidum. *Hymenium* $0,110—0,120$ millim. crassum, jodo persistenter caerulescens. *Epithecium* fuscum (fulvo-fuscum: Müll. Arg., l. c.). *Sporae* 8:nae, distichae, ellipsoideae aut oblongae, apicibus obtusis aut rarius rotundatis, medio levissime constrictae, long. $0,022—0,015$ ($—0,024$: Müll. Arg., l. c.), crass. $0,010—0,007$ millim., loculis sat parvis, plus minusve angulosis. *Conceptacula pycnoconidiorum* thallo immersa, conceptaculo pallido albidove, ad ostiolum nigricante. *Sterigmata* $0,002$ millim. crassa, constricte articulata, cellulis ellipsoideis. *Pycnoconidia* oblonga, apicibus obtusis, recta, long. $0,005—0,0035$, crass. vix $0,001$ millim.

3. **Ph. integrata** Nyl. (emend.). *Ph. dilatata* *Ph. integrata* Nyl., Syn. Lich. (1858—60) p. 424 (Tuck., Syn. North Am. 1882 p. 75). *Ph. obsessa* Mont., Syll. p. 328, Nyl., Syn. Lich. p. 426 (mus. Paris.), haud Parm. obsessa Ach. — Coll. Glaziou n. 1824, 1916 („Ph. stellaris" et „aegialita" Kremp., Fl. 1876 p. 74). *Ph. astroidea* *hypomela* Tuck., Syn. North Am. (1882) p. 74 (pr. p.), Wright, Lich. Cub. n. 86 pr. p.

Thallus superne albidus, subtus vulgo obscuratus aut rarius partim pallescens, KHO superne et intus lutescens, irregulariter crebre laciniatus, laciniis adpressis, planiusculis, inaequaliter dilatatis cuneatisque, $—1—3$ millim. latis, contiguis et passim confluentibus, esorediatis aut rarius superne sorediosis, subtus rhizinis brevibus sat parcis nigricantibus aut rarius passim pallidis instructus. *Apothecia* disco fusco-nigro aut fusco-rufescente aut livido-fuscescente. *Excipulum* efibrillosum. *Sporae* 1-septatae.

Var. **obsessa** Wainio. *Ph. obsessa* Mont., l. c.

Thallus esorediatus. — Ad corticem arborum in silva ad Sepitiba in civ. Rio de Janeiro, prope Sitio (1000 metr. s. m.), n. 812, in Carassa (1400 metr.), n. 1543, in civ. Minarum, — *Thallus* albidus vel caesio- aut glaucescenti-albidus, plagas $—1$ decim. latas formans, laciniis sat tenuibus, margine irregulariter crenatis, superne laevigatis, subtus fere usque ad marginem nigricantibus aut partim rufescentibus, rhizinis circ. $0,3—0,5$ millim. longis, simplicibus, sat increbris, centro passim deficientibus. *Stratum corticale superius* pseudo-parenchymaticum, tenue (circ. $0,015$ millim. crass.), cellulis in series verticales dispositis, loculis $0,005—0,007$ millim. latis. *Stratum corticale inferius*

pseudo-parenchymaticum, tenue, cellulis parvis. *Apothecia* circ.
2,5—1 millim. lata, in latere superiore thalli enata, applanata, sessilia, disco plano, opaco, nudo, margine crassiusculo aut tenui,
vulgo demum haud aut parum elevato, integro aut transversim
ruguloso. *Excipulum* strato corticali pseudo-parenchymatico, albido; stratum medullare excipuli parcius infra hypothecium ad
latera apotheciorum et abundantius infra stratum corticale gonidia
continens. *Hypothecium* dilutissime pallidum (aut intense pallidum in coll. Glaz. 1916). *Hymenium* 0,140—0,120 millim. crassum, jodo persistenter caerulescens. *Epithecium* rufescenti-fusce-
scens. *Paraphyses* 0,0015 millim. crass., apice leviter incrassatae
(0,002—0,003 millim. crass.), gelatinam firmam parum abundantem percurrentes, haud ramosae, haud constrictae. *Asci* clavati,
0,022—0,018 millim. crass., apice membrana leviter incrassata.
Sporae 8:nae, distichae aut monostichae, oblongae, apicibus obtusis aut rarius rotundatis, medio non aut vix constrictae, 1-septa-
tae, loculis sat parvis, angulosis, fuscae, long. 0,028—0,023, crass.
0,012—0,009 millim. (long. 0,027—0,020, crass. 0,015—0,011 millim.: Nyl., Syn. Lich. p. 424). *Conceptacula pycnoconidiorum* thallo
immersa. *Pycnoconidia* cylindrico-oblonga, apicibus obtusis, interdum medio levissime angustata, recta, long. 0,003, crass. 0,001
—0,0007 millim.

Var. **sorediosa** Wainio. *Parmelia Domingensis* Mont., Cub. (1842)
p. 225, Syll. p. 328 secund. specim. orig. in herb. Roussel: mus.
Paris. (neque Ach., Syn. Lich. 1814 p. 212, nec Tuck. in Wright.
Lich. Cub. n. 87).

Thallus superne sorediosus. — Ad truncos arborum prope
Rio de Janeiro (n. 155) et prope Sitio (n. 1024 b) in civ. Minarum. — Cum Ph. caesia (Hoffm.) facile commisci potest, at laciniis planis, contiguis, passim confluentibus et subtus vulgo obscuratis, et sorediis magis depressis ab eo differt et in Ph. inte-
gratam var. obsessam transit. Ph. crispae (Pers.) minus est
similis. — *Thallus* superne albidus, KHO superne et intus lutescens, sorediis in superficie tota et parce etiam in margine sparsis, subtus nigricans aut (in specim. n. 1024 b) passim pallidus
cinereusve, laciniis circ. 1 (—1,5) millim. latis, rhizinis nigris aut
(in n. 1024 b) cinereis. *Stratum corticale superius* pseudoparenchymaticum, 0,020—0,030 millim. crassum, loculis diam. 0,005—

0,004 millim. *Stratum medullare* hyphis 0,003 millim. crassis, membrana tenui. *Stratum corticale inferius* pseudoparenchymaticum, loculis cellularum parvis. *Sporae* oblongae aut ellipsoideae aut ovoideo-oblongae, apicibus obtusis, medio non aut levissime constrictae, 1-septatae, long. 0,023—0,017, crass. 0,011—0,006 millim.

4. **Ph. crispa** (Pers.) Nyl., Syn. Lich. (1858—60) p. 423 (pr. p.), Fl. 1869 p. 322, Syn. Nov. Cal. (1868) p. 19; Krempelh., Fl. 1876 p. 74; Tuck., Syn. North Am. (1882) p. 74. *Parmelia* Pers. in Gaudich. Voy. Uran. (1826) p. 196. *Ph. domingensis* Nyl., Énum. (1857) p. 106 (mus. Paris.). *Ph. stellaris* v. *Domingensis* Tuck. in Wright. Lich. Cub. n. 87: mus. Paris.). Haud Parm. Domingensis Ach.

Thallus caesio- aut glaucescenti- aut olivaceo-albidus, subtus vulgo obscuratus, rarius albidus, KHO superne et intus lutescens, irregulariter aut subdigitatim crebre laciniatus, laciniis adpressis, planis aut concaviusculis, margine sinuatis lobatisque aut crenatis, 1,5—4 millim. latis, contiguis, margine et simul parcius centro sorediosis, subtus rhizinis brevibus, parcis, vulgo nigricantibus, rarius albidis instructus. *Apothecia* disco fusco-rufescente aut fusco-nigro. *Excipulum* efibrillosum. *Sporae* 1-septatae.

Var. **hypomela** Tuck., Syn. North Am. (1882) p. 74.

Thallus subtus obscuratus, rhizinis obscuratis. — Ad truncos arborum prope Rio de Janeiro, n. 110, 199, et ad Sitio in civ. Minarum (1000 metr. s. m.), n. 1038. — *Thallus* plagas —50 millim. latas formans, laciniis sat tenuibus, subtus nigricantibus aut fuscescentibus aut partim testaceis aut ad marginem sat anguste albidis, rhizinis circ. 0,5 (—1,3) millim. longis, simplicibus, nigris. *Stratum corticale superius* 0,020—0,012 millim. crassum, pseudoparenchymaticum. *Stratum medullare* hyphis 0,002 millim. crassis, membrana tenui. *Stratum corticale inferius* deficiens aut defecte evolutum, ex hyphis sublongitudinalibus fuscescentibus fere conglutinatis aut subliberis normalibus formatum. *Apothecia* circ. 2,5—1,5 millim. lata, in latere superiore thalli enata, applanata, sessilia, disco plano, opaco, nudo, margine crassiusculo, leviter elevato, subintegro (aut raro sediosio in specim. e Guadeloupe). *Excipulum* strato corticali pseudoparenchymatico, albido, strato medullari fere toto gonidia continente. *Hypothecium* testaceum aut pallidum. *Hymenium* circ. 0,110 millim. crassum. *Epithecium* fusco-rufescens aut rufescens. *Paraphyses* 0,0015 millim. crass.,

apice parum aut leviter incrassatae (—0,002—0,003 millim.), sat
arcte cohaerentes, haud ramosae, haud constrictae. *Asci* clavati.
0,020—0,018 millim. crass., apice membrana leviter incrassata.
Sporae 8:nae, distichae, oblongae aut fusiformi- aut ovoideo-
oblongae, apicibus obtusis, medio leviter aut non constrictae,
1-septatae, loculis subangulosis, fuscae, long. 0,032—0,021, crass.
0,014—0,007 millim.   .

In specimine originali *Parm. crispae* Pers. (in mus. Paris.) thallus subtus est albidus, rhizinis albidis. *Ph. mollescens* Nyl. in Jard. Ess. Hist. Nat
Mendana (1857) p. 301. secund. specim. authent. in mus. Paris. ab ea non differt, quare variatio thallo subtus albido instructa nuncupanda **Ph. crispa** var.
mollescens (Nyl.) Wainio.   .

b. **Sordulenta** Wainio. *Thallus* obscurus cinereusve, epruinosus, KHO non reagens.

1:o. **Brachysperma** Wainio. *Pycnoconidia* brevia, suboblonga.

5. **Ph. obscura** (Ehrh.) Th. Fr., Lich. Scand. (1871) p. 141;
Nyl., Syn. Lich. (1858—60) p. 427 (pr. p.). *Lichen obscurus* Ehrh.,
Pl. Crypt. (1791) n. 177 [in mus. Berol. ad v. ulothricem (Ach.)
esorediatam pertinet]. *Lichen orbicularis* Neck., Meth. Musc. (1771)
p. 88 (nomen forsan restituendum).

Thallus superne cinereo-fuscescens aut rarius cinereo-albicans, subtus obscuratus, aut raro partim albidus, KHO haud reagens (aut interdum intus violascens), crebre irregulariter repetito-
laciniatus, laciniis circ. 1,5—0,2 millim. latis, adpressis aut rarius
adscendentibus, planis, vulgo discretis, esorediatis aut sorediosis
aut isidiosis, subtus rhizinis sat brevibus obscuratis. *Apothecia*
disco fusco aut atro, nudo. *Excipulum* fibrillosum aut efibrillosum. *Sporae* 1-septatae.

Var. **cycloselis** (Ach.) Wainio, Lich. Vib. (1878) p. 52. *Lichen cycloselis* Ach., Lich. Suec. Prodr. (1798) p. 113 (hb. Ach.).

Thallus superne cinereus aut cinereo-fuscescens aut cinereo-
glaucescens vel cinereo-albicans, sorediosus, isidiis nullis, adpressus, medulla albida.

Ad truncos arborum prope Rio de Janeiro sterilis (n. 34) et
in Carassa (n. 1378 b) in civ. Minarum apotheciis juvenilibus. —
Thallus laciniis irregularibus, contiguis, subtus nigricantibus aut

passim pallidis, rhizinis parcis brevibus obscuratis. *Excipulum* strato corticali albido aut extus pallido, efibrilloso. *Sporae* (haud evolutae in specim. brasil.).

Var. **cycloselioides** Wainio.

Thallus superne cinereus aut dilute cinereo-fuscescens, adpressus, sorediis sparsis instructus, isidiis nullis, medulla partim croceofulva.

Ad corticem arboris et supra muscos in trunco prope Sitio (1000 metr. s. m.) in civ. Minarum, n. 1024. — *Thallus* plagas circ. 20—15 millim. latas formans, laciniis circ. 1 (—0,5) millim. latis, irregularibus, contiguis, arcte aut (supra muscos) laxe adpressis, tenuibus, epruinosis, subtus nigricantibus, medulla passim croceo-fulva, KHO violascente, rhizinis parcis, brevibus (circ. 0,5 millim. longis), nigricantibus, simplicibus. *Apothecia* efibrillosa, in basi materiam croceam continentia. *Excipulum* strato corticali pseudo-parenchymatico, albido aut extus pallido. *Hypothecium* albidum. *Hymenium* jodo persistenter caerulescens. *Epithecium* rufescens. *Paraphyses* 0,0015 millim. crass., apice leviter clavato-incrassatae, sat laxe cohaerentes, haud constrictae. *Sporae* 8:nae, oblongae aut ellipsoideae, apicibus obtusis aut rotundatis, medio haud constrictae, long. 0,021—0,017, crass. 0,011—0,009 millim., loculis sat angulosis, parvis.

Var. endococcina (Koerb.) Th. Fr., Lich. Scand. p. 143, Müll. Arg., Fl. 1874 p. 331, var. *endochrysea* (Hamp.) Nyl., Syn. Lich. p. 427, et var. *ulotricoides* Nyl., Lich. Nov.-Granat. (1863) p. 440 (excipulo fibrilloso: specim. orig. in mus. Paris.), thallo esoredioso (intus fulvo rubenteve) a variatione nostra differunt. Etiam var. *endochroidea* Nyl., Fl. 1875 p. 442 (Wainio, Fl. Tav. p. 100), f. *venusta* (Bagl.) Müll. Arg., Fl. 1874 p. 331, f. *sanguineolenta* Müll. Arg., l. c., et f. *subnigricans* Müll. Arg., l. c., quae omnes thallo intus croceo coccineove instructae sunt, variis notis ab ea recedunt.

Var. **recurva** Wainio.

Thallus superne cinereo-glaucescens aut albido-glaucescens, anguste laciniatus, laciniae apice adscendentes, in margine lacinulis brevibus adscendentibus apice sorediosis instructae; medulla albida.

Ad ramulos arborum prope Sitio (1000 metr. s. m.) in civ. Minarum, n. 647. — *Thallus* plagas circ. 20—10 millim. latas formans, laciniis circ. 0,3—0,7 millim. latis, irregulariter subcuneatis, remotis, tenuibus, epruinosis, KHO non reagentibus, subtus

albidis aut passim cinereis obscuratisve, rhizinis evanescentibus.
Stratum corticale superius pseudoparenchymaticum, in parte inferiore grosse cellulosum, in parte superiore minute cellulosum.
Stratum medullare hyphis laxe contextis, membrana sat tenui,
lumine comparate sat lato. *Stratum corticale inferius* pseudoparenchymaticum. *Apothecia* incognita.

6. **Ph. setosa** (Ach.) Nyl., Syn. Lich. (1858—60) p. 429,
Cromb., Lich. Cap. (1877) p. 170, Müll. Arg., Lich. Beitr. (Fl. 1888)
n. 1324. *Parmelia* Ach., Syn. Lich. (1814) p. 203.

Thallus cinereo-albicans aut cinereo- vel albido-glaucescens
aut cinereo-fuscescens, subtus nigricans, KHO haud reagens, irregulariter crebre laciniatus, laciniis adpressis, concavis aut partim
planiusculis, margine lobatis sinuatisque, contiguis aut remotis,
circ. 2,5—1 (—0,8) millim. latis, margine sorediosis aut esorediatis, isidiis nullis, inferne rhizinis vulgo longiusculis, crebris, nigricantibus. *Apothecia* disco rufo aut fusco, nudo. *Excipulum* basi
fibrillis instructum. *Sporae* 1-septatae.

Ad truncos arborum in Sitio (1000 metr. s. m.) in civ. Minarum, n. 852, 853, 857. — *Thallus* plagas circ. 30—90 millim.
latas formans, laciniis crassiusculis aut sat tenuibus, laevigatis,
epruinosis, interdum demum subimbricatis, esorediatis aut saepe
margine elevato passim sorediosis, sorediis cinereo-nigricantibus,
sparsis, granulis sorediorum tenuissimis, rhizinis simplicibus, 0,5
—2,5 millim. longis. *Stratum corticale superius* I—, 0,020—0,030
millim. crassum, pseudoparenchymaticum, e seriebus cellularum
pluribus horizontalibus formatum, membranis cellularum tenuibus,
lumine circ. 0,008—0,004 millim. lato, seriebus verticalibus cellularum in hyphas parenchymatice divisas inter gonidia zonae gonidialis continuatis. *Stratum medullare* I—, membranis hypharum
tenuibus. *Stratum corticale inferius* pseudoparenchymaticum, e
seriebus cellularum horizontalibus circ. tribus, cellulis sat parvis,
membrana parum incrassata, jodo caerulescens (quod in lamina
tenuissima et in limite interiore strati nigricantis distincte videri
potest). *Apothecia* 3,5—1,5 millim. lata, disco plano aut concavo,
nitidiusculo aut opaco, margine crassiusculo, integro aut flexuoso.
Excipulum strato corticali pseudoparenchymatico, parte inferiore
(in basi apothecii) nigricante, jodo caerulescente; stratum medullare excipuli stuppeum, fere totum gonidiis sparsis instructum,

zona gonidiali infra hypothecium et marginem versus infra stratum corticale. *Hypothecium* dilutissime pallidum, ex hyphis creberrime contextis subconglutinatis formatum. *Hymenium* 0,090 millim. crassum, jodo persistenter caerulescens. *Paraphyses* sat arcte cohaerentes, 0,0015 millim. crass., apice clavatae, clava 0,004—0,003 millim. crassa, ad septam unam saepe constricta. *Asci* clavati, 0,020 millim. crass., apice membrana primum incrassata. *Sporae* 8:nae, distichae, oblongae, apicibus obtusis aut raro rotundatis, haud constrictae, 1-septatae, membrana interne incrassata, loculis angulosis, majusculis, fusconigricantes, rectae aut obliquae, long. 0,027—0,021, crass. 0,011—0,009 millim. (,.l. 0,030—0,020, cr. 0,015—0,010 millim.": Nyl., Syn. Lich. p. 429). *Pycnoconidia* „cylindrico-oblonga, long. fere 0,003, crass. vix 0,001 millim." (Nyl.. l. c.).

2:o. **Macrosperma** Wainio. *Pycnoconidia* filiformia.

7. **Ph. Carassensis** Wainio (n. sp.).

Thallus superne cinereus vel albido-cinereo-glaucescens aut obscure cinereus, subtus obscuratus, KHO non reagens, crebre irregulariter repetito-laciniatus, laciniis circ. 1—0,2 millim. latis, adpressis aut demum imbricatis, contiguis, planis, esorediatis, isidiis nullis, subtus rhizinis evanescentibus aut brevibus, paucis. *Apothecia* disco fusco aut nigro, nudo. *Excipulum* efibrillosum. *Sporae* 3-septatae.

Ad corticem arborum in horto in Carassa (1400 metr. s. m.) in civ. Minarum, n. 1378. — A Ph. obscurascente Nyl. (Syn. Lich. 1858—60 p. 429, Fl. 1869 p. 322) sporis minoribus differt. — *Thallus* plagas circ. 20—15 millim. latas formans, I —, laciniis tenuibus, irregulariter cuneatis et sinuatis crenatisque, demum vulgo congestis aut creberrime imbricatis, epruinosis, laevigatis, subtus planis. *Stratum corticale superius* pseudoparenchymaticum, e seriebus pluribus horizontalibus cellularum formatum. *Stratum medullare* membranis hypharum tenuibus, versus zonam gonidialem cellulis globoso-inflatis passim instructum. *Stratum corticale inferius* pseudo-parenchymaticum, e seriebus cellularum horizontalibus paucis formatum. *Apothecia* 1—2 millim. lata, disco plano aut concavo, opaco, margine sat tenui aut crassiusculo, integro

aut flexuoso. *Excipulum* strato corticali pseudoparenchymatico.
in basi apothecii extus pallescente fuscescenteve: stratum medullare excipuli zonam gonidialem infra stratum corticale et glomerulos sparsos infra hypothecium et in ceteris partibus continens.
Hypothecium pallidum. *Hymenium* 0,120 millim. crassum, jodo
persistenter caerulescens. *Epithecium* testaceo-rufescens. *Paraphyses* sat arcte cohaerentes, 0,0015 millim. crass., apice leviter
aut parum incrassatae. haud constrictae, haud ramosae. *Asci*
clavati, 0,026—0,020 millim. crass., apice membrana incrassata.
Sporae 8:nae, distichae, oblongae, apicibus obtusis aut rarius rotundatis, haud constrictae, fuscae, long. 0,031—0,026, crass. 0,012
—0,010 millim., membranis interne incrassatis, loculis angulosis.
Conceptacula pycnoconidiorum thallo immersa, ostiolo nigricante.
Sterigmata 0,002 millim. crassa, irregulariter ramosa, articulata
(partim constricte), cellulis brevibus aut apicalibus partim elongatis attenuatisque. *Pycnoconidia* filiformia, cylindrica, pro maxima
parte curvata, long. 0,016—0,014 millim., crass. 0,0005 millim.

8. **Ph. syncolla** Tuck. in Nyl. Syn. Lich. (1858—60) p. 428,
Fl. 1869 p. 322: Hue, Lich. Yunnan. (1889) p. 36. *Ph. adglutinata*
Ph. syncolla Nyl., Lich. Nov.-Gran. (1863) p. 441.

Thallus superne cinereo- aut albido-glaucescens aut cinereofuscoglaucescens, subtus obscuratus, KHO non reagens, crebre
irregulariter repetito-laciniatus, laciniis circ. 0,8—0,4 (—1) millim.
latis, arcte adpressis, contiguis et passim confluentibus aut subconfluentibus, planis, esorediatis, isidiis nullis, rhizinis evanescentibus, at laciniae passim angustissime hypothallo caeruleonigricante discretae aut limitatae. *Apothecia* disco nigro aut fusconigro, nudo. *Excipulum* efibrillosum. *Sporae* 1-septatae.

Ad corticem arborum prope Sepitiba in civ. Rio de Janeiro,
n. 431, 474, 509. — *Thallus* plagas circ. 20—70 millim. latas
formans, laciniis tenuibus, irregulariter cuneatis atque sinuatis
crenatisque, epruinosis, laevigatis, inferne strato corticali destitutis, I—. *Stratum corticale superius* pseudoparenchymaticum, e
seriebus pluribus horizontalibus cellularum formatum. *Apothecia*
0,8—1,5 millim. lata, tenuia, disco plano, opaco, margine tenui
aut sat tenui, integro aut flexuoso. *Excipulum* strato corticali
pseudoparenchymatico, in basi apothecii extus nigricante; stratum
medullare excipuli totum gonidia continens (in margine abundan-

tius). *Hypothecium* albidum. *Hymenium* 0,100 millim. crassum, jodo persistenter caerulescens. *Epithecium* fuscum. *Paraphyses* arcte cohaerentes, 0,001 millim. crass., apice leviter incrassatae (0,002 millim.), haud constrictae, haud ramosae. *Asci* clavati, 0,016 millim. crass., apice membrana leviter incrassata. *Sporae* oblongae aut ellipsoideae, apicibus obtusis, haud constrictae, fuscae, long. 0,024—0,017, crass. 0,011—0,009 millim., membrana interne incrassata, loculis subangulosis, mediocribus. *Conceptacula pycno-conidiorum* thallo immersa, apice paululum prominulo nigricante. *Sterigmata* basi constricte articulata, 0,001 millim. crassa, apicem versus attenuata simpliciaque. *Pycnoconidia* filiformia, cylindrica, varie curvata aut subrecta, apicibus truncatis, long. 0,016 (rarius —0,012), crass. 0,0005 millim.

9. **Ph. minor** (Fée) Wainio. *Parmelia minor* Fée, Ess. Crypt. Écorc. (1824) p. 125, tab. XXXIII fig. 3 (secund. specim. orig. in herb. Mont.: mus. Paris.). *Physcia adglutinata* var. *minor* Müll. Arg., Rev. Lich. Fée (1887) p. 13, Lich. Beitr. (Fl. 1888) n. 1355 (conf. Nyl., Lich. Nov.-Granat. 1863 p. 441). Teste Müll. Arg., Lich. Beitr. n. 1355, huc pertinet *Parm. sparsa* Tayl. in Hook. Lond. Journ. Bot. VI (1847) p. 175 et *Ph. sparsa* Nyl., Syn. Lich. (1858 —60) p. 429.

Thallus superne albidus aut albido- vel cinereo-glaucescens, subtus obscuratus, KHO non reagens, crebre irregulariter repetito-laciniatus, laciniis angustissimis (circ. 0,2—0,3 millim. latis), arcte adpressis, remotis, planis, demum sparse sorediosis, isidiis nullis, rhizinis evanescentibus, at laciniae saepe hypothallo caeruleo-nigricante discretae angusteque limitatae. [*Apothecia* disco fusco, nudo; *sporae* 1-septatae: Nyl., Syn. Lich. p. 429.]

Sterilis ad ramos arborum prope Rio de Janeiro, n. 137. — Thallo subtus nigro differt a Ph. adglutinata (Floerk.), quae thallo subtus albido instructa est. In specimine nostro etiam *hypothallus* caeruleo-nigricans distincte observari potest. *Thallus* plagas circ. 15—5 millim. latas formans, laciniis tenuissimis (0,030 —0,040 millim. crassis), irregulariter cuneatis atque crenatis sinuatisque, epruinosis, laevigatis, primo esorediatis, demum sorediis sparsis parvis rotundatis elevatis thallo concoloribus instructis. *Stratum corticale superius* pseudoparenchymaticum, circ. 0,010 millim. crassum, e seriebus 3—2 horizontalibus cellularum formatum, cellulis mediocribus. *Stratum medullare* evanescens, totum gonidia continens. *Stratum corticale* inferius nigrum, tenuissimum, pseudoparenchymaticum, cellulis minutissimis, seriebus cellularum in hyphas hypothallinas, lacinias thalli limitantes continuatis. [*Apothecia* 1—1.5 millim. lata, margine integro: *sporae* long. 0,022 —0,018, crass. 0,012—0,009 millim.: teste Nyl., Syn. Lich. p. 429]. *Pycnoconidia* incognita.

Sect. 2. **Dirinaria** (Tuck.) Wainio. *Hypothecium* fusconigrum. *Pyxine* *Dirinaria* Tuck., Syn. North. Am. (1882) p. 78.

10. **Ph. picta** (Sw.) Nyl., Syn. Lich. (1858—60) p. 430 (pr. p.). *Lichen pictus* Sw., Prodr. Fl. Ind. (1788) p. 146: Ach., Lich. Suec. Prodr. (1798) p. 106. *Pyxine picta* Tuck., Syn. North Am. (1882) p. 79 (pr. p.).

Thallus albus vel albidus, subtus obscuratus, KHO superne lutescens, intus non reagens, irregulariter crebre laciniatus, laciniis adpressis, planiusculis, margine sinuatis crenatisque, in membranam confluentibus, circ. 1—0,8 millim. latis, centro demum sorediosis, rhizinis nullis distinctis vel evanescentibus. *Apothecia* disco nigro aut raro tenuiter pruinoso. *Excipulum* efibrillosum. *Sporae* 1-septatae.

Ad truncos arborum et ad saxa sat frequenter in Brasilia provenit. n. 95, 97, 404, 763, 790 b., 1061. — *Thallus* plagas circ. 20—100 millim. latas formans, I—, laciniis tenuibus aut sat tenuibus, sat laevigatis, epruinosis, centrum versus in membranam aut crustam omnino confluentibus et ambitu plus minusve discretis, sorediis parvis, vulgo rotundatis, sparsis aut raro in centro thalli confluentibus, elevatis, granulis sorediorum tenuissimis aut demum sat crassis: juniores laciniae sunt esorediatae, in quo statu haec species facile cum Ph. aegialita commiscitur. *Stratum corticale superius* 0,020—0,030 millim. crassum, pseudoparenchymaticum, ex hyphis verticalibus 0,004 millim. crassis conglutinatis parenchymatice septatis formatum, membranis sat tenuibus. *Stratum medullare* hyphis 0,003—0,002 millim. crassis, membranis tenuibus. *Stratum corticale inferius* tenuissimum, ex hyphis sublongitudinalibus aut obliquis, 0,002 millim. crassis, conglutinatis formatum. *Apothecia* thallo innata, demum elevata sessiliaque, 0,5—1,5 millim. lata, disco plano, opaco, nudo [aut rarius pruinoso: mus. Paris.], margine tenui aut sat tenui, integro aut crenulato sore-

diosove. *Excipulum* strato corticali pseudoparenchymatico albido
aut in basi apothecii interdum nigricante, strato medullari stuppeo, gonidia infra stratum corticale et abundanter in margine
continente*. Hypothecium* fusconigrum. *Hymenium* circ. 0,060—
0,050 millim. crassum, parte superiore fusca aut fusconigra, jodo
persistenter caerulescens. *Paraphyses* sat arcte aut sat laxe cohaerentes, 0,0015 millim. crass., apice vix aut levissime incrassatae, neque ramosae, nec constrictae. *Asci* subclavati, 0,012 millim. crass., apice membrana vulgo tenui. *Sporae* 8:nae, distichae,
oblongae aut fusiformi-oblongae, apicibus obtusis, haud constrictae,
1-septatae, membrana interne incrassata, loculis sat parvis, fuscae
aut fusconigricantes, long. 0,020—0,011, crass. 0,007—0,005 millim. (0,007—0,009 millim.: Nyl., l. c.). *Conceptacula pycnoconidiorum* thallo immersa, apice nigro leviter prominulo. [*Sterigmata* constricte articulata: Nyl., Syn. Lich. tab. VIII fig. 53.]
Pycnoconidia cylindrico-oblonga, apicibus obtusis, recta, long.
0,003—0,004, crass. 0,0007 millim.

11. **Ph. aegialita** (Ach.) Nyl., Exp. Lich. Nov. Cal. (1862)
p. 43, Fl. 1869 p. 322; Müll. Arg., Lich. Parag. (1888) p. 6.
Parmelia aegialita Ach., Meth. Lich. (1803) p. 192 (Lich. Univ. p.
423, Syn. Lich. p. 179). *Parm. confluens* Fr., Syst. Orb. Veg. (1825)
p. 430. *Ph. confluens* Nyl., Syn. Lich. (1858—60) p. 430. *Ph.
melanocarpa* Müll. Arg., Lich. Parag. (1888) p. 6 (secund. coll. Balansa n. 4198: mus. Paris). — *Ph. picta* Nyl. et cet. auct. ex specim. authent. in mus. Paris. pro minore parte huc pertinet (specim.
esorediata).

Thallus albidus aut caesio- vel glauco- vel pallido-albicans,
subtus obscuratus, KHO superne lutescens, intus non reagens,
irregulariter crebre laciniatus, laciniis adpressis, planiusculis, margine sinuatis crenatisque et in membranam vel crustam confluentibus, circ. 1—3 millim. latis, esorediatis, rhizinis evanescentibus. *Apothecia* disco nigro aut cinereo subpruinosoque. *Excipulum* efibrillosum. *Sporae* 1-septatae.

Ad truncos arborum prope Rio de Janeiro, n. 148, 163. —
Thallus plagas circ. 30—140 millim. latas formans, I—, laciniis
sat tenuibus aut crassiusculis, epruinosis, ambitum versus saepe
longitudinaliter leviter rugoso-plicatis, centro saepe irregulariter
rugosis, centrum versus omnino confluentibus et ambitu plus minusve discretis, rhizinis simplicibus, brevibus, obscuratis, sat incre-

bris aut nullis distinctis. *Stratum corticale superius* 0,015—0,020
millim. crassum, pseudoparenchymaticum, ex hyphis formatum verticalibus 0,003—0,002 millim. crassis conglutinatis parenchymatice
septatis, membranis sat tenuibus, loculis parvis. *Stratum medullare*
hyphis 0,002—0,0015 millim. crassis, membranis tenuibus. inferne
strato corticali nullo distincto obductum. *Apothecia* thallo innata,
demum elevata sessiliaque, 0,7—3 millim. lata, disco planinsculo,
opaco, nudo aut tenuissime cinereo-pruinoso, margine tenui aut
sat tenui, integro aut flexuoso aut rarius subcrenulato. *Excipulum* strato corticali pseudoparenchymatico, albido aut in basi apothecii interdum nigricante, gonidia infra stratum corticale et in
margine continente. *Hypothecium* fusconigrum, primum tenue et
dilutius coloratum, demum crassum et intense coloratum. *Hymenium* circ. 0,080—0,070 millim. crass., parte superiore fusconigra,
jodo persistenter caerulescens. *Paraphyses* sat arcte cohaerentes,
crass. 0,015—0,001 millim., apice levissime incrassatae (0,002 millim.), neque ramosae, nec constrictae. *Asci* cylindrico-clavati, 0,010
millim. crass., apice membrana leviter incrassata. *Sporae* 8:nae,
distichae, oblongae, apicibus obtusis, haud constrictae, 1-septatae,
membrana interne incrassata, loculis sat parvis, angulosis, fuscae
aut fusconigricantes, in speciminibus meis long. 0,022—0,016,
crass. 0,008—0,005 millim. (long. 0,025—0,020, crass. 0,011—0,009
millim.: Nyl., Syn. Lich. p. 430). *Conceptacula pycnoconidiorum*
thallo immersa. *Sterigmata* 0,002 millim. crassa, constricte articulata, cellulis ellipsoideis. *Pycnoconidia* cylindrico-oblonga, apicibus obtusis, recta, long. 0,003—0,0035, crass. 0,0008 millim.

3. Pyxine.

Fr., Syst. Orb. Veg. (1825) p. 267; Linds., Mem. Sperm. (1859) p. 255,
tab. XIV fig. 21; Tuck., Gen. Lich. (1872) p. 26; Nyl., Syn. Lich. II (1885) p.
1; *Pyxine **Pyxine propria* Tuck., Syn. North Am. (1882) p. 80.

Thallus foliaceus, physciaeformis, laciniatus, laciniis angustis,
multifidis, adpressus, latere inferiore rhizinis instructus, superne
strato corticali obductus, inferne hyphis longitudinalibus nigricantibus partim conglutinatis. *Gonidia* protococcoidea, infra stratum
corticale superius disposita. *Stratum corticale superius* thalli
pseudoparenchymaticum, ex hyphis formatum verticalibus, conglutinatis. crebre parenchymatice septatis, membranis tenuibus et

cellulis sat parvis. *Stratum medullare* stuppeum, hyphis implexis, tenuibus, membrana tenui, lumine comparate sat lato. *Apothecia* lecideina aut primum sublecanorina, thallo innata, demum erumpentia adpressaque, interdum in statu recentissimo excipulo instructa thallode, gonidia continente, dein mox excluso evanescenteque, demum omnino lecideina gonidiisque destituta, disco nigro aut caesiopruinoso, margine demum nigra et saepe primum cortice thallino, accrescente, thallo concolore tecta. *Excipulum* saltem demum gonidiis destitutum, strato corticali pseudoparenchymatico, strato medullari ex myelohyphis contexto. *Hypothecium* obscuratum nigrescensve. *Sporae* 8:nae, oblongae aut ellipsoideae, fuscae, 1—3-septatae, interne membrana incrassata. „*Conceptacula pycnoconidiorum* thallo immersa. *Sterigmata* pauciarticulata, aut exarticulata, basi saepe ramosa. *Pycnoconidia* breviuscule subcylindrica, utroque apice obsolete incrassatula" (Linds., Nyl., l. c.).

1. P. Meissneri Tuck., Obs. Lich. I (1860) p. 400 (Wright. Lich. Cub. n. 95: mus. Paris.), Syn. North Am. (1882) p. 80; Müll. Arg., Lich. Beitr. (Fl. 1879) n. 118.

Thallus superne albido- aut stramineo-glaucescens, laevigatus, esorediatus [aut raro sorediosus], intus flavus stramineusve [aut raro albidus], KHO neque superne nec intus reagens, laciniis circ. 1—0,5 millim. latis, continuis radiantibusque. *Apothecia* circ. 1,5—1 millim. lata, primum sat diu excipulo thallode, gonidia continente, albido-glaucescente aut subcinerascente, demum excluso evanescenteque instructa, demum extus tota nigra. *Sporae* 1-septatae, long. 0,019—0,015, crass. 0,009—0,007 millim.

Ad corticem arboris prope Sitio (1000 metr. s. m.) in civ. Minarum, n. 910. — *Thallus* circ. 0,180—0,150 millim. crassus, $CaCl_2O_2$ non reagens, laciniis partim sat linearibus, contiguis, parce confluentibus, subtus livido-nigricans nigricansve, rhizinis cinereo-nigricantibus nigrisve, brevibus (circ. 0,3 millim. longis), simplicibus. *Stratum corticale superius* circ. 0,025—0,020 millim. crassum, substramineum. *Stratum medullare* hyphis 0,003—0,002 millim. crassis, membrana sat tenui instructis. *Stratum corticale inferius* evanescens, ex hyphis longitudinalibus, partim conglutinatis formatum. *Apothecia* thallo innata et in statu juvenili excipulo instructa thallode, gonidia continente, thallo concolore aut subcinerascente. demum excluso. Latere marginis interiore extus nigricante accrescente *excipulum* evolvitur *proprium,* gonidiis destitutum, extus fuscofuligineum, quod excipulum thallodem gonidiis demum destitutum omninoque evanescens superne tegit. *Excipulum proprium* strato corticali extus fuligineo (smaragdulo-fuligineo aut partim fuscescente), KHO violaceo-fuligineo, intus pallido, strato medullari substramineo albidove. KHO non reagente. gonidiis destituto. *Hypothecium* fusconigrum, KHO non reagens. *Hymenium* circ. 0.080—0,090 millim. crassum, jodo persistenter caerulescens. *Epithecium* smaragdulo-fuligineum, KHO violaceo-fuligineum. *Paraphyses* arcte cohaerentes, 0,001 millim. crass.. apicibus pro parte clavatis (0,002—0,003 millim. crassis), parum distinctis, neque ramosae, nec constrictae. *Asci* clavati, 0,014—0,010 millim. crassi. *Sporae* 8:nae. distichae, ellipsoideae aut oblongae, apicibus obtusis, fuscae.

*P. Connectens Wainio (n. subsp.).

Thallus superne glaucescenti-albidus albidusve, sorediosus, ceterum laevigatus, intus albus, KHO neque superne nec intus reagens, laciniis circ. 1—0,5 (—1,5) millim. latis, continuis. *Apothecia* circ. 1,5—1 millim. lata, primum sat diu excipulo thallode glaucescenti-albido demum excluso evanescenteque instructa, demum extus tota nigra. *Sporae* 1-septatae, long. 0,020—0,014, crass. 0,008—0,005 millim.

Ad truncos arborum prope Rio de Janeiro, n. 62. — Thallo soredioso et intus albido a P. Meissneri differt, at verisimiliter in eam transit. *Thallus* circ. 0,170 millim. crassus, laciniis partim sublinearibus, directione sat irregularibus, contiguis, partim confluentibus, praesertim margine sorediosis, passim pruina e granulis amorphis formata obsitis, subtus nigricans, rhizinis nigricantibus, brevibus (circ. 0,5—0,3 millim. longis), simplicibus. *Stratum corticale superius* circ. 0,020—0,025 millim. crassum, subpallidum, cellulis circ. 0,004 millim. latis, membranis tenuibus. *Stratum medullare* hyphis 0,0025—0,002 millim. crassis, membrana tenui et lumine comparate sat lato instructis. *Stratum corticale inferius* evanescens, ex hyphis longitudinalibus, partim conglutinatis formatum. *Apothecia* evolutione sicut in P. Meissneri, excipulo thallode gonidia continente demum evanescente et excipulo toto demum gonidiis destituto. *Excipulum proprium* strato corticali crasso, extus zona smaragdulo-fuliginea zonam tenuem dilute fuscescentem albidamve obtegente, KHO extus intusque sordide violascente, strato medullari gonidiis destituto, ex hyphis crebre contextis et partim subconglutinatis formato. *Hypothecium* fulvofuscescens, KHO rubescens. *Hymenium* circ. 0,090—0,100 millim. crassum, jodo persistenter caerulescens. *Epithecium* smaragdulo-fuligineum, KHO sordide violascens. *Paraphyses* arcte cohaerentes, 0,0015—0,001 millim. crassae, apice clavatae (0,003 millim.), neque constrictae. nec ramosae (H_2SO_4). *Asci* clavati, 0,016—0,014 millim. crassi, apice membrana leviter incrassata. *Sporae* 8:nae, distichae, oblongae, apicibus obtusis aut rotundatis, loculis angulosis, diu poro confluentibus.

2. **P. retirugella** Nyl., Lich. Exot. (1859) p. 240, Syn. Lich. Nov. Cal. (1868) p. 20 (mus. Paris.), Enum. Lich. Husn. (1869) p. 10.

Thallus superne albido-cinerascens aut glaucescenti-albidus. leviter reticulato-rugulosus rimulususve, esorediatus [aut raro sorediosus], KHO superne flavescens et intus zona gonidiali fulvescente aut demum rubescente, medulla inferiore non reagente. laciniis circ. 0,5—1 millim. latis, subcontinuis, intus albis. *Apothecia* circ. 1,5—0,8 millim. lata, lecideina, extus nigra. *Sporae* 1-septatae, long. 0,019—0,015, crass. 0,009—0,006 millim.

Supra rupem in Carassa (1400—1500 metr. s. m.) in civ. Minarum, n. 1178, 1263. — *Thallus* circ. 0,180 millim. crassus. subtus niger (in speciminibus nostris zona gonidiali KHO primum fulvescente et demum rubescente, in coll. Vieillard n. 1809 KHO solum fulvescente), laciniis planis, contiguis, rhizinis nigris, sat brevibus (circ. 0,5—1 millim. longis), simplicibus (aut apice subfibrillosis). *Stratum corticale superius* circ. 0,025 millim. crassum. *Stratum medullare* hyphis 0,0025—0,002 millim. crassis, infra zonam gonidialem saepe cellulis inflatis solitariis aut moniliformiconfertis. *Stratum corticale inferius* evanescens, hyphis longitudinalibus fuscis partim conglutinatis. *Apothecia* gonidiis destituta, excipulo thallode jam ab initio nullo. *Excipulum* strato corticali fusco aut fusconigro, KHO non reagente, strato medullari subalbido aut subpallido, KHO lutescente. *Hypothecium* fusco-nigricans aut fuscum, KHO non reagens. *Hymenium* circ. 0,070—0,080 millim. crassum, jodo persistenter caerulescens. *Epithecium* fuscofuligineum, KHO violaceo-fuligineum aut non reagens. *Paraphyses* arcte cohaerentes, 0,001 millim. crassae, apice clavatae aut parum incrassatae (—0,002 millim.), neque ramosae, nec constrictae. *Asci* clavati, 0,012—0,014 millim. crassi, apice membrana leviter incrassata. *Sporae* 8:nae, distichae, fuscae, oblongae aut ellipsoideae, apicibus obtusis aut subrotundatis.

3. **P. Eschweileri** (Tuck.) Wainio. *P. cocoes* var. *Eschweileri* Tuck., Obs. Lich. IV (1877) p. 167. *P. sorediata* *Eschweileri Tuck., Syn. North Am. (1882) p. 80.

Thallus superne glaucescenti-albidus albidusve, praesertim margine sorediosus vel soredioso-granulosus, ceterum sublaevigatus, intus albus, KHO neque superne nec intus reagens, laciniis circ. 1—0,7 millim. latis, continuis. *Apothecia* 2,5—1,5 millim. lata, lecideina, extus nigra. *Sporae* 3-septatae, long. 0,027—0,019, crass. 0,011—0,006 millim.

Ad truncum arboris prope Sitio (1000 metr. s. m.) in civ. Minarum, n. 870. — *Thallus* circ. 0,200 millim. crassus, laciniis partim fere sublinearibus, contiguis et partim confluentibus, apices versus passim parce pruinosis, subtus nigricans, rhizinis nigricantibus, brevibus aut mediocribus (circ. 0,3—1,2 millim. longis), subsimplicibus. *Stratum corticale superius* circ. 0,030—0,040 millim. crassum, superne pallidum et impellucidum, cellulis mediocribus. *Stratum corticale inferius* evanescens, ex hyphis longitudinalibus partim conglutinatis formatum. *Apothecia* ab initio lecideina. *Excipulum* proprium strato corticali crasso, extus fuscofuligineo (KHO fere —), intus subalbido, strato medullari gonidiis destituto, ex hyphis crebre contextis formato, albido aut pallidofulvescente, KHO lutescente. *Hypothecium* sordide fulvo-fuscescens. *Hymenium* ab hypothecio haud distincte limitatum, circ. 0,120—0,140 millim. crassum, jodo persistenter caerulescens. *Epithecium* smaragdulo-fuligineum, KHO pulchre violascens. *Paraphyses* arcte cohaerentes, 0,001 millim. crassae, apice incrassatae, neque constrictae, nec ramosae. *Asci* clavati, circ. 0,014 millim. crassi, apice membrana modice incrassata. *Sporae* 8:nae, distichae, oblongae, apicibus obtusis aut rotundatis, loculis angulosis, parvis.

4. **P. minuta** Wainio (n. sp.).

Thallus superne albido-cinerascens aut ambitu albidus, laevigatus, esorediatus, KHO neque superne nec intus reagens, intus

albus, laciniis angustis (circ. 0,2—0,3, parce —0,6 millim. latis),
centrum versus subareolato-diffractis. *Apothecia* circ. 0,6—0,3
millim. lata, extus nigra, jam valde juvenilia lecideina. *Sporae*
1-septatae, long. 0,019—0,014, crass. 0,007—0,005 millim.

Supra rupem prope Rio de Janeiro, n. 211. — *Thallus* circ.
0,100 millim. crassus, irregulariter creberrime laciniatus, laciniis
dispositione et forma valde irregularibus, contiguis, partim confluentibus, centrum versus subareolato-diffractis, subtus niger,
rhizinis evanescentibus. *Stratum corticale superius* circ. 0,020
millim. crassum, e cellulis pseudoparenchymaticis minutis formatum, extus zona tenui, amorpha, sublaevigata. *Stratum medullare* hyphis 0,002—0,003 millim. crassis. *Stratum corticale inferius* evanescens, ex hyphis longitudinalibus conglutinatis formatum. *Apothecia* parvula, thallo innata, mox erumpentia adpressaque, excipulo thallode fere nullo, tenuia parumque elevata, margine nigro, tenui, discum aequante. *Excipulum* strato corticali
extus olivaceo- aut fusco-fuligineo, intus albido, KHO non reagente, strato medullari albido (ad marginem), KHO non reagente.
Hypothecium fusconigrum, KHO non reagens. *Hymenium* circ.
0,060 millim. crassum, jodo persistenter caerulescens. *Epithecium*
smaragdulo-fuligineum, KHO violaceo-fuligineum. *Paraphyses* arcte
cohaerentes, 0,0015—0,001 millim. crassae, apicibus leviter incrassatis, parum distinctis, neque ramosae, nec constrictae. *Asci*
clavati, 0,010—0,012 millim. crassi, apice membrana vulgo leviter
incrassata. *Sporae* 8:nae, distichae, fuscae, oblongae, apicibus
obtusis aut rarius subrotundatis.

4. Rinodina,

Mass., Ric. Lich. Crost. (1852) p. 14; Koerb., Syst. Germ. (1855) p.
122; Th. Fr., Gen. Heterolich. (1861) p. 71; Stizenb., Beitr. Flechtensyst. (1862)
p. 169; Th. Fr., Lich. Scand. (1871) p. 192: Tuck., Gen. Lich. (1872) p. 122
pr. p., Syn. North Am. (1882) p. 205 pr. p. — *Lecanora* subg. *Rinodina* Ach.,
Lich. Univ. (1810) p. 344 (pro minore parte).

Thallus crustaceus aut squamulosus, effusus aut ambitu
lobatus, rhizinis veris nullis et hypothallo aut hyphis medullaribus
substrato affixus, strato corticali nullo distincto aut in speciebus
magis evolutis pseudoparenchymatico et e cellulis membrana tenui
instructis formato. *Stratum medullare* stuppeum, hyphis sat tenui-

bus, membranis tenuibus, lumine cellularum comparate sat lato.
Gonidia protococcoidea. *Apothecia* lecanorina, thallo innata, mox
emergentia adpressaque, aut immersa permanentia, nigra aut fusca
aut pruinosa. *Excipulum* nullum distinctum aut thallodes, strato
corticali pseudoparenchymatico, membranis tenuibus instructo,
perithecio proprio nullo aut abortivo et stratum tenuissimum
parumque distinctum circa hypothecium et inter hymenium et
marginem thallodem formante. *Sporae* ellipsoideae aut oblongae,
fuscescentes nigricantesve, 1—3-septatae aut raro submurales,
8:nae aut raro plures paucioresve, interne membrana aut septa
incrassata. *Conceptacula pycnoconidiorum* thallo immersa aut
levissime prominula. „*Sterigmata* articulata, articulis paucis aut
sat numerosis, brevibus. *Pycnoconidia* oblonga aut breviter cylindrica." (Linds., Mem. Spermog. Crust. Lich. 1870 p. 226, tab.
IX fig. 17—21, Nyl. in Huc Addend. p. 78).

1. R. griseosquamosa Wainio (n. sp.).

Thallus crustaceus, squamuloso-areolatus, squamulis vulgo
difformibus crenatisque, cinereis aut rarius fuscescenti-cinereis,
pro parte in areolas confertis connatisque. *Apothecia* thallo immersa, demum semiimmersa, 1—0,5 millim. lata, disco plano,
fusconigro, nudo, margine thallode demum distincto, thallum leviter superante, sat tenui, integro. *Hypothecium* albidum. *Sporae*
8:nae, vulgo ellipsoideae oblongaeve, 1-septatae, long. 0,021—0,016,
crass. 0,010—0,008 millim.

In rupe granitica ad Rio de Janeiro, n. 179, 220. — Squamulae thallinae margine subliberae, ceterum adnatae, crassitie
mediocres aut sat tenues, neque I, nec KHO, nec Ca $Cl_2 O_2$ reagentes. *Thallus* maxima parte ex hyphis contextus parenchymatice septatis, membrana tenui instructis, aëre disjunctis, in strato
corticali superiore, e serie horizontali simplice cellularum formato,
conglutinatis et in cellulas paullo majores dilatatis (Zn Cl_2 + I).
Gonidia protococcoidea, globosa aut ellipsoidea. *Excipulum* proprium abortivum, passim conspicuum inter hymenium et marginem thallodem, passim etiam ad latera hypothecii, pseudoparenchymaticum; excipulum thallodes basi haud constrictum. *Hypothecium* albidum, parenchymaticum. *Hymenium* circ. 0,100—0,120
millim. crassum, jodo persistenter caerulescens. *Epithecium* fu-

scum. *Paraphyses* 0,0015 millim. crassae, apice capitato-clavatae septaque distincta instructo (in KHO), ceterum indistincte septatae (in Zn $Cl_2 + I$ septae increbrae distincte observari possunt). *Asci* clavati, apice membrana plus minusve incrassata. *Sporae* demum fuscae, medio non aut leviter constrictae, apicibus rotundatis aut rarius obtusis.

2. **R. colorans** Wainio (n. sp.).

Thallus crustaceus, effusus, tenuis, subcontinuus aut rimuloso-areolatus aut dispersus, vulgo depresse verruculoso-inaequalis, glaucescens aut cinereo-glaucescens. *Apothecia* parva, 0,6—0,3 millim. lata, primum thallo immersa, demum elevata adpressaque, disco nigro aut fusco, plano, nudo, margine tenui, integro, glauco aut albido-glaucescente aut olivaceo-fuscescente. *Hypothecium* dilute pallescens, KHO purpureum. *Epithecium* fulvescens aut fulvofuscescens, KHO purpurascens. *Sporae* 8:nae, ellipsoideae aut oblongae, 1-septatae, long. 0,024—0,016, crass. 0,011—0,007 millim.

Ad corticem laevigatum arborum prope Rio de Janeiro, n. 143, 175. — R. sophodi (Ach.) et R. polysporae Th. Fr. habitu simillima est. *Thallus* esorediatus, hypothallo caeruleonigricante passim limitatus. *Gonidia* protococcoidea, diam. 0,008—0,006 millim. *Excipulum* gonidia continens, extus pseudoparenchymaticum, cellulis circ. 0,006—0,004 millim. latis, membrana tenui. *Discus* apotheciorum opacus. *Hypothecium* KHO violascens. *Hymenium* circ. 0,080—0,070 millim. crassum, jodo persistenter caerulescens. *Paraphyses* 0,001—0,0015 millim. crassae, apice haud aut paululum incrassatae (—0,003 vel 0,004 millim.) ibique saepe distincte septatae, sat laxe cohaerentes. *Asci* clavati, 0,020 —0,030 millim. crassi, apice membrana incrassata. *Sporae* fusconigrae aut fuscae, haud constrictae.

3. **R. homoboloides** Wainio (n. sp.).

Thallus crustaceus, effusus, tenuissimus, subcontinuus rimususve, laevigatus aut parum inaequalis, cinereus aut glauco-cinerascens, esorediatus. *Apothecia* sat parva, 0,5—1 millim. lata, adpressa, disco primum plano, dein mox depresso-convexo, sordide nigro, nudo, margine tenuissimo, integro, thallo concolore aut obscure cinerascente, mox excluso. *Hypothecium* pallidum. *Sporae* 8:nae, ellipsoideae aut oblongae, 3-septatae, fere placodiomorphae, fuscae, long. 0,023—0,018, crass. 0,009—0,007 millim.

Ad corticem arboris prope Rio de Janeiro, n. 194. — Species insignis, sporis fere placodiomorphis, minoribus, apotheciis convexis, cet. a R. homobola (Nyl., Lich. Nov.-Gran. Addit. 1867 p. 309) et R. Conradi Koerb. (Th. Fr., Lich. Scand. p. 198) differens. — *Thallus* neque KHO nec Ca Cl$_2$ O$_2$ reagens, hypothallo nigricante partim anguste limitatus. *Apothecia* sparsa. *Excipulum* gonidia continens. *Hypothecium* KHO non reagens, gonidiis destitutum. *Hymenium* circ. 0,140 millim. crassum. jodo persistenter caerulescens. *Epithecium* fuscofuligineum, KHO non reagens. *Paraphyses* 0,001—0,0015 millim. crassae, apice clavatae aut clavato-capitatae, ibique saepe parce distincte septatae, arcte cohaerentes. *Asci* clavati. *Sporae* loculis 4, lenticularibus, poro ceterum confluentibus, at septa media clausa.

4. **R. lepida** (Nyl.) Müll. Arg., Lich. Beitr. (Fl. 1881) n. 336. *Lecanora* Nyl., En. Gén. Lich. (1857) p. 115 (mus. Paris.). *Lecidea* Nyl. et Linds., Lich. Nov. Zel. (1867) p. 252; Nyl., Lich. Nov. Zel. (1888) p. 61.

Thallus crustaceus, effusus, tenuis, continuus aut rimoso-areolatus, leviter verruculoso-inaequalis aut subaequalis, esorediatus, flavus. *Apothecia* parvula, 0,5—0,3 millim. lata, thallo primum immersa, demum emergentia et leviter elevata, disco plano, nigro, nudo, margine thallode demum conspicuo, tenui, subintegro, thallo concolore. *Hypothecium* lutescens. *Sporae* 8:nae, ellipsoideae, 1-septatae, long. 0,022—0,020, crass. 0,013—0,010 millim.

Ad truncos arborum in Sitio (1000 metr. s. m.) in civ. Minarum, n. 1065, 1137. 1399. — *Thallus* neque Ca Cl$_2$ O$_2$, nec KHO reagens, strato corticali destitutus. *Gonidia* protococcoidea, globosa. *Apothecia* disco opaco, margine discum parum superante, basi haud constricto, demum circumdata. *Hypotherium* sat tenue. *Hymenium* circ. 0,100—0,090 millim. crassum, jodo persistenter caerulescens, parte superiore fuscescente, KHO non reagente. *Paraphyses* 0,001 millim. crassae, apice anguste capitato-clavatae (0,003 millim.), arcte cohaerentes, neque ramosae, nec constrictae. *Asci* clavati, apice membrana leviter incrassata. *Sporae* distichae, fuscescentes, apicibus obtusis aut rotundatis, medio non aut vix constrictae.

5. **R. hypomelaenoides** Wainio (n. sp.).

Thallus crustaceus, effusus, tenuis, areolatus, areolis vulgo contiguis. minutis. planis. laevigatis. angulosis, albidis aut cinereis.

csorediatus, KHO lutescens, demum sordide rubescens, medulla jodo caerulescente. *Apothecia* parvula, $0,2-0,3$ millim. lata, thallo immersa, immarginata, disco planiusculo aut demum convexiusculo. nigro, nudo, thallum aequante aut demum leviter superante. *Hypothecium* fusconigricans. *Sporae* 8:nae, oblongae, 1-septatae. long. $0.018-0,010$, crass. $0,008-0,005$ millim.

Ad rupem quartziticam in Carassa ($1400-1500$ metr. s. m.) in civ. Minarum, n. 1355. — A Buellia aethalea (Ach.), cui habitu est similis, apotheciis immarginatis et excipulo laterali haud evoluto differt. L. anatholodia Krempelh., Fl. 1876 p. 267, ad species plures diversas spectat (mus. Paris., hb. Warm.). — *Thallus* Ca Cl$_2$ O$_2$ non reagens, hypothallo nigro ad ambitum et passim inter areolas conspicuo. *Excipulum* laterale nullium. *Hypothecium* ad marginem apothecii tenue, albidum pallidumve. *Hymenium* circ. $0,080-0,060$ millim. crassum, jodo persistenter caerulescens. *Epithecium* fuscofuligineum. *Paraphyses* $0,001-0,0015$ millim. crassae, apice clavatae, clava nigricante, constricte articulata, ceterum haud constrictae, arcte cohaerentes, haud ramosae. *Asci* clavati, circ. $0,016$ millim. crassi. *Sporae* distichae, medio vulgo non constrictae, fusconigricantes.

6. **R. subsororia** Wainio (n. sp.).

Thallus crustaceus, e verruculis $0,4-0,2$ $(0,6)$ millim. latis semiglobosis cinereo-albidis albidisve supra hypothallum nigrum dispersis constans. *Apothecia* parva, $0,5-0,3$ millim. lata, disco planiusculo, nigro, nudo, margine thallode tenui, integro. *Hypothecium* fusconigrum. *Sporae* 8:nae, ellipsoideae aut oblongae, 1-septatae, long. $0,020-0,012,$ crass. $0,010-0,007$ millim.

In rupe granitica prope Rio de Janeiro, n. 153. — R. confragosae (Ach.) habitu subsimilis est, at hypothecio fusconigro ab ea differt. Buellia sororia Th. Fr., Lich. Scand. (1874) p. 603, colore et reactione thalli recedit. — *Thallus* crassitie mediocris, csorediatus, KHO flavescens, Ca Cl$_2$ O$_2$ non reagens, verruculis laevigatis, opacis, medulla I non reagente. *Gonidia* protococcoidea. *Stratum corticale* thalli et marginis apotheciorum ex hyphis formatum verticalibus, parenchymatice septatis, conglutinatis. *Apothecia* verruculis immersa, margine thallode, e partibus circumdantibus verrucularum formato, gonidia continente cincta, excipulo proprio constante ex hypothecio crasso et passim etiam

11

e strato tenuissimo laterali, inter hymenium et marginem thallodem disposito, ex hyphis nigris, cum paraphysibus parallelis formato. *Hymenium* circ. 0,060—0,090 millim. crassum, jodo persistenter caerulescens. *Epithecium* smaragdulofuligineum aut nigrum. *Paraphyses* 0,001 millim. crassae, apice clavatae, clava fuliginea, 0,003 millim. crassa, septa distincta instructa, ceterum indistincte septatae (in KHO), arcte cohaerentes. *Asci* clavati, circ. 0,018 millim. crassi, apice membrana leviter incrassata. *Sporae* distichae, fusconigrae, episporio parum distincto, haud aut parum constrictae.

7. **R. atroumbrina** Wainio (n. sp.).

Thallus crustaceus, effusus, tenuis, areolatus, areolis vulgo contiguis, planis aut concaviusculis, laevigatis, minutis, angulosis, fuscus aut obscure cinereo-fuscescens, esorediatus, intus KHO rubescens, hypothallo nigro conspicuo. *Apothecia* parva, circ. 0,3 —0,5 millim. lata, angulosa, thallo immersa, fere immarginata, disco plano aut concaviusculo, nigro, nudo, thallum subaequante. *Hypothecium* fuscum, superne anguste subalbidum. *Sporae* 8:nae, 1-septatae, ellipsoideae, long. 0,011—0,008, crass. 0,006—0,005 millim.

Supra rupem itacolumiticam in Carassa (1400—1500 metr. s. m.) in civ. Minarum, n. 1254. — *Thallus* strato corticali pseudoparenchymatico, cellulis majoribus in serie horizontali simplice, cellulas obtegente minores minusque regulares in series verticales dispositas et transitum in hyphas strati medullaris ostendentes. *Stratum medullare* jodo non reagens, KHO primum lutescens et demum crystallos rubros formans. *Apothecia* interdum demum levissime emergentia. *Excipulum* proprium abortivum tenuissimumque aut in apotheciis emergentibus tenue distinctiusque, fuligineum fuscescensve, ex hyphis parenchymatice septatis conglutinatis formatum, gonidiis destitutum, etiam in latere apotheciorum evolutum. *Hypothecium* KHO non reagens. *Hymenium* jodo caerulescens, asci demum vinose rubentes. *Epithecium* fuligineum, KHO non reagens. *Paraphyses* 0,001—0,0015 millim. crassae, apice clavatae aut capitatae, arcte cohaerentes, neque ramosae, nec constrictae. *Asci* clavati, 0,014 millim. crassi, apice membrana saepe incrassata. *Sporae* distichae, fuscae, apicibus rotundatis, haud aut vix constrictae, membrana sat tenui, halone nullo.

8. **R. ferruginosa** Wainio (n. sp.).

Thallus crustaceus, effusus, tenuis, rimuloso-diffractus aut primo subcontinuus, ochraceo-rubescens. *Apothecia* thallo immersa, circ. $0,3$—$0,2$ millim. lata, immarginata, disco planiusculo, nigro, nudo, thallum aequante. *Hypothecium* fusconigrum. *Sporae* 8:nae, ellipsoideae aut ellipsoideo-oblongae, 1-septatae, long. $0,014$ —$0,010$, crass. $0,007$—$0,006$ millim.

Ad rupem itacolumiticam in Carassa (1400—1500 metr. s. m.) in civ. Minarum, n. 1593. — Habitu subsimilis est Le can. dia-martae (Ach.). *Thallus* hydrate ferrico est coloratus, neque I, nec KHO reagens, hypothallo caeruleo-nigricante limitatus. *Excipulum proprium* haud evolutum. *Hymenium* circiter $0,080$ millim. crassum, jodo intense caerulescens, dein mox vinose rubens. *Epithecium* fusco-nigrum. *Paraphyses* arcte cohaerentes. *Asci* clavati. *Sporae* fusco-nigrae, haud aut vix constrictae.

9. **R. theioplacoides** Wainio (n. sp.).

Thallus crustaceus, effusus, crassitie mediocris (—$0,5$ millim. crass.), subcontinuus aut rimuloso-diffractus, sat laevigatus, glaucescenti-albidus, esorediatus, KHO non reagens, medulla jodo caerulescente. *Apothecia* parva, $0,5$—$0,3$ millim. lata, thallo persistenter immersa, disco rotundato aut irregulari, nigro, nudo, margine indistincto aut tenuissimo thallodeque, thallum subaequante integroque. *Hypothecium* pallido-fuscescens. *Sporae* 8:nae, ellipsoideae, 1-septatae, long. $0,014$—$0,011$ (raro $0,018$), crass. $0,007$—$0,005$ (raro $0,008$) millim.

Ad saxa granitica littoralia prope Sepitiba in civ. Rio de Janeiro, n. 443. — Ad species inter Rinodinas et Buellias intermedias pertinet. Lecidea aethaleoides Nyl., Fl. 1885 p. 42 (Hue, Addend. p. 219), saltem colore thalli leviter recedit. *Thallus* $CaCl_2O_2$ non reagens, medulla jodo sat leviter caerulescente, hypothallo nullo distincto. *Gonidia* protococcoidea, diam. $0,010$—$0,006$ millim. *Apothecia* thallo immersa et excipulo evanescente, fere solum ex hypothecio constituto. *Hypothecium* parte subhymeniali ex hyphis erectis formata. *Hymenium* circ. $0,080$ —$0,100$ millim. crassum, parte superiore fuscescente, jodo persistenter caerulescens, ascis demum vinose rubentibus. *Paraphyses* arcte cohaerentes. *Asci* clavati, $0,012$—$0,016$ millim. crassi, apice membrana incrassata. *Sporae* fusco-nigrae, haud constrictae.

Lecidea theioplaca Fée, Bull. Soc. Bot. Fr. XX (1873) p. 319, secundum specimen originale (in mus. Paris.), ad quod descriptio a Fée data spectat. autonoma est species, colore thalli flavo a *L. theioplacoide* Wainio leviter recedens (apothecia immersa. immarginata, thallus KHO—, Ca Cl$_2$ O$_2$—, I +). at specimen aliud immixtum, a Glaziou Krempelhubero communicatum, pertinet ad *L. Glaziouanam* Krempelh. (Fl. 1876 p. 317), quae apotheciis demum adpressis, excipulo nigro. crasso, margine persistente, crassiusculo, nigro, facile a *Rinodina theioplaca* (Fée) distinguitur.

10. R. contiguella Wainio (n. sp.).

Thallus crustaceus, effusus, crassitudine mediocris aut sat tenuis, subcontinuus rimulosusque aut demum areolato-diffractus, laevigatus, albidus aut partim sordidus, esorediatus, KHO lutescens et demum fulvescens, medulla jodo caerulescente. *Apothecia* parvula, 0,3—0,2 millim. lata, thallo immersa, disco plano aut concaviusculo, nigro. nudo, thallum vix aequante, margine cinerascente. integro, tenuissimo aut evanescente. *Hypothecium* fusconigricans. *Sporae* 8:nae, ellipsoideae, 1-septatae, long. 0,018—0,011, crass. 0,009—0,007 millim.

Ad rupem qvartziticam prope Rio de Janeiro, n. 59. — Ad species inter Rinodinas et Buellias intermedias pertinet. *Thallus* Ca Cl$_2$ O$_2$ non reagens. 0.5—0,3 millim. crassus, opacus, hypothallo indistincto. *Excipulum* laterale in lamina tenui superne (sc. in margine apotheciorum) obscuratum, intus sordide albicans et KHO lutescens. gonidiis destitutum, basi in thallum transiens. *Hypothecium* KHO purpureo-fuscescens fuscescensve. *Hymenium* circ. 0,100—0,080 millim. crassum, jodo persistenter caerulescens. *Epithecium* fuscescens (haud intense), KHO saepe purpureo-fuscescens. *Paraphyses* 0,0015 millim. crassae, apice clavatae aut capitato-clavatae, clava fuscescente distincte septata, sat laxe cohaerentes, neque constrictae, nec ramosae. *Asci* clavati, circ. 0,020—0,016 millim. crassi. *Sporae* distichae, fusconigrae, medio non aut leviter constrictae.

5. Buellia.

De Not. in Giorn. Bot. Ital. II t. 1 (1846) p. 195; Mass., Ric. Lich. Crost. (1852) p. 80; Koerb., Syst. Germ. (1855) p. 223; Th. Fr., Gen. Heterolich. (1861) p. 91, Lich. Scand. (1871) p. 585; Tuck., Gen. Lich. (1872) p. 183 pr. p.; Möller, Cult. Flecht. (1887) p. 25; Tuck., Syn. North Am. II (1888) p. 87 pr. p.

Thallus crustaceus, uniformis aut ambitu lobatus, aut squamulosus aut laciniatus, rhizinis veris nullis et hypothallo aut hyphis medullaribus substrato affixus, *strato corticali* nullo distincto aut in speciebus magis evolutis [subg. Catolechia (Flot.) Th. Fr.] pseudoparenchymatico, e cellulis leptodermaticis formato, superne thallum obtegente. *Stratum medullare* stuppeum, hyphis implexis, tenuibus, membrana tenui, lumine cellularum comparate sat lato *Gonidia* protococcoidea. *Apothecia* lecideina, thallo innata, mox emergentia adpressaque, aut immersa permanentia, aut raro demum substipitata, nigra aut fuscescentia aut varie pruinosa. *Excipulum* proprium, gonidiis destitutum, ex hyphis conglutinatis formatum, membranis haud incrassatis. *Sporae* ellipsoideae aut oblongae, fuscescentes nigricantesve, 1—3-septatae aut raro submurales [1]), 8:nae aut raro plures paucioresve, interne membrana plus minusve incrassata. *Conceptacula pycnoconidiorum* thallo immersa aut leviter prominula. *..Sterigmata* pauciarticulata aut exarticulata. *Pycnoconidia* oblongo-cylindrica aut oblonga aut cylindrica." (Linds., Mem. Sperm. p. 251, Th. Fr., Lich. Scand. p. 586, Hue, Addend. p. 222).

1. *Thallus* colore variabilis, glaucescens aut cinerascens aut albidus aut flavescens lutescensve aut obscuratus. *Medulla* jodo non reagens. *Apothecia* vulgo mediocria aut sat parva, adpressa.

1. **B. disciformis** (Fr.) Br. et Rostr., Lich. Dan. (1869) p. 111. *Lecidea* Fr. in Moug. St. Vog. (1823) n. 745 (Th. Fr., l. c.); Wainio, Adj. Lich. Lapp. II (1883) p. 111. *Buellia parasema* Th. Fr., Lich. Scand. (1874) p. 589.

Thallus crustaceus, uniformis, albidus aut cinerascens aut glaucescens aut raro stramineoflavescens vel subrubescens, KHO flavescens (aut parcissime crystallos rubros formans). *Apothecia* mediocria aut sat parva, circ. 2—0,5 millim. lata, adpressa, disco plano aut demum convexo, nudo nigroque aut pruinoso, margine tenui aut mediocri, persistente aut subpersistente. *Hypothecium* fusco-nigricans fuscescensve. *Sporae* 8:nae, 1—3-septatae, vulgo long. circ. 0,016—0,034 (—0,009), crass. 0,005—0,012 millim.

---

[1]) *L. perusta* Nyl. in Cromb. Lich. Kerg. p. 188, sporis simplicibus demum nigricantibus instructa, forsan ad hoc genus non pertinet.

Var. **subduplicata** Wainio.

Thallus tenuis, continuus, laevigatus aut parum verruculoso-inaequalis, albidus aut sordide albicans. *Apothecia* minora aut sat parva, vulgo circ. 0,5—0,8 millim. lata, primum emergentia et margine strato thallino obducto, demum adpressa et margine proprio nigro instructa, nuda.

Ad corticem arborum prope Rio de Janeiro, n. 196. — *Thallus* neque $Ca\,Cl_2\,O_2$ nec KHO ($Ca\,Cl_2\,O_2$) reagens, hypothallo nigricante partim limitatus. *Apothecia* primum plana, demum convexa, margine tenui, persistente aut supersistente. *Excipulum* extus fusco-fuligineum, intus albidum, KHO non reagens. *Hymenium* circ. 0,100—0,110 millim. crassum, jodo persistenter caerulescens. *Epithecium* fuscum, KHO non reagens. *Paraphyses* arcte aut sat arcte cohaerentes, 0,0015—0,001 millim. crassae, apice capitato-incrassatae, neque constrictae, nec ramosae. *Asci* clavati, 0,016—0,014 millim. crassi. *Sporae* distichae, fuscae, oblongae aut ellipsoideae, medio leviter aut non constrictae, long. 0,023—0,016, crass. 0,010—0,007 millim., membrana sat tenui.

Var. **aeruginascens** Nyl., Addit. Fl. Chil. (1855) p. 126 (mus. Paris.), Enum. Gén. Lich. (1857) p. 126 (mus. Paris.), Syn. Lich. Cal. (1868) p. 52 (mus. Paris.). *Lecidea melanochlora* Krempelh., Fl. 1876 p. 250 (hb. Warm.). *Buellia melanochlora* Müll. Arg., Lich. Beitr. (Fl. 1885) n. 963.

Thallus crassitudine mediocris aut sat tenuis, verruculoso-inaequalis, stramineo-flavescens, $Ca\,Cl_2\,O_2$ rubescens. *Apothecia* mediocria, 2—1 millim. lata, adpressa, disco cinereo-fuscescenti-pruinoso, margine nigro, mediocri.

Ad corticem arborum in Sitio (1000 metr. s. m.) in civ. Minarum, n. 1025. — N. 598 statum in B. disciformem transientem ostendit (f. **cinereofuscescens** Wainio), thallo albido-glaucescente, partim substramineo-glaucescente, disco cinereofuscescenti-aut fuscovirescenti-pruinoso instructus. In hoc specimine (n. 1025) haud est bene evolutus), ad lignum in Sitio lecto, thallus est continuus aut demum diffractus, esorediatus, $Ca\,Cl_2\,O_2$ non reagens, KHO ($Ca\,Cl_2\,O_2$) puncta rubra in luteo ostendens, medulla jodo haud reagente, hypothallo nigro partim limitatus. *Apothecia* disco plano aut demum convexo, margine persistente. *Excipulum* fusco-fuligineum, KHO intus pulchre purpureo-fuligineum. *Hypothecium* parte subhymeniali fuscescente, parte inferiore fusco-fuliginea, KHO non reagens. *Hymenium* circ. 0,120—0,110 millim. crassum, oleosum, jodo persistenter caerulescens. *Epithecium* fuscum, KHO non reagens. *Paraphyses* sat arcte aut sat laxe cohaerentes, 0,0015 millim. crassae, apice anguste capitato-clavatae. *Asci* clavati. *Sporae* distichae, fusco-nigricantes, fusiformi-oblongae aut fusiformi-ellipsoideae, apicibus obtusis, medio leviter aut non constrictae, long. 0,023—0,018, crass. 0,011—0,009 millim., membrana sat tenui.

*B. subdisciformis (Leight.) Wainio. *Lecidea subdisciformis* Leight., Lich. Great Brit. (1871) p. 308; Nyl. & Hue, Addend. (1888) p. 224. *Lecidea modesta* Krempelh. in Warm. Lich. Bras. (1873) p. 23 (secund. specim. orig. in herb. Warm.), Lich. Südsee-ins. (1873) p. 103. *Buellia modesta* Müll. Arg., Lich. Beitr. (Fl. 1881) n. 362.

Thallus crustaceus, uniformis, sat tenuis aut sat crassus, subcontinuus aut areolato-diffractus areolatusve aut verrucosus verruculosusve, areolis verrucisque contiguis aut dispersis, planiusculis aut convexis, albidus aut albido-glaucescens, KHO lutescens et demum bene rubescens. *Apothecia* mediocria aut sat parva, 2—1—0,5 millim. lata, adpressa, disco plano aut demum convexo, nigro nudoque aut caesio-pruinoso aut raro flavido-pruinoso, margine crassitudine mediocri aut tenui, nigro. *Hypothecium* superne fuscescens, inferne fusco-fuligineum. *Sporae* 8:nae, 1-septatae, long. 0,030—0,014, crass. 0,012—0,005 millim.

Ad corticem arborum cet. locis numerosis a me lecta, n. 139, 461, 512, 672, 677 b, 1134. F. caesiopruinosa (Tuck. in Wright Lich. Cub. n. 240), disco apotheciorum caesio-pruinoso dignota, ad Sitio et in Carassa in civ. Minarum lecta est, n. 890, 1172, 1579. — Haec species valde est variabilis et saepe vix nisi reactione thalli a B. disciformi differens. — *Thallus* partim hypothallo nigricante limitatus. *Excipulum* in lamina tenui extus fusco-fuligineum, intus olivaceum vel flavido-olivaceum, KHO solutionem lutescentem effundens et demum praecipitatum floccosum rubrum formans. *Hymenium* 0,080—0,150 millim. crassum, parum oleosum, jodo persistenter caerulescens. *Epithecium* fuscum, KHO non reagens. *Paraphyses* arcte cohaerentes, 0,001—0,0015 millim. crassae, apice anguste capitatae, neque ramosae, nec constrictae. *Asci* clavati, circ. 0,018—0,012 millim. crassi. *Sporae* distichae, oblongae aut ellipsoideae, apicibus obtusis, medio leviter aut non constrictae, fuscae, membrana leviter (praesertimque in apicibus) incrassata. *Pycnoconidia* „long. 0,007—0,011, crass. vix 0,001 millim." (Nyl., l. c.).

2. **B. conformis** Wainio (n. sp.).

Thallus crustaceus, uniformis, tenuis aut tenuissimus, subcontinuus, parce verruculoso-inaequalis, aut sublaevigatus, albidus aut sordide albicans, KHO non reagens. *Apothecia* sat parva, 0,8—0,5 millim. lata, adpressa, nigra, nuda, disco convexo, margine tenui, demum excluso. *Hypothecium* fusco-nigricans. *Sporae* 8:nae, 1-septatae, long. 0,030—0,018, crass. 0,015—0,009 millim.

Ad corticem arboris prope Sitio (1000 metr. s. m.) in civ. Minarum, 1093. — *Thallus* esorediatus, neque Ca Cl₂ O₂, nec KHO (Ca Cl₂ O₂) reagens. *Apothecia* opaca. *Excipulum* proprium, fusconigricans nigricansve. *Hymenium* circ. 0.120—0,220 millim. crassum, jodo persistenter caerulescens. *Epithecium* fuscescens aut fusco-nigricans, KHO non reagens. *Paraphyses* sat laxe cohaerentes (apice arctius cohaerentes), 0,0015—0,001 millim. crassae, apice saepe clavatae vel leviter incrassatae, neque constrictae, nec ramosae. *Asci* clavati, circ. 0,018—0,030 millim. crassi. *Sporae* distichae, fuscescentes, ellipsoideae aut oblongae, membrana apices et septam versus incrassata, septa medio tenuiore foveolatave.

3. **B. endococcinea** Wainio (n. sp.).

Thallus crustaceus, uniformis, crassitudine mediocris, verruculosus, verruculis parvis, contiguis aut dispersis, cinerascentibus aut fuscescenti-cinereo-albidis, esorediatis, intus rubris. *Apothecia* sat parva, 0,4—0,8 millim. lata, adpressa, nigra, nuda, disco plano, margine tenuissimo, subpersistente. *Hypothecium* nigricans. *Sporae* 8:nae, 1-septatae, long. 0,015—0,012, crass. 0,007—0,005 millim.

Supra rupem itacolumiticam in Carassa (1400—1500 metr. s. m.) in civ. Minarum, n. 1353. Analoga est B. sanguinariellae (Nyl., Lich. Nov.-Gran. Addit. 1867 p. 328). *Thallus* KHO superne dilute flavescens, intus violascens, hypothallo indistincto. *Apothecia* margine discum aequante. *Excipulum* nigricans aut purpureo-nigricans. *Hymenium* circ. 0,060 millim. crassum, jodo persistenter caerulescens. *Epithecium* fuscofuligineum. *Paraphy-*

ses arctissime cohaerentes, tenues, apice capitatae, neque constrictae, nec ramosae. *Asci* clavati. *Sporae* distichae, nigricantes, ellipsoideae aut oblongae, membrana sat tenui.

4. **B. Glaziouana** (Krempelh.) Wainio. *Lecidea Glaziouana* Krempelh., Fl. 1876 p. 317 (mus. Paris. et hb. Warm.).

Thallus crustaceus, uniformis, sat tenuis, continuus aut rimulosus, laevigatus, flavescens aut stramineo-flavescens, KHO lutescens. *Apothecia* mediocria aut sat parva, 1—0,5 millim. lata, adpressa, disco plano, nigro, nudo, margine tenui, nigro aut rarius primum pallido-cinerascente, persistente. *Hypothecium* fusconigrum. *Sporae* 8:nae, 1-septatae, long. 0,013—0,011, crass. 0,007 —0,005 millim.

Ad rupes prope Rio de Janeiro, n. 74, 154. — *Thallus* Ca Cl$_2$ O$_2$ non reagens, KHO (Ca Cl$_2$ O$_2$) dilute rubescens, medulla jodo non reagente, partim hypothallo nigricante limitatus. *Excipulum* proprium, extus vulgo fuligineum, intus sordide cinerascens. *Hymenium* circ. 0,060 millim. crassum, jodo persistenter caerulescens. *Epithecium* fusco-nigricans. *Paraphyses* arcte cohaerentes, 0,001 millim. crassae, apice clavatae, neque constrictae, nec ramosae. *Asci* clavati, circ. 0,012 millim. crassi. *Sporae* distichae, ellipsoideae, medio non constrictae, fusco-nigricantes, membrana parum incrassata.

5. **B. atrofuscata** Wainio (n. sp.).

Thallus crustaceus, uniformis, tenuis, subcontinuus, aut subdispersus, verruculoso-inaequalis, fuscescens aut olivaceo-fuscescens. *Apothecia* sat parva aut parva aut mediocria, 1,5—0,3 millim. lata, adpressa, nigra, nuda, disco convexo, margine tenui, persistente aut demum excluso. *Hypothecium* fusco-nigricans. *Epithecium* fusco-fuligineum, KHO non reagens. *Sporae* 8:nae, 1-septatae, long. 0,025—0,019, crass. 0,012—0,008 millim.

Ad terram humosam in Carassa (circ. 1500 metr. s. m.) in civ. Minarum, n. 1416. — *Excipulum* proprium, intus fuscescens et in margine pallidum albidumve, extus fuligineum, KHO non reagens. *Hymenium* circ. 0,110—0,120 millim. crassum, jodo persistenter caerulescens, ascis junioribus vinose rubentibus. *Paraphyses* praecipue apice arcte cohaerentes, 0,001—0,0015 millim. crassae, neque constrictae, nec ramosae. *Asci* clavati, 0,018— 0,016 millim. crassi. *Sporae* fuscescentes, ellipsoideae aut oblongae, apicibus angustatis obtusisque, medio non constrictae, membrana ad apices et septam incrassata, septa saepe poro instructa.

6. **B. violascens** Wainio (n. sp.).

Thallus crustaceus, tenuis aut tenuissimus, subdispersus, areolatus aut depresso-verruculosus, fuscescens aut cinereo-fuscescens. *Apothecia* sat parva aut parva, 0,7—0,3 millim. lata, adpressa, disco fusco-nigro, nudo, planiusculo aut demum convexo convexiusculove, margine tenuissimo, integro, fusco aut cinereo-fuscescente, demum excluso instructa. *Hypothecium* dilute lutescens aut albidum. *Epithecium* fuscescens, KHO solutionem violaceam effundens. *Sporae* 8:nae, 1-septatae, long. 0,028—0,016, crass. 0,011—0,008 millim.

Ad corticem putridum arboris prope Sitio (1000 metr. s. m.) in civ. Minarum, 759. — Habitu fere similis est Lecideae uliginosae Ach. *Thallus* esorediatus, circa apothecia KHO violascens (sub microsc.). *Discus* apotheciorum opacus. *Excipulum* margine et parte inferiore fulvescente lutescenteve, KHO violascente, gonidiis destitutum. *Hypothecium* KHO dilute violascens. *Hymenium* circ. 0,090 millim. crassum, jodo persistenter caerulescens. *Epithecium* fuscescens, KHO solutionem violaceam effundens deindeque denuo fuscescens. *Paraphyses* 0,0015 millim. crassae, apice leviter clavato-incrassatae, clava fuscescente, arcte cohaerentes, neque ramosae, nec constrictae. *Asci* clavati, circ. 0,020 millim. crassi. *Sporae* fuscescentes, ellipsoideae aut oblongae, rectae aut parce curvatae, medio non constrictae.

2. *Thallus* glaucescens aut cinerascens aut albidus. *Medulla* jodo non reagens. *Apothecia* vulgo minuta, adpressa aut subadpressa.

7. **B. myriocarpa** (D. C.) Mudd, Brit. Lich. (1861) p. **217**; Th. Fr., Lich. Scand. (1874) p. 595; Tuck., Syn. Lich. II (1888) p. 97 (excl. var. b.). *Patellaria* D. C., Fl. Fr. ed. 3 II (1805) p. **346**.

Thallus crustaceus, uniformis, tenuis aut crassiusculus aut obsoletus, cinerascens, virescens aut albidus, granulosus aut areolatus aut granuloso-pulverulentus, KHO non reagens aut flavescens, medulla non reagente. *Apothecia* minuta, 0,1—0,7 millim. lata, vulgo numerosissima et sat crebra, demum vulgo adpressa, nigra, nuda, disco plano aut convexo, margine tenui, persistente aut demum excluso. *Hypothecium* fusco-nigricans. *Sporae* 8:nae, 1-septatae, long. 0,022—0,008, crass. 0,008—0,005 [—0,004] millim., episporio distincto.

Locis numerosis ad rupes et corticem arborum lecta.

8. **B. termitum** Wainio (n. sp.).

Thallus crustaceus, uniformis, tenuis, subcontinuus aut diffractus, inaequalis, glaucescens aut glaucovirescens, KHO non reagens. *Apothecia* parva, 0,2—0,3, rarius —0,5 millim. lata, emergentia aut demum fere adpressa, nigra, nuda aut subnuda, disco planiusculo aut demum convexo, immarginata aut primum margine tenuissimo instructa. *Hypothecium* albidum. *Sporae* 8:nae, 1-septatae, long. 0,013—0,011, crass. 0,007—0,006 millim.

Ad terram arenosam supra nidos termitum prope Sitio (1000 metr. s. m.) in civ. Minarum, n. 653. — Habitu B. myriocarpae satis similis. *Thallus* esorediatus, hypothallo indistincto. *Excipulum* parte laterali fusco-nigra, tenui, parte basali albida vel pallida, proprium, ex hyphis irregulariter contextis conglutinatis formatum, strato medullari destitutum. *Hymenium* circ. 0,070—0,060 millim. crassum, jodo persistenter caerulescens. *Epithecium* fusco-nigricans, KHO non reagens. *Paraphyses* arctissime cohaerentes, apice fusco-capitatae, neque constrictae, nec ramosae. *Asci* clavati, circ. 0,012—0,010 millim. crassi. *Sporae* distichae, fusco-nigricantes, ellipsoideae, medio non constrictae, membrana sat tenui.

9. **B. polyspora** (Willey) Wainio. *B. myriocarpa* b. *polyspora* Willey in Tuck. Syn. North Am. II (1888) p. 97 (secund. descr.).

Thallus indistinctus hypophloeodesve aut tenuissimus, parce verruculoso-inaequalis, albidus aut sordide albido-glaucescens. *Apothecia* parva, 0,2—0,5 millim. lata, adpressa, nigra aut fusconigra, nuda, disco vulgo planiusculo, margine tenuissimo, persistente aut demum excluso. *Hypothecium* fusco-nigricans. *Sporae* 16:nae — 8:nae [—24:nae] in eodem apothecio, 1-septatae, long. 0,015—0,007, crass. 0,007—0,0035 millim.

Ad corticem arborum prope Sepitiba in civ. Rio de Janeiro, n. 494, et prope Sitio in civ. Minarum, n. 654. — *Thallus* hypothallo cinereo-nigricante partim limitatus. *Gonidia* protococcoidea. *Apothecia* pr. p. primum subimmersa emergentiaque. *Exci-*

pulum proprium. fusco-nigricans, KHO non reagens, ex hyphis conglutinatis formatum. *Hymenium* circ. 0,070—0,050 millim. crassum, jodo persistenter caerulescens. *Epithecium* fusco-nigricans, KHO non reagens. *Paraphyses* sat arcte cohaerentes, 0,001 millim. crassae, apice capitato-incrassatae, neque ramosae, nec constrictae. *Asci* clavati, circ. 0,012—0,014 millim. crassi. *Sporae* fusco-nigricantes, ellipsoideae aut oblongae, medio vulgo non constrictae, membrana sat tenui, episporio sat distincto.

10. **B. rufo-fuscescens** Wainio (n. sp.).

Thallus crustaceus, uniformis, tenuissimus, verruculoso-inaequalis, sordide albicans. *Apothecia* sat parva, 0,6—0,4 millim. lata, adpressa, disco rufo vel ochraceo-fuscescente aut (in nonnullis apotheciis) fusco-nigricante, nudo, plano, margine tenui, nigro, persistente. *Hypothecium* fusco-nigricans. *Epithecium* fulvescens, KHO olivaceum. *Sporae* 8:nae, 1-septatae, long. 0,017—0,010, crass. 0,005—0,004 millim.

Ad lignum in Carassa (1400 metr. s. m.) in civ. Minarum, n. 1167 b. — *Thallus* esorediatus, hypothallo cinerascente partim limitatus, strato corticali nullo, hyphis 0,002 millim. crassis, membrana tenui, lumine comparate sat lato. *Excipulum* proprium, fusco-nigrum. Basis excipuli et thallus circa apothecia KHO solutionem violaceam effundens. *Hymenium* circ. 0,060—0,055 millim. crassum, jodo persistenter caerulescens. *Paraphyses* arcte cohaerentes, 0,001 millim. crassae, neque constrictae, nec ramosae. *Asci* clavati, circ. 0,010—0,012 millim. crassi. *Sporae* fusconigricantes, oblongae, medio haud constrictae, membrana modice incrassata.

11. **B. placodiomorpha** Wainio (n. sp.).

Thallus crustaceus, uniformis, tenuis aut tenuissimus, dispersus aut partim subcontinuus, glaucescenti-albidus, KHO non reagens. *Apothecia* minuta, 0,3—0,2 (—0,4) millim. lata, demum fere adpressa, nigra aut rarius fusconigricantia, nuda, disco convexo aut planiusculo, margine tenui, primum interdum sordide fuscescente, demum excluso. *Hypothecium* fuscescens aut parte superiore pallido-fuscescente. *Sporae* 8:nae, 4-blastae, placodiomorphae, loculis apicalibus cum loculis mediis poro confluentibus, long. 0,019—0,014, crass. 0,010—0,007 millim.

Ad corticem arboris prope Sepitiba in civ. Minarum, n. **473**.

— Habitu similis est B. myriocarpae, at sporis differens. — *Thallus* esorediatus, verruculoso-subinaequalis, hypothallo indistincto. *Excipulum* proprium, vulgo fusco-nigricans. *Hymenium* circ. 0,060 millim. crassum, jodo persistenter caerulescens, ascis juvenilibus demum vinose rubentibus. *Epithecium* fusco-nigricans. *Paraphyses* sat laxe cohaerentes, 0,0015 millim. crassae, apice fusco-clavatae, apicem versus distincte septatae, neque constrictae, nec ramosae. *Asci* clavati, circ. 0,012—0,016 millim. crassi. *Sporae* distichae, fusco-nigricantes, ellipsoideae aut oblongae, parietibus et septis inaequaliter incrassatis, membrana in apicibus sporarum tenui.

3. *Thallus* lutescens aut flavescens. *Medulla* jodo non reagens. *Apothecia* minuta.

12. **B. lucens** Wainio (n. sp.).

Thallus crustaceus, uniformis, tenuis, areolatus, areolis minutissimis, circ. 2—1 millim. latis, depresso-convexis, dispersis aut partim subcontiguis, luteis. *Apothecia* minuta, circ. 0.2—0.3, raro —0,6 millim. lata, adpressa, immarginata, disco convexo, nigro, nudo. *Hypothecium* albidum aut dilute flavescens. *Hymenium* jodo persistenter caerulescens. *Epithecium* fusco-fuligineum. *Sporae* 8:nae, 1-septatae, long. 0,015—0,009, crass. 0,006—0,004 millim.

Ad rupem itacolumiticam in Carassa (1400—1500 metr. s. m.) in civ. Minarum, n. 1544. — *Thallus* esorediatus, neque KHO, nec Ca Cl₂O₂, nec I reagens, hypothallo atro, tenui, distincto. *Excipulum* in partibus lateralibus basis apothecii fusconigricans, tenue, proprium, in parte media basis flavescens, KHO non reagens. *Hymenium* circ. 0,060 millim. crassum. *Paraphyses* arcte cohaerentes, 0,001—0,0015 millim. crassae, apice fuligineo-capitatae. *Asci* clavati, circ. 0,012 millim. crassi. *Sporae* fusconigricantes, oblongae, medio haud constrictae, membranis septisque sat tenuibus.

13. **B. microscopica** Wainio (n. sp.).

Thallus crustaceus, uniformis, tenuis, areolatus, areolis minutissimis, circ. 0,1—0,2 millim. latis, planis, dispersis, flavescentibus. *Apothecia* minutissima, circ. 0,2—0,1 millim. lata, thallo immersa, demum emergentia, tenuissime marginata, nigra, nuda, disco plano. *Hypothecium* sordide albidum. *Hymenium* jodo persistenter caerulescens, ascis vinose rubentibus. *Epithecium* purpureo-fuligineum. *Sporae* 8:nae, 1-septatae, long. 0,016—0,011, crass. 0,007—0,006 millim.

Ad rupem itacolumiticam in Carassa (1400—1500 metr. s. m.) in civ. Minarum, n. 1241. — *Thallus* esorediatus, neque KHO, nec Ca Cl$_2$ O$_2$, nec I reagens, hypothallo nigro, tenuissimo. *Gonidia* protococcoidea. *Excipulum* fusco-fuligineum, parte basali crassa, parte laterali tenui. *Hymenium* circ. 0,050 millim. crassum. *Epithecium* KHO non reagens. *Paraphyses* arcte cohaerentes, 0,0015 millim. crassae, apice clavatae, apicem versus distincte septatae. *Asci* clavati. *Sporae* fusco-nigricantes, ellipsoideae, medio haud constrictae, membranis septisque sat tenuibus.

4. *Thallus* cinerascens aut albidus. *Medulla* jodo non reagens. *Apothecia* thallum subaequantia, minuta.

14. **B. stellulata** (Tayl.) Br. et Rostr., Lich. Dan. (1869) p 111; Th. Fr., Lich. Scand. (1874) p. 603. *Lecidea* Tayl. in Mack. Fl. Hibern. II (1836) p. 118.

Thallus crustaceus, uniformis, sat tenuis, areolatus, areolis albidis aut albido-cinerascentibus, KHO flavescentibus, medulla jodo non reagente. *Apothecia* minuta, 0,2—0,4 millim. lata, areolis immixta, thallum subaequantia, nigra, nuda, disco plano, margine tenui, subpersistente. *Hypothecium* fusco-nigricans. *Sporae* 8:nae, 1-septatae, long. 0,015—0,012 [—0,009], crass. 0,008—0,006 millim. [—0,004 millim.: Th. Fr., l. c.].

Var. **minutula** (Hepp) Wainio. *Lecidea spuria β. minutula* Hepp, Flecht. Eur. (1853) n. 313.

Thallus areolis planis aut depresso-convexiusculis, hypothallo nigricante, tenuissimo aut evanescente.

Supra rupem prope Rio de Janeiro. — *Thallus* esorediatus.

Var. **protothallina** Krempelh., Fl. 1876 p. 267 (coll. Glaz. n. 3493: hb. Warm.).

Thallus areolis vulgo planis aut concaviusculis, hypothallo bene evoluto.

Supra rupes in Carassa (1400—1500 metr. s. m.) in civ. Minarum haud rara, n. 1169, 1285, 1437, 1484, 1512, 1582, 1591.

— Habitu satis est insignis, at sine limite in var. minutulam (Hepp) transit. *Thallus* esorediatus, areolis contiguis aut dispersis, vulgo angulosis, saepe etiam hypothallo marginatis. *Excipulum* proprium, fuligineum. *Hypothecium* fusco-nigricans aut parte superiore anguste subalbidum. *Epithecium* fusco-nigricans, KHO non reagens. *Hymenium* circ. 0,070 millim. crassum, jodo persistenter caerulescens aut ascis juvenilibus demum vinose rubentibus. *Paraphyses* sat arcte cohaerentes, 0,002 millim. crassae, apice capitato-clavatae, clava fuscescente distincteque septata. *Asci* clavati, circ. 0,014 millim. crassi. *Sporae* distichae, fusconigrae, ellipsoideae, long. 0,015—0,012, crass. 0,008—0,006 millim., membrana leviter sat aequaliter incrassata.

15. **B. parachroa** Wainio (n. sp.).

Thallus crustaceus, uniformis, sat tenuis, rimoso-areolatus, albidus aut albido-cinerascens, KHO flavescens, medulla jodo non reagente. *Apothecia* minuta, 0,3—0,5 millim. lata, areolis immixta, thallum leviter superantia, nigra, nuda, disco plano, margine tenui, persistente. *Hypothecium* albidum. *Sporae* 8:nae, 1-septatae, long. 0,022—0,014, crass. 0,012—0,008 millim.

Supra rupem graniticam prope Rio de Janeiro, n. 104. — Habitu subsimilis est B. stellulatae, at hypothecio albido ab ea differens. — *Thallus* esorediatus, areolis parvis, angulosis, planis, laevigatis, hypothallo nigricante partim limitatus. *Apothecia* margine leviter elevato aut demum discum subaequante, in latere interiore saepe linea albida tenuissima obsito. *Excipulum* proprium, gonidiis destitutum, basi albidum, latere fuligineum. *Hymenium* circ. 0,080—0,120 millim. crassum, jodo persistenter caerulescens. *Epithecium* fuscescens, saepe sat dilute. *Paraphyses* 0,0015 millim. crassae, apice fuscescenti-clavatae, sat laxe cohaerentes (apice arctius cohaerentes), neque constrictae, nec ramosae. *Asci* clavati, circ. 0,020 millim. crassi. *Sporae* distichae, fuscescentes, ellipsoideae, interne membrana apices et septam versus incrassata, septa medio tenuiore vel foveolata aut poro demum medio clausso instructa.

16. **B. recipienda** Wainio (n. sp.).

Thallus crustaceus, uniformis, tenuis, interrupte subcontinuus, laevigatus, glaucescenti-albido-stramineus, partim caerulescenti-glaucescens (hypothallo translucente coloratus), KHO flavescens, medulla jodo non reagente. *Apothecia* minuta, 0,3—0,2 millim. lata, primum thallo immersa, dein emergentia et thallum sat leviter superantia, nigra, nuda, disco plano, margine tenuissimo, subpersistente. *Hypothecium* nigricans. *Sporae* 8:nae, 1-septatae, long. 0,014—0,008, crass. 0,006—0,005 millim.

Supra rupem in Carassa (1500 metr. s. m.) in civ. Minarum, n. 1581. — *Thallus* esorediatus, nitidiusculus, hypothallo caeruleonigricante nigricanteve partim interruptus limitatusque. *Apothecia* margine leviter elevato aut discum aequante. *Excipulum* proprium, fuligineum. *Hymenium* circ. 0,060 millim. crassum, jodo persistenter caerulescens. *Epithecium* fusco-nigricans, KHO non reagens. *Paraphyses* 0,0015 millim. crassae, apice fuscescenti-capitatae, sat laxe cohaerentes, neque constrictae, nec ramosae. *Asci* clavati, circ. 0,012—0,014 millim. crassi. *Sporae* distichae, fusco-nigricantes, ellipsoideae, membrana parum incrassata.

17. **B. epiphaeoides** Wainio (n. sp.).

Thallus crustaceus, uniformis, sat tenuis, continuus, sordide cinerascens, KHO parum reagens, jodo non reagens. *Apothecia* minuta, 0,3—0,2 millim. lata, primum thallo immersa, dein mox emergentia et thallum sat leviter superantia, disco fusco aut fusco-nigricante, nudo, plano, margine tenui, nigro, persistente. *Hypothecium* subalbidum. *Sporae* 8:nae, 1-septatae, long. 0,26—0,019, crass. 0,012—0,009 millim.

Ad rupem graniticam prope Rio de Janeiro, n. 157. — *Thallus* esorediatus, sat laevigatus, nitidiusculus, KHO levissime flavescens, hypothallo indistincto. *Apothecia* margine leviter elevato aut demum discum aequante. *Excipulum* proprium, primum integrum fuligineumque, demum basi apertum incompletumque. *Hypothecium* subalbidum, demum strato gonidiali thalli impositum. *Hymenium* circ. 0,090—0,100 millim. crassum, jodo persistenter caerulescens. *Epithecium* rufescens aut sordide fuscescenti-obscuratum. *Paraphyses* sat laxe cohaerentes, apice haud aut leviter incrassatae, neque constrictae, nec ramosae. *Asci* clavati, circ. 0,020—0,030 millim. crassi. *Sporae* distichae, nigricantes obscurataeve, ellipsoideae aut oblongae, interne membrana apices et septam versus bene incrassata, septa medio tenuiore vel foveolata.

5. *Thallus* cinerascens aut albidus. *Medulla* jodo reagens. *Apothecia* thallum subaequantia, minuta.

18. **B. aethalea** (Ach.) Th. Fr., Lich. Scand. (1874) p. 604. *Gyalecta* Ach., Lich. Univ. (1810) p. 669.

Thallus crustaceus, uniformis, tenuis aut sat tenuis, areolatus, areolis albidis aut cinerascentibus [aut fuscidulo-cinerascentibus], KHO primum lutescentibus, dein rubescentibus, medulla jodo caerulescente. *Apothecia* minuta, circ. 0,2—0,5 millim. lata, areolis immixta aut immersa, thallum subaequantia aut leviter demum superantia, nigra, nuda, disco planiusculo, margine tenui, subpersistente aut demum evanescente. *Hypothecium* fusco-nigricans. *Sporae* 8:nae, 1-septatae, long. 0,012—0,009 [—0,015], crass. 0,007—0,004 millim.

Supra rupes in Carassa (1400—1500 mctr. s. m.) in civ. Minarum, n. 1252, 1530. — *Thallus* csorediatus, areolis contiguis aut dispersis, planis aut planiusculis, hypothallo atro. *Excipulum* proprium, fuligineum. *Hypothecium* parte superiore anguste dilute fuscescens, parte inferiore fusconigricans. *Epithecium* fusco-fuligineum. *Hymenium* jodo caerulescens, dein vinose rubens (in speciminibus europaeis jodo caerulescens, observante Th. Fr., l. c.). *Paraphyses* arcte cohaerentes, apice clavatae, clava fuscescente, constricte articulata. *Asci* clavati. *Sporae* distichae, fusconigricantes, ellipsoideae aut oblongae, membrana parum incrassata.

Lecidea atro-albella Nyl., Addit. Fl. Chil. (1855) p. 165, secund. specim. orig. in mus. Paris. a *B. aethalea* differt thallo KHO solum lutescente et vix distinguenda sit a *B. spuria* (Schaer.) Arn.

6. *Thallus* obscure coloratus. *Medulla* jodo caerulescens. *Apothecia* sat parva aut mediocria, adpressa.

19. **B. anatolodioides** Wainio (n. sp.).

Thallus crustaceus, uniformis, sat tenius aut crassitudine mediocris, areolatus, aut rimoso-areolatus, areolis sat obscure cinereis aut cinereo-fuscescentibus aut pallido-cinerascentibus, KHO primum solutionem lutescentem effundentibus, dein crystallos rubros formantibus, medulla jodo caerulescente. *Apothecia* sat parva, 0,5—0,8 millim. lata, adpressa, nigra, nuda, disco planiusculo, margine mediocri aut sat tenui, persistente. *Hypothecium* fusco-nigricans. *Sporae* 8:nae, 1-septatae, long. 0,026—0,015, crass. 0,014—0,007 millim.

Supra rupes in Carassa (1400—1500 metr. s. m.) in civ. Minarum, n. 1190, 1276, 1516. — *Thallus* esorediatus, areolis vulgo contiguis, minutis, planis aut planiusculis, hypothallo atro, parum distincto. *Apothecia* margine elevato aut demum discum aequante. *Excipulum* proprium, crassum, fuligineum aut intus fusco-nigricans, KHO non reagens. *Hymenium* circ. 0,070 millim. crassum, jodo persistenter caerulescens. *Epithecium* fuligineum aut smaragdulo-fuligineum, KHO non reagens. *Paraphyses* sat arcte cohaerentes, 0,0015 millim. crassae, apice capitato-clavatae, clava —0,003—0,004 millim. crassa, neque ramosae, nec constrictae. *Asci* clavati, circ. 0,018—0,014 millim. crassi. *Sporae* distichae, fuscae, ellipsoideae aut oblongae, apicibus rotundatis aut obtusis, membrana leviter aut parum incrassata.

Trib. 7. Peltigereae.

Thallus foliaceus aut raro squamosus, heteromericus. *Stratum corticale superius* parenchymaticum, loculis cellularum majusculis (saltem in parte interiore corticis). *Stratum medullare* stuppeum, hyphis leptodermaticis. *Gonidia* palmellacea (conf. Bornet, Rech. Gon. Lich. p. 24) aut polycoccoideo-nostocacea, in *zona* infra stratum corticale superius disposita. *Apothecia* thallo innata, immersa permanentia aut vulgo demum emergentia, basi tota thallo adnata, *excipulo* indistincto. *Paraphyses* bene evolutae, haud ramoso-connexae. *Sporae* longae, subfusiformes aut fusiformi-aciculares aut rarius oblongae, septatae, fuscescentes aut decolores.

1. Peltigera.

Willd., Fl. Berol. (1787) p. 347; Fr., Lich. Eur. Ref. (1831) p. 41 pr. p.; De Not., Osserv. Peltig. (1851) p. 9; Tul., Mém. Lich. (1852) p. 17, 44, 64, 200, tab. 8, 9 fig. 7—17, tab. 16 fig. 9, 10; Mass., Mem. Lich. (1853) p. 19; Koerb., Syst. Germ. (1855) p. 56; Speerschneid., Bot. Zeit. (1857) p. 521; Nyl., Syn. Lich. (1858—60) p. 322; Linds., Mem. Sperm. (1859) p. 173; Th. Fr., Gen. Heterolich. (1861) p. 55; Schwend., Unters. Flecht. II (1863) p. 150, 174, tab. IX fig. 9; Tuck., Gen. Lich. (1872) p. 37, Syn. North Am. (1882) p. 105. *Peltidea* Ach., Lich. Univ. (1810) p. 98, 514. — *Peltigera* et *Peltidea* Nyl., Fl. 1882 p.

457, Forssell, Stud. Cephalod. (1883) p. 35, Nyl., Classif. Peltigér. (Le Natu
raliste 1884), Fünfstück, Beitr. Entw. Flecht. (1884) p. 2, Thallusbild. Apoth.
Pelt. (1884) p. 447, Hue, Addend. (1886) p. 49.

Thallus foliaceus, saltem ambitu plus minusve adscendens,
solum superne strato corticali obductus, inferne nervosus et rhizinis instructus. *Stratum corticale* ex hyphis (in primis) verticalibus parenchymatice septatis conglutinatis formatum, demum
series plures irregulariter horizontales cellularum continens, loculis majusculis aut summis interdum demum destructis minoribusque, parietibus (membranis) sat tenuibus aut leviter incrassatis.
Stratum medullare stuppeum, hyphis laxe contextis, crassis aut
sat crassis (circ. 0,010—0,004 millim. latis), leptodermaticis, parce
increbreve septatis, lumine sat lato. *Gonidia* nostocacea (conf.
Bornet, Recherch. Gonid. p. 6 et 32), cellulis caeruleo-virescentibus aut glaucescentibus, moniliformi-concatenatis, filamentis ad instar Polycocci glomeruloso-intricatis [in sect. Emprostea (Ach.)
Wainio], aut leptogonidia (dactylococcoidea, conf. Bornet, Rech.
Gon. Lich. p. 24), simplicia, flavescentia, parva, globosa aut ellipsoidea, membrana tenuissima instructa [sect. Peltidea (Ach.) Wainio], in zona infra stratum corticale disposita, hyphis tenuioribus
crebre contextis immixta. *Apothecia* margini thalli, demum in
lobos accrescenti innata, demum lobis thalli antice adnata. *Hypothecium* pallidum aut rufescens, ex hyphis crebre contextis parenchymatice septatis, partim conglutinatis formatum, strato gonidiis destituto medullari impostum, excipulum ceterum deficiens.
Sporae 8—6:nae, fusiformes aut aciculares elongataeve, 1—pluriseptatae, decolores aut dilute fuscescentes. *Pycnides* in margine
thalli sitae, fuscescentes, conceptaculo parenchymatico. *Basidia*
simplicia, fere exarticulata. *Stylosporae* oblongae aut ovoideooblongae ellipsoideaeve, simplices.

1. **P. Americana** Wainio (n. sp.). *„P. canina* var. *membranacea"* Nyl. in Mandon Plant. Bol. n. 1743 (mus. Paris.).

Thallus late expansus (long. circ. 11—5 centim.), adpressus,
fere dichotome aut sat irregulariter lobatus, lobis circ. 25—10
millim. latis, margine ambituque subintegris, superne plus minusve
impresso-rugosus, glaber nitidusque, sorediis et isidiis destitutus,
pallido-glaucescens pallidusve aut partim fuscescens, subtus maxima parte albidus pallidusve, reticulato-nervosus, nervis elevatis,

angustis, pallidis aut medium versus thalli fuscescentibus, rhizinas 5 (—2) millim. longas penicillatas et transversim creberrime fibrillosas fuscescentes et ambitum versus pallidas creberrime efferentibus. *Gonidia* nostocacea, caeruleo-virescentia, cellulis glomeruloso-concatenatis. *Apothecia* lobulis adscentibus adnata, demum oblonga ellipsoideave, fere convoluta convexaque. *Sporae* 3-septatae, long. 0,026—0,050, crass. 0,003—0,0045 millim.

Ad terram humosam in cacumine montis (1600 metr. s. m.) prope Carassam in civ. Minarum, n. 403 (abundanter obvia). — Pelt. melanocoma Mont. et v. d. Bosch, quae secund. specim. orig. est forma P. polydactylae, thallo haud impresso-rugoso et rhizinis multo minus numerosis neque transversim fibrillosis a planta nostra differt. — *Thallus* strato corticali superne obductus circ. 0,040—0,050 millim. crasso, grosse parenchymatico, e seriebus pluribus (circ. 5—3) cellularum formato, membranis sat tenuibus. *Stratum medullare* hyphis 0,006—0,004 millim. crassis, laxe contextis, leptodermaticis. *Gonidia* caeruleo-virescentia aut glaucescentia, cellulis 0,006—0,005 millim. crassis, glomeruloso-concatenatis, pariete gelatinoso sat tenui. *Apothecia* strato grosse parenchymatico marginata. *Hypothecium* dilute rufescens aut pallido-rufescens, ex hyphis crebre contextis, breviter cellulosis, parte superiore subconglutinatis formatum, strato medullari gonidiis destituto impositum. *Hymenium* circ. 0,070 millim. crassum; praesertim asci jodo (persistenter) caerulescentes. *Epithecium* rufescens. *Paraphyses* sat laxe cohaerentes, 0,002—0,0015 millim. crassae, apice haud aut parum incrassatae (0,002—0,003 millim.), haud ramosae, increbre septatae (Zn Cl$_2$ + I). *Asci* fusiformi-oblongi, circ. 0,010—0,008 millim. crassi, apice membrana parum incrassata, massa sporali demum dilute fuscescente testaceave (sporae solitariae subdecolores videntur). *Sporae* polystichae, elongato-subfusiformes, apicibus obtusis, rectae.

2. **P. spuriella** Wainio (n. sp.).

Thallus minutus (long. circ. 15—10 millim.), adscendens, lobatus, lobis circ. 5—6 millim. latis, margine ambituque subintegris, superne laevigatus nitidusque aut ad apothecia verruculoso-scabridus, haud tomentosus, isidiis sorediisque destitutus, pallidus aut pallido-glaucescens, subtus maxima parte pallidus, reticulato-nervosus, nervis leviter elevatis, angustis aut sat angustis, pallidis

aut demum fuscescentibus, rhizinas circ. 5 millim. longas sat simplices vel apice subpenicillatas fuscescentes basin versus thalli efferentibus. *Gonidia* nostocacea, caeruleo-virescentia, cellulis glomeruloso-concatenatis. *Apothecia* lobulis adscendentibus adnata,
demum ellipsoidea, fere convoluta convexaque. *Sporae* 3-septa-
tae, long. 0,051—0,062, crass. 0,0025—0,0035 millim.

Ad terram humosam supra rupem in Carassa (1450 metr.
s. m.) in civ. Minarum, n. 1519. — A P. canina var. spuria (Ach.)
thallo superne haud tomentoso differt. P. polydactyla v. sub-
spuria Nyl. (coll. Mandon n. 52) thallo superne laevigato et nervis latis nigris nudis a specie nostra distinguitur. — *Stratum corticale* thalli circ. 0,060—0,080 millim. crassum, grosse parenchymaticum, e seriebus pluribus (circ. 5) cellularum constans, verruculis e cellulis subdestructis formatis. *Stratum medullare* hyphis
0,008—0,004 millim. crassis, lumine cellularum lato, membranis
sat tenuibus. *Gonidia* cellulis diam. circ. 0,008 millim., pariete
gelatinoso sat tenui. *Hypothecium* dilute vel pallide fuscescens,
strato medullari, gonidiis destituto impositum. *Hymenium* circ.
0,100—0,090 millim. crassum; asci jodo persistenter caerulescentes. *Epithecium* rufescens. *Paraphyses* sat arcte cohaerentes,
0,0015 millim. crassae, apice capitatae aut leviter clavatae (0,005
—0,002 millim. crassae), haud ramosae, increbre septatae. *Asci*
subcylindrici aut cylindrico-clavati, circ. 0,010 millim. crassi, apice
membrana plus minusve incrassata, massa sporali testacea (sporae
solitariae decolores). *Sporae* 8—6:nae, polystichae, aciculari-fusiformes, apicibus attenuatis, obtusiusculis, rectae.

3. **P. leptoderma** Nyl., Syn. Lich. (1858—60) p. 325, Lich.
Nov.-Gran. ed. 2 (1863) p. 302 (mus. Paris.). *P. canina β. spuria*
b. *sorediata* Tuck., Syn. North Am. (1882) p. 109 pr. p.

Thallus minutus (long. 20—7 millim.), ambitum versus adscendens, lobatus, lobis circ. 12—3 millim. latis, margine ambituque subintegris, superne laevigatus, nitidus, tomento isidiisque
destitutus, sorediis sparsis saepe rotundatis marginem versus obsitus, pallidus aut pallido-glaucescens aut testaceus fuscescensve,
subtus maxima parte pallidus, reticulato-nervosus, nervis leviter
elevatis, angustis, pallidis aut fuscescentibus, rhizinas longiores
brevioresve sat simplices vel apice subpenicillatas vulgo fusce-

scentes increbre praesertimque basin versus efferentibus. *Gonidia* nostocacea, caeruleo-virescentia, cellulis glomeruloso-concatenatis.

Ad terram humosam supra rupem in Carassa (1450 metr. s. m.) in civ. Minarum, n. 1186. P. canina *P. erumpens (Tayl.) Wainio (P. canina var. sorediata Schaer.) thallo superne araneoso-tomentoso ab hac specie differt. — *Stratum corticale* thalli circ. 0,060—0,070 millim. crassum, grosse parenchymaticum, e seriebus pluribus (circ. 5) cellularum formatum, membranis leviter incrassatis. *Stratum medullare* hyphis 0,004—0,010 millim. crassis, lumine cellularum lato, membrana tenui aut sat tenui. *Gonidia* cellulis diam. circ. 0,008 millim., pariete gelatinoso sat tenui. *Pycnides* in margine thalli numerosae, conceptaculo fusconigro crasso, ostiolo demum dilatato. *Basidia* circ. 0,014 millim. longa, 0,0035 millim. crassa, simplicia, haud septata (Zn Cl$_2$ + I). *Stylosporae* oblongae aut ovoideo-oblongae, simplices, decolores, apicibus rotundatis obtusisve, long. 0,010—0,005, crass. 0,0025— 0,002 (nonnullae in pycnidibus inclusae in hyphas breves apice germinantes).

Trib. 8. **Sticteae.**

Thallus foliaceus, heteromericus, *rhizinis* in latere inferiore dispersis substrato affixus. *Stratum corticale superius* pseudoparenchymaticum, loculis cellularum majusculis. *Stratum medullare* stuppeum, hyphis leptodermaticis. *Gonidia* palmellacea aut polycoccideo-nostocacea, in *zona* infra stratum corticale superius disposita. *Apothecia* thallo innata, demum peltata 'et basi excipuli bene constricta, gonidia continentia aut gonidiis destituta. *Excipulum* strato corticali grosse pseudo-parenchymatico et strato medullari stuppeo instructum. *Paraphyses* bene evolutae, haud ramoso-connexae. *Sporae* longae, subfusiformes aut fusiformi-aciculares aut bacillares, septatae, decolores aut fuscescentes.

1. **Pseudocyphellaria** Wainio (nov. gen.).

Sticta sect. *Pseudocyphellatae* Nyl., Consp. Stict. (1868) p. 7. *Stictina* sect. *Pseudocyphellatae* Nyl., Consp. Stict. (1868) p. 3. — *Sticta* § 1. *Chrysosticta* Bab. in Hook. Fl. Nov.-Zel. II (1855) p. 273 (em.). § 2. *Leucosticta* Bab., l. c. p. 276 (pr. min. p.).

Thallus foliaceus, adscendens aut raro fere adpressus, superne et inferne strato corticali parenchymatico obductus, inferne rhizinis et pseudocyphellis instructus. *Stratum corticale superius* ex hyphis verticalibus vel subverticalibus formatum, series cellularum plures irregulariter horizontales continens, loculis majusculis aut in seriebus summis minoribus, parietibus (membranis) comparate sat tenuibus aut leviter modiceve incrassatis. *Stratum medullare* stuppeum, hyphis implexis, crassitudine mediocribus (circ. 0,004—0,003 millim. crassis), membranis tenuibus, lumine comparate sat lato. *Stratum corticale inferius* e seriebus cellularum paucis formatum. *Rhizinae* ex hyphis constantes partim subsolitariis, partim fasciculatis et laxe cohaerentibus, pro parte etiam connatis, apice liberis penicillatisque. *Pseudocyphellae* maculae- vel verrucaeformes aut leviter urceolatae, fundo decorticato (formato e strato medullari crebrius contexto), soredia parce formantes. *Gonidia* palmellacea (protococcoidea aut forsan etiam pleurococcoidea) et flavovirescentia, aut nostocacea (Bornet, Rech. Gon. Lich. p. 36) et cellulis caeruleovirescentibus vel glaucescentibus moniliformi-concatenatis, filamentis ad instar Polycocci glomeruloso-intricatis, in zona infra stratum corticale superius thalli disposita. *Apothecia* marginalia aut supra thallum sparsa, peltata. *Excipulum* strato corticali pseudo-parenchymatico, crasso (cellulis fere sicut in strato corticali thalli), strato medullari ex hyphis leptodermaticis contexto, zonam gonidialem solum infra stratum corticale continente (in sect. Parmosticta Nyl. et Parmostictina Nyl.) aut gonidiis omnino destituto (in sect. Lecidosticta Wainio et Lecidostictina Wainio). *Hypothecium* pallidum aut albidum. *Paraphyses* sat arcte cohaerentes, gelatinam haud abundantem (in KHO sat laxam) percurrentes. *Sporae* 8:nae aut abortu pauciores, fusiformes aut fusiformi-oblongae, 1—5-septatae, fuscescentes aut decolores. *Conceptacula pycnoconidiorum* thallo immersa, pallida (aut lutea albidave), minute parenchymatica. *Sterigmata* ramosa aut subsimplicia, constricte articulata, articulis numerosis, brevibus. *Pycnoconidia* oblongo-cylindrica [aut apicibus levissime incrassatis?], brevia, recta, tenuia.

1. **P. aurata** (Ach.) Wainio. *Sticta aurata* Ach., Meth. Lich. (1803) p. 277 (hb. Ach.); Del., Hist. Stict. (1822) p. 49 (tab. 2 fig.

5 inf. et 6); Eschw. in Mart. Fl. Bras. (1833) p. 216 pr. p.; Nyl.,
Syn. Lich. (1858—60) p. 361 pr. p. (mus. Paris.); Schwend., Unters. Flecht. II (1863) p. 169, 172, tab. IX fig. 6 (em.); Müll. Arg.,
Lich. Beitr. (Fl. 1879) n. 98 pr. p., (1880) n. 178 pr. p.*), (1882)
n. 404; Tuck., Syn. North Am. (1882) p. 96 pr. p. *St. aurata* f.
clathrata Krempelh., Fl. 1876 p. 70 (hb. Warm.).

Thallus irregulariter aut rarius fere dichotome repetito-laciniatus lobatusve, laciniae circ. 15—2 millim. latae, superne leviter ruguloso-impressae aut sat laevigatae, cinereae aut cinereo-
glaucescentes aut olivaceae vel testaceae fuscescentesve, facile rubescentes, margine passim sorediatae, subtus nigricantes aut cinerascentes albidaeve (ad ambitum vulgo pallidiores) et crebre breviter tomentosae, pseudocyphellis citrinis, ambitu crenatae, axillis
vulgo sat angustis, medulla citrina. *Apothecia* lateralia, margine
thallino dilatato, superne luteo.

Sterilis ad corticem arboris prope Sitio (1000 metr. s. m.)
in civ. Minarum, n. 766. — *Thallus* late aut sat late expansus,
superne glaber [aut interdum ambitu hirsutus]. *Stratum corticale
superius* pseudo-parenchymaticum, bene evolutum, e seriebus pluribus cellularum formatum. *Stratum corticale inferius* pseudoparenchymaticum, series paucas (2—3) cellularum continens.
Rhizinae hyphis fasciculatis, partim cohaerentibus connativsse.
Gonidia protococcoidea, globosa, diam. 0,005—0,008 millim., simplicia, membrana sat tenui. *Apothecia* rarissima (a Weddell in
Brasilia parcissime lecta), defecte cognita, disco primum sanguineo-atro. *Epithecium* rubescenti-rufescens.

2. **P. aurora** (De Not.) Wainio. *Sticta aurora* De Not., Osserv. Stict. (1851) p. 9 (secund. descr.), haud St. aurata v. aurora
Müll. Arg., Lich. Beitr. n. 178. *St. clathrata* De Not., Osserv. Stict.
(1851) p. 10 (hb. Mont.: mus. Paris.), haud St. aurata f. clathrata
Krempelh., Fl. 1876 p. 70 (hb. Warm.). *St. aurata* Nyl., Syn. Lich.
(1858—60) p. 361 pr. p. (mus. Paris.); Müll. Arg., Lich. Beitr. (Fl.
1879) n. 98 pr. p., (1880) n. 178 pr. p.

Thallus dichotome aut sat irregulariter repetito-laciniatus
lobatusve, laciniae circ. 10—3 millim. latae, superne vulgo plus
minusve ruguloso-impressae aut partim sat laevigatae, cinereae
aut cinereo-glaucescentes, aut rarius testaceae vel fuscescentes,

---

*) Var. *albocyphellata* Müll. Arg., l. c., secund. specimen orig. in hb.
Warm. species est autonoma hujus generis.

facile rubescentes, margine esorediatae, inferne nigricantes aut rarius cinerascentes albidaeve (ad ambitum vulgo pallidiores) et crebre breviter tomentosae, pseudocyphellis citrinis, ambitu irregulariter crenatae vel sinuato-crenatae, axillis vulgo sat angustis, medulla citrina. *Apothecia* lateralia aut subterminalia, circ. 8—3 millim. lata, margine thallino-dilatato, superne luteo. *Sporae* rufescentes, 3-septatae, long. 0,024—0,031, crass. 0,006—0,008 millim.

Ad corticem et ramos arborum frequenter in civ. Minarum obvenit (n. 303). Saepe est fertilis. Eam in P. auratam transire numquam observavi. Europae deesse videtur. — *Thallus* late aut sat late expansus, superne vulgo glaber aut rarius plus minusve hirsutus (in n. 725 et 949). *Stratum corticale superius* pseudo-parenchymaticum, circ. 0,040 millim. crassum, e seriebus numerosis cellularum formatum, parietibus cellularum modice incrassatis. *Stratum medullare* hyphis 0,004—0,003 millim. crassis, leptodermaticis, increbre septatis, materiam luteam, hyphas incrustantem, KHO non reagentem (at demum dissolutam), continens. *Stratum corticale inferius* distinctum, pseudo-parenchymaticum, e seriebus paucis (4—3) cellularum formatum. *Pseudocyphellae* decorticatae, soredia parce formantes, hyphas pro parte breviter cellulosas continentes. *Rhizinae* ex hyphis partim fasciculato-cohaerentibus connatisve, partim subsolitariis formatae, cellulis circ. 0,010—0,006 millim. crassis, membrana 0,004—0,002 millim. crassa instructis, oblongo-cylindricis et in apice hypharum rotundatis constrictisque. *Gonidia* protococcoidea, vulgo primum flavovirescentia, simplicia, globosa, diam. circ. 0,006—0,005 millim., membrana distincta. *Apothecia* disco fusconigro, primum sanguineo-atro. *Excipulum* extus vulgo glabrum (saepe verruculososcabridum) aut rarius (in n. 725 et 949) hirsutum, strato corticali crasso instructum. *Hymenium* circ. 0,070 millim. crassum, jodo persistenter caerulescens. *Epithecium* rubescenti-rufescens. *Paraphyses* arcte aut sat arcte cohaerentes, increbre septatae, 0,002—0,0015 millim. crassae, apicem versus vix incrassatae. *Asci* clavati, circ. 0,014 millim. crassi, apice membrana leviter incrassata. *Sporae* 8:nae, polystichae, fusiformes aut fusiformi-oblongae, apicibus obtusis aut obtusiusculis, rectae aut obliquae. onceptacula pycnoconidiorum thallo immersa, parte interiore albida, parte exteriore lutea, macula ostiolari fusconigra in superfie thalli. *Sterigmata* ramosa intricataque, 0,004—0,003 millim. crassa, constricte articulata, cellulis superne depressis aut subglobosis. *Pycnoconidia* oblonga, long. 0,003—0,0035, crass. 0,001 millim., recta, apicibus rotundatis.

2. Sticta.

Schreb., Gen. Plant. II (1791) p. 768 pr. p.; Ach., Lich. Univ. (1810) p. 86 et 445 pr. p.; Del., Hist. Stict. (1825) p. 35 pr. p.; Fr., Lich. Eur. Ref. (1831) p. 49 pr. p.; De Not., Osserv. Stict. (1851) p. 7 pr. p.; Tul., Mém. Lich. (1852) p. 20 et 145 pr. p.; Mass., Mem. Lich. (1853) p. 27 pr. p.; Koerb., Syst. Germ. (1855) p. 65 pr. p.; Linds., Mem. Sperm. (1859) p. 191 pr. p.; Nyl., Syn. Lich. (1858—60) p. 351 pr. p.; Th. Fr., Gen. Heterolich. (1861) p. 57 pr. p.; Schwend., Unters. Flecht. II (1863) p. 166 pr. p., tab. IX fig. 2, 3, 4, 7; Tuck., Gen. Lich. (1872) p. 32 pr. p., Syn. North Am. (1882) p. 91 pr. p. *Sticta* § 2. *Leucosticta* Bab. in Hook. Fl. Nov.-Zel. II (1855) p. 276 pr. maj. p. *Stictina* Nyl., Syn. Lich. (1858—60) p. 333 pr. p. *Stictina* sect. *Cyphellatae* Nyl., Consp. Stict. (1868) p. 4. *Sticta* sect. *Cyphellatae* Nyl., l. c. p. 6.

Thallus foliaceus, adscendens, superne et inferne strato corticali pseudo-parenchymatico obductus, inferne rhizinis et cyphellis instructus. *Stratum corticale superius* ex hyphis verticalibus aut subverticalibus formatum, series cellularum plures irregulariter horizontales continens, loculis majusculis aut in seriebus summis minoribus, parietibus (membranis) comparate sat tenuibus aut modice incrassatis. *Stratum medullare* stuppeum, hyphis implexis, crassitudine mediocribus (circ. 0,003—0,004 millim. crassis), membranis tenuibus, lumine comparate sat lato. *Stratum corticale inferius* e seriebus cellularum paucis formatum. *Rhizinae* ex hyphis constantes partim subsolitariis, partim fasciculatis et laxe cohaerentibus, pro parte etiam connatis, apice vulgo liberis penicillatisque. *Cyphellae* urceolatae, fundo ex hyphis formato constipatis, conglutinatis, breviter cellulosis, apice in cyphelloblastos demum decidentes constrictis. *Cyphelloblasti* simplices, decolores, globosi, diam. circ. 0,010—0,004 millim., membrana laevigata aut raro (in St. laevi Wainio) spinulosa instructi, verisimiliter functione gemmarum conidiorumque praediti (quod autem experimentiis adhuc investigatum non est). *Gonidia* palmellacea (protococcoidea aut forsan etiam pleurococcoidea) et flavovirescentia, aut nostocacea (Bornet, Rech. Gon. Lich. p. 36) et cellulis caeruleo-virescentibus vel glaucescentibus, in filamenta brevia, ad instar Polycocci glomeruloso-intricata, moniliformi-concatenatis, in zona infra stratum corticale superius thalli disposita. *Apothecia* marginalia aut supra thallum sparsa, peltata. *Excipulum* strato corticali pseudoparenchymatico, crasso (cellulis fere sicut in strato corticali thalli), strato medullari ex hyphis leptodermaticis contexto, zonam gonidialem vulgo solum infra stratum corticale[1]) continente (in sect. Lecanosticta Wainio et Lecanostictina Wainio) aut gonidiis omnino destituto (in sect. Eusticta Wainio et Eustictina Wainio). *Hypothecium* pallidum aut testaceum. *Paraphyses* sat arcte aut sat laxe cohaerentes, gelatinam haud abundantem (in KHO sat laxam) percurrentes. *Sporae* 8:nae aut abortu pauciores, fusiformes aut oblongo-fusiformes, 1—7-septatae, decolores aut pallidae fuscescentesve. *Conceptacula pycnoconidiorum* thallo immersa (aut raro demum verrucas thallo obductas formantia: in St. Wrightii), pallida, minute parenchymatica. *Sterigmata* ramosa aut subsimplicia, constricte articulata, articulis numerosis, brevibus. *Pycnoconidia* oblongo-cylindrica aut apicibus levissime incrassatis, brevia, recta.

Sect. 1. **Lecanostictina**[2]) Wainio. *Gonidia* nostocacea. *Apothecia* gonidia continentia.

1. **St. Ambavillaria** (Bor.) Wainio. *Lichen Ambavillarius* Bor., Voy. d'Afr. III (1804) p. 100 (ex specim. orig. in hb. Mont.: mus. Paris). *Sticta Ambavillaria* Del., Hist. Stict. (1822) p. 76, tab. 6 fig. 21; *Stictina* Nyl., Syn. Lich. (1858—60) p. 346 pr. p. (conf. Müll. Arg., Lich. Beitr. n. 62). *Sticta Lenormandii* Krempelh., Fl. 1876 p. 62 (hb. Warm.).

Thallus irregulariter simpliciter aut iteratim lobatus, lobis circ. 35—5 millim. latis, basin versus saepe angustatis, ambitu crenatis aut rotundatis, axillis vulgo angustis, superne impresso-inaequalis rugosusque, plumbeus vel livido-fuscescens aut glaucescens, sorediis isidiisque destitutus, subtus pallescens, tomento rhizineo crebro aut sat crebro, longitudine mediocri, cyphellis

---

[1]) In *St. Wrightii* Tuck. gonidia etiam infra hypothecium parce adsunt.

[2]) In sect. *Lecanosticta* Wainio apothecia item gonidia continent, at gonidia thalli apotheciorumque sunt palmellacea. Huc pertinent *St. patula* Del. et *St. caperata* Nyl. et *St. Wrightii* Tuck. Cyphellis a *Parmostictis* Nyl. et *Ricasoliis* De Not. differunt.

circ. 0,3—1,5 millim. latis (aut demum adhuc latioribus), medulla alba. *Cyphelloblasti* membrana laevi aut rarius parcissime minutissimeque spinulosa. *Apothecia* supra thallum sparsa. *Sporae* fusiformes, 3 (—1)-septatae, long. 0,034—0,037, crass. 0,005—0,007 millim.

Ad corticem arborum arbustorumque prope Sitio et Lafayette in civ. Minarum (1000 metr. s. m.), n. 269, 279, 979. — *Thallus* foetidus, circ. 50—120 millim. latus, superne glaber, nitidulus aut rarius subopacus. *Stratum corticale superius* grosse pseudoparenchymaticum, e seriebus 2 (—3) cellularum formatum, parietibus cellularum sat crassis. *Stratum corticale inferius* series 2—plures cellularum continens. *Rhizinae* ex hyphis formatae fasciculatis, cohaerentibus, apice vulgo liberis, circ. 0,004—0,006 millim. crassis, cellulis cylindricis, haud constrictis, membrana 0,002—0,001 millim. crassa instructis. *Gonidia* nostocacea, caeruleo-virescentia vel caerulescentia, cellulis anguloso-subglobosis, circ. 0,005—0,006 millim. crassis, moniliformi-concatenatis, glomeruloso-intricata, pariete communi gelatinoso circ. 0,003—0,002 millim. crasso. *Apothecia* 1,2—2,5 millim. lata, disco rufo aut testaceo aut fusconigro, margine tenui, gonidia haud continente. *Excipulum* extus tomentosum aut glabrum, solum in basi apothecii parce gonidia continens, zona gonidiali (strato corticali obducta) cum zona eadem thalli cohaerente. *Hypothecium* pallidum, ex hyphis irregulariter contextis conglutinatis formatum, strato medullari excipuli laxe contexto impositum. *Hymenium* circ. 0,100 millim. crassum, jodo caerulescens, dein vinose rubens. *Paraphyses* arcte cohaerentes, 0,0015 millim. crassae, apicem versus sensim leviter levissimeve incrassatae (0,002—0,003 millim.) ibique saepe distincte septatae vel subconstricte articulatae. *Asci* subclavati, circ. 0,018—0,016 millim. crassi, parte superiore membrana leviter incrassata. *Sporae* decolores, rectae, apicibus obtusiusculis. *Gemmae* vel *Cyphelloblasti* globosi, diam. 0,010—0,008 millim., membrana laevi aut rarius parcissime spinulosa.

2. **St. laevis** (Nyl.) Wainio. *Stictina Lenormandi* f. *laevis* Nyl., Lich. Nov.-Gran. (1863) p. 436, ed. 2 (1863) p. 303 (mus. Paris.).

Thallus iteratim subdichotome laciniatus, laciniis circ. 2—6 millim. latis, apicibus saepe angustatis et obtusis aut truncatis, axillis saepe sat latis obtusisque, superne sat laevigatus (saepe concavus), olivaceo- aut testaceo-fuscescens aut glaucescens, sorediis isidiisque destitutus, subtus fuscescens aut pallescens, tomento rhizineo crebro, demum sat longo aut longitudine mediocri, cyphellis circ. $0{,}2 - 1$ millim. latis, medulla alba. *Cyphelloblasti* membrana increbre grosse spinulosa. [*Apothecia* supra thallum sparsa. *Sporae* fusiformes, 3—1-septatae, long. $0{,}022 - 0{,}035$, crass. $0{,}005 - 0{,}007$ millim.]

Ad corticem arboris prope Sitio (1000 metr. s. m.) in civ. Minarum, n. 1158 (sterilis). — Sticta Lenormandi (v. d. Bosch) jam excipulo gonidiis destituto ab hac specie differt. — *Thallus* circ. 50—100 millim. latus, superne glaber, nitidulus aut subopacus. *Stratum corticale superius* circ. $0{,}050$ millim. crassum, e seriebus circ. 4 cellularum formatum, grosse pseudoparenchymaticum (cellulis in serie summa minoribus). *Stratum corticale inferius* series 2 (—3) cellularum continens. *Rhizinae* hyphis fasciculatis, cohaerentibus connativse, haud constrictis. *Gonidia* nostocacea, caeruleo-virescentia, cellulis circ. $0{,}004$ millim. crassis, moniliformi-concatenatis, glomeruloso-intricata, pariete communi gelatinoso circ. $0{,}003 - 0{,}002$ millim. crasso. [*Apothecia* 2—1 millim. lata, disco fusco aut rufo, margine tenui, gonidia haud continente. *Excipulum* extus tomentosum, solum in basi apothecii sat parce gonidia continens. *Hymenium* circ. $0{,}120$ millim. crassum, jodo persistenter caerulescens. *Paraphyses* sat arcte cohaerentes, $0{,}0015$ millim. crassae, apicem versus sensim leviter incrassatae. *Sporae* decolores, rectae, apicibus acutiusculis.] *Cyphelloblasti* globosi, diam. $0{,}010 - 0{,}007$ millim., spinulis vel verruculis cylindricis, $0{,}001 - 0{,}002$ millim. longis increbre exasperati.

Sect. 2. **Eustictina** Wainio. *Gonidia* nostocacea. *Apothecia* gonidiis destituta.

3. **St. Weigelii** (Ach.) Wainio. *St. damaecornis β. S. Weigelii* Ach., Lich. Univ. (1810) p. 446 (hb. Ach.). *St. quercizans* Del., Hist. Stict. (1822) p. 84, tab. 7 fig. 26; Tuck., Syn. North Am. (1882) p. 98; Krempelh., Fl. 1876 p. 62. *Stictina* Nyl., Syn. Lich. (1858—60) p. 344; Müll. Arg., Lich. Beitr. (Fl. 1881) n. 238, (1882) n. 397. — „*Lobaria quercizans varietas* sterilis marginibus pannoso-

crispis" Michaux, Fl. Bor.-Am. II (1803) p. 324 [*Sticta quercizans* Ach., Syn. Lich. 1814 p. 234, ad *Lobariam erosam* (Eschw.) pertinet: hb. Ach.].

Thallus irregulariter iteratim laciniatus lobatusque, laciniis circ. 15—4 millim. latis, apicibus irregulariter crenatis sinuatisque, axillis saepe sat angustis, superne sat laevigatus aut rarius (in f. **Peruviana** Del.) impresso- vel subreticulato-rugosus, livido- aut testaceo-fuscescens aut fuscescens aut plumbeo-glaucescens, demum vulgo margine (vel interdum parce etiam lamina superiore) isidiosus, isidiis fusconigricantibus aut cinerascentibus, tenuissimis, esorediatus, subtus fuscescens aut ambitu pallidior, tomento rhizineo crebro, longitudine mediocri aut sat brevi, cyphellis circ. 0,8—0,2 (—1) millim. latis, medulla alba. *Cyphelloblasti* membrana laevigata. [*Apothecia* marginalia aut etiam supra thallum sparsa. *Sporae* fusiformes, 3—1-septatae, long. 0,030—0,035, crass. 0,007—0,009 millim.]

Ad corticem arborum locis numerosis et raro ad saxa in civ. Minarum sterilis mihi obvia, n. 221, 926, 968 b (f. Peruviana Del.), 970, 1047, 1156, 1159. — *Thallus* circ. 5—15 centim. latus, superne haud tomentosus, nitidulus aut subopacus. *Stratum corticale superius* circ. 0,030—0,040 millim. crassum, e seriebus circ. 5—3 cellularum formatum, grosse pseudo-parenchymaticum (cellulis in serie summa minoribus). *Stratum corticale inferius* series 2—4 cellularum continens. *Rhizinae* hyphis pro parte faciculatis laxissimeque cohaerentibus, haud constrictis, cellulis elongatis, circ. 0,006—0,004 millim. crassis, membrana circ. 0,002 millim. crassa. *Isidia* crebre ramosa, tortuosa subtorulosaque, extus parenchymatica. *Gonidia* nostocacea, caeruleo-virescentia, cellulis 4—7 millim. crassis, moniliformi-concatenatis, glomeruloso-intricata, pariete communi gelatinoso circ. 0,002—0,001 millim. crasso. [*Apothecia* 3—1,5 millim. lata, gonidiis destituta, disco rufo aut fuscescente, margine tenui. *Excipulum* extus glabrum aut inderdum tomentosum. *Hypothecium* pallidum albidumve. *Hymenium* circ. 0,120 millim. crassum, jodo persistenter caerulescens. *Epithecium* testaceo-rufescens. *Paraphyses* sat arcte cohaerentes, 0,0015 millim. crassae, increbre septatae, apice saepe leviter incrassatae clavataeve (0,005—0,002 millim.). *Sporae* decolores, distichae, rectae, apicibus acutiusculis aut rarius obtusis.] *Cyphello-blasti* globosi, diam. 0,010—0,005 millim., membrana laevigata. *Pycnoconidia* subcylindrica aut apicibus levissime incrassatis, obtusis, long. 0,003, crass. 0,0005 millim. *Sterigmata* circ. 0,004 millim. crassa, constricte articulata, cellulis subglobosis.

Sect. 3. **Eusticta** Wainio. *Gonidia* palmellacea. *Apothecia* gonidiis destituta.

4. **St. damaecornis** (Sw.) Ach., Meth. Lich. (1803) p. 276 (hb. Ach.); Del., Hist. Stict. (1822) p. 105, tab. 9 fig. 39; Nyl., Syn. Lich. (1858—60) p. 35 (pr. p.); Tuck., Syn. North. (1882) p. 94 (pr. p.). *Lichen* Sw., Prodr. Fl. Ind. (1788) p. 146.

Thallus dichotome increbreque repetito-laciniatus, laciniis circ. 15—3 millim. latis, apicibus obtusis aut subtruncatis, axillis latis rotundato-obtusisque, superne sat laevigatus aut leviter impresso- vel ruguloso-inaequalis, olivaceo-glaucescens aut olivaceo- vel testaceo-fuscescens aut glaucescens [albidusve], sorediis isidiisque destitutus, subtus fuscescens aut ambitum versus pallescens, tomento rhizineo sat brevi et vulgo sat crebro, cyphellis 0,5—0,2 millim. latis. *Apothecia* marginalia aut rarius supra thallum sparsa. *Sporae* fusiformes, 1—3-septatae, long. 0,024—0,038, crass. 0,005—0,008 millim.

Ad truncos et ramos arborum in Carassa (1400 metr. s. m.) in civ. Minarum, n. 377, 1183, 1185, 1212. — *Thallus* foetidus, late expansus, superne glaber et nitidiusculus opacusve. *Stratum corticale superius* pseudoparenchymaticum, circ. 0,022 millim. crassum, e seriebus 3 (—4) cellularum formatum, serie summa minute cellulosa, seriebus inferioribus grosse cellulosis. *Stratum medullare* passim *cephalodia immersa,* ab algis caeruleo-virescentibus formata, continens. *Stratum corticale inferius* grosse cellulosum, e seriebus cellularum vulgo duabus formatum. *Rhizinae* ex hyphis formatae fasciculatis, cohaerentibus, apice vulgo liberis, circ. 0,008 millim. crassis, cellulis cylindricis, apicem versus brevibus, haud constrictis, membrana circ. 0,002—0,0015 millim. crassa. *Gonidia* protococcoidea, globosa, simplicia, diam. circ. 0,007—0,005 millim., membrana sat tenui. *Apothecia* circ. 1,5—4 millim. lata, disco fusco-atro nigrove aut rufo, excipulo extus tomentoso, gonidiis destituta. *Hypothecium* pallidum, strato medullari laxe contexto excipuli impositum. *Hymenium* circ. 0,160 millim. crassum, jodo persistenter caerulescens. *Epithecium* testaceum. *Paraphyses* 0,002 millim. crassae, increbre septatae, apice non aut leviter incrassatae et ad septam unam saepe constrictae. *Asci* clavati, 0,016 millim. crassi, apicem versus membrana leviter incrassata. *Sporae* distichae, dilute fuscescentes, rectae, apicibus acutiusculis. *Sterigmata* 0,004—0,003 millim. crassa, constricte articulata, cellulis globosis. *Pycnoconidia* cylindrica, long. 0,002 —0,003, crass. 0,001 millim., recta, apicibus truncatis. *Cyphelloblasti* globosi, diam. 0,008—0,005 millim., primum moniliformiconcatenata, membrana laevi.

*St. sinuosa** (Pers.) Nyl., Énum. Gén. Lich. (1857) p. 102 (mus. Paris). *St. sinuosa* Pers. in Gaudich. Voy. Uran. (1826) p. 199 (mus. Paris.); Nyl., Fl. 1869 p. 118. *St. damaecornis* var. *sinuosa* Nyl., Syn. Lich. (1858—60) p. 356.

Thallus sat irregulariter et sat crebre iteratim laciniatus lobatusque, laciniis circ. 25—5 millim. latis, basin versus saepe angustatis, ambitu irregulariter sinuato-lobato, axillis latioribus angustioribusve, saepe rotundato-obtusis, superne sat laevigatus, olivaceo-glaucescens aut olivaceo- vel testaceo-fuscescens aut glaucescens, sorediis isidiisque destitutus, subtus fuscescens aut ambitum versus pallescens, tomento rhizineo sat brevi et vulgo sat crebro, cyphellis 0,7—0,2 millim. latis. *Apothecia* pro parte marginalia, pro parte supra thallum sparsa. *Sporae* fusiformes, 1—3-septatae, long. 0,030—0,040 millim. [„—0,025 millim.": Nyl., Fl. 1869 p. 118], crass. 0,007—0,008 millim.

Supra truncos arborum in Carassa (1400 metr. s. m.) in civ. Minarum, n. 1177, 1213. — *Thallus* leviter foetidus, modice aut sat late expansus, superne glaber et nitidiusculus, in speciminibus nostris crassus et rigidus. *Stratum corticale superius* circ. 0,040 millim. crassum, e seriebus circ. 5—6 cellularum formatum, cellulis summis minoribus. *Stratum medullare* passim *cephalodia immersa*, ab algis caeruleovirescentibus formata, in superficie thalli demum maculis vel tuberculis parum elevatis morbose fuscescentibus indicata, continens. *Stratum corticale inferius* grosse pseudoparenchymaticum, e seriebus cellularum 2—3 formatum. *Rhizinae* ex hyphis fasciculatis, partim connatis cohaerentibusve,

apice liberis formatae. *Gonidia* protococcoidea, globosa, simplicia, diam. circ. 0,006—0,005 millim., membrana sat tenui. *Apo-*
thecia circ. 5—2 millim. lata, disco fusco-atro aut rufo, excipulo
extus tomentoso [aut glabro], gonidiis destituta. *Hypothecium*
pallidum aut testaceum. *Hymenium* circ. 0,120 millim. crassum,
jodo persistenter caerulescens. *Epithecium* pallidum. *Paraphyses*
sat arcte aut sat laxe cohaerentes, 0,002 millim. crassae, apicem
versus modice aut parum (—0,004 millim.) incrassatae, simplices
aut raro nonnullae septatae, increbre septatae. *Asci* subclavati,
circ. 0,016—0,014 millim. crassi, apice membrana parum incrassata. *Sporae* pallidae vel dilute fuscescentes, rectae, apicibus
vulgo acutiusculis. *Cyphelloblasti* globosi, diam. 0,006—0,004 millim., membrana laevi.

3. Lobaria.

Schreb., Gen. Plant. II (1791) p. 768; Rabenh., Deutschl. Krypt.-Fl. II
(1845) p. 64; Forssell, Stud. Cephalod. (1883) p. 20 pr. p. *Ricasolia* (excl. R.
Wrightii) et *Lobarina* et *Lobaria* Nyl. in Hue Addend. (1886) p. 49 (cet.). —
Sticta § 3. *Pseudosticta* Bab. in Hook. Fl. Nov.-Zel. II (1855) p. 284.

Thallus foliaceus, adpressus aut adscendens, superne et inferne strato corticali pseudoparenchymatico obductus, inferne rhizinis numerosis aut parcis instructus, cyphellis et pseudocyphellis
destitutus. *Stratum corticale superius* ex hyphis verticalibus aut
subverticalibus formatum, series cellularum plures irregulariter
horizontales continens, loculis majusculis aut in seriebus summis
minoribus, parietibus (membranis) comparate sat tenuibus aut
modice incrassatis aut sat crassis. *Stratum medullare* stuppeum,
hyphis implexis, crassitudine mediocribus (circ. 0,003—0,004 millim. crassis), membranis tenuibus, lumine comparate sat lato.
Stratum corticale inferius e seriebus cellularum paucis formatum.
Rhizinae ex hyphis constantes partim subsolitariis, partim fasciculatis et laxe cohaerentibus, saepe pro parte etiam arcte connatis. *Gonidia* palmellacea (protococcoidea aut forsan pleurococcoidea) et flavovirescentia (in sect. Ricasolia et Eulobaria)
aut nostocacea et cellulis caeruleo-virescentibus glaucescentibusve,
in filamenta ad instar Polycocci glomeruloso-intricata moniliformi-concatenatis (in sect. Lecanolobarina et Lobarina), in
zona infra stratum corticale superius thalli disposita. *Apothecia*

13

marginalia aut supra thallum sparsa, peltata. *Excipulum* strato
corticali pseudo-parenchymatico crasso (cellulis fere sicut in
strato corticali thalli), strato medullari ex hyphis leptodermaticis
contexto, zonam gonidialem vulgo solum infra stratum corticale
continente (in sect. Ricasolia et Eulobaria et Lecanolobarina)
aut gonidiis omnino destituto (in sect. Lobarina).
Hypothecium pallidum aut testaceum aut raro testaceo-rufescens.
Paraphyses sat arcte cohaerentes, gelatinam haud abundantem
(in KHO vulgo sat laxam) percurrentes. *Sporae* 8:nae aut abortu
pauciores, fusiformes aut oblongo-fusiformes aut fusiformi-aciculares
aut bacillares, 1—9-septatae, decolores aut pallidae fuscescentesve.
Conceptacula pycnoconidiorum thallo immersa aut
saepe demum verrucas thallo obductas formantia, pallida, minute
parenchymatica. *Sterigmata* ramosa aut subsimplicia, constricte
articulata, articulis numerosis, brevibus. *Pycnoconidia* subcylindrica,
apicibus levissime incrassatis, brevia, recta.

Sect. 1. **Ricasolia**[1]) (De Not.) Wainio. *Gonidia* palmellacea.
Rhizinae ex hyphis arcte connatis formatae aut pro parte
penicillatae et hyphis laxe cohaerentibus, apice liberis. *Apothecia*
zona gonidiali bene evoluta infra stratum corticale excipuli. *Conceptacula
pycnoconidiorum* thallo immersa aut saepe demum verrucas
thallo obductas formantia.

Ricasolia De Not., Framm. Lichenogr. (1846) p. 178 (emend.); **Nyl.,**
Ess. Nouv. Classif. Lich. (1855) p. 173 (haud Mass., Mem. Lich. 1853 p. 47);
Linds., Mem. Sperm. (1859) p. 201, tab. X fig. 6—12; Nyl., Syn. Lich. (1858
—60) p. 365 (excl. R. Wrightii), Lich. Scand. (1861) p. 96, Fl. 1869 p. 313
(pr. p.), Lich. Nov.-Zel. (1888) p. 40. *Sticta* sect. *Ricasolia* Stizenb., Beitr.
Flechtensyst. (1862) p. 175 (pr. p.); Tuck., Syn. North Am. (1882) p. 91.

---

[1]) Ad genus *Lobariae* Schreb. etiam sectiones sequentes pertinent: 2.
Eulobaria Wainio (*Sticta* sect. *Eusticta* Müll. Arg.; nomen sectioni *Lobariae*
ineptum); gonidia palmellacea; rhizinae penicillatae; apothecia gonidia infra
stratum corticale plus minusve continentia; ex. *Lobaria pulmonaria* (L.) et
L. linita (Ach.). 3. **Lecanolobarina** Wainio; gonidia nostocacea; rhizinae
penicillatae; apothecia gonidia infra stratum corticale in basi apothecii parce
continentia; ex. *Lobaria retigera* (Ach.). 4. **Lobarina** (Nyl.) Wainio; gonidia
nostocacea; rhizinae penicillatae; apothecia gonidiis destituta; ex. *Lobaria
scrobiculata* (Scop.).

1. **L. Americana** Wainio (n. sp.).

Thallus sat irregulariter crebreque iteratim lobatus vel laciniato-lobatus, lobis rotundatis, —16 millim. latis, basi angustatis, ambitu rotundato-crenatis, axillis angustis, sat adpressus, KHO non reagens, superne laevigatus aut pro parte demum leviter rugulosus, pallido-olivaceus aut olivaceo-fuscescens, glaberrimus, nitidus, subtus testaceo-pallidus et ambitu pallidus, rhizinis sat parcis, ambitu nudus. *Apothecia* supra thallum sparsa, circ. 10 —5 millim. lata, margine thallino-dilatato, lobulato. *Sporae* fusiformi-aciculares, 1-septatae, long. 0,064—0,078, crass. 0,003 millim.

Ad truncos arborum in Carassa (1400 metr. s. m.), in civ. Minarum, n. 1187. — Habitu similis est L. herbaceae, at apotheciis margine thallino-dilatatis lobulatisque et sporis longioribus tenuioribusque ab ea differens. — *Thallus* late expansus (—circ. 12 centim. latus), esorediatus, cyphellis destitutus, demum saepe irregulariter grosse complicato-inaequalis, lobis confertis, intus KHO (Ca Cl$_2$ O$_2$) levissime rubescens. *Stratum corticale superius* pseudoparenchymaticum, circ. 0,040 millim. crassum, e seriebus pluribus cellularum formatum. *Stratum corticale inferius* tenue, e seriebus vulgo duabus cellularum constans. *Rhizinae* ex hyphis numerosis connatis formatae. *Gonidia* glauco- vel flavo-virescentia, simplicia aut interdum 2—4 glomerulose connata, diam. circ. 0,005—0,008 millim., membrana sat tenui. *Apothecia* disco fusconigro. *Hypothecium* pallidum aut sordide pallidum. *Hymenium* circ. 0,110 millim. crassum, jodo persistenter caerulescens. *Epithecium* fuscescens. *Paraphyses* sat arcte cohaerentes, increbre septatae, 0,0015 millim. crassae, apice clavatae et 0,003—0,005 millim. crassae. *Asci* oblongo- aut cylindrico-clavati, circ. 0,012 millim. crassi, apice membrana leviter incrassata. *Sporae* polystichae, in ascis visae dilute fuscescentes (at solitariae parum coloratae), apicibus breviter acutatis aut obtusiusculis. *Conceptacula pycnoconidiorum* thallo immersa, verrucas haud formantia.

2. **L. quercizans** Michaux, Fl. Bor.-Am. II (1803) p. 324 (excl. var.). *Sticta quercizans* Ach., Syn. Lich. (1814) p. 234 (hb. Ach.), haud Del. *Parmelia erosa* Eschw. in Mart. Fl. Bras. (1833) p. 211; Nyl., Lich. Nov.-Gran. ed. 2 (1863) p. 306 (mus. Paris.), Fl. 1869 p. 314; Krempelh., Lich. Bras. Warm. (1873) p. 7 pr. p. (n. 194: hb. Warm.); Müll. Arg., Lich. Beitr. (Fl. 1888) n. 1249. *R. dissecta* *R. erosa Nyl., Syn. Lich. (1858--60) p. 371 pr. p.

Sticta erosa Tuck., Syn. North Am. (1882) p. 93. *Lobaria* Forssell, Stud. Cephalod. (1883) p. 24. *Ricasolia crenulata* var. *stenospora* Nyl., Lich. Exot. (1859) p. 254 (mus. Paris.), Syn. Lich. (1858—60) p. 373.

Thallus irregulariter crebreque iteratim laciniatus lobatusque, laciniis circ. 10—1 millim. latis, ambitu sinuato-crenatis, axillis vulgo angustis, adpressus, KHO non reagens, superne sat laevigatus aut bene impresso- vel reticulato-rugulosus, cinereo- vel plumbeo- vel testaceo-glaucescens, sat opacus, ambitum versus vulgo tenuiter araneoso-pubescens, subtus pallescens aut albidus, rhizinis sat crebris aut sat increbris vel sat parcis instructus, ambitu denudatus. *Apothecia* supra thallum sparsa, circ. 10—2 millim. lata, margine thallino-dilatato, lobato. *Sporae* bacillares aut fusiformi-aciculares, 1—3-septatae, long. circ. 0,058—0,066 millim. [„—0,090 millim.": Nyl.], crass. 0,002—0,003 millim.

Var. **aequalis** Wainio.

Thallus superne sat laevigatus. — Ad corticem arboris prope Sitio (1000 metr. s. m.) in civ. Minarum, n. 954.

Var. **erosa** (Eschw.) Wainio. *Parmelia erosa* Eschw., l. c. *Sticta lacunosa* Tayl. in Hook. Lond. Journ. of Bot. 1847 p. 180; Müll. Arg., Lich. Beitr. (1888) n. 1247.

Thallus impresso- vel reticulato-rugosus. — Ad corticem arboris prope Sitio (1000 metr. s. m.) in civ. Minarum sterilis, n. 655.

Thallus circ. 5—13 centim. latus, superne isidiis sorediisque destitutus, medulla KHO (Ca Cl$_2$ O$_2$) levissime rubescente. [In Wright Lich. Cub, n. 66 thallus pr. p. est instructus *cephalodiis* fruticulosis, caespitoso-confertis, caeruleo-cinerascentibus, creberrime ramulosis, apice passim pallido-capitatis. Ut ait Forssell in Stud. Cephalod. p. 24, etiam *cephalodia immersa* in hac specie inveniuntur.] *Stratum corticale superius* circ. 0,025 millim. crassum, e seriebus circ. 4 cellularum formatum. *Stratum corticale inferius* tenue, seriem simplicem cellularum continens. *Gonidia* flavovirescentia, globosa, simplicia, diam. 0,006—0,004 millim., membrana sat tenui. *Rhizinae* ex hyphis fasciculatis connatis formatae. *Apothecia* disco fusco aut rufo aut testaceo-rufescente. *Excipulum* haud pubescens. *Hypothecium* testaceo-rufescens [aut pallescens]. *Hymenium* circ. 0,100 millim. crassum, jodo persistenter caerulescens. *Epithecium* testaceo-rufescens. *Paraphyses* sat arcte cohaerentes, increbre septatae, 0,0015—0,002 millim. crassae, apicem versus levissime aut parum incrassatae. *Asci* cylindrico-clavati aut suboblongi, apice membrana leviter incrassata. *Sporae* 8:nae, polystichae, dilute fuscescentes, rectae, apicibus leviter attenuatis, obtusis. *Conceptacula pycnoconidiorum* thallo immersa, verrucas haud formantia.

*L. olivacea Wainio (n. sp.).

Thallus ·irregulariter crebreque iteratim laciniatus lobatusque, laciniis circ. 6—2 millim. latis, ambitu sinuato-crenatis, axillis vulgo angustis, adpressus, KHO non reagens, superne laevigatus aut demum parum rugulosus, olivaceus aut pallido-olivaceus, opacus, ambitum versus tenuiter araneoso-pubescens, subtus fuscescens aut testaceo-fuscescens, rhizinis sat crebris instructus, ambitu nudus. *Apothecia* supra thallum sparsa, circ. 10—4 millim. lata, margine thallino-dilatato, lobato. *Sporae* fusiformi-aciculares, 1-septatae, long. 0,066—0,054, crass. 0,0035 millim.

Ad truncos arborum prope Sitio (1000 metr. s. m.) in civ. Minarum abundanter mihi obvia, n. 376, 984. — Habitu similis L. cupreae (Müll. Arg., Lich. Parag. p. 3) et L. quercizanti Mich., praecipue colore lateris inferioris ab iis differens. *Thallus* late expansus (—1—3 decim. latus), esorediatus, cyphellis destitutus, lobis confertis, KHO (Ca Cl$_2$ O$_2$) non reagens. *Stratum corticale superius* pseudoparenchymaticum, e seriebus pluribus cellularum formatum. *Stratum corticale inferius* tenue, vulgo e serie simplice cellularum constans. *Rhizinae* ex hyphis formatae demum fasciculato-connatis, apice liberis penicillatisque. *Apothecia* disco fusconigro. *Excipulum* breviter pubescens. *Hypothecium* testaceo-pallidum. *Hymenium* circ. 0,110 millim. crassum, jodo persistenter caerulescens. *Epithecium* testaceum aut testaceo-fuscescens. *Paraphyses* sat arcte cohaerentes, increbre septatae (Zn Cl$_2$ + I), 0,002—0,0015 millim. crassae, apice non aut leviter incrassatae. *Asci* oblongo-cylindrici vel cylindrico-clavati, circ. 0,010—0,012 millim. crassi, apice membrana leviter incrassata. *Sporae* polystichae, dilute fuscescentes, rectae aut subrectae, apicibus breviter attenuatis, obtusiusculis. *Conceptacula pycnoconidiorum* thallo immersa, verrucas haud formantia.

3. **L. crenulata** (Hook.) Wainio. *Parmelia* Hook. in Kunth Syn. Pl. Aequin. (1822) p. 23. *Sticta* Del., Hist. Stict. (1825) p.

128, tab. 14 fig. 47. *Ricasolia* Nyl., Syn. Lich. (1858—60) p. 372 pr. p., Fl. 1869 p. 314 (mus. Paris.).

Thallus fere dichotome aut sat irregulariter crebre iteratimque laciniatus lobatusque, laciniis circ. 12—2 millim. latis, ambitu sinuato-crenatis, axillis vulgo sat angustis, adpressus, superne KHO lutescens, sat laevigatus aut reticulato- vel impresso-rugulosus, glaucescenti-albidus vel cincreo-glaucescens, sat opacus, glaber aut raro ambitum versus tenuissime araneoso-pubescens, subtus albidus aut pallescens aut testaceus, rhizinis sat increbris aut sat crebris instructus, ambitum versus saepe subdenudatus. *Apothecia* supra thallum sparsa, circ. 7—2 millim. lata, margine thallino-dilatato, lobato. *Sporae* fusiformi-aciculares, pluri-septatae (septis circ. 7—8), long. 0,044—0,078, crass. 0,002—0,003 millim. [„—0,008 millim.": Nyl.].

Ad corticem arborum prope Sitio et Lafayette in civ. Minarum (1000 metr. s. m.), n. 254, 304, 785, 930, 931. — *Thallus* circ. 5—12 centim. latus, superne isidiis sorediisque destitutus, medulla KHO (Ca Cl₂ O₂) dilute rubescente. In jugis saepe longitudinaliter fissis rugarum adsunt *cephalodia immersa*. *Stratum corticale superius* circ. 0,020 millim. crassum, series plures cellularum continens. *Stratum corticale inferius* tenue, vulgo e seriebus 2 (—3) cellularum formatum. *Gonidia* flavovirescentia, globosa, simplicia, diam. 0,008—0,005 millim., membrana sat tenui. *Rhizinae* ex hyphis fasciculatis, maxima parte connatis ramulosis formatae, cellulis apicalibus hypharum (ramulorumque) brevibus constrictisque. *Apothecia* disco fusco aut rufo vel testaceo-rufescente. *Excipulum* haud pubescens, gonidia infra stratum corticale et passim infra hypothecium continens. *Hypothecium* tenue, pallidum. *Hymenium* circ. 0,180 millim. crassum, jodo persistenter caerulescens. *Epithecium* testaceo-fuscescens rufescensve. *Paraphyses* gelatinam firmam in aqua turgescentem percurrentes, 0,0015—0,001 millim. crassae, apice non aut levissime incrassatae. *Asci* cylindrico-clavati, apice membrana levissime incrassata. *Sporae* polystichae, decolores, subrectae, apicibus attenuatis, pluriloculares, loculi vulgo adhuc trabeculis lateralibus vel septis defectis imperfecte divisi. *Conceptacula pycnoconidiorum* thallo immersa, verrucas haud formantia.

4. **L. tenuis** Wainio (n. sp.).

Thallus tenuissimus, irregulariter crebreque iteratim laciniatus lobatusque, laciniis circ. 4—2 millim. latis, ambitu crenulatis, margine et passim superfice isidioideo-lacinulato, axillis angustis, adpressus, KHO non reagens, superne laevigatus, olivaceo-albicans glaucescensve aut rarius olivaceo-virescens, subtus pallidus, rhizinis increbris instructus, ambitu nudus. *Apothecia* supra thallum sparsa, circ. 3—1,5 millim. lata, margine isidioideo-lacinulato. *Sporae* fusiformi-aciculares, 1—3-septatae, long. 0,058—0,068, crass. 0,003—0,0035 millim.

Ad truncos arborum prope Sitio (1000 metr. s. m.) in civ. Minarum, n. 717, 727. — Habitu Parmeliae similis, at affinis est L. crenulatae. *Thallus* circ. 30—60 millim. latus, 0,150 millim. crassus, superne pilis destitutus esorediatusque, sat opacus, cyphellis nullis, medulla KHO (Ca Cl$_2$ O$_2$) leviter rubescente. *Stratum corticale superius* sat grosse pseudoparenchymaticum, circ. 0,020 millim. crassum, vulgo e seriebus 3 cellularum formatum. *Stratum medullare* hyphis laxe contextis, leptodermaticis. *Stratum corticale inferius* series 2—3 cellarum continens. *Rhizinae* ex hyphis connatis formatae. *Gonidia* flavovirescentia, simplicia, globosa. *Apothecia* disco rufo. *Stratum corticale excipuli* circ. 0,100 millim. crassum, grosse pseudoparenchymaticum, zonam gonidialem obtegens. *Hypothecium* pallidum, chondroideum, ex hyphis crebre contextis conglutinatis formatum, strato impositum medullari, ex hyphis laxe contextis formato. *Hymenium* circ. 0,140 millim. crassum, jodo persistenter caerulescens. *Epithecium* testaceum. *Paraphyses* arcte cohaerentes, 0,002—0,0015 millim. crassae, apice haud incrassatae. *Asci* subclavati, circ. 0,010 millim. crassi, apice membrana levissime incrassata. *Sporae* polystichae, in ascis visae testaceae (solitariae dilute pallidae), rectae, apicibus attenuatis.

5. **L. peltigera** (Del.) Wainio. *Sticta* Del., Hist. Stict. (1825) p. 150, tab. 18 fig. 68. *Ricasolia dissecta* Nyl., Syn. Lich. (1858 —60) p. 370 (mus. Paris.), Fl. 1869 p. 314; Müll. Arg., Lich. Beitr. (Fl. 1888) n. 1295 (neque *Lichen dissectus* Sw., nec *Sticta dissecta* Ach.: hb. Ach.).

Thallus sat increbre dichotome repetito-laciniatus, laciniis circ. 8—2 millim. latis, margine integris, apicibus vulgo leviter

rotundato-emarginatis aut rotundato-obtusis, axillis vulgo latis
rotundatisque, sat adscendens, superne sat laevigatus, albidus vel
pallido-albescens, KHO lutescens, subtus subreticulatim late crebreque fuscescenti-rhizinosus, partibus nudis pallidis. [*Apothecia*
marginalia aut sparsa, circ. 3—1,5 millim. lata, margine subintegro integrove. *Sporae* „late fusiformes, 1—3-septatae, long.
0,030—0,040, crass. 0,010—0,012 millim.“: Nyl., Syn. Lich. p. 370.]

Sterilis ad truncos arborum in Carassa (1400 metr. s. m.) in
civ. Minarum, n. 378. — *Thallus* late expansus (—circ. 1 decim.
latus), superne glaber et nitidiusculus, esorediatus, cyphellis destitutus, medulla KHO non reagente, KHO (Ca Cl$_2$ O$_2$) levissime rubescente. *Stratum corticale superius* pseudoparenchymaticum,
circ. 0,040 millim. crassum, e seriebus circ. 5—6 cellularum formatum. *Stratum corticale inferius* tenue, pseudoparenchymaticum
aut ex hyphis haud bene connatis constans. *Rhizinae* duarum
formarum: 1) longiores, sat parce evolutae, crebre velutinae, ex
hyphis connatis formatae, 2) breviores, numerosissimae, ex hyphis
fasciculatis, laxe cohaerentibus, penicillatis, partim connatis, cellula apicali subconstricta instructis formatae. Ad axillas et parcius etiam in latere superiore thalli in speciminibus nonnullis
adsunt *cephalodia fruticulosa* caespitoso-conferta, fusca, creberrime
ramulosa, brevissime velutina. *Pycnoconidia* long. 0,0055—0,004,
crass. 0,001 millim., recta, subcylindrica, apicibus leviter clavato-
incrassatis, obtusis. *Sterigmata* circ. 0,004 millim. crassa, constricte articulata, cellulis subglobosis. *Conceptacula pycnoconidiorum* thallo immersa, verrucas haud formantia.

6. **L. Carassensis** Wainio (n. sp.).

Thallus sat irregulariter aut fere dichotome sat crebre iteratimque laciniatus lobatusque, laciniis circ. 9—5 millim. latis,
ambitu irregulariter crenatis, margine isidioideo-lacinulatis, axillis
sat angustis, adpressus, KHO superne haud reagens at intus sordide rubescens, sat laevigatus, glaucescens aut olivaceo-variega-
tus, sat opacus, glaber, subtus subreticulatim late crebreque fusco-
nigricanti-rhizinosus, partibus nudis pallidis.

Ad corticem arboris in Carassa (1400 metr. s. m.) in civ.
Minarum sterilis parce lecta, n. 1257. — Inferne similis est L.
peltigerae (Del.) et superne L. corrosae (Ach.). — *Thallus*
circ. 50 millim. latus, sorediis cyphellisque destitutus, Ca Cl$_2$ O$_2$

non reagens. *Stratum corticale superius* circ. 0,030—0,035 millim. crassum, series circ. 4 (—5) cellularum continens, grosse parenchymaticum, cellulis summis minutis. *Stratum corticale inferius* e seriebus 2—1 cellularum formatum. *Gonidia* flavo-virescentia, globosa, simplicia, diam. 0,008—0,004 millim., membrana sat tenui. *Rhizinae* ex hyphis formatae fasciculatis, maxima parte cohaerentibus, ramulosis, cellulis apicalibus hypharum (ramulorumque) brevibus constrictisque, reliquis oblongis.

Trib. 9. **Pannarieae.**

Thallus squamosus aut minute foliaceus, heteromericus, *rhizinis* aut *hypothallo* vulgo instructus. *Stratum corticale superius* pseudoparenchymaticum, loculis cellularum majusculis mediocribusve. *Stratum medullare* stuppeum, hyphis leptodermaticis. *Gonidia* in zona infra stratum corticale disposita, scytonemea aut polycoccideo-nostocacea aut palmellacea. *Apothecia* peltata basique excipuli constricta, aut basi tota adnata, gonidia continentia aut gonidiis destituta. *Excipulum* saltem parte exteriore pseudoparenchymaticum. *Paraphyses* bene evolutae, haud ramoso-connexae. *Sporae* breves, oblongae aut oblongo-fusiformes aut ellipsoideae globosaeve, decolores, simplices aut raro 1-septatae (in **Massalongia** Koerb.). *Sterigmata* (quantum cognitum) crebre articulata.

1. Erioderma.

Fée, Ess. Crypt. Écorc. (1824) p. 145; Tuck., Gen. Lich. (1872) p. 39; Nyl., Obs. Pyr. Or. (Fl. 1873) p. 56; Tuck., Syn. North Am. (1882) p. 110; Nyl., Syn. Lich. II (1885) p. 46.

Thallus foliaceus, adscendens, superne villosus et strato corticali obductus, subtus aut margine rhizinis instructus et strato corticali destitutus, inferne saepe etiam nervosus. *Stratum corticale* ex hyphis verticalibus parenchymatice septatis conglutinatis formatum, series cellularum plures irregulariter horizontales continens, loculis majusculis, parietibus leviter incrassatis aut sat crassis. *Stratum medullare* stuppeum, hyphis sat laxe contextis, crassitudine mediocribus (circ. 0,004—0,003 millim. crassis), leptodermaticis, parce septatis. *Gonidia* scytonemea (Bornet, Rech. Gon.

Lich. p. 28), cellulis caeruleo-virescentibus, in filamenta gyrosa sat brevia concatenatis, vagina gelatinosa sat tenui instructa, in zona infra stratum corticale disposita. *Apothecia* peltata, basi demum subpodidellato-angustata, in margine aut lamina superiore thalli sita, in ipsa superficie thalli enata. *Excipulum* strato corticali crasso, sat grosse pseudoparenchymatico, et strato medullari gonidiis destituto instructum. *Hypothecium* pallidum. *Sporae* 8:nae, oblongae aut fusiformi-oblongae aut ellipsoideae globosaeve, simplices, decolores. *Conceptacula pycnoconidiorum* in margine thalli sita, verruculas extus nigricantes formantia, intus pallida. *Sterigmata* crebre articulata. *Pycnoconidia* cylindrico-oblonga, brevia, recta.

1. **E. polycarpum** Fée, Ess. Crypt. Écorc. (1824) p. 146; Tuck., Syn. North Am. (1882) p. 110; Nyl., Syn. Lich. II (1885) p. 47 (mus. Paris.); Müll. Arg., Rev. Lich. Féean. (1887) p. 16, Lich. Beitr. (Fl. 1888) n. 1288.

*E. verruculosum Wainio (n. subsp.).

Thallus foliaceus, lobatus, superne crebre verruculosus et rhizinoideo-villosus, villo circ. 0,5—0,4 millim. longo, pallidus vel cinereo-pallidus, subtus nudus, tenuissime nervosus, albidus vel nervis pallescenti-albidis, glaber, margine passim rhizinis crebris, 1—1,5 millim. longis, penicillato- vel fibrilloso-ramulosis, pro parte caeruleo-nigricantibus, pro parte albido-pallescentibus instructus. *Apothecia* disco planiusculo, rufescente, tenuissime caesio-pruinoso, excipulo extus plus minusve villoso. *Sporae* ellipsoideae oblongaeve, long. 0,010—0,014, crass. 0,005—0,008 millim.

Ad corticem arborum in Carassa (1400 metr. s. m.) in civ. Minarum, n. 1196. — E. polycarpum thallo superne haud verruculoso et villo breviore tenuioreque a planta nostra differt. — *Thallus* circ. 0,160—0,120 millim. crassus, circ. 20—15 millim. latus, lobis circ. 7—2 millim. latis, ambitu subintegris aut crenatis, involutis. *Stratum corticale superius* circ. 0,060—0,030 millim. crassum, valde inaequaliter incrassatum, laceratum verruculosumque, sat grosse pseudoparenchymaticum, ex hyphis verticalibus, parenchymatice septatis formatum, series plures irregulariter horizontales cellularum continens, lumine cellularum circ. 0,010—0,004 millim. lato, membranis leviter incrassatis aut sat crassis (circ.

0,003—0,002 millim. crassis), tomento brevi constricte articulato et villo rhizinoideo ex hyphis conglutinatis in fibrillas constricte articulatas continuatis formato obductum. *Stratum medullare* parte inferiore gonidiis destitutum, hyphis longitudinalibus, sat laxe contextis, 0,004—0,003 millim. crassis, leptodermaticis, parce septatis. *Gonidia* scytonemea (conf. Bornet, Rech. Gon. Lich. p. 35), cellulis caeruleo-virescentibus, subglobosis, 0,010—0,007 millim. crassis, in filamenta gyrosa sat brevia concatenatis, heterocystis intercalaribus aureo-hyalinis subglobosis aut subangulosis, vagina gelatinosa sat tenui. *Apothecia* in margine et lamina superiore thalli sita, in ipsa superficie thalli enata, demum saepe subpodicellato-elevata, circ. 0,7 millim. lata, margine sat tenui, rufescente. *Excipulum* strato corticali crasso, sat grosse pseudoparenchymatico, seriebus verticalibus cellularum saepe in pilos breves constricte articulatos continuatis, strato medullari tenui, per podicellum cum strato medullari thalli confluente, solum in podicello gonidia continens. *Hypothecium* pallidum. *Hymenium* circ. 0,080—0,075 millim. crassum, jodo caerulescens, demum obscure vinose rubens. *Epithecium* testaceum, subgranulosum. *Paraphyses* circ. 0,002—0,0015 millim. crassae, apice parum incrassatae. *Asci* clavati, circ. 0,014—0,012 millim. crassi, apice membrana parum incrassata. *Sporae* 8:nae, distichae, apicibus obtusis, decolores, simplices. *Conceptacula pycnoconidiorum* in margine thalli sita, verruculas extus nigricantes formantia. *Sterigmata* 0,003 millim. crassa, crebre septata, cellulis depressis, haud constricta. *Pycnoconidia* cylindrico-oblonga, long. 0,005, crass. 0,001 millim., recta, apicibus obtusis rotundatisve.

2. Pannaria.

Del. in Dictionn. Class. d'Hist. Nat. XIII (1828) p. 20 pr. p.: Mass., Ric. Lich. Crost. (1852) p. 110 pr. p.; Koerb. Syst. Germ. (1855) p. 105 pr. p.; Th. Fr., Gen. Heterolich. (1861) p. 61 pr. p.; Schwend., Unters. Flecht. II (1863) p. 151, 190 pr. p., tab. XI fig. 3—6, 9; Tuck., Gen. Lich. (1872) p. 47 pr. p.; Nyl., Fl. 1879 p. 360 (excl. Massalongia carnosa Koerb.)[1]); Tuck., Syn. North Am. (1882) p. 116 pr. p.; Nyl., Syn. Lich. II (1885) p. 27 pr. p.; Hue, Addend. (1886) p. 60 pr. p.

---

[1]) Genus *Massalongia* Koerb. sporis 1-septatis, hypothallo minus evoluto et gonidiis scytonemeis (conf. Bornet, Rech. Gon. Lich. p. 45) a *Pannaria* differt.

Thallus squamosus aut fere foliaceus, adpressus aut adscendens, superne strato corticali instructus, glaber, inferne strato corticali destitutus aut solum evanescente instructus, hypothallo maxima parte nigricante vel caeruleo-nigricante, vulgo bene evoluto crebroque vel raro minus evoluto aut interdum rhizinis (in P. Mariana Müll. Arg.) nigricantibus substrato affixus. *Stratum corticale superius* ex hyphis verticalibus parenchymatice septatis conglutinatis formatum, series plures irregulariter horizontales continens, loculis majusculis, parietibus vulgo tenuibus. *Stratum medullare* stuppeum, hyphis sat laxe contextis, circ. $0{,}002 — 0{,}0035$ millim. crassis, leptodermaticis, parce septatis. *Gonidia* nostocacca (Bornet, Rech. Gon. Lich. p. 36), cellulis caeruleo-virescentibus aut glaucescentibus, moniliformi-concatenatis, filamentis ad instar Polycocci glomeruloso-intricatis, in zona infra stratum corticale disposita. *Apothecia* thallo innata, demum elevata peltataque, excipulo thallode basi constricto instructa. *Excipulum* strato corticali crasso, grosse pseudoparenchymatico, strato medullari gonidia continente, perithecio grosse parenchymatico infra hypothecium modice evoluto. *Hypothecium* albidum pallidumve aut dilute rufescens. *Sporae* 8:nae [1]), ellipsoideae oblongaeve aut fusiformi-ellipsoideae, simplices, decolores. „*Conceptacula pycnoconidiorum* verrucas thallo obductas formantia, intus pallida. *Sterigmata* articulata, cellulis brevibus numerosis. *Pycnoconidia* cylindrico-oblonga, recta." (Linds., Mem. Sperm. 1859 p. 256.)

1. **P. rubiginosa** (Thunb.) Del. in Dict. Class. XIII (1828) p. 20: Mass., Ric. Lich. Crost. (1852) p. 110; Tuck., Syn. North Am. (1882) p. 119 (excl. b. conoplea); Nyl., Syn. Lich. II (1885) p. 29 (excl. v. conoplea). *Lichen rubiginosus* Thunb., Prodr. Fl. Cap. (1794) p. 176 (hb. Ach.); Ach., Lich. Suec. Prodr. (1798) p. 99. *Pann. rubiginosa α. affinis* (Dicks.) Koerb., Syst. Germ. (1855) p. 105.

Thallus irregulariter repetito-laciniatus, laciniis circ. $2 — 0{,}5$ millim. latis, vulgo subcuneatis, ambitum versus stellatis, saltem pro parte elongatis, adpressis, pallidus aut cinereo-pallescens aut pallido-glaucescens, isidiis destitutus, subtus nigricans aut ambitum versus pallescens et hypothallo caeruleo-nigricante vel cinereo-caerulescente vel partim subalbido tomentoso instructus. *Apo-*

---

[1]) De *Pannaria polyspora* Müll. Arg. vide sub *Heppia* p. 216.

thecia disco rufo, margine thallino crenulato aut subintegro. *Sporae* ellipsoideae aut fusiformi-ellipsoideae, long. 0,012—0,018 millim. [„—0,030 millim.“: Nyl., l. c.], crass. 0,008—0,010 millim.

Ad corticem arborum prope Sitio (1000 metr. s. m.) in civ. Minarum, n. 606. — *Thallus* circ. 0,180 millim. crassus, inferne strato corticali destitutus. *Stratum corticale superius* circ. 0,040 millim. crassum, ex hyphis verticalibus parenchymatice septatis conglutinatis formatum, demum grosse pseudoparenchymaticum et series cellularum leptodermaticarum plures irregulariter horizontales continens, cellulis summis passim parce destructis. *Stratum medullare* hyphis 0,002 millim. crassis, leptodermaticis, increbre septatis, irregulariter sat laxe contextis, in parte inferiore thalli in rhizinas continuatis. *Gonidia* nostocacea, cellulis caeruleovirescentibus, anguloso-subglobosis globosisve, 0,006 millim. crassis, glomeruloso-concatenatis, pariete gelatinoso haud crasso, familias ellipsoideas globosasve formantia. *Hypothallus* ex hyphis constans 0,003—0,0025 millim. crassis, increbre septatis, irregulariter intricatis liberisque aut partim in fasciculos confluentes confertis cohaerentibusque, membranis tenuibus. *Apothecia* thallo innata, demum adpresso-peltata, circ. 0,8—2,8 millim. lata. *Excipulum strato corticali* grosse pseudoparenchymatico, leptodermatico, e seriebus pluribus cellularum formato, *strato medullari* gonidia continente, *perithecio* grosse pseudoparenchymatico, infra hypothecium modice evoluto. *Hypothecium* pallidum aut dilutissime rufescens, ex hyphis erectis conglutinatis formatum. *Hymenium* circ. 0,090 millim. crassum, jodo subpersistenter caerulescens (praesertim asci colorati). *Epithecium* pallidum lutescensve. *Paraphyses* 0,0015—0,0025 millim. crassae, apicem versus levissime aut vix incrassatae, sat laxe cohaerentes, increbre septatae (Zn Cl$_2$ + I), simplices aut interdum parcissime ramosae. *Asci* clavati, circ. 0,016—0,014 millim. crassi, apice membrana plus minusve incrassata. *Sporae* 8:nae, distichae, simplices, decolores, apicibus obtusis aut acutiusculis aut rotundatis.

2. **P. Mariana** (Fr.) Müll. Arg., Lich. Beitr. (Fl. 1887) n. 1159. *Parmelia* Fr., Syst. Orb. Veg. (1825) p. 284. *Pannaria pannosa* Nyl., Syn. Lich. II (1885) p. 29 (mus. Paris.); Tuck., Syn. North Am. (1882) p. 119 (pr. p.), haud *Lichen pannosus* Sw., Fl. Ind. Occ. III (1806) p. 1888 (hb. Ach.), conf. Müll. Arg., Lich. Beitr. (Fl. 1881) n. 243.

Thallus irregulariter repetito-laciniatus, laciniis circ. 1—0,3 millim. latis, ambitum versus stellatis, saltem pro parte elongatis, adpressis, pallidus aut pallido-fuscescens aut cinereo-pallescens, isidiis destitutus aut isidiosus, subtus nigricans et rhizinis crebris, elongatis, nigricantibus aut fusconigris intsructus. [*Apothecia* disco rufo aut nigricante, margine thallino minute crenulato. „*Sporae* ellipsoideae, long. 0,015—0,022, crass. 0,007—0,012 millim.“: Nyl., l. c.]

Var. **isidioidea** Müll. Arg., Lich. Beitr. (Fl. 1887) n. 1159.

Laciniae thalli margine isidiosae aut isidioideo-lacinulatae.

Ad corticem arborum prope Sitio (1000 metr. s. m.) in civ. Minarum. n. 669, 983 (sterilis). — *Thallus* circ. 0,110—0,080 millim. crassus, inferne niger et hyphas increbre septatas, irregulariter contextas et partim conglutinatas continens. *Stratum corticale superius* circ. 0,035—0,040 millim. crassum, ex hyphis verticalibus parenchymatice septatis conglutinatis formatum (quod ad apices observari potest), demum series cellularum grosse pseudoparenchymaticarum (lumine circ. 0,010—0,008 millim. lato) et leptodermaticarum plures irregulariter horizontales, et in parte summa cellulas minores subdestructas sat pachydermaticas continens. *Stratum medullare* hyphis 0,003 millim. crassis, leptodermaticis, increbre septatis, irregulariter sat laxe contextis. *Gonidia* nostocacea, cellulis caeruleo-virescentibus, anguloso-subglobosis, 0,006—0,004 millim. crassis, glomeruloso-concatenatis, pariete gelatinoso haud crasso. *Rhizinae* ex hyphis 0,003—0,0035 millim. crassis, increbre septatis, in fasciculos irregulariter confluentes confertis cohaerentibusque formatae, membranis tenuibus aut sat tenuibus.

3. Coccocarpia.

Pers. in Gaudich. Voy. Uran. (1826) p. 206; Mont., Cent. II (Ann. Sc. Nat. 2 sér. Bot. T. XVI 1841) p. 122; Mass., Mem. Lich. (1853) p. 54; Mont., Syllog. (1856) p. 343; Linds., Mem. Sperm. (1859) p. 257 pr. p.; Nyl., Lich. Scand. (1861) p. 128; Bornet, Rech. Gon. Lich. (1873) p. 34, tab. 11 fig. 4—6; Nyl., Syn. Lich. II (1885) p. 41 (excl. C. plumbea [1]). *Pannaria* sect. *Coccocarpia*

---

[1] *Parmeliella plumbea* (Lightf.) Wainio a *Coccocarpiis* distinguenda est, ab iis differens gonidiis nostocaceis, strato corticali superiore ex hyphis verticalibus parenchymatice septatis conglutinatis formato.

Tuck., Gen. Lich. (1872) p. 52, Syn. North Am. (1882) p. 124. *Pannaria* Schwend., Unters. Flecht. II (1863) p. 194 (pr. p.).

Thallus foliaceus aut squamosus, monophyllus aut polyphyllus, superne et distincte etiam inferne strato corticali obductus, superne glaber, inferne rhizinis caeruleo-nigricantibus albidisve aut hypothallo tomentoso (eodem colore) instructus. *Stratum corticale superius* ex hyphis longitudinalibus [1]) parenchymatice septatis conglutinatis formatum, series paucas pluresve irregulariter horizontales continens, loculis latitudine mediocribus (diametrum hypharum strati medullaris leviter superantibus aut fere aequantibus), parietibus tenuibus. *Stratum medullare* hyphis circ. 0,004 —0,003 millim. crassis, leptodermaticis, increbre aut crebro septatis, longitudinalibus, sat laxe aut sat crebre contextis, partim aut parte inferiore conglutinatis, quare hoc stratum sine limite in stratum corticale inferius transit. *Stratum corticale inferius* ex hyphis distincte longitudinalibus, crebre aut sat crebre septatis, conglutinatis formatum, membranis tenuibus aut leviter incrassatis (in C. Gayana). *Gonidia* scytonemea (Bornet, l. c.), cellulis caeruleo-virescentibus, in filamenta gyrosa brevia aut sat brevia concatenatis et heterocystis hyalinis intercalaribus instructa, vagina gelatinosa sat tenui induta, in zona infra stratum corticale superius disposita. *Apothecia* in ipsa superficie thalli aut rarius (in C. Gayana) infra stratum corticale enantia, demum elevata, peltata basique bene constricta aut tota basi adnata, haud podicellata. *Excipulum* saltem parte exteriore grosse pseudoparenchymaticum et ex hyphis radiantibus parenchymatice septatis formatum, gonidiis destitutum (strato medullari stuppeo nullo). *Hypothecium* pallidum aut obscuratum. *Sporae* 8:nae, oblongo- aut ellipsoideo-fusiformes aut ellipsoideae aut globosae, simplices, decolores. *Conceptacula pycnoconidiorum* verrucas thallo obductas formantia, intus albida. *Sterigmata* articulata, cellulis brevibus, numerosis. *Pycnoconidia* cylindrico-oblonga, recta.

1. **C. pellita** (Ach.) Müll. Arg., Lich. Beitr. (Fl. 1882) n. 421. *Parmelia* Lich. Univ. (1810) p. 468 (hb. Ach.). *Coccocarpia molybdaea* Pers. in Gaudich. Voy. Uran. (1826) p. 206 (em.); Mass., Mem. Lich. (1853) p. 55; Nyl., Syn. Cal. (1868) p. 22; Müll. Arg., Lich.

---

[1]) Conf. p. 206 (de *Parmeliella plumbea*).

Beitr. (Fl. 1877) n. 80, 81; Nyl., Syn. Lich. II (1885) p. 42 (em.), tab. IX fig. 29. *Pannaria* Tuck., Syn. North Am. (1882) p. 124.

Thallus irregulariter lobatus aut laciniatus, lobis laciniisque circ. 10—0,4 millim. latis, superne plumbeo-cinereus aut cinereo-glaucescens, sorediis destitutus, subtus rhizinis crebris caeruleo-nigricantibus aut raro pro parte albidis instructus. *Apothecia* adnata aut demum indistincte adpresso-peltata, circ. 5—1 millim. lata, planiuscula aut depresso-convexiuscula, atra aut fuscescentia rufescentiave aut testacea vel testaceo-pallescentia, subtus interdum rhizinis instructa. *Sporae* oblongo- vel ellipsoideo-fusiformes, long. 0,013—0,007, crass. 0,005—0,002 millim.

Variationes hujus speciei valde dissimiles sunt, at formis intermediis sunt conjunctae. — *Stratum corticale superius* tenue, ex hyphis longitudinalibus conglutinatis parenchymatice septatis leptodermaticis formatum, lumine cellularum circ. 0,006—0,003 millim. lato. *Stratum medullare* hyphis 0,003—0,004 millim. crassis, leptodermaticis, sat crebre vel partim fere parenchymatice septatis, sat crebre aut sat laxe contextis aut partim conglutinatis. *Stratum corticale inferius* a strato medullari haud distincte limitatum, ex hyphis longitudinalibus, conglutinatis, parenchymatice aut sat crebre septatis, leptodermaticis constans. *Gonidia* scytonemea, cellulis caeruleo-virescentibus, subglobosis, circ. 0,008—0,006 millim. crassis, in filamenta vulgo plus minusve gyrosa partim sat brevia partim elongata concatenatis, heterocystis subglobosis, circ. 0,010 millim. crassis, vulgo aureo-hyalinis, intercalaribus, vagina gelatinosa, saepe circ. 0,0015 millim. crassa instructa. *Rhizinae* ex hyphis saepe fasciculatis partimque conglutinatis aut liberis, 0,007—0,005 millim. crassis, increbre septatis formatae, cellulis latitudine circ. 3—4:plo longioribus, membranis tenuibus aut leviter incrassatis. *Apothecia* in ipsa superficie thalli enantia, primum hypothecium parenchymaticum pilosum aut omnino glabrum formantia (conf. p. 209). *Excipulum* grosse pseudoparenchymaticum, gonidiis destitutum, ex hyphis radiantibus parenchymatice septatis conglutinatis formatum. *Hypothecium* parenchymaticum, sine limite distincto in hymenium transiens. *Hymenium* circ. 0,070—0,050 millim. crassum. *Paraphyses* arcte cohaerentes, 0,002—0,003 millim. crassae, apice haud incrassatae aut leviter clavatae (—0,004 millim. crassae), increbre septatae, haud ramosae ($H_2 S O_4$). *Asci* clavati, circ. 0,012—0,008 millim. crassi, apice membrana leviter incrassata. *Sporae* 8:nae, distichae, apicibus obtusiusculis aut acutis, simplices, decolores.

Var. **parmelioides** (Hook.) Müll. Arg., Lich. Beitr. (Fl. 1882) n. 421, Rev. Féean. (1887) p. 15. *Lecidea parmelioides* Hook. in Kunth Syn. Plant. Orb. Nov. (1822) p. 162.

Thallus lobatus, lobis latis (circ. 10—2 millim.), cuneatis, ambitu rotundatis, integris aut crenatis, isidiis destitutus, subtus aeruginoso-nigricans. *Apothecia* atra aut fusconigra.

Ad saxa prope Rio de Janeiro, n. 76, 207. — *Thallus* circ. 0,200—0,190 millim. crassus. *Stratum corticale superius* circ. 0,020 millim. crassum. *Stratum corticale inferius* aeruginoso-fuligineum. *Rhizinae* caeruleo-nigricantes. *Excipulum* extus caeruleo-smaragdulum, interdum inferne rhizinis instructum (in n. 207). *Hypothecium* dilute fuscescenti- vel subviolaceo-fuligineum. *Hymenium* jodo persistenter caerulescens. *Epithecium* caeruleo-smaragdulo-fuligineum, KHO non reagens (n. 76) aut violaceo-fuligineum (207). *Sporae* long. 0,013—0,008, crass. 0,005—0,004 millim., saepe guttulas duas continentes. *Conceptacula pycnoconidiorum* (in n. 76) thallo immersa, verrucas thallo obductas, hemisphaericas, apice nigricantes formantia, ceterum albida, hymenium sterigmaticum gyroso-lobatum continentia. *Sterigmata* 0,003—0,004 millim. crassa, constricte articulata, cellulis subglobosis, numerosis. *Pycnoconidia* cylindrico-oblonga, long. 0,004—0,003, crass. 0,001 millim., recta, apicibus rotundatis. Apothecia juvenilia in n. 207 semper „*trichogynis*" vel hyphis rhizinoideis, 0,040—0,030 millim. longis, 0,004—0,003 millim. crassis, apicem versus attenuatis, ex hypothecio parenchymatico excrescentibus abundantissime instructa. Pycnoconidia his „trichogynis" affixa (sicut in Stahl, Beitr. Entw. Flecht. 1 tab. 2 fig. 4 et 5) interdum observavi. In n. 76, qui et apotheciis et pycnoconidiis est instructus, apothecia juvenilia semper trichogynis destituta sunt.

*Var. **cronia** (Tuck.) Müll. Arg., Lich. Beitr. (Fl. 1882) n. 421. *Parmelia cronia* Tuck., Syn. Lich. New Engl. (1848) p. 36. *Parm. molybdaea* b. *cronia* Tuck., Syn. North Am. (1882) p. 125, *Cocc. molybdaea* var. *cronia* Nyl., Fl. 1869 p. 119, Syn. Lich. II (1885) p. 43.

Thallus lobatus, lobis latis aut sat latis, cuneatis, ambitu rotundatis, integris aut crenatis, isidiosus, subtus aeruginoso-nigricans. [*Apothecia* atra aut fusconigra.]

14

In rupe prope Rio de Janeiro, n. 142 (sterilis). — *Thallus* circ. 0,180—0,150 millim. crassus. *Stratum corticale inferius* aeruginoso-fuligineum. *Rhizinae* caeruleo-nigricantes. *Isidia* strato corticali parenchymatico instructa, gonidia continentia. [„*Excipulum* subtus rhizinis albidis instructum": Tuck.]

*Var. **smaragdina** (Pers.) Müll. Arg., Lich. Beitr. (Fl. 1882) n. 421, Rev. Lich. Fée (1887) p. 15. *Coccocarpia smaragdina* Pers. in Gaudich. Voy. Uran. (1826) p. 206 (mus. Paris.); Nyl., Lich. Nov. Zel. (1888) p. 47. *C. molybdaea* *C. smaragdina* Nyl., Syn. Lich. II (1885) p. 43.

Thallus lobatus, lobis latis, cuneatis, ambitu rotundatis, integris aut crenatis, isidiis destitutus, subtus saepe partim albidus, partim aeruginoso-nigricans. *Apothecia* rufa aut testaceo-pallida aut pro parte fuscescentia.

Ad corticem arborum prope Sitio (1000 metr. s. m.) et in Carassa (1400 metr. s. m.) in civ. Minarum pluribus locis, n. 563, 674, 988, 1490, 1498. — *Thallus* circ. 0,100—0,200 millim. crassus. *Stratum corticale inferius* saepe partim albidum, aut aeruginoso-nigricans. *Rhizinae* saepe partim albidae, aut caeruleo-nigricantes. *Apothecia* rhizinis et „trichogynis" destituta aut raro juvenilia superne „trichogynis" et adulta inferne rhizinis instructa (in n. 562 et 1196 b). *Excipulum* pallescens lutescensve. *Hypothecium* subalbidum aut pallidum. *Hymenium* jodo caerulescens, demum obscure vinose rubens. *Epithecium* lutescens aut fuscescens, KHO non reagens. *Sporae* long. 0,011—0,007, crass. 0,004—0,003 millim., saepe guttulas duas continentes.

*Var. **isidiophylla** Müll. Arg., Lich. Beitr. (Fl. 1882) n. 421.

Thallus lobatus, lobis latis aut sat latis, cuneatis, ambitu rotundatis, integris aut crenatis, isidiosus, subtus saepe partim albidus, partim aeruginoso-nigricans. [*Apothecia* rufa aut testaceo-pallida aut pro parte fuscescentia.]

Ad corticem arboris prope Sitio (1000 metr. s. m.) in civ. Minarum, n. 558 (sterilis). — *Thallus* circ. 0,130—0,100 millim. crassus. *Stratum corticale inferius* saepe partim albidum, partim aeruginoso-nigricans. *Rhizinae* pro parte albidae, pro parte aeruginosae. *Isidia* strato corticali minute parenchymatico instructa, gonidia continentia.

Var. **genuina** Müll. Arg., Lich. Beitr. (Fl. 1882) n. 421.

Thallus repetito-laciniatus incisusque, laciniis angustis, circ. 0,4—1 millim. latis, sublinearibus, isidiis destitutus, subtus aeruginoso-nigricans. *Apothecia* atra aut fusco-nigra.

Ad corticem arborum prope Sitio (1000 metr. s. m.) in civ. Minarum, n. 651, 789, 874. — *Thallus* circ. 0,120 millim. crassus. *Stratum corticale superius* circ. 0,010 millim. crassum. *Stratum corticale inferius* aeruginoso-fuligineum. *Rhizinae* caeruleo-nigricantes. *Apothecia* subtus saepe rhizinis caeruleo-nigricantibus brevibus instructa. *Excipulum* extus caeruleo-smaragdulum, intus sordide coloratum. *Hypothecium* dilute sordideque violaceum. *Hymenium* jodo caerulescens, demum vinose rubens. *Epithecium* aeruginoso-fuligineum, KHO demum violaceo- aut subolivaceo-fuligineum. *Sporae* long. 0,013—0,009, crass. 0,003—0,002 millim.

2. **C. asterella** (Nyl.) Wainio. *Pannaria* Nyl., Fl. 1869 p. 119; Krempelh., Fl. 1876 p. 75.

Thallus iteratim dichotome aut irregulariter laciniatus, laciniis circ. 0,15—0,1 millim. latis, demum vulgo imbricato-confertis, superne plumbeo-cinereus aut plumbeo-caerulescens, isidiis destitutus, subtus rhizinis albidis pallidisve instructus. *Apothecia* peltata, 0,8—2 millim. lata, plana, atra aut fusco-nigra, fere immarginata, subtus rhizinis albidis circa apothecia radiantibus instructa. *Sporae* globosae, diam. 0,004—0,0035 millim.

Ad corticem arborum prope Sitio (1000 metr. s. m.) et in Carassa (1400 metr. s. m.) in civ. Minarum, n. 1101, 1493, 1534. Rhizinis, apotheciis et gonidiis cum Coccocarpiis omnino congruit. — *Thallus* 0,070 millim. crassus. *Stratum corticale superius* tenue (e seriebus circ. 2 cellularum constans), ex hyphis longitudinalibus conglutinatis parenchymatice septatis formatum, cellulis subcubicis aut subrotundatis, latitudine mediocribus, zonam gonidialem obtegens. *Stratum medullare* hyphis 0,004—0,003 millim. crassis, leptodermaticis, increbre septatis. *Stratum corticale inferius* haud distincte limitatum, albidum, ex hyphis longitudinalibus, conglutinatis, crebre septatis constans, cellulis rectangularibus, leptodermaticis. *Gonidia* scytonemea, cellulis caeruleovirescentibus, 0,010—0,008 millim. crassis, gyroso-concatenatis, heterocystis intercalaribus. *Rhizinae* ex hyphis leptodermaticis sat crebre septatis conglutinatis formatae, ramulis parvulis constricte articulatis crebre obsitae. *Excipulum* grosse parenchymaticum, gonidiis destitutum, extus dilute pallescens, intus albidum, cellulis anguloso-globosis, irregulariter dispositis. *Hypothecium* pallidum, sat minute parenchymaticum. *Hymenium* circ. 0,045—0,050 millim. crassum, jodo persistenter caerulescens. *Epithecium* livido- vel caerulescenti-nigricans aut pallidum, KHO dilutescens. *Paraphyses* arcte cohaerentes, 0,0015 millim. crassae, apice paululum aut parum incrassatae (0,002 millim.), increbre septatae. *Asci* clavati, circ. 0,010—0,008 millim. crassi, apice membrana paululum incrassata. *Sporae* 8:nae, distichae, simplices, decolores.

Trib. 10. **Heppieae.**

Thallus squamosus aut raro minute foliaceus, aut subfruticulosus vel tuberculiformis, *rhizinis* parcis aut *gompho* centrali aut *hypothallo* evanescente instructus, homoeomericus aut heteromericus, majore minoreve parte pseudoparenchymaticum, *pseudoparenchymate* ex cellulis leptodermaticis majusculis constante. *Gonidia* in zona infra stratum corticale disposita aut in thallo toto in interstitiis cellularum dispersa (haud late confluentia), scytonemea. *Apothecia* thallo immersa aut rarius demum margine thallino basi constricto cincta. *Paraphyses* bene evolutae, haud ramoso-connexae. *Sporae* breves, ellipsoideae oblongaeve aut globosae, decolores, simplices. *Sterigmata* exarticulata.

1. **Heppia.**

Naeg. in Hepp. Flecht. Eur. (1853) n. 49; Mass., Geneac. Lich. (1854) p. 7 (emend.); Koerb., Parerg. Lich. (1859—65) p. 25 (em.); Th. Fr., Gen. Heterol. (1861) p. 56 (em.); Müll. Arg., Princ. Classif. (1862) p. 37; Schwend., Unters. Flecht. II (1863) p. 152, 178 (em.), tab. IX fig. 1; Tuck., Gen. Lich. (1872) p. 45 (em.). Syn. North Am. (1882) p. 114 (em.); Nyl., Syn. Lich. II (1885) p. 44 (em.); Hue, Addend. (1886) p. 62 (em.). *Peltula* Nyl., Lich. Alg. Nov. (1853) p. 316 (em.), Étud. Lich. Alg. (1853) p. 322 (em.); Hue, Addend. (1886) p. 63 (em.). *Heterina* Nyl., Syn. Lich. (1858—60) p. 138, em. (conf. infra). *Endocarpiscum* Nyl., Fl. 1864 p. 487 (em.), Lich. Ang. (1869) p. 14 (em.); Tuck., Syn. North Am. (1882) p. 113 (Schwend., Unters. Flecht. II p. 186. tab. X fig. 7). *Guepinella* Bagl., Nuov. Giorn. Bot. Ital. 1870 p. 171 (em.).

Thallus squamosus aut raro fere foliaceus (in H. Guepinii), aut subfruticulosus vel tuberculiformis (sect. Heterina). colore superne olivaceus aut nigricans, rhizinis parcis aut gompho

solitario aut hypothallo plus minusve evanescente albidoque substrato affixus, homoeomericus et totus in interstitiis cellularum
gonidia continens aut heteromericus zonaque gonidiali plus minusve distincta, totus aut solum parte exteriore pseudoparenchymaticus, *pseudoparenchymate* ex hyphis verticalibus parenchymatice septatis conglutinatis formato, leptodermatico, e cellulis majusculis in series plures irregulariter horizontales dispositis constante, et parte interiore stuppea *stratum medullare* formante, ex
hyphis leptodermaticis, increbre aut sat crebre septatis, circ. 0,002
—0,0035 millim. crassis, longitudinaliter aut verticaliter aut irregulariter dispositis sat laxe aut laxissime (in sect. Heterina)
contextum. *Gonidia* scytonemea, cellulis caeruleo-virescentibus,
glomeruloso-concatenatis et vagina gelatinosa sat tenui instructa.
Apothecia thallo innata, immersa permanentia, aut raro demum
plus minusve elevata margineque thallino cincta (in sect. Pannariella Wainio). *Perithecium* proprium evanescens indistinctumve. *Hypothecium* albidum pallidumve. *Sporae* 8:nae aut numerosae, ellipsoideae oblongaeve aut globosae, simplices, decolores. „*Conceptacula pycnoconidiorum* thallo immersa, pallida. *Sterigmata* tenuia, simplicia aut subsimplicia, exarticulata. *Pycnoconidia* ellipsoidea aut oblonga, recta." (Nyl., l. c.).

Sect. 1. **Heterina** (Nyl.) Wainio. *Thallus* subfruticulosus
aut tuberculiformis aut partim squamaeformi-dilatatus, erectus aut
prostratus, rhizinis gomphisque nullis distinctis. *Stratum medullare*
ex hyphis laxissime contextis formatum, parte interiore gonidiis
destituta.

Heterina Nyl., Syn. Lich. (1858—60) p. 138, Recogn. Ramal. (1870) p.
79, Fl. 1874 p. 70; Müll. Arg., Lich. Parag. (1888) p. 2.

1. **H. tortuosa** (Ehrenb.) Wainio. *Dufourea* Ehrenb. in Nees
ab Esenb. Horae Phys. Berol. (1820) p. 43, tab. V fig. 2. *Heterina*
Nyl., Syn. Lich. (1858—60) p. 138, tab. IV fig. 22, Recogn. Ra-
mal. (1870) p. 79, Fl. 1874 p. 70 (mus. Paris.); Müll. Arg., Lich.
Parag. (1888) p. 2. *Endocarpiscum tortuosum?* Müll. Arg., Lich.
Afr. (1880) p. 40.

Thallus fruticulosus aut fruticuloso-squamulosus, circ. 10—2
millim. altus, irregulariter ramosus, ramis tortuosis, angulosis, subteretibus aut partim compressiusculis aut apicem versus squamae-

formi- vel peltato-dilatatis, circ. 0,3—3 millim. latis, olivaceus aut
olivaceo-nigricans, apice vulgo pallidiore, sorediis isidiisque destitutus, rhizinis gomphoque nullis distinctis. *Apothecia* thallo innata, immarginata aut demum margine thallino leviter elevato, integro, basi sensim in thallum abeunte cincta, disco rufo aut fuscescente vel atropurpureo, concavo planiusculove, impresso, 0,15
—0,1 millim. lato. *Sporae* numerosissimae, globosae aut subglobosae, long. 0,005—0,004, crass. 0,004 millim.

Ad rupem graniticam littoralem prope Rio de Janeiro, n.
134 (fertilis). — *Thallus* forma et latitudine ramorum lacinia-
rumve valde variabilis, interdum potius squamosus, quam fruticulosus, erectus aut prostratus, caespitoso- aut imbricato-confertus.
Stratum corticale thallum superne et inferne obtegens, fulvescenti-
olivaceum, sat grosse pseudoparenchymaticum, series plures horizontales cellularum continens, cellulis circ. 0,004—0,006 millim.
latis, anguloso-rotundatis. *Stratum medullare* ex hyphis laxissime
contextis, 0,002 millim. crassis, increbre septatis, leptodermaticis
formatum, demum fere cavernosum, gonidia solum vel fere solum
infra stratum corticale continens. *Gonidia* scytonemea, cellulis
intense caeruleo-virescentibus, subglobosis, 0,010—0,006 millim.
crassis, glomeruloso-concatenatis, vagina tenui (certe haud „om-
phalarioidea“ vel glococapsoidea, ut indicatur). *Excipulum proprium* indistinctum. *Hypothecium* dilutissime rubescens aut subalbidum. *Hymenium* circ. 0,200—0,180 millim. crassum, jodo dilute caerulescens, dein vinose rubens. *Epithecium* dilute rubescens. *Paraphyses* gelatinam sat copiosam et sat laxam percurrentes, 0,0015 millim. crassae, apice haud aut vix incrassatae, leviter constricte articulatae. *Asci* oblongo-ventricosi, circ. 0,020
—0,018 millim. crassi, hymenio vulgo duplo breviores, interdum id
aequantes, apice membrana incrassata. *Sporae* simplices, decolores. „Conceptacula pycnoconidiorum thallo immersa, pallida, latit. circ. 0,135 millim. *Sterigmata* tenuia, simplicia aut raro bifur-
cata, exarticulata. *Pycnoconidia* cylindrico-oblonga, recta, long.
0,004, crass. 0,001 millim., utroque apice obtusiusculo.“ (Nyl.,
Syn. Lich. p. 138.)

2. **H. clavata** (Krempelh.) Wainio. *Heterina* Krempelh., Fl.
1876 p. 56 (hb. Warm.).

Thallus e tuberculis constans clavatis aut subglobosis aut squamaeformi-dilatatis, simplicibus aut basi fruticuloso-ramosis, 2—0,5 millim. altis, 0,4—1,5 millim. latis, ater, esorediatus, demum saepe minute isidioideo-granulosus, intus demum partim cavus, rhizinis gomphoque nullis distinctis.

Ad rupem graniticam littoralem prope Rio de Janeiro, n. 210 (sterilis). — *Thallus* hypothallo nullo distincto instructus est (a Krempelh. false descriptus). *Stratum corticale* thallum undique obtegens, fulvescenti-olivaceum vel fulvescenti-fuscescens, sat grosse pseudoparenchymaticum, series plures concentricas cellularum continens, zonam gonidialem obtegens, in parte interiore etiam gonidia continens. *Stratum medullare* ex hyphis laxissime contextis formatum, intus demum partim fistulosum. *Gonidia* scytonemea, cellulis caeruleo-virescentibus, anguloso-subglobosis, 0,008—0,010 millim. crassis, glomeruloso-concatenatis, vagina tenui.

Sect. 2. **Pannariella**[1]) Wainio. *Thallus* squamosus squamulosusve, adscendens, rhizinis paucis crassisque instructus aut solum basi aut gompho basali substrato affixus. *Stratum medullare* totum gonidia continens aut parte interiore gonidiis destituta.

3. **H. Bolanderi** (Tuck.) Wainio. *Pannaria* Tuck., Gen. Lich. (1872) p. 51. *Endocarpiscum* Tuck., Syn. North Am. (1882) p. 114. *E. Guepini* Krempelh., Fl. 1876 p. 57 (coll. Glaz. n. 3284: hb. Warm.), neque Moug., nec Nyl.

Thallus squamosus, squamis difformibus, irregulariter lobatis crenatisque, circ. 5—2 millim. longis, adscendentibus, imbricato-confertis, margine passim sorediosis undulatisque, lobis crenisve 2—0,5 millim. latis, superne olivaceus [aut demum fuscescens: Tuck.], inferne pallidus, rhizinis nonnullis sparsis crassiusculis instructus. *Apothecia* rara, plura aut pauca in eadem squamula, thallo innata, demum excipulo thallino elevato, basi constricto, circ. 0,5—0,3 millim. lato, marginem integrum formante instructa, disco fusco aut fusco-rufescente, circ. 0,2 millim. lato, concaviusculo impressoque. *Sporae* numerosae, ellipsoideae aut

---

[1]) Ab hac sectione distinguenda est sect. *Peltula* (Nyl.) Wainio (*Endocarpiscum* Nyl., Fl. 1864 p. 487, *Guepinella* Bagl., Nuov. Giorn. Bot. Ital. 1870 p. 171), ad quam *H. radicata* (Nyl.) Wainio et *H. Guepini* (Moug.) Nyl. pertinent. Thallus ejus gompho centrali longiore brevioreve est substrato affixus.

rarius oblongae subglobosaeve, long. 0,007—0,004, crass. 0,003—
0,0025 millim.

Supra rupem graniticam littoralem prope Rio de Janeiro, n.
135. — *Thallus* superne et inferne *strato corticali* series plures
horizontales cellularum continente, ex hyphis verticalibus parenchymatice septatis conglutinatis formato, instructus; praesertim
stratum corticale inferius sat grosse pseudoparenchymaticum, colore subalbidum, KHO non reagens; stratum corticale superius oli-
vaceo-fulvescens, KHO rubescens. *Stratum medullare* ex hyphis laxe
contextis formatum, zona gonidiali infra stratum corticale superius
disposita, ceterum gonidiis destitutum. *Gonidia* scytonemea, cellulis intense caeruleo-virescentibus, anguloso-globosis, 0,012—0,010
millim. crassis, glomeruloso-concatenatis, vagina tenui. *Perithecium proprium* tenuissimum, evanescens. *Hymenium* circ. 0,260
millim. crassum, jodo sat leviter caerulescens, demum subvinose
rubens. *Paraphyses* sat laxe cohaerentes, 0,0015 millim. crassae,
increbre subconstricteque articulatae, simplices aut raro parce
ramoso-connexae. *Asci* oblongi aut oblongo-ventricosi, parte superiore membrana saepe leviter incrassata. *Sporae* simplices,
decolores.

4. **H. leptophylla** Wainio (n. sp.).

Thallus squamulosus, squamulis 1—1,5 millim. longis, au-
guste lacinulatis et crenulato-incisis crenulatisque, adscendentibus,
crebre imbricato-confertis, laciniis circ. 0,2 millim. latis, esorediatus, obscure cinereo-olivaceus, inferne subconcolor, rhizinis et hypothallo distincto destitutus. *Apothecia* rara, thallo innata, demum margine thallino, leviter elevato, vulgo integro, basi sensim
in thallum abeunte cincta, disco rufo, plano, 0,5—1,5 millim. lato.
Sporae numerosissimae, ellipsoideae aut subglobosae, long. 0,010
—0,005, crass. 0,004—0,003 millim.

Supra rupem graniticam litoralem prope Rio de Janeiro, n.
135 (Heppiae Bolanderi immixta). — H. polysporella Wainio
(= Pannaria polyspora [1]) Müll. Arg., Lich. Parag. 1888 p. 7)
lacinulis latioribus et strato medullari gonidiis destituto et gompho
plus minusve evoluto a specie nostra differt. — *Thallus* 0,060—
0,120 millim. crassus, primum (in partibus junioribus) totus goni-

_____

[1] Diversa est *Heppia polyspora* Tuck., Syn. North Am. 1882 p. 115.

dia continens, demum superne et inferne *strato corticali* sat grosse pseudoparenchymatico e seriebus pluribus horizontalibus cellularum leptodermaticarum formato gonidiis fere destituto instructus, et *strato medullari* vulgo toto gonidia, hyphis fere parenchymatice septatis immixta, abundanter continente. *Gonidia* scytonemea, cellulis caeruleo-virescentibus, anguloso-subglobosis, 0,010—0,005 millim. crassis, glomeruloso-concatenatis, vagina tenui. *Perithecium proprium* indistinctum. *Hypothecium* subalbidum aut dilute pallescens, ex hyphis irregulariter contextis conglutinatis, partim parenchymatice septatis formatum, cellulis tenuissimis. *Hymenium* circ. 0,130 millim. crassum, jodo caerulescens, demum vinose rubens. *Epithecium* testaceum. *Paraphyses* gelatinam sat firmam percurrentes, 0,0015—0,002 millim. crassae, apicem versus constricte articulatae, vulgo haud ramosae. *Asci* inflato-clavati, circ. 0,020—0,024 millim. crassi, apice membrana incrassata. *Sporae* simplices, decolores, apicibus rotundatis.

Sect. 3. **Solorinaria** Wainio. *Thallus* squamosus, adpressus, rhizinis gomphisque nullis aut indistinctis (hyphis hypothallinis albidis parce evolutis substrato affixus), totus gonidia continens aut stratum corticale superius gonidiis destitutum.

Heppia Naeg. in Hepp Flecht. Eur. (1853) n. 49.

5. **H. fuscata** Wainio (n. sp.).

Thallus squamosus, squamis difformibus, 5,5—1,5 millim. longis, 3—1 millim. latis, saepe crenatis crenulatisve aut lobatis, contiguis et passim etiam confluentibus, fuscus, adpressus adnatusque, margine adpresso libero, rhizinis hypothalloque distincto destitutus. *Apothecia* plura in eadem squama, thallo immersa, 0,3—0,2 millim. lata, disco nigricante, vulgo impresso, haud distincte marginata. *Sporae* numerosae (circ. 16:nae), globosae aut subglobosae, long. 0,005—0,004, crass. 0,004—0,0035 millim.

In rupe granitica prope Rio de Janeiro, n. 158. — Habitu *Acarosporae fuscatae* subsimilis. — *Thallus* circ. 0,300 millim. crassus, totus grosse pseudo-parenchymaticus et totus gonidia continens, parte superiore rubescenti-rufescente, parte inferiore smaragdula. *Gonidia* scytonemea, cellulis caeruleo-virescentibus, anguloso-subglobosis, 0,010—0,006 millim. crassis, glomeruloso-concatenatis, pariete gelatinoso tenui. *Excipulum* (perithecium) parum evolutum, praecipue in latere apothecii conspicuum, albidum, ex hyphis parenchymatice septatis conglutinatis constans, cellulis minutis. *Hypothecium* sat tenue, albidum vel subalbidum, ex hyphis fere parenchymatice septatis, irregulariter contextis conglutinatis formatum, cellulis tenuissimis. *Hymenium* circ. 0,180 millim. crassum, jodo non reagens. *Epithecium* smaragdulum. *Paraphyses* sat laxe cohaerentes, 0,001—0,002 millim. crassae, apice saepe leviter clavato-incrassatae, subconstricte articulatae, saepe parce ramosae, aliae simplices, aliae connexae. *Asci* subcylindrico-ventricosi, apice membrana parum incrassata. *Sporae* simplices, decolores.

6. **H. murorum** Wainio (n. sp.).

Thallus peltatus, anguloso-rotundatus, 2—1 millim. latus, planiusculus, superne virescenti-olivaceus aut olivaceo-fuscescens, medio gomphoideo-affixus, margine libero, sat adpresso, vulgo subintegro. *Apothecia* solitaria in quavis squamula, thallo immersa, 1—0,5 millim. lata, disco rufo, thallum aequante, haud distincte marginata. *Sporae* numerosissimae, globosae aut subglobosae, long. 0,003—0,002, crass. 0,0025—0,002 millim.

Ad cementum muri prope Rio de Janeiro, n. 190. — Ab Heppia (Peltula) radicata (Nyl.) Wainio gompho breviore et thallo planiusculo jam habitu differt, at ei affinis est et eam cum ceteris Heppiis connectit. — *Thallus* rhizinis hypothalloque ceterum destitutus, at gompho albido ex fasciculis paucis hypharum formato, in substratum penetrante instructus, superne grosse pseudoparenchymaticus et series plures horizontales cellularum continens, in parte interiore inferioreque in interstitiis cellularum gonidiis abundanter instructus. *Gonidia* scytonemea, cellulis caeruleovirescentibus, globosis vel anguloso-globosis, 0,010—0,006 millim. crassis, glomeruloso-concatenatis, pariete gelatinoso sat tenui. *Excipulum* indistinctum. *Hypothecium* subalbidum, majore parte ex hyphis crebre contextis conglutinatis formatum. *Hymenium* circ. 0,120 millim. crassum, jodo intense caerulescens, dein vinose rubens. *Paraphyses* sat laxe cohaerentes, 0,001—0,0015 millim. crassae, apicem versus sensim clavato-incrassatae (0,0025—0,004 millim.), increbre septatae, apice saepe leviter constricte articula-

tae, haud ramosae. *Asci* ventricosi, circ. 0.018 millim. crassi,
apice membrana incrassata. *Sporae* decolores, simplices.

Trib. 11. **Collemeae.**

Thallus fruticulosus aut foliaceus aut squamosus aut crustaceus, rhizinis aut hypothallo instructus aut destitutus, homocome-
ricus aut heteromericus. *Stratum corticale* parenchymaticum aut
deficiens. *Stratum medullare* aut totum gonidia continens et hyphis tenuibus leptodermaticis gelatinam confluentem gonidiorum
percurrentibus, aut raro medio gonidiis destitutum et ex hyphis
conglutinatis (fere parenchymatice septatis) formatum, numquam
stuppeum. *Gonidia* cyanophycea. *Apothecia* thallo innata et immersa permanentia aut demum elevata basique constricta, excipulo
nullo distincto aut bene evoluto et in lamina tenui albido pallescenteve, disco dilatato aut punctiformi. *Paraphyses* bene evolutae aut in gelatinam diffluxae aut deficientes. *Sporae* breves
aut sat longae, globosae aut ellipsoideae oblongaeve aut fusiformes aut fusiformi-aciculares bacillaresve, decolores [1].

1. **Leptodendriscum** Wainio (nov. gen.).

Thallus fruticulosus, teres, ramosus, solidus. heteromericus,
undique strato corticali obductus, gonidiis infra stratum corticale
dispositis, strato medullari interne gonidiis destituto. rhizinis hypothalloque distincto carens. *Stratum corticale* sat grosse pseudoparenchymaticum, e serie simplice cellularum constans, cellulis
leptodermaticis. *Stratum medullare* ex hyphis increbre aut sat
crebre septatis, leptodermaticis, longitudinalibus, conglutinatis formatum. *Gonidia* scytonemea, subaeruginosa, cellulis moniliformi-
concatenatis, in serie simplice dispositis, vaginis tenuissimis. *Apothecia* peltata, lecideina, disco dilatato. *Excipulum* grosse pseudoparenchymaticum, gonidiis destitutum, strato medullari nullo.
Paraphyses sat arcte cohaerentes, haud ramoso-connexae. *Sporae*
8:nae, oblongae aut fusiformi-oblongae, 1-septatae, decolores.

  1. **L. delicatulum** Wainio (n. sp.).
Thallus fruticulosus, long. circ. 1—2 millim., teres, crebre
dichotome aut partim irregulariter repetito-ramosus, tenuis (—0.120

---

[1] *Pyrenidium* Nyl. ad Collemeas pertinere non potest. Planta est dubia, apotheciis forsan in *Leptogio* parasitantibus.

millim. crassus), apices versus sensim attenuatus, caespitosus et ramis crebre intricatis, prostratus, laevigatus, plumbeo- aut olivaceo-cinerascens, isidiis et tomento rhizinisque destitutus. *Stratum medullare* fere pseudoparenchymaticum, haud mucosum. *Apothecia* peltata basique constricta, 1,5—1 millim. lata, disco testaceo vel testaceo-fulvescente, margine integro, tenuissimo, testaceo pallidove. *Excipulum* grosse pseudoparenchymaticum, gonidiis destitutum. *Sporae* oblongae aut fusiformi-oblongae, 1-septatae, long. 0,009—0,013, crass. 0,004—0,005 millim.

Ad corticem arborum in Carassa (1400 metr. s. m.) in civ. Minarum, n. 1494, 1496 (una cum Coccocarpia asterella Wainio crescens). — Habitu subsimile est Leptogidio dendrisco Nyl. (Fl. 1873 p. 195), quod autem thallo majore, cortice e seriebus numerosis cellularum formato, medulla gonidiis destituta bene evoluta, ex hyphis increbre septatis haud conglutinatis formata, gonidiis coccocarpeis, cet., differt. Habitu externa etiam Thermutem velutinam in memoriam revocat. — *Thallus* sub microscopio fulvo-virescens, undique strato corticali obductus sat grosse pseudoparenchymatico, e serie simplice cellularum formato, cellulis aeque longis ac latis (diam. circ. 0,005—0,006 millim.). *Stratum medullare* hyphis conglutinatis in cellulas oblongas elongatasque divisis, infra stratum corticale fila plura gonidiorum, in serie simplice disposita, continens, in parte media gonidiis vulgo destitutum. *Gonidia* scytonemea, vaginis tenuissimis (in apicibus lichenis conspicuis), liberis, cellulis olivaceo-aeruginosis, subglobosis, 0,010—0,009 millim. crassis, moniliformi-concatenatis, filamenta elongata formantibus, heterocystis intercalaribus, decoloribus vel lutescentibus, subglobosis, 0,012—0,009 millim. crassis. *Apothecia* disco convexiusculo planiusculove. *Hypothecium* dilute pallescens, tenue, ex hyphis irregulariter contextis conglutinatis formatum. *Hymenium* circ. 0,080—0,090 millim. crassum, jodo persistenter caerulescens. *Epithecium* pallidum, KHO non reagens. *Paraphyses* sat arcte cohaerentes, 0,001 millim. crassae, apicem versus sensim clavato-incrassatae (0,003 millim. crassae), increbre distincteque septatae aut pro parte constricte articulatae, haud ramosae. *Asci* subclavati, 0,010—0,008 millim. crassi, apice membrana parum aut levissime incrassata. *Sporae* 8:nae, distichae, decolores, apicibus obtusis aut acutiusculis.

2. Leptogium.

Collema sect. *Leptogium* Ach., Lich. Univ. (1810) p. 654. *Leptogium*
Gray, Nat. Arrag. Brit. Plants (1821): Krempelh., Geschicht. II (1869) p. 90;
Fr., Syst. Orb. Veg. (1825) p. 255; Flot., Collem. (Linnaea 1850) p. 150 (em.);
Nyl., Syn. Lich. (1858—60) p. 118 (pr. p.), tab. 4 fig. 10, 16, 17; Linds., Mem.
Sperm. (1859) p. 277, tab. XV fig. 43—45; Th. Fr., Lich. Arct. (1860) p. 282;
Schwend., Unters. Flechtenthall. II (1863) p. 153 (em.), III (1868) p. 183;
Tuck., Gen. Lich. (1872) p. 93 (pr. p.); Minks, Fl. 1873 p. 352; Stahl, Beitr.
Entw. Flecht. (1877) p. 29; Tuck., Syn. North Am. (1882) p. 154 (pr. p.);
Hue. Addend. (1886) p. 16 (pr. p., excl. subg. Amphidio, ect.). — Tul., Mém.
Lich. 1852 (p. 30, 46, 202), tab. 6 fig. 10—12 (15—20).

Thallus foliaceus aut rarius subfruticulosus (sect. P o l y c h i-
dium Ach.), raro duplex et e duabus lamellis superpositis consi-
milibusque formatus (sect. D i p l o t h a l l u s Wainio), undique strato
corticali obductus, rhizinis ex hyphis solitariis aut partim laxe
cohaerentibus, incrassatis constantibus raro instructus (sect. M a l-
lotium Ach.). *Stratum corticale* grosse parenchymaticum, vulgo
e serie simplice cellularum formatum, cellulis leptodermaticis.
Stratum medullare homoeomericum, hyphis circ. 0.002—0.004 millim. crassis, leptodermaticis, gelatinam abundantem e vaginis gonidiorum formatam laxe percurrentibus, aut gonidiis mucilagine
destitutis laxe immixtis, aut totum pseudoparenchymaticum (sect.
P o l y c h i d i u m Ach.). *Gonidia* cellulis caeruleo-virescentibus glaucescentibusve, globosis ellipsoideisve, moniliformi-concatenatis, heterocystis hyalinis intercalaribus, vaginis mucilaginosis, crassis,
confluentibus aut plus minusve distinctis (nostocacea), aut in speciebus pluribus haud distincte mucilaginosa. *Apothecia* thallo innata, dein mox emergentia adpressaque, disco dilatato. *Excipulum* t h a l l o d e s, *strato corticali* grosse parenchymatico, et *strato
medullari* gonidia bene aut haud distincte mucilaginosa continente, et *perithecio* hypothecium inferne obtegente grosse parenchymatico et bene evoluto aut evanescente instructum, aut rarius
gonidia solum in basi apothecii continens (sect. P o l y c h i d i u m
Ach.). *Paraphyses* arcte cohaerentes, haud ramoso-connexae.
Sporae 8:nae, ellipsoideae aut oblongae aut fusiformes aut fusiformi-aciculares aut bacillares aut murales (sect. M a l l o t i u m Ach.,
D i p l o t h a l l u s Wainio et E u l e p t o g i u m Wainio) aut 3—pluri-
septatae [sect. L e p t o g i o p s i s (Müll. Arg.)] aut 1-septatae (sect.
P o l y c h i d i u m Ach.) aut simplices (sect. L e m m o p s i s Wainio),

decolores. *Conceptacula pycnoconidiorum* thallo immersa aut verrucas thallo obductas formantia, pallida. *Sterigmata* ramosa aut simplicia, constricte articulata, articulis numerosis, brevibus. *Pycnoconidia* brevia, cylindrico-oblonga aut apicibus levissime incrassatis, recta, tenuia.

Sect. 1. **Diplothallus** Wainio. *Thallus* foliaceus, duplex, e lamellis duabus superpositis consimilibus passim connatis formatus, rhizinis destitutus. *Sporae* murales.

1. **L. punctulatum** Nyl., Lich. Mexican. (1872) p. 1.

Thallus duplex, e membranis foliisve constans duabus superpositis, omnino consimilibus, passim (trabeculis) conjunctis, tenuibus, irregulariter iteratim lobatus aut laciniato-lobatus, lobis primariis circ. 10—2 millim. latis, adscendentibus confertisque, lobis apicalibus circ. 3—2 millim. latis, ambitu rotundatis, axillis vulgo sinuato-dilatatis, plumbeus aut rarius plumbeo-caerulescens olivaceusve, minute impresso-inaequalis. *Stratum medullare* haud distincte mucosum. *Apothecia* supra thallum sparsa, 1,5—1 millim. lata, peltata, basi thallina concava saepe ad instar stipitis brevis leviter elongata, disco rufo aut fusco- vel testaceo-rufescente, margine pallido, integro. *Excipulum* grosse parenchymaticum, strato medullari tenui, gonidia continente. *Sporae* fusiformes, murales, long. 0,016—0,025, crass. 0,007—0,008 millim.

Ad terram humosam in silvis Carassae (1400—1500 metr. s. m.) passim abundanter obveniens, n. 380, 1216. Ad hanc plantam pertinet Lichen tremelloides Ach., Lich. Suec. Prodr. (1798) p. 136 (Meth. Lich. p. 224) secundum specimina ex Africa (a Thunb. lecta) et ex Antillis in hb. Ach. (haud Linn., Suppl. 1781 p. 405: hb. Linn.). Huc etiam referendus est coll. Lindig. n. 86 (nomine „L. diaphani“: mus. Paris.). — *Thallus* sat fragilis, superne et inferne glaber, ad trabeculas impressus, saepe plagas —12 centim. latas formans, laciniis circ. 25 millim. longis. Folia superposita circ. 0,025—0,030 millim. crassa, interdum particulis substrati (graminibus, cet.) parce disjuncta, textura consimilia, (ambo) superne et inferne strato corticali grosse parenchymatico (lumine cellularum 0,008—0,004 millim.), e serie simplice cellularum formato instructa, strato medullari tenui, gonidia continente, haud distincte gelatinoso, trabeculis parenchymaticis, e seriebus pluribus horizontalibus verticalibusque formatis passim conjuncta. *Stratum medullare* hyphis leptodermaticis, 0,002 millim. crassis. *Gonidia* tegumento mucilaginoso haud distincto, cellulis caeruleo-virescentibus aut glaucescentibus, vulgo globosis, 0,004—0,003 millim. crassis, moniliformi-concatenatis, heterocystis consimilibus, decoloribus. *Apothecia* disco vulgo planiusculo. *Excipulum* maxima parte grosse parenchymaticum, in strato medullari tenui interno medioque parce gonidia continens. *Hypothecium* pallidum aut testaceum aut testaceo-fuscescens, partim minutissime parenchymaticum. *Hymenium* circ. 0,120 millim. crassum, jodo persistenter caerulescens. *Epithecium* rufescens aut testaceo-rufescens. *Paraphyses* arcte cohaerentes, 0,002—0,001 millim. crassae, apicem versus saepe levissime (sensim) incrassatae. *Asci* subclavati aut subcylindrici, 0,014 millim. crassi, membrana leviter aut parum incrassata. *Sporae* 8:nae, decolores, apicibus vulgo attenuatis, septis transversalibus circ. 5—3, septis longitudinalibus paucis, cellulis haud numerosis.

Sect. 2. **Euleptogium** Wainio. *Thallus* foliaceus, simplex, rhizinis destitutus. *Sporae* murales.

<small>*Leptogium* ***Euleptogium Tuck., Syn. North Am. (1882) p. 156 pr. p.</small>

2. **L. Moluccanum** (Pers.) Wainio. *Collema* Pers. in Gaudich. Voy. Uran. (1826) p. 203 (mus. Paris.). *Leptogium diaphanum* Mont., Lich. Tait. (1848) p. 134 (mus. Paris.); Nyl., Syn. Lich. (1858—60) p. 125 (mus. Paris.), Lich. Nov. Zel. (1888) p. 10, haud Lichen diaphanus Sw. (Pr. Fl. Ind. Occ. 1788 p. 147), qui secund. specim. orig. in hb. Ach. thallo mucilaginoso, $ZnCl_2 + I$ violascente instructus est (sterilis).

Thallus tenuissimus (circ. 0,034—0,080 millim. crassus), irregulariter lobatus, lobis circ. 15—1,5 millim. latis, vulgo plus minusve confertis, ambitu vulgo rotundatis [aut raro lacinulato-laceratis: specim. Mont.], superne et inferne sat laevigatus, tomento et isidiis destitutus, plumbeus aut plumbeo-caerulescens. *Stratum medullare* tenue, haud distincte mucosum. *Apothecia* peltata, circ. 2—0,7 [—3] millim. lata, disco rufescente aut testaceo, margine integro, pallescente, simplice. *Stratum corticale excipuli* series horizontales plures cellularum continens. *Perithecium* evanescens.

Sporae fusiformes, murales, long. 0,018—0,022, crass. 0,006—0,012 millim.

Ad truncos arborum et saxa pluribus locis mihi obvia, n. 744. — *Thallus* superne et inferne strato corticali parenchymatico e serie simplice cellularum formato instructus, rhizinis destitutus. *Gonidia* tegumento mucilaginoso haud distincto, cellulis caeruleo-virescentibus caerulescentibusve aut glaucescentibus, vulgo globosis, 0,004—0,003 millim. crassis, moniliformi-concatenatis. *Apothecia* disco vulgo planiusculo. *Excipulum* strato corticali grosse parenchymatico, toto e seriebus pluribus cellularum formato, strato medullari gonidia continente, perithecio evanescente neque distincte a hypothecio differente. *Hypothecium* pallidum, sat tenue, ex hyphis irregulariter contextis conglutinatis formatum. *Hymenium* circ. 0,130 millim. crassum, jodo persistenter caerulescens. *Epithecium* testaceum. *Paraphyses* arcte cohaerentes, increbre septatae, 0,0015—0,002 millim. crassae, apice parum incrassatae aut clavatae. *Sporae* 8:nae, monostichae aut distichae, apicibus acutis aut obtusis, murales, septis transversalibus 3—5, cellulis haud numerosis.

Ad formam hujus speciei, thallo atroviridi instructam, pertinent *Collema Moluccanum* et *C. Marianum* Pers. in Gaudich. Voy. Uran. (1826) p. 203 (secund. specim. orig. in mus. Paris.).

3. **L. tremelloides** (Linn. fil.) Wainio. *Lichen* Huds., Fl. Angl. ed. 2 (1778) p. 537?; Linn. fil., Syst. Veg. Suppl. (1781) p. 450 (hb. Linn.: conf. Wainio, Rev. Lich. Linn. p. 5), haud Ach., Lich. Suec. Prodr. (1798) p. 136 (hb. Ach.). *Leptogium* Nyl., Syn. Lich. (1858—60) p. 124 pr. p. (mus. Paris.), Tuck., Syn. North Am. (1882) p. 161 pr. p. *Lichen azureus* Sw., Fl. Ind. Occ. (1806) p. 1895 (ex specim. orig. in hb. Ach). *L. tremelloides* **L. azureum* Nyl., Lich. Nov. Zel. (1888) p. 10.

Thallus tenuis (circ. 0,170—0,090 millim. crassus), irregulariter lobatus, lobis circ. 25—4 millim. latis, confertis aut divergentibus, ambitu vulgo rotundatis integrisque aut parce subcrenatis, superne inferneque sat laevigatus, tomento et isidiis destitutus, plumbeus aut plumbeo-caerulescens aut cinereo-fuscescens. *Stratum medullare* bene evolutum, bene mucosum. *Apothecia* peltata, circ. 2—1 [—3] millim. lata, disco rufescente aut fusco-rufescente testaceove, margine integro, pallido aut pallido-cinerascente, simplice. *Stratum corticale excipuli* series horizontales plures cellularum continens. *Perithecium* evanescens. *Sporae* fusiformes aut ellipsoideo-fusiformes, murales, long. 0,018—0,032, crass. 0,007—0,009 millim.

Ad truncos arborum prope Sitio (1000 metr. s. m.) in civ. Minarum, n. 668, et prope Rio de Janeiro, n. 2. — *Thallus* superne et inferne strato corticali e serie simplice cellularum formato instructus, rhizinis destitutus. *Stratum medullare* gonidiis nostocaceis et hyphis 0,004—0,003 millim. crassis, leptodermaticis. *Apothecia* disco vulgo planiusculo. *Excipulum* strato corticali grosse parenchymatico, toto e seriebus pluribus cellularum formato, strato medullari gonidia continente, perithecio evanescente neque distincte ab hypothecio differente. *Hypothecium* pallidum, sat tenue, ex hyphis irregulariter contextis conglutinatis formatum. *Hymenium* circ. 0,120 millim. crassum, jodo persistenter caerulescens. *Epithecium* rufescens aut pallidum. *Paraphyses* arcte cohaerentes, apice saepe leviter incrassatae. *Asci* subcylindrici aut cylindrico-clavati. *Sporae* 8:nae aut 6:nae, monostichae aut distichae, apicibus acutis attenuatisque aut rarius obtusis, murales, septis transversalibus 5—3, cellulis haud numerosis.

4. **L. caesium** (Ach.) Wainio. *Collema tremelloides β. C. caesium* Ach., Lich. Univ. (1810) p. 656 (hb. Ach.). *Lichen tremelloides* Huds., Fl. Angl. ed. 2 (1778) p. 537?, haud Linn. fil., Syst. Veg. Suppl. (1781) p. 450 (conf. Wainio, Rev. Lich. Linn. p. 5). *Collema tremelloides* b. *cyanescens* Ach., Syn. Lich. (1814) p. 326: Fr., Lich. Suec. Exs. (1818) n. 70 (mus. Paris.), Sched. Crit. (1825) p. 17. *Parmelia cyanescens* Schaer., Lich. Helv. Exs. (1842) n. 409 (mus. Paris., hb. D. C.). *Lept. tremelloides* Nyl., Syn. Lich. (1858 —60) p. 124 pr. p. (mus. Paris.); Tuck., Syn. North Am. (1882) p. 161 pr. p. *L. trem.* f. *isidiosa* Müll. Arg., Lich. Beitr. (1882) p. 374.

Thallus tenuis, irregulariter lobatus, lobis circ. 15—2 millim. latis, vulgo plus minusve confertis, ambitu rotundatis integrisque, superne inferneque sat laevigatus, haud tomentosus, superne isidiosus, plumbeus aut plumbeo-caerulescens vel cinereo-fuscescens. *Stratum medullare* bene mucosum. *Apothecia* peltata, circ. 2—0,8 millim. lata, disco vulgo fusco- aut testaceo-rufescente, margine integro, cinerascente aut cinereo-pallescente, subsimplice thallodeque, margine proprio evanescente. *Stratum corticale* in margine excipuli e serie simplice cellularum formatum, in parte basali series cellularum plures continens. *Perithecium* grosse parenchy-

15

maticum, modice evolutum. *Sporae* ellipsoideae oblongaeve aut ellipsoideo-fusiformes, murales, long. 0,018—0,030, crass. 0,011—0,014 millim.

Ad truncos arborum prope Sitio (1000 metr. s. m.) in civ. Minarum, n. 663, 1057, 1075, et ad rupem prope Rio de Janeiro, n. 152. — *Thallus* circ. 0,140 millim. crassus, superne et inferne strato corticali e serie simplice cellularum formato instructus, rhizinis destitutus. *Stratum medullare* mucilagine e vaginis gonidiorum passim disjunctis formato, abundante. *Apothecia* disco vulgo planiusculo. *Excipulum* strato medullari gonidia continente, inter perithecium et stratum corticale excipuli disposito. *Perithecium* grosse parenchymaticum, latere tenui denudato, marginem proprium evanescentem formante. *Hypothecium* pallidum, tenue. *Hymenium* circ. 0,140 millim. crassum, jodo persistenter caerulescens. *Epithecium* rufescens. *Paraphyses* arcte cohaerentes. *Asci* subcylindrici aut suboblongi. *Sporae* 8:nae, distichae aut rarius monostichae, apicibus obtusis aut acutis, murales, septis transversalibus 5, cellulis sat numerosis.

5. **L. Brasiliense** Wainio (n. sp.).

Thallus tenuis (circ. 0,100—0,080 millim. crassus), irregulariter lobatus, lobis circ. 4—2 millim. latis, plus minusve confertis, ambitu vulgo rotundatis, superne et inferne sat laevigatus, tomento et isidiis destitutus, atro-virens. *Stratum medullare* bene mucosum. *Apothecia* peltata, circ. 1,5—1 millim. lata, disco rufescente, margine subintegro aut leviter crenulato, cinereo-virescente aut pallescente, tenui. *Stratum corticale* in margine excipuli e serie simplice cellularum formatum, in parte basali series cellularum plures continens. *Perithecium* parenchymaticum, tenue aut passim evanescens. *Sporae* fusiformes aut oblongae, murales, long. 0,015—0,022, crass. 0,006—0,008 millim.

Ad corticem arboris prope Lafayette (1000 metr. s. m.) in civ. Minarum, n. 260. — Habitu simile est L. Moluccano f. Marianae (Pers.). *Thallus* superne et inferne strato corticali parenchymatico e serie simplice cellularum formato instructus, rhizinis destitutus. *Gonidia* nostocacea, bene mucilaginosa. *Apothecia* disco plano aut convexo. *Excipulum* strato medullari gonidia continente beneque mucilaginoso, inter perithecium et stratum corticale excipuli disposito. *Perithecium* parenchymaticum, cellulis mediocribus aut minoribus, partim evanescens neque bene ab hypothecio differens, latere tenui inter hymenium et marginem proprium denudato. *Hypothecium* pallescens, tenue, ex hyphis irregulariter contextis, conglutinatis, partim parenchymatice septatis formatum. *Hymenium* circ. 0,130 millim. crassum, jodo persistenter caerulescens. *Epithecium* rufescens. *Paraphyses* arcte cohaerentes, 0,0015 millim. crassae, apice parum incrassatae. *Sporae* 8:nae, monostichae aut distichae, apicibus acutis obtusisve, murales, septis transversalibus 5—3, cellulis haud numerosis.

6. **L. Lafayetteanum** Wainio (n. sp.).

Thallus irregulariter crebre laciniatus, laciniis circ. 1—0,5 millim. latis, confertis, minute crenulatis, superne inferneque glaber, isidiis destitutus, nigricans, sat laevigatus. *Stratum medullare* bene mucosum. *Apothecia* supra thallum sparsa, thallo immersa emergentiave aut demum vulgo thallo adpressa, 1,5—1 millim. lata, disco rufo, margine demum vulgo duplice, thallode demum vulgo thallino-dilatato. *Perithecium* grosse parenchymaticum, bene evolutum. *Sporae* fusiformes, murales, long. 0,031—0,040, crass. 0,012—0,016 millim.

Ad corticem arboris prope Lafayette (1000 metr. s. m.) in civ. Minarum, n. 282. Affine L. chloromelo (Sw.), at thallo haud ruguloso ab eo differens. *Thallus* plagam circ. 40 millim. latam formans, superne et inferne strato parenchymatico e serie simplice cellularum formato instructus, rhizinis destitutus. *Apothecia* disco planiusculo. *Margo thallodes* strato corticali e serie simplice cellularum formato instructus. *Perithecium* bene evolutum, infra hypothecium et inter hymenium atque marginem thallodem stratum crassum grosse parenchymaticum subalbidum aut pallescens formans, latere demum denudato et marginem proprium formante. *Hypothecium* tenue, pallescens, ex hyphis tenuibus irregulariter contextis conglutinatis formatum. *Hymenium* circ. 0,170 millim. crassum, jodo intense persistenterque caerulescens. *Epithecium* rufescens. *Paraphyses* arcte cohaerentes, increbre septatae, 0,002—0,0015 millim. crassae, apicem versus parum incrassatae. *Asci* subclavati, apice membrana leviter incrassata. *Sporae* 8:nae, distichae, apicibus acutatis aut elongato-acutatis aut altero apice obtuso, septis transversalibus circ. 8—6, cellulis sat numerosis.

7. **L. marginellum** (Sw.) Mont., Lich. Cub. (1838—42) p.
115 (mus. Paris.): Tuck., Syn. North Am. (1882) p. 162 (mus. Paris.), Müll. Arg., Lich. Beitr. (Fl. 1887) n. 1120. *Lichen marginel-
lus* Sw., Pr. Fl. Ind. Occ. (1788) p. 147 (secund. specim. orig. in
hb. Ach.). *Collema marginellum* Ach., Lich. Univ. (1810) p. 656;
Sw., Lich. Am. (1811) p. 24, tab. XVIII. *Leptogium tremelloides*
var. *marginellum* Nyl., Syn. Lich. (1858—60) p. 125 (mus. Paris.).
L. corrugatulum Nyl., Syn. Lich. (1858—60) p. 132 (mus. Paris.),
Lich. Nov.-Gran. (1863) p. 429 pr. p. (excl. specim. sporis instructo:
mus. Paris.).

Thallus tenuis, irregulariter lobatus, lobis circ. 15—1 millim.
latis, vulgo plus minusve confertis, ambitu vulgo rotundatis aut
undulato-crispatis, superne et inferne crebre rugulosus, rugulis
angustis, bene aut parum elevatis, acutis, demum interdum undulatis, praecipue longitudinaliter dispositis, tomento et isidiis destitutus, plumbeo-cinerascens aut plumbeo-nigricans. *Stratum medullare* haud distincte mucosum. *Apothecia* margini thalli aut
rarius jugo rugulorum in superficie thalli crebre disposita, peltata,
circ. 0.3—0,7 millim. lata (conf. infra) disco rufescente, margine
integro, pallido, demum vulgo lacinulis vel isidiis thallinis exaspe-
rato. *Excipulum* strato corticali e seriebus cellularum pluribus
horizontalibus formato. *Perithecium* parenchymaticum, tenue.
[*Sporae* fusiformes, murales, long. 0,020—0,026 millim. (—0,030
millim.: Tuck., l. c.), crass. 0,007—0,010 millim.]

Ad terram arenosam et in rupe prope Rio de Janeiro, n.
207, 379 (sine sporis). — *Thallus* superne et inferne strato corticali parenchymatico e serie simplice cellularum formato instructus, rhizinis destitutus. *Gonidia* nostocacea (?), tegumento mucilaginoso nullo distincto, cellulis caeruleo-virescentibus, vulgo globosis, 0,003—0,004 millim. crassis, moniliformi-concatenatis, heterocystis hyalinis, globosis, 0,007—0,006 millim. crassis, intercalaribus. *Apothecia* disco plano aut concaviusculo, margine comparate crassiusculo, raro bene evoluto; in coll. Wright. Lich. Cub.
n. 7 rite evoluta sporisque instructa sunt, at a Nyl. in Lich. Nov.-
Gran. p. 429 (ed. 2 p. 289) descripta ad hanc speciem non pertinent (stratum medullare in planta Lindigiana bene mucosum:
L. phyllocarpum, mus. Paris.). *Excipulum* strato medullari tenui, pareceque gonidia continente, haud mucoso. *Hypothecium* dilute pallidum. *Hymenium* circ. 0,160 millim. crassum, jodo per-

sistenter caerulescens (in apotheciis juvenilibus haud reagens). *Epithecium* testaceum aut pallidum. *Paraphyses* arcte cohaerentes, 0,0015 millim. crassae, apice leviter incrassatae. [*Sporae* 8:nae, distichae, apicibus acutis obtusisve, murales, septis transversalibus 5—3, cellulis haud numerosis.]

8. **L. bullatum** (Ach.) Nyl., Syn. Lich. (1858—60) p. 129 (mus. Paris.). *Lichen bullatus* Ach., Lich. Suec. Prodr. (1798) p. 137 (hb. Ach.). *Collema bullatum* Ach., Lich. Univ. (1810) p. 655; Sw., Lich. Am. (1811) p. 22, tab. 16. *Leptogium bullatum* a. *vesiculosum* Tuck., Syn. North Am. (1882) p. 165.

Thallus tenuis, irregulariter inciso-lobatus, lobis circ. 10—2 millim. latis, sat confertis, subintegris, superne inferneque glaber, isidiis destitutus, superne inferneque rugulosus, rugulis angustis, bene aut parum elevatis, acutis, demum saepe undulatis, praecipue longitudinaliter dispositis, nigricanti-virescens aut plumbeo-caerulescens. *Stratum medullare* parum aut leviter mucosum, tenue. *Apothecia* lobis thallinis demum bullato- vel dactyloideo-inflatis (inferne excavatis) immersa, demum emergentia adpressave, 3,5—1,5 millim. lata, disco rufo vel fusco-rufescente, margine simplice, demum vulgo pallido, integro, extus parenchymatico (seriebus circ. 3 horizontalibus cellularum), intus gonidia continente. *Hypothecium perithecio* grosse parenchymatico, bene evoluto impositum. *Sporae* fusiformes, murales, long. 0,024—0,038, crass. 0,010—0,012 millim.

Ad corticem arboris prope Lafayette (1000 metr. s. m.) in civ. Minarum, n. 234. — *Thallus* plagas 25 [—100] millim. latas formans, superne et inferne strato parenchymatico, e serie simplice cellularum formato instructus, rhizinis destitutus. *Gonidia* nosto-cacea, cellulis caeruleo-virescentibus, ellipsoideis aut globosis, concatenatis, heterocystis intercalaribus, globosis, hyalinis, crassitudine cellulis reliquis aequalibus aut paullo majoribus, strato mucilaginoso passim conspicuo tenuique aut sat tenui induta. *Apothecia* disco vulgo concaviusculo. *Perithecium* strato medullari indutum, latere haud denudato. *Hypothecium* tenue, pallidum aut subalbidum, ex hyphis irregulariter contextis conglutinatis formatum. *Hymenium* circ. 0,200—0,0210 millim. crassum, jodo persistenter caerulescens. *Epithecium* rufescens. *Paraphyses* arcte cohaerentes, increbre septatae, 0,002—0,0015 millim. crassae, apice vix incrassatae. *Asci* subcylindrici aut subclavati, apice membrana leviter incrassata. *Sporae* 8:nae, monostichae aut distichae, apicibus attenuatis acutisque aut rarius obtusis, murales, septis transversalibus 5, cellulis haud numerosis. *Pycnoconidia* suboblonga, apicibus levissime incrassatis, recta, long. 0,0025, crass. 0,0005 millim. *Sterigmata* constricte articulata, cellulis rotundatis. *Conceptacula pycnoconidiorum* parenchymatica, verrucas in margine thalli dispositas formantia.

9. **L. phyllocarpum** (Pers.) Nyl., Syn. Lich. (1858—60) p. 130, Syn. Cal. (1868) p. 6; Müll. Arg., Rev. Lich. Mey. p. 315, Lich. Beitr. (1887) n. 1111, 1119. *Collema* Pers. in Gaudich. Voy. Uran. (1826) p. 204 (mus. Paris.). *Stephanophoron* Nyl., Lich. Nov. Zel. (1888) p. 10. *Leptogium bullatum* b. *phyllocarpum* Tuck., Syn. North Am. (1882) p. 165.

Thallus demum crassus aut sat crassus, irregulariter laciniatus, laciniis circ. 5—1 millim. latis, demum plus minusve confertis et passim confluentibus, ambitu undulatis aut subcrenulatis, superne et inferne crebre et sat irregulariter rugulosus, rugulis angustis, plus minusve elevatis, acutis *), demum saepe undulatis, plumbeo-cinerascens aut cinereo-fuscescens aut rarius caerulescens, haud tomentosus, isidiis destitutus aut raro isidiosus (f. coralloidea Mey. et Flot.). *Stratum medullare* bene mucosum. *Apothecia* pustulis thallinis bullato-inflatis, inferne excavatis immersa, circ. 8—1,5 millim. lata, disco rufescente aut fusco- vel testaceo-rufescente, margine demum duplice, proprio integro, parenchymatico, a perithecio formato, thallode lacinulato aut ruguloso et strato corticali e serie simplice cellularum formato obducto. *Perithecium* grosse parenchymaticum, bene evolutum. *Sporae* fusiformes, murales, long. 0,024—0044, crass. 0,012—0,016 millim.

Ad corticem arborum frequenter in civ. Minarum obvenit, n. 705, 1139, 1054 (f. coralloidea Mey. et Flot.; Müll. Arg., Rev. Lich. Mey. p. 315). — Praesertim textura marginis a L. bullato differt. — *Thallus* plagas circ. 40—100 millim. latas formans, superne et inferne strato corticali e serie simplice cellularum formato instructus, rhizinis destitutus. *Gonidia* nostocca, gelatina

---

*) **L. sphinctrinum** Nyl. (Syn. Lich. p. 131), jam thallo haud acute ruguloso a *L. phyllocarpo* et *L. bullato* differens, ad Sitio in civ. Minarum parcissime lectum est (n. 8 9).

abundante induta, heterocystis hyalinis, globosis, cellulis reliquis paullo crassioribus. *Apothecia* disco concaviusculo aut planiusculo. *Perithecium* grosse parenchymaticum, latere demum denudato et marginem proprium formante. *Hypothecium* tenue, pallescens aut sublutescens, ex hyphis irregulariter crebre contextis, partim conglutinatis formatum. *Hymenium* circ. $0,180$—$0,300$ millim., jodo persistenter caerulescens. *Epithecium* rufescens. *Paraphyses* arcte cohaerentes, gelatinam firmam (in KHO plus minusve turgescentem) percurrentes, increbre septatae, $0,002$—$0,003$ millim. crassae, apice parum incrassatae. *Asci* subclavati, circ. $0,020$—$0,022$ millim. crassi, apice membrana leviter incrassata. *Sporae* 8:nae, monostichae aut distichae, apicibus vulgo attenuatis aut rarius obtusiusculis, murales, septis transversalibus circ. 5—9 (5 in n. 1139; 8—9 in n. 705), cellulis haud aut sat numerosis.

3. Lepidocollema Wainio (nov. gen.).

Thallus squamosus, adpressus, *strato corticali* destitutus, *hypothallo* caeruleo-nigricante bene evoluto instructus, maxima parte gonidiis impletus, *strato medullari* tenui gonidiis destituto in parte inferiore thalli, ex hyphis leptodermaticis, circ. $0,0025$ millim. crassis, increbre septatis, haud conglutinatis formato. *Gonidia* nostocacea, cellulis caeruleo-virescentibus glaucescentibusve, moniliformi-concatenatis, filamentis ad instar Polycocci glomeruloso-intricatis, pariete gelatinoso distincto, sat tenui. *Apothecia* thallo innata, demum elevata peltataque, excipulo thallode basi constricto instructa. *Excipulum strato corticali* destitutum, extus thallinum gonidiaque continens, *perithecio* grosse parenchymatico infra hypothecium modice evoluto. *Sporae* 8:nae, ellipsoideae aut fusiformi-ellipsoideae, simplices, decolores.

Inter *Collema* et *Pannariam* hoc genus prorsus est intermedium, hypothallo et habitu posteriori simile, at textura thalli excipulique ei dissimillimum. Affinitatem eorum bene demonstrat.

1. L. Carassense Wainio (n. sp.).

Thallus squamosus, squamis circ. 3—$1,5$ millim. longis latisque, adpressis, crenatis crenulatisve aut partim etiam lobatis, cinerascens aut pallido-cinerascens, isidiis destitutus, hypothallo caeruleo-nigricante, tomentoso-crustaceo, cum substrato arcte coalito, circa thallum saepe late expanso. *Apothecia* disco fusco aut rufo, margine thallino crenulato aut subintegro. *Sporae* ellipsoideae aut fusiformi-ellipsoideae, long. 0,010—0,016, crass. 0,006—0,009 millim.

Ad corticem arboris in Carassa (1400 metr. s. m.) in civ. Minarum, n. 1311. — Habitu subsimile Psoromati pholidoto (Mont.) Müll. Arg., quae autem secundum specim. orig. in mus. Paris. gonidia palmellacea (pleurococcacea?) continet. — *Thallus* strato corticali destitutus, gonidia abundantissime continens, in parte inferiore tenui gonidiis destitutus, hyphis 0,0025 millim. crassis, leptodermaticis. *Gonidia* nostocacea, cellulis caeruleo-virescentibus glaucescentibusve, 0,007—0,005 millim. crassis, glomeruloso-concatenatis, heterocystis intercalaribus, familias ellipsoideas formantia, pariete gelatinoso haud crasso. *Apothecia* thallo innata, demum adpresso-peltata, circ. 1,5—0,8 millim. lata. *Excipulum* thallodes, gonidia continens, *strato corticali* destitutum, *perithecio* grosse parenchymatico infra hypothecium modice evoluto. *Hypothecium* albidum aut pallidum, in parte inferiore hyphis irregulariter contextis, in parte superiore suberectis. *Hymenium* circ. 0,080—0,090 millim. crassum, jodo caerulescens. *Epithecium* rufescens fuscescensve. *Paraphyses* 0,002—0,0015 millim. crassae, apice haud incrassatae, sat laxe cohaerentes. *Asci* clavati, circ. 0,014 millim. crassi, apice membrana incrassata. *Sporae* 8:nae, distichae, simplices, decolores, apicibus rotundatis obtusisve aut raro acutiusculis.

4. **Leprocollema** Wainio (nov. gen.).

Thallus crustaceus, homoeomericus, *strato corticali* destitutus, ex hyphis parcis, leptodermaticis, circ. 0,002—0,0025 millim. crassis, increbre septatis, et gonidiis abundantibus immixtis constans, *hypothallo* indistincto. *Gonidia* nostocacea, cellulis caeruleo-virescentibus glaucescentibusve, moniliformi-concatenatis, filamentis ad instar Polycocci glomeruloso-intricatis, pariete gelatinoso distincto, sat tenui. *Apothecia* (thallo verisimiliter innata, quod autem observare non potui), demum elevata adnataque, lecideina. *Excipulum* proprium, gonidiis destitutum, grosse pseudoparenchymaticum. *Sporae* ellipsoideae oblongaeve, simplices, decolores.

Hoc genus apotheciis *Parmeliellae* Müll. Arg. (Pannulariae Nyl.) est simile, at thallo omnino dissimili.

1. L. Americanum Wainio (n. sp.).

Thallus crustaceus, e verruculis aut particulis subcylindricis in areolas contiguas aut dispersas circ. 0,8—0,3 millim. latas connatis, olivaceo-fuscescens, hypothallo indistincto. *Apothecia* disco planiusculo aut convexiusculo, testaceo-rufescente, margine proprio, integro, disco concolore. *Sporae* ellipsoideae aut oblongae, long. 0,007—0,016, crass. 0,004—0,009 millim.

Ad cementum muri prope Rio de Janeiro. — Habitu *Pannulariae nigrae* subsimile, at colore differens et hypothallo nullo instructum. — *Thallus* ex gonidiis abundantibus et hyphis parcis immixtis 0,002—0,0025 millim. crassis leptodermaticis formatus. *Gonidia* nostocacea, cellulis caeruleovirescentibus 0,006—0,007 millim. crassis, glomeruloso-concatenatis, familias globosas ellipsoideasve formantia, pariete gelatinoso, haud crasso. *Apothecia* basi tota thallo concreta, 0,6—0,4 millim. lata. *Excipulum* proprium, in margine extus testaceum, intus albidum, gonidiis destitutum, pseudoparenchymaticum, cellulis circ. 0,004—0,008 millim. latis, leptodermaticis, subglobosis-oblongis. *Hypothecium* albidum, ex hyphis irregulariter contextis conglutinatis formatum. *Hymenium* jodo caerulescens, dein praesertim asci vinose rubentes. *Epithecium* testaceum. *Paraphyses* arcte-cohaerentes, 0,0015 milmil. crassae, apice haud aut leviter incrassatae, increbre septatae. *Asci* clavati aut oblongi, membrana interdum apice incrassata. *Sporae* 8:nae, distichae, simplices, decolores, apicibus rotundatis.

5. Collema.

Hill, Hist. Plant. (1753) p. 82 (em.); Hoffm., Deutschl. Fl. II (1795) p. 98 (em.); Ach., Lich. Univ. (1810) p. 129, 628 (em.); Fr., Syst. Orb. Veg. (1825) p. 255; Flot., Collem. (Linnaea 1850) p. 149 (em.); Tul., Mém. Lich. (1852) p. 28, 45, 64, 202 (pr. p.), tab. 6 et 7; Sachs, Bot. Zeit. 1855 p. 1, tab. 1; Nyl., Syn. Lich. (1858—60) p. 101 (pr. p.), tab. 3 fig. 1, 6; Linds., Mem. Sperm. (1859) p. 270, tab. XV fig. 36—42; Schwend., Unters. Flecht. II (1863) p. 153

(em.). III (1868) p. 185: Caruel.. Not. Collem. (1864): Tuck.. Gen. Lich. (1872)
p. 85; Bornet. Rech. Gon. (1873) p. 46, tab. 12, 15. Deuxième Not. Gon. (1873)
p. 47; Stahl, Beitr. Entw. Flecht. (1877) p. 11; Tuck., Syn. North. Am. (1882)
p. 142; Hue. Addend. (1886) p. 14. *Lichen* B. *Collema* Pers. in Ust. Neue
Annal. 1 St. (1794) p. 21.

Thallus foliaceus aut raro fruticulosus (in sect. Collemella
Tuck.) vel verrucaeformis [in sect. Arnoldiella Wainio: C. mi-
nutulum (Born.)], homoeomericus, strato corticali et vulgo etiam
rhizinis destitutus, mucosus, hyphis circ. 0,002—0,004 millim. crassis, leptodermaticis, gelatinam abundantem e vaginis gonidiorum
formatam laxe percurrentibus. *Gonidia* nostocacea, cellulis caeruleovirescentibus glaucescentibusve, globosis ellipsoideisve, moniliformi-concatenatis, heterocystis hyalinis intercalaribus, vaginis
mucilaginosis, crassis, confluentibus aut plus minusve distinctis
(Zn Cl$_2$ + I fulvescentibus aut purpureis rubescentibusve). *Apothecia* thallo innata, dein mox emergentia adnataque vel adpressa
basique constricta, aut immersa permanentia aut jam primo
aperta[1]), disco dilatato aut rarius punctiformi [in sect. Arnoldiella Wainio et Arnoldia (Mass.)]. *Excipulum* thallodes[2]),
parte exteriore e strato vel margine thallino formatum, aut in
apotheciis immersis indistinctum, *strato corticali* nullo aut parenchymatico (sect. Collemodiopsis Wainio) obductum. *Hypothecium* pallidum, ex hyphis irregulariter contextis vulgo parenchymatice septatis plus minusve conglutinatis formatum, *perithecio*
grosse parenchymatico, bene evoluto aut evanescenti, strato thallino induto, impositum. *Paraphyses* arcte cohaerentes, haud ramoso-connexae. *Sporae* 8:nae aut pauciores, ellipsoideae aut globosae aut oblongae aut fusiformes aut bacillares, simplices [sect. Arnoldiella Wainio et Collemella Tuck. et Arnoldia (Mass.) et
Lempholemma (Koerb.)] aut 1—pluri-septatae [sect. Synechoblastus (Trev.) et Collemodiopsis Wainio] aut murales [sect.

---

[1]) Stahl, Beitr. Entw. Flecht. I p. 29.

[2]) *Collema opulentum* Mont., Fl. Chil. p. 217 (Nyl., Syn. Lich. p. 104), ad
genus **Lecidocollema** Wainio pertinet, apotheciis biatorinis, gonidiis destitutis
a Collemate differens. Excipulum in hac specie cartilagineum, parte exteriore
e cellulis pachydermaticis, lumine parvo instructis, parenchymaticis, in seriebus pluribus dispositis formatum, in parte interiore hyphis irregulariter contextis, partim conglutinatis. Thallus strato corticali destitutus.

Blennothalia (Trev.)], decolores. „*Conceptacula pycnoconidio-rum* thallo immersa aut verrucas thallo obductas formantia, pallida. *Sterigmata* ramosa aut simplicia, constricte articulata articulisque numerosis aut exarticulata. *Pycnoconidia* brevia, cy-lindrico-oblonga ellipsoideave aut apicibus levissime incrassatis, recta, tenuia." (Tul., Nyl., Linds., l. c.).

Sect. 1. **Collemodiopsis** Wainio. *Thallus* foliaceus. *Exci-pulum* thallodes, strato corticali parenchymatico obductum. *Spo-rae* septatae.

Synechoblastus Trev., Caratt. Gen. Collem. (1853) ad *C. nigrescens* no-strum, apotheciis rarissime instructum, non pertinet, sed ad *C. vespertilionem* (vel *C. nigrescens* Auct. pr. p.) spectat.

1. **C. nigrescens** (Leers.) Wainio; Ach., Lich. Univ. (1810) p. 646 pr. min. p. (hb. Ach.). Nyl., Syn. Lich. (1858—60) p. 114 pr. p. (excl. *C. vespertiolione* Wainio). *Lichen nigrescens* Huds., Fl. Angl. (1762) p. 450?; Leers., Fl. Herborn. (1775) p. 945 („exasperatus" describitur). *Collema vespertilio* Hoffm., Plant. Lich. (1794) tab. 37 fig. 2, 3 (2 b isidiis instructa).

Thallus irregulariter rotundato-lobatus, saepe fere mono-phyllus, lobis circ. 10—2 millim. latis, subintegris, tenuissimus, nigricanti-virescens, superne radiatim elevato-rugosus populosus-que, isidiosus, inferne impresso-rugosus. *Apothecia* (rara) peltata basique constricta, circ. 1—0,8 millim. lata, disco rufo, margine tenui, subintegro. *Excipulum* parte inferiore (haud in margine) strato corticali e seriebus pluribus cellularum formato obductum. *Hypothecium* perithecio grosse parenchymatico sat bene evoluto impositum. *Sporae* fusiformes, circ. 5 (—4)-septatae, long. 0,028 —0,034, crass. 0,004—0,005 millim.

Ad corticem arboris prope Lafayette (1000 metr. s. m.) in civ. Minarum, n. 237. — C. vespertilio (Lightf.) Wainio [Schaer., Lich. Helv. (1842) n. 410, Hepp, Flecht. Eur. (1853) n. 216: mus. Paris.], quod ab auctoribus hodiernis cum hac specie commiscitur, thallo isidiis destituto et excipulo omnino decorticato ab ea bene distinguitur (etiam ad Upsalam in Suecia est lectum: mus. Paris.). — *Thallus* circa apothecia strato corticali instructus, at ceterum omnino decorticatus, rhizinis destitutus, gelatina Zn Cl$_2$ + I fulve-scente. *Apothecia* disco planiusculo aut convexiusculo. *Excipu-*

lum hace strata continet: 1) hypothecium dilute pallidum, ex hyphis tenuibus, irregulariter contextis, partim conglutinatis formatum: 2) perithecium grosse parenchymaticum, modice evolutum, gonidiis destitutum, usque in marginem continuatum; 3) stratum medullare bene evolutum, gonidia continens, usque ad superficiem marginis continuatum; 4) stratum corticale parenchymaticum, basin apothecii obtegens et in thallum circa apothecia continuatum, e seriebus pluribus cellularum formatum. *Hymenium* circ. 0,100—0,090 millim. crassum, jodo persistenter caerulescens. *Epithecium* testaceum aut rufescens. *Paraphyses* arcte cohaerentes, 0,0015 millim. crassae, apice haud incrassatae. *Asci* suboblongi aut oblongo-cylindrici, apice membrana vulgo leviter incrassata. *Sporae* 8:nae, polystichae, rectae, apicibus acutatis.

Sect. 2. **Synechoblastus** (Trev.) Wainio. *Thallus* foliaceus. *Excipulum* thallodes, strato corticali destitutum. *Sporae* septatae.

Synechoblastus Trev., Caratt. Gen. Collem. (1853: Koerb., Syst. Germ. (1855 p. 411; Th. Fr., Lich. Arct. (1860) p. 280; Müll. Arg., Princ. Class. (1862) p. 85. Lethagrium Mass., Mem. Lich. 1853) p. 79. Collema sect. Lathagrium Ach., Lich. Univ. (1810) p. 646 pr. p.; Tuck., Syn. North Am. (1882) p. 142 pr. p.

2. **C. glaucophthalmum** Nyl., Syn. Lich. (1858—60) p. 114 (mus. Paris.), Lich. Nov.-Gran. (1863) p. 428, ed. 2 (1863) p. 287 (mus. Paris.). *C. aggregatum* c. *glaucophthalmum* Tuck., Syn. North Am. (1882) p. 146.

Thallus irregulariter leviterque lobatus, vulgo monophyllus, lobis subintegris, rotundatis, nigricanti-virescens, superne papuloso-rugosus (rugi apicibus demum reticulato-connatis), isidiis destitutus, inferne impresso-rugosus, demum perforatus. *Apothecia* peltata basique constricta, 2—0,5 millim. lata, disco (rufescente) tenuiter caesio-pruinoso, margine tenui, integro. *Excipulum* thallodes, strato corticali destitutum, *perithecio* grosse parenchymatico, sat bene aut modice evoluto. *Sporae* fusiformes, circ. 9—6 [„—11"] septatae, long. 0,042—0,058 millim. [„—0,092 millim.": Nyl., Lich. Nov.-Gran.], crass. 0,005—0,004 millim. [„—0,007 millim.": Nyl., l. c.].

Sat frequenter ad corticem arborum prope Sitio (1000 metr. s. m.) in civ. Minarum, n. 541, 706, 815, 1018, 1050, 1131. — *Thallus* circ. 15—55 millim. latus, strato corticali et zhizinis destitutus. *Apothecia* disco plano aut raro convexiusculo. *Excipulum* parte exteriore thallinum gonidiaque continens, *perithecio* grosse parenchymatico, gonidiis destituto, infra hypothecium disposito, latere circa hymenium denudato instructum. *Hypothecium* pallidum, ex hyphis irregulariter contextis, conglutinatis formatum. *Hymenium* circ. 0,100 millim. crassum, jodo persistenter caerulescens. *Epithecium* rufescens. *Paraphyses* arcte cohaerentes, 0,0015—0,002 millim. crassae, apicem versus sensim levissime aut parum incrassatae. *Asci* subcylindrici aut oblongo-clavati, apice membrana leviter aut demum parum incrassata. *Sporae* 8:nae, polystichae, rectae aut parum curvatae, apicibus obtusiusculis.

3. **C. microptychium** Tuck., Lich. Calif. (1866) p. 35 (secund. descr.), Syn. North Am. (1882) p. 147.

Thallus irregulariter crebre lobatus laciniatusque, laciniis circ. 1—2 millim. latis, crassiusculis, crebre gyroso-complicatis, passim confluentibus, margine crenulatis undulatisve, ceterum sat laevigatis, isidiis destitutus, haud perforatus. *Apothecia* peltata basique constricta, 1,5—1 millim. lata, disco rufescente, nudo, margine subintegro. *Excipulum* thallodes, strato corticali destitutum, *perithecio* grosse parenchymatico, sat tenui. *Sporae* bacillari-fusiformes bacillaresve, 3—pluri-septatae, long. 0,026—0,034 millim. [„0,030—0,044 millim." Tuck., l. c.], crass. 0,003 millim. [„0,004—0,006 millim." Tuck., l. c.].

Ad corticem arboris prope Rio de Janeiro, n. 30. — Specimen authenticum C. microptychii Tuck. non vidimus, quare determinatio plantae nostrae non est omnino certa. — *Thallus* bene mucosus, gelatina Zn Cl$_2$ + I pulchre purpurascente, rhizinis et strato corticali destitutus. *Apothecia* disco planiusculo. *Excipulum* parte exteriore thallinum, gonidiaque continens, *perithecio* grosse parenchymatico, gonidiis destituto, infra hypothecium disposito, circ. 0,030 millim. crasso. *Hypothecium* dilute pallidum, ex hyphis irregulariter contextis conglutinatis formatum. *Hymenium* circ. 0,070 millim. crassum, jodo persistenter caerulescens. *Epithecium* rufescens. *Paraphyses* arcte cohaerentes, 0,002—0,0015 millim. crassae, increbre septatae (Zn Cl$_2$ + I). *Asci* cylindrico-clavati aut subcylindrici, apice membrana leviter incrassata. *Sporae* 8:nae, polystichae, subrectae aut leviter curvatae, apicibus obtusis aut obtusiusculis.

4. **C. pycnocarpum** Nyl., Syn. Lich. (1858—60) p. 115 (mus. Paris.', Lich. Nov.-Gran. (1863) p. 428, ed. 2 (1863) p. 287; Tuck., Syn. North Am. (1882) p. 143.

Thallus minutus, irregulariter crebre lacinulatus, lacinulis 1—0.2 millim. latis, crassiusculis, creberrime confertis, margine verrucoso-crenulatis vel gibboso-ramulosis, ramulis crenulisque saepe subteretibus, isidiis destitutus. *Apothecia* demum crebre conferta, peltata basique constricta, 2—0,7 millim. lata, disco rufo, nudo, margine subintegro. *Excipulum* thallodes, strato corticali destitutum, *perithecio* proprio nullo distincto. *Sporae* oblongae ellipsoideaeve aut fusiformes, 1-septatae, long. 0,006—0,009 millim. [„—0,017 millim.": Nyl., Syn. Lich.], crass. 0,003 [„—0,007 millim.": Tuck., l. c.].

Ad corticem arborum prope Sitio (1000 metr. s. m.) in civ. Minarum, n. 734. — *Thallus* rhizinis et strato corticali destitutus. *Gonidia* nostocacea. *Apothecia* disco vulgo demum convexo aut convexiusculo. *Excipulum* thallinum gonidiaque continens. *Hypothecium* pallidum, ex hyphis irregulariter contextis partim conglutinatis formatum. *Hymenium* circ. 0,070 millim. crassum, jodo persistenter caerulescens. *Epithecium* rufescens. *Paraphyses* arcte cohaerentes. *Asci* subclavati, apice membrana saepe modice incrassata. *Sporae* 8:nae, distichae, apicibus obtusis.

6. Pterygiopsis Wainio (nov. gen.).

Thallus crustaceus aut fere squamosus, ambitu lacinulato-effiguratus, colore obscurus, rhizinis hypothalloque distincto destitutus, strato corticali superiore destitutus, parte superiore imprimis e cellulis gonidiorum (hyphis parce immixtis) constante, *inferne strato corticali* obductus ex hyphis formato sat leptodermaticis fere parenchymatice septatis conglutinatisque. *Gonidia* sirosiphoidea (ad Stigonema Bornet pertinentia), cellulis in series plures dispositis, vagina aurea aut fuscescenti-aurea, sat tenui. *Apothecia* thallo innata, subimmersa permanentia, disco parvulo. *Perithecium proprium* nullum distinctum. *Paraphyses* sat laxe cohaerentes, haud ramoso-connexae. *Sporae* 8:nae, ellipsoideae aut subglobosae, simplices, decolores.

1. **P. atra** Wainio (n. sp.).

Thallus tenuis, crustaceo-squamosus, minute areolato-diffractus, areolis vulgo circ. 0,2—0,5 millim. longis latisve, contiguis, angulosis, ambitu effiguratus et lacinulatus crenulatusque, adpressus adnatusque, ater, rhizinis hypothalloque distincto destitutus. *Apothecia* parce evoluta, in verrucas thallinas hemisphaericas circ. 0,200—0,370 millim. latas immersa, disco nigricante, punctiformi, concaviusculo. *Sporae* 8:nae, ellipsoideae aut rarius subglobosae, long. 0,011—0,008, crass. 0,007—0,006 millim.

Supra rupem graniticam in littore maris prope Rio de Janeiro, n. 134 (una cum Heppia clavata, H. tortuosa et H. Bolanderi). — Ob minutiem facile praetervisa. *Gonidia* sirosiphoidea, passim algas normales ad genus Sirosiphon (Stigonema Bornet) pertinentes formantia, cellulis caeruleoglaucescentibus aut dilute cupreo-aeruginosis, 0,006—0,010 millim. crassis, in series plures dispositis et vagina sat tenui aurea aut aureofuscescente instructa. *Thallus* saepe parte infima sat tenui decolore ex hyphis verticalibus fere parenchymatice septatis (cellulis saepe ellipsoideis vel latitudine duplo longioribus) conglutinatis formata gonidiis destituta, parte superiore crassiore inprimis e gonidiis constante aurea aut aureo-fuscescente sat grosse parenchymatica, cellulis rotundatis, e gonidiis eorumque vaginis formatis. *Perithecium proprium* nullum distinctum. *Hypothecium* albidum, ex hyphis irregulariter contextis conglutinatis formatum. *Hymenium* circ. 0,110 millim. crassum, totum decoloratum, jodo caerulescens. *Paraphyses* 0,0015 millim. crassae, apice parum incrassatae, sat laxe cohaerentes, septatae (Zn Cl$_2$ + I). *Asci* suboblongi, circ. 0,014—0,012 millim. crassi, membrana tenui. *Sporae* distichae, decolores, simplices, apicibus rotundatis.

7. Pyrenopsis.

Nyl., Ess. nouv. Classif. Lich. I (1854) p. 13, II (1855) p. 164, Syn. Lich. (1858—60) p. 97 (pr. p.); Th. Fr., Lich. Arct. (1860) p. 284; Tuck., Syn. North Am. (1882) p. 135 (pr. p.); Forssell, Beitr. Glocolich. (1885) p. 38, 42 (excl. P. phylliscina Tuck., quae ad Cryptothele Th. Fr. pertinet), Bot. Centralbl. 1885 n. 15. *Euopsis* Nyl., Fl. 1875 p. 363, Hue, Addend. (1886) p. 7, et *Eupyrenopsis* Nyl. in Hue, l. c. p. 8 (subg. in Fl. 1881 p. 2), et *Cladopsis* Nyl. in Hue,

l. c. p. 9 (subg. in Fl. 1881 p. 2). — Bornet. Rech. Gon. Lich. (1873) p. 49 (Synalissa conferta). tab. 16 fig. 1.

Thallus crustaceus, granulosus aut areolatus squamulosusve, aut e verruculis subfruticuloso-elongatis constans, rhizinis hypothalloque distincto destitutus, strato corticali nullo, ex hyphis tenuibus (circ. 0,002 millim. crassis) sat leptodermaticis sat crebre aut sat increbre septatis inter gonidia abundantia conglutinata procurrentibus formatus (acid. lactic.), homoeomericus, colore obscurus, in lamina tenui saltem superne pulchre rubescens, KHO violascens. *Gonidia* gloeocapsoidea (Bornet, l. c., Forssell, l. c. p. 37), cellulis vulgo dilute glaucescentibus, in familias glomerulosas consociatis, tegumento gelatinoso, striato, rubescente. *Apothecia* thallo innata, excipulo thallino parum aut bene elevato, disco urceolato aut punctiformi aut dilatato planiusculoque vel convexiusculo. *Perithecium* proprium evanescens indistinctumve. *Paraphyses* bene evolutae aut in gelatinam diffluxae indistinctaeque, haud ramosoconnexae. *Asci* membrana apice vulgo incrassata. *Sporae* 8:nae aut numerosae, ellipsoideae oblongaeve aut globosae, simplices, decolores. *Conceptacula pycnoconidiorum* thallo vel verrucis thallinis immersa. *Sterigmata* simplicia, parce increbreque articulata aut exarticulata, apicibus pycnoconidia efferentibus. *Pycnoconidia* ellipsoidea aut oblonga aut raro fusiformioblonga, recta.

1. **P. monilifera** Wainio (n. sp.).

Thallus tenuis, effusus, rimoso-areolatus, areolis minutis (circ. 0,5—0,2 millim. latis), difformibus, angulosis, contiguis, planis, opacis, fusco-fuligineis (humidis fusco-rubentibus), minutissime aut fere indistincte granulosis. *Apothecia* demum paululum elevata lecanorinaque, thallo concoloria, margine tenuissimo, disco urceolato-concavo, primum fere punctiformi, demum expanso et circiter 0,4 millim. lato, opaco, nigricante. *Hymenium* parte superiore sordide rufescenti-pallidum. *Paraphyses* haud numerosae, crebre articulatae, apicem versus aut fere totae moniliforme constricte articulatae, 0,002—0,003 millim. crassae, cellula summa saepe paullo majore (0,003—0,0035 millim. crassa). *Asci* clavati, circiter 0,014 millim. crassi. *Sporae* 8:nae, distichae, ellipsoideae aut rarius subgloboso-ellipsoideae. long. 0,010—0,005 millim., crass. 0,005—0,003 millim.

Supra rupem itacolumiticam in montibus Carassae (1400 metr. s. m.) in civ. Minarum, n. 1510. — Cum P. rhodosticta (Tayl.) Müll. Arg., Lich. Beitr. n. 1470 (P. sanguinea Anzi, P. subareolata Nyl. et P. fuscatula Nyl.) affinis, at jam paraphysibus ab ea differens. — *Thallus* circiter 0,2—0,3 millim. crassus, in lamina tenui rubescens. *Gonidia* glococapsoidea, lumine cellularum vulgo ellipsoideo, 0,004—0,010 millim. longo, 0,004—0,006 lato. *Hypothecium* pallescens. *Hymenium* circ. 0,070—0,080 millim. crassum, jodo dilute caerulescens, dein mox vinose rubens. *Paraphyses* raro parce ramosae.

2. **P. olivacea** Wainio (n. sp.).

Thallus tenuis, effusus, minutissime granulosus, granulis in areolas minutas (circ. 0,5—0,2 millim. latas), difformes, angulosas, contiguas, planas, opacas, fusco-fuligineas (humidae fusco-rubentes) vulgo connatis. *Apothecia* lecanorina, in areolas immersa, margine nullo distincto vel e parte areolae angustiore latioreve discum cingente formato, solitaria, disco concaviusculo aut urceolato, circiter 0,4—0,2 millim. lato, nigricante, opaco. *Hymenium* parte superiore olivaceum, hydrate kalico rufescens. *Paraphyses* haud numerosae, 0,0015 millim. crassae, apicem versus septatae aut ibi etiam constricte articulatae paulloque incrassatae. *Asci* clavati, circiter 0,014—0,018 millim. crassi. *Sporae* 8:nae, distichae, ellipsoideae, long. 0,008—0,012 (raro 0,014) millim., crass. 0,004—0,006 (raro 0,008) millim.

Ad rupem itacolumiticam in montibus Carassae (1400 metr. s. m.) in civ. Minarum, n. 1194. — Cum P. monilifera Wain. haec species proxime est affinis, at thallo granuloso et facie externa apotheciorum et colore epithecii ab ea differens. *Thallus* in lamina tenui rubescens. *Gonidia* glococapsoidea, lumine cellularum globoso aut ellipsoideo, 0,006—0,010 millim. longo. *Hymenium* circ. 0,090 millim. crassum, jodo caerulescens et demum vinose rubens. *Asci* saepe apice membrana incrassata.

3. **P. cylindrophora** Wainio (n. sp.).

Thallus tenuis, circiter 0,1—0,3 millim. crassus, effusus, areolatus aut rimoso-areolatus, areolis minutis (circiter 0,5—0,2 millim. latis), difformibus, angulosis, contiguis, primo planiusculis et demum irregularibus, opacis, fusco-fuligineis, minutissime aut fere indistincte granulosis. *Apothecia* facie pyrenodea, in verruculis

16

thallinis, elevatis, solitariis inclusa, disco punctiformi, impresso. *Hymenium* decoloratum, ascos et gelatinam e membranis crassis dissolutis paraphysum asciformium (in apotheciis juvenilibus conspicuarum) formatam continens. *Paraphyses* verae haud evolutae. *Asci* subcylindrici, 0,010–0,014 millim. crassi. *Sporae* 8:nae, vulgo monostichae, subglobosae aut ellipsoideae, long. 0,010–0,006, crass. 0,008–0,005 millim.

Supra rupem itacolumiticam littoralem in montibus Carassae (1400 metr. s. m.) in civ. Minarum, n. 1288. — Apotheciis facie externa subsimilis est Verrucariae. *Gonidia* glococapsoidea, lumine cellularum circ. 0,004–0,008 millim. longo. *Apothecia* excipulaque diam. circiter 0,260 millim. *Hymenium* circiter 0,100–0,120 millim. crassum, jodo dilute caerulescens, demum vinose rubens. *Hypothecium* dilute pallidum albidumque.

4. **P. Brasiliensis** Wainio (n. sp.).

Thallus tenuis, effusus, minutissime granulosus, granulis in areolas minutas, dispersas aut contiguas connatis, aut dispersis, fusco-fuligineus. *Apothecia* facie pyrenodea, disco punctiformi, impresso, aut urceolato. *Hymenium* decoloratum. *Paraphyses* non evolutae. *Asci* clavati, circiter 0,014–0,020 millim. crassi. *Sporae* 8:nae, irregulariter distichae, ellipsoideae, long. 0,008–0,011, crass. 0,004–0,006 millim.

Ad rupem graniticam in littore oceani prope Nitherohy in civ. Rio de Janeiro, n. 1594. P. tenuatulae Nyl. (Fl. 1887 p. 129, Hue, Addend, p. 317) affinis est. — *Apothecia* saepe aggregata, 0,200–0,250 millim. lata, thallo concoloria. *Hymenium* 0,090–0,100 millim. crassum, jodo persistenter caerulescens, aut demum passim subvinose obscuratum. *Gonidia* lumine cellularum circiter 0,006–0,008 millim. longo.

5. **P. Carassensis** Wainio (n. sp.).

Thallus tenuis, effusus, minutissime granulosus, granulis in areolas planas connatis, aut dispersis, opacus, fusco-fuligineus (humidus fusco-rubescens). *Apothecia* demum elevata, lecanorina, thallo fere concoloria, circiter 0,250–0,300 millim. lata, disco planiusculo aut primo concaviusculo, opaco, margine sat tenui, haud elevato aut primo paululum elevato. *Hymenium* parte superiore pallido-fuscescens. *Paraphyses* 0,0015 millim. crassae aut apice paullo crassiores, parce aut abundanter septatae aut interdum apice subconstricte articulatae. *Asci* ventricoso-clavati, circiter 0,030 millim. crassi. *Sporae* 8:nae, distichae, ellipsoideae, long. 0,014—0,017 (raro 0,012) millim., crass. 0,007—0,009 (raro 0,006) millim.

Ad rupem itacolumiticam in montibus Carassae (1400 metr. s. m.) in civ. Minarum (n. 1508). — Forsan est variatio P. Le-movicensis Nyl. (Fl. 1880 p. 387, Forssell, Beitr. Glocolich. 1885 p. 44, Hue, Addend. 1886 p. 8), cujus specimen autem non vidi-mus. — *Gonidia* glococapsoidea, lumine cellularum 0,006—0,010 millim. longo. *Hymenium* circiter 0,070 millim. crassum, jodo caerulescens, dein vinose rubens. — *Pycnoconidia* ellipsoidea aut globosa, long. 0,003—0,002 millim., crass. 0,002 millim. *Steri-gmata* simplicia, parce increbreque septata, apicibus pycnoconidia efferentibus.

8. Calothricopsis Wainio (nov. gen.).

Thallus subsquamosus aut fere crustaceo-areolatus, rhizinis hypothalloque distincto destitutus, strato corticali nullo, ex hyphis tenuibus (0,001—0,0015 millim. crassis), leptodermaticis, parce se-ptatis, inter gonidia abundantia caespitoso-radiantia conglutinata sat parce procurrentibus formatus (acid. lactic., $PH_3 O_4 + I$), ho-mocomericus, colore obscurus, in lamina tenui fuscescenti-luteus. *Gonidia* calothricoidea (conf. Bornet, Rech. Gon. Lich. p. 27, Deux. Not. Gon. Lich. p. 4), cellulis moniliformi-concatenatis, he-terocystis basilaribus, filis caespitoso-constipatis, vaginis fusco-lutescentibus, trichomatibus in pilum extra gelatinam vaginae pro-ductis. *Apothecia* in verruculis thallinis inclusa, disco punctiformi. *Perithecium* proprium evanescens tenuissimumve. *Paraphyses* laxe cohaerentes, haud ramoso-connexae. *Asci* membrana tenui. *Spo-rae* 8:nae, globosae aut subglobosae, simplices, decolores.

1. C. insignis Wainio (n. sp.).

Thallus subsquamoso-areolatus; areolae dispersae, circiter 2,5—1 millim. latae, circiter 0,5 millim. crassae, marginibus sub-liberis, atrae, opacae, verruculoso-rugulosae. *Apothecia* in verru-culis thallinis inclusa, disco impresso, punctiformi. *Hymenium* subdecoloratum aut epithecio pallescente. *Asci* cylindrici, circ.

0,010 millim. crassi, membrana tenui. *Sporae* 8:nae, incolores, simplices, monostichae, globosae, diametro 0,008—0,005 millim., raro nonnullae subglobosae (long. 0,007, crass. 0,005 millim.).

Supra rupem itacolumiticam in littore fluvii in Carassa (1400 metr. s. m.) in civ. Minarum, n. 1507. — *Thallus* in lamina tenui lutescens aut olivaceo-lutescens. *Gonidia* calothricoidea, cellulis dilute aerugineo-rufescentibus, moniliformi-concatenatis: trichomata in pilum extra gelatinam vaginae (thallique lichenis) producta, heterocystis dilute cupreis, hyalinis, solitariis, basilaribus, articulorum inferiorum diametro subaequalibus aut minoribus, circ. 0,008—0,006 millim. crassis, vaginis fusco-lutescentibus, saepe lamellosis, diametro circ. 0,020 millim. *Excipulum* proprium laterale nullum aut tenuissimum albidumque. *Hypothecium* pallescens, gonidiis destitutum. *Paraphyses* laxe cohaerentes, 0,0015—0,002 millim. crassae, apice haud incrassatae, exarticulatae aut raro parcissime septatae.

9. Ephebeia.

Nyl., Fl. 1875 p. 6, in Hue Addend. (1886) p. 10, Fl. 1887 p. 133.

Thallus fruticulosus, teres, ramosus, solidus, rhizinis hypothalloque distincto destitutus, in apicibus homoeomericus et hyphis increbris filamentum gonidiorum in apices productum obtegentibus et vaginam gelatinosam eorum permeantibus, in partibus vetustioribus fere heteromericus, hyphis leptodermaticis fere parenchymatice septatis conglutinatis *stratum corticale* subdispersum neque bene distinctum formantibus, et in parte centrali, demum cellulis gonidiorum destituta, *stratum medullare* implentibus. *Gonidia* sirosiphoidea (stigonema), cellulis dilute aeruginosis glaucescentibusve in series plures dispositis, vagina aurea aut fuscescenti-aurea, sat tenui, heterocystis dilute cupreis, hyalinis, lateralibus. *Apothecia* thallo immersa, tuberculis incrassationibusve thalli inclusa, disco demum subaperto punctiformi parvuloque. *Perithecium proprium* tenuissimum. *Paraphyses* distinctae, haud ramoso-connexae. *Sporae* 8:nae, oblongae aut ellipsoideae, simplices, decolores. *Conceptacula pycnoconidiorum* tuberculis thalli inclusa. „Sterigmata sat longa, basi subdigitato-ramosa aut simplicia, haud aut parcissime articulata. *Pycnoconidia* cylindrica vel oblongo-cylindrica, recta." (Nyl., Syn. Lich. p. 90, Hue, Addend. p. 10).

1. **E. Brasiliensis** Wainio (n. sp.).

Thallus fruticulosus, circ. 5 millim. altus, teres, crebre dichotome et partim irregulariter ramosus, latere haud spinulosus, 0,160—0,120 millim. crassus, apices versus vulgo sensim attenuatus, caespitosus, laevigatus, opacus, nigrescens aut grisco-nigricans. *Apothecia* tuberculis thalli subglobosis, lateralibus (haud terminalibus) inclusa (solum juvenilia visa).

Ad rupes itacolumiticas in littore fluvii in Carassa (1400 metr. s. m.) in civ. Minarum, n. 1165. — Jam facie externa praesertimque thallo erecto, haud spinuloso, ab E. hispidula (Ach.) differt. *Perithecium* proprium tenue, parenchymaticum, intus partim cyanescens et KHO sordide violascens et demum smaragdulum. *Paraphyses* 0,003—0,002 millim. crassae, apice clavatae aut vix incrassatae, increbre aut interdum sat crebre septatae.

Trib. 12. **Lecideae.**

Thallus crustaceus aut squamosus aut minute foliaceus, heteromericus aut in statu minus evoluto homoeomericus. *Stratum corticale* haud evolutum aut superne thallum obtegens, cartilagineum, loculis cellularum angustis. *Stratum medullare* stuppeum, hyphis leptodermaticis aut pachydermaticis. *Gonidia* in zona supra stratum medullare disposita aut toto thallo obvenientia, palmellacea (vulgo protococcacea, raro pleurococcacea aut leptogonidia) vel rarissime glococapsoidea. *Apothecia* demum thallo adpressa adnatave, aut rarius immersa, aut stipitata podetiove instructa. *Excipulum* cartilagineum aut parenchymaticum, lumine cellularum minuto aut majusculo, strato medullari stuppeo nullo aut raro distincto, gonidiis destitutum. *Paraphyses* evolutae, simplices aut raro ramoso-connexae. *Sporae* breves aut longae, simplices aut septatae muralesve, decolores aut fuscescentes nigricantesve, membrana interne haud incrassata.

1. Cladonia.

Hill, Hist. Plant. (1751) p. 91 pr. maj. p.; Hoffm., Deutschl. Fl. II (1796)
p. 152; Schaer., Lich. Helv. Spic. (1823) p. 18, (1833) p. 228; Fr., Nov. Sched.
Crit. (1826) p. 16; Floerk., Clad. Comm. (1828) p. 5; Fr., Lich. Eur. (1831) p.
205; Schaer., Enum. Lich. Eur. (1850) p. 183; Tul., Mém. Lich. (1852) p. 24,
36, 195, tab. 10 fig. 6—11, tab. 11 fig. 11—17; Koerb., Syst. Germ. (1855) p.
15; Schwend., Unters. Flecht. II (1860) p. 168, tab. 6 fig. 23—27; Nyl., Syn.
Lich. (1858—60) p. 187; Th. Fr., Gen. Heterolich. (1861) p. 77, Lich. Scand.
(1871) p. 57; Tuck., Gen. Lich. (1872) p. 146; Wainio, Clad. Phylog. (1880) p.
3; Krabbe, Entw. Flechtenap. (Bot. Zeit. 1882) p. 10; Tuck., Syn. North Am.
(1882) p. 236; Arn., Lich. Fränk. Jur. (Fl. 1884) p. 11; Wainio, Mon. Clad.
(1887) p. 5; Arn., Lich. Fraenk. Jur. (1890) p. 7.

Thallus vulgo duarum formarum, et horizontalis (thallus
primarius) et verticalis (prodetium). *Thallus primarius* squamae-
formis aut foliaceus [subg. Cenomyce (Ach.) Th. Fr.] aut crustaceus [subg. Cladina (Nyl.) Wainio, Pycnothelia Ach., Clathrina (Müll. Arg.) Wainio *], vulgo superne *strato corticali* obductus cartilagineo, ex hyphis formato verticalibus, pachydermaticis, conglutinatis, lumine cellularum tenui aut tenuissimo instructis, aut strato corticali destitutus [praesertim in subg. Cladina,
Pycnothelia et Clathrina], *strato medullari* inferne denudato,
stuppeo, ex hyphis tenuibus aut mediocribus (0,002—0,006 millim.
crassis) sat pachydermaticis aut sat leptodermaticis constante.
Podetia metamorphose e stipitibus apotheciorum in thallum ver-
ticalem transformata, e superficie aut rarius e latere thalli primarii enata, basi persistentia aut demum emorientia, apice haud
diu aut per secula accrescentia, apice jam primo fertilia aut vulgo
primum sterilia et demum fertilia, aut omnino sterilia, simplicia
aut ramosissima aut prolifera, apicibus subulatis aut obtusis aut
scyphiferis, aggregata aut constipata aut subsolitaria, in initiis re-
centissimis solida, vulgo dein mox fistulosa, raro persistenter solida (in Cl. solida Wainio, n. sp.), vulgo e *strato corticali* et *myelohyphico* (vel medullari exteriore) et *chondroideo* (vel medullari

---

* In Cl. retipora (Labill.) Fr. thallus primarius granulosus a cel.
Müll. Arg. observatus est (conf. Lich. Beitr. n. 1322). Ob characterem secun-
darium et phylogenetice juniorem podetiorum in serie naturali *Cladoniarum*,
in quam etiam variationes et species podetiis fere aut omnino destitutae pertinent, genus autonomum constituere non potest, sicut in parte secunda Mo-
nographiae Cladoniarium fusius distinctiusque explicabo.

interiore) constantia aut uno alterove horum stratorum destituta. *Stratum corticale podetiorum* cartilagineum, tenuius aut crassius (in Cl. miniata Meyer et subg. Clathrina), ex hyphis formatum pachydermaticis, lumine cellularum tenuissimo tenuive instructis, subverticalibus aut rarius longitudinalibus [in subg. Clathrina et Cl. capitellata (Tayl.) Babingt., Cl. substellata Wainio, ect.], conglutinatis. *Stratum myelohyphicum* (vel medullare exterius) stuppeum, strato medullari thalli primarii subsimile. *Stratum chondroideum* (vel medullare interius) crassius aut tenuius, ex hyphis formatum longitudinalibus, pachydermaticis, lumine cellularum tenuissimo instructis, conglutinatis. *Apothecia* apicibus (aut fortuito etiam lateri) podetiorum longiorum breviorumve affixa aut raro (in variationibus descendentibus) sessilia, in ipsa superficie podetiorum enata, nigricantia aut fuscescentia aut testacea pallidave aut coccinea. *Excipulum* lecideinum gonidiisque destitutum, etiam intus cartilagineum, ex hyphis formatum pachydermaticis, lumine tenui instructis, conglutinatis, in parte exteriore radiatim dispositis. *Paraphyses* simplices aut parcius etiam furcatae, haud ramoso-connexae. *Asci* sat angusti, apice membrana saltem primum incrassata. *Sporae* 8:nae (aut abortu pauciores), distichae, decolores, fusiformes aut oblongae aut ovoideae, simplices aut raro 1—3-septatae. *Conceptacula pycnoconidiorum* apicibus podetiorum aut margini scyphorum aut lateribus podetiorum axillarumve aut superficiei thalli primarii squamarumve affixa, sessilia aut breviter stipitata. *Sterigmata* exarticulata aut septis paucis articulata. *Pycnoconidia* cylindrico-filiformia aut rarius subfusiformi-cylindrica, tenuia, curvata aut rectiuscula.

Quia in *Monographia Cladoniarum Universali* hoc genus tractare exorsus sum, species Cladoniarum insigniter numerosas in Brasilia collectas, in opere citato jam maxima parte commemoratas, hic omitto.

Pars secunda.

2. Baeomyces.

Pers. in Ust. Neue Ann. 1 St. (1794) p. 19 (pr. p.); Ach., Lich. Univ.
(1810) p. 108, 572 (pr. p.); Mass., Ric. Lich. Crost. (1852) p. 138; Koerb.,
Syst. Germ. (1855) p. 274; Nyl., Syn. Lich. (1858—60) p. 175 (excl. Icmadophila et Knightiella); Th. Fr., Gen. Heterolich. (1861) p. 81 (em.); Tuck.,
Gen. Lich. (1872) p. 152 (pr. p.); Th. Fr., Lich. Scand. (1874) p. 328 (em.);
Tuck., Syn. North. Am. II (1888) p. 6 (pr. p.). *Sphyridium* Flot. in Jahresb.
Schles. Gesellsch. Naturk. (1842) p. 196 (em.), Koerb., Syst. Germ. (1855) p.
273 (em.); Th. Fr., Gen. Heterolich. (1861) p. 81 (em.), Lich. Scand. (1874)
p. 326 (em.); Krabbe, Entw. Flechtenap. (1882) p. 4.

Thallus crustaceus, uniformis aut effiguratus, aut squamosus; hyphae strati medullaris tenues, membranis tenuibus. *Gonidia*
protococcoidea aut leptogonidia (raro cyanophycea: Krempelh.,
Süds. p. 96). *Apothecia* pallida aut subcarnea aut rufescentia.
Excipulum lecideinum gonidiisque destitutum, intus cartilagineum
aut raro parte intima stuppeum, stipitatum aut substipitatum,
stipite raro (in strato exteriore) gonidia continente, intus cartilagineo solidoque. *Asci* angusti, membrana tenui. *Sporae* 8:nae,
decolores, ellipsoideae aut fusiformes, simplices aut 1—3-septatae.
„*Conceptacula pycnoconidiorum* in tuberculis thalli inclusa. *Sterigmata* sat crebre articulata. *Pycnoconidia* breviter cylindrica oblongave, recta." (Linds., Nyl., l. c.).

1. **B. erythrellus** (Mont.) Nyl., Syn. Lich. (1858—60) p. 181,
Lich. Exot. (1859) p. 209. *Biatora erythrella* Mont. in Ann. sc.
nat. 2 sér. VIII (1837) p. 356, Syll. (1856) p. 337.

Thallus crassitudine mediocris aut sat tenuis, squamosus,
squamis adscendentibus, imbricatis, crenatis, esorediatis, superne
albidis aut albido-glaucescentibus. *Apothecia* stipitata, cum stipite circ. 3—6 millim. alta, circ. 1,5—3 millim. lata, tenuiter
marginata, margine undulato-crenato, aut demum immarginata,
disco plano, carneo aut carneo-pallido. *Excipulum* turbinatum
aut demum peltatum, solidum, intus chondroideum. *Sporae* oblongae, simplices, long. 0,007—0,010, crass. 0,0025 millim. (Nyl.,
Syn. Lich. p. 181).

Ad terram argillaceo-arenosam in Carassa (1400 metr. s. m.)
in civ. Minarum, n. 1291. — *Thallus* circ. 0,3 millim. (0,15—0,2
ex Nyl., l. c. p. 182) crassus, subtus albus, KHO primo lutescens,
dein rubescens, superne *strato corticali* disperso, valde inaequa-

liter incrassato, cartilagineo, ex hyphis irregulariter contextis, majore parte subverticalibus, increbre ramosis, conglutinatis, formatum, membranis incrassatis, pellucidis, tubulo modice dilatato; infra zonam gonidialem adest *stratum medullare* sat bene evolutum, hyphis 0,003 millim. crassis, membranis tenuibus, tubulis dilatatis. *Gonidia* leptogonidia, maxima parte globosa, diam. 0,008—0,010 millim., parcius ellipsoidea, — 0,013 millim. longa, membrana tenuissima.

Discus apotheciorum opacus, epruinosus, KHO partim rubescens, partim —. *Stipes* longitudinaliter sulcatus, circ. 0,5—1 millim. crassus, albidus aut carneo-albidus, KHO lutescens, dein rubescens, chrystalla rubra, brevia, tenuia formans, gonidiis destitutus aut in parte exteriore nonnulla fortuito continens, solidus, intus strato chondroideo, tubulis 0,0015—0,002 millim. crassis longitudinalibus, gelatinam chondroideam sat abundantem pellucidam, ex stratis exterioribus membranarum conglutinatarum formatam, percurrentibus, extus, praecipue in parte superiore, hyphis crassioribus (circ. 0,004—0,005 millim. crassis), irregulariter contextis aut subverticalibus, conglutinatis, membranis leviter incrassatis, loculis circ. 0,003—0,002 millim. latis, elongatis (hoc stratum corticale in parte inferiore stipitis evanescens). *Excipulum* KHO primo lutescens, dein rubescens, textura stipiti satis similis, at strato corticali magis evoluto (hyphis verticalibus, paullo crebrius septatis), strato medullari chondroideo, ex hyphis irregulariter contextis formato, margine disco concolore aut interdum intensius rubro, gonidiis destitutum. *Hypothecium* albidum aut dilute pallidum, ex hyphis tenuissimis crebre contextis subconglutinatis formatum, strato tenui ex hyphis crassioribus formato impositum. *Hymenium* 0,050 millim. crassum, jodo lutescens. *Paraphyses* sat arcte aut sat laxe cohaerentes, 0,0005 millim. crassae, apice levissime incrassatae, haud constrictae, haud aut parce ramosae. *Asci* cylindrici aut cylindrico-clavati, 0,006—0,005 millim. crassi, apice membrana levissime incrassata. *Sporae* 8:nae, distichae, apicibus vulgo obtusis, decolores.

    2. **B. rubescens** Wainio (n. sp.).

Thallus tenuis, squamosus aut foliaceo-effiguratus, adnatus, esorediosus, albidus. *Apothecia* stipitata, cum stipite circ. 1,5— 0,5 millim. alta, circ. 1—2 millim. lata, tenuissime marginata, margine undulato-crenato aut subintegro, disco plano aut concaviusculo, vulgo carneopallido. *Excipulum* primo turbinatum, demum peltatum, solidum, intus chondroideum. *Sporae* oblongae aut parcius ovoideo-oblongae, simplices, long. 0,011—0,007, crass. 0,004—0,003 millim.

Ad latera abrupta arenosa collium in marginibus viarum prope Sitio (1000 metr. s. m.) in civ. Minarum, n. 563, 571. — Affinis et habitu haud valde dissimilis est B. rhodochroo Krempelh. (Lich. Glaz. 1876 p. 58), quae sporis minoribus et thallo imbricato-subsquamuloso differt. A B. erythrello stipite breviore et squamis haud adscendentibus facile distinguitur. *Thallus* circ. 0,2 millim. crassus, KHO primo lutescens, dein rubescens, I —, squamis vulgo crenatis, subtus albidis, superne strato corticali disperso, valde inaequaliter incrassato, cartilagineo, ex hyphis irregulariter contextis, majore parte subverticalibus, increbre ramosis, conglutinatis, formato, membranis incrassatis, tubulo modice dilatato; infra zonam gonidialem subdispersam adest stratum medullare tenue, hyphis sat laxe contextis. *Gonidia* leptogonidia, globosa aut parcissime subellipsoidea, diam. 0,010—0,005 millim., membrana tenuissima, guttulas oleosas continentia, flavovirescentia. *Discus* apotheciorum opacus, epruinosus, carneopallidus aut carneus aut pallidus aut raro in eodem thallo coccineus, KHO rubescens et chrystalla rubra formans. *Stipes* longitudinaliter sulcatus, 0,3—0,5 millim. crassus, disco fere concolor, KHO lutescens, dein rubescens, chrystalla rubra, brevia, tenuia formans, gonidiis destitutus, solidus, intus chondroideus, tubulis 0,002 millim. crassis, longitudinalibus, gelatinam chondroideam sat abundantem pellucidam, ex stratis exterioribus membranarum conglutinatarum formatam, percurrentibus, extus in lamina tenui pallidus (passim maculis rubris) et pseudoparenchymaticus, seriebus cellularum verticalibus et in hyphas strati chondroidei continuatis, loculis cellularum circ. 0,005—0,004 millim. latis, membranis conglutinatis sat tenuibus. *Excipulum* continuationem stipitis, textura ab eo parum differentem, format, KHO eodem modo reagens, margine disco concolore aut interdum intensius rubro, gonidiis destitutum. *Hypothecium* pallidum. *Hymenium* 0,060—0,070 millim. crassum, jodo lutescens. *Paraphyses* sat arcte aut sat laxe cohaerentes, 0,0005—0,001 millim.

crassae, apice levissime incrassatae, haud ramosae, haud constrictae. *Asci* subcylindrici, 0,007—0,005 millim. crass., apice
membrana leviter incrassata. *Sporae* 8:nae, distichae aut monostichae, apicibus obtusis aut altero apice rotundato, membrana
sat tenui, decolores.

3. **B. absolutus** Tuck., Suppl. II Enum. N. Am. Lich. (1859)
p. 201: Nyl., Syn. Lich. (1858—60) p. 178; Tuck., Gen. Lich.
(1872) p. 153; *Biatora icmadophila* var. *stipitata* Mont. in Ann. Sc.
Nat. 4 sér. VIII (1857) p. 298 (nomen ineptum): mus. Paris. *Lecanora leptaspis* Fée, Bull. Soc. Bot. Fr. XX (1873) p. 313 (mus.
Paris.).

Thallus tenuisimus, effusus, subcontinuus aut subdispersus,
esorediosus, virescens aut subcinerascens aut olivaceo-pallidus,
aut subevanescens. *Apothecia* albido-carnea, stipitata aut rarius
subsessilia, cum stipite circ. 1,5—0,5 millim. alta, circ. 2—1—0,6
millim. lata, fere immarginata aut tenuissime marginata, disco
plano aut raro convexiusculo. *Excipulum* turbinatum aut demum peltatum, solidum, intus chondroideum. *Sporae* oblongae
aut fusiformi-oblongae, simplices, long. 0,017—0,007, crass. 0,005
—0,004 millim.

Ad latera abrupta saxorum itacolumiticorum in Carassa
(1400—1500 metr. s. m.), n. 1299, et ad latera abrupta arenosa collium in marginibus viarum prope Sitio (1000 metr. s.
m.), n. 560, 569, 678, 764, in civ. Minarum. Specimina ad Sitio
lecta omnia ad f. **subsessilem** Tuck. (in Wright, Lich. Cub. n.
24), apotheciis subsessilibus et vulgo paullo minoribus (0,6—1,2
millim. latis) a f. **stipitata** Mont. typica (n. 1299) recedentem
(apotheciis 2—1 millim. latis, 1,5—1 millim. altis), pertinent. —
Thallus homoeomericus, strato corticali destitutus. *Gonidia* vere
protococcoidea, globosa, diam. 0,010—0,006 millim., membrana
bene distincta, sat tenui. *Stipes* 0,5—0,2 millim. crassus, disco
fere concolor, gonidiis destitutus, solidus, intus chondroideus, tubulis 0,002—0,003 millim. crassis sublongitudinalibus aut contextis, gelatinam chondroideam abundantem bene pellucidam, ex
stratis exterioribus membranarum formatam, percurrentibus, extus roseoalbidus (in lamina tenui), impellucidus et pseudoparenchymaticus cellulisque mediocribus (in Zn Cl$_2$ + I aut KHO conspicuis). *Excipulum* continuationem stipitis, textura ab eo haud

differentem, format, extus item pseudoparenchymaticum, KHO —, gonidiis destitutum. *Hypothecium* (sub microscopio visum) subalbidum, ex hyphis crebre contextis formatum. *Hymenium* 0.100 millim. crassum, jodo sat leviter caerulescens, disco opaco, subpruinoso. *Paraphyses* sat arcte cohaerentes, 0,001—0,0015 millim. crassae, apice anguste subcapitatae aut parum incrassatae, haud ramosae, increbre septatae (in Zn Cl$_2$ + I), haud constrictae. *Asci* cylindrici aut cylindrico-clavati, 0,008—0,010 millim. crass., apice membrana parum incrassata. *Sporae* 8:nae, monostichae aut distichae, apicibus obtusis, membrana sat tenui, decolores.

3. Sphaerophoropsis Wainio (n. gen.).

Thallus fruticulosus, brevis, teres, ramosus, solidus, rhizinis et hypothallo distincto destitutus, homoeomericus, totus gonidia continens, strato corticali destitutus, ex hyphis sat crassis (0,008 —0,006 millim. crassis), pachydermaticis sat laxe contextus, lumine cellularum angusto. *Gonidia* palmellacea (pleurococcoidea?), globosa, saepe glomeruloso-connata. *Apothecia* lecideina, in ipsa superficie thalli enata, demum subglobosa, apicibus aut prope apices thalli affixa. *Excipulum* proprium, gonidiis destitutum, chondroideum, ex hyphis conglutinatis formatum, *strato medullari* nullo. *Paraphyses* pro parte ramoso-connexae. *Sporae* 8:nae, ellipsoideae aut oblongae, 1-septatae, decolores.

1. **Sph. stereocauloides** Wainio (n. sp.).
Thallus fruticulosus, 1,5—3,5 millim. altus, 0,4—0,2 millim. crassus, teres, parce irregulariter subfastigiato-ramosus, laevigatus, glaucescenti-albidus vel fuscescenti-glaucescens. *Apothecia* subglobosa, jam primo immarginata, nigricantia aut fusca, epruinosa. *Hypothecium* rubescens. *Epithecium* rubescens. *Sporae* 8:nae, ellipsoideae aut oblongae, primum simplices, demum 1-septatae, long. 0,006—0,010, crass. 0,003—0,004 millim.

Ad terram arenosam humosamque supra rupes in Carassa (1470 metr. s. m.) in civ. Minarum, n. 1424, 1453, 1462, 1475, 1476, 1480. — *Thallus* saepe caespitosus, erectus, solidus, hypothallo nullo distincto, ex initio verrucaeformi accrescens, homoeomericus, totus gonidia continens, strato corticali destitutus, ex hyphis formatus 0,008—0,006 millim. crassis, irregulariter sat laxe contextis, ramosis, pachydermaticis, lumine cellularum angusto. *Membrana hypharum* maxima parte exteriore in KHO turgescit et in gelatinam bene pellucidam disolvitur. *Gonidia* pleurococcoidea (?), flavovirescentia, globosa, diam. 0,008—0,004 millim., vulgo 2—plura in glomerulos connata, membrana sat tenui. *Apothecia* apicibus aut lateri ad apices thalli affixa, in ipsa superficie thalli enata, juvenilia „*trichogynis*" vel *pilis* conicis, numerosis, demum pro parte fasciculato-connatis instructa. *Excipulum* basale, proprium, rubescens, KHO non reagens, ex hyphis conglutinatis formatum. *Hypothecium* KHO non reagens. *Hymenium* jodo persistenter caerulescens. *Epithecium* KHO non reagens. *Paraphyses* 0,001 millim. crassae, apice haud incrassatae, gelatinam firmam, in KHO modice turgescentem percurrentes, partim parce ramosae, partim etiam ramoso-connexae. *Asci* clavati, 0,010 millim. crassi, apice membrana incrassata. *Sporae* distichae, decolores, apicibus rotundatis aut rarius obtusis.

4. Lecidea.

Ach., Meth. Lich. (1803) p. 32 (pr. p.); Nyl. in Huc Addend. (1888) p. 131 (excl. Gyalecta, Buellia, Biatorella et species gonidiis egentes). *Biatora* et *Heterothecium* et *Lecidea* Tuck., Gen. Lich. (1872) p. 153, 169, 177, Syn. North Am. II (1888) p. 8, 53, 60 (excl. Biatorella).

Thallus crustaceus, uniformis aut ambitu lobatus, aut squamulosus, hypothallo aut hyphis medullaribus substrato affixus, rhizinis veris nullis aut rarissime fere evolutis (in L. breviuscula), *strato corticali* nullo aut in speciebus magis evolutis thallum superne obtegente, subcartilagineo, ex hyphis formato subverticalibus, pachydermaticis, conglutinatis. *Stratum medullare* stuppeum, hyphis implexis, tenuibus, vulgo leptodermaticis aut membranis leviter incrassatis, lumine cellularum comparate sat lato aut sat angusto. *Gonidia* thallina vulgo protococcoidea aut raro pelurococcoidea aut glococapsoidea. *Apothecia* lecideina, thallo innata aut in ipsa superficie thalli enata, vulgo dein mox emergentia adpressaque aut raro immersa permanentia. *Excipulum* proprium, gonidiis destitutum, ex hyphis formatum pachydermaticis aut leptodermaticis, conglutinatis, in cellulas parenchydermaticas aut elongatas divisis, raro *strato medullari* aërem inter hyphas continente stuppeove instructum. *Paraphyses* simplices aut raro ramoso-connexae. *Sporae* forma variabiles, decolores aut nigricantes, simplices aut septatae aut murales, 8:nae — solitariae „aut raro — circ. 30:nae" (Müll. Arg., Lich. Beitr. n. 1486), interne membrana haud incrassata (aut raro intus incrassata et simul decolores), interdum extus halone indutae. *Conceptacula pycnoconidiorum* thallo immersa aut verruculas in thallo formantia. *Sterigmata* simplicia aut pauciarticulata aut raro pluriarticulata. *Pycnoconidia* oblonga aut ellipsoidea aut cylindrica.

Subg. 1. **Toninia** (Mass.) Wainio. *Thallus* squamulosus aut squamuloso-areolatus vel ex areolis crenulatis lacinulatisve constans. *Sporae* tenues, longae, bacillares aut aciculares aut fusiformi-aciculares, 3—pluri-septatae, decolores.

Toninia Mass., Ric. Lich. Crost. (1852) p. 107; Koerb., Syst. Germ. (1855) p. 182. *Toninia* *Entoninia Th. Fr., Lich. Scand. (1874) p. 330.

1. L. squamulosula Nyl., Lich. Nov.-Gran. (1863) p. 461, ed. 2 (1863) p. 349 (secund. descr.).

Thallus squamulosus, squamulis circ. 0,5—0,3 millim. longis, adscendentibus, incisis crenatisque, glaucescenti-albidis, supra hypothallum nigrum dispersis aut in crustam confertis. *Apothecia* 2,5—1,5 millim. lata, disco plano, fusco-nigro nigricanteve [„aut fusco-rufescente"], nudo, margine crassiusculo, discum aequante, testaceo aut fuscescente, persistente. *Hypothecium* pallidum. *Epithecium* olivaceo-nigricans. *Sporae* bacillares aut aciculares, rectae, long. 0,074—0,032, crass. 0,004—0,002 millim.

Ad corticem et ramos arborum prope Sitio (1000 metr. s. m.), n. 777, et in Carassa (1400—1500 metr. s. m.), n. 1385, in civ. Minarum. *Thallus* hyphis 0,003—0,0025 millim. crassis, sat leptodermaticis. *Gonidia* protococcoidea, normalia. *Excipulum* chondroideum, ex hyphis radiantibus formatum, (in lamina tenui) basi fere decoloratum, in margine intus pallidum, extus rufescens. *Hymenium* circ. 0,080 millim. crassum, jodo leviter caerulescens, dein vinose rubens. *Epithecium* KHO non reagens. *Paraphyses* sat arcte cohaerentes, 0,001 millim. crassae, apice haud incrassatae, neque constrictae, nec ramosae.

Asci clavati, circ. 0,014 millim. crassi. *Sporae* 8:nae aut abortu pauciores, pluriseptatae, septis circ. 7—13 [—17], altero apice attenuato aut apicibus ambobus obtusis, interdum irregulariter ventricosis.

2. **L. cinereonigra** Wainio (n. sp.).

Thallus squamuloso-areolatus, squamulis areolisve circ. 0,3 —0,2 millim. latis, irregularibus subcrenulatisque, planis, tenuibus, adpressis, cinereo-glaucescentibus, supra hypothallum nigrum dispersis. *Apothecia* 1,2—0,8 millim. lata, disco plano aut demum convexo, nigro aut livido-fuscescente, nudo, margine sat tenui aut mediocri, persistente aut demum excluso, fusco aut livido-fuscescente aut livido. *Hypothecium* fuscescens aut sordide pallescens. *Epithecium* nigricans aut olivaceo-nigricans. *Sporae* aciculares, altero apice sensim attenuato, rectae, long. circ. 0,052— 0,040, crass. 0,002—0,0015 millim.

Ad ramulos aborum prope Lafayette (1000 metr. s. m.) in civ. Minarum, n. 252. — Squamis haud adscendentibus facile a L. squamulosula distinguitur. Minus affinis est *L. subluteolae Nyl., quam habitu in memoriam revocat. *Apothecia* adpressa. *Excipulum* chondroideum, ex hyphis radiantibus conglutinatis formatum, in lamina tenui extus pallidum, intus fuscescens. *Hymenium* circ. 0,080—0,060 millim. crassum, jodo caerulescens, dein vinose rubens. *Paraphyses* arcte cohaerentes, 0,001 millim. crassae, apice non aut vix incrassatae, neque constrictae, nec ramosae. *Asci* clavati, circ. 0,014 millim. crassi. *Sporae* altero apice obtuso, septis circ. 8—10.

Subg. II. **Bacidia** (De Not.) Wainio. *Thallus* crustaceus, uniformis. *Sporae* tenues, longae, aciculares aut bacillares aut fusiformi-aciculares, vulgo 3—pluriseptatae, decolores.

Bacidia De Not. in Giorn. Bot. It. (1846) p. 189; Koerb., Syst. Germ. (1855) p. 185; Th. Fr., Lich. Scand. (1874) p. 342. *Patellaria* Müll. Arg., Princ. Classif. (1862) p. 56 (pr. p.). *Mycobacidia* Rehm in Rabenh. Krypt.-Fl. (1890) p. 337.

3. **L. rubella** (Ehrh.) Schaer., Lich. Helv. Spic. (1833) p. 168. *Lichen rubellus* Ehrh., Plant. Crypt. (1791) n. 196. *Secoliga rubella* Stizenb., Krit. Bem. Lecid. Nadelf. Spor. (1863) p. 47. *Bacidia* Th. Fr., Lich. Scand. (1874) p. 344.

Thallus crustaceus, vulgo subcontinuus, tenuis aut mediocris, vulgo verruculoso-inaequalis, albidus aut cinereo-glaucescens. *Apothecia* vulgo 0,8—0,5 (—1) millim. lata, disco plano aut demum convexo, carneo-pallido aut carneo-rufescente, nudo, margine sat tenui, persistente aut rarius demum excluso, disco vulgo subconcolore. *Hypothecium* pallidum aut raro partim rufotestaceum. *Epithecium* vulgo pallidum. *Sporae* aciculares, altero apice sensim attenuato, rectae, long. circ. 0,042—0,100, crass. 0,005— 0,003 (—0,002) millim.

Ad corticem arborum prope Sitio et Lafayette (1000 metr. s. m.) in civ. Minarum, n. 250, 357, 1129. — Specimina nostra ad var. luteolam (Schrad.) Th. Fr. (l. c.), margine apotheciorum nudo dignotam, pertinent. *Thallus* hypothallo indistincto. *Gonidia* protococcoidea. *Apothecia* adpressa. *Excipulum* chondroideum, ex hyphis radiantibus conglutinatis formatum, in lamina tenui pallidum aut decoloratum. *Hymenium* circ. 0,070— 0,100 millim. crassum, jodo intense aut sat dilute caerulescens deindeque vinose rubens. *Paraphyses* haud valde arcte cohaerentes, 0,001 millim. crassae, apice non aut levissime incrassatae, neque constrictae, nec ramosae. *Asci* clavati, circ. 0,010—0,012 millim. crassi. *Sporae* 8:nae, altero apice obtusiusculo aut breviter attenuato, septis vulgo circ. 6—7 [—,,16"], in speciminibus nostris 0,042—0,056 millim. longae, 0,005—0,003 (—0,002) millim. crassae.

4. **L. Sitiana** Wainio (n. sp.).

Thallus crustaceus, vulgo subcontinuus, tenuis aut crassitudine mediocris, verruculoso-inaequalis aut granuloso-adspersus aut subcontinuus, albidus aut glaucescens. *Apothecia* 0.8—1 (—1,5) millim. lata, disco plano aut demum convexo, sanguineo-fuscescente aut fusco, nudo, margine tenui aut sat tenui, persistente aut rarius demum excluso, disco vulgo subconcolore. *Hypothecium* pallidum aut albidum. *Epithecium* rufescens. *Sporae* aciculares, altero apice sensim attenuato, vulgo rectae, long. 0,090 0,040, crass. 0,006—0,003 millim.

Ad corticem arborum prope Sitio (1000 metr. s. m.) in civ. Minarum, n. 813, 827, 828. — Affinis est L. rubellae, a qua colore apotheciorum differt. — *Hypothallus* indistinctus. *Gonidia* protococcoidea. *Apothecia* adpressa. *Excipulum* parenchymatico-chondroideum, ex hyphis radiantibus conglutinatis fere parenchy-

matice septatis formatum, membranis incrassatis, in margine aut
parte superiore extus (in lamina tenui) rufescens, ceterum pallidum. *Hymenium* circ. 0,100—0,110 millim. crassum, jodo caerulescens deindeque vinose rubens. *Paraphyses* sat laxe cohaerentes, 0,0015—0,001 millim. crassae, apice non aut paululum
incrassatae, neque constrictae, nec ramosae. *Asci* clavati, circ.
0,012—0,016 millim. crassi. *Sporae* 8:nae, altero apice obtuso
aut breviter attenuato, pluriseptatae, septis circ. 12—numerosissimis.

5. **L. millegrana** (Tayl.) Nyl., Lich. Nov.-Gran. (1863) p.
460, ed. 2 (1863) p. 349. *Lecanora* Tayl. in Hook. Journ. Bot.
1847 p. 159. *Patellaria* Müll. Arg., Lich. Beitr. (Fl. 1887) n.
1169, (1888) n. 1434, Lich. Parag. (1888) p. 16.

Thallus crustaceus subcontinuus, crassitudine mediocris aut
crassiusculus aut raro sat tenuis aut tenuissimus, verrucoso- vel
verruculoso-inaequalis, raro partim soredioso-granulosus, albidus
aut albido-glaucescens. *Apothecia* 1,5—1 (—0,8) millm. lata,
disco primum plano, demum vulgo convexo, carneo-fuscescente
aut carneo-testaceo aut his coloribus variegato aut rarius fusco-
nigricante, tenuiter pruinoso aut nudo, margine mediocri aut sat
tenui, persistente aut subpersistente aut raro demum excluso,
pallido aut testaceo- vel cinerascenti-pallescente. *Hypothecium*
pallidum aut albidum aut raro partim pallido-rufescens. *Epithecium* pallidum aut testaceum aut raro purpureo-fuscescens. *Sporae* vulgo aciculares, altero apice sensim attenuato, vulgo rectae,
long. circ. 0,086—0,046 |—,,0,114"|, crass. 0,004—0,003, raro
0,002 millim. (raro medio ventricosae —0,005 millim. crassae).

Ad corticem arborum locis numerosis lecta ad Lafayette et
Sitio et in Carassa in civ. Minarum, n. 262, 291 b, 336, 555,
854, 1020, 1023, 1244. — Species est valde variabilis, formis
parum constantibus. — *Thallus* hypothallo indistincto. *Apothecia* adpressa. *Excipulum* proprium, parenchymatico-chondroideum, ex hyphis formatum radiantibus, conglutinatis, fere parenchymatice septatis, cellulis brevibus aut oblongis, pallidum aut
fere decoloratum. *Hymenium* circ. 0,080—0,160 millim. crassum,
jodo caerulescens (interdum sat dilute) deindeque vinose rubens.
Paraphyses arcte aut sat laxe cohaerentes, 0,001—0,0015 millim.
crassae, apice non aut levissime incrassatae, neque constrictae,
nec ramosae. *Asci* clavati, circ. 0,010—0,014 millim. crassi.

Sporae 8:nae, altero apice obtuso, altero sensim attenuato, circ. 3—15 [—„27"] septatae.

*L. subluteola (Nyl.) Wainio. *L. luteola *L. subluteola* Nyl., Énum. Gén. Lich. (1857) p. 122. *L. subluteola* Nyl., Fl. 1869 p. 122; Krempelh., Fl. 1876 p. 269 (coll. Glaz. n. 1917: herb. Warm., n. 2206: mus. Paris.). *Patellaria* Müll. Arg., Lich. Beitr. (Fl. 1881) n. 358 (excl. var.). *Lecidea fusca* Fée, Bull. Soc. Bot. XX (1873) p. 317. Wright, Lich. Cub. n. 219 pr. p. (mus. Paris).

Thallus crustaceus, crassitudine mediocris aut crassiusculus, verrucoso-inaequalis aut verrucoso-areolatus, supra hypothallum nigrum dispersus aut subdispersus, aut raro subcontinuus, albidus aut glaucescenti-albidus. *Apothecia* 0,8—1,5 millim. lata, disco primum plano, demum vulgo convexo, livido-nigricante aut fusco-nigro fuscove aut fusco-rufescente, tenuissime pruinoso aut nudo, margine mediocri aut sat tenui, persistente aut subpersistente, pallido aut testaceo aut cinereo-pallescente. *Hypothecium* pallidum lutescensve. *Epithecium* pallidum [aut subviolaceo-fuscescens]. *Sporae* aciculares, rectae, altero apice sensim attenuato, long. 0,075—0,058, crass. 0,0045—0,003 millim.

Ad corticem arboris prope Sitio (1000 metr. s. m.) in civ. Minarum, n. 1078. — Hypothallo nigro bene evoluto differt a L. millegrana, in quam interdum transit. *Apothecia* adpressa. *Excipulum* minute pseudo-parenchymaticum, in lamina tenui pallidum. *Hymenium* circ. 0,080 millim. crassum, jodo caerulescens deindeque vinose rubens. *Paraphyses* sat laxe cohaerentes, 0,0015 —0,001 millim. crassae, apicem versus sensim levissime aut vix incrassatae, neque constrictae, nec ramosae. *Asci* clavati. *Sporae* 7—pluri-septatae, altero apice obtuso.

6. **L. acerina** (Pers.) Nyl., Fl. 1872 p. 356. *Bacidia* Arn., Fl. 1862 p. 391, 1871 p. 56; Th. Fr., Lich. Scand. 1874 p. 346. *Lecidea luteola β. L. acerina* Pers. in Ach., Meth. Lich. (1803) p. 60 (hb. Ach.).

Thallus crustaceus, mediocris [aut tenuis], verruculosus aut verrucoso-inaequalis, glaucescenti-albidus. *Apothecia* 1—0,7 millim. lata, disco plano aut demum convexo, fusconigro [aut atrosanguineo aut hepatico] aut in apotheciis juvenilibus pr. p. pallido, margine sat tenui, disco vulgo subconcolore, persistente aut demum excluso. *Hypothecium* sordide pallidum. *Epithecium* vulgo fusco-rufescens [aut violascens]. *Sporae* aciculares, vulgo rectae, altero apice sensim attenuato, altero obtuso, long. 0,064—0,054 |0,080—0,050|, crass. 0,0035—0,003 |—0,002| millim.

Ad corticem arboris prope Sitio (1000 metr. s. m.) in civ. Minarum, 826. — A formis europaeis planta nostra leviter differt. *Thallus* hypothallo nigricante raro partim limitatus. *Apothecia* valde juvenilia concava aut plana. *Excipulum* chondroideum, ex hyphis conglutinatis formatum, cellulis elongatis oblongisve, in margine dilute rufescens, parte inferiore dilute pallidum. *Hymenium* circ. 0,100 millim. crassum, jodo caerulescens, demum vinose rubens. *Epithecium* KHO non reagens. *Paraphyses* arcte cohaerentes, 0,001 millim. crassae, apice haud incrassatae, neque constrictae, nec ramosae. *Asci* clavati, circ. 0,014—0,012 millim. crassi. *Sporae* 8:nae, 8:stichae, pluriseptatae (septis circ. 7—12).

7. **L. Lafayettiana** Wainio (n. sp.).

Thallus crustaceus, subcontinuus, crassitudine mediocris aut sat tenuis, demum sorediis obsitus, cinereo-glaucescens. *Apothecia* 0,8—0,6 millim. lata, disco vulgo fere mox convexo, rufofuscescente aut testaceo-rufo, nudo, immarginata aut margine parum distincto. *Hypothecium* rufescens aut testaceo-rufescens. *Epithecium* testaceo-rufescens aut pallidum. *Sporae* filiformes aut aciculares, altero apice sensim attenuato, rectae aut leviter flexuosae, long. 0,160 – 0,060, crass. 0,003—0,0025 millim.

Ad corticem arboris prope Lafayette (1000 metr. s. m.) in civ. Minarum, n. 295. — *Hypothallus* indistinctus. *Apothecia* adpressa. *Excipulum* minute pseudoparenchymaticum, in lamina tenui rufescens aut testaceum, basi vulgo testaceo-pallidum pallidumve. *Hypothecium* KHO non reagens. *Hymenium* circ. 0,180 —0,110 millim. crassum, saepe pallidum, jodo persistenter caerulescens aut ascis solis caerulescentibus. *Paraphyses* arcte cohaerentes, 0,001 millim. crassae, apice haud incrassatae, neque constrictae, nec ramosae. *Asci* clavati, circ. 0,012 millim. crassi. *Sporae* pluriseptatae, altero apice obtuso.

8. **L. ochrocheila** Wainio (n. sp.).

Thallus crustaceus, tenuis, verruculoso-inaequalis aut rarius subgranulosus, glaucescens aut cinereo-glaucescens. *Apothecia* 1—0,6 millim. lata, disco convexo, primum plano, fusco-nigro aut rarius primum fusco, nudo, margine tenui, cinereo-pallescente aut pallido-albicante, demum excluso. *Hypothecium* parte superiore sordide rufescenti- aut fuscescenti-pallidum, parte inferiore pallidum. *Hymenium* sordide pallidum, epithecio pallido-fuscescente. *Sporae* aciculares, rectae, altero apice sensim attenuato, altero obtusiusculo, long. 0,055—0,045, crass. 0,002—0,0015 millim.

Ad corticem arboris prope Sitio (1000 metr. s. m.) in civ. Minarum, n. 860. L. russeolae Krempelh., Lich. Arg. Hier. (Fl. 1878) p. 23, haud parum congruit, at praecipue apotheciis convexis ab ea recedit. *Thallus* hypothallo indistincto. *Apothecia* adpressa. *Excipulum* chondroideum, ex hyphis radiantibus conglutinatis formatum, membranis incrassatis, lumine cellularum angusto, longiore brevioreve, in lamina tenui decoloratum aut dilute pallidum, strato myelohyphico destitutum. *Hypothecium* KHO non reagens. *Hymenium* jodo subpersistenter caerulescens. *Paraphyses* arcte cohaerentes, 0,001—0,0015 millim. crassae, apice haud incrassatae, neque ramosae, nec constrictae. *Sporae* septis paucis (— circ. 7).

9. **L. endoporphyra** Wainio (n. sp.).

Thallus crustaceus, tenuissimus, subcontinuus, sublaevigatus, glaucescens. *Apothecia* 0,7—0,3 millim. lata, disco convexo, fusco-nigro aut umbrino-fusco, nudo, margine tenui, livido-cinerascente, mox excluso. *Hypothecium* purpureo- vel violaceofuscescenti-fuligineum. *Epithecium* fere decoloratum. *Sporae* subaciculares, rectae, apicibus tenuibus, long. 0,032—0,018, crass. 0,0015 millim.

Supra folia arboris in Carassa (1400 metr. s. m.) in civ. Minarum, n. 1440 b. — *Thallus* esorediatus, hyphis 0,002—0,0015 millim. crassis, fere leptodermaticis, hypothallo indistincto. *Gonidia* protococcoidea. *Apothecia* adpressa, valde juvenilia plana. *Excipulum* in lamina tenui sordidum subdecoloratumque, chondroideum, ex hyphis radiantibus conglutinatis formatum. *Hypothecium* crassum, KHO paullo distinctius purpureum. *Hymenium* circ. 0,060 millim. crassum, jodo persistenter caerulescens. *Paraphyses* sat laxe cohaerentes, 0,001 millim. crassae, apicem versus vix aut leviter incrassatae, neque constrictae, nec ramosae. *Asci* clavati, circ. 0,010 millim. crassi. *Sporae* 8:nae, polystichae, apicibus acutiusculis, pluri—pauci-septatae.

10. **L. micraspis** Wainio (n. sp.).

Thallus crustaceus, tenuissimus, sat laevigatus aut leviter inaequalis, albidus aut glaucescenti-albidus, aut fere evanescens. *Apothecia* 0,4—0,2 millim. lata, disco plano aut demum convexo, nigro aut rarius fusconigro fuscove, nudo, margine tenui, persistente aut demum excluso, disco vulgo concolore. *Hypothecium* cupreo-rufescens aut rufescenti-rubescens aut fulvorufescenti-rubescens. *Epithecium* vulgo fuligineum. Sporae aciculares, altero apice sensim attenuato, rectae, long. 0,058—0,030, crass. 0,004 —0,003 millim.

Ad corticem fruticum prope Sitio (1000 metr. s. m.) in civ. Minarum, n. 527. — *Hypothallus* indistinctus. *Apothecia* adpressa, valde juvenilia vulgo concava. *Excipulum* chondroideum, ex hyphis conglutinatis formatum, parte exteriore pseudoparenchymaticum, in margine (in lamina tenui) fuligineum aut subviolaceo-fuligineum, parte inferiore pallidum, KHO non reagens. *Hypothecium* KHO non reagens. *Hymenium* circ. 0,060—0,070 millim. crassum, jodo persistenter caerulescens, ascis partim subviolaceo-obscuratis. *Paraphyses* arcte cohaerentes, 0,001 millim. crassae, apice vix incrassatae, neque constrictae, nec ramosae. *Asci* clavati, circ. 0,012 millim. crassi. *Sporae* 8:nae, circ. 7—14 septatae, altero apice obtuso.

11. **L. asemanta** Wainio (n. sp.).

Thallus crustaceus, sat tenuis, verruculoso-inaequalis et parce granulosus, subcontinuus aut diffractus subdispersusve, glaucescenti-albidus aut cinereo-glaucescens. *Apothecia* 0,3—0,2 millim. lata, disco planiusculo aut demum convexiusculo, nigro, nudo, margine tenuissimo, disco concolore, fere mox aut demum excluso. *Hypothecium* fusconigricans, in KHO immutatum aut purpureo-fuscescens. *Epithecium* fuligineum aut smaragdulo-fuligineum. *Sporae* aciculares, altero apice sensim attenuato, subrectae, long. 0,025—0,014, crass. 0,0025—0,002 millim.

Ad corticem arboris prope Lafayette (1000 metr. s. m.) in civ. Minarum, 326. — *Thallus* hypothallo nigricante tenui passim praesertimque ad ambitum conspicuo. *Apothecia* adpressa. *Excipulum* in lamina tenui fuligineum, in margine caeruleo-smaragdulo-fuligineum, KHO non reagens. *Hymenium* circ. 0,035 millim. crassum, jodo caerulescens deindeque ascis obscure vinose rubentibus. *Epithecium* KHO non reagens. *Paraphyses* arcte cohaerentes, 0,001 millim. crassae, apice leviter clavatae aut parum incrassatae, neque constrictae, nec ramosae. *Asci* clavati, circ. 0,014 millim. crassi. *Sporae* 8:nae, altero apice obtuso, pauciseptatae, septis vulgo circ. 1—3.

12. **L. albescens** (Arn.) Wainio, Adj. Lich. Lapp. II (1883) p. 14. *Bacidia* Th. Fr., Lich. Scand. (1874) p. 348. *Scoliciosporum atrosanguineum* t. *albescens* Arn., Fl. 1858 p. 475.

Thallus crustaceus, tenuis, granuloso-leprosus, albidus [aut glaucescens]. *Apothecia* circ. 0,3—0,2 [—0,6] millim. lata, convexa, immarginata [aut primo tenuiter marginata], albido-pallida [aut carneo-lutea], nuda. *Hypothecium* decoloratum pallidumve. *Epithecium* lutescens pallidumve. *Sporae* aciculares, vulgo rectae, altero apice sensim attenuato, long. circ. 0,036—0,030 [—0,042], crass. 0,0015—0,001 millim.

Ad corticem arboris in Carassa (1400 metr. s. m.) in civ. Minarum, n. 1382. — Parce lecta, at omnino typica. — *Hymenium* dilute caerulescens, dein vinose rubens. *Paraphyses* arcte cohaerentes.

13. **L. medialis** Tuck. in Nyl. Lich. Nov.-Gran. ed. 2 (1863) p. 346. *Biatora medialis* Tuck., Syn. North. Am. II (1888) p. 132 & 159 (coll. Wright, Lich. Cub. n. 203: mus. Paris.).

Thallus crustaceus, sat tenuis, verruculoso-inaequalis aut rarius parceque granulosus, glaucescens aut cinereo-glaucescens aut albidus. *Apothecia* 1,5—0,2 millim. lata, disco primum plano, demum vulgo convexo, vulgo testaceo, rarius carneo-pallido aut rufescente, nudo, margine sat tenui tenuive, disco vulgo subconcolore, aut rarius pallidiore, persistente aut evanescente. *Hypothecium* pallidum aut testaceum aut fere albidum. *Epithecium* dilute pallidum aut decoloratum. *Sporae* vulgo fusiformi-aciculares aut pro parte bacillares elongataeve, rectae, long. 0,036— —0,016, crass. 0,004—0,003 (—0,0025) millim.

Ad corticem arborum prope Rio de Janeiro, n. 6 (f. diminuta Wainio) et 452, et ad Sitio (1000 metr. s. m.), n. 1116, atque Lafayette (1000 metr. s. m.), n. 291 (f. obscurascens Wainio), in civ. Minarum. — Inter Bacidias et Bilimbias est intermedia, potius ad priores tamen pertinens. *Thallus* hypothallo vulgo indistincto. *Apothecia* adpressa. *Excipulum* ex hyphis formatum radiantibus, conglutinatis, fere parenchymatice septatis, aut fere chondroideum, pallidum aut fere decoloratum

2*

aut in margine testaceo-rufescens. *Hymenium* circ. 0,055—0,080 millim. crassum, decoloratum aut pallidum aut totum rufescens, jodo dilutissime aut sat bene caerulescens deindeque vinose rubens. *Paraphyses* arcte aut sat laxe cohaerentes, 0,001—0,002 millim. crassae, apice vix incrassatae, neque ramosae, nec constrictae. *Asci* clavati, circ. 0,008—0,014 millim. crassi. *Sporae* 8:nae, apicibus ambobus attenuatis acutisque aut obtusis, altero apice solo obtuso, vulgo 3-septatae, rarius 4—5-septatae.

Obs. **F. diminuta** Wainio apotheciis minoribus, 0,3—0,2 millim. latis, carneo-pallidis (thallo cinereo-glaucescente) distinguitur. In f. **obscurascente** Wainio apothecia sunt 0,7—1,5 millim. lata, rufescentia aut partim testaceo-variegata testaceave; thallus albido-glaucescens albidusve.

Subg. III. **Thalloedaema** (Mass.) Wainio. *Thallus* squamulosus aut squamuloso-areolatus vel ex areolis crenulatis lacinulatisve constans aut ambitu effiguratus. *Sporae* minores, sat breves, ellipsoideae aut elongato-oblongae aut fusiformes, 1—3-septatae, decolores, halone nullo indutae.

Thalloidima Mass., Ric. Lich. Crost. (1852) p. 95; Koerb., Syst. Germ. (1855) p. 178. *Toninia* **Thalloedema Th. Fr., Lich. Scand. (1874) p. 336.

14. **L. subternaria** Wainio (n. sp.).

Thallus squamulosus, squamulis parvis, circ. 0,7—0,3 millim. longis latisque, sat tenuibus, anguste inciso- aut verruculoso-crenulatis, adscendentibus aut raro pr. p. adpressis, glaucescenti-albidis aut cinereis, dispersis aut areolato-confertis. *Apothecia* 0,5—0,3 millim. lata, mox convexa immarginataque, demum vulgo tuberculosa confluentiaque, disco nigro, nudo. *Hypothecium* dilute caerulescens. *Epithecium* smaragdulo-caerulescens. *Sporae* 8:nae, ovoideo-oblongae aut ovoideo-fusiformes, rectae, primo 1-septatae, demum 3-septatae, long. 0,016—0,010, crass. 0,005—0,003 millim.

Ad saxa itacolumitica in Carassa (1400—1500 metr. s. m.) in civ. Minarum, n. 1255. — L. triseptam (Naeg.) in memoriam revocat, sed thallo vere squamuloso ab ea differt. — *Squamulae* cortice destitutae. *Apothecia* adpressa. *Excipulum* proprium, basale, ex hyphis conglutinatis formatum, extus smaragdulo-caerulescens, intus albidum. *Hymenium* totum smaragdulo-caerulescens, jodo persistenter caerulescens. *Paraphyses* sat arcte cohaerentes, 0,0015—0,002 millim. crassae, apice haud incrassatae, neque constrictae, nec ramosae. *Asci* clavati, 0,010—0,008 millim. crassi. *Sporae* distichae, apicibus obtusis aut rotundatis aut raro altero apice acutiusculo, cellulis lenticularibus, halone nullo.

15. **L. tenuisecta** Wainio (n. sp.).

Thallus squamulosus, squamulis vulgo circ. 2,5—1 millim. longis latisque, sat tenuibus, anguste inciso-crenulatis, adpressis, caesioalbidis aut rarius caesio-cinerascentibus, dispersis aut contiguis. *Apothecia* 0,5—0,8 millim. lata, mox convexa immarginataque, disco nigro, nudo. *Hypothecium* sordide hyalinum aut dilute caeruleo-fuscescens. *Epithecium* smaragdulo-caeruleofuligineum. *Sporae* 8:nae, oblongae aut fere ellipsoideae, rectae, 1-septatae, long. 0,015—0,009, crass. 0,005—0,004 millim.

Ad rupem itacolumiticam in Carassa (1400—1500 metr. s. m.) in civ. Minarum, n. 1287. — *Squamae* thallinae saepe margine liberae. *Apothecia* adpressa, interdum demum tuberculosa aggregataque, vulgo solitaria. *Excipulum* chondroideum, ex hyphis radiantibus, ramosis connexisque, conglutinatis formatum, in lamina tenui fere decoloratum aut dilute caerulescens, extus saepe caeruleo-smaragdulo-fuligineum, KHO non reagens. *Epithecium* KHO non reagens. *Hymenium* circ. 0,060—0,070 millim. crassum, interdum dilute caerulescens, jodo persistenter caerulescens. *Paraphyses* arcte cohaerentes, 0,0015 millim. crassae, apice vix incrassatae, neque constrictae, nec ramosae. *Asci* clavati, circ. 0,012 millim. crassi. *Sporae* distichae, apicibus rotundatis obtusisve.

16. **L. adscendens** Wainio (n. sp.).

Thallus squamulosus, squamulis circ. 0,5—0,8 millim. longis, tenuibus, anguste inciso-crenulatis crenulatisve, adscendentibus aut suberectis, superne virescentibus aut cinereo-glaucescentibus, dispersis aut caespitoso-confertis. *Apothecia* circ. 1—0,3 millim. lata, mox convexa immarginataque, disco nigro, nudo. *Hypothecium* dilute sordideque caeruleo-smaragdulum aut sordide hyalinum. *Epithecium* smaragdulo-caeruleo-fuligineum. *Sporae* 8:nae, oblongo-fusiformes aut fusiformi-ovoideae aut oblongae, 1-septatae, long. 0,011—0,008, crass. 0,0025—0,002 millim.

Supra rupem itacolumiticam in Carassa (1500 metr. s. m.)

in civ. Minarum, n. 1401 b, 1550. — *Thallus* strato corticali
destitutus, hyphis 0,002—0,0015 millim. crassis. leptodermaticis.
Gonidia globosa. diam. 0,006—0,004 millim., flavovirescentia, 2--
plura glomerulose connata, membrana crassiuscula. *Apothecia*
adpressa, vulgo demum tuberculosa conglomerataque aut sub-
confluentia, acervulos parvos formantia. *Excipulum* proprium
chondroideum, ex hyphis radiantibus, ramoso-connexis, conglutinatis formatum. intus dilute caeruleo-smaragdulum subdecoloratumque. extus tenuiter caeruleo-smaragdulum. *Hymenium* dilute
sordide aeruginosum. jodo caerulescens deindeque sordide coloratum. *Epithecium* KHO non reagens. *Paraphyses* arcte cohaerentes, 0,001—0,0015 millim. crassae, apice haud incrassatae, neque constrictae, nec ramosae. *Asci* clavati, circ. 0,008 millim.
crassi. *Sporae* distichae, decolores, apicibus attenuato-obtusiuscu-
lis obtusisve.

17. **L. melanococca** Wainio (n. sp.).

Thallus areolato-squamosus, squamis circ. 1—0.3 millim.
longis latisque, sat crassis aut mediocribus, subcrenatis aut angulosis, convexiusculis aut planiusculis, adpressis, olivaceo-taba-
cinis aut olivaceo-pallescentibus, dispersis aut subcontiguis. *Apothecia* circ. 1—0.5 millim. lata, demum vulgo aggregata, mox
convexa immarginataque, disco nigro. nudo. *Hypothecium* purpureum aut violaceo-purpureum. *Epithecium* caeruleo-smaragdulo-fuligineum aut nigricans. *Sporae* 8:nae, oblongae aut pro
parte ovoideo-oblongae, 1-septatae, long. 0,019—0,011, crass.
0,007—0,005 millim.

Ad terram arenosam supra rupem in Carassa (1450 metr.
s. m.) in civ. Minarum, n. 1202, 1526, 1513, 1571. — L. conferta (Müll. Arg., Lich. Beitr. 1881 n. 324) praecipue hypothecio et L. melanobotrys (Müll. Arg., l. c. n. 354) thallo
a planta nostra differunt. — *Apothecia* pro parte simplicia, vulgo
demum tuberculosa aggregataque, acervulos — 4 millim. la-
tos formantia. *Excipulum* cartilagineum, ex hyphis formatum
radiantibus, conglutinatis, membranis incrassatis, lumine cellularum tenuissimo, colore intus hypothecio simile, extus partim decoloratum. *Hymenium* jodo caerulescens, demum obscuratum.
Ephithecium KHO non reagens. *Paraphyses* arcte cohaerentes,
0,001 millim. crassae, apice haud incrassatae. haud constrictae.

Asci clavati. *Sporae* distichae, decolores, apicibus obtusis aut altero apice rotundato.

Subg. IV. **Bilimbia** (De Not.) Wainio. *Thallus* crustaceus, uniformis. *Sporae* minores, sat breves, oblongae aut fusiformes aut elongatae, 3—pluri-septatae, decolores, halone nullo indutae. *Bilimbia* De Not. in Giorn. Bot. It. (1846) p. 190; Koerb., Syst. Germ. (1855) p. 211; Th. Fr., Lich. Scand. (1871) p. 368. *Patellaria* sect. *Bilimbia* Müll. Arg., Princ. Classif. (1862) p. 58. *Mycobilimbia* Rehm in Rabenh. Krypt.-Fl. III (1890) p. 327 (saltem pr. p.).

18. **L. poliocheila** Wainio (n. sp.).

Thallus crustaceus, tenuis aut sat tenuis, verruculoso-granulosus, interdum passim soredioso-leprosus crassiusculusque, glaucescenti-albidus vel cinereo-glaucescens. *Apothecia* circ. 0,8—0,6 millim. lata, disco plano aut demum convexo, nigro, nudo, margine tenui, integro, persistente aut demum excluso, cinereopallido pallescenteve. *Hypothecium* fuscescenti- aut rubricoso-fuligineum. *Epithecium* smaragdulum aut smaragdulo- vel oliva-ceo-fuligineum. *Sporae* 8:nae, oblongae aut obtuse fusiformi-ob-longae, rectae aut rarius obliquae, 3-septatae, long. 0,019—0,012, crass. 0,006—0,004 (—0,003) millim.

In rupe et supra terram humosam plantasque destructas loco arenoso aprico in Carassa (1450 metr. s. m.) in civ. Minarum, n. 1305, 1389, 1442. *Thallus* neque KHO, nec Ca Cl$_2$ O$_2$ reagens, hypothallo indistincto. *Apothecia* adpressa. *Excipulum* in lamina tenui dilute pallescens, ex hyphis radiantibus tenuibus breviter cellulosis conglutinatis formatum, gonidiis destitutum, strato medullari nullo. *Hymenium* circ. 0,050—0,070 millim. crassum, jodo caerulescens, dein obscure vinose rubens. *Epithecium* KHO dilutescens. *Paraphyses* 0,001 millim. crassae, apice non aut levissime incrassatae, gelatinam parum abundantem firmam percurrentes, neque ramosae, nec constrictae. *Asci* clavati, 0,016—0,012 millim. crassi, apice membrana modice incrassata. *Sporae* polystichae.

19. **L. nigrificata** Wainio. *Patellaria nigrata* Müll. Arg., Lich. Beitr. (Fl. 1888) n. 1432 (nomen varietati affini et subspeciei hujus generis jam adhibitum).

Thallus crustaceus, tenuissimus indistinctusve aut tenuis verruculosusque. *Apothecia* circ. 1—0,3 (—1,5) millim. lata, convexa, jam primo immarginata, saepe demum tuberculosa, disco atro, nudo. *Hypothecium* albidum aut aeruginosum. *Epithecium* caeruleo-virescens vel aeruginoso-fuligineum. *Sporae* 8nae, ellipsoideo-fusiformes ellipsoideaeve aut oblongae, vulgo rectae, 3-septatae, long. circ. 0,014—0,010, crass. 0,006—0,0035 millim.

Var. **Mülleri** Wainio. *Sporae* subellipsoideae, long. 0,014—0,010, crass. 0,006—0,005 millim.

Ad terram argillaceo-arenosam prope Sitio (1000 metr. s. m.) in civ. Minarum, n. 561. — Affinis est L. triseptae (Naeg.), a qua sporis brevioribus differt. — *Thallus* tenuissimus indistinctusve (terrae argillaceae immixtus). *Apothecia* 1—0,3 (—1,5) millim. lata, demum tuberculosa. *Excipulum* chondroideum, ex hyphis conglutinatis ramoso-connexis formatum, sat dilute caeruleosmaragdulum. *Hypothecium* albidum. *Hymenium* arcte cohaerens, jodo persistenter caerulescens. *Epithecium* caeruleo-virescens. *Paraphyses* 0,0005 millim. crassae, sat parcae, partim parce ramoso-connexae. *Asci* clavati, circ. 0,014—0,012 millim. crassi. *Sporae* distichae, ellipsoideo-fusiformes ellipsoideaeve aut parcius oblongae, apicibus obtusis rotundatisve, rectae.

Var. **Lafayettii** Wainio. *Sporae* sublongae, long. 0,014—0,012, crass. 0,004—0,0035 millim. In latere rupis prope Lafaytte (1000 metr. s. m.) in civ. Minarum, n. 251. — *Thallus* tenuis, verruculosus, glaucescenti-albidus, aut evanescens. *Apothecia* 0,8—0,3 millim. lata, convexa aut primum depresso-convexiuscula, demum saepe tuberculosa confluentiave. *Excipulum* albidum pallidumve aut aeruginosum, ex hyphis conglutinatis leptodermaticis radiantibus formatum, cellulis brevibus aut pro parte elongatis. *Hypothecium* albidum aut aeruginosum. *Hymenium* dilute aeruginosum, epithecio aeruginoso-fuligineo, KHO non reagente, jodo dilute caerulescens, dein vinose rubens. *Epithecium* caeruleo-smaragdulo-fuligineum. *Paraphyses* arcte cohaerentes, 0,0015 millim. crassae, apice haud incrassatae, neque constrictae, nec ramosae. *Asci* clavati, circ. 0,012 millim. crassi. *Sporae* oblongo-fusiformes oblongaeve, vulgo rectae, apicibus obtusis aut ambobus alterove apice rotundatis, long. 0,014—0,012, crass. 0,004—0035 millim.

20. **L. subrudecta** Wainio (n. sp.).

Thallus crustaceus, sat tenuis, verruculosus, verruculis subdispersis, glaucescenti-albidis. *Apothecia* circ. 0,8—0,4 millim. lata, convexa, jam primo immarginata, demum tuberculosa confluentiave, disco atro, nudo. *Hypothecium* purpureo-fuligineum. *Epithecium* fuligineum nigricansve. *Sporae* 8:nae, oblongae aut ovoideo-oblongae, rectae, 3-septatae, long. 0,016—0,010, crass. 0,0045—0,0025 millim.

Ad terram argillaceo-arenosam prope Sitio (1000 metr. s. m.). in civ. Minarum, 610. Habitu similis L. triseptae et L. nigrificatae Wain., at magis affinis L. melaenae. *Thallus* hypothallo nigricante interdum limitatus. *Gonidia* protococcoidea. *Excipulum* chondroideum, purpureofuligineum. *Hypothecium* KHO non reagens. *Hymenium* arcte cohaerens, circ. 0,060 millim. crassum, jodo persistenter caerulescens. *Epithecium* KHO non reagens. *Paraphyses* 0,001—0,0005 millim. crassae, haud numerosae, neque ramosae, nec constrictae. *Asci* clavati, 0,010—0,008 millim. crassi. *Sporae* distichae, apicibus rotundatis aut altero apice obtuso.

21. **L. lividofuscescens** Nyl., Fl. 1869 p. 122; Krempelh., Fl. 1876 p. 268 (coll. Glaz. n. 1946: hb. Warm.).

Thallus crustaceus, tenuis aut sat tenuis, subcontinuus, leviter inaequalis, glaucescens aut cinereo-glaucescens. *Apothecia* 0,4—0,8 millim. lata, disco primum plano, demum convexo, lividofusco aut umbrino, nudo, margine evanescente, disco fere concolore, aut excluso. *Hypothecium* fusconigrum. *Epithecium* decoloratum. *Sporae* 8:nae, oblongae aut ovoideo-oblongae aut fusiformi-oblongae, rectae, 3-septatae, long. 0,016—0,010, crass. 0,004—0,002 millim.

Ad corticem arboris in Carassa (1400 metr. s. m.) in civ. Minarum, n. 1481. -- *Thallus* interdum partim hypothallo nigricante limitatus. *Apothecia* adpressa. *Excipulum* chondroideum, fusconigrum aut extus partim pallidum, KHO non reagens. *Hypothecium* KHO non reagens. *Hymenium* circ. 0,040—0,035 millim. crassum, jodo persistenter caerulescens. *Paraphyses* arcte cohaerentes, vix 0,001 millim. crassae, neque ramosae, nec constrictae. *Asci* clavati, circ. 0,008 millim. crassi. *Sporae* distichae, alterum apicem versus saepe paullo crassiores, apicibus obtusis aut apice crassiore rotundato.

22. **L. Andita** Nyl., Fl. 1864 p. 620, Lich. Nov.-Gran. Addit. (1867) p. 323 (mus. Paris.).

Thallus crustaceus, sat tenuis aut mediocris, inaequalis aut subgranulosus, subcontinuus aut diffractus, glaucescens aut stramineo-glaucescens. *Apothecia* 0,5—1,1 millim. lata, disco plano aut rarius demum convexiusculo, carneo vel testaceo-carneo aut carneo-rubello, nudo, margine mediocri vel sat tenui, persistente, disco concolore. *Hypothecium* fulvescens aut fulvescenti-pallidum. *Epithecium* pallidum. *Sporae* 8:nae, fusiformi-oblongae aut oblongae aut fusiformes, rectae, 5—7-septatae, long. 0,034—0,017, crass. 0,006—0,0045 millim.

Ad lapillos prope Rio de Janeiro, n. 42, 58, 75. — *Thallus* hyphis tenuibus, leptodermaticis, hypothallo indistincto. *Gonidia* protococcoidea. *Apothecia* adpressa, recentissima concava aut rarius plana. *Margo* apotheciorum obtusus, primum vulgo elevatus. *Excipulum* chondroideum, ex hyphis conglutinatis, fere parenchymatice septatis formatum, in lamina tenui fulvescentipallidum aut intus subdecoloratum et extus testaceo- aut pallidofulvescens. *Hypothecium* KHO non reagens. *Hymenium* circ. 0,090 millim. crassum, jodo caerulescens deindeque partim subviolaceo-obscuratum. *Paraphyses* sat laxe cohaerentes, 0,001 millim. crassae, apice haud incrassatae, neque constrictae, nec ramosae. *Asci* clavati, circ. 0,014—0,020 millim. crassi. *Sporae* distichae, demum 5- aut rarius 7-septatae, apicibus obtusis aut attenuatis.

23. **L. atricha** Wainio (n. sp.).

Thallus crustaceus, tenuis, sat aequalis, subcontinuus aut subdispersus, glauco-virescens. *Apothecia* adpressa, 0,4—0,2 millim. lata, disco plano planiusculove, nigro, nudo, margine tenui, persistente, albido aut sordide albicante, laevigato. *Hypothecium* fusco-nigricans. *Epithecium* fuscescens. *Sporae* 8:nae, oblongae, aut ovoideo-oblongae, vulgo rectae aut pro parte leviter curvatae. 3-septatae, long. 0,019—0,012, crass. 0,006—0,003 millim.

Ad folia arborum prope Sitio (1000 metr. s. m.) in civ. Minarum, n. 565. — *Hypothallus* indistinctus. *Gonidia* protococcoidea. *Excipulum* ex hyphis conglutinatis, parenchymatice septatis formatum, gonidiis destitutum, in lamina tenui testaceo-fuscescens. *Hypothecium* KHO non reagens. *Hymenium* arcte cohaerens, circ. 0,050—0,055 millim. crassum, jodo caerulescens,

dein vinose rubens. *Paraphyses* sat parcae, 0,0005 millim. crassae, apice leviter aut parum incrassatae, gelatinam sat abundantem percurrentes, parce ramoso-connexae, haud constrictae (in
KHO et H_2SO_4). *Asci* clavati, circ. 0,010—0,012 millim. crassi.
Sporae distichae, apicibus rotundatis obtusisve, nonnullae raro
fortuito 4-septatae, halone nullo.

Subg. V. **Lopadium** (Koerb.) Wainio. *Thallus* crustaceus,
uniformis. *Sporae* murales, decolores aut pallidae, magnae, halone nullo indutae.

Lopadium Koerb., Syst. Germ. (1855) p. 210; Th. Fr., Lich. Scand.
(1874) p. 388; Müll. Arg., Lich. Beitr. (Fl. 1881) n. 268 (emend.). *Heterothecium* ****Lopadium* Tuck., Syn. North Am. II (1888) p. 57.

1. **Gymnothecium** Wainio. *Epithecium* gonidiis hymenialibus destitutum.

24. **L. leucoxantha** (Spreng.) Nyl., Énum. Gén. Lich. (1857)
p. 123 (excl. var.); Krempelh., Lich. Bras. Warm. (1873) p. 25,
Fl. 1876 p. 268. *Heterothecium leucoxanthum* Mass., Misc. Lichenol.
(1856) p. 39, Esam. Comp. Lich. (1860) p. 17; Müll. Arg., Lich.
Beitr. (Fl. 1881) n. 260; Tuck., Syn. North Am. II (1888) p. 58.

Thallus crustaceus, subcontinuus, verruculoso-inaequalis,
crassitudine mediocris aut sat tenuis, albidus aut stramineo-glaucescens. *Apothecia* circ. 1,8—0,8 millim. lata, disco plano, ochra-
ceo-fulvescente aut ochraceo-nigricante, margine crassiusculo aut
mediocri, ochraceo aut fulvescente, persistente. *Hypothecium*
pallidum [aut rufofuscens: Tuck., l. c.]. *Sporae* solitariae, oblongae, murales, long. circ. 0,094—0,052, crass. 0,036—0,020 millim.

Ad corticem arborum passim obvia, n. 302, 321, 691, 738,
762, 809, 835. — *Thallus* esorediatus, hypothallo cinereo aut
nigricante interdum partim limitatus. *Gonidia* protococcoidea.
Apothecia adpressa. *Excipulum* proprium, gonidiis destitutum,
strato myelohyphico, aërem continente, albido, infra hypothecium
sito, in margine et basi apothecii chondroideum et ex hyphis
radiantibus, conglutinatis formatum, fulvescens. *Hymenium* circ.
0,130—0,110 millim. crassum, jodo persistenter caerulescens. *Epithecium* fulvescens, KHO solutionem violaceam effundens. *Paraphyses* sat laxe cohaerentes, 0,0015 millim. crassae, apice haud

incrassatae, parce ramoso-connexae, pro maxima parte simplices, haud constrictae. *Sporae* pallidae (primum albidae), KHO violascenstes, apicibus rotundatis, pariete tenui, halone nullo, cellulis numerosissimis.

25. L. subobscurata Wainio (n. sp.).

Thallus crustaceus, tenuis aut mediocris, verruculosus aut verruculoso-inaequalis, aut parce etiam granulosus, subcontinuus aut subdispersus, glaucescens aut albido- vel cinerascenti-glaucescens. *Apothecia* adpressa, 0,4—1 millim. lata, disco primum plano, demum convexo, atro, nudo, margine tenui, atro, demum excluso. *Hypothecium* fusco-nigricans. *Sporae* 8:nae, aut abortu pauciores, oblongae aut ellipsoideae aut ovoideae, murales, long. 0,026—0,014, crass. 0,012—0,006 millim.

Ad basin truncorum arborum et ad terram humosam in fissuris rupium in Carassa (1400—1500 metr. s. m.) in civ. Minarum, n. 301, 1204, 1307. *Thallus* hypothallo nigricante raro partim limitatus. *Apothecia* subnitida. *Excipulum* chondroideum, ex hyphis radiantibus pachydermaticis conglutinatis formatum, lumine cellularum angusto elongatoque, extus aut solum basi extus subdecoloratum, intus fusco-nigricans. *Hymenium* circ. 0,080 —0,060 millim. crassum, jodo persistenter caerulescens. *Epithecium* sordidum aut dilute fuscescens. *Paraphyses* arcte cohaerentes, 0,001 millim. crassae, apice haud incrassatae, neque constrictae, nec ramosae. *Asci* clavati, circ. 0,018—0,016 millim. crassi. *Sporae* distichae, decolores, apicibus rotundatis aut altero apice obtuse attenuato, cellulis demum numerosis aut sat numerosis, halone nullo.

26. L. murina Wainio (n. sp.).

Thallus crustaceus, subdispersus, tenuis aut sat tenuis, leproso-granulosus, glaucescens aut cinereo-glaucescens. *Apothecia* adpressa, 0,8—0,5 millim. lata, disco convexo, cinereo- vel livido-fuscescente aut fusco-nigro, nudo, margine tenui, disco concolore, demum excluso. *Hypothecium* violaceo-purpureo-fuligineum. *Sporae* 8:nae, oblongae aut ellipsoideae, murales, long. 0,028—0,018, crass. 0,012—0,008 millim.

Supra muscos ad basin arboris in Carassa (1400 metr. s. m.) in civ. Minarum, n. 1272. — Facie externa L. triplicanti Nyl. subsimilis. Affinis sit L. bilimbioidi (Müll. Arg., Lich.

Parag. 1888 p. 17). *Hypothallus* indistinctus. *Apothecia* juvenilia
plana. *Excipulum* chondroideum, ex hyphis conglutinatis formatum, membranis incrassatis, cellulis elongatis, tenuibus, in margine parte interiore violaceo-purpureo-fuligineum, ceterum decoloratum. *Hypothecium* crassum, KHO non reagens. *Hymenium*
circ. 0,140 millim. crassum, dilute olivaceo-pallidum. jodo persistenter caerulescens. *Paraphyses* arcte cohaerentes, 0,001 millim.
crassae, strato gelatinoso indutae, ramosae et parce ramoso-connexae, haud constrictae. *Asci* clavati, circ. 0,014—0,022 millim.
crassi. *Sporae* distichae, decolores, cellulis numerosis, halone
nullo.

27. **L. perpallida** Nyl., Lich. Nov.-Gran. ed. 2 (1863) p.
354 (69); Krempelh., Fl. 1876 p. 270 (hb. Warm. et mus. Paris.).
Heterothecium perpallidum Müll. Arg., Lich. Beitr. (Fl. 1881) n. 265.

Thallus crustaceus, subcontinuus, sat crassus aut tenuis,
verruculoso-inaequalis aut sublaevigatus, cinereo- aut glaucescenti-albidus. *Apothecia* adpressa, 1,5—1 millim. lata, disco primum
plano, demum convexo, pallido aut cinereo- vel livido-pallescente,
pruinoso, margine mediocri aut sat tenui, disco concolore, persistente aut demum excluso. *Hypothecium* rufescens aut fulvo-rufescens. *Sporae* 4:nae aut binae [aut solitariae], elongatae,
murales, long. 0,110—0,054, crass. 0,018—0,010 [—0,024] millim.

Ad corticem arborum pluribus locis prope Rio de Janeiro,
n. 113 b, 159, 441. *Thallus*[1]) hypothallo obscurato interdum
anguste limitatus. *Excipulum* proprium, gonidiis destitutum, pseudoparenchymaticum, in lamina tenui albidum aut pallidum. *Hymenium* circ. 0,280—0,100 millim. crassum, jodo persistenter caerulescens. *Epithecium* pallidum. *Paraphyses* laxe aut sat arcte
cohaerentes, 0,002—0,0015 millim. crassae, apice incrassatae et
crebre septatae et arctius connatae. *Asci* subcylindrici aut clavati, circ. 0,026—0,024 millim. crassi, membrana tota incrassata.
Sporae decolores, rectae aut curvatae, apicibus rotundatis aut
obtusis, loculis numerosissimis, passim constrictae et pressione
levi in articulos divisae.

---

[1]) Ad thallum saepe fungus provenit *Cyphella aeruginascens* Karst. (in
Hedwigia 1889 p. 191), ad quam etiam „campylidia“ et *Lecidea irregularis*
Fée (Bull. Soc. Bot. XX 1873 p. 318) secundum specimina originalia pertinent.

28. **L. argentea** (Mont.) Nyl., Énum. Gén. Lich. (1857) p. 123 (mus. Paris.). *Biatora* Mont., Syllog. (1856) p. 338 (mus. Paris.).

Thallus crustaceus, continuus, tenuis aut sat tenuis, sublaevigatus aut levissime verruculoso-inaequalis, glaucescenti-albidus. *Apothecia* subimmersa, demum fere subadpressa, tenuia, 0,8—0,3 millim. lata, disco planiusculo aut levissime convexiusculo, lividofuscente, tenuissime pruinoso aut rarius subnudo, margine tenuissimo aut indistincto, pallescente aut fuscescente. *Hypothecium* pallidum. *Sporae* solitariae, ellipsoideae, murales. long. 0,036—0,038, crass. 0,026—0,018 millim.

Ad corticem vetustum arborum prope Sitio (1000 metr. s. m.) in civ. Minarum, n. 534, 1055. — Habitu fere Agyriorum. *Thallus* esorediatus. *Gonidia* protococcoidea. diam. 0,012—0,006 millim., membrana tenui. *Excipulum* proprium, chondroideum, tubulis tenuissimis ramosis gelatinam abundantem percurrentibus, extus anguste dilute fuscescens, ceterum decoloratum, strato myclohyphico nullo. *Hypothecium* tenue. *Hymenium* circ. 0,080 millim. crassum, jodo non reagens. *Epithecium* fuscescens, KHO non reagens. *Paraphyses* 0,0005 millim. crassae, apice haud incrassatae, gelatinam in KHO turgescentem percurrentes, haud constrictae, ramoso-connexae. *Sporae* decolores, apicibus rotundatis aut altero apice raro obtuso, cellulis numerosissimis.

29. **L. lecanorella** Nyl., Énum. Gén. Lich. (1857) p. 123, Lich. Nov.-Gran. ed. 2 (1863) p. 353. *Heterothecium lecanorellum* Mass., Esam. Comp. Lich. (1860) p. 18; Müll. Arg., Lich. Beitr. (Fl. 1881) n. 262.

Thallus crustaceus, subcontinuus, tenuis, leviter verruculoso-inaequalis, albidus. *Apothecia* adpressa, 0,4—0,2 millim. lata, disco planiusculo, nigro aut fusconigricante, tenuissime pruinoso aut nudo, margine tenui aut tenuissimo, albido aut pallido, persistente. *Hypothecium* parte superiore violaceo-rufescens. *Sporae* solitariae, oblongae, murales. long. circ. 0,066—0,056 [—.0,076"], crass. 0,024—0,016 [—.0,027"] millim.

Ad ramos arboris prope Sitio (1000 metr. s. m.) in civ. Minarum, n. 605. — Planta nostra intermedia est inter L. cyttarinam Nyl., Lich. Nov.-Gran. ed. 2 (1863) p. 353 (= L. lecanorella Nyl. in Lich. Nov.-Gran. ed. 1 p. 462), et L. lecanorellam Nyl. (Lich. Nov.-Gran. ed. 2 p. 353), quae forsan transeunt.

Specimen originale L. cyttarinae (in mus. Paris) sporis minoribus (0,048—0.038 millim. longis. 0,023—0,018 millim. crassis).
paraphysibus minus connexis et apotheciis junioribus a planta
nostra recedit. — *Thallus* in planta nostra esorediatus, hypothallo caeruleo-nigricante partim limitatus. *Excipulum* proprium,
grosse parenchymaticum, decoloratum. *Hypothecium* violacco-
rufescens, in parte inferiore zona tenui caeruleovirescente. *Hymenium* circ. 0,100 millim. crassum, jodo persistenter caerulescens. *Epithecium* dilute rufescens. *Paraphyses* 0,0015 millim.
crassae, apice non aut levissime incrassatae, gelatinam firmam,
haud valde abundantem percurrentes, increbre ramosae et ramoso-
connexae. *Asci* membrana apice leviter incrassata. *Sporae* decolores, cellulis numerosissimis.

2. **Gonothecium** Wainio. *Epithecium* gonidia hymenialia
continens.

30. **L. phyllocharis** (Mont.) Nyl. ***L. glaucovirescens** Wainio (n. subsp.).

Thallus crustaceus, subcontinuus, tenuis, verruculoso-inaequalis, verruculis minutissimis, glauco-virescens. *Apothecia* thallo
immersa, 0,25—0,2 millim. lata, disco plano, glauco, nudo, margine e thallo formato, circa apothecia levissime elevato, parum
distincto. *Hypothecium* pallidum. *Epithecium* gonidiis hymenialibus instructum. *Sporae* solitariae, oblongae aut ellipsoideae, murales, long. 0,030—0,016, crass. 0,012—0,008 millim.

Supra folia prope Rio de Janeiro. n. 184. — Haec planta
insignis gonidiis hymenialibus est instructa. Proxime affinis
est L. phyllocharidi (Mont.), et forsan ejus subspecies (conf.
infra). *Thallus* hypothallo indistincto, gonidiis protococcoideis,
diam. circ. 0,010—008 millim. *Excipulum* pallidum aut albidum,
tenue, chondroideum, ex hyphis formatum tenuibus conglutinatis
sat breviter cellulosis, gonidiis destitutum. *Hymenium* decoloratum, jodo lutescens, sporis vinose rubentibus et demum fulvescentibus. *Epithecium* gonidiis instructum hymenialibus, in parte
superiore hymenii paraphysibus immixtis, flavovirescentibus, globosis aut parcius ellipsoideis, diam. 0,003—0,006 millim., membrana
tenui instructis, numerosis. *Paraphyses* 0,0015 millim. crassae,

crebre subconstricteque articulatae, parce ramoso-connexae. *Asci* membrana tota modice incrassata. *Sporae* decolores aut dilute pallidae, cellulis numerosis.

L. *phyllocharis* (Mont.) Nyl., Énum. Gén. Lich. (1857) p. 123 (*Gyalectidium dispersum* Müll. Arg., Lich. Beitr. 1881 n. 252, teste auctore ipso), secundum specimen ad Rio de Janeiro a Weddell lectum, a cel. Nyl. determinatum (in mus. Paris.), apotheciis (jam valde juvenilibus) adpressis et margine proprio distincto mediocri aut tenui instructis a *L. glaucovirescente* differt. Excipulum chondroideum, gonidiis destitutum. Hypothecium pallidum. Epithecium gonidia hymenialia globosa parva continens. Paraphyses ramoso-connexae. Sporae solitariae, murales. Specimen originale hujus speciei in hb. Mont. subsimile videtur. at malum est.

Subg. VI. **Bombyliospora** (Mass.) Wainio. *Thallus* crustaceus, uniformis. *Sporae* 3—pluri-septatae, decolores (aut raro obscuratae), magnae, halone nullo indutae.

Bombyliospora Mass., Esam. Comp. Lich. (1860) p. 18. *Patellaria* sect. *Bombyliospora* Müll. Arg., Lich. Beitr. (Fl. 1882) n. 435 cet. *Heterothecium* ***Bombyliospora* Tuck., Syn. North Am. II (1888) p. 55.

31. **L. diplotypa** Wainio (n. sp.).

Thallus crustaceus, tenuis aut mediocris, verruculosus aut verruculoso-inaequalis aut verruculis fere granuliformibus aut granulis immixtis, subcontinuus, glaucescenti-albidus aut cinereo-glaucescens. *Apothecia* vulgo circ. 1 (1,5—0,8) millim. lata, disco primum planiusculo, demum convexo, fusco-nigro aut fusco, nudo, margine tenui, disco subconcolore aut livido-fuscescente, demum excluso. *Hypothecium* purpuree aut subviolacee fusco-nigricans. *Sporae* 8:nae aut 4:nae, vulgo oblongae, 3-septatae, long. 0,032 —0,016, crass. 0,014 – 0,008 (—0,006) millim.

Ad corticem vetustum arborum in Carassa (1400 metr. s. m.) in civ. Minarum, n. 1337, 1569. — Ad species inter Bilimbias et Bombyliosporas intermedias pertinet. — Habitu L. (Bilimbiam) obscuratam Sommerf. in memoriam revocat. — *Thallus* hyphis 0.002 millim. crassis, membrana sat tenui et lumine comparate sat lato instructis, hypothallo indistincto. *Gonidia* protococcoidea, diam. 0,008—0,006 millim. *Apothecia* adpressa, interdum conglomerata. *Excipulum* proprium, chondroideum, hyphis radiantibus, conglutinatis, membranis incrassatis, lumine cellularum sat tenui, strato stuppeo destitutum, in lamina tenui pallidum aut fere decoloratum, in margine intus purpureo-fuscescens. *Hypothecium* KHO non reagens. *Hymenium* circ. 0,100—0,120 millim. crassum, jodo persistenter caerulescens. *Epithecium* pallidum aut fuscescens, KHO non reagens. *Paraphyses* arcte cohaerentes, gelatinam haud abundantem percurrentes, 0,001 millim. crassae, apice haud incrassatae, neque ramosae, nec constrictae. *Asci* clavati, circ. 0,016—0,024 millim. crassi. *Sporae* distichae, raro fusiformi-oblongae aut ellipsoideae, apicibus rotundatis aut raro attenuato-obtusis, membrana sat tenui.

32. **L. tuberculosa** Fée, Ess. Lich. Écorc. (1824) p. 107; Nyl., Lich. Exot. (1859) p. 260 pr. p., Lich. Nov.-Gran. (1863) p. 461 pr. p., Lich. Guin. (1889) p. 19. *Patellaria tuberculosa* Müll. Arg., Lich. Beitr. (Fl. 1881) n. 355, (1886) n. 1029. *Heterothecium tuberculosum* Tuck., Syn. North Am. II (1888) p. 55 pr. p.

Thallus crustaceus, subcontinuus, partim sat tenuis et sat laevigatus, verrucis circ. 1,2—0,3 millim. latis, subglobosis, intus albis increbre aut crebre instructus, glaucescenti-albicans. *Apothecia* circ. 2—1 millim. lata, disco planiusculo aut demum leviter convexo, fusco aut sanguineo-rufescente, nudo, margine tenui, disco concolore pallidioreve, persistente aut demum fere excluso. *Hypothecium* albidum, tenue, strato stramineo aut dilute stramineo-fuscescenti excipuli impositum. *Sporae* solitariae, oblongae, pluriseptatae, long. circ. 0,128—0,108 (—0,064), crass. circ. 0,028 —0,022 (—0,018) millim.

Locis numerosis observata; lecta ad Sitio in civ. Minarum, n. 574, 670, 684, 823. — *Thallus* esorediatus, neque KHO, nec Ca Cl$_2$ O$_2$ reagens, hypothallo nigricante partim limitatus. *Apothecia* adpressa. *Excipulum* proprium, chondroideum, ex hyphis in parte exteriore radiantibus conglutinatis aut in parte interiore aëre paululum disjunctis formatum, membranis tenuibus, cellulis longioribus brevioribusve, interdum fortuito gonidia sparsa continens (in n. 823), in lamina tenui intus stramineum aut dilute stramineo-fuscens aut albidum, extus praesertimque in margine dilute rufescens. *Hymenium* circ. 0,140 millim. crassum, jodo caerulescens, ascis demum vinose rubentibus. *Paraphyses* arcte cohaerentes (in KHO laxae), 0,0015 millim. crassae, neque ramosae, nec constrictae. *Sporae* vulgo circ. 8—7-septatae, decolores, apicibus rotundatis.

*L. nigrata (Müll. Arg.) Wainio. *Patellaria chloritis* var. *nigrata*
Müll. Arg., Lich. Beitr. (Fl. 1881) n. 300, (1882) n. 435. *P. tuberculosa* v. *nigrata* Müll. Arg., l. c. (1886) n. 1029.

Thallus crustaceus, subcontinuus, partim sat laevigatus, verrucis circ. 0,5—0,2 millim. latis, subglobosis aut semiglobosis, intus albis increbre aut parcissime instructus, cinereo-albidus aut
cinereo-glaucescens. *Apothecia* circ. 1,7—1 millim. lata, disco
planiusculo aut demum leviter convexo, nigro, nudo, margine sat
tenui aut mediocri, cinereo-nigricante aut cinereo aut livido-cinerascente, persistente. *Hypothecium* rufescens fuscescensve aut
parte superiore angusta albidum, strato fusco excipuli impositum.
Sporae solitariae, oblongae elongataeve, pluriseptatae, long. circ.
0,146—0,110, crass. 0,028—0,020 millim.

Ad corticem arboris prope Sitio (1000 metr. s. m.) in civ.
Minarum, n. 822. — *Thallus* neque KHO nec Ca Cl$_2$ O$_2$ reagens,
hypothallo nigricante partim limitatus. *Gonidia* protococcoidea,
diam. 0,008—0,006 millim. *Apothecia* adpressa. *Excipulum* proprium, parenchymatico-chondroideum, ex hyphis in parte exteriore radiantibus, conglutinatis, parenchymatice septatis formatum,
intus fuscescens, extus anguste subdecoloratum. *Hypothecium*
tenue, in nostro specimine parte superiore albidum, parte inferiore
fuscum aut rufum. *Hymenium* circ. 0,160 millim. crassum, jodo
caerulescens, ascis vinose rubentibus. *Epithecium* fuscescenti-
pallidum. *Paraphyses* sat arcte aut sat laxe cohaerentes, 0,0015
—0,002 millim. crassae, apice paululum aut vix incrassatae, neque
constrictae, nec ramosae. *Sporae* decolores, 9—7-septatae, apicibus rotundatis, membrana sat tenui, halone nullo indutae, long.
0,120—0,110, crass. 0,028—0,024 millim.

Var. **phaeospora** Wainio.

Hymenium oleosum. *Sporae* olivaceae vel olivaceo-fuscescentes.

Ad corticem arboris prope Sitio (1000 metr. s. m.) in civ. Minarum, n. 573. — *Thallus* maxima parte sublaevigatus, partim verruculoso-inaequalis. *Excipulum* intus fuscescens, extus anguste decoloratum aut pallidum. *Hypothecium* fuscescens, KHO non reagens.
Hymenium circ. 0,200 millim. crassum, totum fuscescens, jodo partim vinose rubens, praecedente caerulescentia levissima. *Paraphyses* arctissime cohaerentes, 0,001—0,0015 millim. crassae. *Spo-*

rae 7—8-septatae, apicibus obtusis rotundatisve, parietibus parum incrassatis, rectae, long. 0,046—0,110, crass. 0.024—0,020 millim.

*L. chloritis (Tuck.) Wainio. *Lecidea* Tuck. in Nyl. Lich. Exot. (1859) p. 260, Lich. Nov.-Gran. ed. 2 (1863) p. 351. *Patellaria* Müll. Arg., Lich. Beitr. (1881) n. 300 (excl. var.). *Patellaria tuberculosa* var. *chloritis* Müll. Arg., l. c. (1886) n. 1029. *Heterothecium tuberculosum* f. *chloritis* Tuck., Syn. North Am. II (1888) p. 55. (Wright, Lich. Cub. n. 228 pr. p., 229 pr. p.: mus. Paris.).

Thallus crustaceus, subcontinuus, partim sat laevigatus, verrucis circ. 1—0,2 millim. latis, vulgo semiglobosis, interdum granulosis, intus stramineis aut albido-stramineis, crebre aut increbre instructus, stramineus aut stramineo-glaucescens. *Apothecia* circ. 2—1 millim. lata, disco plano, rufo aut fusco-nigricante, nudo, margine mediocri, pallido testaceove (aut parte summa disco subconcolore), persistente. *Hypothecium* albidum, tenue, strato stramineo-flavescenti fulvescentive excipuli impositum. *Sporae* solitariae, oblongae, pluriseptatae, long. circ. 0,130—0,100, crass. 0,030—0,024 millim.

Locis numerosis observata, n. 748, 753, 1142. — *Thallus* esorediatus, KHO intus dilute lutescens (superne dilute flavescens), $CaCl_2O_2$ non reagens, KHO ($CaCl_2O_2$) superne flavescens et intus bene lutescens, hypothallo albido aut partim nigricante limitatus. *Apothecia* adpressa. *Excipulum* proprium, parenchymatico-chondroideum, ex hyphis in parte exteriore radiantibus (in parte interiore infra hypothecium irregulariter contextis), conglutinatis, parenchymatice septatis formatum, membranis tenuibus, intus stramineo-flavescens aut fulvescens, extus decoloratum aut in margine rufescens. *Hymenium* circ. 0,200—0,130 millim. crassum, jodo persistenter caerulescens. *Paraphyses* arcte (in KHO laxe) cohaerentes, 0,0015 millim. crassae, neque ramosae, nec constrictae. *Sporae* vulgo 8-(7—9-)septatae, decolores, apicibus rotundatis, rectae.

33. **L. Domingensis** (Pers.) Nyl., Lich. Nov.-Gran. ed. 2 (1863) p. 352; Leight., Lich. Ceyl. (1870) p. 173, tab. 37 fig. 105. *Patellaria* Pers. in Annal. Wetterau. V, 2. (1810) p. 12; Müll. Arg., Lich. Beitr. (Fl. 1882) n. 512, (1886) n. 1030. *Lecanora* Ach., Syn. Lich. (1814) p. 336; Nyl., Lich. Nov.-Gran. Addit. (1867) p. 326, Not. Lich. Port-Natal (1868) p. 6; Krempelh., Lich. Bras. Warm. (1873) p. 17. *Heterothecium Domingense* Tuck., Syn. North Am. II (1888) p. 57.

Thallus crustaceus, subcontinuus, crassitudine mediocris aut sat tenuis, sat laevigatus aut verrucoso-inaequalis [aut raro isidioso-sorediosus: Müll. Arg., L. B. n. 512], flavescens aut glaucescens [aut fulvescens pallescensve]. *Apothecia* circ. 2,5—1 millim. lata, disco plano aut demum leviter convexo, rufo (aut rubescenti-rufo aut atro-sanguineo], nudo, margine mediocri aut crassiusculo, fulvo, persistente. *Hypothecium* pallidum aut parte inferiore testaceo-pallidum, aut parte superiore fere albidum. *Sporae* 8:nae aut rarius pauciores, oblongae, pluriseptatae [aut raro demum submurales], long. circ. 0,033—0,022 [0,040—0,020], crass. 0,011—0,008 [0,018—0,006] millim.

Ad corticem arboris prope Rio de Janeiro, n. 53. — *Thallus* superne strato obductus fere amorpho, tenui vel tenuissimo, ex hyphis longitudinalibus conglutinatis formato. *Gonidia* protococcoidea. *Apothecia* in superficie thalli enata, jam valde juvenilia adpressa. *Excipulum* proprium, gonidiis destitutum, strato medullari, stuppeo, aërem continente, in parte interiore sito, ceterum parenchymatico-chondroideum et ex hyphis formatum radiantibus, conglutinatis, parenchymatice septatis, intus albidum, parte exteriore lutescens et KHO solutionem violaceam effundens. *Hypothecium* ex hyphis irregulariter contextis conglutinatis formatum. *Hymenium* circ. 0,140 millim. crassum, jodo persistenter caerulescens. *Epithecium* fuscescens aut rubro-fuscescens, KHO passim parce violascens, ceterum decoloratum. *Paraphyses* sat laxe cohaerentes, 0,0015 millim. crassae, apice haud incrassatae, neque constrictae, nec ramosae. *Asci* oblongi, circ. 0,020—0,016 millim. crassi. *Sporae* 8:nae aut pauciores [—2:nae: Tuck., l. c.], decolores, apicibus obtusis, circ. 5—7 [—9] septatae, cellulis lenticularibus [aut demum parce submurali-divisis, observante Tuck., l. c.; tales frustra quaesivi etiam in speciminibus in mus. Paris. asservatis]. „*Conceptacula pycnoconidiorum* extus convexa, lutescentia. *Sterigmata* articulata, 0,0025 millim. crassa. *Pycnoconidia* oblongo-cylindrica, long. 0,0025, crass. 0,0005 millim." (Nyl., Not. Lich. Port-Natal p. 6).

Subg. VII. **Psorothecium** (Mass.) Wainio. *Thallus* crustaceus, uniformis. *Sporae* 1-septatae, decolores, magnae, halone nullo indutae.

Biatorina (*Psorothecium*) Mass., Misc. Lichenol. (1856) p. 40. *Psoro-thecium* Mass., Esam. Comp. Gen. (1860) p. 16. *Patellaria* sect. *Psorothecium* Müll. Arg., Lich. Beitr. (Fl. 1882) n. 433, cet. *Heterothecium* **Psorothecium* Tuck., Syn. North Am. II (1888) p. 54.

34. **L. sulphurata** (Mey. & Flot.) Wainio. *Megalospora sul-phurata* Mey. et Flot. in Act. Ac. Nat. Cur. (1843) XIX Suppl. I p. 228. *Patellaria* Müll. Arg., Rev. Lich. Mey. p. 316, Lich. Beitr. (Fl. 1885) n. 956, (1886) n. 1027, 1028, (1888) n. 1405.

Thallus crustaceus, sat crassus aut mediocris, sublaevigatus aut leviter verrucoso-inaequalis, subcontinuus aut irregulariter diffractus, stramineus aut stramineo-glaucescens, medulla strami-neo-albicante sulphureave, KHO lutescente. *Apothecia* adpressa, circ. 5—2 (—1,5) millim. lata, disco plano aut demum vulgo con-vexo, atro aut fusco, nudo, margine crasso, fusco aut atro, per-sistente aut subpersistente aut rarius demum excluso. *Hypothe-cium* albidum, tenue, zonae tenui vulgo fulvorufescenti vel dilute rufescenti excipuli imposito. *Sporae* binae aut solitariae —6:nae, reniformes, apicibus rotundatis, curvatae, 1-septatae, long. 0,060 —0,032, crass. 0,030—0,017 millim.

Ad corticem arborum suis locis, velut ad Sitio in civ. Mina-rum, frequenter obvenit, n. 536, 572, 810, 821, 847, 1007. — *Thallus* esorediatus, KHO solum intus lutescens, Ca Cl$_2$ O$_2$ non reagens, KHO (Ca Cl$_2$ O$_2$) superne et intus lutescens, partim hypo-thallo nigricante limitatus. *Excipulum* proprium, gonidiis desti-tutum, parte exteriore fere chondroidea, ex hyphis radiantibus conglutinatis formata, membranis sat tenuibus et cellulis brevibus longioribusve, in parte interiore hyphis irregulariter contextis, par-tim conglutinatis, partim parce aëre disjunctis, extus rufescens. KHO violascens, partim strato tenuissimo amorpho decolore ob-ductum, intus sordide fulvescens aut sordide pallidum, infra hy-pothecium vulgo zona tenui fulvorufescente rufescenteve. *Hyme-nium* circ. 0,200 millim. crassum, oleosum, semipellucidum, jodo persistenter caerulescens. *Epithecium* fuscum aut rufo-fuscescens, KHO non reagens. *Paraphyses* apice arcte, ceterum laxe cohae-rentes, 0,0015 millim. crassae, apice haud aut levissime incrassa-tae, haud constrictae, haud ramosae aut parce furcatae. *Asci* clavati aut subcylindrici. *Sporae* decolores, intus membrana bene incrassata et concentrice striata, exosporio modice incrassato et

radiatim striato (in KHO). septa demum saepe (in superficie sporae) trabeculaeformi-prominente.

35. **L. versicolor** Fée, Ess. Crypt. Écorc. Suppl. (1837) p.
104, Nyl., Lich. Nov.-Gran. (1863) p. 461 pr. p. *Lecanora* Fée,
Ess. Cryp. Écorc. (1824) p. 115. *Patellaria* Müll. Arg., Lich. Beitr.
(Fl. 1882) n. 433, (1886) n. 1028, Rev. Lich. Fée (1887) p. 5.
Heterothecium Tuck., Syn. North Am. II (1888) p. 54, pr. p.

Thallus crustaceus, sat crassus aut tenuis, verruculoso-inaequalis aut sat laevigatus, subcontinuus aut irregulariter diffractus,
albidus aut cinereo-glaucescens, medulla albida, KHO non reagente. *Apothecia* adpressa, circ. 4—0,8 millim. lata, disco plano
aut demum convexo, atro aut fusco, nudo, margine crasso aut
mediocri, atro aut fusco aut lividofuscescente, persistente aut demum fere excluso. *Hypothecium* albidum aut pallidum. *Sporae*
binae, oblongae, rectae, apicibus obtusis, 1-septatae, long. circ.
0,066—0,050, crass. 0,022—0,016 millim.

Var. **major** Wainio. *Apothecia* majora, circ. 4—1,5 millim.
lata. disco atro, margine crasso, atro aut nigricante.

Ad corticem arborum prope Sitio (1000 metr. s. m.) in civ.
Minarum, n. 720, 831. — *Thallus* partim hypothallo nigricante
limitatus. *Excipulum* proprium, gonidiis destitutum, in parte exteriore hyphis radiantibus, conglutinatis, crebre aut sat crebre
septatis, membranis modice incrassatis, cellulis majusculis, ellipsoideis oblongisve, in parte interiore hyphis irregulariter contextis, partim aëre disjunctis, partim praesertimque parte interiore
pallidum albidumve, parte exteriore smaragdulo-caerulescens [aut
caeruleofuscescenti-nigricans: coll. Lindig n. 7], KHO non reagens.
Hypothecium et excipuli partes albidae, KHO lutescentes. *Hymenium* circ. 0,140 millim. crassum, jodo caerulescens, demum partim violaceo-caerulescens. *Epithecium* smaragdulo-caeruleum aut
aeruginoso-fuligineum [aut caeruleofuscescens: coll. Lindig n. 7],
KHO non reagens. *Paraphyses* arcte cohaerentes, 0,001 millim.
crassae, apice non aut vix incrassatae, haud ramosae aut interdum pr. p. parce ramoso-connexae. *Asci* cylindrico-clavati. *Sporae* monostichae, decolores, medio leviter constrictae, membrana
sat tenui.

Var. **incondita** (Krempelh.) Wainio. *Lecidea incondita* Krempelh., Fl. 1876 p. 316 (hb. Warm.). *Patellaria versicolor β. incon-

dita Müll. Arg., Lich. Beitr. (Fl. 1886) n. 1028. *Lecidea obturge-scens* Krempelh., Fl. 1876 p. 271, excl. syn. Féean. (hb. Warm.).

Apothecia minora, circ. 1,5—0,8 millim. lata, disco fusco aut fusco-nigro aut livido-nigricante aut nigricante, margine mediocri aut crassiusculo, livido- aut fusco-nigricante aut fuscescente.

Ad corticem arborum prope Sitio, n. 838, et ad Lafayette, n. 356 (status in var. majorem Wainio transiens), in civ. Minarum (1000 metr. s. m.). — *Thallus* tenuis, sat laevigatus, hypothallo nigricante interdum partim limitatus. *Apothecia* disco persistenter plano aut demum convexo, persistente aut demum subexcluso. *Epithecium* vulgo aeruginoso-nigricans vel smaragdulo-caeruleum. *Excipulum* parte superiore extus aeruginosum aut dilute caeruleosmaragdulum, parte inferiore et intus albidum.

36. **L. dichroma** Fée, Bull. Soc. Bot. Fr. XX (1873) p. 319 (ex specim. orig. in mus. Paris.). Coll. Glaz. n. 5520 in mus. Paris. (in herb. Warm. ad *L. versicolorem* v. *inconditam* pertinet).

Thallus crustaceus, tenuis aut tenuissimus, leviter verruculoso-inaequalis, cinereus aut cinereoglaucescens. *Apothecia* adpressa, 2—1,2 millim. lata, disco plano aut demum convexo, testaceo-pallido pallidove, nudo, margine sat tenui aut mediocri, disco subconcolore pallidioreve. *Hypothecium* albidum aut dilute pallidum. *Sporae* binae, oblongae, apicibus rotundatis obtusisve, vulgo rectae, 1-septatae, long. circ. 0,056—0,040, crass. 0,024—0,016 millim.

Ad corticem arboris in Carassa (1400 metr. s. m.) in civ. Minarum, n. 1374. — Affinis est L. versicolori Fée, at in eam forsan non transiens. *Thallus* hypothallo nigricante interdum partim limitatus. *Apothecia* nonnulla morbose nigricantia (ex quo nomen „dichroma"). *Excipulum* proprium, intus albidum, strato corticali albido aut extus pallido, ex hyphis formato radiantibus, conglutinatis, membranis incrasssatis, lumine cellularum passim angusto aut passim praesertimque in margine parenchymatice sat grosse dilatato, in parte interiore hyphis irregulariter contextis, partim aëre disjunctis. *Hymenium* circ. 0,080 millim. crassum, jodo caerulescens, ascis demum pro parte vinose rubentibus. *Epithecium* fulvescens, KHO non reagens. *Paraphyses* arcte cohaerentes, 0,001 millim. crassae, apice leviter incrassatae, ramoso-connexae, haud constrictae. *Asci* clavati. *Sporae* decolores, medio non aut vix constrictae, membrana sat tenui.

Subg. VIII. **Catillaria** (Mass.) Wainio. *Thallus* crustaceus, uniformis. *Sporae* 1-septatae, decolores, parvae aut mediocres, halone nullo indutae.

Catillaria Mass.. Ric. Lich. Crost. (1852) p. 78 em. (haud Lecidea *Catillaria Ach., Meth. Lich. 1803 p. 33); Th. Fr., Lich. Scand. (1874) p. 563.

Stirps 1. **Biatorina** (Mass.) Th. Fr. *Apothecia* disco pallidiore nigricanteve. *Hypothecium* albidum aut dilutius coloratum.

Biatorina Mass.. Ric. Lich. Crost. (1852) p. 134 pr. p. *Catillaria* A. *Biatorina* Th. Fr., Lich. Scand. (1874) p. 564.

*Gloeocapsidium Wainio. *Gonidia* cellulis in familias consociatis, pariete gelatinoso induta (ad Gloeocapsam pertinentia).

37. **L. micrococca** (Koerb.) Nyl. in Hue Addend. II (1888) p. 151. *Biatora* Koerb., Par. Lich. (1860) p. 155; Tuck., Syn. North Am. II (1888) p. 33. *Catillaria* Th. Fr., Lich. Scand. (1874) p. 571.

Thallus crustaceus, sat tenuis aut mediocris aut tenuissimus, granuloso-inaequalis, subcontinuus, virescens aut sordide glaucescens. *Apothecia* 0,8—0,1 millim. lata, adpressa aut demum thallo immixta, convexa, immarginata, carneo-albida aut carneopallida, nuda. *Hypothecium* dilute pallidum aut fere decoloratum. *Hymenium* fere decoloratum. *Sporae* 8—6:nae, ovoideo-oblongae aut oblongae, rectae, 1-septatae, long. 0,014—0,008, crass. 0,004—0,003 millim.

Ad corticem arborum ad Rio de Janeiro et ad Sitio (1000 metr. s. m.) et Carassa (1400 metr. s. m.) in civ. Minarum, n. 165, 1103, 1191, 1335. Secundum descriptionem cum hac congruere videtur L. concatenata Tuck. in Nyl. Lich. Nov.-Gran. ed. 2 (1863) p. 343. — *Thallus* hypothallo caeruleo-nigricante interdum limitatus. *Gonidia* virescentia, cellulis numerosis in familias saepe difforme oblongas consociatis, lumine globuloso aut ellipsoideo, 0,008—0,003 millim. longo, 0,004—0,003 millim. crasso, in pariete communi gelatinoso sat crasso, haud striato inclusa, divisione in tres directiones alternante (ad Gloeocapsam, observante cel. Bornet, cui hanc speciem communicavi, pertinentia). *Hyphae* thallinae tenues in parietibus gonidiorum intricatae (maceratae in KHO). *Excipulum* chondroideum, ex hyphis radiantibus formatum, dilute pallidum aut fere decoloratum. *Hymenium* circ. 0,060—0,050 millim. crassum, arcte cohaerens, jodo caerulescens et demum decoloratum, ascis demum partim vinose rubentibus. *Paraphyses* 0,001 millim. crassae, apice haud incrassatae, reticulatim ramoso-connexae. *Asci* clavati, circ. 0,016—0,014 millim. crassi. *Sporae* distichae, decolores, apicibus rotundatis.

Protococcophila Wainio. *Gonidia* protococcoidea.

38. **L. subgranulans** Wainio (n. sp.).

Thallus crustaceus, crassitudine mediocris, verruculosus et verruculoso-granulosus, verruculis granulisque contiguis, cinereoalbicans aut cinerascens. *Apothecia* adpressa, 0,8—0,3 millim. lata, disco primum plano, demum convexo, sordide nigricante, nudo, margine tenui, cinereo aut obscure cinerascente, persistente aut demum excluso. *Hypothecium* olivaceo-smaragdulum. *Epithecium* olivaceo-smaragdulum. *Sporae* 8:nae, fusiformes aut fusiformi-oblongae, rectae, 1-septatae, long. 0,011—0,009, crass. 0,003 —0,002 millim.

Supra muscos et terram humosam in rupe in Carassa (1400 —1500 metr. s. m.) in civ. Minarum, n. 1434. — Habitu subsimilis est L. granulosae (Ehrh.). *Hypothallus* indistinctus. *Apothecia* solitaria aut demum aggregata confluentiaque. *Excipulum* proprium, crassum, albidum, ex hyphis radiantibus, fere parenchymatice septatis, conglutinatis formatum, cellulis vulgo oblongis. *Hymenium* interdum dilute smaragdulum, jodo caerulescens deindeque obscuratum. *Paraphyses* arcte cohaerentes, 0,001 millim. crassae, apice vix incrassatae. *Asci* clavati. *Sporae* distichae, decolores, apicibus acutiusculis aut obtusis, medio haud aut leviter constrictae.

39. **L. testaceo-rufescens** Wainio (n. sp.).

Thallus crustaceus, tenuis, sordide glaucescens albidusve, verruculoso-granulosus aut granuloso-inaequalis aut sublaevigatus, aut tenuissimus evanescensve. *Apothecia* adpressa, 0,3—0,7 millim. lata, disco plano aut demum convexo, testaceo aut rufo, nudo, margine tenui, persistente aut rarius demum excluso, disci

concolore aut interdum paullo obscuriore. *Hypothecium* lutescens.
Sporae 8:nae, ellipsoideae aut rarius oblongae ovoideaeve, 1-sep-
tatae, long. 0,014—0,010, crass. 0,006—0,005 millim.

Ad corticem arboris prope Sitio (1000 metr. s. m.) in civ.
Minarum, n. 945. — Affinis est L. atropurpureae (Th. Fr., Lich.
Scand. p. 565), quae apotheciis obscurioribus ab ea differt. *Thallus* hypothallo nigricante limitatus. *Excipulum* proprium, chondroideum, in lamina tenui basi pallidum albidumve, margine rufescens testaceumve. *Hymenium* circ. 0,050—0,060 millim. crassum, jodo caerulescens. dein mox vinose rubens. *Paraphyses* sat
laxe cohaerentes, 0,001 millim. crassae, apice vix incrassatae,
neque constrictae, nec ramosae. *Asci* clavati, circ. 0,014—0,012
millim. crassi. *Sporae* distichae, decolores, primum simplices, demum 1-septatae.

40. **L. Carassensis** Wainio (n. sp.).

Thallus crustaceus, crassitudine mediocris aut crassiusculus,
verrucoso-areolatus aut verruculosus, verrucis areolisque convexis,
subdispersis aut subcontiguis, cinereis aut cinereo-fuscescentibus
aut partim glaucescenti-albidis. *Apothecia* adpressa, 0,8—0,2 millim. lata, disco plano aut raro demum convexiusculo, atro, nudo,
margine sat tenui, nigro, persistente aut raro demum subexcluso.
Hypothecium albidum. *Epithecium* nigricans aut fusconigricans.
Sporae 8:nae, ellipsoideae, rectae, 1-septatae, long. 0,011—0,008,
crass. 0,005—0,004 millim.

Ad rupes pluribus locis in Carassa (1400—1500 metr. s. m.)
in civ. Minarum, n. 1201, 1247. — *Thallus* hypothallo tenui nigricante inter areolas conspicuo. *Excipulum* proprium, chondroideum, nigricans. *Hymenium* circ. 0,080 millim. crassum, jodo
persistenter caerulescens. *Epithecium* KHO non reagens. Paraphyses sat laxe aut sat arcte cohaerentes, 0,002—0,0015 millim.
crassae, apice clavatae capitataeve, clava nigricante, distincte septata et interdum constricte articulata, interdum parce ramosae,
in $ZnCl_2 + I$ visae crebre septatae. *Asci* cylindrici aut clavati,
circ. 0,010 millim. crassi. *Sporae* vulgo monostichae, decolores,
primum simplices, demum 1-septatae, saepe demum medio bene
constrictae cellulisque ambabus tum saepe globosis.

41. **L. tristissima** Wainio (n. sp.).

Thallus crustaceus, sat tenuis, leviter subinaequalis, subcontinuus, nigricans aut griseo-obscuratus. *Apothecia* adpressa, 0,5 —0,3 millim. lata, atra, nuda, convexa, mox immarginata aut rarius primo tenuiter marginata. *Hypothecium* albidum. *Hymenium* sat dilute smaragdulo-caeruleum, epithecio aeruginoso-fuligineo. *Sporae* 8:nae, oblongae, bene curvatae aut pro parte rectae, pro parte simplices, pro parte demum 1-septatae, long. 0,014 —0,009, crass. 0,0035—0,0025 millim.

Ad rupes itacolumiticas in Carassa (1400 metr. s. m.) in civ. Minarum, n. 1199. — *Thallus* hypothallo caeruleonigricante instructus. *Excipulum* extus fusco- aut violaceo-fuligineum, intus decoloratum. *Hymenium* circ. 0,050 millim. crassum, jodo caerulescens deindeque vinose rubens. *Paraphyses* arcte cohaerentes, 0,001 millim. crassae, apice haud incrassatae, neque constrictae, nec ramosae. *Asci* clavati. *Sporae* distichae, decolores, apicibus rotundatis aut obtusis, medio non constrictae.

Stirps 2. **Eucatillaria** Th. Fr. *Apothecia* disco atro. *Hypothecium* obscuratum.

Catillaria B. *Eucatillaria* Th. Fr., Lich. Scand. (1874) p. 580.

42. L. endochroma (Fée) Nyl., Énum. Gén. Lich. (1857) p. 123, Lich. Nov.-Gran. ed. 2 (1863) p. 351. *Lecanora* Fée, Ess. Lich. Écorc. (1824) p. 114 tab. 29 fig. 1. *Patellaria* Müll. Arg. Lich. Beitr. (1881) n. 355, Rev. Lich. Fée (1887) p. 8. *Heterothecium* Tuck., Syn. North Am. II (1888) p. 55.

Thallus crustaceus, crassitudine mediocris, verruculoso-inaequalis aut leviter verrucoso-rugulosus, vulgo subcontinuus, albidus aut glaucescenti- vel cinerascenti-albidus. *Apothecia* adpressa, 2,5—1 millim. lata, disco plano aut demum convexo, atro, nudo, margine mediocri, luteo aut stramineo aut albido-pallido aut subvirescenti-variegato, persistente aut demum subexcluso. *Hypothecium* fusconigricans aut dilute fuscescens vel sordide violaceofuscescens. *Sporae* 8:nae, oblongae aut subfusiformi-oblongae, vulgo rectae, 1-septatae, long. 0,030—0,014, crass. 0,007—0,005 millim.

Ad corticem arborum passim obvia, n. 228, 244, 673, 788, 830, 1005, 1079, 1497, 1539. — Ad species inter Psorothecia et Catillarias intermedias pertinet. *Thallus* hypothallo nigricante partim limitatus. *Excipulum* proprium, gonidiis destitutum, strato medullari stuppeo, lutescente aut albo, strato corticali chondroideo. ex hyphis formato crassis, radiantibus, conglutinatis, membranis incrassatis, lumine cellularum angusto. *Hypothecium* tenue. KHO non reagens. *Hymenium* circ. 0,060—0,120 millim. crassum, jodo caerulescens, dein vinose rubens. *Epithecium* caeruleonigricans aut decoloratum. *Paraphyses* arcte cohaerentes, 0,001 —0,0015 millim. crassae, neque constrictae, nec ramosae. *Asci* clavati, circ. 0,012—0,018 millim. crassi. *Sporae* distichae, decolores, rectae aut rarius leviter curvatae, apicibus obtusis.

Obs. Huic speciei habitu subsimilis est „Lecanora alboatrata" Nyl. (Lich. Nov.-Gran. p. 446), quae secundum specimen originale (coll. Lindig n. 777) vera est Lecidea, excipulo gonidiis destituto. Item etiam „Lecanora amplificans" Nyl., Lich. Nov.-Gran. Addit. (1867) p. 326 (Müll. Arg., Lich. Beitr. 1888 n. 1405) secund. specim. orig. ad Lecideas pertinet, L. tuberculosae Fée affinis et excipulo proprio, gonidiis destituto, instructa.

43. **L. leptocheila** Tuck. in Nyl. Lich. Nov.-Gran. ed. 2 (1863) p. 351. *Patellaria* Müll. Arg., Lich. Beitr. (1881) n. 355. *Heterothecium leptocheilum* Tuck., Syn. North Am. II (1888) p. 55. Wright, Lich. Cub. n. 227 (mus. Paris.).

Thallus crustaceus, crassitudine mediocris aut tenuis, verruculoso-inaequalis aut sat laevigatus, glaucescenti-albidus. *Apothecia* adpressa, 0,6—1 [—1,5] millim. lata, disco plano aut demum convexo, atro, nudo, margine tenui, cinereo-nigricante aut cinereo. demum vulgo excluso. *Hypothecium* violaceo-nigricans. *Sporae* 8:nae, oblongae, rectae aut pr. p. obliquae curvataeve, 1-septatae, long. 0.019—0,012, crass. 0,006—0,005 [.,—0,004"] millim.

Ad corticem arborum prope Sitio (1000 metr. s. m.) in civ. Minarum, n. 1115, 1116 b. — Ad species inter Psorothecia et Catillarias intermedias pertinet. Affinis est Lecideae Laureri (Th. Fr., Lich. Scand. 582). In Wright Lich. Cub. n. 227 sporae sunt rectae aut partim obliquae vel leviter curvatae, hypothecium dilutius et epithecium intensius coloratum et margo apotheciorum superne pallidior, quam in speciminibus nostris. — *Thallus* KHO flavescens, strato corticali nullo, hyphis 0,002—0,0025 millim. crassis, leptodermaticis. *Apothecia* simplicia, disco laevigato. *Excipulum* proprium, strato medullari stuppeo, strato corticali ex hyphis formato conglutinatis, parenchymatice septatis, membranis modice incrassatis, cellulis angustis, fere decoloratum albidumve aut in margine dilute caeruleo-nigricans. *Hypothecium* violaceo-nigricans aut sordide violascens, strato medullari albido impositum, KHO non reagens. *Hymenium* circ. 0,060—0,070 millim. crassum, arctissime cohaerens, jodo caerulescens (saepe dilute) deindeque vinose rubens. *Epithecium* caerulescenti- aut aeruginoso- aut caeruleofuscescenti-nigricans aut decoloratum pallidumve. *Paraphyses* 0,001 millim. crassae, apice haud incrassatae, parcae. *Asci* clavati, circ. 0,014—0,016 millim. crassi. *Sporae* distichae, decolores, apicibus obtusis, haud constrictae, membrana parum incrassata.

44. **L. leptoplaca** Wainio (n. sp.).

Thallus crustaceus, sat tenuis, verruculosus et verruculoso-areolatus, verruculis areolisque subcontiguis aut subdispersis, albidis. *Apothecia* areolis immixta, thallum subaequantia. 0,6—0,3 millim. lata, disco concavo aut planiusculo, atro, nudo, margine tenui aut tenuissimo, atro, leviter elevato. *Hypothecium* fusco-nigricans, parte summa tenui pallida. *Epithecium* caeruleo-fuligineum aut nigricans. *Sporae* 8:nae, oblongae aut ellipsoideae aut parcius ovoideae, rectae, 1-septatae, long. 0,012—0,010, crass. 0,006—0,004 millim.

Supra rupem in Carassa (1400—1500 metr. s. m.) in civ. Minarum, n. 1252 b. — *Thallus* KHO flavescens, hypothallo nigricante partim limitatus. *Excipulum* proprium, fuligineum, in KHO visum margine caeruleo-fuligineum et parte inferiore fuscescens. *Hymenium* circ. 0,040 millim. crassum, jodo subpersistenter caerulescens. *Epithecium* KHO non reagens. *Paraphyses* arcte cohaerentes (in KHO distinctae), 0,0015 millim. crassae, apice leviter clavatae aut vix incrassatae, parce ramosae et ramosoconnexae. *Asci* clavati, circ. 0,010 millim. crassi. *Sporae* distichae, decolores, apicibus rotundatis aut obtusis, primum simplices, demum 1-septatae, haud constrictae.

45. **L. melanobotrys** (Müll. Arg.) Wainio. *Patellaria* Müll. Arg., Lich. Beitr. Fl. (1881) n. 354.

Thallus crustaceus, tenuissimus, obscuratus, aut parum distinctus. *Apothecia* adpressa, circ. 0,5 millim. lata, immarginata, depresso-convexa, nigra, nuda, demum vulgo aggregata et tuberculose confluentia. *Hypothecium* purpureo-fuligineum. *Hymenium* maxima parte cerasinum, epithecio cerasino-fuligineo. *Sporae* 8:nae, oblongo-ellipsoideae, aut oblongae aut ovoideo-oblongae, rectae, 1-septatae, long. 0,009—0,007 [.,—0,012"], crass. 0,0035 —0,003 [.,—0,005"] millim.

Ad terram argillaceo-arenosam prope Sitio (1000 metr. s. m.) in civ. Minarum, n. 1022. — Specimen originale, a cel. Müll. Arg. descriptum, sporis paullo majoribus a planta nostra differt, sed sine dubio ad eandem speciem pertinent. *Gonidia* globosa, flavovirescentia, simplicia aut cellulis conglomeratis, diam. 0,008—0,003 millim., membrana sat tenui (vix ad Protococcum viridem pertinentia). *Excipulum* proprium, fusconigrum. *Hymenium* circ. 0,050—0,040 millim. crassum, arcte cohaerens, jodo caerulescens deindeque vinose rubens. *Paraphyses* parce evolutae, 0,0015 millim. crassae, neque constrictae, nec ramosae. *Asci* clavati, circ. 0,010—0,008 millim. crassi. *Sporae* distichae, decolores, haud constrictae, septa in medio aut cellula crassiore paullo longiore.

46. **L. ammophila** Wainio (n. sp.).

Thallus crustaceus, verruculosus aut verruculoso-areolatus, areolis verruculisque circ. 0,2—0,1 millim. latis, crassitudine mediocribus. convexis aut depressoconvexiusculis, vulgo dispersis, albidis. *Apothecia* adpressa, 0,2—0,15 millim. lata, disco plano aut leviter convexo, atro aut tenuiter caesio-pruinoso, margine evanescente, aut mox immarginata. *Hypothecium* fuscescens. *Hymenium* dilute lividum, epithecio intensius livido. *Sporae* 8:nae, elongato-oblongae, vulgo rectae, 1-septatae, long. 0,016—0,010, crass. 0,003—0,002 millim.

Ad terram arenosam supra rupem in Carassa (1450 metr. s. m.) in civ. Minarum, n. 1565. — *Hypothallus* indistinctus. *Excipulum* proprium, chondroideum, ex hyphis formatum radiantibus, conglutinatis, basi fuscescens, in margine lividum. *Hypothecium* KHO non reagens. *Hymenium* circ. 0,050 millim. crassum, jodo caerulescens deindeque sordide vinose rubens. *Paraphyses* arcte cohaerentes, 0,001—0,0015 millim. crassae, apice non aut leviter incrassatae, neque constrictae, nec ramosae. *Asci* clavati, circ. 0,010 millim. crassi. *Sporae* distichae, decolores, apicibus rotundatis aut obtusis, primo simplices, demum 1-septatae.

Subg. IX. **Psora** (Hall.) Th. Fr. *Thallus* squamulosus aut squamaeformi-areolatus aut e verruculis demum in isidia accrescentibus constans. *Apothecia* laetius colorata aut atra. *Sporae* simplices, decolores, parvae aut minores.

Psora Hall., Hist. Stirp. Helv. III (1798) p. 93 pr. p. Mass., Ric. Lich. Crost. (1852) p. 90 pr. p., Mem. Lich. (1855) p. 123; Koerb., Syst. Germ. (1855) p. 175 (em.); Müll. Arg., Princ. Classif. (1862) p. 40. *Lecidea* A. *Psora* Th. Fr., Lich. Scand. (1874) p. 411.

47. **L. breviuscula** Nyl., Lich. Nov.-Gran. ed. 2 (1863) p. 339, Lich. Nov.-Gran. Addit. (1867) p. 321 (mus. Paris.). *Psora breviuscula* Müll. Arg., Lich. Beitr. (Fl. 1882) p. 494.

Thallus squamulosus, aut fere foliaceus, squamis incisis laciniatisve, laciniis crenulatis et insico-crenulatis aut demum margine fere isidioso-laceratis, partim sublinearibus, circ. 0.5—0,3 millim. latis, circ. 5—1 millim. longis, adnatis, demum plus minusve imbricatis, planis aut convexiusculis, stramineo-glaucescentibus aut stramineo- vel olivaceo-pallescentibus, inferne et ad ambitum hypothallo vulgo bene evoluto byssomorpho fusco aut pallido instructus. *Apothecia* circ. 0,8—2 millim. lata, testaceofuscescentia, aut pallida, convexa aut planiuscula, immarginata aut margine demum evanescente exclusoque. *Hypothecium* fulvescens aut testaceo-pallidum, KHO non reagens. *Sporae* 8:nae, oblongae aut fusiformi-oblongae aut ellipsoideae, long. 0,005—0,010, crass. 0,0015—0,002 millim. [—0,0045 millim., observante Nyl., Lich. Nov.-Gran. p. 339].

Ad corticem arborum pluribus locis prope Lafayette et Sitio (1000 metr. s. m.) in civ. Minarum, n. 337, 338, 795. — Valde est variabilis et verisimiliter in L. parvifoliam Pers. (Nyl., Lich. Nov.-Gran. ed. 2 p. 339) transit. — *Thallus* superne strato corticali instructus, 0,050—0,030 millim. crasso, pellucido, decolorato, chondroideo, ex hyphis formato subverticalibus, ramosis, conglutinatis, membranis incrassatis, lumine cellularum angusto, oblongo aut fere parenchymatico. Infra zonam gonidialem adest stratum medullare tenue tenuissimumve, hyphis intricatis, sat leptodermaticis, in hyphas hypothallinas continuatis. *Hypothallus* ex hyphis circ. 0,004 millim. crassis, maxima parte fasciculatis et fere rhizinas formantibus, at parum conglutinatis, membranis sat tenuibus, lumine sat lato, cellulis elongatis. *Gonidia* globosa, diam.

0,010—0,008 millim., glaucescentia, membrana tenuissima (in KHO distincta). *Apothecia* jam ab initio superficialia, jam valde juvenilia adpressa, solitaria aut aggregata, demum saepe lobata. *Excipulum* extus partim rufescens aut fulvescens, intus decoloratum aut partim pallidum, strato medullari nullo, in margine fere pseudoparenchymaticum et hyphis radiantibus, conglutinatis, cellulis oblongis, lumine sat angusto, in parte interiore chondroideum. *Hypothecium* pseudo-parenchymaticum, ex hyphis erectis, conglutinatis formatum. *Hymenium* circ. 0,040—0,060 millim. crassum, epithecio testaceo pallidove, aut totum pallidum decoloratumve, jodo persistenter caerulescens. *Asci* clavati, circ. 0,008 millim. crassi. *Paraphyses* arcte cohaerentes, gelatina (in KHO turgescente) indutae, 0,002—0,004 millim. crassae, apice haud incrassatae, increbre septatae, neque constrictae, nec ramosae (KHO, Zn Cl$_2$ + I). *Sporae* distichae, apicibus rotundatis aut obtusis, simplices.

48. **L. spinulosa** Wainio (n. sp.).

Thallus squamulosus, squamulis circ. 1,5—1 longis, 0,5—0,8 millim. latis, adscendentibus, planis, incisis crenulatisque, demum margine isidiosis, isidiis 0,2—0,12 millim. crassis, circ. 1—0,5 millim. longis, teretibus, suberectis, stramineo-glaucescens aut glauco-virescens, hypothallo vulgo fusco-nigricante plus minusve evoluto instructus. *Apothecia* circ. 2—0,8 millim. lata, rufa, convexa aut primum planiuscula, immarginata aut primum marginata. *Hypothecium* fulvo-rubescens aut rufescens, KHO non reagens. *Sporae* 8:nae, oblongae, long. 0,010—0,005, crass. 0,0025—0,002 millim.

Ad corticem vetustum arborum prope Sitio (1000 metr. s. m.) in civ. Minarum, n. 993. — Squamulis multo majoribus a L. corallina facile distinguitur. *Thallus* strato corticali instructus. Conferenda cum Ps. polydactyla Müll. Arg. (Lich. Beitr. n. 1156), quae apotheciis fuscis et forsan etiam squamis minoribus ab ea differt, at tantum ex descriptione mihi est cognita. *Hypothallus* tomentoso-stuppeus. *Gonidia* protococcoidea, glaucescentia, globosa, diam. 0,010—0,008 millim., membrana tenuissima. *Excipulum* in lamina tenui extus rubescens, intus fulvescens, KHO non reagens, chondroideum, ex hyphis formatum conglutinatis in parte exteriore radiantibus. *Hymenium* pallidum aut fulvescenti-pallidum: jodo praecipue asci subpersistenter caerulescunt. *Paraphyses* arctissime cohaerentes, 0,0015—0,002 millim. crassae, apice haud incrassatae, strato gelatinoso indutae. *Asci* clavati, 0,008 millim. crassi. *Sporae* distichae, simplices, apicibus obtusis aut rotundatis.

49. **L. furfuracea** Pers. in Gaudich. Voy. Uran. (1826) p. 192 (mus. Paris.); Nyl., Lich. Nov.-Gran. (1863) p. 457, ed. II (1863) p. 341, Lich. Nov.-Gran. Addit p. 321. Coll. Glaz. n. 1947 (hb. Warm.).

Thallus verruculoso-squamulosus aut distincte squamulosus. squamulis —0,5 (—1) millim. longis aut verruculaeformibus (diametro circ. 0,1 millim.), in verruculas aut lacinulas angustissimas (circ. 0,1—0,2 millim. latas), subteretes aut planas divisis, adpressis, demum imbricato-confertis, cinereo- aut stramineo- aut olivaceo-glaucescentibus, hypothallo nigricante aut fusco-nigro plus minusve evoluto impositis. *Apothecia* circ. 1,5—0,5 [—4] millim. lata, umbrino-fuscescentia aut rufescentia aut testaceo-rufescentia. convexa aut primum planiuscula, immarginata aut margine evascente exclusove. *Hypothecium* purpureum aut fulvescens, KHO solutionem violaceam effundens. *Sporae* 8:nae, oblongae aut fusiformi-oblongae, long. 0,012—0,007, crass. 0,0025—0,0015 [—0,003] millim.

Ad corticem arborum prope Sitio (1000 metr. s. m.), n. 719, et in Carassa (1400 metr. s. m.), n. 1469, in civ. Minarum. — F. **schizophylla** Wainio, thallo distincte squamuloso, squamulis —0,2 millim. latis, laciniatis, planis, apotheciis umbrino-fuscescentibus, vulgo demum aggregatis, hypothecio purpureo dignota, ad Lafayette (1000 metr. s. m.) in civ. Minarum a me lecta est, n. 318, 335, 366. — Pannariam triptophyllam habitu in memoriam revocat. *Thallus* superne strato corticali chondroideo-parenchymatico obductus; hyphae strati medullaris membrana leviter aut parum incrassata, lumine cellularum sat angusto. *Hypothallus* tomentoso-stuppeus. *Gonidia* protococcoidea, diam. 0,010 0,008 millim., membrana tenui. *Apothecia* solitaria aut aggregata, inferne hypothallino-tomentosa. *Excipulum* fulvorufescens, in margine extus violaceum aut violaceofuligineum, KHO solutionem violaceam effundens, ex hyphis formatum conglutinatis, in parte exteriore radiantibus, fere parenchymatice septatis, cellulis angustis, oblongis, membranis crassis. *Hypothecium* ex hyphis erectis conglutinatis parenchymatice minute cellulosis formatum. *Hymenium* circ. 0.030 millim. crassum, totum dilute pallidum aut epithecio lutescente, jodo caerulescens, dein saltem partim obscure vinose rubens. *Paraphyses* arcte cohaerentes, 0.0015 millim. crassae, apice haud incrassatae, strato gelatinoso tenui indutae. *Asci* clavati, 0.008—0.010 millim. crassi. *Sporae* distichae, simplices, apicibus obtusis.

50. **L. corallina** Eschw., in Mart. Fl. Bras. (1833) p. 256; Nyl., Lich. Nov.-Gran. Addit. (1867) p. 321?, Fl. 1869 p. 122?, Krempelh., Fl. 1876 p. 268?; Müll. Arg., Lich. Beitr. (Fl. 1888) p. 527 pr. p. *L. parvifolia* d. *corallina* Tuck., Obs. Lich. III (1864) p. 273 (Wright, Lich. Cub. n. 184: mus. Paris.). *Psora parvifolia* var. *corallina* Müll. Arg., Lich. Beitr. (Fl. 1882) n. 494 pr. p. *Biatora parvifolia* c. *corallina* Tuck., Syn. North Am. II (1888) p. 18.

Thallus primum subsquamuloso-verruculosus, verruculis depresso-convexis, —0,1 millim. latis, aut granulosus, verruculis granulisque demum in isidia adscendentia suberectave, subteretia, circ. 0.080 millim. crassa et 0,5—0,8 millim. longa accrescentibus, glauco-virescens aut stramineo-glaucescens, hypothallo albido aut ad ambitum etiam violaceo-nigricante plus minusve evoluto instructus. *Apothecia* circ. 2—0,5 millim. lata, umbrino-rufescentia aut testacea, convexa aut primum planiuscula, immarginata aut primum marginata. *Hypothecium* testaceum aut pallidum aut fulvescens lutescensve. KHO non reagens. *Sporae* 8:nae, oblongae aut fusiformi-oblongae, long. 0,011—0,005, crass. 0,004—0,0015 millim.

Ad corticem arboris in Carassa (1400 metr. s. m.) in civ. Minarum, n. 1451, et prope Rio de Janeiro, n. 145. — *Hypothallus* tomentoso-stuppeus. *Gonidia* protococcoidea, globosa, diam. 0,010—0,006 millim., membrana tenui. *Apothecia* inferne hypothallino-tomentosa. *Excipulum* testaceum aut pallidum, KHO non reagens, hyphis radiantibus, conglutinatis, parenchymatice divisis, cellulis oblongis aut subglobosis. *Hypothecium* ex hyphis formatum erectis, conglutinatis, parenchymatice septatis, in paraphyses distincte continuatis. *Hymenium* totum pallidum, jodo persistenter caerulescens. *Paraphyses* arcte cohaerentes, 0,002 millim. crassae, apice haud incrassatae, strato gelatinoso tenui indutae, apicem versus increbre et basin versus crebrius septatae, haud aut parum (praecipue basin versus) constrictae. *Asci* clavati, circ. 0,007—0,006 millim. crassi. *Sporae* distichae, simplices, apicibus obtusis aut rotundatis.

51. L. isidiotyla Wainio.

Thallus granulosus, demum e granulis tenuissimis isidioideoconfluentibus concatenatisve constans, stramineo-glaucescens, hypothallo albido tenui impositus. *Apothecia* circ. 2—0,8 millim. lata, disco fusco-rufescente aut purpureo-fuscescente, plano planiusculove, margine sordide albicante cinerascenteve aut pallido, sat tenui aut mediocri, discum leviter superante aut aequante, persistente. *Hypothecium* rufescens, KHO solutionem rubescentem effundens. *Sporae* 8:nae, oblongae elongataeve aut fusiformi-oblongae, long. 0,014—0,008, crass. 0,0025—0,002 millim.

Ad corticem arborum prope Lafayette (1000 metr. s. m.) in civ. Minarum, n. 222. — L. corallinae est affinis et habitu subsimilis, at isidiis e granulis compositis, et hypothecio atque margine apotheciorum differens. Quamquam solum isidiosa neque vere squamosa est, ad Psoras tamen pertinet, quod etiam hypothallus tomentosus et apotheciorum structura demonstrant. *Thallus* demum crustam —1 millim. crassam formans, hypothallo tomentoso-stuppeo. *Gonidia* protococcoidea. *Apothecia* solitaria. *Excipulum* intus rufescens, extus pallidum, chondroideum, hyphis crassis, radiantibus, conglutinatis, basin versus excipuli in filamenta hypothallina continuatis. *Hymenium* circ. 0,040 millim. crassum, totum pallidum lutescensve, jodo dilute caerulescens, deinde vinose rubens. *Paraphyses* arcte cohaerentes, 0,001—0,0015 millim. crassae, apice non aut parum incrassatae, neque ramosae, nec constrictae. *Asci* clavati, 0,012—0,010 millim. crassi. *Sporae* distichae, simplices, apicibus obtusis.

52. L. pycnocarpa (Müll. Arg.) Wainio. *Psora pycnocarpa* Müll. Arg., Lich. Parag. (1888) p. 8 (mus. Paris.).

Thallus squamosus, squamis circ. 3—1 millim. longis, 2—0,3 millim. latis, sat tenuibus, irregularibus, crenatis aut inciso-crenatis aut subintegris, adnatis, planis aut rugoso-plicatis convexisve, tabacino- aut olivaceo-fuscescentibus. *Apothecia* circ. 0,5—0,8 (—1,5) millim. lata, atra, nuda, immarginata, convexa, aut primum planiuscula et tenuissime marginata. *Hypothecium* dilute fuscescens [aut olivaceo-virescens], KHO non reagens. *Sporae*

4*

8:nae, ovoideo-oblongae oblongaeve, long. 0,008—0,010 |—0,013|, crass. 0,003—0,004 |—0,0055| millim.

Ad terram arenosam supra nidum termitum in Carassa (1400 metr. s. m.) in civ. Minarum. — L. pycnocarpa (Müll. Arg.) „epithecio et hypothecio intense olivaceo-viridi et sporis 0,010—0,013 millim. longis, 0,004—0,0055 millim. latis" a planta nostra differt, at formam diversam systematicam vix constituat. — *Thallus* subopacus, strato corticali fere amorpho, ex hyphis verticalibus conglutinatis formato, hypothallo indistincto. *Gonidia* protococcoidea, diam. 0,012—0,008 millim., membrana sat tenui. *Apothecia* adpressa, demum saepe aggregata aut confluentia. *Excipulum* fuscum, KHO non reagens. *Hypothecium* in specimine nostro dilute fuscescens. *Hymenium* circ. 0,045 millim. crassum, saepe subpallescens, jodo persistenter caerulescens. *Epithecium* fuscescens, KHO non reagens. *Paraphyses* arcte cohaerentes, apice leviter clavato-incrassatae. *Asci* clavati, circ. 0,014 —0,016 millim. crassi. *Sporae* distichae, simplices, apicibus obtusis aut altero apice rotundato.

53. **L. glaucoplaca** Wainio (n. sp.).

Thallus squamosus, squamis circ. 0,5—0,8 (0,2—1) millim. longis latisque, sat tenuibus, saepe subcrenulatis, vulgo demum aut mox verruculoso-inaequalibus, planiusculis, adnatis, glaucescenti-albidis, plus minusve dispersis. *Apothecia* circ. 1—0,5 millim. lata, turbinato-elevata, fere substipitata, atra, nuda aut subnuda, disco planiusculo aut demum rarius depresso-convexiusculo, margine tenuissimo, demum vulgo excluso. *Hypothecium* superne intensius, inferne dilutius rufescens, KHO non reagens. *Sporae* 8:nae, oblongae aut ellipsoideae aut fusiformi-oblongae ellipsoideaeve, long. 0,011—0,006, crass. 0,005—0,0025 millim.

Ad rupem itacolumiticam in Carassa (1000 metr. s. m.) in civ. Minarum, 1308, 1316. — *Thallus* neque KHO, nec Ca Cl$_2$ O$_2$ reagens, hypothallo indistincto. *Apothecia* solitaria aut rarius aggregata. *Excipulum* dilute rufescens, parte intima albidum subdecoloratumve. *Hymenium* pallidum, jodo persistenter caerulescens. *Epithecium* fuscum aut rufescens, KHO non reagens. *Paraphyses* arcte cohaerentes, 0,0015 millim. crassae, apice clavatae, neque constrictae, nec ramosae. *Asci* clavati, 0,010—0,008 millim. crassi. *Sporae* distichae, simplices, apicibus obtusis aut rotundatis.

Subg. X. **Biatora** (Fr.) Th. Fr. *Thallus* crustaceus, uniformis. *Apothecia* saltem pro parte disco et margine laetius colorato. *Sporae* simplices, decolores, parvae aut mediocres.

Biatora Fr. in Kongl. Vet. Ac. Handl. 1822 p. 263 (pr. p.); Mass., Ric. Lich. Crost. (1852) p. 123; Koerb., Syst. Germ. (1855) p. 192 (em.). *Lecidea* B. *Biatora* Th. Fr., Lich. Scand. (1874) p. 422; Müll. Arg., Lich. Beitr. (Fl. 1881) n. 278, cet.

54. **L. russula** Ach., Lich. Univ. (1810) p. 197; Nyl., Énum. Gén. Lich. (1857) p. 120, Lich. Nov.-Gran. (1863) p. 457; Müll. Arg., Rev. Lich. Eschw. (1884) n. 37, Lich. Sebast. (1889) p. 359. *Biatora* Tuck., Syn. North Am. II (1888) p. 20.

Thallus crustaceus, mediocris aut sat tenuis aut raro tenuis, subcontinuus aut areolatus, leviter aut bene verruculoso-inaequalis aut sublaevigatus, esorediatus [aut raro sorediosus: Nyl. in Énum. Gén. Lich. p. 120], albidus [aut raro obscure cinereus]. *Apothecia* circ. 1 (3—0,3) millim. lata, adpressa, coccinea aut raro obscurata, nuda, disco plano, margine tenui, persistente aut rarius demum excluso, disco concolore. *Sporae* (raro evolutae) „8:nae, ellipsoideae aut oblongae, long. 0,012—0,008, crass. 0,004 —0,003 millim." (Tuck., l. c.).

Ad cortices arborum et ad saxa (et ligna) sat frequenter in Brasilia obvenit, n. 602, 891, 909, 1144, 1203, 1253, 1315, 1547, 1575, 1586. — *Thallus* KHO non reagens, hypothallo indistincto, medulla jodo non reagente. *Apothecia* thallo innata, valde prope superficiem aut in ipsa superficie enata, vulgo jam valde juvenilia adpressa. *Excipulum* proprium, gonidiis destitutum, ex hyphis formatum radiantibus, conglutinatis aut in parte interiore laxe contextis, crassis, parte exteriore (in lamina tenui) fulvorubescens, intus fere decoloratum aut dilute fulvescens. *Hypothecium* fulvescens aut rubescens aut parte subhymeniali subalbida. *Hymenium* vulgo dilute rubescens, jodo persistenter caerulescens. *Epithecium* rubescens aut fulvo-rubescens (KHO solutionem violaceam effundens). *Paraphyses* sat laxe cohaerentes, 0,002—0,0015 millim. crassae, apice haud incrassatae, basin versus ramoso-connexae, increbre septatae (Zn Cl$_2$ + I). *Asci* clavati, apicem versus membrana incrassata.

55. **L. canorubella** Nyl., Énum. Gén. Lich. (1857) p. 121 (mus. Paris.).

Thallus crustaceus, sat tenuis, continuus, superficie leviter verruculoso, aut raro subgranuloso, glaucovirescens aut cinereoglaucescens [aut raro flavescens]. *Apothecia* circ. 0,8—0,5 (1,8) millim. lata, adpressa, disco plano aut rarius demum convexo, grisco-fuscescente aut grisco-pallescente aut rarius testaceo pallidove, nudo, margine tenui, subpersistente, disco subconcolore aut obscuriore pallidioreve. *Hypothecium* rufescenti-nigricans aut testaceum. *Epithecium* pallidum aut decoloratum. *Sporae* 8:nae, ellipsoideae aut oblongae aut rarius parce subglobosae, long. 0,016 —0,007, crass. 0,006—0,0035 millim.

Ad corticem arboris prope Rio de Janeiro, n. 52. — Habitu subsimilis est L. virellae Tuck. (in Wright Lich. Cub. n. 188), quae autem hypothallo crasso tomentoso fusconigro ab ea differt. — *Thallus* KHO dilute flavescens aut vix reagens, Ca Cl₂ O₂ non reagens [aut KHO (Ca Cl₂ O₂) rubescens: f. flavescens Nyl. in mus. Paris.], hypothallo indistincto aut tenui, albido aut nigro, consistentia thallo simili limitatus. *Excipulum* proprium, cartilagineum aut fere pseudoparenchymaticum, strato myelohyphico nullo, fere decoloratum aut rufescenti-nigricans. *Hypothecium* KHO non reagens. *Hymenium* circ. 0,070—0,090 millim. crassum, jodo persistenter caerulescens, aut ascis nonnullis demum sordide subvinose rubentibus. *Paraphyses* sat arcte aut haud valde arcte cohaerentes, 0,0015 millim. crassae, apice non aut levissime incrassatae, neque constrictae, nec ramosae. *Asci* clavati, circ. 0,008—0,012 millim. crassi. *Sporae* 8:nae, distichae aut monostichae, simplices, apicibus rotundatis aut obtusis.

56. **L. testaceoglauca** Wainio (n. sp.).

Thallus crustaceus, sat tenuis aut mediocris, subcontinuus, superficie leviter verruculoso- aut granuloso-inaequali, glaucovirescens aut stramineo-glaucescens. *Apothecia* circ. 1—0,5 millim. lata, adpressa, disco plano aut demum convexo, testaceo aut testaceo-pallido, nudo, margine tenui, persistente, pallido. *Hypothecium* dilutissime pallidum. *Epithecium* dilutissime pallidum. *Sporae* 8:nae, fusiformi-oblongae aut oblongae aut fere ellipsoideae, long. 0,017—0,008, crass. 0,006—0,003 millim.

Ad corticem arboris prope Rio de Janeiro, n. 852 b. — A L. canorubella praesertim hypothecio differt et forsan magis est L. vernali affinis. *Thallus* neque KHO, nec Ca Cl₂ O₂ reagens, hypothallo nigricante tenui partim anguste limitatus. *Excipulum* proprium, dilute pallidum. *Hymenium* circ. 0,070 millim. crassum, jodo persistenter caerulescens. *Paraphyses* arcte cohaerentes, 0,001 millim. crassae, apice haud incrassatae, neque constrictae, nec ramosae. *Asci* clavati, circ. 0,012 millim. crassi. *Sporae* simplices.

57. **L. piperis** (Spreng.) Nyl., Fl. 1869 p. 121; Müll. Arg., Lich. Beitr. (Fl. 1881) n. 284, Rev. Lich. Eschw. (Fl. 1884) n. 41, Énum. Lich. Noum. (1887) p. 3. *Biatora rhodopis* Tuck., Syn. North Am. II (1888) p. 156 (mus. Paris.).

Thallus crustaceus, sat tenuis aut mediocris, continuus, sublaevigatus aut verruculoso-inaequalis, rubescens aut glaucescens aut cinereo-albicans aut fuscescens. *Apothecia* circ. 1,5 — 1 (—0,5) millim. lata, adpressa, disco plano aut raro depresso-convexiusculo, rufo aut rubescente aut fusco aut nigricante aut pallescente, margine mediocri, persistente, rubescente aut rufescente fuscescenteve aut nigricante aut cinerascente. *Hypothecium* nigricans aut fusco-nigrum. *Epithecium* decoloratum aut roseum aut fusco-nigricans. *Sporae* 8:nae, ellipsoideae aut fusiformi-oblongae, long. 0,018—0,009, crass. 0,010 —0,005 millim.

F. erythroplaca (Fée) Krempelh., Fl. 1876 p. 266 (coll. Glaz. n. 6256: hb. Warm.); Müll. Arg., Rev. Lich. Fée (1887) p. 5. *Lecidea erythroplaca* Fée, Bull. Soc. Bot. XX (1873) p. 316 pr. p. (mus. Paris.).

Thallus cinnabarino-rubescens. *Apothecia* disco nigricante aut testaceo-fuscescente, margine variabili, vulgo nigricante aut rufescente, partim etiam subrubescente.

Ad corticem arboris prope Lafayette (1000 metr. s. m.) in civ. Minarum, n. 240. — *Thallus* praecipue intus materiam cinnabarinam continens, partim hypothallo nigro limitatus.

F. circumtincta Nyl., Lich. Nov.-Gran. (1863) p. 457, ed. 2 (1863) p. 340 (coll. Lindig n. 775: mus. Paris.).

Thallus glaucescens. *Apothecia* disco pallescente aut rubescente, margine rubescente. Ad ramulos vetustos arboris prope Rio de Janeiro, n. 182. — *Thallus* saepe passim in parte interiore materiam cinnabarinam continens.

F. umbrinella (Pers.) Wainio. *Lecidea umbrinella* Pers. in Gaudich. Voy. Uran. (1826) p. 192 (mus. Paris.).

Thallus glaucescenti- aut cinereo-albicans. *Apothecia* disco et margine subfusco. Ad corticem arboris in Carassa (1400 metr. s. m.) in civ. Minarum. n. 1481 b. — *Thallus* in parte interiore passim materiam coccineam continens.

Obs. Nonnullas alias formas, nimis parce lectas, hic omisi. — Formae hujus speciei variabilis, habitu dissimillimae, valde inconstantes sunt et saepe in eodem specimine transeunt. *Thallus* in parte interiore materiam coccineam vulgo saltem passim continens, hypothallo nigricante passim limitatus. *Excipulum* proprium, gonidiis destitutum, cartilagineum, in parte exteriore ex hyphis radiantibus parenchymatice septatis conglutinatis formatum, strato myelohyphico nullo, parte interiore fusco-nigricans, parte exteriore colore variabile. *Hymenium* circ. 0.070 millim. crassum, jodo persistenter caerulescens, aut demum fere decoloratum et ascis vinose rubentibus. *Paraphyses* arcte cohaerentes, 0.001— 0.0015 millim. crassae, neque ramosae, nec constrictae. *Asci* clavati, circ. 0.012—0.016 millim. crassi. *Sporae* distichae, simplices.

58. **L. aurigera** Fée, Ess. Crypt. Écorc. (1824) p. 106, tab. 28 fig. 5; Nyl., Not. Lich. Port-Nat. (1868) p. 8; Müll. Arg., Rev. Lich. Fée (1887) p. 5.

Thallus crustaceus, continuus, cinereo- aut glaucescenti-albicans, verrucis instructus sparsis, elevatis, circ. 0,2—0,1 millim. latis, intus sulfureis aut stramineo-albidis, KHO non reagens. *Apothecia* circ. 1.2—0,5 millim. lata, adpressa, disco plano aut demum depresso-convexo, fusco aut rarius rufo nigricanteve, nudo, margine mediocri aut tenui, cinereo, persistente. *Hypothecium* pallido-fuscescens, aut partim pallidum [in specim. orig. late nigro-fuscum]. *Epithecium* pallidum rufescensve. *Sporae* 8:nae, ellipsoideae aut partim oblongae aut fusiformi-ellipsoideae, long. 0,017 —0,010, crass. 0.009—0.004 millim.

Ad corticem arboris prope Lafayette (1000 metr. s. m.) in civ. Minarum, n. 308. — *Thallus* crassitudine mediocris, hypothallo nigricante partim limitatus. *Excipulum* proprium, gonidiis et strato stuppeo destitutum, cartilagineum, ex hyphis conglutinatis formatum, pallidum, margine partim fuscescens. *Hymenium* circ. 0.100 0,080 millim. crassum, jodo caerulescens deindeque subvinose rubens. *Paraphyses* arcte cohaerentes, 0.001 millim. crassae, apice haud incrassatae, neque ramosae, nec constrictae. *Asci* clavati, circ. 0,016—0,012 millim. crassi. *Sporae* vulgo distichae, simplices, apicibus obtusis rotundatisve.

59. **L. coarctata** (Sm.) Nyl., Prodr. Fl. Gall. (1857) p. 112; Th. Fr., Lich. Scand. (1874) p. 447. *Lichen coarctatus* Sm., Engl. Bot. VIII (1799) tab. 534. *Zeora coarctata* Koerb., Syst. Germ. (1855) p. 132. *Lecanora* Bagl. et Car., Anacr. (1881) p. 206; Nyl., Fl. 1886 p. 101 (Hue, Addend. 1888 p. 134).

Thallus crustaceus, crassus aut sat tenuis, verruculosus aut areolatus aut squamosus aut granulosus, albidus aut cinerascens aut glaucescens, aut raro evanescens. *Apothecia* circ. 0,6—0,2 millim. lata, thallo innata, demum adpressa, disco plano convexove, fuscescente aut rufescente aut rubescente aut fusconigricante, margine tenui, primum inflexo, demum elevato aut evanescente, disco aut thallo subconcolore. *Hypothecium* pallidum. *Epithecium* fuscescenti-pallidum fuscescensve. *Sporae* 8nae, ellipsoideae aut oblongae, long. 0,020—0,011 [—0,026], crass. 0,010—0,006 [—0,012] millim. *Pycnoconidia* cylindrica (Linds., Mem. Sperm. Crust. Lich. tab. 11 fig. 34).

Var. **elachista** (Ach.) Th. Fr., Lich. Scand. (1874) p. 447. *Parmelia elachista* Ach., Meth. Lich. (1803) p. 159.

Thallus areolatus aut areolato-diffractus aut verruculosus granulosusve aut raro evanescens. Ad rupes et terram arenosam pluribus locis prope Sitio (1000 metr. s. m.) in civ. Minarum, n. 608, 644, 990, 992, 1147, et ad Rio de Janeiro, n. 60. — *Thallus* neque KHO nec Ca Cl₂ O₂ nec I reagens, KHO (Ca Cl₂ O₂) praecipue intus rubescens. *Gonidia* protococcoidea. *Apothecia* thallo innata et interdum adhuc satis evoluta thallo cincta (ad instar excipuli thallodis). *Excipulum* proprium aut bene evolutum aut tenue aut in basi apothecii evanescens, ex hyphis tenuibus conglutinatis aut interdum aëre disjunctis irregulariter contextis aut longitudinalibus (parallelis cum paraphysibus) formatum, fuscescens aut fuscescenti-pallidum. *Hymenium* circ. 0.160—0.080 millim. crassum, jodo vinose rubens aut primum dilute intenseve caerulescens. *Paraphyses* laxe (n. 60) aut arcte (n. 644, 1147) cohaerentes, 0,001—0,0015 millim. crassae, apice haud incrassatae, praecipue apice vulgo ramosae ramulosaeque, haud constrictae. *Asci* cylindrico-clavati aut clavati, circ. 0,010—0,016 millim. crassi, membrana tenui. *Sporae* fere distichae, simplices.

Obs. Lecanorae Grimselanae (Hepp, Lich. Helv. n. 225)
L. coarctata minime est affinis, ut Nylander (in Hue Addend.
1888 p. 134) existimat, sed affinitatem proximam cum Lecidea
Brujeriana (Hepp, Lich. Helv. n. 615), excipulo proprio bene
evoluto instructa, distincte ostendit. Neque formae L. coarctatae
desunt, in quibus excipulum proprium est crassum et strato thallino obducente destitutum. Ita res se habet in specimine, quod
cel. Nyl. in mus. Paris. determinavit et nominavit „v. ornata".

60. **L. flexuosa** (Fr.) Norrl., Öfvers. Torn. Lapp. (1873)
p. 346; *L. granulosa* **L. flexuosa* Th. Fr., Lich. Scand. (1874)
p. 444.

Thallus crustaceus, crassitudine mediocris aut sat tenuis,
verruculosus et parcius etiam granulosus, verruculis contiguis, cinerascens [aut glaucescenti-virescens]. *Gonidia* pleurococcoidea.
Apothecia circ. 0,3—0,2 [—0,5] millim. lata, adpressa, disco plano
aut primum concavo, livido-nigricante nigrove, nudo, margine
tenui, cinereo aut cinereo-nigricante, persistente. *Hypothecium*
dilute pallidum albidumve. *Epithecium* olivaceo-smaragdulum.
Sporae 8:nae, oblongae aut ellipsoideae, long. 0,010—0,007, crass.
0,005—0,004 [—0,003] millim.

Ad cortices putridos arborum prope Sitio (1000 metr. s. m.)
in civ. Minarum, n. 624, 712. — *Thallus* in speciminibus nostris
brasilianis neque KHO nec $CaCl_2O_2$ reagens, KHO ($CaCl_2O_2$)
rubescens, hypothallo indistincto. *Gonidia* potius ad Pleurococ-
cos quam Protococcos pertineant, diam. 0,006—0,010 millim.,
partim simplicia, partim in duas aut quatuor cellulas cohaerentes
(parcius etiam in plures) divisa, membrana crassiuscula. *Apothecia* solitaria aut aggregata, margine integro aut demum leviter
flexuoso (in specim. europaeis magis sunt flexuosa). *Excipulum*
proprium, chondroideum, ex hyphis tenuibus conglutinatis formatum, olivaceo-smaragdulum, KHO fuscescens. *Hymenium* circ.
0,040 millim. crassum, jodo leviter caerulescens deindeque sordide vinose rubens. *Epithecium* olivaceo-smaragdulum, KHO fuscescens. *Paraphyses* 0,0005—0,001 millim. crassae, gelatinam
sat firmam percurrentes, sat abundanter ramoso-connexae, etiam
apice ramosae. *Asci* clavati, circ. 0,010—0,008 millim. crassi.
Sporae distichae, simplices, apicibus obtusis rotundatisve.

61. **L. misella** Nyl., Lich. Lapp. Or. (1866) p. 177; Wainio,

Adj. Lich. Lapp. II (1883) p. 49. *L. asserculorum* Th. Fr., Lich. Scand. (1874) p. 473 (L. asserculorum Ach., Lich. Univ. 1810 p. 170, „apotheciis plano-concaviusculis, crusta fuligineo-atra" descripta est, quare hoc nomen prioritatem habere vix dici potest).

Thallus crustaceus, tenuissimus, virescens aut cinereo-glaucescens, verruculoso-inaequalis, dispersus, aut evanescens. *Apothecia* 1,5—3 millim. lata, adpressa, atra |aut fusco-nigra|, nuda, jam primo convexa aut depresso-convexa immarginataque. *Hypothecium* virescens aut pallidum. *Hymenium* parte inferiore virescens, KHO violascens. *Epithecium* olivaceo-fuligineum olivaceumve. *Sporae* 8:nae, ellipsoideae ovoideaeve, long. 0,010—0,005, crass. 0,004—0,0025 millim.

F. Brasiliana Wainio. *Hymenium* jodo persistenter caerulescens. *Hypothecium* virescens.

Ad lignum vetustum in Carassa (1400 metr. s. m.) in civ. Minarum, n. 1420, 1450. — *Gonidia* protococcoidea. *Apothecia* demum saepe tuberculata. *Excipulum* tenue, fusco-nigricans. *Hypothecium* in speciminibus nostris brasilianis virescens, KHO violascens aut fuscescens. *Epithecium* KHO decoloratur. *Hymenium* arcte cohaerens, circ. 0,040—0,050 millim. crassum, jodo persistenter caerulescens (demum vinose rubens in speciminibus europaeis L. misellae). *Paraphyses* 0,0005 millim. crassae, apice haud incrassatae, sat numerosae (in KHO conspicuae). *Asci* clavati, crass. circ. 0,008—0,014 millim. *Sporae* distichae, simplices.

Subg. XI. **Eulecidea** Th. Fr. *Thallus* crustaceus, uniformis. *Apothecia* disco et margine atro (aut pruinoso). *Sporae* simplices, decolores, parvae aut mediocres.

Lecidea β *Eulecidea* Stizenb., Beitr. Flechtensyst. (1862) p. 161 (emend.); Th. Fr., Lich. Scand. (1874) p. 481.

62. **L. violaceo-fuliginea** Wainio (n. sp.).

Thallus crustaceus, tenuis, continuus, verruculoso-inaequalis, esorediatus, albidus, KHO lutescens. *Apothecia* circ. 1,5—1 millim. lata, adpressa, atra, nuda, disco plano aut demum convexo (plano in apotheciis recentibus), margine mediocri aut demum extenuato, integro, discum superante aut rarius demum aequante. *Excipulum hypotheciumque* (in lamina tenui) purpureo-fuligineum, KHO non reagens, parte subhymeniali hypothecii tenui albida.

Epithecium violaceo-caeruleo-fuligineum, KHO non reagens. *Sporae* 8:nae, ellipsoideae aut pr. p. subglobosae, long. 0,016—0,009, crass. 0,010—0,006 millim.

Ad corticem arboris in Carassa (1400 metr. s. m.) in civ. Minarum, n. 1344. — Habitu vix differt a L. glomerulosa f. achrista Sommerf. (Wainio, Adjum. I p. 93), cui tamen parum est affinis, hypothecio et epithecio ab ea differens. *Thallus* (e materia aliena partim cinereo-fuscescens) Ca Cl$_2$ O$_2$ non reagens, KHO (Ca Cl$_2$ O$_2$) rubescens, hypothallo nigricante partim limitatus. *Gonidia* protococcoidea. *Apothecia* jam primo superficialia discoque aperto; disco nitidiusculo subopacove, margine bene nitido. *Excipulum* cartilagineum, strato medullari stuppeo nullo. *Hymenium* oleosum eamque ob causam semipellucidum, 0,110 millim. crassum, jodo intense caerulescens, deindeque decoloratum, ascis vinose rubentibus. *Paraphyses* sat laxe cohaerentes, 0,001 millim. crassae, apice haud incrassatae, partim saepe aliquantum ramosae et ramoso-connexae, partim simplices, haud constrictae. *Asci* clavati, circ. 0,020 millim. crassi. *Sporae* distichae, simplices, membrana tenui aut sat tenui.

63. **L. goniophila** Floerk., Berl. Mag. 1809 p. 311; Wainio, Adj. Lich. Lapp. II (1883) p. 90.

Thallus crustaceus, crassus aut tenuis aut obsoletus, variabilis, vulgo verruculoso-inaequalis, esorediatus aut raro parce subleproso-granulosus, albidus aut raro cinerascens caesiusve, KHO flavescens, Ca Cl$_2$ O$_2$ non reagens. *Apothecia* mediocria aut rarius sat parva, adpressa, atra aut rarius fusco-atra, nuda, saltem primo plana marginataque (aut primum concava), margine integro. *Hypothecium* albidum aut pallidum. *Epithecium* aeruginoso- aut olivaceo- aut violaceo-nigricans aut fuscens, KHO non reagens. *Sporae* 8:nae, ellipsoideae, long. 0,018—0,008, crass. 0,010—0,004 millim. *Pycnoconidia* longa, filiformi-cylindrica, curvata. Vulgo saxicola.

Var. **diminuta** Wainio. *Thallus* mediocris aut sat tenuis, verruculoso-inaequalis. *Apothecia* parva, 0,5—0,2 millim. lata, planiuscula, nigra, margine tenui, demum evanescente. *Epithecium* fusco- aut olivaceo- aut aeruginoso-fuligineum aut nigricans.

Ad lignum in Sitio (1000 metr. s. m.) in civ. Minarum, n. 599. — Habitu similis L. glomerulosae f. euphorcae Floerk.

(Wainio. l. c. p. 94), quae praesertim colore hypothecii ab ea differt. *Excipulum* basi pallidum, marginem versus purpureofuscescenti- aut caeruleofuscescenti-fuligineum, ex hyphis radiantibus conglutinatis formatum. *Hypothecium* pallidum, tenue. *Hymenium* circ. 0,090—0,050 millim. crassum, jodo caerulescens, dein obscure violacee vinose rubens. *Paraphyses* sat laxe cohaerentes, 0,0015 millim. crassae, apice clavatae aut parum incrassatae. *Asci* clavati, 0,020—0,016 millim. crassi. *Sporae* distichae, ellipsoideae, simplices, long. 0,012—0,008, crass. 0,007 —0,004 millim.

64. **L. camptospora** Wainio (n. sp.).

Thallus crustaceus, crassitudine mediocris aut sat tenuis, dispersus, varie aut verruculose inaequalis, haud distincte sorediosus, olivaceo-nigricans aut griseo-olivaceus. *Apothecia* 0,7—0,5 millim. lata, adpressa, atra, nuda, planiuscula aut demum convexa, immarginata (ab origine immarginata aut juvenilia valde indistincte submarginata). *Hypothecium* albidum. *Epithecium* caeruleo-smaragdulo-fuligineum, KHO non reagens. *Sporae* 8:nae, oblongae, curvatae aut pro parte rectae, long. 0,011—0,009, crass. 0,003—0,0025 millim.

Ad saxa granitica prope Rio de Janeiro, n. 57, 77. — *Thallus* hypothallo caeruleo-nigricante parum conspicuo. *Excipulum* intus subdecoloratum, extus smaragdulo-fuligineum, KHO non reagens. *Hymenium* circ. 0,060 millim. crassum, jodo persistenter caerulescens. *Paraphyses* arcte cohaerentes, 0,001 millim. crassae, apice vix incrassatae, neque ramosae, nec constrictae. *Asci* clavati, circ. 0,014—0,012 millim. crassi. *Sporae* distichae, simplices, apicibus rotundatis, rarius obtusis, membrana tenui.

65. **L. subplebeja** Wainio (n. sp.).

Thallus crustaceus, tenuissimus, verruculoso-inaequalis aut granulosus, aut evanescens, haud distincte sorediosus, albidus aut cinereo-glaucescens. *Apothecia* 0,3—0,2 millim. lata, adpressa, atra aut parcius fusco-atra, nuda, plana aut demum convexa, margine tenui, integro, persistente aut demum excluso. *Hypothecium* rufescens aut pallido-rufescens aut pallidum. *Epithecium* purpureoaut fusco- aut aeruginoso-fuligineum, KHO non reagens. *Sporae* 8:nae, ellipsoideae, long. 0,012—0,007, crass. 0,008—0,005 millim.

Ad corticem vetustum prope Sitio (1000 metr. s. m.) in civ.

Minarum. n. 731 b. *Thallus* hypothallo indistincto. *Excipulum* purpureo-fuscescens. basin versus pallescens aut pallescenti-fuscescens. *Hymenium* circ. 0,070 millim. crassum, jodo sat leviter caerulescens, dein vinose rubens. *Paraphyses* arcte cohaerentes, 0,0015 millim. crassae. apice saepe clavatae, clava fuscescente, neque ramosae. nec constrictae. *Asci* clavati, circ. 0,016 millim. crassi. *Sporae* distichae, simplices.

66. **L. cubuelliana** Wainio (n. sp.).

Thallus crustaceus. crassus aut sat crassus. verrucosus aut verrucoso-areolatus. areolis formatis e verrucis solitariis aut demum vulgo e verrucis numerosis connatis, albidus aut cinereo-albicans, KHO lutescens. *Apothecia* circ. 0,5—1,5 millim. lata, fere adpressa. atra. nuda. immarginata, disco planiusculo aut depresso-convexo. *Hypothecium* rufum. *Epithecium* rufo-fuscescens. *Sporae* 8:nae. oblongae aut fusiformi-oblongae, long. 0,012—0,010, crass. 0,004—0,0035 millim.

Ad rupem itacolumiticam in Carassa (1400 metr. s. m.) in civ. Minarum, n. 1208. — *Thallus* Ca Cl$_2$ O$_2$ non reagens, KHO (Ca Cl$_2$ O$_2$) demum rubescens, medulla jodo non reagente. *Apothecia* disco nitido. *Excipulum* proprium, ex hyphis radiantibus formatum, rufescens, aut extus partim rufofuscescens et intus partim pallidum, KHO non reagens. *Hymenium* circ. 0,060 millim. crassum, pallidum aut pallido-rufescens, jodo persistenter caerulescens. *Epithecium* KHO non reagens. *Paraphyses* arcte cohaerentes, 0,001 millim. crassae, gelatina epithecium obducente. *Asci* clavati, circ. 0,014 millim. crassi. *Sporae* distichae, simplices. apicibus obtusis aut raro acutiusculis aut altero apice rotundato, membrana tenui.

67. **L. pernigrata** Wainio (n. sp.).

Thallus crustaceus, crassitudine mediocris, continuus, rimulosus, laevigatus, esorediatus, nigricans aut fusconigricans. *Apothecia* circ. 0,6—0,3 millim. lata, thallo immersa, disco concavo, nigro aut fusco-nigro, nudo, margine tenuissimo aut evanescente indistinctove, nigro. *Hypothecium* fusco-nigrum. *Epithecium* fuscum. *Sporae* 8:nae, ellipsoideae aut ovoideae, long. 0,018—0,016, crass. 0,009—0,007 millim.

Ad rupem itacolumiticam in Carassa (1500 metr. s. m.) in civ. Minarum, n. 1275. — Ad species inter Lecanoras (Aspicilias) et Lecideas intermedias pertinet. habitu magis prioribus congruens, at microscopio examinata excipulo proprio fuligineo affinitatem proxiorem cum Lecideis ostendens. *Thallus* strato corticali fuligineo (caerulescenti-fuligineo in KHO), ex apicibus hypharum incrassatarum, septa una constricte articulatarum formato, strato medullari jodo non reagente, hyphis leptodermaticis. *Gonidia* protococcoidea. *Excipulum* proprium, thallo immersum, fuligineum, KHO non reagens. *Epithecium* fuscum, KHO non reagens. *Hymenium* jodo caerulescens, dein vinose rubens. *Paraphyses* arcte cohaerentes, 0,0015 millim. crassae, apice vix incrassatae, simplices aut parce ramosae, haud constrictae. *Asci* clavati, circ. 0,018 millim. crassi, membrana apicem versus incrassata. *Sporae* distichae, simplices.

68. **L. buelliana** Müll. Arg., Lich. Beitr. (Fl. 1880) n. 202 (hb. Warm.).

Thallus crustaceus, crassitudine mediocris aut rarius sat tenuis, esorediatus, areolatus, areolis contiguis aut rarius supra hypothallum nigrum dispersis, minutis (vulgo circ. 0,5—0,2 millim. latis), angulosis, planiusculis, vulgo sublaevigatis, albido-glaucescentibus aut subcinerascentibus, KHO flavescentibus, hypothallo nigro ad ambitum et inter areolas plus minusve conspicuo. *Apothecia* 0,5—0,3 millim. lata, thallo immersa aut demum leviter emergentia, atra, nuda, immarginata aut raro tenuissime marginata, disco primum planiusculo, demum convexo aut depresso-convexiusculo. *Hypothecium* dilute cerasino-violaceum. *Epithecium* cerasino-fuligineum nigricansve. *Sporae* 8:nae, ellipsoideae, long. 0,014—0,010, crass. 0,008—0,006 millim.

Supra rupes in Carassa (1400—1500 metr. s. m.) in civ. Minarum frequenter obvia, n. 1260, 1285 b, 1407 b, 1576. — Ad species inter Lecanoras et Lecideas intermedias pertinet. *Thallus* KHO (Ca Cl$_2$ O$_2$) dilute rubescens. *Medulla* thalli jodo non reagens. *Apothecia* disco nitidiusculo aut subopaco, demum thallum leviter superante. *Excipulum* proprium, tenue, ex hyphis radiantibus, conglutinatis formatum, cerasino-fuligineum aut dilute cerasinum. *Hypothecium* tenue. *Hymenium* circ. 0,080 millim. crassum, dilute cerasinum, jodo persistenter caerulescens, epithecio cerasino-fuligineo nigricanteve, KHO non reagens. *Paraphyses* arcte cohaerentes, 0,001 millim. crassae, clava gelatinosa crassa violacea terminatae. neque ramosae, nec constrictae. *Asci* clavati, circ. 0.016—0,14 millim. crassi. *Sporae* distichae, simplices, apicibus rotundatis, membrana sat tenui.

5. Biatorella.

De Not. in Giorn. Bot. Ital. 1846 t. I p. 192; Mass.. Ric. Lich. Crost. (1852) p. 130, Geneac. Lich. (1854) p. 10; Koerb., Par. Lich. (1859—65) p. 124; Th. Fr., Gen. Lich. (1861) p. 86, Lich. Scand. (1874) p. 396; Rehm in Rabenh. Krypt.-Fl. III (1890) p. 303 (excl. species gonidiis egentes).

Thallus crustaceus, uniformis aut raro ambitu lobatus, hypothallo aut hyphis medullaribus substrato allixus, rhizinis veris nullis, strato corticali nullo aut raro (in B. testudinea) thallum superne obtegente. subcartilagineo, ex hyphis formato irregulariter contextis, conglutinatis, sat leptodermaticis. *Stratum medullare* stuppeum, hyphis implexis, tenuibus, leptodermaticis, lumine cellularum comparate sat lato. *Gonidia* protococcoidea. *Apothecia* lecideina, thallo innata aut in superficie thalli aut in hypothallo enata, vulgo dein mox emergentia adpressaque aut raro immersa permanentia. *Excipulum* proprium, gonidiis destitutum, ex hyphis sat leptodermaticis conglutinatis aut (praecipue in subgen. *Sarcogyne*) pro parte materia granulosa conjunctis formatum, strato medullari stuppeo nullo. *Paraphyses* simplices aut parce ramoso-connexae. *Sporae* numerosissimae (in eodem asco), decolores, simplices, breves minutaeque. *Conceptacula pycnoconidiorum* thallo immersa aut verruculas in thallo formantia. „*Sterigmata* simplicia. *Pycnoconidia* oblonga aut oblongo-cylindrica aut ellipsoidea aut ovoidea" (Th. Fr., l. c., et Nyl. in Hue Addend. p. 115).

1. **B. conspersa** (Fée) Wainio. *Lecidea conspersa* Fée, Ess. Lich Écorc. (1824) p. 109, tab. 42 fig. 26; Nyl., Lich. Nov.-Gran. Addit. (1867) p. 327: Krempelh. in Warm. Lich. Bras. (1873) p. 24, Fl. 1873 p. 468; Müll. Arg., Lich. Beitr. (Fl. 1881) n. 345, Rev. Lich. Fée (1887) p. 8.

Thallus crustaceus, crassitudine mediocris, soredioso- et verruculoso-granulosus, granulis contiguis aut dispersis, minutissimis, fulvis aut raro fulvescenti-flavis. *Apothecia* 0.8—0,5 millim. lata, adpressa. disco plano aut demum convexo, fulvo aut fulvo-lutescente. pruinoso, margine tenui, disco vulgo concolore, persistente aut demum excluso. *Hypothecium* fuscum. *Sporae* in ascis numerosissimae, simplices, globosae, diam. 0,002—0,0015 |—0,0025 millim.

Ad corticem arborum prope Sitio, n. 896, et Lafayette, n. 283 et 330 (1000 metr. s. m.), et in Carassa (1400 metr. s. m.), n. 1492, in civ. Minarum. — *Thallus* KHO violascens, hypothallo nigricante partim limitatus. *Gonidia* protococcoidea. diam. 0,010 —0,008 millim., membrana tenui. *Excipulum* proprium, ex hyphis conglutinatis formatum, carbonaceum, in lamina tenui fusco-fuligineum, extus fulvescens. *Hymenium* circ. 0,070—0,090 millim. crassum, jodo persistenter caerulescens. *Epithecium* fulvescens, KHO solutionem violaceam effundens. *Paraphyses* sat laxe cohaerentes, 0,001 millim. crassae, apice non aut parum incrassatae, haud constrictae, parce ramosae et ramoso-connexae, maxima parte simplices. *Asci* cylindrici aut clavati, 0,014—0,012 millim. crassi, apice aut parte superiore membrana leviter incrassata. *Sporae* polystichae, decolores, membrana tenui.

Trib. 13. **Coenogonieae.**

Thallus laxissime spongioso-byssinus, lamellosus aut adnatus. homoeomericus, strato corticali nullo, ex hyphis leptodermaticis filamenta gonidiorum obducentibus formatus. *Gonidia* ad species diversas Trentepohliae pertinentia. *Apothecia* gonidiis destituta, peltata, basi excipuli constricta. *Excipulum* parenchymaticum, lumine cellularum majusculo, strato medullari stuppeo nullo. *Paraphyses* evolutae, haud ramoso-connexae. *Sporae* breves, simplices aut 1-septatae, decolores.

1. **Coenogonium.**

Ehrenb. in Nees ab Esenb. Horae Phys. Berol. (1820) p. 120, tab. 27; Fée, Ess. Crypt. Écorc. (1824) p. LXXVIII; Karsten in Ann. Sc. Nat. Sér. 4 Bot. Tom. XIII (1860) p. 277, tab. 1 et 2; Nyl., Obs. Coenog. (1861) p. 89 (excl. speciebus ad algas pertinentibus), tab. 12; Schwend., Fl. 1862 p. 225, tab. 1, Beitr. Flecht. III (1868) p. 172, tab. 23 fig. 18—21; Tuck., Gen. Lich. (1872) p. 149; Bornet, Rech. Gon. (1873) p. 16, tab. 8; Müll. Arg., L'org. Coenog. (1881) p. 370; Tuck., Syn. North Am. (1882) p. 256; Hariot, Not. Trentepohl. (1890) p. 3.

Thallus laxissime spongioso-byssinus, lamellas fere reniformes, uno margine substrato affixas, prostrato-pendentes formans, aut substrato adnatus, ex hyphis constans tenuibus (0,003—0,0015 millim. crassis), leptodermaticis, increbre aut partim sat crebre septatis, filamenta ramosa gonidiorum crebre aut increbre parcissimeve irregulariter aut reticulatim obducentibus et passim ex uno filamento in alterum transeuntibus. *Gonidia* ad species diversas Trentepohliae pertinentia, filamenta flavescentia vel flavovirescentia, cylindrica, increbre ramosa, septata, haud constricta formantia, interdum etiam zoosporangiis (hyphis saepe creberrime obductis) instructa. *Apothecia* peltata, lecideina, gonidiis destituta. *Excipulum* grosse aut sat grosse parenchymaticum, ex hyphis parte exteriore radiantibus, parenchymatice septatis, conglutinatis formatum, parietibus cellularum sat tenuibus (in KHO gelatinoso-turgescentibus), strato medullari destitutum. *Paraphyses* haud ramoso-connexae. *Sporae* 8:nae, decolores, fusiformes aut oblongae ellipsoideaeve, 1-septatae aut simplices. *Conceptacula pycnoconidiorum* globosa, albida. *Sterigmata* simplicia, exarticulata, *anaphysibus* vel filamentis elongatis simplicibus aut ramosis aut ramoso-connexis immixta. *Pycnoconidia* fusiformia, recta.

1. **C. Linkii** Ehrenb. in Nees ab Esenb. Horae Phys. Berol. (1820) p. 120, tab. 27 ; Fée, Ess. Crypt. Écorc. Suppl. (1837) p. 134; Nyl., Obs. Coenog. (1861) p. 89, tab. 12 fig. 1—14, Addit. Lich. Boliv. (1862) p. 225; Schwend., Fl. 1862 p. 225, tab. 1, Beitr. Flecht. III (1868) p. 172, 202, tab. 23 fig. 18—21; Tuck., Syn. North Am. (1882) p. 256.

Thallus lamellas spongioso-byssinas, reniformes aut rotundatas. circ. 70—30 millim. latas, 30—15 millim. longas, uno margine substrato affixas, prostrato-pendentes, demum vulgo plures superpositas formans. *Gonidia* cellulis circ. 0,030—0,018 millim. crassis. *Apothecia* in latere inferiore aut raro etiam in latere superiore (in n. 226) thalli sita, 1,2—0,6 millim. lata, disco convexiusculo aut planiusculo, carneo- vel fulvescenti-pallido, margine tenui, pallido. *Sporae* fusiformes, 1-septatae, long. 0,011— 0,008, crass. 0,003—0,002 millim. [„—0,0045 millim.“: Nyl., l. c.].

Ad corticem et ramulos arborum in silvis umbrosis, sat frequens, n. 226, 226 b, 1278, 1590, 1591. — *Thallus* e rore nocturno fere totam diem vulgo omnino madidus permanet, colore viridis flavescensve aut demum stramineus. *Hyphae* filamenta gonidiorum obtegentes 0,003—0,002 millim. crassae, leptodermaticae. *Gonidia* cellulis circ. 0,030—0,070 millim. longis. *Excipulum* gonidiis destitutum, sat grosse parenchymaticum, strato medullari nullo. *Hypothecium* albidum pallidumve, tenue, ex hyphis irregulariter contextis fere conglutinatis formatum. *Hymenium* circ. 0,040—0,060 millim. crassum, fere totum dilute pallidum albidumve, caerulescens deindeque vinose rubens. *Paraphyses* laxe cohaerentes, 0,002 millim. crassae, apice capitatae (0,006—0,004 millim. crassae), haud ramosae, septatae. *Asci* cylindrici aut fusiformi-cylindrici, circ. 0,004—0,007 millim. crassi, membrana tota tenui. *Sporae* 8:nae, distichae, decolores, rectae aut obliquae aut levissime curvatae, apicibus acutis aut acutiusculis. *Conceptacula pycnoconidiorum* in latere superiore thalli sita, globosa, dilute pallida, parenchymatica. *Sterigmata* 0,025—0,0015 millim. crassa, basi aut basin versus ramosa (trichotome aut fasciculatim aut dichotome), ramis simplicibus aut furcatis, inaequaliter elongatis, nonnullis in filamenta elongata (anaphyses) continuatis, increbre septatae, haud aut vix constrictae, apicibus pycnoconidia efferentibus. *Pycnoconidia* fusiformia aut fusiformi-oblonga, apicibus acutis aut obtusis, recta, simplicia, long. 0,009—0,006, crass. 0,002—0,001 millim., contento e „microgonidiis" (h. e. granulationibus cellularum) parce granuloso (Zn Cl$_2$ + I).

2. **C. Leprieurii** (Mont.) Nyl., Obs. Coenog. (1861) p. 89 pr. p., tab. 12 fig. 15—19, Syn. Lich. Nov. Cal. (1868) p. 40. *C. Linkii* var. *Leprieurii* Mont., Crypt. Guyan. (Ann. Sc. Nat. 3 sér. Bot. T. XVI 1851 p. 47).

Thallus lamellas spongioso-byssinas, ambitu rotundatas, circ. 40—10 millim. latas, 25—10 millim. longas, saepe plures imbricatim superpositas, praecipue margine uno (partim etiam lamina inferiore) substrato affixas, ambitum alterum versus liberas prostratasque formans. *Gonidia* cellulis circ. 0,011—0,017 millim. crassis. *Apothecia* praesertim in latere inferiore, saepe parcius etiam in latere superiore sita, 1—0,5 millim. lata, disco planiusculo aut demum convexo, carneo- aut fulvescenti-pallido, margine tenui, pallido. *Sporae* oblongo- aut ellipsoideo-fusiformes, simplices[1]), long. 0,007—0,004 millim. [„—0,010 millim.: Nyl.,

---

[1]) Ex observatione cel. Nyl. in Syn. Lich. Nov. Cal. p. 40 sporae in specim. nov.-caled. 1-septatae essent. Hanc observationem affirmare non po-

Obs. Coenog. p. 89], crass. 0,002 millim. |„—0,004 millim.": Nyl., l. c.].

Ad corticem arborum prope Rio de Janeiro et ad Sitio (1000 metr. s. m.) in civ. Minarum, n. 203, 1593. — *Thallus* viridis flavescensve. *Hyphae* filamenta gonidiorum obtegentes 0,002— 0,0015 millim. crassae, leptodermaticae. *Gonidia* cellulis circ. 0,036—0,050 millim. longis. *Excipulum* gonidiis destitutum, grosse parenchymaticum, membranis cellularum sat tenuibus (in KHO turgescentibus), strato medullari nullo. *Hypothecium* dilute pallidum, tenue, ex hyphis tenuibus, irregulariter contextis, partim parenchymatice septatis, conglutinatis formatum. *Hymenium* circ. 0,060 millim. crassum, jodo dilutissime aut vix distincte caerulescens, dein vinose rubens. *Paraphyses* laxe cohaerentes, 0,0015 millim. crassae, apice capitatae aut clavatae (0,003—0,002 millim.) aut parum incrassatae, neque ramosae, nec septatae aut raro parcissime septatae (PH$_3$O$_4$ + I). *Asci* cylindrici aut cylindrico-clavati, circ. 0,004 millim. crassi, membrana tenui. *Sporae* 8:nae, monostichae, decolores, apicibus obtusiusculis.

3. **C. subvirescens** Nyl., Fl. 1874 p. 72 (mus. Paris.). *C. Leprieurii* var. *subvirescens* Nyl., Obs. Coenog. (1861) p. 89.

Thallus lamellas spongioso-byssinas, ambitu rotundatas, circ. 25—10 millim. latas, 10—3 millim. longas, plures imbricatim superpositas, praecipue margine uno (partim etiam lamina inferiore) substrato affixas, ambitum alterum versus liberas prostratasque formans. *Gonidia* cellulis circ. 0,008—0,006 millim. crassis. *Apothecia* in latere superiore thalli sita, 0,6—0,4 millim. lata, disco convexiusculo aut planiusculo, carneo- aut fulvescenti-pallido, margine tenui, pallido. *Sporae* oblongae aut oblongo- vel ellipsoideo-fusiformes, simplices, long. 0,010—0,006, crass. 0,003 —0,0025 millim.

Ad corticem arborum prope Rio de Janeiro, n. 171, et ad Lafayette (1000 metr. s. m.), in civ. Minarum, n. 231 et 1592. — *Thallus* flavescens aut demum stramineus. *Hyphae* filamenta gonidiorum obtegentes 0,002—0,0015 millim. crassae, leptoderma-

---

tuimus, quia in specimine ab eo citato (in mus. Paris.) solum unum apothecium morbosum hymenioque destitutum invenimus. Etiam in coll. Balansa n. 4113 sporae sunt simplices.

ticae. *Gonidia* cellulis circ. 0,020—0,030 millim. longis. *Exci-pulum* gonidiis destitutum, grosse parenchymaticum, membranis cellularum sat tenuibus. *Hypothecium* dilute pallidum, tenue, ex hyphis irregulariter contextis fere conglutinatis formatum. *Hyme-nium* circ. 0,055—0,060 millim. crassum, jodo vinose rubens. *Pa-raphyses* laxe cohaerentes, 0,001 millim. crassae, apice capitatae clavataeve aut vix incrassatae (0,003—0,0015 millim. crassae). marginem apotheciorum versus vulgo apice crassiores, haud ra-mosae. *Asci* cylindrici, circ. 0,004 millim. crassi, membrana tenui. *Sporae* 8:nae, decolores, apicibus obtusis aut obtusiusculis. *Con-ceptacula pycnoconidiorum* in lamina superiore thalli sita, globosa, circ. 0,280 millim. lata, albida, minute parenchymatica. *Sterig-mata* circ. 0,010—0,008 millim. longa, 0,0025—0,0015 millim. crassa, neque ramosa, nec septata (in Zn Cl_2 + I examinata), apice pycnoconidia efferente, *anaphysibus* vel filamentis 0,060—0,090 millim. longis, 0,0015 millim. crassis, simplicibus aut furcatis aut increbre ramoso-connexis, increbre aut vulgo haud septatis, saepe ad instar pycnoconidii intercalaris partim inflatis, immixta. *Pyc-noconidia* fusiformia, apicibus acutis, recta, simplicia, long. 0,008 —0,005, crass. 0,002—0,0025 millim.

Trib. 14. **Gyalecteae.**

Thallus crustaceus, vulgo homoeomericus, strato corticali nullo, hyphis leptodermaticis. *Gonidia* chroolepoidea aut phyco-peltidea. *Apothecia* thallo immersa aut demum elevata thalloque adpressa, orbicularia, *perithecio proprio* nullo aut bene evoluto, extus *strato thallino* (amphithecio) gonidia continente obducta, aut rarius lecideina gonidiisque destituta. *Paraphyses* evolutae, haud ramoso-connexae. *Sporae* breves aut longae, fusiformes aut fusi-formi-aciculares aut oblongae ellipsoideaeve, 1—pluri-septatae aut murales, decolores.

1. **Gyalecta.**

Ach., Lich. Univ. (1810) p. 30, 151 pr. p.; Tul., Mém. Lich. (1852) p. 181; Mass., Ric. Lich. Crost. (1852) p. 145 (emend.), Mem. Lich. (1853) p. 132 (em.); Koerb., Syst. Germ. (1855) p. 170 (em.), Parerg. (1859—65) p. 108 (em.); Th. Fr., Gen. Heterolich. (1861) p. 73 (em.); Tuck., Gen. Lich. (1872) p. 130 (excl.

G. rhexoblephara', Syn. North Am. (1882) p. 217 (excl. G. rhexobl.). *Lecidea* subg. *Gyalecta* Nyl. in Huc Addend. (1886) p. 311 (pr. p.*) et em.). *Secoliga* Norm.. Con. Gen. Lich. (1852) p. 230 (em.); Mass.. Deser. Alc. Lich. (1857) p. 19 (em.); Koerb.. Parerg. (1859—65) p. 109 (em.); Müll. Arg.. Lich. Parag. (1888) p. 12. 13 (em.). *Phialopsis* **) Koerb.. Syst. Germ. (1855) p. 169 (em.); Fuist., De Ap. Evolv. (1865) p. 35 (em.). *Biatorinopsis* Müll. Arg., Lich. Beitr. (Fl. 1881) n. 254 (em.), Graph. Fécan. (1887) p. 5 (em.).

Thallus crustaceus, uniformis, hyphis medullaribus (aut hypothallo) substrato affixus, rhizinis nullis, strato corticali destitutus. *Stratum medullare* stuppeum, hyphis implexis, sat tenuibus (circ. 0,003 millim. crassis), leptodermaticis, lumine cellularum comparate sat lato. *Gonidia* flavovirescentia, chroolepoidea, cellulis concatenatis, 1) minutis (circ. 0,010—0,005 millim. crassis), leptodermaticis, aut 2) crassioribus (circ. 0,020—0,012 millim. crassis) et sat leptodermaticis [sect. Phialopsis (Koerb.) Wainio, cet.] aut phycopeltidea, cellulis concatenatis, membranaceo-connatis [sect. Lopadiopsis Wainio]. *Apothecia* thallo innata, immersa permanentia aut demum elevata adpressaque. *Excipulum* perithecio proprio gonidiisque destituto bene evoluto, cartilagineo aut majore minoreve parte pseudoparenchymatico, strato thallino (amphithecio) gonidia continente perithecium omnino aut solum maculatim obducente aut rarius omnino deficiente (strato medullari nullo evoluto). *Paraphyses* haud ramoso-connexae. *Sporae* 8:nae aut numerosae, decolores, fusiformes aut fusiformi-aciculares aut oblongae ellipsoideaeve, 1-septatae [sect. Microphiale Stizenb.] aut 3—pluri-septatae [sect. Tronidia Mass. et Phialopsis (Koerb.)] aut murales [sect. Secoliga (Norm.)]. „*Pycnoconidia* subellipsoidea, recta. *Sterigmata* simplicia, exarticulata." (Linds., Mem. Sperm. Crust. Lich. p. 265, tab. X fig. 32).

Sect. 1. **Tronidia** Mass. *Sporae* 3—pluri-septatae. *Gonidia* chroolepoidea.

Secoliga γ. *Tronidia* Mass. in Stizenb.. Beitr. Flechtensyst. (1862) p. 159. *Secoliga* Norm., Con. Gen. Lich. (1852) p. 230 pr. p.

---

*) Genera *Petractis* Fr. et *Ionaspis* Th. Fr. ab hoc genere sunt excludenda. Genus posterius a *Gyalecta* differt sporis simplicibus, apotheciis perithecio proprio destitutis et gonidiis chroolepoideis magnis (circ. 0,025—0,020 millim. crassis) pachydermaticis (conf. Th. Fr., Lich. Scand. p. 273).

**) *G. rubra* (Hoffm.) Mass. gonidiis chroolepoideis circ. 0,020—0,012 millim. crassis, sat leptodermaticis. perithecio cartilagineo bene evoluto, extus strato thallino obducto instructa est et cum ceteris *Gyalectis* bene congruit.

1. **G. geoicoides** Wainio (n. sp.).

Thallus sat tenuis, granulosus aut granuloso-inaequalis, glaucescens aut cinereo-glaucescens. *Apothecia* 0,3—0,4 millim. lata, demum elevata, disco urceolato, pallido, margine excipuloque albido. *Sporae* numerosae, oblongae aut fusiformi-oblongae, 3-septatae, long. 0,015—0,018, crass. 0,005 (—0,0035) millim.

Ad corticem arboris prope Sitio (1000 metr. s. m.) in civ. Minarum, n. 813. — A G. geoica Ach. (Tuck., Syn. North Am. p. 209, Wainio, Adj. Lich. Lapp. II p. 3) sporis numerosis tenuioribusque et apotheciis paullo minoribus differt. *Thallus* partim subdispersus, strato corticali destitutus. *Gonidia* chroolepoidea, cellulis flavo-virescentibus, concatenatis, circ. 0,005—0,008 millim. crassis, membrana sat tenui aut crassiuscula. *Apothecia* thallo innata et primum thallo subimmersa, demum elevata. *Perithecium* in margine extus zona angusta parenchymatica cellulisque mediocribus (circ. 0,004—0,003 millim. latis) leptodermaticis instructa, ceterum cartilagineum, tubulisque tenuibus ramosis gelatinam chondroideam, e membranis incrassatis formatam, percurrentibus, albidum, extus *amphithecio* thallino tenui gonidia sat parce continente obductum. *Hypotheeium* dilute lutescens, tenue. ex hyphis irregulariter contextis conglutinatisque formatum, perithecio cartilagineo impositum. *Hymenium* circ. 0,140 millim. crassum, totum decoloratum, jodo caerulescens, dein vinose rubens. *Paraphyses* gelatinam abundantem laxamque percurrentes. 0,0015 millim. crassae, apice vulgo capitato-incrassatae (0,002— 0,003 millim. crassae), septatae, haud ramosae. *Asci* clavati aut oblongi, circ. 0,012 millim. crassi, membrana tenui. *Sporae* decolores, rectae, apicibus obtusis.

2. **G. riparia** Wainio (n. sp.).

Thallus sat tenuis, continuus, sat laevigatus aut leviter inaequalis, olivaceo- vel cinereo-glaucescens, nitidus. *Apothecia* 2— 0,8 millim. lata, elevata, adpressa, disco planiusculo aut demum convexiusculo, fulvescenti-testaceo, margine tenui, integro, disco concolore aut paullo obscuriore. *Sporae* 8:nae, fusiformi-ellipsoideae aut fusiformi-oblongae, 1-septatae et parcius 3-septatae, long. 0,007—0,0011, crass. 0,025—0,003 millim.

Ad saxa granitica in rivulo ad Tijuca prope Rio de Janeiro. — Habitu subsimilis G. luteae. *Gonidia* chroolepoidea, cellulis flavovirescentibus, concatenatis, circ. 0,010—0,005 millim. crassis, membrana sat tenui. *Excipulum* gonidiis destitutum, extus testaceum, intus albidum, maxima parte grosse parenchymaticum, ex hyphis radiantibus parenchymatice septatis conglutinatis formatum, cellulis irregularibus, sat leptodermaticis, (membranis in KHO aliquantum turgescentibus), lumine cellularum circ. 0,010—0,008 millim. longo et 0,008—0,004 millim. lato, in parte interiore hyphis tenuioribus, irregulariter contextis, conglutinatis cellulisque longioribus et magis pachydermaticis. *Hypothecium* tenue, pallidum, ex hyphis tenuissimis irregulariter contextis conglutinatisque parenchymatice septatis formatum ($PH_3 O_4 + I$). *Hymenium* totum decoloratum, circ. 0,110 millim. crassum, jodo dilute caerulescens, dein dilute vinose rubens. *Paraphyses* laxe cohaerentes, 0,001—0,0015 millim. crassae, apice clavatae aut capitato-clavatae, (0,003—0,002 millim. crassae), increbre septatae ($PH_3 O_4 + I$). *Asci* cylindrici, circ. 0,005—0,003 millim. crassi, membrana tenui. *Sporae* monostichae, decolores, rectae, apicibus obtusiusculis aut acutiusculis.

Sect. 2. **Microphiale** Stizenb. *Sporae* 1-septatae. *Gonidia* chroolepoidea.

Secoliga ς. *Microphiale* Stizenb., Beitr. Flechtensyst. (1862) p. 159. *Biatorinopsis* Müll. Arg., Lich. Beitr. Fl. (1881) p. 254, haud *Lecania* sect. *Biatorinopsis* Müll. Arg., Princ. Classif. (1862) p. 46.

3. **G. atrolutea** Wainio (n. sp.).

Thallus sat tenuis, continuus, sat laevigatus, lutescens aut luteo-albicans. *Apothecia* 1—0,5 millim. lata, elevata, adpressa, disco plano, pallescenti-luteo, margine sat tenui, integro, superne vulgo partim anguste nigricante. *Sporae* 8:nae, fusiformi- aut ovoideo-oblongae oblongaeve, primum simplices, demum 1-septatae, long. 0,012—0,008, crass. 0,0025—0,002 millim.

Ad corticem arboris prope Rio de Janeiro, n. 206. — *Thallus* strato corticali destitutus. *Gonidia* chroolepoidea, cellulis flavovirescentibus, primum concatenatis, circ. 0,011—0,007 millim. crassis, membrana sat tenui aut crassiuscula. *Excipulum* gonidiis destitutum, parenchymaticum, ex hyphis radiatim dispositis, parenchymatice septatis, conglutinatis formatum, membranis in KHO turgescentibus, lutescens aut decoloratum, superne extus pro parte nigricans. *Hypothecium* dilutissime lutescens. *Hyme-nium* jodo levissime glaucescens, dein mox vinose rubens. *Epi-thecium* dilute lutescens. *Paraphyses* laxe cohaerentes, increbre septatae, 0,0015 millim. crassae, apice clavatae capitataeve. *Asci* cylindrici aut cylindrico-clavati, circ. 0,005—0,008 millim. crassi, apice membrana parum incrassata. *Sporae* distichae, decolores, leviter curvato-obliquae aut rectae, apicibus obtusis aut raro acutiusculis.

4. **G. lutea** (Dicks.) Tuck., Lich. Hawai (1867) p. 227, Syn. North Am. (1882) p. 218. *Lichen luteus* Dicks., Fasc. Pl. Crypt. I (1785) p. 11. *Biatorina* Koerb., Parerg. Lich. (1859—65) p. 136. *Biatorinopsis* Müll. Arg., Lich. Beitr. (Fl. 1881) n. 254, Graph. Féean. (1887) p. 5.

Thallus tenuis, vulgo continuus et sat laevigatus [aut di-spersus: in v. eximia Nyl.], virescens aut glaucescens aut albido-vel cinereo-glaucescens. *Apothecia* 1,5—0,3 millim. lata [—3,5 millim. in var. eximia], elevata, adpressa, disco plano, fulve-scenti- vel lutescenti-pallido aut testaceo-carneo aut pallido, mar-gine tenui [aut mediocri: v. eximia), vulgo integro, pallido aut disco concolore. *Sporae* 8:nae, oblongae aut fusiformi-oblongae, 1-septatae, long. 0,007—0,012 millim. [„—0,014 millim.": Müll. Arg.], crass. 0,002—0,003 millim. [„—0,004 millim.": Müll. Arg.].

Ad corticem arborum locis numerosis obvia, n. 713, 878, 1016 b, 1070, 1231, 1554. — Valde variabilis et habitu saepe etiam G. dilutae (Pers.) subsimilis. *Thallus* strato corticali de-stitutus, hyphis 0,003 millim. crassis, leptodermaticis, increbre sep-tatis. *Gonidia* chroolepoidea, cellulis flavovirescentibus, conca-tenatis, circ. 0,005—0,007 millim. crassis, membrana sat tenui. *Excipulum* parenchymatico-chondroideum, in parte exteriore di-stincte parenchymaticum cellulisque leptodermaticis 0,005—0,003 millim. latis, in parte interiore fere chondroideum, cellulis longiori-bus brevioribusve pachydermaticis lumineque angustiore, albidum, extus presertimque basin versus verruculis maculisve gonidia con-tinentibus obsitum, ceterum gonidiis destitutum. *Hypothecium* albidum, tenue. *Hymenium* circ. 0,055 millim. crassum, totum decoloratum, jodo caerulescens, dein vinose rubens. *Paraphyses* laxe cohaerentes, 0,0015 (—0,001) millim. crassae, apice capitatae clavataeve (0,002—0,003 millim. crassae), septatae. *Asci* cylindrici aut oblongo-clavati, circ. 0,005—0,008 millim. crassi, membrana tenui. *Sporae* distichae, decolores, rectae, apicibus obtusis.

Sect. 3. **Lecaniopsis** Wainio. *Sporae* 1-septatae. *Gonidia* phycopeltidea.

5. **G. perminuta** Wainio (n. sp.).

Thallus tenuissimus, continuus, laevigatus, glaucescens. *Apothecia* 0,250—0,150 millim. lata, elevata, adpressa, disco punctiformi, parum aut leviter impresso, planiusculo aut concaviusculo, pallido, margine integro, albido-pallescente. *Sporae* 8:nae, fusiformi-oblongae oblongaeve, 1-septatae, long. 0,010—0,007, crass. 0,003—0,002 millim.

Ad folia perennia arboris prope Rio de Janeiro, n. 170. — *Gonidia* phycopeltidea, cellulis anguloso-globosis oblongisve, 0,008—0,005 millim. latis, concatenatis et in membranam connatis, flavovirescentibus, membrana sat tenui. *Apothecia* numerosa et sat approximata. *Excipulum* cartilagineum, fere amorphum, in margine gonidia continens aut gonidiis destitutum. *Hypothecium* albidum aut dilute pallidum. *Hymenium* circ. 0,040—0,050 millim. crassum, jodo caerulescens, dein vinose rubens. *Epithecium* dilute pallidum. *Paraphyses* sat arcte cohaerentes, 0,001—0,0015 millim. crassae, apicem versus leviter aut parum incrassatae, haud ramosae. *Asci* subcylindrici aut cylindrico-clavati, circ. 0,005 millim. crassi, membrana sat tenui. *Sporae* monostichae aut distichae, decolores, apicibus obtusis.

Trib. 15. **Urceolarieae.**

Thallus crustaceus, heteromericus, *strato corticali* nullo aut interdum evoluto. *Stratum medullare* stuppeum, hyphis sat pachydermaticis, lumine cellularum tenuissimo. *Gonidia* protococcoidea. *Apothecia* thallo innata, immersa permanentia, aut rarius demum emergentia et basi tota adnata, orbicularia, *disco* urceolato aut rarius demum plano, *perithecio proprio* bene evoluto aut raro evanescente, *amphithecio* thallino evanescente aut rarius bene evoluto. *Paraphyses* evolutae, saepe apice ramosae, aut simplices, haud connexae. *Sporae* breves, oblongae aut ellipsoideae aut fusiformi- vel ovoideo-oblongae, murales, nigricantes.

1. Urceolaria.

Ach., Lich. Univ. (1810) p. 74 et 331 pr. min. p.: Flot.. Lich. Fl. Siles. (1819) p. 60; Tul., Mém. Lich. (1852) p. 34, II p. 179, tab. 4 fig. 1—14. tab. 5 fig. 1—4; Mass. Ric. Lich. Crost. (1852) p. 33; Koerb. Syst. Germ. (1855) p. 168; Th. Fr., Gen. Heterolich. (1861) p. 74; Stizenb., Beitr. Flechtensyst. (1862) p. 168; Th. Fr., Lich. Scand. (1871) p. 301; Tuck., Gen. Heterol. (1872) p. 133, Syn. North Am. (1882) p. 222; Nyl., in Hue Addend. (1886) p. 125.

Thallus crustaceus, uniformis, rhizinis veris nullis, hypothallo et hyphis medullaribus substrato affixus, strato corticali nullo distincto aut raro ex hyphis verticalibus conglutinatis formato. *Stratum medullare* stuppeum, hyphis implexis, tenuibus. membranis leviter incrassatis, lumine cellularum tenuissimo. *Gonidia* protococcoidea. *Apothecia* thallo innata, immersa permanentia, aut rarius demum emergentia adnataque, disco urceolato aut demum aperto planoque. *Perithecium* proprium vulgo bene evolutum, ex hyphis formatum tenuibus, longitudinalibus, conglutinatis, sat breviter cellulosis, nigricans aut raro albidum evanescensve; excipulum thallodes (vel amphitecium) evanescens aut rarius bene evolutum. *Paraphyses* saepe apice ramosae, aut simplices. *Sporae* 8:nae aut pauciores, nigricantes, murales. „Sterigmata haud articulata. *Pycnoconidia* cylindrica aut oblonga" (Tul., l. c., Linds., Mem. Sperm. Crust. Lich. p. 233, tab. X fig. 1—2).

1. U. hypoleuca Wainio (n. sp.).

Thallus crassitudine mediocris aut sat tenuis, continuus aut subcontinuus, inaequalis, albidus aut caesioglaucescenti-albidus, csorediatus, neque I, nec KHO, nec Ca Cl$_2$ O$_2$ reagens. *Apothecia* circ. 2,5—0,8 millim. lata, demum aperta planaque, margine sat tenui subintegro. *Excipulum* basale albidum.

Ad nidum argillaceo-arenosum termitum prope Sitio (1000 metr. s. m.) in civ. Minarum, n. 755. — Facie externa ab U. chloroleuca Tuck. et U. cinereocaesia Sw. (Nyl.) vix differens, at excipuli colore ab iis facile distinguitur. *Thallus* KHO (Ca Cl$_2$ O$_2$) rubescens, strato corticali destitutus, hyphis 0,002—0,0025 millim. crassis, lumine cellularum tenuissimo. *Gonidia* protococcoidea, globosa, diam. 0,016—0,008 millim., simplicia, vacuolis lateralibus, membrana tenui. *Apothecia* thallo immersa, caesio-pruinosa.

Excipulum proprium in margine apothecii fusconigrum, infra hypothecium in basi apothecii albidum, tenue, ex hyphis horizontalibus conglutinatis formatum, gonidiis destitutum. *Excipulum* thallodes tenue, parum evolutum. *Hypothecium (subhymeniale)* albidum, tenue. *Hymenium* circ. 0,100—0,140 millim. crassum, jodo haud reagens. *Epithecium* sordidum aut sordide olivaceum, granulosum. *Paraphyses* 0,001 millim. crassae, apice haud incrassatae, sat laxe cohaerentes, ramosae aut pr. p. simplices, haud constrictae. *Asci* subcylindrici aut oblongi, membrana sat tenui. *Sporae* oblongae aut fusiformi-oblongae, apicibus obtusis, murales, septis transversalibus 5 (—3) et septis longitudinalibus paucis (1—2), fusconigrae, normaliter 8:nae, ut videtur, at abortu vulgo pauciores (5—4), membranis haud incrassatis, long. 0,026 —0,016, crass. 0,011—0,008 millim.

2. **U. constellata** (Eschw.) Müll. Arg., Rev. Lich. Eschw. (1884) n. 20. „*Verrucaria?*" Eschw. in Mart. Fl. Bras. (1833) p. 139.

Thallus tenuis, continuus aut subcontinuus, leviter verruculoso-inaequalis aut fere laevigatus, glaucescenti-albidus aut glaucescens, esorediatus, neque I, nec KHO, nec $Ca Cl_2 O_2$ reagens. *Apothecia* circ. 2—0,8 millim. lata, demum aperta planaque, margine sat tenui, demum irregulariter denticulato. *Excipulum* proprium fusco-fuligineum.

Ad terram argillaceo-arenosam propo Sitio (1000 metr. s. m.) in civ. Minarum, n. 1030. — Affinis U. chloroleucae Tuck., Syn. North Am. II p. 150 (Wright, Lich. Cub. n. 123: mus. Paris.), at margine apotheciorum denticulato et thallo tenuiore ab ea differens. *Thallus* KHO ($Ca Cl_2 O_2$) rubescens, hyphis 0,002 millim. crassis, lumine cellularum tenuissimo. *Gonidia* protococcoidea, membrana tenui. *Apothecia* thallo immersa, caesio-pruinosa, demum saepe lobata. *Excipulum* thallodes tenue, parum evolutum. *Hypothecium subhymeniale* albidum, tenue. *Hymenium* circ. 0,080 millim. crassum, jodo non reagens. *Epithecium* dilute olivaceum sordidumve. *Paraphyses* 0,001 millim. crassae, apice haud incrassatae, ramosae, gelatinam sat laxam haud abundantem percurrentes, haud constrictae. *Asci* subcylindrici aut oblongi, membrana tenui. *Sporae* 8:nae aut abortu vulgo pauciores, oblongae aut fusiformi-oblongae, apicibus obtusis, murales, septis transversalibus 5—4 et septis longitudinalibus paucis (1—2), fusco-nigrae, long. 0,024—0,016, crass. 0,011—0,008 millim.

3. **U. chloroleuca** Tuck., Obs. Lich. (1864) p. 268, Syn. North Am. II (1888) p. 150 (Wright, Lich. Cub. n. 123: mus. Paris.).

Thallus crassitudine mediocris, subcontinuus, verrucoso-inaequalis, caesio-glaucescenti-albidus, esorediatus, neque I, nec KHO, nec $Ca Cl_2 O_2$ reagens, KHO ($Ca Cl_2 O_2$) rubescens. *Apothecia* demum aperta planaque, margine sat tenui, subintegro. *Excipulum* proprium fusco-fuligineum.

Supra cementum prope Rio de Janeiro, n. 38. Hanc speciem exactius non descripsimus, quia specimen nostrum haud est satis bene evolutum. *Thallus* KHO ($Ca Cl_2 O_2$) rubescens. *Apothecia* thallo immersa.

Trib. 16. **Thelotremeae.**

Thallus crustaceus, homoemericus aut heteromericus. *Stratum corticale* haud evolutum aut tenue amorphumque. *Stratum medullare* stuppeum, totum gonidia continens aut parte inferiore gonidiis destitutum, hyphis leptodermaticis. *Gonidia* chroolepoidea (Trentepohliae umbrinae Bornet similia). *Apothecia* thallo innata, immersa permanentia aut demum emergentia et verrucas formantia (aut raro margine repetito-prolifera: Polystroma Clem. [1]), orbicularia aut raro oblonga, hymenia solitaria aut plura continentia, disco impresso urceolatove, punctiformi aut dilatato. *Perithecium proprium* bene evolutum, *amphithecio* thallino gonidia continente vulgo obductum. *Paraphyses* bene evolutae, simplices aut ramoso-connexae. *Sporae* breves aut longae, oblongae, ellipsoideaeve aut ovoideae aut fusiformes aut elongatae, septatae et loculis lenticularibus instructae, aut murales, decolores aut demum obscuratae.

1. **Thelotrema.**

Ach., Lich. Univ. (1810) p. 62 et 312 (pr. p.), Syn. Lich. (1814) p. 113 pr. p.; Eschw., Syst. Lich. (1824) p. 15, in Mart. Lich. Bras. (1833) p. 172;

---

[1] *Polystroma* Clem. vel *Ozocladium* Mont. forsan huc pertinet, ut ait Nyl. in Hue Addend. p. 124.

Fr., Lich. Eur. Ref. (1831) p. 427; Nyl., Consp. Thelotr. (1861) p. 95; Tuck.,
Gen. Lich. (1872) p. 135, Syn. North Am. (1882) p. 223; Nyl. in Hue Addend.
(1886) p. 124; Möller, Cult. Flecht. (1887) p. 22. Trib. *Thelotremeae* Müll.
Arg., Graph. Féean. (1887) p. 3 & 5.

Tallus crustaceus, uniformis, aut interdum hypophlocodes
endophlocodesve, hypothallo et hyphis medullaribus substrato affixus, rhizinis nullis, homoeomericus aut saepe superne *strato corticali* obductus tenui, amorpho, ex hyphis tenuibus longitudinalibus
leptodermaticis conglutinatis formato, *strato medullari* stuppeo,
toto gonidia continente aut (in speciebus thallo crassiore instructis) parte inferiore gonidiis destituto, ex hyphis contexto tenuibus, leptodermaticis. *Gonidia* chroolepoidea (ad Trentepohliam
umbrinam pertinentia: conf. Bornet, Rech. Gon. Lich. p. 10),
cellulis minutis, anguloso-subglobosis aut ellipsoideis aut parcius etiam oblongis, saltem primum concatenatis, fila saepe
parce ramosa formantibus, demum saepe pro parte etiam liberis,
membrana sat tenui aut raro crassa, flavovirescentia. *Apothecia*
thallo innata (aut parte inferiore substrato immersa), immersa
permanentia aut demum emergentia et verrucas formantia, rotundata aut raro oblonga, disco bene aut leviter thallo verrucaeve
impresso, aut urceolato, punctiformi aut dilatato. *Hymenium*
simplex integrumque aut *columella* peritheciali transjectum vel
varie divisum compositumve, hypothecio subhymeniali tenui impositum. *Excipulum* primum clausum, demum ostiolo parvo aut
lato aperiens aut demum ad instar Lecanorae apertum, saltem
ad marginem duplex, ex amphithecio (exipulo thallode) et perithecio (e. proprio) constans. *Perithecium* integrum aut saepius
basi apothecii deficiens, ex hyphis tenuibus leptodermaticis conglutinatis formatum (cellulis saepe brevibus aut sat brevibus), superne aut extus *amphithecio* obductum gonidia continente, textura thallo consimili, in speciebus corticolis fragmenta substrati
includente. *Paraphyses* numerosae, vulgo neque ramosae, nec
connexae, nec spinuloso-verruculosae. *Asci* membrana tenui.
Sporae 8:nae — solitariae, oblongae aut ellipsoideae aut ovoideae
aut fusiformes aut elongatae, decolores aut demum obscuratae,
septatae et loculis lenticularibus instructae aut murales, vulgo
jodo violascentes caerulescentesve aut raro haud reagentes (ceterum hymenium jodo haud reagens). „*Conceptacula pycnoconi-*

diorum thallo immersa. *Pycnoconidia* oblonga vel oblongo-cylindrica" (quantum cognita), ut ait Nyl. in Fl. 1869 p. 121.

Subg. I. **Leptotrema** (Mont. et v. d. Bosch) Wainio. *Sporae* demum obscuratae, murales.

Leptotrema Mont. et v. d. Bosch. Lich. Jav. (1855) p. 57, Syllog. (1856)
p. 363; Müll. Arg., Lich. Beitr. (Fl. 1882) n. 443, Graph. Féean. (1887) p. 4
et 12. *Anthracocarpon* Mass., Misc. Lich. (1856) p. 38.

1. **Th. lepadinum** Ach. *Th. saxicola** Wainio (n. subsp.).

Thallus crassitudine mediocris, laevigatus aut leviter inaequalis, stramineus vel stramineo-albicans, nitidus aut nitidiusculus. *Excipulum* verrucam hemisphaericam, 1,2—0,8 millim. latam, basin versus sensim dilatatam aut sat abruptam formans,
ostiolo demum sat lato (circ. 0,4—0,6 millim.), vulgo rotundato,
margine ostiolari subintegro, crassiusculo, simplice (haud in 2
labia concentrica dehiscente). *Apothecia* increbra aut sat crebra.
disco pallido, bene urceolato-immerso. *Perithecium* fulvescens,
parte summa fuscum. *Sporae* solitariae, demum obscuratae, murales, long. circ. 0,120—0,160, crass. 0,028—0,032 millim.

Ad rupem itacolumiticam in Carassa (1400—1500 metr. s.
m.) in civ. Minarum. — Th. lepadinum Ach. sporis minoribus,
disco obscurato, pruinoso, excipulo in 2 labia concentrica dehiscente leviter a planta nostra differt et verisimiliter in eam transit. — *Thallus* continuus aut demum rimoso-diffractus, KHO demum leviter fulvescens, Ca Cl$_2$ O$_2$ non reagens, strato corticali
tenuissimo (0,010 millim. crasso aut tenuiore) amorpho partim
obtectus. *Stratum medullare* thalli et excipuli jodo violaceo-
caerulescens. *Gonidia* chroolepoidea, circ. 0,010—0,008 millim.
crassa, membrana crassiuscula. *Perithecium* basi incrassatum
fulvescensque, columella nulla. *Nucleus* circ. 0,560 millim. latus.
Hymenium circ. 0,300 millim. crassum, oleosum, semipellucidum.
Paraphyses 0,0015 millim. crassae, gelatinam i KHO turgescentem percurrentes, haud ramosae. *Sporae* (parce evolutae) oblongae, apicibus rotundatis aut obtusis, pariete tenui, halone nullo,
cellulis numerosissimis, demum globosis.

2. **Th. monosporum** Nyl., Énum. Gén. Lich. (1857) p. 118
(mus. Paris.), Lich. Nov.-Gran. (1863) p. 452; ed. 2 (1863) p. 331,

Lich. Nov.-Gran. Addit. (1867) p. 320, Syn. Lich. Cal. (1868) p. 38; Krempelh., Neue Beitr. Flecht. Neu-Seel. (1877) p. 453; Tuck., Syn. North Am. (1882) p. 225.

Thallus tenuis aut crassitudine mediocris, sat laevigatus aut levissime verruculoso-inaequalis, albidus aut glaucescenti-albidus, opacus aut nitidiusculus. *Excipulum* verruculam leviter elevatam aut fere hemisphaericam, 0,5—0,8 millim. latam, basin versus sensim dilatatam, formans, ostiolo parvo, punctiformi, rotundato, margine ostiolari integro, tenui. *Apothecia* increbra, disco nigricante. *Perithecium* fusco-nigricans, dimidiatum. *Sporae* solitariae [„—4:nae"], demum olivaceo-fuscescentes, murales, long. circ. 0,090—0,140 [„0,056—0,170"], crass. 0,028—0,036 [„—0,011"] millim.

Ad corticem arboris prope Sitio (1000 metr. s. m.) in civ. Minarum, n. 807. — *Thallus* substratum obducens, strato corticali tenui (0,010 millim. crasso) amorpho instructus. *Gonidia* chroolepoidea, circ. .0,010—0,008 millim. crassa, membrana sat tenui. *Perithecium* basi deficiens, columella nulla. *Hypothecium* subhymeniale albidum. *Nucleus* circ. 0,570 millim. latus. *Paraphyses* 0,001 millim. crassae, gelatinam in KHO turgescentem laxamque percurrentes, haud ramosae. *Sporae* in specimine nostro solitariae aut raro binae, oblongae, apicibus rotundatis, cellulis demum rotundatis, numerosis, in seriebus transversalibus primariis — circ. 14, jodo violaceo-caerulescentes.

Subg. II. **Brassia** (Mass.) Wainio. *Sporae* decolores, murales.
Brassia Mass., Esam. Comp. Gen. (1860) p. 15. *Thelotrema* Müll. Arg.. Graph. Féean. (1887) p. 4 et 10.

3. **Th. piperis** Wainio (n. sp.).

Thallus sat tenuis aut crassitudine mediocris, leviter verruculoso-inaequalis aut sat laevigatus, glaucescenti-albidus, nitidiusculus aut subopacus. *Excipulum* verrucam hemisphaericam, circ. 1,5—0,8 millim. latam, basin versus sensim dilatatam formans, ostiolo parvo, punctiformi, rotundato, margine ostiolari integro, tenui aut sat tenui, haud elevato. *Apothecia* vulgo increbra, disco urceolato-impresso, nigricante. *Perithecium* fuligineum, dimidiatum. *Sporae* solitariae, decolores, murales, long. 0,140—0,290, crass. 0,024—0,044 millim.

Ad corticem Piperacearum in Carassa (1400 metr. s. m.) in civ. Minarum, n. 1430. — Sporis et verrucis apotheciorum majoribus a Th. Minarum Wainio differt. *Thallus* strato corticali amorpho tenui instructus. *Gonidia* chroolepoidea. *Perithecium* basi deficiens, columella centrali fuliginea, conica, tenui, plus minusve elevata. *Ostiolum* apothecii demum 0,1—0,2 millim. latum. *Nucleus* circ. 0,9 millim. latus. *Paraphyses* gelatinam in KHO turgescentem percurrentes, pro parte simplices, pro parte parce ramoso-connexae. *Sporae* oblongae, apicibus rotundatis, pariete tenui, halone nullo indutae, cellulis numerosissimis, jodo intense violaceo-caerulescentes.

4. **Th. Minarum** Wainio (n. sp.).

Thallus sat tenuis aut crassitudine mediocris, sat laevigatus aut leviter inaequalis, glaucescenti-albidus, nitidiusculus aut supopacus. *Excipulum* verrucam hemisphaericam, circ. 0,8—0,5 millim. latam, basin versus sensim dilatatam formans, ostiolo parvo, punctiformi, rotundato, margine ostiolari integro, tenui. interdum demum in annulum leviter elevato. *Apothecia* increbra, disco urceolato-impresso, nigricante. *Perithecium* fuscescens, dimidiatum. *Sporae* solitariae, decolores, murales, long. 0,080—0,130, crass. 0,020—0,034 millim.

Ad corticem arboris in Carassa (1400 metr. s. m.) in civ. Minarum, n. 1397. — *Thallus* strato corticali tenui amorpho instructus. *Gonidia* chroolepoidea, circ. 0,010—0,008 millim. crassa, membrana crassa aut crassiuscula. *Perithecium* basi deficiens, columella nulla. *Nucleus* circ. 0,5—0,8 millim. latus. *Paraphyses* 0,001—0,0015 millim. crassae, gelatinam in KHO turgescentem percurrentes, haud ramosae. *Sporae* oblongae, apicibus rotundatis aut obtusis, pariete tenui, halone nullo, cellulis numerosissimis, jodo violaceo-caerulescentes.

5. **Th. Carassense** Wainio (n. sp.).

Thallus sat tenuis aut crassitudine mediocris, leviter verruculoso-inaequalis aut sat laevigatus, glaucescens aut albido-glaucescens, nitidulus. *Excipulum* verrucam fere hemisphaericam, circ. 0,7—1 millim. latam, basin versus sensim dilatatam formans, ostiolo parvo, punctiformi, rotundato, margine ostiolari integro, tenui. *Apothecia* increbra, disco urceolato-impresso, nigricante. *Perithecium* rufescens, dimiditatum. *Sporae* 4:nae aut abortu pauciores, decolores, murales, long. 0,050—0,080, crass. 0,020—0,026 millim.

Ad corticem arboris in Carassa (1400 metr. s. m.) in civ. Minarum, n. 1523. — Affinis est Th. Lockeano Müll. Arg., Lich. Beitr. n. 1181, et Th. adjecto Nyl., Fl. 1866 p. 290. — *Thallus* homoeomericus. *Gonidia* chroolepoidea, circ. 0,008— 0,006 millim. crassa, membrana sat tenui. *Perithecium* basi deficiens, columella nulla. *Nucleus* circ. 0,5 millim. latus. *Hymenium* circ. 0,200—0,220 millim. crassum. *Paraphyses* 0,0015 millim. crassae, gelatinam in KHO turgescentem laxamque percurrentes, haud ramosae. *Asci* primum cylindrici, demum oblongi. *Sporae* monostichae aut distichae, oblongae aut fusiformi-oblongae, apicibus obtusis, membrana tenui, halone nullo, cellulis demum numerosis, subglobosis, septis transversalibus circ. 16, septis longitudinalibus circ. 6, jodo violaceo-caerulescentes.

6. **Th. leucomelanum** Nyl., Lich. Nov.-Gran. (1863) p. 452 (excl. var.), ed. 2 (1863) p. 329, Lich. Nov.-Gran. Addit. (1867) p. 318 (mus. Paris.).

Thallus tenuis aut sat tenuis, sat laevigatus, albus aut albidus, opacus [aut interdum hypophloeodes]. *Excipulum* verrucam leviter elevatam, circ. 2—0,5 millim. latam, basin versus sensim dilatam formans, aut parum elevatum, ostiolo demum sat lato (0,3—1,2 millim.), sat irregulari, margine ostiolari vulgo demum irregulariter fisso, tenui. *Apothecia* vulgo increbra, disco demum caesio-nigricante aut caesio-pallescente, pruinoso. *Perithecium* fusco-nigricans, dimidiatum. *Sporae* 8:nae, decolores, murales, long. 0,028—0,032, crass. 0,012—0,014 millim.

Ad corticem arborum in Carassa (1000 metr. s. m.) in civ. Minarum, n. 1302, 1360. — *Thallus* homoeomericus. *Perithecium* basi deficiens, columella centrali fusco-nigricante, lata, superne demum vulgo pruinosa. *Paraphyses* 0,001 millim. crassae, gelatinam in KHO turgescentem percurrentes, haud ramosae. *Asci* oblongi. *Sporae* distichae, oblongae aut ovoideo-oblongae aut ellipsoideae, pariete tenui, halone nullo, cellulis haud valde numerosis, in seriebus transversalibus circ. 8—6, in seriebus longitudinalibus circ. 3, jodo haud reagentes.

7. **Th. stylothecium** Wainio (n. sp.).

Thallus sat tenuis aut tenuis, sat laevigatus aut leviter inacqualis, albidus, subopacus. *Excipulum* parum elevatum aut verrucam leviter elevatam, circ. 0,5—0,7 millim. latam, basin versus sensim dilatatam formans, ostiolo demum leviter dilatato, circ. 0,2—0,3 (—0,5) millim. lato, rotundato, margine ostiolari integro, tenui. *Apothecia* sat crebra, columellae disco (qui solus in ostiolo visibilis est) primum punctiformi, nigro, verticem excipuli aequante, demum leviter impresso dilatatoque, pallido aut cinerascente. *Perithecium* fusco-nigricans, dimidiatum. *Sporae* 8:nae, decolores, murales, long. 0,015—0,017, crass. 0,006—0,008 millim.

Ad corticem arboris in Carassa (1400 metr. s. m.) in civ. Minarum, n. 1370. — *Thallus* et *exipulum* vulgo strato corticali tenuissimo amorpho plus minusve obducta. *Perithecium* in medio hymenii columellam latam fusco-nigricantem formans, ceterum basi deficiens. *Hypothecium* subhymeniale tenue, albidum. *Paraphyses* 0,001 millim. crassae, apice vix aut levissime incrassatae, gelatinam laxam in KHO turgescentem percurrentes, haud ramosae. *Asci* oblongo-ventricosi, protoplasmate jodo vinose rubente. *Sporae* distichae, oblongae aut ellipsoideae aut ovoideo-oblongae, apicibus rotundatis, halone nullo, murales, cellulis paucis, septis transversalibus 4—3, seriebus cellularum longitudinalibus duabus in medio sporae, jodo haud reagentes.

Subg. III. **Phaeotrema** (Müll. Arg.) Wainio. *Sporae* demum obscuratae, transversim pluri-septatae, loculis lenticularibus.

Phaeotrema Müll. Arg., Graph. Féean. (1887) p. 4 et 10.

8. **Th. Sitianum** Wainio (n. sp.).

Thallus hypophloeodes aut sat tenuis, leviter inaequalis, opacus, albidus aut glaucescenti-albidus. *Excipulum* verrucam 2 –1,5 millim. latam, fere hemisphaericam aut leviter elevatam, basin versus sensim dilatatam formans, ostiolo demum sat lato (1—0,5 millim. lato), vulgo rotundato, margine ostiolari integro, sat tenui aut crassiusculo. *Apothecia* increbra, disco caesio-pruinoso, urceolato-immerso. *Perithecium* pallidum. *Sporae* 6:nae—4:nae, fuscescentes, circ. 24-septatae, long. 0,062—0,110, crass. 0,017—0,018 millim.

Ad corticem arborum prope Sitio (1000 metr. s. m.) in civ. Minarum, n. 565, 685. — *Gonidia* chroolepoidea, circ. 0,010—

0,008 millim. crassa, membrana crassiuscula. *Perithecium* integrum, pallidum, KHO rufescens, parte superiore interne strato obductum tenui, albido, ex hyphis constipatis verticaliter dispositis formato, columella nulla. *Hymenium* circ. 0,220 millim. crassum. *Paraphyses* 0,0015 millim. crassae, haud ramosae. *Sporae* ovoideo-elongatae, altero apice rotundato, altero attenuato obtusiusculo, pariete crassiusculo, halone nullo, loculis lenticularibus.

Subg. IV. **Ocellularia** (Spreng.) Wainio. *Sporae* decolores, transversim pluri-septatae (—1-septatae), loculis lenticularibus.

Ocellularia Spreng., Syst. Veg. IV (1827) p. 237 et 242 pr. p.; Müll. Arg., Lich. Beitr. (Fl. 1881) n. 365, Graph. Féean. (1887) p. 4, 5.

Sect. 1. **Ascidium** (Fée) Müll. Arg. *Excipulum* verrucam subglobosam, basi constrictam formans.

Ascidium Fée, Ess. Crypt. Écorc. (1824) p. XLII et 96; Mont., Syllog. (1856) p. 364; Krempelh., Ascid. (1877) p. 3 pr. p. *Ocellularia* sect. *Ascidium* Müll. Arg., Lich. Beitr. (1881) n. 366, Graph. Féean. (1887) p. 6.

9. **Th. cinchonarum** (Fée) Wainio. *Ascidium* Fée, Ess. Lich. Écorc. (1824) p. 96, tab. 23 fig. 5; Nyl., Lich. Nov.-Gran. (1863) p. 455 (mus. Paris.); Krempelh., Ascid. (1877) p. 8; Müll. Arg., Lich. Beitr. (Fl. 1885) n. 906. *Ocellularia* Müll. Arg., l. c. (1887) n. 1177, Graph. Féean. (1887) p. 6.

Thallus sat tenuis, verruculoso-inaequalis, stramineus aut stramineo-glaucescens aut stramineo-albicans, nitidiusculus. *Excipulum* verrucam depresso-subglobosam, 0,5—1 millim. latam, basi constrictam formans, thallo concolor, ostiolo parvo, rotundato, punctiformi. *Apothecia* increbra, disco parvo, punctiformi, nigro. *Perithecium* dimidiatum, annulare, fuligineum. *Sporae* 8:nae, decolores, vulgo circ. 9-septatae [8—17-septatae: Müll. Arg., l. c.], long. circ. 0,020—0,042 [„—0,072“], crass. 0,006—0,010 [„—0,012“] millim.

Ad corticem arboris prope Lafayette (1000 metr. s. m.) in civ. Minarum, n. 293. — *Thallus* subcontinuus aut raro subdispersus, totus gonidia continens, substratum obtegens, hypothallo nigricante saepe partim limitatus. *Gonidia* chroolepoidea, anguloso-subglobosa, concatenata, 0,006—0,008 millim. crassa, flavovirescentia, membrana sat tenui. *Excipulum* fragmenta substrati inter amphithecium thallinum et perithecium proprium continens, vertice saepe leviter impresso, margine ostiolari integro. *Amphithecium* inflatum, cavitate inter fragmenta substrati et partem exteriorem gonidia continentem instructum. *Perithecium* parte superiore fuligineum, basi tenue pallidumque aut fere deficiens, in medio hymenii columellam crassam fuligineam formans. *Nucleus* circ. 0,50—0,43 millim. latus. *Paraphyses* sat laxae, gelatinam in KHO turgescentem percurrentes, neque ramosae, nec constrictae. *Asci* oblongo-elongati. *Sporae* distichae, oblongae, apicibus rotundatis obtusisve, halone nullo, loculis lenticularibus, jodo violaceo-caerulescentes.

Sect. 2. **Euocellularia** Müll. Arg. *Excipulum* verrucam hemisphaericam, basi haud constrictam formans, aut parum elevatum.
Ocellularia sect. 2. Euocellularia Müll. Arg., Graph. Féean. (1887) p. 6.

10. **Th. terebratum** Ach., Syn. Lich. (1814) p. 114; Nyl., Lich. Nov.-Gran. ed. 2 (1863) p. 335. *Ocellularia terebrata* Müll. Arg., Graph. Féean. (1887) p. 7.

Thallus sat tenuis aut mediocris, leviter verruculoso-inaequalis aut sat laevigatus, stramineo-glaucescens, nitidiusculus. *Excipulum* verruculam leviter vel levissime elevatam, circ. 0,5—0,3 millim. latam, basin versus sensim dilatatam formans aut parum elevatum, ostiolo parvo, rotundato, margine ostiolari integro, tenui. *Apothecia* sat crebra, disco nigricante. *Perithecium* fuscescens aut rufescens aut fulvescens, dimidiatum. *Sporae* 8:nae, decolores, 5—7-septatae, long. circ. 0,016—0,020 [0,013—0,030], crass. 0,007—0,008 [„—0,009"] millim.

Ad corticem arboris in Carassa (1400 metr. s. m.) in civ. Minarum, 1551. — Specimen nostrum sporis brevioribus a typo differt, ceterum, etiam habitu, ei congruens (var. **abbreviata** Wainio). — *Thallus* substratum obtegens, totus gonidia continens aut strato tenui amorpho obductus. *Gonidia* chroolepoidea, circ. 0,008 millim. crassa, membrana sat tenui. *Hypothecium* subhymeniale pallidum, columella centrali fusco-fuliginea. *Nucleus* circ. 0,0330 —0,400 millim. latus. *Paraphyses* 0,0015 millim. crassae, gelatinam in KHO turgescentem laxamque percurrentes, haud ramosae, increbre parceque septatae (PH$_3$O$_4$ + I). *Asci* oblongi. *Sporae* inbricatim monostichae aut distichae, oblongae aut parcius ovoideo-oblongae, apicibus rotundatis aut obtusis, halone nullo, loculis lenticularibus, jodo violaceo-caerulescentes, long. 0,013—0,018 (—0,020), crass. 0,007—0,008 millim.

11. **Th. leucotrema** Nyl., Énum. Gén. Lich. (1857) p. 118 (mus. Paris.).

Thallus vulgo hypophloeodes, macula glaucescente aut stramineo- vel partim olivaceo-glaucescente opaca indicatus. *Excipulum* verrucam leviter elevatam vel fere hemisphaericam, 0,5—1 millim. latam, basin versus sensim dilatatam formans, ostiolo demum sat lato (circ. 0,4—0,2 millim.), saepe irregulari, margine ostiolari saepe irregulariter fisso aut pro parte subintegro. *Apothecia* increbra, disco sat lato, nigricanti-caesio-pruinoso. *Perithecium* dimidiatum, annulare, fusco-nigricans. *Sporae* 8:nae, decolores, 5—4 (raro 6)-septatae, long. 0,013—0,020, crass. 0,005—0,007 millim.

Ad corticem arborum prope Lafayette (1000 metr. s. m.) in civ. Minarum, n. 245, 312, 348. — *Thallus* interdum substratum obtegens, at vulgo substrato immixtum. *Gonidia* cellulis substrati immixta, chroolepoidea, 0,012—0,005 millim. crassa, membrana sat tenui. *Amphithecium* fragmenta substrati continens. *Perithecium* basi fere deficiens aut tenue et albidum pallidumve aut parte inferiore anguste fusconigricans, in medio hymenii columellam fusconigram formans. *Nucleus* circ. 0,84—0,72 millim. latus. *Hymenium* circ. 0,060—0,110 millim. crassum. *Paraphyses* 0,001 millim. crassae, apice haud incrassatae, gelatinam in KHO turgescentem laxamque percurrentes, haud ramosae. *Asci* subcylindrici aut clavati, circ. 0,012—0,010 millim. crassi. *Sporae* distichae aut imbricatim monostichae, oblongae aut ovoideo- vel fusiformi-oblongae, apicibus rotundatis aut obtusis, halone nullo, loculis lenticularibus, jodo violaceo-caerulescentes.

Huic valde affine est Th. schizostomum Krempelh. (Fl. 1876 p. 222), quod vix nisi thallo substratum obtegente mediocri nitido ab eo differt (hb. Warm.).

12. **Th. album** (Fée) Nyl., Syn. Lich. Nov. Cal. (1868) p. 35. *Myriotrema album* Fée, Ess. Lich. Écorc. (1824) p. 104, tab. 25 fig. 2. *Ocellularia alba* Müll. Arg., Graph. Féean. (1887) p. 6. *Thelotrema myriotrema* Nyl., Lich. Exot. (1859) p. 221 (ex ipso). *Th. viridialbum* Krempelh., Fl. 1876 p. 221 (hb. Warm.).

Thallus sat tenuis aut mediocris, sat laevigatus, stramineo-glaucescens aut glaucescens, nitidiusculus. *Excipulum* verrucam leviter elevatam aut fere hemisphaericam, 1,2—0,5 millim. latam, basin versus sensim dilatatam aut interdum demum sat abruptam formans, ostiolo demum sat lato (0,3—0,8 millim.), rotundato aut irregulari, margine ostiolari vulgo subintegro, tenui aut demum crassiusculo. *Apothecia* partim aggregata, partim increbra, bene urceolata, disco pallido. *Perithecium* pallidum albidumve. *Sporae* 8:nae, decolores, 3—4-septatae, long. circ. 0,012 [,,0,010—0,015''], crass. 0,004 [,,—0,008''] millim.

Ad corticem arboris prope Lafayette (1000 metr. s. m.) in civ. Minarum, n. 273. — *Gonidia* chroolepoidea, 0,010—0,008 millim. crassa, membrana sat tenui. *Nucleus* —1 millim. latus. *Perithecium* in medio hymenii columellam pallidam albidamve sat tenuem formans. *Paraphyses* 0,0015 millim. crassae, haud ramosae. *Asci* cylindrico- aut ventricoso-clavati. *Sporae* distichae aut monostichae, oblongae aut fusiformi-oblongae, apicibus obtusis, halone nullo, loculis lenticularibus, ,,jodo caerulescentes'' (Nyl.).

13. **Th. opacum** Wainio.

Thallus sat tenuis, sat laevigatus, glaucescens aut glaucescenti-albidus, opacus. *Excipulum* verrucam leviter elevatam aut fere hemisphaericam, 0,6—0,5 millim. latam, basin versus sensim dilatatam aut sat abruptam formans, ostiolo parvo, saepe irregulari, margine ostiolari crassiusculo, saepe anguloso aut leviter fisso. *Apothecia* solitaria, disco parvo (circ. 0,1—0,15 millim. lato), obscurato aut caesio-pruinoso aut verrucula albida ostiolari obtecto. *Perithecium* tenue, fusco-nigricans, dimidiatum annulareque aut in epithecio restans. *Sporae* 8:nae, decolores, 4—3-septatae, long. 0,012—0,016, crass. 0,004—0,005 millim.

Ad corticem arborum prope Sitio (1000 metr. s. m.) in civ. Minarum. Th. albulo Nyl. (Fl. 1869 p. 120) est affine, sed paullo major et colore thalli differens. *Thallus* substratum obtegens, totus gonidia continens. *Gonidia* chroolepoidea, anguloso-globosa, circ. 0,010 millim. crassa, membrana crassiuscula. *Nucleus* circ. 0,160—0,300 millim. latus, substrato immersus, primum perithecio et thallo superne obductus. *Perithecium* demum annulum circa ostiolum formans aut in medio epithecii restans, columellam obconicam, defectam, usque ad basin apothecii haud ex-

tensam, ibi formans. *Hypothecium* subhymeniale albidum, parte
inferiore pallidum. *Paraphyses* 0,0015 millim. crassae, apice haud
incrassatae, gelatinam in KHO turgescentem percurrentes, haud
ramosae. *Asci* cylindrici. *Sporae* imbricatim monostichae, oblongae aut ovoideo-oblongae, apicibus rotundatis aut obtusis, halone nullo, loculis lenticularibus, jodo violaceo-caerulescentes.

2. Gyrostomum.

Fr., Syst. Orb. Veg. (1825) p. 268; Tuck.. Gen. Lich. (1872) p. 140, Syn.
North Am. (1882) p. 228; Müll. Arg., Graph. Fée (1887) p. 4 et 52. *Gymnotrema* Nyl., Énum. Gén. Lich. (1857) p. 119.

Thallus crustaceus, uniformis, hypothallo aut hyphis medullaribus substrato affixus, rhizinis nullis, *strato corticali* haud evoluto, *strato medullari* stuppeo, toto gonidia continente, ex hyphis
contexto tenuibus, leptodermaticis. *Gonidia* chroolepoidea, cellulis minutis, anguloso-subglobosis aut ellipsoideis aut parcius etiam
oblongis, saltem primum concatenatis, filamenta saepe parce
ramosa formantibus, demum saepe pro parte etiam liberis, membrana sat tenui, flavovirescentia. *Apothecia* thallo innata, demum
emergentia adpressave, orbicularia aut subrotunda, *disco* aperto,
concavo urceolatove, simplice, margine bene evoluto proprio aut
duplice cincta. *Perithecium* integrum aut dimidiatum, fuligineum
fuscescensve aut inferne pallidum, ex hyphis tenuibus leptodermaticis conglutinatis formatum, extus denudatum aut *amphithecio*
thallino evanescente aut bene evoluto obductum. *Paraphyses*
numerosae, parce ramoso-connexae, apice haud aut vix incrassatae, neque flexuosae, nec spinuloso-verruculosae. *Asci* membrana sat tenui. *Sporae* 8:nae aut pauciores, oblongae aut fusiformi-oblongae, murales, demum obscuratae.

1. **G. scyphuliferum** (Ach.) Fr., Syst. Orb. Veg. (1825) p.
268; Nyl., Lich. Nov.-Gran. (1863) p. 455; Nyl., Syn. Lich. Nov.
Caled. (1868) p. 39; Müll. Arg., Lich. Beitr. (Fl. 1885) p. 941,
Rev. Lich. Meyen. p. 315, Graph. Féean. (1887) p. 52, Tuck., Syn.
North Am. (1882) p. 228. *Lecidea scyphulifera* Ach., Syn. Lich. (1814)
p. 27 (hb. Ach.). *Gymnotrema atratum* (Fée) Nyl., Énum. Gén.
Lich. (1857) p. 119 pr. p. (mus. Paris.).

Thallus tenuis, albidus. *Apothecia* vulgo sat approximata, vulgo regulariter rotunda, diam. 0,5—0,4 millim., demum adpressa. basi abrupta aut levissime constricta. *Perithecium* fuligineum, integrum, amphithecio tenui aut tenuissimo, albido, thallino omnino aut basin versus obductum, aut omnino denudatum. *Discus* apertus, concaviusculus aut urceolatus, fuscus, margine excipulari integerrimo, elevato, sat tenui, nigricante aut fuscescente aut cinerascente cinctus. *Sporae* 8:nae (—4:nae), demum obscuratae, murales, long. circ. 0,030—0,050 millim. [—„0,020" millim.: Tuck., l. c.], crass. 0,010—0,015 millim.

Ad corticem arborum prope Rio de Janeiro et Sepitiba in eadem civitate, n. 88 et 477. — *Thallus* dispersus aut subcontinuus, verruculoso-inaequalis aut sat laevigatus, opacus, parte inferiore cellulis substrati immixtus, hyphis tenuibus, leptodermaticis. *Gonidia* chroolepoidea, flavovirescentia, circ. 0,008—0,006 millim. crassa, membrana sat tenui, cellulis concatenatis. *Apothecia* thallo innata, dein mox emergentia adpressaque, margine excipuli leviter incurvo. *Hymenium* circ. 0,140 millim. crassum, jodo lutescens, sporis violaceo-caerulescentibus. *Epithecium* fuscum, granulosum. *Paraphyses* 0,001 millim. crassae, apice haud incrassatae, gelatinam in KHO turgescentem firmam percurrentes, parce aut parcissime ramoso-connexae. *Asci* oblongi, membrana sat tenui. *Sporae* oblongae aut fusiformi-oblongae, apicibus obtusis aut rotundatis, pariete saepe halone indutae, septis transversalibus circ. 11—12; cellulis numerosis, circ. 4—5 in quavis serie transversali.

2. **G. polytypum** Wainio (n. sp.).

Thallus sat tenuis, glaucescens aut olivaceo-glaucescens. *Apothecia* sat approximata, vulgo rotunda aut subrotunda, diam. 0,7 (—0,5) millim., demum elevata, basi vulgo demum sat abrupta. *Perithecium* dimidiatum, superne fuscescens, inferne pallidum, basi deficiens, extus amphithecio thallino leviter fisso aut inaequali obductum, superne vulgo leviter denudatum. *Discus* apertus, urceolatus concavusque, fuscescens nigricansve, margine duplice elevato, crassitudine mediocri cinctus. *Sporae* binae, fuscescentes, murales, long. circ. 0,036—0,085, crass. 0,016—0,026 millim.

Ad corticem arbusti prope Sitio (1000 metr. s. m.) in civ. Minarum, n. 662. — Inter Thelotrema et Graphidem et Gyrostomum est forma intermedia, at ob paraphyses ramoso-connexas potius ad Gyrostomum pertinens. Habitu Graphidem lecanographam in memoriam revocat. — *Thallus* cellulis substrati immixtus et fere hypophloeodes, leviter verruculoso-inaequalis, opacus. *Gonidia* chroolepoidea, flavovirescentia, circ. 0,008 —0,006 millim. crassa, membrana sat tenui. *Apothecia* thallo innata thalloque omnino obtecta, dein emergentia. *Amphithecium* gonidia et cellulas substrati continens. *Hypothecium subhymeniale* tenue, pallidum. *Hymenium* leviter oleosum, jodo (sicut etiam hypothecium subhymeniale) roseo-rubens, sporis obscure violascentibus. *Epithecium* fuscescens. *Paraphyses* ramoso-connexae (spir. aether., KHO, H_2SO_4). *Sporae* oblongae, apicibus rotundatis, halone nullo indutae, cellulis numerosissimis.

Trib. 17. Pilocarpeae.

Thallus crustaceus, strato corticali destitutus, hyphis tenuibus. leptodermaticis. *Gonidia* protococcoidea. *Apothecia* orbicularia, demum emergentia adpressaque. *Excipulum* byssoideum, gonidiis destitutum, ex hyphis sat leptodermaticis laxissime contextis formatum. *Paraphyses* (quantum cognitum) parce ramoso-connexae. *Sporae* breves, oblongae aut fusiformi- vel ovoideo-oblongae, septatae, decolores.

1. Pilocarpon Wainio (n. gen.).

Thallus crustaceus, uniformis, hypothallo et hyphis medullaribus substrato affixus, rhizinis veris nullis, strato corticali destitutus, ex hyphis tenuibus (circ. 0,002 millim. crassis), leptodermaticis contextus. *Gonidia* protococcoidea, globosa, simplicia. *Apothecia* in superficie thalli enata, demum adpressa. *Excipulum* byssoideum, gonidiis destitutum, ex hyphis constans sat leptodermaticis. laxissime contextis, tantum hypothecio cartilagineo et ex hyphis conglutinatis formato. *Paraphyses* parce ramoso-connexae, parce evolutae. *Asci* clavati, apice membrana leviter incrassata. *Sporae* 8:nae, oblongae aut fusiformi- vel ovoideo-oblongae, decolores, septatae. cellulis subcylindricis, membranis haud incrassatis.

Ad hoc genus inter Lecideam et Chiodecton (sect. Byssocarpon Wainio) intermedium, pertinent *P. leucoblepharum* (Nyl.), *P. tricholoma* (Mont.) et affinia.

1. P. leucoblepharum (Nyl.) Wainio.

Lecidea leucoblephara Nyl., Énum. Gén. Lich. Suppl. (1857) p. 337, Lich. Nov.-Gran. ed. 2 (1863) p. 337; Stizenb., Lec. Sabul. (1867) p. 68; Nyl., Énum. Lich. Husn. (1869) p. 15. *Patellaria* Müll. Arg., Lich. Beitr. (Fl. 1881) n. 277, Lich. Epiphyll. (1890) p. 9.

Thallus crustaceus, tenuis, leviter inaequalis, dispersus, continuus aut areolatus subareolatusve, albidus aut virescens [„aut olivaceo-cinerascens obscuriorve"]. *Apothecia* primo thallo subimmersa, demum emergentia adpressaque, 0,6—0,25 millim. lata., disco plano planiusculove aut raro demum convexiusculo, nigro aut fusco-nigro, nudo, margine tenui, tomentoso, albido, plus minusve distincto. *Hypothecium* subviolaceo- aut fuscescenti-nigricans. *Epithecium* decoloratum aut caeruleo-nigricans [„aut virescens"]. *Sporae* 8:nae, oblongae aut oblongo-fusiformes aut ovoideo-oblongae, rectae aut pro parte leviter curvatae obliquaeve, 3-septatae, long. 0,018—0,012 [„0,010"], crass. 0,004—0,0025 [„—5"] millim.

Ad folia perennia arborum ad Lafayette (1000 metr. s. m.), n. 365 et in Carassa (1400 metr. s. m.), n. 1221, in civ. Minarum. — *Thallus* strato corticali destitutus, hyphis 0,002 millim. crassis, leptodermaticis, increbre septatis, interdum hypothallo nigro limitatus. *Gonidia* protococcoidea, globosa, simplicia, diam. 0,010—0,008 millim. *Hypothecium* obscuratum, tenue, ex hyphis conglutinatis formatum, ceterum excipulum albidum et ex hyphis constans 0.003 millim. crassis, sat leptodermaticis, increbre septatis, laxissime contextis. *Hymenium* circ. 0,060—0,065 millim. crassum, arcte cohaerens, jodo intense caerulescens, dein obscure vinose rubens. *Paraphyses* parcae, vix 0,001 millim. crassae, apice parum incrassatae, parce ramoso-connexae, haud constrictae. *Asci* clavati, circ. 0,012—0,014 millim. crassi. *Sporae* distichae, halone nullo, apicibus obtusis aut rotundatis.

Pycnoconidia esse „lageniformia, long. 0,004—0,005, crass. 0,002 millim., apice subgloboso-incrassato crassiore" a Nyl. in Énum. Lich. Husnot p. 15 indicatur. Talia etiam in speciminibus Brasilianis observavi, at ad *fungillum* parasitantem pertinent, nam conceptacula eorum hyphas nigricantes, ab hyphis *P. leucoblephari* differentes emittunt, et parasita eadem ceterum etiam in partibus proximis *Lecanorae hymenocarpae* Wainio crescit.

Trib. 18. Lecanactideae.

Thallus crustaceus, vulgo homoeomericus. *Stratum corti-cale* haud evolutum. *Stratum medullare* stuppeum, totum vulgo gonidia continens, hyphis leptodermaticis. *Gonidia* chroolepoidea. *Apothecia* orbicularia, demum thallo adpressa. *Excipulum* cartilagineum, fuligineum, strato medullari stuppeo nullo, gonidiis destitutum. *Paraphyses* ramoso-connexae. *Sporae* longae aut sat longae, septatae, decolores, membrana interne haud incrassata.

1. Lecanactis.

Eschw., Syst. Lich. (1824) p. 18 (emend.); Fr., Lich. Eur. Ref. (1831) p. 374 (em.); Leight., Brit. Graph. (1854) p. 47 (em.); Mass., Ric. Lich. Crost. (1852) p. 53 (em.); Koerb., Syst. Germ. (1855) p. 275 (em.); Th. Fr., Gen. Heterolich. (1861) p. 93 (em.); Tuck., Gen. Lich. (1872) p. 193, Syn. North Am. II (1888) p. 114. *Opegrapha* sect. III *Lecanactis* Müll. Arg., Lich. Beitr. (Fl. 1880) n. 156, Graph. Féean. (1887) p. 18.

Thallus crustaceus, uniformis, hypothallo et hyphis medullaribus substrato affixus, rhizinis et strato corticali destitutus, vulgo fere totus gonidia continens, hyphis tenuibus, leptodermaticis. *Gonidia* chroolepoidea (Trentepohliae umbrinae Bornet similia). *Apothecia* demum elevata adpressaque, (saltem primum) orbicularia, lecideina gonidiisque destituta, disco dilatato. *Excipulum* proprium (e perithecio et hypothecio constans), fuligineum, ex hyphis conglutinatis formatum, strato medullari nullo distincto. *Paraphyses* ramoso-connexae ramosaeque, vulgo superne flexuosae. *Sporae* 8:nae aut pauciores, fusiformes aut fusiformi-oblongae aut articulares, demum 3—pluri-septatae, decolores, loculis cylindricis aut subcylindricis. „*Pycnoconidia* oblonga aut cylindrica. *Sterigmata* simplicia." (Tuck., Syn. North. Am. II p. 114.)

1. **L. Leprieurii** (Mont.) Tuck., Gen. Lich. (1872) p. 194. *Lecidea* Mont. in Ann. Sc. Nat. 3 sér. Bot. T. XVI (1851) p. 56, Syllog. (1856) p. 34; Nyl., Lich. Nov.-Gran. (1863) p. 463, ed. 2 (1863) p. 356 (mus. Paris.). *Opegrapha* Müll. Arg., Lich. Beitr. (Fl. 1882) n. 439. *Patellaria bicolor* Karst. in Rev. Mycol. 1889 p. 205. *Lecanidion* Saccardo, Syll. Fung. VIII (1889) p. 798.

Thallus tenuis aut tenuissimus, cinereo- aut olivaceo-glaucescens. *Apothecia* vulgo sat solitaria, elevata, orbicularia aut raro anguloso-rotundata, diam. 1,8—0,7 millim. *Perithecium* fuligineum, integrum. *Discus* apertus, planiusculus, ochraceo-fulvescenti-pruinosus, KHO solutionem violaceam effundens. *Sporae* decolores, circ. „7—15-septatae" (Nyl., l. c.), long. 0,034—„0,078" (Nyl., l. c.), crass. 0,0025—„0,007" millim. (Nyl., l. c.).

Ad corticem arboris prope Lafayette (1000 metr. s. m.) in civ. Minarum, n. 297 (in statu morboso). — *Thallus* leviter inaequalis, opacus, jodo haud reagens. *Gonidia* chroolepoidea (numerosa et bene evoluta in coll. Lindig. n. 2863), circ. 0,010—0,008 millim. crassa, membrana sat tenui. *Apothecia* habitu lecideina, margine integro, crassiusculo, latere interiore ochraceopruinoso. *Hypothecium subhymeniale* tenue, pallidum albidumve. *Hymenium* jodo vinose rubens. *Epithecium* in lamina tenui fuscescens rufescensve, KHO solutionem violaceam effundens. *Paraphyses* 0,001 millim. crassae, apicem versus saepe levissime incrassatae, ramoso-connexae et apice saepe ramosae. *Asci* clavati, membrana vulgo sat tenui. *Sporae* 8:nae, fusiformes aut aciculares, apicibus attenuatis acutisque, halone sat tenui primum indutae, cellulis cylindricis, vulgo fere aeque longis, ac latis.

2. **L. insignior** (Nyl.) Wainio. *Lecidea* Nyl., Lich. Nov.-Gran. (1863) p. 463, ed. 2 (1863) p. 356 (mus. Paris.). *Opegrapha* Müll. Arg., Lich. Beitr. (Fl. 1882) n. 439, (1886) n. 1041. *Patellaria bacillifera* Karst. in Rev. Mycol. 1889 p. 206. *Scutularia* Saccardo, Syll. Fung. VIII (1889) p. 808.

Thallus tenuis aut sat tenuis, fusco-nigricans aut olivaceofuscescens olivaceusve. *Apothecia* vulgo sat solitaria, elevata, orbicularia, diam. 2—0,8 millim. *Perithecium* fuligineum, integrum. *Discus* apertus, planiusculus aut raro convexiusculus, flavescenti-pruinosus aut denudatus. *Sporae* decolores, „9—13-septatae, long. 0,045—0,064, crass. 0,005—0,007 millim." (Nyl., l. c., Karst., l. c.).

Ad corticem arborum prope Lafayette (1000 metr. s. m.), n. 300, et in Carassa (1400 metr. s. m.), n. 1388, in civ. Minarum. — *Thallus* leviter inaequalis, opacus, hyphis 0.002 millim. crassis, leptodermaticis. *Gonidia* chroolepoidea, circ. 0,008—0,006 millim. crassa, membrana leviter incrassata. *Apothecia* habitu lecideina, margine crasso, vulgo integro, latere interiore saepe flavescenti-pruinoso. *Hymenium* circ. 0,160—0,140 millim. crassum, jodo levissime caerulescens et demum vinose rubens. *Epi-thecium* fusco-fuligineum, KHO solutionem violaceam effundens. *Paraphyses* 0,0015—0,001 millim. crassae, apicem versus sensim leviter incrassatae (0,0025—0,003 millim.), parte superiore ramo-sae et ramoso-connexae flexuosaeque. *Sporae* 8:nae, fusiformi-aciculares, apicibus obtusis, halone nullo indutae.

3. **L. Americana** Wainio (n. sp.).

Thallus sat tenuis, glaucescens aut albido-glaucescens. *Apo-thecia* vulgo sat solitaria, elevata, orbicularia aut rarius anguloso-rotundata, diam. 2,5—1 millim. *Perithecium* fuligineum, integrum. *Discus* apertus, planiusculus, tenuiter rufescenti- aut cinereo-fu-scescenti- aut ochraceo-rufescenti-pruinosus aut denudatus, KHO solutionem luteam effundens. *Sporae* decolores, 15—10-septatae, long. 0,046—0,080, crass. 0,004—0,007 millim.

Ad corticem arboris prope Rio de Janeiro, n. 174. — *Thal-lus* rimulosus, leviter inaequalis, opacus aut nitidiusculus, hypo-thallo nigricante partim limitatus. *Gonidia* chroolepoidea, circ. 0,008—0,006 millim. crassa, membrana sat tenui. *Apothecia* ha-bitu lecideina, margine crassiusculo, saepe demum crebre radia-tim fisso. *Hypothecium subhymeniale* tenue, albidum. *Hyme-nium* circ. 0,140 millim. crassum, jodo vinose rubens. *Epithe-cium* fuscum, KHO solutionem luteam effundens. *Paraphyses* 0,001 millim. crassae, apicem versus sensim incrassatae (0,002 millim. crass.), parce ramoso-connexae, apice magis ramosae ramu-losaeve et ramis subintricatis flexuosisque instructae. *Asci* oblongo-clavati, circ. 0,018 millim. crassi, membrana parum incrassata. *Spo-rae* 8:nae, fusiformes aut fusiformi-aciculares, apicibus attenuatis, acutis aut obtusis, halone nullo indutae, cellulis cylindricis, vulgo fere aeque longis, ac latis.

B. Graphideae.

Apothecia elongata ellipsoideave aut angulosa difformiave aut raro orbicularia. *Paraphyses* in capillitium haud continuatae. *Sporae* mazaedium haud formantes.

Thallus crustaceus, homoeomericus aut heteromericus. *Stra-tum corticale* haud evolutum aut subcartilagineum. *Stratum me-*

dullare stuppeum, totum gonidia continens aut parte inferiore gonidiis destitutum, hyphis leptodermaticis aut sat leptodermaticis. *Gonidia* chroolepoidea (ad diversas species Trentepohliae pertinentia) aut palmellacea. *Apothecia* thallo (substratove) innata aut in ipsa superficie thalli enata, immersa permanentia aut demum emergentia elevatave, simplicia aut varie confluentia et excipulis confluentibus pseudostromata formantia, disco rimaeformi aut dilatato. *Perithecium proprium* bene evolutum (subcartilagineumque vel ex hyphis conglutinatis formatum) aut solum laterale basaleve, aut omnino evanescens, nudum aut *amphitecio* thallino gonidia continente aut gonidiis destituto obductum. *Paraphyses* bene aut parce evolutae, ramoso-connexae aut simplices. *Sporae* breves aut longae, simplices aut septatae aut murales, decolores aut fuscescentes nigricantesve, membrana tenui aut incrassata.

1. **Acanthothecium** Wainio (n. gen.).

Thallus crustaceus, uniformis, hyphis medullaribus substrato affixus, rhizinis destitutus, *strato corticali* nullo aut evanescente, ex hyphis longitudinalibus conglutinatis formato, *strato medullari* stuppeo, ex hyphis contexto tenuibus, leptodermaticis. *Gonidia* chroolepoidea (Trentepohliae umbrinae Bornet similia), cellulis minutis, anguloso-subglobosis aut ellipsoideis aut parcius etiam oblongis, saltem primum concatenatis, filamenta saepe parce ramosa formantibus, demum saepe pro parte etiam liberis, membrana sat tenui, flavovirescentia. *Apothecia* thallo innata, demum emergentia adpressave, elongata aut ellipsoidea rotundatave, simplicia aut ramosa, disco dilatato aut rimaeformi. *Excipulum* thallodes, albidum, labiis demum plus minusve elevatis, crassis, conniventibus aut demum hiantibus distantibusve, latere interiore hyphis constipatis clavatis creberrime minutissimeque verruculosis aut subspinulosis obductis. *Perithecium* evanescens, albidum. *Hymenium* jodo haud reagens. *Paraphyses* numerosae, neque ramosae, nec connexae, apice clavatae, clava creberrime minutissimeque verruculosa subspinulosave. *Asci* membrana tenui. *Sporae* 8:nae aut pauciores, elongatae aut oblongae, murales aut pluriseptatae et tum loculis lenticularibus, decolores, jodo haud reagentes.

Sect. 1. **Acanthographina** Wainio. *Sporae* murales.

1. A. pachygraphoides Wainio (n. sp.).

Thallus tenuis, albidus. *Apothecia* leviter elevata, vulgo sat approximata. elongata aut ellipsoidea aut raro rotundata, vulgo simplicia. recta aut leviter flexuosa. long. 2,5—1, latit. 1—0,8 millim. *Excipulum* thallodes, albidum, basi demum vulgo constrictum, labiis crassis, conniventibus. clausis aut demum leviter hiantibus. Labia latere interiore hyphis constipatis, clavatis, creberrime verruculosis obducta. *Perithecium* evanescens, albidum. *Discus* rimaeformis inconspicuusque aut interdum leviter dilatatus, pallidus. *Paraphyses* apice clavatae, clava creberrime verruculosa. *Sporae* vulgo 2—4:nae (aut 6:nae), decolores, murales, long. circ. 0,060—0,180, crass. 0,010—0,024 millim.

Ad corticem arborum prope Sitio (1000 metr. s. m.) in civ. Minarum, n. 866, 876. — *Thallus* sat laevigatus, nitidiusculus aut subopacus. KHO haud reagens (excipulo apothecii lutescente). *Gonidia* chroolepoidea, 0,010—0,008 millim. crassa, membrana sat tenui. *Apothecia* labiis longitrorsum pluristriatis aut varie inaequalibus. *Hymenium* circ. 0,140 millim. crassum, jodo lutescens, protoplasmate ascorum vinose rubente. *Epithecium* pallidum. *Paraphyses* 0,0015 millim. crassae, clava 0,004—0,003 millim. crassa, haud ramosae, sat laxe cohaerentes. *Asci* subclavati, membrana sat tenui. *Sporae* oblongae aut elongatae, apicibus obtusis, halone nullo, cellulis numerosissimis, in n. 876 binae, in n. 866 4 (—6):nae, jodo haud reagentes.

2. A. caesio-carneum Wainio (n. sp.).

Thallus tenuis, albidus. *Apothecia* leviter elevata, rotundata aut ellipsoidea, long. 1,5—0,8, latit. 1,2—0,8 millim., simplicia. *Excipulum* thallodes, albidum. basi demum sat abruptum subconstrictumve, labiis crassis, primum conniventibus, demum hiantibus, saepe transversim fissis. Labia latere interiore hyphis constipatis, clavatis, creberrime verruculosis obducta. *Perithecium* evanescens, albidum. *Discus* planiusculus, caesio-carneus. *Paraphyses* apice clavatae, clava creberrime verruculosa. *Sporae* 2—6:nae, decolores, murales, long. circ. 0,074—0,100, crass. 0,014—0,018 millim.

Ad corticem arboris prope Sitio (1000 metr. s. m.) in civ.

Minarum parce lecta, n. 1099. — A. pachygraphoidi valde affine est et forsan in id transit, at disco dilatato apertoque ab eo differt. Habitu subsimile est Gr. alborosellae Nyl. — *Thallus* leviter verruculoso-inaequalis, nitidiusculus aut subopacus, KHO leviter lutescens. *Gonidia* chroolepoidea, circ. 0,010—0,008 millim. crassa, membrana sat tenui. *Hymenium* circ. 0,150 millim. crassum, jodo lutescens, protoplasmate ascorum saepe violascente. *Epithecium* pallidum. *Paraphyses* 0,001 millim. crassae, clava 0,003 millim. crassa, haud ramosae. *Sporae* oblongae elongataeve, apicibus rotundatis aut obtusis, cellulis numerosissimis. circ. 4 in seriebus transversalibus, septis transversalibus circ. 26, jodo fulvescentes.

Sect. 2. **Acanthographis** Wainio. *Sporae* pluriseptatae, loculis lenticularibus.

3. **A. clavuliferum** Wainio (n. sp.).

Thallus tenuis aut sat tenuis, albidus aut glaucescenti-albidus. *Apothecia* demum elevata, solitaria aut irregulariter aggregata simpliciaque aut subradiato-confluentia ramosaque, elongata aut ellipsoidea aut rotundata, leviter flexuosa aut fere recta, long. circ. 3—0,8, latit. 1,5—0,7 millim. *Excipulum* thallodes, albidum, basi abruptum aut constrictum, labiis crassis, conniventibus, demum plus minusve apertis. Labia latere interiore hyphis constipatis, clavatis, creberrime verruculosis obducta. *Perithecium* evanescens, albidum. *Discus* pallidus, subplanus, dilatatus aut rarius sat angustus. *Paraphyses* apice clavatae, clava creberrime verruculosa vel subspinulosa. *Sporae* decolores, long. circ. 0,050—0,140, crass. 0,008—0,010 millim., septis numerosissimis.

Ad corticem arborum prope Sitio (1000 metr. s. m.), n. 523, et in Carassa (1400 metr.), n. 1197, in civ. Minarum. — *Thallus* sublaevigatus, opacus aut nitidiusculus, KHO parum reagens. Ca Cl$_2$ O$_2$ non reagens. *Gonidia* chroolepoidea, circ. 0,010—0,006 millim. crassa, membrana sat tenui. *Apothecia* labiis saepe sat inaequalibus flexuosisque, interdum fatiscentibus et leviter sorediosis. *Perithecium* ab amphithecio vel excipulo thallode haud distincte limitatum. *Hymenium* circ. 0,110 millim. crassum, jodo lutescens. *Epithecium* pallidum. KHO non reagens. *Asci* mem-

brana tenui. *Paraphyses* 0,001—0,0015 millim. crassae, clava
circ. 0,003—0,0035 millim. crassa, gelatinam sat firmam, sat abundantem percurrentes, neque ramosae. nec connexae. *Sporae* elongatae. altero apice rotundato. altero attenuato obtuso. septis
—38. loculis lenticularibus, jodo fulvescentes, in n. 523 8:nae aut
abortu pauciores et long. 0,030 – 0,104 millim.. in n. 1197 4—
2:nae et long. 0,100—0,140 millim.

2. Graphis.

Adans., Fam. Plant. 2 (1763) p. 11 pr. p.; Ach., Lich. Univ. (1810) p.
46 (emend.); Mass., Mem. Lich. (1853) p. 107; Koerb., Syst. Germ. (1855) p.
286 (em.); Nyl., Ess. Nouv. Classif. (1855) p. 187 (em.); Th. Fr., Gen. Heterolich. (1861) p. 93 (em.); Kickx, Mon. Graph. Belg. (1865) p. 5 (em.); Linds.,
Mem. Sperm. Crust. Lich. (1870) p. 278, tab. XIII fig. 51—54; Tuck., Gen.
Lich. (1872) p. 202 (em.); Leight., Lich. Great Brit. 3 ed. (1879) p. 426 (em.);
Möller, Cult. Flecht. (1887) p. 39; Hue, Addend. (1888) p. 245 (em.). *Phaeo-*
graphis. Graphis, Graphina, Phaeographina, Glyphis et *Sarcographa* Müll.
Arg., Graph. Féean. (1887) p. 4.

Thallus crustaceus, uniformis, epiphloeodes aut rarius hypophloeodes, hypothallo aut hyphis medullaribus substrato affixus.
rhizinis nullis, *strato corticali* haud evoluto aut evanescente parumque distincto aut raro bene evoluto, ex hyphis longitudinalibus tenuibus leptodermaticis conglutinatis formato, *strato medul-*
lari stuppeo, toto gonidia continente aut (in speciebus thallo
crassiore instructis) parte inferiore gonidiis destituto, ex hyphis
contexto tenuibus, leptodermaticis. *Gonidia* chroolepoidea (Trentepohliae umbrinae similia: Bornet, Rech. Gon. Lich. 1873 p.
10 et 11), cellulis minutis, anguloso-subglobosis aut ellipsoideis
aut parcius etiam oblongis, saltem primum concatenatis, filamenta saepe parce ramosa formantibus, demum saepe pro parte
etiam liberis, membrana sat tenui aut raro crassiuscula, vulgo
flavovirescentia. *Apothecia* thallo innata (aut parte inferiore substrato immersa), immersa permanentia aut demum emergentia
adpressave, elongata aut raro rotundata, simplicia aut varie et
interdum (Glyphis) in pseudostroma confluentia, disco rimaeformi clausoque aut aperto dilatatove. *Perithecium* bene evolutum aut evanescens, obscuratum aut pallidum, ex hyphis tenuibus sat leptodermaticis conglutinatis formatum, labiis conniventi-

bus aut hiantibus distantibusve, nudis aut thallo immersis aut *amphithecio* thallino, textura thallo consimili, gonidia continente, aut evanescente et gonidiis destituto obductis. *Paraphyses* numerosae, neque ramosae, nec connexae aut rarissime pro parte parce connexae (in Gr. glaucescenti Fée), apice haud aut parum incrassatae, haud spinuloso-verruculosae, rectae aut sat rectae, gelatinam in KHO vulgo turgescentem percurrentes. *Asci* clavati aut oblongi, membrana vulgo tenui, 8—1:spori aut rarissime „polyspori" (in Gr. fusisporella: Nyl., Fl. 1866 p. 292). *Sporae* fusiformes aut oblongae aut ellipsoideae aut ovoideae aut elongatae aut raro globosae, pluriseptatae et loculis lenticularibus, aut murales aut rarissime „1-septatae" (Nyl., Fl. 1866 p. 292, Lich. Guin. p. 50), decolores aut obscuratae, vulgo jodo violaceocaerulescentes aut primum caerulescentes aut raro haud reagentes (ceterum hymenium jodo non reagens). „*Pycnoconidia* oblonga aut cylindrica bacillariave. *Sterigmata* exarticulata aut pauciarticulata (Linds., l. c., Tuck., l. c.).

Subg. I. **Phaeographina** (Müll. Arg.) Wainio. *Hymenium* bene oleosum, minus pellucidum. *Sporae* murales, demum obscuratae.

Phaeographina Müll. Arg., Lich. Beitr. (Fl. 1882) n. 476, Graph. Féean. (1887) p. 4 et 47.

Sect. 1. **Diploloma** Müll. Arg. *Perithecium* fusco-nigrum, bene evolutum, integrum vel etiam basi completum, labiis arcte conniventibus, extus saltem partim thallo aut amphithecio thallino obductis. *Discus* rimaeformis.

Phaeographina sect. *Diploloma* Müll. Arg., Lich. Beitr. (Fl. 1882) n. 478.

1. **Gr. phaeospora** Wainio (n. sp.).

Thallus crassitudine mediocris, albidus aut glaucescens. *Apothecia* vulgo sat approximata, simplicia aut parce ramosa, vulgo elongata, aut pro parte oblonga, curvata aut flexuosa, long. circ. 7—2, latit. 0,7—0,5 millim., elevata, basi abrupta. *Perithecium* fuligineum, integrum, labiis conniventibus, clausis, latere amphithecio thallino obductis, superne denudatis et vulgo tenuiter pruinosis, saepe demum sulca una longitudinali striatis aut pro parte sat laevigatis. *Discus* rimaeformis, inconspicuus. *Sporae*

7*

vulgo 6:nae, aut abortu pauciores, demum testaceofuscescentes
testaceaeve, murales, long. circ. 0,080—0,110, crass. 0,016—0,022
millim.

Ad corticem arborum prope Sitio (1000 metr. s. m.) in civ.
Minarum, n. 682. — Habitu vix differt a Gr. vestita (Müll. Arg.)
Wainio (Müll. Arg., Graph. Fécan. p. 39). — *Thallus* subcontinuus,
leviter verruculoso-inaequalis, nitidiusculus aut subopacus, KHO
non reagens. *Gonidia* chroolepoidea, membrana sat tenui. *Hymenium* oleosum. *Epithecium* fuscofuligineum. *Paraphyses* 0,0015
millim. crassae, apice haud incrassatae, haud ramosae. *Sporae*
elongatae, apicibus rotundatis aut obtusis, halone nullo indutae,
cellulis numerosis.

2. **Gr. includens** Wainio (n. sp.).

Thallus crassitudine mediocris, glaucescens vel cinereo-glaucescens. *Apothecia* partim approximata, simplicia aut raro parce
ramosa, elongata aut oblonga, curvata aut flexuosa aut pro parte
recta, long. circ. 3—0,7, latit. circ 0,4—0,7 millim., thallo subimmersa aut vulgo leviter elevata aut conferta et verrucas majusculas
irregulares formantia. *Perithecium* fuligineum, integrum, labiis
conniventibus, clausis, laevigatis, thallo aut amphithecio thallino
omnino obductum. *Discus* rimaeformis, inconspicuus. *Sporae*
solitariae, demum obscuratae, murales, long. circ. 0,070—0,110,
crass. 0,020—0,045 millim.

Ad corticem arboris prope Sitio (1000 metr. s. m.) in civ.
Minarum, n. 765. — *Thallus* subcontinuus, verruculosus et grosse
verrucoso-rugosus, verrucis apothecia continentibus, nitidiusculus,
KHO olivaceo-rufescens. *Gonidia* chroolepoidea, circ. 0,010—
0,006 millim. crassa, membrana sat tenui. *Hypothecium* subhymeniale tenue, albidum. *Paraphyses* 0,0015 millim. crassae, apice
haud incrassatae, haud ramosae. *Sporae* oblongae, apicibus rotundatis, pariete haud incrassato, cellulis numerosissimis, jodo
violaceo-caerulescentes.

Sect. 2. **Leucogramma** (Mass.) Wainio. *Perithecium* subpallidum, labiis bene evolutis, arcte conniventibus, extus partim
amphithecio thallino obductis. *Discus* rimaeformis.

Leucogramma Mass., Esam. Comp. Gen. (1860) p. 39 (haud Mey., Entw.
Flecht. 1825 p. 331). *Phaeographina* sect. *Chrooloma* Müll. Arg., Lich. Beitr.
(Fl. 1882) n. 484.

3. **Gr. chrysentera** Mont. in Ann. Sc. Nat. 2 sér. Bot. Tom.
XVIII (1842) p. 269 (Gr. chrysenteron), Syllog. (1856) p. 345 (mus.
Paris.); Nyl., Lich. Nov.-Gran. Addit. (1867) p. 333, Syn. Lich.
Nov. Caled. (1868) p. 78.

Thallus tenuis, pallido-glaucescens [aut glaucescenti-albidus].
Apothecia elevata, sat approximata, elongata, circ. 6—1,5 millim.
longa, 0,6—0,4 millim. lata, simplicia aut ramosa, saepe flexuosa
curvatave. *Perithecium* pallidum aut pallido-fulvescens, basi tenue, labiis conniventibus, leviter longitrorsum striatis, parte superiore denudatis, extus subalbidis, lateribus amphithecio thallino
obductis. *Discus* rimaeformis, inconspicuus. *Sporae* 8:nae aut
abortu pauciores, murales, obscuratae, long. circ. 0,042—0,056
[„—0,068"], crass. 0,013—0,016 millim.

Ad corticem arboris in Carassa (1400 metr. s. m.) in civ.
Minarum parce lecta, n. 1352. — *Thallus* sat laevigatus, nitidulus, KHO primum leviter lutescens, dein leviter rubescens. *Perithecium laterale* crassum. *Hypothecium subhymeniale* albidum,
tenue. *Hymenium* oleosum. *Epithecium* fuscescens. *Paraphyses*
0,001—0,0015 millim. crassae, haud ramosae aut interdum ad
marginem hymenii apicibus breviter ramulosis. *Sporae* oblongae,
apicibus rotundatis, halone 0,002—0,003 millim. crasso indutae,
cellulis numerosis, septis transversalibus circ. 7—12, cellulis circ.
4—3 in quavis serie transversali, jodo subvinose obscuratae.

Sect. 3. **Eleutheroloma** Müll. Arg. *Perithecium* evanescens
aut dimidiatum, labiis demum hiantibus distantibusve, thallo immersis aut demum leviter emergentibus aut amphithecio thallino
obductis. *Discus* demum apertus dilatatusque, thallum subaequans
aut emergens, margine thallum leviter superante cinctus.

Phaeographina sect. *Eleutheroloma* Müll. Arg., Lich. Beitr. (Fl. 1882) n.
482, Graph. Féean. (1887) p. 48.

4. **Gr. scalpturata** Ach., Syn. Lich. (1814) p. 86. *Phaeographina* Müll. Arg., Graph. Féean. (1887) p. 48.

Thallus tenuis aut hypophloeodes, glaucescens aut pallido-
vel olivaceo-glaucescens. *Apothecia* saepe approximata aut aggregata, elongata aut parce etiam oblonga ellipsoideave, circ. 10—
0,5 millim. longa, circ. 0,9—0,3 millim. lata, simplicia aut ramosa,
saepe flexuosa curvatave, thallo immersa aut leviter emergentia.

Discus planiusculus, fusco- aut livido-nigricans, pruinosus aut epruinosus, immarginatus aut margine thallino cinctus aut etiam margine proprio tenui, disco concolore instructus. *Sporae* solitariae, murales, obscuratae, long. circ. 0,078—0,160, crass. 0,014—0,034 millim.

Ad corticem arborum prope Sitio (1000 metr. s. m.), n. 550 et 841, et in Carassa (1400 metr.), n. 1249, in civ. Minarum. — *Thallus* sublaevigatus aut leviter inaequalis, nitidiusculus, KHO primum leviter lutescens et demum rubescens. *Gonidia* chroolepoidea, circ. 0,010—0,008 millim. crassa, membrana sat tenui. *Perithecium* evanescens aut tenuissimum, fulvescens aut albidum aut in basi fuscofuligineum (in n. 1249). *Hymenium* oleosum, jodo lutescens, sporis junioribus violascentibus. *Epithecium* fuscescens aut olivaceum. *Paraphyses* 0,0015 millim. crassae, simplices aut nonnullae summo apice brevissime ramosae (in n. 550). *Sporae* oblongae, apicibus rotundatis, pariete tenui, septis transversalibus primariis circ. 16—24, cellulis numerosissimis, in serie transversali circ. 6—8.

Var. **supposita** Nyl., Fl. 1869 p. 123; Krempelh., Fl. 1876 p. 382 (coll. Glaz. n. 2178: hb. Warm.).

Apothecia disco fusconigro, epruinoso, parte basali perithecii nigricante. Ad corticem arboris prope Rio de Janeiro, n. 27. — *Perithecium* tenue, latere pallidum aut parte summa fuscescens fuligineumve, parte basali tenui fuliginea aut in aliis apotheciis pallida. *Paraphyses* haud ramosae (KHO et spir. aether. et $H_2 SO_4$). *Sporae* solitariae, long. 0,078—0,090, crass. 0,014—0,024 millim.

*Gr. **caesiopruinosa** Fée, Bull. Soc. Bot. Fr. XXI (1874) p. 30 (coll. Glaz. n. 5001: hb. Warm.); Krempelh., Fl. 1876 p. 447. *Phaeographina* Müll. Arg., Graph. Féean. (1887) p. 49.

Thallus fere hypophloeodes, macula pallido-glaucescente aut glauco-virescente indicatus [aut raro lateritius]. *Apothecia* saepe approximata aut aggregata, elongata aut parce etiam oblonga ellipsoideave, circ. 5—0,7 millim. longa, 0,8—0,3 millim. lata, simplicia aut ramosa confluentiaque, saepe flexuosa curvatave, thallo immersa aut leviter emergentia. *Discus* planiusculus, 0,7—0,3 millim. latus, fusco- aut livido-nigricans, vulgo crebre aut tenuiter pruinosus, aut rarius epruinosus, margine proprio caesiopruinoso aut nigricante, crassiusculo aut mediocri cinctus. *Sporae*

8—4:nae, murales, obscuratae, long. circ. 0,043—0,088, crass. 0,012—0,018 millim.

Ad corticem arborum prope Sitio (1000 metr. s. m.), in civ. Minarum, n. 875, 1069. — *Thallus* sublaevigatus aut levissime verruculoso-inaequalis, nitidiusculus, substrato immixtus, KHO leviter lutescens et demum leviter rubescens. *Gonidia* chroolepoidea, membrana sat tenui. *Perithecium* sat bene evolutum, dimidiatum, in latere aut in parte superiore lateris fuligineum, parte inferiore pallidum fulvescensve aut albidum, basi saepe tenuissimum, labiis strato thallino obductis. *Hymenium* oleosum, jodo lutescens, sporis junioribus violascentibus. *Epithecium* fuscescens aut sordidum. *Paraphyses* 0,0015 millim. crassae, laxe cohaerentes, haud ramosae. *Sporae* oblongae elongataeve, rectae aut leviter curvatae, apicibus obtusis rotundatisve, septis transversalibus circ. 8—16, cellulis numerosissimis.

5. **Gr. lecanographa** Nyl., Fl. 1869 p. 123; Krempelh., Fl. 1876 p. 446 (hb. Warm., mus. Paris.).

Thallus tenuis aut sat tenuis, vulgo albidus. *Apothecia* sat approximata, rotundata aut ellipsoidea aut pro parte oblonga, long. 0,5—1, raro —2 millim., crass. 0,5—0,8 millim., simplicia, interdum curvata. *Discus* dilatatus, planiusculus aut concaviusculus, nigricans, amphithecio thallino, perithecium evanescens obducente, elevato, labiis hiantibus instructo cinctus. *Sporae* solitariae, murales, demum obscuratae, long. circ. 0,082—0,115 [„—0,150"], crass. 0,030—0,040 [„—0,050"] millim.

Ad ramulos arborum in Carassa (1400 metr. s. m.) in civ. Minarum parce lecta, n. 1345. — *Thallus* subcontinuus aut dispersus, verruculoso-inaequalis, KHO lutescens, saepe partim hypothallo nigricante limitatus. *Gonidia* chroolepoidea, circ. 0,008 millim. crassa, membrana sat tenui. *Perithecium* evanescens, tenuissimum, in labiis lutescens fulvescensve et superne parte brevi fuscescens. *Hypothecium subhymeniale* albidum. *Hymenium* oleosum, jodo lutescens, parte tenui laterali caerulescente, sporis maturis violascentibus. *Epithecium* fuscofuligineum aut fusco-rufescens, KHO non reagens. *Paraphyses* 0,0015 millim. crassae, apice haud incrassatae, haud ramosae. *Sporae* oblongae, apicibus rotundatis, halone sat crasso bene pellucido (reagentiis conspicuo) indutae.

Subg. II. **Graphina** (Müll. Arg.) Wainio. *Hymenium* haud aut parum oleosum, sat pellucidum. *Sporae* murales, decolores.

Graphina Müll. Arg., Lich. Beitr. (Fl. 1880) n. 143, Graph. Féean. (1887) p. 4 et 38.

Sect. 1. **Hololoma** Wainio. *Perithecium* fuligineum, integrum vel etiam basi completum, labiis conniventibus. *Discus* rimaeformis.

Graphina sect. 1 et 2 Müll. Arg., Graph. Féean. (1887) p. 38.

6. **Gr. Acharii** Fée, Ess. Crypt. Écorc. (1824) p. 39, tab. X fig. 4. *Graphina Acharii* Müll. Arg., Lich. Beitr. (Fl. 1886) n. 1031, Graph. Féean. (1887) p. 38. *Opegrapha rigida* Fée, l. c. (1824) p. 29. *Graphis rigida* Nyl., Lich. Nov.-Gran. ed. 2 (1863) p. 360; Krempelh., Fl. 1876 p. 381.

Thallus sat tenuis aut mediocris, albidus aut glaucescenti- vel cinerascenti-albicans. *Apothecia* sat approximata, elongata, long. circ. 5—1 (—0,5) millim., latit. circ. 0,5—0,2 millim., vulgo simplicia, aut pro parte ramosa, flexuosa curvatave, primum thallo immersa, demum elevata, basi demum sat abrupta aut amphithecio sensim in thallum abeunte. *Perithecium* fuligineum, integrum, primum thallo immersum, demum elevatum et amphithecio thallino obductum, superne demum plus minusve denudatum, labiis conniventibus, demum distincte pluristriatis, striis primum amphithecio obtectis et extus inconspicuis. *Discus* rimaeformis, nigricans aut inconspicuus. *Sporae* 8:nae — solitariae, decolores, murales, long. circ. 0,040—0,080 millim. [—„0,135" millim., observante Müll. Arg., l. c.], crass. 0,014—0,030 millim.

Ad corticem arborum prope Sitio (1000 metr. s. m.), n. 1014, et in Carassa (1400 metr.), n. 1341 et 1536. — Species est valde variabilis. *Thallus* leviter verruculoso-inaequalis aut sat laevigatus, vulgo leviter nitiusculus, KHO non reagens aut pallescens. *Gonidia* chroolepoidea, circ. 0,008—0,006 millim. crassa, membrana sat tenui. *Perithecium* interdum demum basi tenue (in n. 1014). *Hypothecium subhymeniale* pallidum albidumve, tenue. *Hymenium* circ. 0,120 millim. crassum. *Epithecium* fuscescens nigricansve aut decoloratum. *Paraphyses* 0,0015 millim. crassae, apice haud incrassatae, haud ramosae. *Sporae* 8—4:nae (in n. 1536) aut binae (in n. 1341) aut solitariae (in n. 1014), oblongae aut fusiformi-oblongae, apicibus obtusis, halone nullo indutae, cellulis numerosissimis, jodo violaceo-caerulescentes.

*Gr. subvestita Wainio. *Graphina Acharii* var. *vestita* Müll. Arg., Graph. Féean. (1887) p. 39. *Graphis vernicosa* Nyl., Lich. Nov.-Gran. ed. 2 (1863) p. 361 (haud Opegr. vernicosa Fée).

Thallus sat tenuis aut mediocris, sordide aut glaucescenti-albicans. *Apothecia* approximata [aut solitaria], elongata aut oblonga, long. circ. 20—0,5 millim., latit. 0,3—1 millim., simplicia aut interdum ramosa, flexuosa curvatave aut recta, bene elevata, basi abrupta aut subconstricta. *Perithecium* fuligineum, integrum, amphithecio thallino omnino obductum aut rarius demum superne solum pruinosum, labiis conniventibus, extus haud striatis, striis paucis perithecii omnino amphithecio obtectis. *Discus* rimaeformis, inconspicuus. *Sporae* „8:nae — solitariae, decolores, murales, long. circ. 0,060—0,145, crass. 0,014—0,034 millim.“ (Nyl., cet.).

Ad corticem arboris prope Sitio (1000 metr. s. m.) in civ. Minarum, n. 933. — Specimina nostra ad statum typicum haud pertinent. *Apothecia* 0,5—1 (—2) millim. longa. *Sporae* 4:nae, long. 0,060—0,072, crass. 0,014—0,016 millim., pariete tenui.

7. **Gr. albostriata** Wainio (n. sp.).

Thallus sat tenuis, albidus. *Apothecia* sat approximata, oblonga aut ellipsoidea aut elongata, circ. 1,5—0,5 millim. longa, 0,6—0,4 millim. lata, simplicia aut interdum furcata, recta aut flexuosa curvatave, demum leviter elevata. *Perithecium* fuligineum, basi tenue fuscescensque, labiis conniventibus, pluristriatis, strato thallino albido superne tenui omnino obductis, leviter elevatis. *Discus* rimaeformis, inconspicuus. *Sporae* solitariae, decolores, murales, long. circ. 0,060—0,100, crass. 0,018—0,030 millim.

Ad corticem arboris in Carassa (1400 metr. s. m.) in civ. Minarum, n. 1538. — Inter Gr. dealbatam et Gr. Acharii est intermedia, habitu priori subsimilis. — *Thallus* verruculoso-inaequalis, subopacus, KHO lutescens et demum fulvescens vel aurantiacus. *Gonidia* chroolepoidea, circ. 0,010—0,008 millim. crassa, membrana sat tenui. *Hypothecium subhymeniale* albidum pallidumve, tenue. *Epithecium* pallidum aut fuscescens aut nigricans. *Paraphyses* 0,0015 millim. crassae, apice haud incrassatae, haud ramosae. *Sporae* oblongae, apicibus rotundatis, cellulis numerosissimis, jodo caeruleo-violascentes.

8. **Gr. pseudosophistica** Wainio (n. sp.).

Thallus crassitudine mediocris aut sat tenuis, glaucescens aut albidus. *Apothecia* sat approximata, vulgo elongata, long. circ. 4—0,5 millim., simplicia aut parce ramosa, flexuosa curvatave, thallo immersa aut demum levissime elevata. *Perithecium* integrum, fuligineum, thallo immersum et amphithecio thallino demum levissime elevato omnino obductum aut demum superne angustissime denudatum, labiis conniventibus, haud distincte aut parcissime striatis. *Discus* rimaeformis, inconspicuus. *Sporae* solitariae, decolores, murales, long. circ. 0,042—0,150, crass. 0,010 —0,055 millim.

Ad corticem arborum prope Sitio (1000 metr. s. m.), n. 757, 1003, et in Carassa (1400 metr.), n. 1404, in civ. Minarum. — Affinis Gr. sophisticae, Acharii et analogae, at perithecio immerso, haud aut vix denudato, et sporis ab iis differens. *Thallus* leviter verruculoso-inaequalis aut sat laevigatus, opacus aut nitidiusculus, KHO non reagens. *Gonidia* chroolepoidea, circ. 0,008 —0,006 millim. crassa, membrana sat tenui. *Perithecium* integrum, basi crassum. *Hypothecium subhymeniale* albidum, tenue. *Hymenium* circ. 0,120—0,150 millim. crassum. *Epithecium* fuscescens aut passim pallidum. *Paraphyses* 0,0015 millim. crassae, apice haud incrassatae, gelatinam in KHO turgescentem laxamque percurrentes, haud ramosae. *Sporae* oblongae, apicibus rotundatis aut obtusis, pariete sat tenui, cellulis numerosissimis, jodo caeruleo-violascentes.

9. **Gr. macella** Krempelh., Fl. 1876 p. 380 (coll. Glaz. n. 6289: hb. Warm.).

Thallus tenuis, albidus aut glaucescenti-albidus. *Apothecia* approximata, oblonga aut ellipsoidea, circ.˙2—0,5 millim. longa, 0,4—0,2 millim. lata, vulgo simplicia, recta aut rarius leviter flexuosa, elevata. *Perithecium* fuligineum, integrum, demum pluristriatum, amphithecio evanescente ad instar pruinae obductum, fere denudatum, elevatum, labiis conniventibus. *Discus* rimaeformis, vulgo parum conspicuus. *Sporae* solitariae, decolores, murales, long. circ. 0,070—0,078, crass. 0,020—0,022 millim.

Ad truncos Velloziae in montibus Carassae (1500 metr. s. m.) in civ. Minarum, n. 1457. — *Thallus* leviter verruculoso-inaequalis aut sat laevigatus, opacus aut leviter nitidiusculus, KHO parum reagens. *Gonidia* chroolepoidea, membrana tenui. *Perithecium* crassum, integrum. *Hypothecium subhymeniale* albidum, tenue. *Hymenium* circ. 0,100—0,120 millim. crassum. *Epithecium* olivaceum aut olivaceo-fuligineum. *Paraphyses* 0,0015 millim. crassae, apice levissime incrassatae, gelatinam in KHO turgescentem laxamque percurrentes, haud ramosae. *Sporae* oblongae, apicibus rotundatis, pariete tenui aut crassiusculo, cellulis numerosissimis, jodo caeruleo-violascentes.

10. **Gr. hemisphaerica** Wainio (n. sp.).

Thallus crassitudine mediocris, fuscescens aut cinereo-fuscescens. *Apothecia* sat approximata, elevata, hemisphaerica aut rarissime subellipsoidea, diam. 1—0,5 millim., basi sat abrupta. *Perithecium* fuligineum, integrum, amphithecio thallino laevigato omnino obductum, labiis arcte conniventibus, laevigatis. *Discus* rimaeformis, inconspicuus, rima simplice aut interdum divisa. *Sporae* solitariae, decolores aut demum pallidae, murales, long. circ. 0,082—0,126, crass. 0,020—0,031 millim.

Ad rupem itacolumiticam in Carassa (circ. 1400—1500 metr. s. m.) in civ. Minarum, n. 1268. — *Thallus* areolato-diffractus, areolis minutis, planis aut convexiusculis. *Apothecia* thallo concoloria. *Amphithecium* gonidia continens. *Hypothecium subhymeniale* albidum, tenue. *Epithecium* decoloratum aut olivaceum. *Hymenium* jodo non reagens, sporis violaceo-caerulescentibus. *Paraphyses* 0,001 millim. crassae, apice haud incrassatae, sat laxe cohaerentes, haud ramosae. *Sporae* elongatae oblongaeve aut fusiformi-oblongae, apicibus obtusis rotundatisve, pariete incrassato, cellulis numerosissimis.

11. **Gr. Carassensis** Wainio (n. sp.).

Thallus crassitudine mediocris aut sat tenuis, albidus aut sordide albicans. *Apothecia* subsolitaria aut sat approximata, circ. 1,5—0,7 millim. longa, 0,4 millim. lata, vulgo simplicia, recta aut flexuosa, elevata, basi abrupta aut leviter constricta. *Perithecium* fuligineum, integrum, amphithecio thallino laevigato obductum, demum superne angustissime denudatum pruinosumque, labiis arcte conniventibus, laevigatis. *Discus* rimaeformis, inconspicuus. *Sporae* solitariae, decolores, murales, long. circ. 0,048—0,080, crass. 0,016—0,020 millim.

Ad rupem itacolumiticam in Carassa (circ. 1400—1500 metr. s. m.) in civ. Minarum, n. 1467. — *Thallus* leviter verruculoso-inaequalis, sat opacus, KHO non reagens. *Gonidia* chroolepoidea, circ. 0,010—0,008 millim. crassa, membrana sat tenui. *Hymenium* jodo lutescens, sporis violaceo-caerulescentibus. *Paraphyses* 0,001 millim. crassae, apice haud incrassatae, haud ramosae. *Sporae* fusiformi-oblongae, apicibus obtusis, cellulis numerosissimis, circ. 3—6 in seriebus transversalibus, septis transversalibus circ. 10—18.

12. Gr. Ruiziana (Fée) Mass., Mem. Lich. (1853) p. 111; Nyl., Lich. Exot. (1859) p. 226, Lich. Nov.-Gran. (1863) p. 464, Lich. Nov.-Gran. Addit. (1867) p. 329 (mus. Paris.). *Opegrapha* Fée, Ess. Crypt. Écorc. (1824) p. 27. *Graphina* Müll. Arg., Lich. Beitr. (Fl. 1880) n. 138, Graph. Féean. (1887) p. 38.

Thallus tenuis, glaucescens aut glaucescenti-albidus. *Apothecia* vulgo sat approximata, vulgo oblonga, long. 2—0,8 (—0,5) millim., 0,3—0,25 millim. lata, simplicia aut raro parce ramosa, recta aut leviter flexuosa, elevata, basi abrupta aut leviter constricta. *Perithecium* fuligineum, integrum, elevatum, denudatum aut basi anguste amphithecio thallino tenui obductum, labiis conniventibus, diu clausis, laevigatis. *Discus* rimaeformis, inconspicuus. *Sporae* 8:nae [—„4:nae"], decolores, murales, long. circ. 0,044—0,054 millim. [„0,030—0,070" millim.], crass. 0,017—0,022 millim.

Ad corticem arbusti in Carassa (1400 metr. s. m.) in civ. Minarum, n. 1454. — *Thallus* vulgo sat laevigatus, sat opacus, KHO olivaceus vel olivaceo-rufescens. *Gonidia* chroolepoidea, circ. 0,008—0,006 millim. crassa, membrana sat tenui. *Hymenium* parce oleosum, jodo lutescens. *Paraphyses* 0,001 millim. crassae, apice haud incrassatae, parce ramosae et parce connexae, pro parte subsimplices (in spir. aether. et KHO). *Sporae* oblongae, apicibus obtusis, cellulis numerosis, jodo violaceo-caerulescentes et demum obscure vinose rubentes, septis transversalibus circ. 10„—15" (Müll. Arg., l. c.).

Sect. 2. **Hemiloma** Wainio. *Perithecium* fuligineum, dimidiatum basive apothecii deficiens, labiis conniventibus. *Discus* rimaeformis aut angustissimus.

Graphina sect. 3 et 4 Müll. Arg., Graph. Féean. (1887) p. 39 et 40.

13. **Gr. elongata** Wainio (n. sp.).

Thallus tenuis aut sat tenuis, albidus. *Apothecia* aggregata, radiatim disposita, vulgo dichotome ramosa, elongata, circ. 10—3 millim. longa, circ. 0,18—0,1 millim. lata, subrecta aut rarius flexuosa, thallo immersa. *Perithecium* fuligineum, dimidiatum, thallo immersum, superne denudatum, labiis conniventibus, thallum subaequantibus, parce parumque distincte striatis, epruinosis. *Discus* rimaeformis, nigricans, aut inconspicuus. *Sporae* 4—2:nae, decolores, murales, long. circ. 0,028—0,038, crass. 0,014—0,015 millim.

Ad corticem arborum prope Sitio (1000 metr. s. m.) in civ. Minarum, n. 782. — *Thallus* sat laevigatus aut leviter verruculoso-inaequalis, opacus aut levissime nitidiusculus, KHO levissime lutescens rubescensque aut parum reagens. *Perithecium* basi deficiens. *Hypothecium subhymeniale* albidum aut dilute pallidum, tenue. *Epithecium* fusco-nigrum. *Paraphyses* apice haud incrassatae, haud ramosae. *Sporae* ellipsoideae aut oblongae, apicibus rotundatis, halone nullo aut tenui indutae, cellulis sat numerosis, circ. 4—3 in seriebus transversalibus, septis transversalibus circ. 7—8, jodo caeruleo-violascentes.

14. **Gr. dealbata** Nyl., Fl. 1869 p. 123; Krempelh., Fl. 1876 p. 384 (hb. Warm.).

Thallus crassitudine mediocris aut sat tenuis, albidus aut glaucescenti-albidus. *Apothecia* sat approximata, vulgo elongata, circ. 5—1,5 millim. longa, 0,5 millim. lata, simplicia aut rarius parce ramosa, flexuosa curvatave, thallo immersa aut demum levissime elevata. *Perithecium* fuligineum, dimidiatum, thallo immersum, et amphithecio thallino demum levissime elevato obductum, superne demum sat anguste denudatum et albido-pruinosum, labiis conniventibus. *Amphithecium* superne demum saepe longitrorsum diffractum. *Discus* rimaeformis, inconspicuus. *Sporae* solitariae, decolores, murales, long. circ. 0,048—0,094, crass. 0,018 —0,032 millim.

Ad corticem arborum prope Sitio (1000 metr. s. m.) in civ. Minarum, n. 701. — *Thallus* leviter verruculoso-inaequalis, opacus (in specim. orig.) aut leviter nitidiusculus (in specim. nostro), KHO lutescens. *Gonidia* chroolepoidea, circ. 0,008—0,006 millim. crassa, membrana sat tenui. *Perithecium* basi deficiens. *Paraphyses* 0,0015 millim. crassae, haud ramosae. *Sporae* oblongae,

apicibus rotundatis, cellulis numerosissimis, circ. 5—6 in quavis
serie transversali, septis transversalibus circ. 17, jodo caeruleo-
violascentes.

15. **Gr. oryzaeformis** Fée, Ess. Crypt. Écorc. (1824) p. 45,
tab. X fig. 2; Nyl., Lich. Nov.-Gran. ed. 2 (1863) p. 264. *Graphina* Müll. Arg., Graph. Féean. (1887) p. 40.

Thallus sat tenuis, albidus aut glaucescens. *Apothecia* sat
approximata aut subsolitaria, elongata aut rarius oblonga, long.
circ. 5—1,5 (—1) millim., latit. 1—0,5 millim., vulgo simplicia,
recta aut parcius leviter flexuosa, elevata, basi abrupta aut leviter
subconstricta. *Perithecium* fuligineum, dimidiatum, amphithecio
thallino omnino obductum, infra amphithecium extus longitrorsum
plurisulcatum, labiis conniventibus, clausis. *Discus* inconspicuus.
Sporae solitariae, fere decolores, murales, long. circ. 0,136—0,200
millim. [—„0,100“ millim., observante Müll. Arg., l. c.], crass.
0,020—0,035 millim.

Ad corticem arborum prope Sitio (1000 metr. s. m.), n. 803,
et in Carassa (1400 metr.), n. 1412, in civ. Minarum. — *Thallus*
subcontinuus aut dispersus, verruculoso-inaequalis aut sat laevigatus, opacus aut nitidiusculus, KHO pallido-fulvescens. *Gonidia*
chroolepoidea, membrana sat tenui. *Apothecia* saepe demum
etiam extus longitrorsum striata. *Perithecium* basi deficiens aut
tenuissimum rufescensque. *Hypothecium subhymeniale* albidum
aut pallidum, tenue. *Paraphyses* 0,001 millim. crassae, apice haud
incrassatae, haud ramosae. *Sporae* oblongae elongataeve, apicibus obtusis, halone tenui saepe indutae, decolores aut demum
pallidae (in n. 1412), cellulis numerosissimis, septis transversalibus nonnullis crassioribus, aliis tenuioribus, jodo demum vulgo
violaceo-caerulescentes.

16. **Gr. dimidiata** Wainio (n. sp.).

Thallus tenuis aut sat tenuis, albidus. *Apothecia* approximata, elongata aut oblonga, circ. 3—0,5 millim. longa, 0,25—0,2
millim. lata, simplicia aut interdum parce ramosa, flexuosa aut
subrecta, leviter elevata. *Perithecium* fuligineum, dimidiatum,
parte inferiore amphithecio thallino tenui obductum, superne denudatum epruinosumque, labiis conniventibus, subclausis aut demum anguste hiantibus, laevigatis. *Discus* rimaeformis, inconspi-

cuus aut angustissimus nigricansque. *Sporae* 8:nae, decolores, murales, long. 0,013—0,026, crass. 0,010—0,008 millim.

Ad corticem arboris prope Lafayette (1000 metr. s. m.) in civ. Minarum, n. 332. — *Thallus* sat laevigatus, subopacus, KHO parum reagens. *Gonidia* chroolepoidea, circ. 0,010—0,008 millim. crassa, membrana sat tenui. *Perithecium* basi deficiens. *Hypothecium subhymeniale* pallidum, tenue. *Epithecium* fuscescens. *Paraphyses* 0,0015 millim. crassae, apice haud incrassatae, haud ramosae. *Sporae* ellipsoideae aut ovoideo-ellipsoideae, apicibus rotundatis aut altero apice obtuso, cellulis haud numerosis, 3—2 in seriebus transversalibus, septis transversalibus circ. 3, jodo violaceo-caerulescentes et demum obscure vinose rubentes.

Sect. 3. **Chlorographina** Müll. Arg. *Perithecium* pallidum aut dilutius coloratum, labiis conniventibus. *Discus* rimaeformis aut angustissimus.

Graphina sect. *Chlorographina* Müll. Arg., Lich. Beitr (Fl. 1882) n. 475 (em.), Graph. Féean. (1887) p. 43 (em.).

17. **Gr. frumentaria** Féc, Ess. Crypt. Écorc. (1824) p. 45, tab. X fig. 1. *Graphina* Müll. Arg., Lich. Beitr. (Fl. 1880) n. 147, Graph. Féean. (1887) p. 43.

Thallus sat tenuis, albidus. *Apothecia* sat approximata aut sat solitaria, elongata aut oblonga ellipsoideave, long. circ. 3—0,5 millim., latit. 0,4—0,9 millim., vulgo simplicia, recta aut flexuosa curvatave, elevata, basi vulgo sat abrupta. *Perithecium* basi tenue pallidumque [aut dimidiatum], in labiis pro parte rufescens fuscescensve, ceterum pallidum, amphithecio thallino obductum, labiis conniventibus, haud striatis. *Discus* rimaeformis, inconspicuus. *Sporae* 8:nae, decolores, murales, long. circ. 0,060—0,068 millim. [—„0,045" millim.: Müll. Arg., l. c.], crass. 0,022—0,028 millim.

Ad corticem arboris in Carassa (1400 metr. s. m.) in civ. Minarum, n. 1229. — *Thallus* leviter verruculosus aut fere laevigatus, vulgo sat opacus, KHO parum reagens. *Apothecia* in specimine nostro solum 1—0,5 millim. longa. *Gonidia* chroolepoidea, circ. 0,010—0,008 millim. crassa, membrana sat tenui. *Epithecium* decoloratum. *Paraphyses* 0,0015—0,001 millim. crassae, apice haud incrassatae, gelatinam copiosam percurrentes,

haud ramosae. *Asci* oblongi, apice membrana saepe modice incrassata. *Sporae* fusiformi-oblongae, apicibus obtusis, halone nullo
indutae et pariete sat crasso, cellulis numerosis, septis transversalibus circ. 10, seriebus transversalibus circ. 4—5-cellulosis, jodo
violaceo-caerulescentes.

Sect. 4. **Thalloloma** (Trev.) Müll. Arg. *Perithecium* pallidum aut obscuratum, tenue evanescensve, labiis demum hiantibus
distantibusve, thallo immersis. *Discus* demum apertus dilatatusque, thallum haud superans, margine nullo aut thallum parum
superante cinctus.

<small>*Thalloloma* Trev., Caratt. di 12 nov. gen. (1853) p. 9; Mass., Esam.
Comp. Gen. (1860) p. 36. *Graphina* sect. *Thalloloma* Müll. Arg., Lich. Beitr.
(Fl. 1882) n. 470 (em.), Graph. Féean. (1887) p. 46 (em.).</small>

18. **Gr. anguinaeformis** Wainio (n. sp.).
Thallus tenuis aut sat tenuis, albidus. *Apothecia* vulgo sat
approximata, elongata, long. circ. 2,5—0,5 millim., ramosa aut
pro parte simplicia, vulgo flexuosa aut curvata, thallo immersa.
Discus demum apertus, planiusculus aut concaviusculus, circ. 0,15
—0,2 millim. latus, fusconigricans, epruinosus aut raro tenuissime
pruinosus, amphithecio tenuissimo, leviter elevato, hiante, demum
aperto, cinctus. *Sporae* binae aut solitariae, decolores, murales,
long. circ. 0,036—0,056, crass. 0,012—0,022 millim.

Ad corticem arboris in Carassa (1400 metr. s. m.) in civ.
Minarum, n. 274. — Habitu subsimilis est Gr. anguinae (Mont.)
et Gr. glaucescenti Fée. *Thallus* sat continuus, leviter verruculoso-inaequalis aut sat laevigatus, opacus, KHO leviter flavescens. *Apothecia* margine tenuissimo thallino leviter elevato
cincta, demum fere immarginata. *Perithecium* evanescens aut
tenuissimum, fuscescens aut pallescens fulvescensve. *Hymenium*
circ. 0,120 millim. crassum. *Epithecium* fuscescens. *Paraphyses*
arcte cohaerentes, apice haud incrassatae, haud ramosae. *Sporae*
ellipsoideo-oblongae, apicibus rotundatis obtusisve, pariete sat tenui, cellulis numerosis, septis transversalibus circ. 9, cellulis in
quavis serie transversali circ. 5—3, jodo violaceo-caerulescentes.

19. **Gr. leuconephala** (Nyl.) Krempelh., Fl. 1876 p. 477
(coll. Glaz. n. 3451: hb. Warm.); Tuck., Syn. North Am. II (1888)
p. 122. *Fissurina leuconephala* Nyl., Fl. 1869 p. 73.

Thallus hypophlocodes, macula glaucescente aut olivacea indicatus, circa et inter apothecia albidus. *Apothecia* aggregata, elongata, long. circ. 3—0,5 millim., pro parte subramosa confluentiave, flexuosa aut recta, substrato immersa et labiis amphithecii e substrato et thallo formatis, albidis, conniventibus, demum leviter hiantibus, tenuibus, obtecta. *Discus* rimaeformis aut demum leviter dilatatus, pallidus. *Sporae* 8:nae, decolores, murales, long. circ. 0,015—0,022, crass. 0,008—0,010 millim. [„long. 0,014 —0,028, crass. 0,008—0,014 millim.": Tuck., l. c.].

Ad corticem arboris prope Sitio (1000 metr. s. m.) in civ. Minarum, n. 686. — Proxime affinis est Gr. nitidae (Eschw., haud Mont.) Wainio (= Gr. egena Nyl., Lich. Exot. p. 228, teste Müll. Arg., Fl. 1888 p. 508), quae autem diversa sit species, praecipue sporis halone indutis ab ea differens. — *Macula thallina* sat laevigata, nitidiuscula. *Gonidia* chroolepoidea, circ. 0,010 millim. crassa, membrana sat tenui. *Perithecium* indistinctum. *Hypothecium subhymeniale* albidum, tenue. *Paraphyses* 0,0015 millim. crassae, apice haud aut parum incrassatae, haud ramosae, septatae. *Sporae* ovoideo-ellipsoideae aut ellipsoideae, apicibus obtusis aut altero apice rotundato, halone nullo indutae et pariete tenui, septis transversalibus 4—6, cellulis haud numerosis, in serie transversali 2—3, maturae jodo caeruleo-violascentes.

20. **Gr. dehiscens** Wainio (n. sp.).

Thallus crassitudine mediocris, glaucescens aut glauco-virescens. *Apothecia* approximata aut irregulariter aggregata, thallo immersa, elongata, long. 3—1 millim., simplicia aut parce ramosa, flexuosa curvatave. *Perithecium* evanescens. *Discus* apertus, concaviusculus planiusculusve, 0,3—0,15 millim. latus, caesio- aut livido-pallescens, thallo impressus et margine (excipulo) thallino, leviter aut levissime thallum superante cinctus. *Sporae* 8:nae, decolores, murales, long. 0,012—0,018, crass. 0,007—0,010 millim.

Ad corticem arborum prope Lafayette (1000 metr. s. m.) in civ. Minarum, n. 306. — *Thallus* leviter inaequalis aut sat laevigatus, nitidiusculus, KHO parum reagens aut sordide fulvescens. *Gonidia* chroolepoidea, circ. 0,010—0,008 millim. crassa, membrana sat tenui. *Perithecium* laterale indistinctum, basale pallidum tenueque. *Hypothecium subhymeniale* pallidum decoloratumve, tenue. *Hymenium* circ. 0,080 millim. crassum, jodo lu-

tescens, sporis maturis caerulescentibus et demum violacee vinose
rubentibus. *Epithecium* livido-rufescens. *Paraphyses* 0,0015 millim. crassae, apice haud incrassatae, arcte cohaerentes, haud ramosae. *Asci* oblongi aut subclavati. *Sporae* ovoideae aut ellipsoideae, apicibus rotundatis aut altero apice obtuso, halone in
KHO turgescente indutae, cellulis haud numerosis, 3—2 in seriebus transversalibus, septis transversalibus 5.

21. **Gr. allosporella** Nyl., Fl. 1869 p. 124; Krempelh., Fl.
1876 p. 476 (hb. Warm.); *Graphina* Müll. Arg., Graph. Féean.
(1887) p. 47.

Thallus crassitudine mediocris, glaucescens, circa et inter
apothecia albidus. *Apothecia* fere radiatim aggregata, elongata,
long. circ. 10—1 millim., fere dichotome aut irregulariter ramosa,
vulgo flexuosa, thallo immersa. *Discus* apertus, concaviusculus
aut planiusculus, circ. 0,1—0,2 millim. latus, caesiopruinosus, margine thallino tenui albido parum elevato cincta aut demum fere
immarginata. *Sporae* 8:nae, decolores, murales, long. 0,010—
0,013, crass. 0,006—0,008 millim.

Ad corticem arboris prope Lafayette (1000 metr. s. m.) in
civ. Minarum, n. 246. — *Thallus* leviter granuloso-inaequalis aut
fere laevigatus, KHO testaceo-fulvescens. *Gonidia* chroolepoidea,
circ. 0,010—0,008 millim. crassa, membrana sat tenui. *Perithecium* basale (hypotheciumve) fusco-nigricans, laterale deficiens
evanescensve. *Hymenium* circ. 0,100 millim. crassum. *Epithecium* pallido-fuscescens. *Paraphyses* 0,0015 millim. crassae, apice
haud incrassatae, sat laxe cohaerentes, haud ramosae. *Asci* clavati, membrana tenui. *Sporae* distichae aut monostichae, ellipsoideae, apicibus rotundatis, pariete tenui, septis transversalibus
3, cellulis haud numerosis, jodo caeruleo-violascentes.

22. **Gr. insignis** Wainio (n. sp.).

Thallus crassitudine mediocris aut tenuis, cinerascens aut
albido-glaucescens aut roseus. *Apothecia* aggregata, vulgo elongata et bene ramosa, saepe flexuosa aut curvata, long. circ. 4—1
millim., thallo immersa. *Discus* apertus, planiusculus aut concaviusculus, circ. 0,2—0,5 millim. latus, caesio-pruinosus. *Sporae*
8:nae, decolores, murales, long. 0,010—0,016, crass. 0,005—0,008
millim.

Supra herbas et lichenes destructos saxatiles et in ipsa rupe in Carassa (1450 metr. s. m.) in civ. Minarum, n. 1209, 1266, 1417. — *Thallus* leviter verruculoso-inaequalis, nitidiusculus aut subopacus, neque KHO nec I reagens. *Gonidia* chroolepoidea, circ. 0,010—0,006 millim. crassa, membrana sat tenui. *Apothecia* irregulariter aut subradiatim ramosa, immarginata, disco leviter impresso. *Perithecium* tenuissimum evanescensque aut ad basin apothecii distinctum, nigricans aut fuscescens aut fulvorufescens aut partim pallidum. *Hypothecium subhymeniale* tenue, albidum. *Hymenium* circ. 0,090—0,110 millim. crassum. *Epithecium* fuscescens aut fusconigricans. *Paraphyses* 0,001—0,0015 millim. crassae, apice haud incrassatae, haud ramosae (in KHO et H$_2$SO$_4$). *Asci* clavati aut subcylindrici, membrana tenui. *Sporae* ellipsoideae aut oblongae, apicibus rotundatis obtusisve, murales, septis transversalibus 3—4, longitud. 1, cellulis haud numerosis, jodo violaceo-caerulescentes aut demum vinose rubentes.

23. **Gr. subcabbalistica** Wainio (n. sp.).

Thallus crassiusculus aut mediocris, glaucescenti-albidus. *Apothecia* approximata, elongata, vulgo ramosa et flexuosa, long. circ. 2—1 millim., thallo immersa. *Discus* demum apertus, planiusculus aut concaviusculus, circ. 0,15—0,25 millim. latus, nigricans, epruinosus. *Sporae* 8:nae, decolores, murales, long. 0,012—0,016, crass. 0,008—0,010 millim.

Ad corticem arboris in Carassa (1400 metr. s. m.) in civ. Minarum, n. 1246. — *Thallus* subcontinuus, verrucoso-inaequalis rugosusque, nitidiusculus aut subopacus, KHO olivaceo-rufescens. *Gonidia* chroolepoidea, circ. 0,008—0,006 millim. crassa, membrana sat tenui. *Apothecia* irregulariter ramosa, margine evanescente, primum passim distincto tenui tenuissimove, fuscescente aut cinerascente, disco thallum subaequante. *Perithecium* fuscescens aut fusco-fuligineum aut passim pallidum, sat tenuis aut tenuissimum evanescensque. *Epithecium* fuscescens. *Paraphyses* 0,0015 millim. crassae, apice leviter incrassatae, arcte cohaerentes, haud ramosae aut raro parce ramoso-connexae, septatae (in H$_2$SO$_4$). *Sporae* ellipsoideae, apicibus rotundatis, murales, septis transversalibus 3—4, cellulis haud numerosis, jodo violaceo-caerulescentes, demum obscure vinose rubentes.

8*

Subg. III. **Phaeographis** (Müll. Arg.) Wainio. *Hymenium* bene oleosum, minus pellucidum. *Sporae* pluriseptatae, demum obscuratae, loculis lenticularibus.

Phaeographis Müll. Arg., Lich. Beitr. (Fl. 1882) n. 454, Graph. Féean. (1887) p. 4 et 23.

Sect. 1. **Platygramma** (Meyer) Wainio. *Perithecium* labiis demum hiantibus distantibusve. *Discus* demum apertus dilatatusque, nigricans fuscescensve.

Platygramma Meyer. Entw. Flecht. (1825 p. 332 pr. p. *Phaeographis* sect. 3—6 Müll. Arg., Graph. Féean. (1887) p. 24—27.

24. **Gr. dendritica** Ach., Lich. Univ. (1810) p. 271; Kickx, Mon. Graph. Belg. (1865) p. 9; Nyl., Lich. Nov.-Gran. ed. 2 (1863) p. 364: Leight., Lich. Great Brit. 3 ed. (1879) p. 431. *Phaeographis* Müll. Arg., Lich. Beitr. (Fl. 1882) n. 458, Graph. Féean. (1887) p. 24.

Thallus tenuis aut sat tenuis, albidus aut glaucescenti-albidus. *Apothecia* vulgo approximata, elongata, vulgo ramosa, vulgo flexuosa curvatave, long. circ. 5—1 millim., thallo immersa. *Discus* planiusculus, circ. 0,15—0,4 millim. latus, fuscus aut fusconigricans, tenuiter pruinosus aut epruinosus. *Sporae* demum obscuratae, pluri-septatae [septis circ. 9—4], long. circ. 0,018—0,030 [—0,050] millim.

Ad corticem arboris prope Sitio (1000 metr. s. m.) in civ. Minarum, n. 911. — *Thallus* sat laevigatus, opacus, KHO primum lutescens, dein rubescens. *Gonidia* chroolepoidea, circ. 0,010 —0,008 millim. crassa, membrana sat tenui aut sat crassa. *Apothecia* immarginata aut margine thallino levissime elevato tenui cincta. *Perithecium* tenue, fuscescens, latere fere evanescens. *Hymenium* circ. 0,090 millim. crassum, sordidum, oleosum, jodo non reagens. *Epithecium* fusco-nigrum. *Paraphyses* arcte cohaerentes, apice haud aut levissime incrassatae, neque ramosae, nec connexae (in spir. aether. et KHO conspicuae). *Sporae* 8:nae, oblongo- aut elongato-ovoideae, altero apice rotundato, altero acuto, loculis lenticularibus, jodo violascentes, in specimine nostro 6—7 (—4)-septatae.

25. **Gr. lobata** (Eschw.) Wainio. *Leiogramma lobatum* Eschw. in Mart. Fl. Bras. (1833) p. 100. *Phaeographis lobata* Müll. Arg., Lich. Beitr. (Fl. 1882) n. 459, Rev. Lich. Eschw. (1884) n. 19, Fl.

1888 p. 523, Lich. Beitr. (1888) n. 1421. *Graphis patellula* Krempelh., Fl. 1876 p. 416 (coll. Glaz. n. 5468: hb. Warm.), haud Fée.

Thallus hypophlocodes, macula pallido- aut olivaceo-glaucescente indicatus. *Apothecia* solitaria, rotundata, aut raro pro parte ellipsoidea, diam. 1,2—0,5 millim., substrato immersa aut demum leviter emergentia. *Discus* planus, nigricans aut fusconigricans, vulgo tenuiter caesio-pruinosus, aut raro nudus, margine tenui nigro cinctus. *Sporae* demum obscuratae, circ. 9—6-septatae, long. 0,026—0,030, crass. 0,008—0,009 millim.

Ad corticem arborum prope Rio de Janeiro et ad Sepitiba in eadem civitate, n. 161, 205, 481. — *Thallus* hypothallo nigricante partim limitatus. *Gonidia* substrato inclusa, chroolepoidea, circ. 0,008—0,006 millim. crassa, membrana sat tenui. *Perithecium* bene evolutum, fuligineum, dimidiatum, basi deficiens. *Hypothecium subhymeniale* albidum, tenue. *Hymenium* jodo dilute violascens, sporis intense violascentibus. *Epithecium* fusco-fuligineum. *Paraphyses* 0,0015 millim. crassae, apice haud incrassatae, haud ramosae aut nonnullae parce ramoso-connexae. *Asci* oblongi aut subclavati. *Sporae* 8—4:nae, oblongae, apicibus rotundatis aut obtusis, pariete crassiusculo, in KHO turgescente, loculis lenticularibus.

26. **Gr. medusaeformis** Krempelh., Fl. 1876 p. 416 (hb. Warm.). *Phaeographis* Müll. Arg., Lich. Beitr. (Fl. 1882) n. 459.

Thallus tenuis aut hypophlocodes, glaucescens aut pallido-glaucescens, inter et circa apothecia albidus. *Apothecia* aggregata, radiato-ramosa, flexuosa curvatave, thallo immersa. *Discus* planiusculus aut concaviusculus, circ. 0,2—0,3 millim. latus, lividoaut caesio-pruinosus. *Sporae* obscuratae, 5—7-septatae, long. circ. 0,022—0,028, crass. 0,008—0,010 millim.

Ad corticem arboris in Carassa (1400 metr. s. m.) in civ. Minarum, n. 1323. — Affinis est Gr. inustae Ach. (Nyl., Syn. Lich. Cal. p. 73), quae praecipue thallo magis evoluto et apotheciis minus flexuosis ab ea differt, at forsan in eam transit. Gr. medusulaeformis (Nyl., Lich. Nov.-Gran. p. 468) item est diversa, thallo cum Gr. inusta et apotheciorum forma cum Gr. intricante congruens. — *Thallus* sat laevigatus, nitidiusculus, KHO primum leviter lutescens et demum leviter rubescens. *Apothecia* fere immarginata. *Perithecium* laterale evanescens aut tenuissimum fulvescensque. basi magis evolutum fulvescensque et KHO rufescenti-rubescens et demum rufescenti-fulvescens. *Hypothecium subhymeniale* fulvescens. *Hymenium* circ. 0,130 millim. crassum, sordidum. *Epithecium* olivaceo-smaragdulum, KHO fuscescens. *Paraphyses* 0,001—0,0015 millim. crassae, apice non aut leviter incrassatae, arcte cohaerentes, neque ramosae, nec connexae (in KHO conspicuae. *Asci* clavati, membrana sat tenui. *Sporae* 8:nae, oblongae, apicibus vulgo rotundatis, aut altero apice obtuso, loculis lenticularibus, jodo violascentes.

27. **Gr. intricans** Nyl., Lich. Nov.-Gran. (1863) p. 473, ed. 2 (1863) p. 372 (mus. Paris.); Krempelh., Fl. 1876 p. 418.

Thallus tenuis, interdum hypophloeodes, glaucescens, et pallidoglaucescens, inter et circa apothecia albidus. *Apothecia* aggregata, vulgo bene radiato- aut reticulato-ramosa confluentiaque, flexuosa curvatave, thallo immersa. *Discus* planiusculus, in radiis circ. 0,15—0,5 millim. latus, centro varie confluenti-dilatatus et radiato- vel reticulato- vel areolato-rimosus, livido- aut caesio-pruinosus. *Sporae* obscuratae, 5-septatae, long. circ. 0,014—0,026, crass. 0,006—0,008 (—0,004) millim.

Ad corticem arborum satis frequenter in Brasilia provenit, n. 112, 316, 339, 341, 344, 349, 1327, 1553. — *Thallus* sat laevigatus aut leviter verruculoso-inaequalis, nitidiusculus, KHO primo lutescens, dein rubescens (crystallos rubros formans). *Gonidia* chroolepoidea, circ. 0,010—0,006 millim. crassa, membrana sat tenui. *Apothecia* fere immarginata. *Excipulum* evanescens aut tenuissimum fuscescensque vel pallescens. *Hypothecium subhymeniale* sat bene evolutum, pallidum aut fulvescens, KHO saepe rufescens. *Hymenium* circ. 0,100—0,120 millim. crassum, oleosum sordidumque, jodo lutescens. *Epithecium* passim fuscescens. *Paraphyses* 0,001 millim. crassae, neque connexae, nec ramosae aut (in n. 344) apice brevissime ramulosae (ramulis in epithecio fere dissolutis). *Asci* clavati aut oblongo-clavati, membrana tenui. *Sporae* 8:nae, distichae, oblongae aut parcius ovoideo-oblongae, apicibus rotundatis aut obtusis, loculis lenticularibus. In speciminibus nostris sporas solum 5-septatas observavi, at a Nyl., l. c., sporae in collectione Lindigiana 5—7-septatae indicantur.

28. **Gr. tricosa** Ach., Lich. Univ. (1810) p. 674; Nyl., Lich. Nov.-Gran. Addit. (1867) p. 335; Krempelh., Fl. 1876 p. 417. *Me-*

dusula tricosa Xyl., Fl. 1886 p. 176, Lich. Guin. (1889) p. 32. *Sarcographa tricosa* Müll. Arg., Graph. Féean. (1887) p. 63.

Thallus tenuis aut hypophlocodes, glaucescens, inter et circa apothecia albidus. *Apothecia* aggregata confluentiaque, creberrime et abundater radiato-ramosa, radiis saepe plus minusve flexuosis, reticulatim confluentibus, thallo immersa. *Discus* planiusculus, caesio-pruinosus aut denudatus fusco-nigricansque, centro varie confluenti-dilatatus et radiato-rimosus, in radiis circ. 0,25—0,15 millim. latus. *Sporae* obscuratae, 3-septatae, long. 0,013—0,018. crass. 0,005—0,007 millim.

Ad corticem arborum prope Rio de Janeiro et ad Sepitiba in eadem civitate, n. 120, 461. — *Thallus* sat laevigatus, nitidiusculus, KHO solum in partibus albidis ad apothecia reagens, primum lutescens, dein rubescens. *Apothecia* fere immarginata. *Perithecium* evanescens aut latere tenuissimum fuscescensque. *Hypothecium subhymeniale* tenue, albidum. *Hymenium* jodo lutescens. *Epithecium* sordide pallidum. *Paraphyses* 0,0015 millim. crassae, gelatinam in KHO turgescentem percurrentes, summo apice breviter ramosae ramulosaeque (in n. 461) aut pro parte simplices et pro parte apice ramulosae et ramulis (in gelatinam fere reductis) in H_2SO_4 solubilibus (in n. 120), ceterum simplices, septatae (in H_2SO_4 visae). *Asci* clavati aut ventricoso-oblongi, apice membrana saepe leviter incrassata. *Sporae* 8:nae, distichae, oblongae aut ovoideo-oblongae, apicibus rotundatis, loculis lenticularibus.

Var. **tigrina** (Fée) Wainio. *Sarcographa tigrina* Fée, Ess. Crypt. Écorc. (1824) p. 58, tab. XVI fig. 2; Müll. Arg., Graph. Féean. (1887) p. 63 (secund. descr.).

Apothecia ramis angustioribus (circ. 0,15 millim. latis), disco fusco-nigricante, epruinoso. — Ad corticem arboris prope Rio de Janeiro, n. 28. — *Thallus* hypophlocodes, macula glaucescente indicatus, jodo haud reagens, KHO lutescens et demum crystallos rubros formans. *Apothecia* ramis vulgo disjunctis. *Epithecium* dilute subnigricans. *Paraphyses* apice non aut levissime incrassatae, haud ramosae.

Sect. 2. **Pyrrhographa** (Mass.) Müll. Arg. *Perithecium* labiis demum hiantibus distantibusve. *Discus* demum apertus dilatatusque, sanguineo-rubescens.

Pyrographa Mass., Esam. Comp. Gen. (1860) p. 28. *Phaeographis* sect. *Pyrrhographa* Müll. Arg.. Lich. Beitr. (1882) n. 465, Graph. Féean. (1887) p. 27.

29. **Gr. haematites** Fée, Ess. Crypt. Écorc. (1824) p. 45, tab. XII fig. 1; Nyl., Lich. Nov.-Gran. (1863) p. 474, ed. 2 (1863) p. 373, Lich. Nov.-Gran. Addit. (1867) p. 336 (mus. Paris.). *Phaeographis* Müll. Arg., Lich. Beitr. (Fl. 1882) n. 465, Graph. Féean. (1887) p. 27, Fl. 1888 p. 525.

Thallus hypophloeodes, macula glauco-virescente aut pallido-glaucescente indicatus. *Apothecia* approximata aut aggregata, ramosa, elongata, flexuosa curvatave, long. circ. 5—1 [—10] millim., substrato immersa. *Discus* planiusculus aut concaviusculus, circ. 0,2—0,4 millim. latus, sanguineo-rubescens, epruinosus. *Sporae* demum obscuratae, pluri-septatae (septis circ. „5 —10", raro —2). ..long. circ. 20—38 millim." (Nyl. et Müll. Arg.), crass. 0,008—0,010 millim.

Ad corticem arborum prope Rio de Janeiro, n. 132. — *Gonidia* chroolepoidea, circ. 0,012—0,006 millim. crassa, membrana sat tenui. *Perithecium* dimidiatum aut subdimidiatum, latere rubescenti-fuligineum, KHO virescens et solutionem virescentem effundens, basi tenue et pallidum aut fulvescens aut pallido-rubescens. *Epithecium* rubescenti-fuligineum, KHO virescens. *Paraphyses* 0,0015 millim. crassae, apice haud incrassatae, gelatinam in KHO turgescentem percurrentes, haud ramosae. *Asci* clavati. *Sporae* 8:nae, oblongae, apicibus vulgo rotundatis, loculis lenticularibus, maturae jodo caeruleo-obscuratae, in specimine nostro 5—2-septatae, long. 0,020—0,026 millim.

Subg. IV. **Scolaecospora** Waino. *Hymenium* haud aut parum oleosum, sat pellucidum. *Sporae* septatae, decolores. loculis lenticularibus.

Graphis Müll. Arg., Graph. Féean. (1887) p. 4 et 28.

Sect. 1. **Solenographa** (Mass.) Wainio. *Perithecium* fuligineum, integrum vel etiam basi completum, labiis conniventibus. *Discus* rimaeformis aut angustissimus.

Solenographa Mass.. Esam. Comp. Gen. (1860) p. 26. *Graphis* sect. 1 et 2 Müll. Arg., Graph. Féean. (1887) p. 29 et 30.

30. **Gr. angustata** Eschw., Mart. Fl. Bras. (1833) p. 73:
Krempelh., Reis. Novar. (1870) p. 109, Lich. Bras. Warm. (1873)
p. 27 (hb. Warm.); Müll. Arg., Fl. 1888 p. 509.

Thallus tenuis aut sat tenuis, albidus. *Apothecia* leviter
elevata, fere solitaria aut sat approximata, simplicia aut pro parte
parce ramosa, elongata, vulgo flexuosa aut varie curvata, long.
circ. 3—1 [-5]. latit. circ. 0,3 millim. *Perithecium* fuligineum.
integrum, labiis conniventibus, superne emergentibus denudatis-
que, longitrorsum albido-striatis, parte inferiore amphithecio thallode sensim in thallum abeunte aut partim sat abrupto obductum.
Discus rimaeformis, inconspicuus aut nigricans. *Sporae* decolores, circ. 14—17-septatae, long. circ. 0,054—0,072, crass. 0,011—
0,013 millim.

Ad corticem arboris prope Sitio (1000 metr. s. m.) in civ.
Minarum, n. 1124. — *Thallus* leviter inaequalis aut sat laevigatus, nitidiusculus [aut subopacus]. *Gonidia* circ. 0,010—0,006
millim. crassa, membrana crassiuscula. *Perithecium* basi sat bene
evolutum aut tenue. *Epithecium* fuscescens. *Paraphyses* apice
haud incrassatae, haud ramosae. *Sporae* in specimine nostro 4:nae.
elongatae, apicibus rotundatis, loculis lenticularibus, jodo violaceo-
caerulescentes.

31. **Gr. adpressa** Wainio (n. sp.).

Thallus tenuis aut sat tenuis, albidus. *Apothecia* elevata adpressaque, solitaria, simplicia, elongata aut oblonga, recta aut
parcius leviter flexuosa, long. circ. 2,2—0,7, crass. 0,3—0,2 millim. *Excipulum* extus nigrum aut cinereo-nigricans, basi constrictum, labiis conniventibus, laevigatis. *Perithecium* fuligineum.
integrum, denudatum aut subdenudatum. *Discus* rimaeformis,
inconspicuus. *Sporae* decolores, circ. 11—13-septatae, long. circ.
0,046—0,058, crass. 0,012—0,015 millim.

Ad lignum in Carassa (1400 metr. s. m.) in civ. Minarum.
n. 1289. — Habitu simillima est Gr. Ruizianae (Fée). — *Thallus* verruculoso-inaequalis aut partim sat laevigatus, subopacus
aut nitidiusculus, KHO non reagens. *Gonidia* chroolepoidea, circ.
0,006 millim. crassa. *Perithecium* maxima parte strato tenuissimo
tenuive amorpho semipellucido obductum aut denudatum. *Hypothecium subhymeniale* tenue, albidum. *Paraphyses* 0,001 millim.
crassae, apice haud incrassatae. gelatinam sat abundantem per-

currentes, haud ramosae. *Sporae* 8:nae, oblongae aut fusiformi-
oblongae, apicibus rotundatis aut acutiusculis, pariete crassiusculo,
in KHO turgescente, cellulis lenticularibus, jodo violaceo-caerulescentes.

32. **Gr. assimilis** Nyl., Prodr. Lich. Gall. et Alg. (1857) p.
150 (mus. Paris.), Lich. Nov.-Gran. (1863) p. 465, ed. 2 (1863) p.
359 et 262, Lich. Nov.-Gran. Addit. (1867) p. 330, Syn. Lich. Cal.
(1868) p. 70; Müll. Arg., Graph. Féean. (1887) p. 31, Fl. 1888 p. 512.

Thallus tenuis aut sat tenuis, albidus. *Apothecia* vulgo sat
approximata, ramosa aut simplicia, elongata, vulgo flexuosa curvatave, long. circ. 7—2 [—1], latit. 0,15 [—0,3] millim. *Perithecium* fuligineum, integrum, parte superiore leviter emergens aut
parte inferiore amphithecio thallino angusto obductum, superne
denudatum, labiis conniventibus [aut raro demum hiantibus], laevigatis, epruinosis aut tenuiter pruinosis. *Discus* rimaeformis,
inconspicuus [aut raro demum leviter dilatatus, caesio-pruinosus aut nigricans]. *Sporae* decolores, circ. 5—10-septatae, long.
circ. 0,016—0,050, crass. 0,005—0,008 millim.

Ad corticem arboris prope Lafayette (1000 metr. s. m.) in
oiv. Minarum, n. 340. — *Thallus* leviter verruculosus aut sublaevigatus, opacus [aut nitidiusculus], KHO haud reagens (vel pallescens). *Gonidia* circ. 0,008—0,010 millim. crassa, membrana
sat tenui. *Paraphyses* 0,0015—0,001 millim. crassae, apice haud
incrassatae, gelatinam in KHO turgescentem laxamque percurrentes, haud ramosae. *Sporae* 8:nae aut abortu pauciores solitariaeve, oblongo-ovoideae aut ovoideo-elongatae, altero apice rotundato, altero obtuse attenuato, loculis lenticularibus, jodo violaceo-
caerulescentes, dein vinose rubentes.

33. **Gr. Sitiana** Wainio (n. sp.).

Thallus tenuis, albidus, aut hypophloeodes et macula glaucescente indicatus. *Apothecia* elevata, approximata, simplicia aut
parce ramosa, elongata, saepe flexuosa curvatave, long. circ. 2—
—0,7, crass. 0,2 millim. *Excipulum* basi abruptum aut subcon-
strictum, cinereo-nigricans et tenuissime pruinosum. *Perithecium*
fuligineum, integrum, basin versus saepe strato thallino tenuissimo cinereo obductum, labiis conniventibus, laevigatis. *Discus*
rimaeformis, inconspicuus aut caesiopruinosus. *Sporae* decolores,
5-septatae, long. circ. 0,022—0,026, crass. 0,007—0,008 millim.

Ad corticem arboris prope Sitio (1000 metr. s. m.) in civ.
Minarum, n. 533. — A Gr. compulsa Krempelh. (Fl. 1876 p.
419), cui affinis est, thallo KHO non rubescente et perithecio magis emergente denudatove et vulgo pruinoso differt. Comparanda
etiam cum Gr. Icioplaca Müll. Arg., Lich. Beitr. (1880) n. 137.
Thallus opacus, KHO parum reagens aut fere flavescens. *Paraphyses* 0,001 millim. crassae, apice haud incrassatae, gelatinam
in KHO turgescentem laxamque percurrentes, haud ramosae. *Sporae* 8:nae, oblongae aut elongatae, apicibus rotundatis aut altero
apice obtuso, jodo violaceo-caerulescentes, demum vinose rubentes.

Sect. 2. **Eugraphis** Eschw. *Perithecium* fuligineum, dimidiatum basive apothecii deficiens, labiis conniventibus, rarius demum leviter hiantibus. *Discus* rimaeformis aut angustus.

Graphis sect. *Eugraphis* Eschw. in Mart. Fl. Bras. (1833) p. 69 (pro
maj. part.). *Graphis* sect. 3 et 4 Müll. Arg., Graph. Féean. (1887) p. 32 et 33.

34. **Gr. tenella** Ach., Syn. Lich. (1814) p. 81 (hb. Ach.):
Nyl., Lich. Nov.-Gran. ed. 2 (1863) p. 358, Lich. Nov.-Gran. Addit.
(1867) p. 329, Syn. Lich. Cal. (1868) p. 70, Fl. 1886 p. 174; Müll.
Arg., Lich Beitr. (Fl. 1882) n. 449, Graph. Féean. (1887) p. 32.

Thallus tenuis aut sat tenuis, albidus aut glaucescens aut
raro flavescens aut roseus. *Apothecia* approximata, simplicia aut
ramosa, elongata, vulgo flexuosa curvatave, long. circ. 3—1,5,
latit. 1—2 millim. *Perithecium* fuligineum, dimidiatum, thallo immersum et thallum subaequans aut parte superiore leviter emergens, aut parte inferiore amphithecio thallino angusto obductum.
superne denudatum, labiis conniventibus, laevigatis, epruinosis.
Discus rimaeformis, inconspicuus aut nigricans. *Sporae* decolores.
circ. 12—4-septatae, long. circ. 0,016—0,056, crass. 0,006—0,014
millim.

Ad corticem arborum prope Sepitiba in civ. Rio de Janeiro.
n. 421, 479. — *Thallus* vulgo sublaevigatus, opacus. *Gonidia*
circ. 0,008—0,006 millim. crassa, membrana sat tenui. *Perithecium* basi deficiens. *Epithecium* decoloratum. *Paraphyses* 0,0015
millim. crassae, apice haud incrassatae, haud ramosae aut raro
(in n. 479) parce ramosae et ramoso-connexae (spir. aether. et
KHO), in $Zn\,Cl_2 + I$ visae distincte septatae. *Sporae* 8:nae aut
4:nae (in n. 421), ovoideo-oblongae aut elongatae, apicibus ob-

tusis aut altero apice rotundato, raro (in n. 421) pro parte (morbose) obscuratae, loculis lenticularibus, jodo violaceo-caerulescentes.

35. **Gr. caesiella** Wainio (n. sp.).

Thallus tenuis, albidus. *Apothecia* thallo immersa, approximata, ramosa aut pro parte simplicia, elongata, flexuosa curvatave, long. circ. 4—2 millim., latit. circ. 0,2 millim., vulgo rima circumscissa. *Perithecium* fuligineum, dimidiatum, labiis conniventibus, thallum aequantibus, superne thallo haud obductis, tenuiter caesiopruinosis, haud distincte striatis. *Discus* rimaeformis, inconspicuus. *Sporae* decolores, circ. 7—9-septatae, long. circ. 0,020—0,030, crass. 0,007—0,010 millim.

Ad corticem arborum prope Rio de Janeiro, n. 45. — Habitu subsimilis est Gr. substriatae Krempelh., Geschicht II p. 768 (Gr. substriatula Nyl., Lich. Nov.-Gran. Addit. 1867 p. 331, haud Lich. Nov.-Gran. 1863 p. 467). — *Thallus* sat laevigatus aut leviter verruculoso-inaequalis, subopacus. *Gonidia* chroolepoidea, circ. 0,008—0,006 millim. crassa, membrana crassiuscula. *Perithecium* basi deficiens. *Hypothecium subhymeniale* tenue, pallidum. *Paraphyses* circ. 0,001 millim. crassae, apice haud incrassatae, haud ramosae. *Sporae* 8:nae, oblongae aut elongatae, apicibus obtusis, loculis lenticularibus, jodo violaceo-caerulescentes.

36. **Gr. striatula** (Ach.) Nyl., Lich. Nov.-Gran. (1863) p. 467 (excl. syn.); Krempelh., Lich. Beccar. Born. (1875) p. 36, Fl. 1876 p. 418; Müll. Arg., Lich. Beitr. (Fl. 1880) n. 139, (1882) n. 453, Graph. Féean. (1887) p. 34; Hue, Addend. (1888) p. 246.

Thallus tenuis, albidus aut cinereo-glaucescens. *Apothecia* approximata, ramosa, vulgo elongata, aut rarius oblonga, saepe plus minusve curvata flexuosave, long. circ. 4—1 (—0,5), latit. 0,4 —0,25 millim. *Perithecium* elevatum, fuligineum, dimidiatum, denudatum, epruinosum, labiis conniventibus, longitrorsum pluri-sulcatis. *Discus* rimaeformis, inconspicuus aut nigricans. *Sporae* decolores, circ. 9—15-septatae, long. circ. 0,040—0,080 [—0,032 millim.: Müll. Arg.], crass. 0,008— 0,013 millim.

Ad corticem arborum in Carassa (1400 metr. s. m.) in civ. Minarum, n. 1298, 1403, 1485. — *Thallus* vulgo sublaevigatus, sat opacus. *Gonidia* circ. 0,010—0,008 millim. crassa, membrana

sat tenui. *Apothecia* apicibus vulgo obtusis. *Perithecium* basi
deficiens. *Epithecium* fuligineum. *Paraphyses* 0,0015—0,001 millim. crassae, apice non aut leviter incrassatae, haud ramosae,
gelatinam sat abundantem percurrentes. *Asci* oblongi aut oblongo-
clavati, membrana tota sat tenui. *Sporae* 8—4—2:nae, elongatae,
apicibus obtusis aut rotundatis, loculis lenticularibus, jodo violaceo-caerulescentes.

37. **Gr. disserpens** Wainio.

Thallus hypophloeodes, macula glaucescenti-albida indicatus. *Apothecia* substrato semi-immersa, numerosa, approximato-
subsolitaria, parce ramosa aut pro parte subsimplicia, elongata,
pro parte curvata flexuosave, pro parte recta, long. circ. 3,5—1,5,
latit. 0,2—0,25 millim. *Perithecium* parte superiore fuligineum,
dimidiatum, labiis conniventibus, longitrorsum sulcatis, nudis. *Discus* rimaeformis, inconspicuus vel nigricans. *Sporae* decolores,
circ. 9—10-septatae, long. circ. 0,022—0,028, crass. 0,005—0,007
millim.

Ad corticem arboris prope Sitio (1000 metr. s. m.) in civ.
Minarum, n. 1091. — Habitu similis est Gr. disserpenti Nyl.
(Fl. 1864 p. 618, coll. Lindig. n. 93: mus. Paris.), quae autem apothecia vacua habet (perithecium dimidiatum) et eam ob causam
indeterminabilis sit. — In planta nostra *excipulum* parte inferiore
fulvescens, basi pallidum tenueque aut deficiens. *Epithecium* tenue, nigricans. *Paraphyses* 0,0015 millim. crassae, apice non aut
leviter incrassatae, arcte cohaerentes, haud ramosae. *Asci* clavati aut oblongi. *Sporae* 8:nae, elongatae, apicibus rotundatis
aut altero apice obtuso, loculis lenticularibus, jodo violaceo-caerulescentes.

38. **Gr. atroalba** Wainio (n. sp.).

Thallus tenuis, albidus. *Apothecia* elevata, subsolitaria aut
approximata, vulgo simplicia, oblonga, recta aut subrecta, long.
circ. 2,5—1,5 (—1) millim., latit. 0,7—0,5 millim. *Perithecium*
elevatum, basi demum constrictum, fuligineum, dimidiatum, labiis
hiantibus, conniventibus, crassis, sublaevigatis, extus nudis, intus
strato albido discum tegente obductum. *Discus* rimaeformis aut
leviter dilatatus, strato albido labiorum obtectus inconspicuusque.
Sporae decolores, 3-septatae, long. 0,017—0,022, crass. 0,008—
0,010 millim.

Ad corticem arboris prope Rio de Janeiro, n. 189. — Verisimiliter est subspecies Graphidis Afzelii Ach. (Müll. Arg., Graph. Féean. p. 37, Fl. 1888 p. 511), a qua apotheciis brevioribus, magis nigris, et thallo albido differt. Observante autem Müll. Arg., Fl. 1888 p. 511, sporae in Gr. Afzelii demum sunt obscuratae, at in planta nostra omnino sunt decolores. — *Thallus* sat laevigatus, subopacus. *Gonidia* chroolepoidea, circ. 0,012—0,008 millim. crassa, membrana sat tenui aut leviter incrassata. *Perithecium* basi media deficiens aut tenue. *Hypothecium* subhymeniale albidum pallidumve, tenue. *Hymenium* circ. 0,100 millim. crassum, totum albidum. *Paraphyses* 0,0015 millim. crassae, apice haud incrassatae, gelatinam in KHO laxam percurrentes, haud ramosae. *Asci* cylindrici aut cylindrico-clavati, membrana tenui. *Sporae* 8:nae, ellipsoideae aut ovoideo-ellipsoideae, apicibus rotundatis aut obtusis, loculis lenticularibus, jodo haud reagentes.

Sect. 3. **Chlorographopsis** Wainio. *Perithecium* pallidum, labiis conniventibus. *Discus* rimaeformis.

39. **Gr. albescens** Wainio (n. sp.).

Thallus tenuis, albidus. *Apothecia* demum elevata, subsolitaria, subsimplicia, elongata, saepe leviter flexuosa curvatave, long. circ. 3—1 millim., crass. 0,4 millim. *Excipulum* albidum, basi demum sat abruptum, labiis conniventibus, perithecio superne anguste denudato, ab amphithecio rima disjuncto. *Perithecium* pallidum. *Discus* rimaeformis, pallidus. *Sporae* decolores, circ. 12—14-septatae, long. circ. 0,036—0,044, crass. 0,006—0,008 millim.

Ad corticem arboris prope Sitio (1000 metr. s. m.) in civ. Minarum. — *Thallus* leviter verruculosus aut sublaevigatus, nitidiusculus, KHO non reagens. *Gonidia* chroolepoidea, circ. 0,012 —0,008 millim. crassa, membrana sat tenui aut sat crassa. *Perithecium* pallidum, integrum, KHO fulvorufescens. *Paraphyses* 0,0015 millim. crassae, apice haud incrassatae, haud ramosae. *Asci* oblongo-clavati, membrana tenui. *Sporae* 8:nae, polystichae, oblongo-naviculares, altero apice rotundato, altero attenuato obtusiusculo aut subacuto, cellulis lenticularibus.

Sect. 4. **Fissurina** (Fée) Wainio. *Perithecium* evanescens aut pallidum aut dimidiatum (superne fuscofuligineum et basi pallidum aut deficiens). labiis hiantibus distantibusve. thallo immersis aut demum leviter emergentibus. *Discus* demum apertus dilatatusque, thallum subaequans.

Fissurina Fée, Ess. Lich. Écorc. (1824) p. 59 (pr. p.): Nyl.. Lich. Nov. Zel. (1888) p. 125 (pr. p.). *Graphis* sect. 5. *Chlorographa* et sect. 6. *Fissurina* Müll. Arg., Graph. Féean. (1887) p. 35 et 36.

40. **Gr. brachycarpa** Wainio (n. sp.).

Thallus tenuis, albidus. *Apothecia* demum leviter emergentia, solitaria, simplicia, rotundata aut ellipsoidea aut parcius oblonga, recta aut raro leviter curvata flexuosave. long. 0,3—0,9, crass. 0,3 millim. *Discus* subplanus dilatatusque. caesiopruinosus, *margine* leviter emergente, suberecto, subintegro. paululum nigricanti- et albido-striato, extus leviter thallino-vestito. *Perithecium* fusco-fuligineum, parte basali fulvorufescente fulvescenteve. *Sporae* decolores, 12—pluri-septatae. long. circ. 0.030—0,052. crass. 0,004—0,006 millim.

Ad corticem putridum arboris prope Sitio (1000 metr. s. m.) in civ. Minarum, n. 1092. — Affinis est Gr. alborosellae Nyl., Lich. Nov.-Gran. p. 473. — *Thallus* sublaevigatus, nitidiusculus aut subopacus, KHO non reagens. *Gonidia* chroolepoidea, circ. 0,008—0,006 millim. crassa. *Perithecium* strato tenui albido partim obductum, KHO non reagens. *Hymenium* circ. 0,080—0,070 millim. crassum. *Epithecium* olivaceo-nigricans. *Paraphyses* 0,0015 millim. crassae, apice fusco-clavatae, haud ramosae. *Sporae* 6:nae aut abortu pauciores, elongatae, apicibus rotundatis aut altero apice angustiore obtuso, loculis lenticularibus, jodo violaceo-caerulescentes, demum partim obscure vinose rubentes.

41. **Gr. glaucescens** Fée, Ess. Lich. Écorc. (1824) p. 36; Nyl., Lich. Nov.-Gran. (1863) p. 464 (mus. Paris.), ed. 2 (1863) p. 359, Lich. Nov.-Gran. Addit. (1867) p. 329, Syn. Lich. Nov. Cal. (1868) p. 76; Müll. Arg., Graph. Féean. (1887) p. 36.

Thallus sat tenuis aut crassitudine mediocris, glaucescenti-albicans aut stramineo-glaucescens. *Apothecia* approximata, ramosa, elongata, flexuosa curvatave, long. circ. 5—1 millim., thallo immersa. *Discus* planiusculus, 0,1—0,2 millim. latus, fuscescens epruinosusque aut livido- vel caesio-pruinosus. *Sporae* decolores,

pluriseptatae (septis vulgo circ. 4—10, raro —3), long. circ. 0,014
—0,034, crass. 0,004—0,010 millim.

Ad corticem arborum prope Rio de Janeiro, n. 146, et ad
Sitio, n. 902, et Lafayette (1000 metr. s. m.), n. 315, et in Carassa (1400 metr. s. m.), n. 1174, in civ. Minarum. — *Thallus* sat
laevigatus aut leviter verruculoso-inaequalis, opacus aut raro nitidiusculus (n. 1174), KHO haud vere reagens (pallescens testaceusve), saepe pro parte hypothallo nigricante limitatus. *Gonidia*
chroolepoidea, circ. 0,010—0,006 millim. crassa, membrana sat
tenui aut sat crassa. *Apothecia* immarginata aut interdum margine thallino spurio levissime elevato cincta, interdum pro parte
fissura circumscissa. *Perithecium* evanescens aut tenue, pallidum
aut fulvofuscescens aut fuscescens. *Hypothecium subhymeniale*
tenue, albidum aut pallidum aut fulvescens. *Hymenium* circ.
0,070—0,100 millim. crassum, jodo lutescens. *Epithecium* fuscescens aut rufescens aut pallidum, KHO non reagens. *Paraphyses*
0,0015 millim. crassae, apice haud incrassatae, laxe cohaerentes,
haud ramosae, raro parce connexae (in n. 902). *Asci* clavati,
membrana sat tenui aut apice leviter incrassata. *Sporae* 8:nae,
elongatae aut oblongae aut ovoideo-oblongae, apicibus obtusis
aut rotundatis, pariete sat tenui, loculis lenticularibus, jodo violaceo-caerulescentes.

42. **Gr. grammitis** Fée, Ess. Lich. Écorc. (1824) p. 47;
Nyl., Lich. Nov.-Gran. 2 (1863) p. 366 (mus. Paris.); Krempelh.,
Lich. Born. (1875) p. 61 (?), Fl. 1876 p. 477; Müll. Arg., Graph.
Féean. (1887) p. 36.

Thallus crassitudine mediocris aut sat tenuis, glaucescens
[aut pallido-glaucescens]. *Apothecia* aggregato-approximata [aut
raro subsolitaria], ramosa aut pro parte simplicia, elongata, flexuosa curvatave aut pro parte subrecta, long. circ. 15—1 millim.
Discus demum subdilatatus, circ. 0,2—0,1 millim. latus, concaviusculus aut planiusculus, fuscescens aut rufescens [aut testaceus],
epruinosus. *Sporae* decolores, 3-septatae, long. 0,010—0,014, crass.
0,004—0,006 millim.

Ad corticem arborum prope Lafayette (1000 metr. s. m.) in
civ. Minarum, n. 369. — Specimina nostra apotheciis immersis,
haud elevatis, amphitecio destitutis, brevioribus (4—1 millim. longis) discoque rufo a forma typica differunt (f. **brachycarpoides**

Wainio). *Thallus* leviter verruculoso-inaequalis aut sublaevigatus, nitidiusculus, medulla albida aut straminea sulphureave, KHO extus vix reagens, intus subrufescens. *Gonidia* circ. 0,008 millim. crassa, membrana sat tenui. *Apothecia* thallo immersa aut leviter elevata, immarginata aut margine tenui thallo concolore pallescenteve cincta. *Perithecium* parte laterali pallido-rufescens rubescensve, KHO non reagens. *Hypothecium* parte inferiore albidum, parte subhymeniali rubescenti-pallidum. *Hymenium* circ. 0,070 millim. crassum. *Epithecium* in speciminibus nostris rubescens, KHO non reagens. *Paraphyses* 0,0015 millim. crassae. apice vix aut levissime incrassatae, haud ramosae, sat arcte cohaerentes. *Asci* clavati. *Sporae* 8:nae, ellipsoideae aut oblongae aut parcius ovoideo-ellipsoideae, apicibus rotundatis aut obtusis. loculis lenticularibus, jodo violaceo-caerulescentes.

Sect. 5. **Glyphis** (Ach.) Wainio. *Perithecia* bene evoluta, integra, fuscofuliginea, in *pseudostromata* confluentia, labiis distantibus. *Discus* apertus dilatatusque. (*Sporae* decolores.)

Glyphis Ach., Syn. Lich. (1814) p. 106 pr. p.; Fée, Ess. Crypt. Écorc. Suppl. (1837) p. 46; Mass., Mem. Lich. (1853) p. 113; Nyl., Ess. Nouv. Classif. Lich. (1855) p. 190 pr. p.; Th. Fr., Gen. Heterolich. (1861) p. 96; Tuck., Gen. Lich. (1872) p. 512 pr. p.; Müll. Arg., Graph. Féean. (1887) p. 61.

43. **Gr. cicatricosa** (Ach.) Wainio. *Glyphis* Ach., Syn. Lich. (1814) p. 107 (hb. Ach.); Fée, Ess. Crypt. Écorc. Suppl. (1837) p. 48, tab. 36 fig. 5; Nyl., Addit. Fl. Chil. (1855) p. 173, Lich. Nov.-Gran. (1863) p. 485; Müll. Arg., Lich. Beitr. (Fl. 1887) n. 1102, Graph. Féean. (1887) p. 62. *Gl. favulosa* Ach., l. c. (hb. Ach.); Müll. Arg., Graph. Féean. (1887) p. 61.

Thallus tenuis, albidus aut glaucescens aut olivaceo-pallescens. *Pseudostromata* demum elevata, anguloso-orbicularia aut subellipsoidea, cinereo- aut albido-pruinosa. *Apothecia* anguloso-rotundata aut elongata, simplicia aut ramosa confluentiave, flexuosa, disco concavo planiusculove, umbrino-fuscescente. *Sporae* decolores, circ. 11—6-septatae, long. circ. 0,026—0,056, crass. 0,010—0,006 millim.

Var. **simplicior** Wainio. *Gl. cicatricosa* et *Gl. favulosa* Ach., l. c.

Apothecia discis anguloso-rotundatis aut pro parte elongatis, simplicibus aut pro parte ramosis, circ. 0,15—2 millim. longis. 0,15—0,2, passim parce —0,3 millim. latis.

Ad corticem arborum frequenter in Brasilia obvenit, n. 169,
492, 593, 636, 667, 1076, 1126. — *Thallus* laevigatus aut rarius
leviter verruculosus, nitidiusculus, hypothallo nigricante partim limitatus, jodo haud reagens, parte inferiore cellulis substrati immixtus, superne strato subamorpho, ex hyphis longitudinalibus
conglutinatis formato, epiphlocode obductus. *Gonidia* chroolepoidea, circ. 0,010—0,004 millim. crassa, membrana sat tenui aut
crassiuscula. *Pseudostromata* circ. 1—4 millim. longa, circ. 1—
2,5 millim. crassa, apothecia numerosa vel numerosissima continentia, in lamina tenui fusco-fuliginea. *Apothecia* forma in eodem specimine quoque valde inconstantia. *Hymenium* jodo lutescens, sporis violaceo-caerulescentibus. *Epithecium* dilute fuscescens. *Paraphyses* apice haud incrassatae, gelatinam copiosam percurrentes, haud ramosae. *Asci* clavati aut oblongi, membrana tenui aut apice leviter incrassata. *Sporae* 8:nae aut pauciores, ovoideo-fusiformes, altero apice rotundato aut rotundato-
obtuso, altero acuto, loculis lenticularibus.

Var. **confluens** (Zenk.) Wainio. *Glyphis confluens* Zenk. in
Goeb. Pharm. Waarenk. I, 5 (1828) p. 163, tab. XXI fig. 6 a, c,
d: Nyl., Lich. Nov.-Gran. (1863) p. 485: Müll. Arg., Graph. Féean.
(1887) p. 62.

Apothecia discis pro maxima parte elongatis et bene ramosis confluentibusque, — circ. 4 millim. longis, inaequaliter dilatatis,
circ. 0,15—0,5 millim. latis.

Ad corticem arboris prope Sitio (1000 metr. s. m.) in civ.
Minaram, n. 743. — Sine limite in var. simpliciorem transit et
parum est constans. *Thallus* in specimine nostro glaucescenti-
pallescens, nitidus, strato amorpho, ex hyphis longitudinalibus
conglutinatis formato, bene evoluto, obductus. *Pseudostromata* circ.
2,5—7 millim. longa, circ. 2—5 millim. lata, ex hyphis formata
tenuibus, leptodermaticis, creberrime contextis, partim conglutinatis. *Hypothecium subhymeniale* sat tenue, dilute pallescens. *Hymenium* circ. 0,180 millim. crassum, parte inferiore jodo levissime caerulescens, sporis violaceo-caerulescentibus. *Epithecium*
fuscescens. *Paraphyses* 0,0015 millim. crassae, apice levissime
clavatae, haud ramosae. *Sporae* 8—4:nae, oblongae aut fusiformi-oblongae, apicibus obtusis aut altero apice acuto, long. circ.
0,038—0,042, crass. 0,008—0,009 millim., circ. 7—9-septatae, decolores.

3. Helminthocarpon.

Fée, Ess. Crypt. Écorc. Suppl. (1837) p. 156; Müll. Arg., Lich. Beitr. (Fl. 1887) n. 1193, 1194, Graph. Féean. (1887) p. 4 et 53.

Thallus crustaceus, uniformis, epiphloeodes, hyphis medullaribus substrato affixus, rhizinis nullis, *strato corticali* haud evoluto, *strato medullari* stuppeo, ex hyphis contexto sat tenuibus, sat leptodermaticis, in parte superiore gonidia continente. *Gonidia* chroolepoidea, cellulis minutis, anguloso-subglobosis aut ellipsoideis aut parcius etiam oblongis, saltem primum concatenatis, filamenta saepe parce ramosa formantibus, demum saepe pro parte etiam liberis, membrana sat tenui. *Apothecia* thallo innata, dein mox emergentia adpressaque, pro parte elongata et pro parte rotundata, disco demum aperto, margine crasso cincta. *Perithecium* fuligineum, dimidiatum, ex hyphis tenuibus leptodermaticis conglutinatis formatum, labiis primum conniventibus, demum hiantibus distantibusve, *amphithecio* thallino, textura thallo consimili, gonidia continente obductis. *Paraphyses* numerosae, ramoso-connexae intricataeque, apice neque incrassatae, nec spinuloso-verruculosae. *Asci* clavati oblongive, membrana sat tenui. *Sporae* 8:nae aut pauciores, elongatae aut fusiformi-oblongae, murales, decolores.

1. **H. Le-Prevostii** Fée, Ess. Crypt. Écorc. Suppl. (1837) p. 156, tab. XXXV fig. 11; Müll. Arg., Graph. Féean. (1887) p. 53.

Thallus sat tenuis aut crassitudine mediocris, glaucescenti-albidus. *Apothecia* sat approximata, elongata aut rotundata, long. circ. 4—1 millim., latit. 1,5—0,7 millim., simplicia aut pro parte ramosa, recta aut flexuosa curvatave, elevata, basi abrupta aut demum constricta. *Perithecium* fuligineum, dimidiatum, amphithecio thallino crasso omnino obtectum. *Discus* demum apertus, planus, albidus. *Sporae* 8—6:nae, decolores, murales, long. circ. 0,100—0,124 millim. [—„0,140" millim.: Müll. Arg., l. c.], crass. 0,022—0,026 [—„0,030"] millim.

Ad corticem arborum locis numerosis prope Rio de Janeiro et Sepitiba in eadem civitate, n. 173, 438, 439, 460, 489, 497, 504. — *Thallus* sat laevigatus aut verruculoso-inaequalis, opacus, strato corticali destitutus, KHO non reagens, Ca Cl$_2$ O$_2$ pulchre rubescens, hyphis circ. 0,003 millim. crassis, sat leptodermaticis, lumine sat tenui. *Gonidia* chroolepoidea, circ. 0,008—0,006 millim. crassa, flavo-virescentia, membrana sat tenui. *Labii amphi-thecii* conniventes aut demum erecti, discum aequantes aut rarius leviter superantes. *Perithecium* basi albidum et tenuissimum aut medio pulvinato-incrassatum aut basi deficiens. *Epithecium* albidum. *Paraphyses* (spirit. vini et KHO) 0,0015 millim. crassae, apice haud incrassatae, ramosae, connexae, valde intricatae, ascos vulgo ¹/₃ longiores [aut, observante Müll. Arg., l. c., ascos fere aequantes]. *Hymenium* jodo lutescens, ascis et sporis violascentibus. *Sporae* raro evolutae, elongatae aut fusiformi-oblongae, apicibus obtusis, halone crasso (in KHO solubili) indutae, cellulis numerosissimis, circ. 4—5 in quavis serie transversali, septis transversalibus circ. 22.

4. Opegrapha.

Humb., Fl. Frib. (1793) p. 57 (pr. p.); Ach., Lich. Univ. (1810) p. 43 (pr. p.); Duf., Rev. Gen. Opegr. (1818) p. 12 (pr. p.); Cheval., Hist. Graph. (1824) p. 10 (pr. p.); Tul., Mém. Lich. II (1852) p. 207; Mass., Mem. Lich. (1852) p. 101 (emend.); Leight., Mon. Brit. Graph. (1854) p. 7; Koerb., Syst. Germ. (1855) p. 278 (em.); Th. Fr., Gen. Heterolich. (1861) p. 94 (em.); Stizenb., Steinb. Opegr. (1865); Kickx, Mon. Graph. Belg. (1865) p. 11; Almqu., Skand. Schism. Opegr. (1869) p. 10; Tuck., Gen. Lich. (1872) p. 197; Bornet, Rech. Gon. Lich. (1873) p. 12 et 19, tab. 1—4, tab. 9 fig. 1—6, Deux. Not. Gon. Lich. (1873) p. 1; Almqu., Mon. Arth. Scand. (1880) p. 8; Müll. Arg., Graph. Féean. (1887) p. 4 et 16 (em.); Möller, Cult. Flecht. (1887) p. 30; Nyl. in Hue Addend. (1888) p. 246 (em.). *Opegraphella* Müll. Arg., Lich. Epiphyll. (1890) p. 20. *Aulaxina* Fée, Ess. Crypt. Écorc. (1824) p. C; Müll. Arg., Lich. Beitr. (Fl. 1890) n. 1530.

Thallus crustaceus, uniformis, hypothallo et hyphis medullaribus substrato affixus, rhizinis et strato corticali destitutus. *Stratum medullare* vulgo totum aut fere totum gonidia continens, stuppeum, hyphis tenuibus, leptodermaticis. **Gonidia** chroolepoidea (Trentepholiae umbrinae Bornet similia), cellulis minutis, anguloso-globosis aut ellipsoideis aut parcius etiam oblongis, saltem primum concatenatis, filamenta parce ramosa formantibus, demum saepe pro parte etiam liberis, membrana vulgo sat tenui instructis, vulgo flavovirescentia aut rarius aurea, aut raro phycopeltidea [in Opegraphella (Müll. Arg.)], seriebus cellularum dichotomis, e centro radiantibus et in discum coadunatis, aut protococcoidea [in Aulaxina (Fée)]. *Apothecia*

thallo innata aut in ipsa superficie thalli enata, demum emergentia adpressave, elongata aut rarius pro parte rotundata, disco
rimaeformi clausoque aut aperto dilatatove, margine proprio cincta.
Perithecium bene evolutum, integrum aut rarius dimidiatum (vel
basi deficiens), obscuratum, ex hyphis tenuibus sat leptodermaticis conglutinatis formatum, labiis conniventibus aut demum vel
sat mature apertis, *amphithecio* nullo obductis. *Paraphyses* numerosae, ramosae et ramoso-connexae, vulgo praesertimque superne flexuosae. *Asci* clavati aut oblongi, membrana sat tenui
aut tota leviter incrassata, aut apice pachydermatici, 8:spori aut
raro „polyspori" (Müll. Arg., Lich. Beitr. n. 161). *Sporae* fusiformes aut oblongae aut ovoideo-oblongae aut aciculares, demum
pluriseptatae, decolores aut rarius demum obscuratae, jodo haud
reagentes, loculis cylindricis aut subcylindricis. *Pycnoconidia* cylindrica vel oblonga, recta aut curvata. *Sterigmata* simplicia.

Subg. I. **Euopegrapha** Müll. Arg. *Apothecia* saltem pro
parte oblonga elongatave aut ellipsoidea, disco rimaeformi aut
aperto. *Perithecium* integrum. *Sporae* decolores.
Müll. Arg., Graph. Féean. (1887) p. 16.

1. **O. contracta** Wainio (n. sp.).
Thallus tenuis aut sat tenuis, glaucescens aut cinereo-glaucescens. *Apothecia* sat approximata aut subsolitaria, elevata,
ellipsoidea aut rotundata aut difformia, long. 1,2—0,2, latit. 0,7
—0,15 millim., simplicia aut rarius pro parte subradiata. *Perithecium* fuligineum, integrum, labiis conniventi-hiantibus aut demum
apertis. *Discus* rimaeformis aut vulgo demum rotundatus diffor-
misve et planiusculus concaviusculusve, fuscus aut fusco-nigricans,
epruinosus. *Sporae* decolores, 10—8- aut rarius —5-septatae,
long. 0,034—0,056, crass. 0,003—0,005 millim.
Ad corticem arborum prope Sitio (1000 metr. s. m.), n. 556,
et ad Lafayette (1000 metr.), n. 232, et in Carassa (1400 metr.),
n. 1418 et 1421. — Haec species inter Lecanactides et Euope-
graphas est intermedia, nonnullis apotheciis fere potius ad priores, aliis ad posteriores pertinens. *Thallus* verruculoso-inaequalis aut raro (in n. 1421) sat laevigatus, opacus, jodo vulgo vinose
rubens, hyphis 0,002 millim. crassis, sat leptodermaticis. *Goni-*

dia chroolepoidea, circ. 0,008—0,005 millim. crassa, membrana
sat tenui aut crassiuscula. *Hymenium* circ. 0,110 millim. crassum, jodo vinose rubens (primum vulgo levissime caerulescens).
Epithecium rufescens fuscescensve, KHO non reagens. *Paraphyses* 0,0015 millim. crassae, apice haud incrassatae, pro parte simplices et pro parte ramoso-connexae ramosaeque, parce septatae
(Zn Cl$_2$ + I). *Asci* subclavati, circ. 0,016—0,024 millim. crassi,
membrana sat tenui. *Sporae* 8:nae, fusiformes aut (in n. 232)
aciculares, apicibus acutis aut obtusis, vulgo 10—8-septatae, rarius (in n. 232) 6—5-septatae.

2. **O. cylindrica** Raddi in Att. dell. Soc. Ital. dell. sc. Mo-
den. tom. XVIII (1820) p. 34 (secund. specim. haud orig. a Pers.
determinatum in mus. Paris.). *O. Bonplandi* Krempelh., Fl. 1876
p. 481 (hb. Warm.).

Thallus tenuissimus tenuisve, glaucescens olivaceusve. *Apothecia* vulgo subsolitaria, elevata, elongata, long. circ. 3—1 millim., latit. 0,7—0,4 millim., radiatim aut parce ramosa aut pro
parte simplicia, flexuosa aut curvata. *Perithecium* integrum, fuligineum, labiis late hiantibus aut primum conniventibus. *Discus*
concavus planiusculusve aut primum rimaeformis, fusco-nigricans,
epruinosus. *Sporae* decolores, 7—8-septatae, long. 0,033—0,056,
crass. 0,005—0,008 millim.

Ad corticem arborum prope Lafayette (1000 metr. s. m.) in
civ. Minarum, n. 368. — *Thallus* sat laevigatus aut leviter inaequalis, vulgo opacus, jodo haud reagens. *Gonidia* chroolepoidea, circ. 0,008—0,006 millim. crassa, membrana saepe crassiuscula. *Apothecia* opaca. *Hypothecium subhymeniale* tenue, albidum pallidumve. *Hymenium* jodo vinose rubens (hypothecium
primo caerulescens). *Epithecium* sat dilute fuscescens. *Paraphyses* 0,001 millim. crassae, apice haud incrassatae, ramoso-
connexae. *Asci* oblongo-clavati, membrana crassiuscula. *Sporae*
8:nae, fusiformes, apicibus acutis, cellulis cylindricis, fere aeque
longis.

3. **O. lithyrgiza** Wainio (n. sp.).
Thallus tenuis aut sat tenuis, glaucescenti-albidus. *Apothecia* sat approximata, leviter elevata, oblonga aut ellipsoidea,
long. circ. 0,6—0,3, latit. 0,2—0,3 millim., simplicia, recta aut
rarius pro parte curvata. *Perithecium* fuligineum, integrum, labiis

conniventi-hiantibus aut demum pro parte apertis. *Discus* planiusculus aut rimaeformis, nigricans, epruinosus. *Sporae* decolores, 5- aut rarius 3-septatae, long. 0,014—0,018, crass. 0,003—0,004 millim.

In latere rupis prope Rio de Janeiro, n. 73. — Affinis O. lithyrgae Ach. (Hepp, Flecht. Eur. n. 348, Stizenb., Steinb. Opegr. p. 7), a qua disco saepe demum aperto et sporis brevioribus differt. — *Thallus* verruculoso-inaequalis, dispersus, opacus. *Gonidia* chroolepoidea, circ. 0,010—0,005 millim. crassa, membrana sat tenui. *Hypothecium* subhymeniale tenue, fuscescens. *Hymenium* circ. 0,070—0,060 millim. crassum, jodo vinose rubens. *Epithecium* fuscescens. *Paraphyses* apice haud incrassatae, ramoso-connexae. *Asci* clavati, circ. 0,014—0,012 millim. crassi, membrana tota leviter incrassata. *Sporae* 8:nae, ovoideo-oblongae aut subfusiformes, apicibus rotundatis obtusisve, cellulis vulgo fere aeque longis, cylindricis.

4. **O. phyllobia** Nyl., Fl. 1874 p. 73 (coll. Spruc. n. 276: mus. Paris.); Müll. Arg., Lich. Beitr. (Fl. 1883) n. 687.

Thallus tenuissimus, glaucescens vel cinereo-glaucescens. *Apothecia* sat approximata, leviter elevata, elongata, long. circ. 1,5—0,4, latit. 0,1 millim., simplicia, curvata flexuosave aut pro parte recta. *Perithecium* latere fuligineum, dimidiatum, basi tenuissimum, labiis crebre conniventibus. *Discus* rimaeformis, inconspicuus. *Sporae* decolores, 5—2-septatae, long. 0,014—0,022, crass. 0,003—0,004 millim.

Ad folia perennia arboris prope Lafayette (1000 metr. s. m.) in civ. Minarum, n. 261. — Habitu simillima est O. filicinae Mont. (Müll. Arg., Lich. Epiphyll. p. 20), quae autem gonidia phycopeltidea habet. — *Thallus* sat laevigatus, opacus. *Gonidia* chroolepoidea, circ. 0,004—0,006 millim. crassa, membrana sat tenui. *Perithecium* basi tenuissimum, dilute fuscescens aut nigricans. *Hymenium* circ. 0,060—0,055 millim. crassum, jodo fulvescenti-vinose rubens. *Epithecium* pallidum. *Paraphyses* 0,001 millim. crassae, apice haud incrassatae, ramoso-connexae. *Asci* clavati, circ. 0,014 millim. crassi, membrana sat tenui. *Sporae* 8:nae, fusiformes, apicibus attenuatis (altero apice magis sensim attenuato), acutiusculis aut apice crassiore obtusiusculo, cellulis fere aeque longis.

5. **O. chlorographoides** Wainio (n. sp.).

Thallus tenuis aut sat tenuis, virescens aut cinereo-glaucescens. *Apothecia* approximata, thallo immersa, elongata, long.
circ. 2—0,5, latit. 0,15 millim., simplicia aut parce ramosa, curvata flexuosave. *Perithecium* integrum, fuligineum, labiis conniventibus aut rarius demum hiantibus. *Discus* rimaeformis inconspicuusque aut rarius demum apertus, nigricans, epruinosus.
Sporae decolores, 3—5-septatae, long. 0,020—0,025, crass. 0,0023
—0,004 millim.

Ad corticem arboris prope Sepitiba in civ. Rio de Janeiro,
n. 501. — Secundum descriptionem thallo ab O. chlorographa
Nyl., Fl. 1866 p. 293, differt, at forsan in eam transit. — *Thallus*
sat laevigatus aut parce subgranulosus, opacus. *Gonidia* chroolepoidea, circ. 0,010—0,006 millim. crassa, membrana sat tenui.
Apothecia opaca. *Hymenium* jodo vinose rubens. *Epithecium*
fuscescens. *Paraphyses* 0,001 millim. crassae, apice haud incrassatae, ramosae connexaeque. *Sporae* 8:nae, fusiformes, apicibus
attenuatis acutisque, halone nullo indutae, cellulis cylindricis,
aeque longis ac latis.

6. **O. atrorufescens** Wainio (n. sp.).

Thallus tenuis, olivaceo-rufescens. *Apothecia* sat solitaria,
leviter elevata, elongata, long. 2—0,5, latit. 0,2 millim., simplicia
aut rarius parce ramosa, flexuosa. *Perithecium* integrum, fuligineum, labiis apertis aut rarius primo conniventibus. *Discus*
apertus, planiusculus, nigricans, epruinosus. *Sporae* decolores aut
pallidae, 3- aut raro 4-septatae, long. 0,012—0,016, crass. 0,0025
—0,003 millim.

Ad corticem arboris prope Lafayette (1000 metr. s. m.) in
civ. Minarum, n. 266. — *Thallus* sat laevigatus, opacus. *Gonidia* chroolepoidea, circ. 0,010—0,008 millim. crassa, membrana
sat crassa. *Apothecia* sat opaca aut excipulo interdum nitidiusculo. *Hypothecium subhymeniale* tenue, pallido-fuscescens aut
sordide pallidum. *Hymenium* circ. 0,034 millim. crassum, jodo
violascens. *Paraphyses* 0,0015 millim. crassae, apice haud incrassatae, ramoso-connexae. *Asci* oblongi, membrana sat tenui.
Sporae 8:nae, ovoideo-oblongae, altero apice rotundato obtusove,
altero attenuato acutiusculo obtusiusculove, membrana sat tenui,
halone nullo indutae, cellulis fere aeque longis ac latis, subcylindricis aut demum rotundato-lenticularibus.

7. O. aperiens Wainio (n. sp.).

Thallus tenuis, livido- vel fusco-cinerascens. *Apothecia* saepe sat solitaria, elevata, elongata aut rarius oblonga (ellipsoideave), long. circ. 1,2—0,5, latit. 0,3—0,4 millim., simplicia aut parce ramosa, recta aut flexuosa. *Perithecium* integrum, fuligineum, labiis primum conniventi-hiantibus, demum apertis. *Discus* demum apertus, planiusculus, nigricans, epruinosus. *Sporae* decolores, 3-septatae, long. 0,016- 0,027, crass. 0,004—0,006 millim.

Ad corticem arboris prope Rio de Janeiro, n. 87. — *Thallus* sat laevigatus, opacus, pro parte fere hypophloeodes. *Gonidia* chroolepoidea, circ. 0,008 millim. crassa, membrana sat tenui aut sat crassa. *Apothecia* opaca. *Hypothecium subhymeniale* tenue, fuscescens. *Hymenium* jodo dilute caerulescens, dein vinose rubens. *Epithecium* fuscum. *Paraphyses* 0,0015 millim. crassae, apice saepe leviter clavato-incrassatae, parce ramoso-connexae, pro parte simplices (in KHO et $H_2 SO_4$). *Sporae* 8:nae, ovoideo-oblongae, altero apice obtuso, altero obtusiusculo aut rarius fere acuto, membrana saepe leviter incrassata, cellulis cylindricis, fere aeque longis ac latis.

8. O. atra Pers. in Ust. Ann. 7 (1794) p. 30; Nyl., Lich. Scand. (1861) p. 254; Kickx, Mon. Graph. Belg. (1865) p. 15 pr. p.; Almq., Scand. Schism. Opeg. (1869) p. 23; Leight., Lich. Great Brit. 3 ed. (1879) p. 398; Hue, Addend. (1888) p. 250.

Thallus tenuis, epiphloeodes [aut hypoploeodes], albidus. *Apothecia* bene approximata, leviter elevata, elongata, long. circ. 0,7—2 millim., latit. 0,15 millim., subradiato-ramosa aut pro parte simplicia, vulgo curvata flexuosave. *Perithecium* integrum, fuligineum, labiis conniventibus, demum leviter [aut sat bene] hiantibus. *Discus* rimaeformis aut (in specim. nostro rarius) demum levissime vel leviter dilatatus, ater, epruinosus. *Sporae* decolores, 3-septatae, long. 0,015—0,020, crass. 0,003—0,004 [—0,006] millim., haud constrictae.

Ad corticem arboris prope Sepitiba in civ. Rio de Janeiro, n. 433. — *Thallus* sat laevigatus, opacus. *Gonidia* chroolepoidea. *Apothecia* opaca [aut nitidiuscula]. *Hypothecium subhymeniale* pallidum, tenue. *Hymenium* jodo pulchre vinose rubens. *Epithecium* fuscescens. *Paraphyses* 0,001—0,0015 millim. crassae, apice vix aut levissime incrassatae, ramoso-connexae. *Asci* clavati, membrana vulgo sat tenui. *Sporae* 8:nae, decolores aut

demum interdum morbose fuscescentes, fusiformi- aut ovoideo-
oblongae, apicibus obtusis, halone nullo indutae, cellulis cylindricis, aeque longis ac latis, haud constrictae. *Pycnoconidia* „long.
0.0045—0,007, crass. 0,001 millim., recta" (Nyl. in Hue, l. c.,
Möller, Cult. Flecht. p. 33). *Stylosporae* „oblongae aut lineari-
oblongae, rectae, decolores, simplices aut 1-septatae" (Linds.,
Mem. Spermog. Crust. Lich. 1870 p. 275, tab. XIII fig. 36 c).

O. arthrospora Wainio (n. sp.).

Thallus tenuis, albidus. *Apothecia* bene approximata, leviter elevata, elongata, long. circ. 2—0,7, latit. 0,2 millim., simplicia aut pro parte parce ramosa, curvata aut flexuosa. *Perithecium* integrum, fuligineum, labiis conniventibus. *Discus* rimaeformis, ater, epruinosus. *Sporae* decolores, ovoideo-oblongae,
3-septatae, medio demum leviter constrictae, long. 0,011—0,016,
crass. 0,005 millim.

Ad corticem arboris prope Sitio (1000 metr. s. m.) in civ.
Minarum, n. 658. — Habitu subsimilis est O. pseudoageleae
Müll. Arg. (Lich. Cap Horn. p. 168, Lich. Spegaz. p. 49) et O.
atrae Pers., quae jam sporis ab ea differunt. — *Thallus* sat
laevigatus, opacus. *Gonidia* chroolepoidea, circ. 0,010 millim.
crassa, membrana sat tenui. *Apothecia* opaca. *Hypothecium*
subhymeniale pallidum, tenue. *Hymenium* jodo vinose rubens
aut pro parte primum dilutissime caerulescens, hypothecium
subhymeniale primum distincte caerulescens. *Asci* clavati, apice
membrana leviter incrassata aut sat tenui. *Paraphyses* 0,001
millim. crassae, apice haud incrassatae, ramoso-connexae. *Sporae* 8:nae, apicibus rotundatis, halone nullo aut tenui indutae,
cellulis cylindricis, fere aeque longis ac latis.

Subg. II. **Sclerographa** Wainio. *Apothecia* elongata oblongave, disco rimaeformi aut aperto. *Perithecium* integrum. *Sporae* obscuratae.

9. **O. quinqueseptata** Wainio (n. sp.).

Thallus tenuis aut sat tenuis, olivaceo-glaucescens. *Apothecia* sat approximata, leviter elevata, elongata aut rarius pro
parte oblonga, long. circ. 1,5—0,8, latit. 0,2—0,3 millim., parce
ramosa aut pro parte simplicia, flexuosa aut curvata. *Perithe-*

rium integrum, fuligineum, labiis primum conniventibus et demum
hiantibus. *Discus* primum rimaeformis, demum dilatatus, concavus aut planiusculus, nigricans, epruinosus. *Sporae* obscuratae,
5 (—6) -septatae, long. 0,015—0,021, crass. 0,0065—0,008 millim.

Ad corticem arboris prope Sitio (1000 mctr. s. m.) in civ.
Minarum, n. 901. — *Thallus* leviter inaequalis aut passim parce
granulosus, opacus. *Gonidia* chroolepoidea. *Apothecia* opaca.
Hypothecium subhymeniale sat tenue, pallido-fuscescens. *Hymenium* circ. 0,060—0,050 millim. crassum, jodo vinose rubens (hypothecium subhymeniale primum dilute caerulescens, demum vinose rubens). *Paraphyses* 0,0015 millim. crassae, apice haud
incrassatae, ramoso-connexae. *Asci* obovoidei, membrana tota
leviter incrassata. *Sporae* 8:nae, primum decolores, dein mox
bene obscuratae, oblongo-ovoideae, apicibus rotundatis, pariete
leviter incrassato, halone nullo indutae, cellulis brevioribus, quam
latis, loculis subcylindricis aut demum fere lenticularibus.

5. Chiodecton.

Ach., Syn. Lich. (1814) p. 108 (emend.), Glyph. et Chiod. (Trans. Linn.
Soc. XII, 1815—1818) p. 43 (em.); Fée, Mon. Chiod. 1829 (em.); Tul., Mém.
Lich. II (1852) p. 208, tab. 10 fig. 24—27 (em.); Mass., Ric. Lich. Crost.
(1852) p. 149 (em.); Nyl., Ess. Nouv. Classif. Lich. (1855) p. 190 (em.); Mass.,
Esam. Comp. (1860) p. 43 (em.); Th. Fr., Gen. Heterolich. (1861) p. 96 (em.);
Tuck., Gen. Lich. (1872) p. 212 (em.); Bornet, Rech. Gon. Lich. (1873) p. 16,
tab. 8 fig. 1; Leight., Lich. Great Brit. 3 ed. (1879) p. 435 (em.); Nyl. in Hue
Addend. (1888) p. 263 (em.). *Stigmatidium*, Meyer, Entw. Flecht. (1825) p.
328 (pr. p. et em.); Nyl., Ess. Nouv. Classif. Lich. (1855) p. 188 (em.). *Platygrapha* Nyl., l. c. (em.).

Thallus crustaceus, uniformis, hypothallo aut hyphis medullaribus substrato affixus, rhizinis et strato corticali destitutus.
Stratum medullare stuppeum, hyphis intricatis, tenuibus, leptodermaticis. *Gonidia* flavovirescentia, chroolepoidea, cellulis minutis, anguloso-globosis aut ellipsoideis aut oblongis, saltem primum concatenatis, filamenta ramosa formantibus, demum saepe
pro parte etiam liberis, membrana vulgo sat tenui instructis, aut
simplicia, globosa, magna (diam. circ. 0,020—0,030 millim.), pa-
chydermatica [in subg. Schismatomma (Flot. et Koerb.) Wai-
nio], aut phycopeltidea, cellulis concatenatis et in membranam
connatis [in subg. Manzosia (Mass).]. *Apothecia* thallo innata

aut in ipsa superficie thalli enata, immersa permanentia aut demum elevata et amphithecio thallino saepe pseudostroma formante
et gonidia continente aut ex hyphis albidis laxe contextis constante et gonidiis destituto cincta, disco aperto, angusto aut dilatato, rotundato aut elongato instructa, aggregata confluentiave
aut solitaria. Perithecium e strato laterali tenui constans aut
omnino evanescens aut infra hymenium bene evolutum. Paraphyses numerosae, ramosae et ramoso-connexae, vulgo praesertimque superne flexuosae. Asci clavati aut oblongi, membrana
tenui aut leviter incrassata. Sporae 8:nae aut pauciores, fusiformes aut aciculares aut oblongae aut rarius ovoideo-oblongae,
demum pluriseptatae loculisque cylindricis, aut rarius murales
[subg. Enterostigma (Müll. Arg.)], decolores aut rarius demum
obscuratae [subg. Sclerophyton (Eschw.) et Enterostigma
(Müll. Arg.)], jodo haud reagentes. Pycnoconidia cylindrica aut
oblonga aut ellipsoidea, recta aut curvata. Sterigmata simplicia
aut pauci-septata.

Subg. I. **Enterographa** (Fée) Müll. Arg. Thallus crebre
contextus, hypothallo crebre contexto aut indistincto. Pseudostromata bene evoluta aut evanescentia nullave. Hymenia aggregata aut solitaria. Perithecium haud evolutum aut latere tenue
et basi deficiens. Hypothecium albidum pallidumve aut raro dilute coloratum. Sporae pluriseptatae, decolores. Gonidia chroolepoidea.

Müll. Arg., Graph. Féean. (1887) p. 69. Enterographa Fée, Ess. Crypt.
Écore. (1824) p. 57. Stigmatidium Meyer, Entw. Flecht. (1825) p. 328 pr. p.;
Nyl., Ess. Nouv. Classif. Lich. (1855) p. 188.

1. **Ch. elongatum** Wainio (n. sp.).
Thallus tenuis, pallido- aut cinereo-glaucescens, hypothallo
evanescente aut tenui nigricante crebre contexto limitatus. Apothecia thallo immersa, vulgo approximata aut aggregata, vulgo
elongata, long. 0,5—0,15 millim., radiatim aut varie ramosa aut
simplicia, flexuosa curvatave aut recta, disco nigro aut fusco-
nigro, epruinoso, circ. 0,05—0,10 millim. lato, margine thallino,
levissime elevato aut obsoleto. Hypothecium albidum pallidumve.
Sporae decolores, aciculares, 6—5-septatae, long. 0,043—0,056,
crass. 0,0025—0,003 millim.

Ad corticem arboris prope Rio de Janeiro in civ. Minarum, n. 177. — Affine Ch. quassiaccolae (Fée) Müll. Arg. (Graph. Fécan. p. 69), quae praesertim perithecio ab eo differre videtur. — *Thallus* minutissime verruculoso-inaequalis aut sat laevigatus, continuus aut rimulosus, crebre contextus, nitidiusculus aut subopacus. *Gonidia* chroolepoidea, circ. 0,010—0,008 millim. crassa, membrana sat tenui. *Perithecium* nullum distinctum. *Hypothecium* tenue. *Hymenium* circ. 0,150 millim. crassum, jodo dilute caerulescens et demum vinose rubens. *Epithecium* rufescens aut testaceum pallidumve, KHO non reagens. *Paraphyses* ramosoconnexae, in epithecio saepe creberrime ramosae intricataeque et connexae. *Asci* clavati, circ. 0,010—0,012 millim. crassi, membrana fere tota leviter incrassata. *Sporae* 8:nae, altero apice sensim et altero breviter attenuato. *Conceptacula pycnoconidiorum* nigra, thallo immersa aut leviter prominula. *Sterigmata* simplicia aut basi ramosa, parcissime septata (septa una) aut exarticulata. *Pycnoconidia* ellipsoidea, apicibus rotundatis, long. 0,0035, crass. 0,002—0,0015 millim.

2. **Ch. Carassense** Wainio (n. sp.).

Thallus tenuis aut tenuissimus, cinerascens, hypothallo evanescente aut tenui nigricante crebre contexto limitatus. *Apothecia* thallo immersa, approximata, vulgo ellipsoidea, simplicia, long. 0,5—0,3, latit. 0,3—0,2 millim., disco nigro, epruinoso, margine thallino, leviter elevato aut obsoleto. *Hypothecium* pallidum aut dilute fuscescens. *Sporae* decolores, fusiformi-aciculares, 3-septatae, long. 0,025—0,027, crass. 0,0035—0,004 millim.

Ad corticem Piperacearum in Carassa (1400 metr. s. m.) in civ. Minarum, n. 1369. — Sat affine est Ch. leptosticto (Nyl., Lich. Nov.-Gran. ed. 2 p. 382), quae praecipue apotheciis minoribus ab eo differt. Habitu Thelotrema in memoriam revocat. — *Thallus* epiphloeodes (at habitu hypophloeodes), continuus, leviter inaequalis aut sat laevigatus, subopacus, jodo vinose rubens. *Gonidia* chroolepoidea, circ. 0,010—0,008 millim. crassa, membrana crassiuscula. *Perithecium* dimidiatum, tenue, fuscescens, amphithecio thallino gonidia continente demum thallum leviter superante obductum, basi deficiens. *Hypothecium* tenue. *Hymenium* jodo vinose rubens. *Epithecium* decoloratum. *Paraphyses* ramoso-connexae. *Asci* clavati, membrana sat tenui. *Sporae* 8:nae, apicibus attenuatis acutiusculisque.

Subg. II. **Stigmatidiopsis** Wainio. *Thallus crebre* contextus, hypothallo crebre contexto aut indistincto. *Pseudostromata* elevata aut evanescentia indistinctaque, in parte exteriore gonidia continentia, hymenia vulgo plura aut rarius solitaria continentia. *Hypothecium* obscuratum. *Sporae* pluriseptatae, decolores. *Gonidia* chroolepoidea.

3. **Ch. sphaerale** Ach., Syn. Lich. (1814) p. 108; Fée, Mon. Chiod. (1829) p. 15; Nyl., Lich. Nov.-Gran. (1863) p. 486 (mus. Paris.), Lich. Guin. (1889) p. 33; Müll. Arg., Graph. Fécan. (1887) p. 66.

Thallus sat crassus aut tenuis, creberrime contextus, stramineo- aut albido- aut cinereo-glaucescens, $Ca\ Cl_2\ O_2$ non reagens, hypothallo indistincto aut interdum ad ambitum zonam nigricantem crebre contextam formante. *Pseudostromata* elevata, rotundata ellipsoideave aut confluentia, convexa, basi constricta, extus thallo subconcoloria subalbidave, intus fusco-nigricantia. *Disci* rotundati punctiformesque aut oblongi, nigri, epruinosi. *Hypothecium* fusco-nigricans. *Sporae* decolores, aciculares, demum 3-septatae, long. 0,022—0,040, crass. 0,0015—0,0025 [—,,0,004"] millim.

Ad corticem arborum et supra alios lichenes sat frequenter in Brasilia obvenit, n. 307. — *Thallus* vulgo verruculoso-inaequalis, opacus, neque jodo nec KHO reagens. *Gonidia* chroolepoidea, circ. 0,010—0,006 millim. crassa, membrana sat tenui. *Pseudostromata* long. circ. 3—0,4, latit. 2—0,4 millim., strato albido gonidia continente obducta, parte interiore inferioreque ex hyphis laxe contextis fusconigricantibus 0,002 millim. crassis leptodermaticis formata, apotheciis numerosissimis aut rarius subsolitariis instructa. *Perithecium* latere tenue fuscescensque. *Hypothecia* fusco-nigricantia, cum parte fusco-nigra pseudostromatis confluentia. *Hymenium* jodo caerulescens et demum vinose rubens. *Epithecium* fuscescens. *Paraphyses* 0,002—0,0015 millim. crassae, apice haud aut parum incrassatae, ramoso-connexae. *Asci* cylindrico-clavati, circ. 0,010 millim. crassi, apicem versus membrana leviter incrassata. *Sporae* 8:nae, apicibus ambobus leviter attenuatis, cellulis cylindricis, fere aeque longis.

4. **Ch. piperis** Wainio (n. sp.).

Thallus tenuis aut sat tenuis, creberrime contextus, glauce-scens aut glaucescenti-albidus, hypothallo indistincto aut inter-dum ad ambitum zonam nigricantem crebre contextam formante. *Pseudostromata* elevata, oblonga ellipsoideave, convexa, basi con-stricta, albida aut thallo subconcoloria, intus fusco-nigricantia. *Disci* elongati aut pro parte rotundati, 1-seriales, simplices aut parce ramosi, nigri, epruinosi. *Hypothecium* fusconigricans. *Spo-rae* decolores, aciculares, demum 3-septatae, long. 0,023—0,038, crass. 0,002—0,0025 millim.

Ad corticem Piperacearum in Carassa (1400 metr. s. m.) in civ. Minarum, n. 1368. — *Thallus* verruculoso-inaequalis, opacus, Ca Cl₂ O₂ non reagens. *Gonidia* chroolepoidea, circ. 0,010—0,008 millim. crassa, membrana sat tenui. *Pseudostromata* circ. 1,5 —0,4 millim. longa, 0,3—0,25 millim. lata, saepe flexuosa curva-tave, strato albido gonidia continente obducta, apotheciis paucis instructa. *Hypothecium* cum parte fusca pseudostromatis confluens. *Hymenium* circ. 0,060—0,070 millim. crassum, jodo dilutissime caerulescens, dein vinose rubens. *Epithecium* fuscescens. *Para-physes* 0,001 millim. crassae, apicem versus 0,002 millim., ramoso-connexae et apice passim ramosae. *Asci* clavati, circ. 0,012 mil-lim. crassi, apice saepe membrana incrassata. *Sporae* 8:nae, api-cibus vulgo attenuatis aut altero apice obtuso.

Subg. III. **Byssocarpon** Wainio. *Thallus* laxius aut crebre contextus. *Pseudostromata* elevata, excipuliformia, extus hyphis laxe contextis instructa, gonidiis destituta, hymenia solitaria aut subsolitaria continentia. *Hypothecium* obscuratum. *Sporae* pluri-septatae, decolores. *Gonidia* chroolepoidea.

Platygrapha Nyl., Énum. Gén. Lich. (1857) p. 131 pr. p. (haud Nyl., Ess. Nouv. Classif. Lich. 1855 p. 188); Müll. Arg., Graph. Féean. (1887) p. 13 pr. p.

Sect. 1. **Pycnothallus** Wainio. *Thallus* crebre contextus, hypothallo evanescente aut crebre contexto.

5. **Ch. saxatile** Wainio (n. sp.).

Thallus crassitudine mediocris, verruculoso-areolatus, albi-dus aut albido-cinerascens, hypothallo evanescente aut tenuissimo nigricante crebre contexto. *Apothecia* adpressa, sat solitaria, rotundata, diametro 0,43—0,2 millim., disco nigro, epruinoso, margine cinereo-albicante. *Hypothecium* sordide violaceum. *Sporae* decolores, oblongae aut ovoideo- vel fusiformi-oblongae, vulgo 3-septatae, long. 0,010—0,017, crass. 0,003—0,004 millim.

Ad rupem itacolumiticam in Carassa (1400—1500 metr. s. m.) in civ. Minarum, n. 1206 b. — *Thallus* dispersus, opacus, crebre contextus. *Gonidia* chroolepoidea, circ. 0,012—0,008 millim. crassa, membrana crassiuscula. *Apothecia* elevata, gonidiis destituta, disco plano. *Excipulum* strato tenui fuligineo hymenium cingente, et in parte exteriore strato crasso albido, ex hyphis laxe contextis crassis formato. *Hypothecium* KHO haud reagens. *Hymenium* circ. 0,040 millim. crassum, jodo persistenter caerulescens. *Paraphyses* 0,001 millim. crassae, apice haud incrassatae, ramoso-connexae ($H_2 SO_4$). *Asci* clavati, circ. 0,010 millim. crassi, membrana apicem versus leviter incrassata. *Sporae* 8:nae, 3-septatae aut rarissime 5-septatae, apicibus obtusis aut altero apice rotundato.

Sect. 2. **Byssophoropsis** Wainio. *Thallus* sat laxe contexto, hypothallo laxissime contexto, byssino.

6. **Ch. dilatatum** (Nyl.) Wainio. *Platygrapha dilatata* Nyl., Lich. Nov.-Gran. Addit. (1867) p. 337 (mus. Paris.); Müll. Arg., Graph. Féean. (1887) p. 14.

Thallus sat crassus, glaucescens aut albidus, hypothallo byssino nigricante instructus limitatusque. *Apothecia* adpressa, solitaria, anguloso-rotundata, ambitu flexuoso aut saepe demum lobato, diametro circ. 7—1 millim., disco caesio-pruinoso, margine albido. *Hypothecium* fusconigrum. *Sporae* decolores, aciculares aut fusiformi-aciculares, 3-septatae, long. 0,032—0,042, crass. 0,0035—0,004 millim.

Ad corticem arborum prope Sitio (1000 metr. s. m.) in civ. Minarum, n. 679, 856, 947. — *Thallus* continuus, partim verrucosus verruculosusve, sat laxe contextus, opacus, KHO flavescens, KHO ($Ca Cl_2 O_2$) rubescenti-maculatus, hyphis 0,002—0,0025 millim. crassis, membrana sat tenui instructis. *Gonidia* chroolepoidea, circ. 0,010—0,008 millim. crassa, membrana sat tenui. *Apothecia* elevata, gonidiis destituta, disco plano aut concaviusculo, demum interdum radiatim fissa. *Perithecium* latere albidum, basi fusco-nigricans, ex hyphis laxe contextis formatum. *Hymenium* circ. 0,090 millim. crassum, jodo dilute caerulescens, demum vinose rubens. *Epithecium* fusconigricans. *Paraphyses* 0,001 millim. crassae, ramoso-connexae ramosaeque, in epithecio in pubem fusconigricantem ramosam continuatae (0,002—0,0015 millim. crassae). *Asci* clavati, circ. 0,014—0,020 millim. crassi. *Sporae* 8:nae, apicibus attenuatis aut altero apice obtuso.

Ad hanc speciem aut forsan *Ch. undulatum* (Fée) pertinet *Parmelia cineritia* Ach., Syn. Lich. (1814) p. 201. In specimine originali sterili in hb. Ach. hypothallus est byssinus fusconigricans, gonidia chroolepoidea.

Subg. IV. **Byssophorum** Wainio. *Thallus* laxius contextus, hypothallo laxissime contexto byssino vulgo saltem ad ambitum thalli conspicuo. *Pseudostromata* saltem demum elevata, conspicua, in parte exteriore gonidia continentia, hymenia vulgo plura, rarius solitaria continentia. *Hypothecium* obscuratum. *Sporae* pluriseptatae, decolores. *Gonidia* chroolepoidea.

7. **Ch. sanguineum** (Sw.) Wainio. *Byssus sanguinea* Sw., Prodr. Fl. Ind. (1788) p. 148. *Thelephora?* Sw., Fl. Ind. Occ. III (1806) p. 1937. *Hypochnus rubrocinctus* Ehrenb. in Nees ab Esenb. Hor. Phys. Berol. (1820) p. 84; Fée, Ess. Crypt. Écorc. (1824) p. 21, tab. V fig. 1; Saccardo, Syllog. Fung. VI (1888) p. 663. *Chiodecton rubrocinctum* Nyl., Lich. Nov.-Gran. (1863) p. 486, ed. 2 (1863) p. 241 (excl. specim. fert.); Müll. Arg., Graph. Féean. (1887) p. 65.

Thallus crassitudine mediocris aut crassiusculus, intus sat laxe et superne sat crebre contextus, glauco-virescens aut albido-glaucescens albidusve, vulgo partim etiam rubescens, vulgo demum isidiis verruculaeformibus, thallo concoloribus aut rubris obsitus, inferne strato hypothallino rubro aut raro miniato-ochraceo instructus, et zona lata hypothallina byssina rubra aut raro miniato-ochracea cinctus. *Apothecia* bene evoluta incognita.

Supra corticem arborum et truncos vetustos frequenter in Brasilia obvenit, n. 690, 776, 1011, 1044, 1056 (f. **roseo-cincta** Fr.), 1088, 1398. — A cel. Nyl. in Lich. Nov.-Gran. l. c. apotheciis descripta est, at secundum specimina originalia in mus. Paris. haec apothecia revera ad speciem aliam, Ch. byssino Wainio valde affinem, pro parte supra Ch. rubrocinctum crescentem et verisimiliter eam ob causam cum eo commixtam, pertinent (etiam Ch. sphaerale supra Ch. rubrocinctum crescens lectum: n. 307 b). Nominetur **Ch. confundens** Wainio, et forsan est subspecies Ch. byssini, sporis crassioribus et hypothallo indistincto ab eo differens (conf. Nyl. l. c.).

F. **roseo-cincta** (Fr.) Wainio. *Thelephora roseo-cincta* Fr., Linnaea 1830 p. 132.

A ceteris formis Ch. rubro-cincti differt hypothallo ochraceo, maculatim thallum inferne obducente et zona hypothallina miniato- aut roseo-ochracea thallum glaucescenti-albidum cingente.

Ad truncos vetustos prope Sitio (1000 metr. s. m.) in civ. Minarum, n. 1056. — *Thallus* opacus, partim verrucoso-inaequalis, isidiis destitutus, ex hyphis 0,002—0,0015 millim. crassis, leptodermaticis, in parte inferiore laxe contextis formatus, in parte superiore inter hyphas crystallos oxalatis calcici et corpuscula amorpha albida continens. *Gonidia* chroolepoidea, circ. 0,010—0,006 millim. crassa, membrana sat tenui. *Apotheciis* valde male et morbose evolutis, forsan omnino a stato typico differentibus instructa est. *Pseudostromata* nulla conspicua. *Apothecia* aggregata, thallo immersa, immarginata, disco rotundato aut anguloso- vel denticulato-difformi, cinereo-fuscescente. *Hymenium* electrinum, superne fuscescens, morbose evolutum.

8. **Ch. byssinum** Wainio (n. sp.).

Thallus crassitudine mediocris aut crassiusculus, sat laxe contextus, cinereo-albicans, hypothallo ad ambitum zonam umbrino-fuscescentem byssoideam formante. *Pseudostromata* elevata, rotundata, basi abrupta aut leviter constricta, intus albida. *Disci* difformes, radiato-dentati substellative aut angulosi, cinereofuscescentes. *Hypothecium* pallidum, strato angustissimo pallidofuscescenti perithecii imposito. *Sporae* decolores, aciculares, 3-septatae, long. 0,030—0,048, crass. 0,0025—0,0035 millim.

Ad corticem arboris prope Lafayette (1000 metr. s. m.) in civ. Minarum, n. 322. Habitu subsimile est Ch. nigrocincto Fée, a quo disco et pseudostromatibus et sporis majoribus differt. Affine etiam est Ch. albisedo (Nyl., Syn. Nov. Cal. p. 57), quod disco majore et hypothecio fusco ab eo differt. — *Thallus* leviter inaequalis, neque KHO nec Ca Cl$_2$ O$_2$ reagens. *Gonidia* chroolepoidea, circ. 0,010—0,008 millim. crassa, membrana sat tenui. *Pseudostromata* diametro 0,7—0,4 millim., gonidia in parte exteriore continentia, disco uno aut interdum discis tribus instructa. *Perithecium* laterale tenuissimum. pallido-fuscescens. *Hymenium*

jodo dilute caerulescens, demum plus minusve decoloratum, protoplasmate ascorum vinose rubente. *Epithecium* pallido-fuscescens
pallidumve. *Paraphyses* 0,0015 millim. crassae, ramoso-connexae.
Asci clavati, circ. 0,018—0,016 millim. crassi, apice membrana
leviter incrassata. *Sporae* 8:nae, rectae aut curvatae, apicibus
attenuatis obtusiusculisve, cellulis fere aeque longis.

9. **Ch. pterophorum** (Nyl.) Wainio. *Ch. farinaceum* *Ch. pterophorum Nyl., Lich. Nov.-Gran. Addit. (1867) p. 342 (secund. descr.).

Thallus crassitudine mediocris, sat crebre contextus, albido-
glaucescens, Ca Cl$_2$ O$_2$ non reagens, hypothallo ad ambitum zonam byssoideam fuscescenti-pallidam latam formante. *Pseudostromata* elevata, rotundata ellipsoideave aut difformia confluentiaque, convexa aut depresso-convexa, basi leviter constricta,
extus intusque albida. *Disci* difformes, pro parte ramosi radia-
tive, pro parte simplices, cinereo-fuscescenti-pruinosi. *Hypothecium* fusco-fuligineum. *Sporae* decolores, fusiformes, 3-septatae.
long. 0,022—0,030, crass. 0,0035—0,005 millim.

Ad corticem arborum prope Sitio (1000 metr. s. m.) in civ.
Minarum, n. 680. — A Ch. perplexo Nyl. (Lich. Nov.-Gran.
Addit. p. 342), cui habitu subsimile est, reactione thalli differt,
at congruere videtur cum *Ch. pterophoro Nyl. (l. c.), cujus
specimen orig. autem non vidi. — *Thallus* sat inaequalis, opacus, KHO haud reagens, jodo caerulescens. *Gonidia* chroolepoidea, circ. 0,008 millim. crassa, membrana sat tenui. *Pseudostromata* long. circ. 4—0,8, latit. 3—0,8 millim., jodo non reagentia,
in parte exteriore gonidia continentia, apotheciis numerosissimis
instructa. *Disci* circ. 0,15—1,2 millim. longi, 0,15—0,2 millim.
lati. *Perithecium* laterale deficiens aut parte inferiore tenue fu-
sconigricansque. *Hypothecium* fusco-fuligineum, crassum aut cras-
siusculum. *Hymenium* jodo parte superiore vinose rubens. *Epithecium* fuscescenti-pallidum. *Paraphyses* 0,001—0,0005 millim.
crassae, apice haud incrassatae, sat parce ramoso-connexae. *Asci*
clavati, parte superiore membrana leviter incrassata. *Sporae* 8:nae,
rectae aut pro parte curvatae, altero apice obtuso, altero attenuato acutoque, cellulis cylindricis, fere aeque longis.

10. **Ch. sulphureum** Wainio (n. sp.).

Thallus sat crassus, creberrime contextus, sulphureus aut
stramineo-albicans, hypothallo ad ambitum zonam umbrino-fu-

scescentem byssoideam laceratam formante. *Pseudostromata* demum elevata, rotundata difformiave, convexa, demum basi constricta, thallo concoloria, intus albida. *Disci* difformes, radiato-dentati aut angulosi, caesio-pruinosi. *Hypothecium* fusco-fuligineum. *Sporae* decolores, fusiformes aut aciculares, 3-septatae, long. 0,026—0,030, crass. 0,002—0,004 millim.

Supra rupem in Carassa (1400—1500 metr. s. m.) in civ. Minarum, n. 1227. — *Thallus* bene verrucoso-rugosus, opacus, Ca Cl$_2$ O$_2$ non reagens, KHO lutescens. *Gonidia* chroolepoidea, circ. 0,008—0,006 millim. crassa, membrana sat tenui. *Pseudostromata* circ. 2,5—1 millim. longa, 1,5—0,8 millim. lata, apotheciis paucis aut sat numerosis instructa, gonidia in parte exteriore continentia. *Hymenium* circ. 0,080—0,050 millim. crassum, jodo fulvescenti-vinose rubens. *Paraphyses* circ. 0,0015 millim. crassae, ramoso-connexae. *Asci* clavati, circ. 0,018 millim. crassi, apice membrana leviter incrassata. *Sporae* 8:nae, apicibus attenuatis, acutiusculis aut obtusiusculis, halone nullo indutae, cellulis cylindricis, fere aeque longis.

Subg. 7. **Mazosia** (Mass.) Wainio. *Thallus* crebre contextus, hypothallo indistincto. *Pseudostromata* nulla distincta. *Hymenia* solitaria. *Perithecium* basi deficiens, laterale evolutum. *Hypothecium* pallidum aut dilute coloratum. *Sporae* pluriseptatae, decolores. *Gonidia* phycopeltidea.

Mazosia Mass., Neag. Lich. (1854) p. 9. *Rotula* Müll. Arg., Lich. Epiphyll. (1890) p. 19.

11. **Ch. rotula** (Mont.) Wainio. *Strigula rotula* Mont. in Ram. de la Sagra Hist. Fisic. Cub. (1838—42) p. 142 (secund. specim. orig.[1]) e Cuba in hb. Mont.: mus. Paris.): Syllog. (1856) p. 375. *Platygrapha* Nyl., Lich. Andam. (1874) p. 13. *Pl. praemorsa* Stirt., Lich. Leav. Amaz. (1878) p. 5. *Opegrapha* Müll. Arg., Lich., Beitr. (Fl. 1883) n. 686. *Rotula striguloides* Müll. Arg., Lich. Epiphyll. (1890) p. 20, Lich. Beitr. (Fl. 1890) n. 1537 (conf. Ch. strigulinum).

Thallus tenuis, crebre contextus, continuus, vulgo verruculis increbris instructus, glaucescens aut glaucescenti-albidus, hypothallo indistincto. *Discus* rotundatus, livido-nigricans nigri-

---

[1]) Specimen a cel. Müll. Arg. examinatum, ad *Ch. strigulinum* (Nyl.) pertinens, non est originale (conf. Müll. Arg., Lich. Beitr. n. 1537).

cansve. *Hypothecium* pallido-fuscescens aut sordide pallidum.
Sporae decolores, fusiformi-aciculares, 4—7-septatae [„—9-septa-
tae": Müll. Arg., L. B. n. 1537], long. circ. 0,040—0,042 millim.
[„0,035—0,052 millim.": Stirt., l. c.], crass. 0,003—0,004 millim.
[„—0,0055 millim.": Stirt.].

Ad folia perennia arboris prope Lafayette (1000 metr. s. m.)
in civ. Minarum, n. 294 c. — *Thallus* opacus, maculas saepe
rotundatas, circ. 1—11 millim. latas formans, hyphis 0,002—0,0015
millim. crassis. *Gonidia* phycopeltidea, cellulis oblongis aut oblongo-cylindricis, 0,008—0,006 millim. crassis, sat leptodermaticis,
ad septas levissime constrictis, in series radiantes concatenatis
et in membranam simplicem connatis. *Apothecia* thallo innata,
demum elevata, disco 0,2—0,5 millim. lato, plano. *Perithecium*
fusco-fuligineum, circ. 0,018 millim. crassum, conniventi-obliquum,
strato thallino (pseudostromate vel amphithecio) gonidia continente,
basi sensim in thallum abeunte obductum. — *Hymenium* circ. 0,090
millim. crassum, jodo fulvescens. *Epithecium* sordide pallidum,
fulvescens. *Paraphyses* circ. 0,0017 millim. crassae, apice haud
aut vix incrassatae, ramoso-connexae, superne flexuosae. *Asci*
clavati, circ. 0,012 millim. crassi, membrana tota leviter incrassata. *Sporae* 8:nae, apicibus attenuatis, obtusiusculis, halone nullo
indutae, cellulis cylindricis, fere aeque longis.

12. **Ch. strigulinum** (Nyl.) Wainio. *Platygrapha striguloides*
Nyl., Énum. Gén. Lich. (1857) p. 131 (secund. specim. orig. e Bra-
silia in mus. Paris.), nomen postea ab auct. mutatum. *Pl. strigulina*
Nyl., Lich. Andam. (1874) p. 13. *Opegrapha radians* Müll. Arg.,
Lich. Beitr. (Fl. 1883) n. 685. *Rotula radians* Müll. Arg., Lich.
Epiphyll. (1890) p. 19. *Rotula vulgaris* Müll. Arg., Lich. Beitr.
(Fl. 1890) n. 1533.

Thallus tenuis, crebre contextus, continuus, vulgo verruculis increbris instructus aut radiatim tenuiter costato-rugulosus
[„aut laevigatus": Müll. Arg.], glaucescens aut flavido-glaucescens,
hypothallo indistincto. *Discus* rotundatus, livido-nigricans nigricansve. *Hypothecium* dilute fuscescens aut pallidum. *Sporae* decolores, fusiformi-oblongae, 3-septatae, long. 0,018—0,022, crass.
0,004—0,006 millim.

Var. **radians** (Müll. Arg.) Wainio. *Opegrapha radians* Müll.
Arg., Lich. Beitr. (Fl. 1883) n. 685. *Rotula vulgaris α. radians*
Müll. Arg., Lich. Beitr. (Fl. 1890) n. 1533.

Thallus radiatim costato-rugulosus.

Ad folia perennia arborum prope Rio de Janeiro, n. 170 d.
— *Thallus* opacus, maculas saepe rotundatas formans. *Gonidia*
phycopeltidea, cellulis oblongo-cylindricis aut cylindricis, 0,008—
0,004 millim. crassis. sat leptodermaticis, ad septas haud aut levissime constrictis, in series radiantes concatenatis et in membranam simplicem connatis. *Apothecia* thallo innata, demum
plus minusve elevata, disco 0,3—0,25 [—0,4] millim. lato, plano.
Perithecium fusco-fuligineum, circ. 0,010 millim. crassum, conniventi-obliquum, ex hyphis suberectis conglutinatis increbre septatis formatum, strato thallino gonidia continente, basi sensim in
thallum abeunte obductum. *Hymenium* circ. 0,070 millim. crassum, jodo fulvescenti-vinose rubens. *Epithecium* sordide pallidum aut dilute fuscescens. *Paraphyses* ramoso-connexae, superne flexuosae, apice haud aut vix incrassatae. *Asci* clavati,
circ. 0,012 millim. crassi, membrana tota leviter incrassata. *Sporae* 8:nae, apicibus obtusis, halone nullo indutae, medio saepe
levissime constrictae, cellulis subcylindricis, fere aeque longis,
cellula secunda (ex apice superiore) saepe reliquis paullo crassiore.

6. Arthonia.

Ach. in Schrad. Journ. 1 B., 3 St. (1806) p. 3 pr. p., Lich. Univ. (1810)
p. 25; Dufour, Rev. Gen. Opegr. (1818) p. 5; Tul., Mém. Lich. II (1852)
p. 192; Leight., Mon. Brit. Graph. (1854) p. 51; Nyl., Syn. Arth. (1856) p. 88;
Th. Fr., Gen. Heterolich. (1861) p. 96 (emend.); Kickx, Mon. Graph. Belg.
(1865) p. 22; Linds., Mem. Sperm. Crust. Lich. (1870) p. 279, tab. XIV fig.
1—9, 11—17; Tuck., Gen. Lich. (1872) p. 217; Frank, Biol. Krustenflecht.
1876 (Bot. Jahresber. 1876 p. 70); Leight., Lich. Great Brit. 3 ed. (1879) p.
414; Almqu., Mon. Arth. Scand. (1880) p. 8; Müll. Arg., Graph. Féean. (1887)
p. 4 et 53 (em.); Möller, Cult. Flecht. (1887) p. 37; Nyl. in Hue Addend.
(1888) p. 253. (Rehm in Rabenh. Krypt.-Fl. III 1890 p. 280.)

Thallus crustaceus, uniformis, epiphloeodes aut rarius hypophloeodes, hypothallo aut hyphis medullaribus substrato affixus,
rhizinis et strato corticali destitutus. *Stratum medullare* stuppeum,
hyphis tenuibus, leptodermaticis, lumine cellularum comparate sat
lato. *Gonidia* ad species diversas minores majoresve Trentepohliae (Chroolepi) pertinentia, cellulis anguloso-globosis aut
ellipsoideis, primum concatenatis, filamenta saepe parce ramosa
formantibus, demum saepe pro parte etiam liberis, aut rarius

palmellacea (pleurococcoidea, ut videtur, aut forsan chlorococ-
coidea) et membrana crassa instructa. *Apothecia* thallo innata
et saepe primum fragmentis thalli substrative obducta aut in ipsa
superficie thalli enata, immersa permanentia aut vulgo demum
emergentia adpressave, vulgo rotundata vel difformia breviaque
aut rarius elongata, disco aperto, immarginato aut raro tenuiter
marginato. *Perithecium* solum basale et ex hypothecio constans,
aut in latere (margineve) hymenii stratum tenue evanescensve,
ex hyphis conglutinatis contextum, formans, amphithecio nullo
obductum. *Paraphyses* ramoso-connexae, vulgo solum in reagentiis conspicuae. *Asci* lati, obovati aut ellipsoidei oblongive, parte
superiore pachydermatici. *Sporae* 8:nae aut pauciores, ovoideae
aut oblongae aut ellipsoideae aut fusiformi-oblongae, 1—pluri-septatae, loculis subcylindricis, aut murales, decolores aut obscuratae,
jodo haud reagentes aut rarius leviter vinose rubentes. *Pycnoconidia* „cylindrica aut oblonga aut apicibus incrassatis instructa,
recta aut curvata, *sterigmatibus* simplicibus affixa aut pro parte
subsessilia" Linds., l. c., Almqv., l. c. p. 10, Nyl., l. c.).

Subg. I. **Arthothelium** (Mass.) Wainio. *Sporae* murales.

Arthothelium Mass., Ric. Lich. Crost. (1852) p. 54; Koerb., Syst. Germ.
(1855) p. 293; Th. Fr., Gen. Heterolich. (1861) p. 98; Müll. Arg., Graph.
Féean. (1887) p. 4 et 65.

1. **A. aleurocarpa** Nyl., Lich. Nov.-Gran. Addit. (1867) p.
340 (secundum descriptionem).

Thallus tenuis, glaucescens. *Apothecia* aggregato-confluen-
tia, difformia, lobato-dentata aut subramosa, long. circ. 4—0,7,
latit. 2—0,3 millim., disco convexo, thallum superante, albo, pruinoso. *Hypothecium* albidum. *Epithecium* albidum. *Sporae* 8:nae,
decolores, oblongae, murales, long. circ. 0,110—0,140 millim.,
crass. 0,038—0,040 millim.

Ad corticem arboris prope Sitio (1000 metr. s. m.) in civ.
Minarum, n. 1019. — Specimen originale Lindigianum non vidi-
mus, quare determinatio plantae nostrae non est satis certa. —
Thallus leviter inaequalis aut sat laevigatus, opacus, KHO (Ca Cl$_2$ O$_2$)
dilute aurantiaco-rubescens, jodo caerulescens, KHO non reagens.
Gonidia chroolepoidea, circ. 0,010—0,006 millim. crassa, membrana sat tenui. *Apothecia* partim thallo obducta et in parte

superiore passim gonidia continentia, KHO (Ca Cl₂ O₂) aurantiaco-rubescentia. *Hymenium* jodo caerulescens. *Paraphyses* crebre ramoso-connexae. *Asci* membrana incrassata. *Sporae* apicibus rotundatis, cellulis numerosissimis.

2. A. effusa (Müll. Arg.) Wainio. *Arthothelium effusum* Müll. Arg., Lich. Beitr. (Fl. 1880) n. 219, (1881) n. 279 (secundum descriptionem).

Thallus tenuis, albidus. *Apothecia* bene approximata, elongata aut pro parte ellipsoidea rotundatave aut difformia, long. circ. 2,5—0,5, latit. 0,7—0,3 millim., simplicia aut subramosa et vulgo confluentia, saepe flexuosa, disco albido vel subpallescenti-albido, pruinoso, convexo, thallum superante. *Hypothecium* albidum pallidumve. *Epithecium* albidum pallidumve. *Sporae* 8:nae, decolores, ellipsoideo-oblongae, murales, long. circ. 0,064—0,066 millim., crass. 0,030—0,032 millim.

Ad corticem arboris in Carassa (1400 metr. s. m.) in civ. Minarum, n. 1535. — Specimen orig. Müllerianum non vidi, quare determinatio plantae nostrae incerta est. — *Thallus* sat laevigatus aut leviter verruculoso-inaequalis, opacus, neque KHO nec Ca Cl₂ O₂ reagens, apotheciis creberrime obtectus. *Gonidia* chroolepoidea, circ. 0,010—0,008 millim. crassa, membrana sat tenui. *Hymenium* jodo persistenter caerulescens, ascis vinose rubentibus. *Paraphyses* ramoso-connexae. *Sporae* halone crasso indutae, apicibus rotundatis, cellulis numerosissimis, cubicis.

3 A. circumscissa Wainio (n. sp.).

Thallus crassitudine mediocris aut sat tenuis, glaucescens aut testaceo-glaucescens aut glaucescenti-albidus. *Apothecia* thallo immersa, sat approximata, leviter ramosa aut pro parte simplicia, vulgo elongata, vulgo flexuosa curvatave, long. circ. 2,5—1 (—0,5) millim., maxima parte rima a thallo disjuncta. *Discus* leviter dilatatus, 0,2—0,1 (—0,3) millim. latus, planiusculus, caesio-pruinosus. *Paraphyses* pro parte ramosae et ramoso-connexae. *Sporae* solitariae, decolores aut demum pallidae, murales, long. circ. 0,062 —0,130, crass. 0.020—0,040 millim.

Ad corticem arborum prope Sepitiba in civ. Rio de Janeiro, n. 442, 453, 513. -— Inter Graphidem (Graphinam) et Arthothelium est intermedia, reactione sporarum cum priore, at paraphysibus cum posteriore congruens. Habitu subsimilis Gr. scribillanti Nyl. (Lich. Nov.-Gran. p. 471) et Gr. glaucescenti Fée. — *Thallus* verruculoso-inaequalis aut sat laevigatus, opacus, KHO non reagens, parte infima saepe jodo caerulescente. *Gonidia* chroolepoidea, circ. 0,008—0,006 millim. crassa. *Discus* apotheciorum thallum aequans aut levissime impressus, haud vere marginatus, at parte angusta thallina circumscissa ad instar marginis cinctus. *Perithecium* tenue, latere fuscescens aut rufescentivel fusco-fuligineum, media basi pallidum aut fuscescenti-pallidum deficiensve. *Hypothecium subhymeniale* tenue, pallidum albidumve. *Hymenium* circ. 0,110 millim. crassum, jodo dilutissime laevissimeque caerulescens, sporis maturis bene violaceocaerulescentibus demumque subvinose obscuratis. *Epithecium* fuscescens aut fusco-fuligineum. *Paraphyses* tenuissimae, in KHO conspicuae, apice haud incrassatae, gelatinam sat abundantem percurrentes, ramosae et parce reticulatim connexae aut mediae interdum simplices. *Asci* membrana sat tenui. *Sporae* oblongae. apicibus rotundatis aut obtusis, halone indutae, cellulis numerosissimis.

Subg. II. **Euarthonia** (Th. Fr.) Wainio. *Sporae* 1—pluriseptatae. *Gonidia* ad species varias Trentepohliae pertinentia (chroolepoidea).

Arthonia I. *Euarthonia* Th. Fr., Gen. Heterolich. (1861) p. 96 (pr. p.); Nyl., Fl. 1878 p. 246 (pr. p.), Hue. Addend. (1888) p. 254 (pr. p.).

Stirps 1. **Naeviella** Wainio. *Apothecia* nigricantia, epruinosa, materias KHO intensius reagentes haud continentia.

Arthonia sect. VI. *Naevia* Almqu., Mon. Arth. Scand. (1880) p. 37 (emend.). *Naevia* Fr., Sched. Crit. III (1824) p. 21, spectat ad „A. punctiformem Ach.", quae. gonidiis carens, est fungus. quare hoc nomen recte a mycologis hodiernis adoptatum est.

4. **A. platygraphidea** Nyl., Lich. Nov.-Gran. ed. 2 (1863) p. 235; Müll. Arg., Graph. Féean. (1887) p. 59.

Thallus tenuis, albidus aut glaucescens. *Apothecia* sat solitaria aut sat approximata, anguloso-rotundata aut difformia, diam. 1,5—0,7 millim., disco nigro aut fusco-nigro, epruinoso. *Hypothecium* sordide pallidum aut dilute fuscescens. *Hymenium* jodo persistenter caerulescens. *Epithecium* fuscescens. *Sporae*

decolores aut demum obscuratae, oblongae, 11—13 [—„15"]-sep-
tatae, long. 0,058—0,064 [—„73"] millim., crass. 0,014—0,016
millim. [—„0,022" millim.: Nyl., l. c.], cellulis medianis reliquis
vulgo paullo longioribus.

Ad corticem arborum prope Rio de Janeiro, n. 90, 131. —
Thallus sat laevigatus aut levissime verruculoso-inaequalis, sat
opacus, jodo intense caerulescens, hypothallo nigro partim limitatus. *Gonidia* chroolepoidea, circ. 0,008 millim. crassa, membrana sat tenui. *Apothecia* planiuscula aut leviter convexiuscula,
thallum demum vulgo leviter superantia, nitidiuscula aut sat opaca.
Hymenium sordide pallidum, oleosum, jodo caerulescens, protoplasmate ascorum vinose rubente. *Paraphyses* tenuissimae, ramoso-connexae (liqu. aether., KHO et $H_2 SO_4$ adhibitis conspicuae). *Asci* subglobosi aut ellipsoidei aut ellipsoideo-ovoidei, parte
superiore pachydermatici. *Sporae* 8:nae, saepe leviter curvatae
vel obliquae, apicibus vulgo rotundatis.

5. **A. pluriseptata** Wainio (n. sp.).

Thallus tenuis aut tenuissimus, cinereo-glaucescens aut glaucescenti-albidus. *Apothecia* approximata, anguloso-rotundata aut
difformia, long. circ. 0,7—0,1, latit. 0,3—0,1 (—0,7) millim., disco
nigro aut fusco-nigro, epruinoso. *Hypothecium* pallidum. *Hymenium* jodo vinose rubens. *Epithecium* fuscescens. *Sporae* demum
obscuratae, oblongae aut rarius ovoideo-oblongae 8—10-septa-
tae, long. 0,040—0,058, crass. 0,011—0,013 millim., cellulis (1—3)
medianis reliquis longioribus.

Ad corticem arborum prope Lafayette (1000 metr. s. m.) in
civ. Minarum, n. 263, 284. — *Thallus* sat laevigatus aut leviter
verruculoso-inaequalis, opacus, jodo haud reagens. *Gonidia* chroolepoidea, crass. circ. 0,010—0,008 millim., membrana crassiuscula.
Apothecia planiuscula, thallum demum leviter superantia aut aequantia, opaca. *Hymenium* pallidum. *Paraphyses* 0,001 millim.
crassae, apice haud incrassatae, ramoso-connexae. *Asci* obovati
aut ellipsoidei, apicem versus pachydermatici. *Sporae* 8:nae, apicibus rotundatis obtusisve.

6. **A. rugosula** (Krempelh.) Wainio. *Graphis rugosula* Krempelh., Fl. 1876 p. 421 (coll. Glaz. n. 5068: hb. Warm.).

Thallus tenuis aut sat tenuis, albidus. *Apothecia* approximata. elongata aut ellipsoidea rotundatave, long. 1,2—0,2, latit.

0,2—0,15 millim., simplicia aut parce ramosa, flexuosa curvatave aut recta, disco cinereo-fuscescente albidove, pruinoso. *Hypothecium* albidum. *Hymenium* jodo vinose rubens aut primum caerulescens. *Epithecium* testaceum sordidumve aut olivaceonigricans fuscescensve. *Sporae* decolores aut demum pallidae, vulgo ovoideo-oblongae, 10—7-septatae, long. 0,022—0,034, crass. 0,008—0,012 millim., cellulis fere aeque longis.

Ad corticem arborum prope Sepituba in civ. Rio de Janeiro, n. 411, 455. — Inter Graphides et Arthonias est intermedia, sporis cum prioribus fere congruens, at paraphysibus et ascis affinitatem cum posterioribus demonstrans. — *Thallus* sat laevigatus, opacus, KHO non reagens, jodo intense caerulescens. *Gonidia* chroolepoidea, circ. 0,010—0,008 millim. crassa, membrana sat tenui. *Apothecia* thallo immersa, sulciformia aut disco demum thallum aequante. *Perithecium* evanescens aut nullum distinctum. *Hypothecium* tenue, albidum, jodo caerulescens. *Hymenium* circ. 0,070 millim. crassum, albidum. *Epithecium* KHO non reagens. *Paraphyses* tenuissimae, apice haud incrassatae, ramoso-connexae ramosaeque (in KHO conspicuae). *Asci* subellipsoidei oblongive, circ. 0,026 millim. crassi, membrana fere tota praesertimque parte superiore incrassata. *Sporae* 8—6:nae, apicibus obtusis aut rotundato-obtusis, cellulis brevioribus quam latis, subcylindricis aut saepe fere lenticularibus.

7. **A. octolocularis** Wainio (n. sp.).

Thallus tenuis, epiphloeodes aut partim hypoploeodes, albidus. *Apothecia* vulgo approximata, difformia aut anguloso-rotundata, long. circ. 1—0,3, crass. 0,8—0,3 millim., disco convexiusculo aut planiusculo, nigro aut fusconigro, epruinoso, thallum vulgo demum leviter superante aut subaequante. *Hypothecium* pallidum. *Hymenium* jodo caerulescens et demum vinose rubens. *Epithecium* fuscescens. *Sporae* fuscescentes, oblongo-ovoideae, 7-septatae, long. 0,025—0,033, crass. 0,009—0,013 millim., cellulis apicalibus ambabus reliquis multo longioribus.

Ad corticem arboris in Carassa (1300 metr. s. m.) in civ. Minarum, n. 1382. — *Thallus* opacus, hyphis partim jodo caerulescentibus. *Gonidia* chroolepoidea, circ. 0,010—0,008 millim. crassa, membrana sat tenui. *Apothecia* opaca, interdum diu fragmentis thalli hypophloeodis, cellulas substrati continentibus suffusa. *Perithecium* laterale tenue, fuscum. *Paraphyses* tenuissimae, ramoso-connexae, apice haud aut leviter incrassatae (in KHO conspicuae). *Asci* subglobosi, parte superiore membrana incrassata. *Sporae* 8:nae, altero apice rotundato, altero obtuso, cellulis 6 mediis brevissimis.

8. **A. saxatilis** Wainio (n. sp.).

Thallus tenuis aut sat tenuis, albidus aut cinereo-albicans, dispersus, aut pro parte fere evanescens. *Apothecia* vulgo sat approximata. rotundata, diam. 0,7—0,3 millim., disco nigro, nudo. *Hypothecium* fuligineum. *Hymenium* jodo leviter caerulescens. *Epithecium* fuligineum. *Sporae* nigricantes, ovoideae aut oblongo-ovoideae, vulgo 5-septatae, rarius 7—4-septatae, long. 0,020—0,030, crass. 0,009—0,011 millim., cellulis apicalibus praesertimque apicis crassioris reliquis multo longioribus.

Ad rupem itacolumiticam in Carassa (1400—1500 metr. s. m.). in civ. Minarum, n. 1192. — *Thallus* inaequalis, opacus, jodo vinose rubens aut primum caerulescens, hyphis 0,002—0,003 millim. crassis. *Gonidia* chroolepoidea, cellulis circ. 0,014—0,028 millim. longis et 0,012—0,022 millim. crassis, anguloso-ellipsoideis, membrana crassa (immixta etiam Trentepohlia rigidula Hariot obvenit). *Apothecia* habitu lecideina, elevata, convexa aut convexiuscula, immarginata. *Perithecium* laterale haud evolutum. *Hymenium* sordidum, jodo leviter caerulescens et demum partim decoloratum, contento ascorum vinose rubente. *Paraphyses* ramoso-connexae, vulgo bene evolutae. *Asci* obovoidei aut late clavati, circ. 0,028—0,026 millim. crassi, membrana crassiuscula. *Sporae* 8:nae aut abortu pauciores, apicibus rotundatis, cellulis 6—3 intermediis brevissimis.

9. **A. complanata** Fée, Ess. Crypt. Écore. (1824) p. 54; Nyl., Lich. Exot. (1859) p. 231, Lich. Nov.-Gran. (1863) p. 484 (mus. Paris.); Krempelh., Fl. 1876 p. 511; Müll. Arg., Graph. Féean. (1887) p. 58, Fl. 1888 p. 527.

Thallus tenuis aut tenuissimus, albidus aut cinereo-glaucescens. *Apothecia* vulgo sat approximata, anguloso-rotundata aut difformia, simplicia aut rarius dentata, long. circ. 1,7—0,3, latit. 1—0,3 millim., disco nigro aut fusco-nigro, epruinoso. *Hypothecium* pallidum albidumve. *Hymenium* jodo persistenter caerulescens aut demum obscure vinose rubens. *Epithecium* fuscescens. *Sporae* fuscescentes, ovoideo-oblongae, 6—5-septatae, long. circ. 0,024—0,032 millim., crass. 0,009—0,012 millim. [..—6—7 millim.": Müll. Arg.], cellulis ambabus apicalibus praesertimque apicis crassioris reliquis multo longioribus.

Ad cortices arborum haud rara in Brasilia, n. 371 (ad Lafayette), 1487 (in Carassa). — *Thallus* sat laevigatus, opacus, jodo haud reagens. *Gonidia* chroolepoidea, circ. 0,010—0,008 millim. crassa, membrana crassiuscula. *Apothecia* depresso-convexiuscula aut planiuscula, thallum vulgo demum superantia, nitidiuscula aut sat opaca. *Hymenium* pallidum, oleosum, in n. 371 persistenter caerulescens, in n. 1487 demum obscure rubens. *Epithecium* KHO subolivaceum. *Paraphyses* tenuissimae, ramoso-connexae (liqu. aether., KHO et H_2SO_4 adhibitis conspicuae). *Asci* late aut subgloboso-obovoidei, parte superiore pachydermatici. *Sporae* 8:nae, apicibus rotundatis aut apice angustiore obtuso, septis bene approximatis.

10. **A. consimilis** Wainio (n. sp.).

Thallus tenuissimus, albidus. *Apothecia* sat approximata, difformia, saepe anguloso-rotundata oblongave, simplicia aut dentata subradiatave, long. circ. 1,5—0,3, latit. 0,4—0,2 millim., disco nigro aut fusco-nigro, epruinoso. *Hypothecium* tenue, fuscum aut fuscescens. *Hymenium* jodo persistenter caerulescens. *Epithecium* fuscescens. *Sporae* decolores aut demum obscuratae, ovoideo-oblongae, 5(—6)-septatae, long. 0,020—0,026, crass. 0,008 —0,009 millim., cellula ultima apicis crassioris reliquis multo longiore.

Ad corticem arboris prope Sitio (1000 metr. s. m.) in civ. Minarum, n. 834. — Valde affinis est A. complanatae, et forsan subspecies ejus. — *Thallus* sat laevigatus, opacus, jodo caerulescens. *Gonidia* chroolepoidea, circ. 0,010—0,008 millim. crassa, membrana sat tenui. *Apothecia* thallum aequantia. *Hypothecium* et *epithecium* KHO non reagentia. *Hymenium* pallidum, jodo persistenter caerulescens, protoplasmate ascorum vinose rubente. *Paraphyses* ramoso-connexae. *Asci* subglobosi aut subgloboso-obovoidei, parte superiore aut fere toti pachydermatici. *Sporae* 8:nae, apice crassiore rotundato, apice tenuiore vulgo obtuso, cellula ultima apicis tenuioris cellulis mediis haud aut parum longiore.

11. **A. araucariae** Wainio (n. sp.).

Thallus tenuis, albidus, dispersus. *Apothecia* vulgo sat solitaria, difformia, angulosa aut irregulariter obtuseque substellato-
dentata, diametro circ. 0,3—0,8 millim., aut —1,2 millim. longa,
disco planiusculo, thallum subaequante aut parum superante, nigro,
epruinoso. *Hypothecium* pallidum aut subalbidum. *Hymenium*
jodo persistenter caerulescens. *Epithecium* fuscum. *Sporae* decolores, oblongo-ovoideae, 5-septatae, long. 0,024—0,030, crass.
0,007—0,012 millim., cellula una apicali reliquis multo longiore
(crassioreque).

Ad corticem Araucariae Brasiliensis in Carassa (1400 metr.
s. m.) in civ. Minarum, n. 1567. — Affinis est A. complanatae
Fée, a qua praesertim thallo disperso, jodo haud reagente, differt. — *Thallus* opacus. *Gonidia* chroolepoidea, circ. 0,012—
0,008 millim. crassa, membrana sat tenui. *Apothecia* opaca. *Paraphyses* ramoso-connexae, apice haud incrassatae (in KHO conspicuae). *Asci* ellipsoideo-obovoidei, membrana maxima parte
incrassata; sporae et contentum ascorum jodo vinose rubentia.
Sporae 8:nae, decolores (aut morbose obscuratae), apicibus rotundatis aut apice tenuiore obtuso, cellulis, excepta una apicis
crassioris, sat brevibus.

12. **A. quatuorseptata** Wainio (n. sp.).

Thallus tenuissimus, epiphlocodes aut hypophloeodes, albidus. *Apothecia* vulgo approximata, elongata, parce aut sat parce
ramosa aut pro parte simplicia, flexuosa curvatave, long. circ.
2—0,5, crass. 0,15—0,1 millim., disco planiusculo, nigricante,
epruinoso, thallum demum levissime superante. *Hypothecium* albidum. *Hymenium* jodo caerulescens et demum vinose rubens.
Epithecium fuscescens. *Sporae* decolores aut demum fuscescentes, ovoideo-oblongae, demum 4-septatae, long. 0,014—0,022,
crass. 0,005—0,006 millim., cellula una apicali reliquis multo longiore (crassioreque).

Ad corticem arborum prope Rio de Janeiro, n. 167, et ad
Sitio (1000 metr. s. m.) in civ. Minarum, n. 850. — Haec species
inter Chiodecton et Arthoniam est intermedia, at sporis cum
posterioribus congruit. — *Thallus* opacus, jodo caerulescens. *Gonidia* chroolepoidea, circ. 0,010—0,006 millim. crassa, membrana
crassiuscula. *Apothecia* primum thallo immersa, demum erum-

pentia et saepe margine vel amphithecio thallino angustissimo, e
substrato et thallo formato, cincta. *Perithecium* laterale passim
conspicuum tenuissimumque, fuscescens. *Hymenium* circ. 0,040
millim. crassum. *Lamina* apothecii KHO non reagens. *Paraphyses* tenuissimae, ramoso-connexae. *Asci* obovoidei aut late
clavati, circ. 0,012—0,020 millim. crassi, membrana apice leviter
incrassata. *Sporae* 8:nae, altero apice rotundato, altero obtuso.

13. **A. submiserula** Wainio (n. sp.).

Thallus sat tenuis aut tenuis, albidus aut sordidescens.
Apothecia vulgo approximata, difformia, angulosa aut dentata,
long. circ. 0,6—0,15, latit. 0,3—0,15 millim., disco nigro aut fusconigro, epruinoso. *Hypothecium* fuscum. *Hymenium* jodo persistenter caerulescens. *Epithecium* fuscescens aut pallidum. *Sporae* demum fuscae, ovoideo-oblongae, 4(—)3-septatae, long. 0,012
—0,016, crass. 0,004—0,006 millim., cellula apicali crassiore reliquis multo longiore.

Ad corticem arboris prope Rio de Janeiro, n. 11. — Habitu
similis est A. miserulae Nyl. et A. pulicosae Nyl., quae autem
hypothecio pallido albidove ab ea differunt. — *Thallus* sat laevigatus aut parum inaequalis, opacus, jodo haud reagens. *Gonidia* chroolepoidea, circ. 0,008—0,006 millim. crassa, membrana
sat tenui. *Apothecia* planiuscula, thallum subaequantia aut demum levissime superantia, opaca. *Hypothecium* KHO non reagens aut subolivaceum. *Hymenium* pallidum. *Paraphyses* tenuissimae, apice haud incrassatae, ramoso-connexae, septatae.
Asci obovoidei, circ. 0,016—0,014 millim. crassi, parte superiore
pachydermatici. *Sporae* 8:nae, primum decolores, demum fuscae,
apicibus rotundatis aut obtusis.

14. **A. obscurata** Wainio (n. sp.).

Thallus sat tenuis aut crassitudine fere mediocris, cinereo-
nigricans aut griseo-obscuratus. *Apothecia* sat solitaria aut sat
approximata, rotundata, diam. 0,4—0,2 millim., disco nigro nudoque aut tenuissime cinereo-pruinoso. *Hypothecium* fuscescens.
Hymenium jodo violascens. *Epithecium* nigricans aut fusco-nigricans. *Sporae* decolores, fusiformes aut fusiformi-oblongae, 3
—4-septatae, long. 0,018—0,022, crass. 0,004—0,005 millim., cellulis fere aeque longis.

Ad rupem in Carassa (1400 metr. s. m.) in civ. Minarum,

n. 1342. — *Thallus* sat laevigatus, opacus, creberrime areolato-diffractus, hyphis 0,002 millim. crassis, leptodermaticis, medulla jodo intense caerulescente. *Gonidia* chroolepoidea, cellulis circ. 0,020—0,028 millim. longis et 0,016—0,018 millim. crassis, membrana sat crassa. *Apothecia* thallo immersa, disco thallum subaequante aut levissime superante. *Perithecium* laterale tenuissimum evanescensque, nigricans. *Hypothecium* et *epithecium* KHO non reagentia. *Hypothecium subhymeniale* jodo dilute caerulescens. *Hymenium* circ. 0,040 millim. crassum. *Paraphyses* bene evolutae, 0,0015—0,002 millim. crassae, apice haud aut leviter incrassatae, ramoso-connexae. *Asci* late clavati, circ. 0,020—0,022 millim. crassi, apicem versus membrana sat bene incrassata. *Sporae* 8:nae, apicibus obtusis, altero apice angustiore, saepe leviter curvatae obliquaeve.

15. **A. cerei** Wainio (n. sp.).

Thallus tenuissimus, albidus. *Apothecia* vulgo sat approximata, elongata, long. circ. 2—0,4, latit. 0,1—0,15 millim., vulgo ramosa, flexuosa, disco nigro, nudo. *Hypothecium* albidum. *Hymenium* jodo violascens, et demum vinose rubens. *Epithecium* fuligineum. *Sporae* decolores, ovoideo-oblongae, 3-septatae, long. 0,015—0,020, crass. 0,005—0,008 millim., cellulis fere aeque longis.

Ad corticem Cerei in littore marino prope Rio de Janeiro, n. 122. — Habitu subsimilis est A. hapalizae Nyl. — *Thallus* epiphloeodes, sat laevigatus. *Gonidia* parce evoluta, in statu certe determinabili haud visa, flavida, forsan haud chroolepoidea, pro parte cellulis circ. 0,010—0,008 millim. crassis, membrana sat tenui instructis, pro parte habitu gloeocystoidea (forsan autem ambo ad protococcum pertinentia). *Apothecia* ramosa et saepe etiam irregulariter confluentia, immarginata, disco thallum subaequante. *Hypothecium* et *epithecium* KHO virescenti-fuliginea. *Hymenium* pallidum. *Paraphyses* tenuissimae (circ. 0,0005 millim. crassae), ramoso-connexae. *Asci* obovoidei, circ. 0,018—0,016 millim. crassi, membrana apice bene incrassata. *Sporae* 8:nae, apicibus rotundatis, membrana vulgo leviter incrassata.

16. **A. minutella** Wainio (n. sp.).

Thallus tenuis, albidus. *Apothecia* approximata, difformia, pro parte anguloso-rotundata, pro parte oblonga elongataeve, long. 0,1—0,8, latit. 0,1—0,25 millim., simplicia aut parce ramosa, flexuosa aut recta, disco nigricante aut fusco-nigricante, nudo. *Hypothecium* pallidum albidumve. *Hymenium* jodo vinose rubens. *Epithecium* fuscum, KHO vix reagens. *Sporae* decolores, ovoideo-oblongae aut naviculares, 3-septatae, long. 0,013—0,016, crass. 0,004—0,006 millim., cellulis fere aeque longis.

Ad corticem arboris prope Sepitiba in civ. Rio de Janeiro, n. 467. — Affinis sit A. dispersellae Müll. Arg., Lich. Beitr. (Fl. 1880) n. 225, at sporis minoribus et thallo ab ea differens. — *Thallus* epiphloeodes, sat laevigatus, continuus, hyphis circa et infra apothecia jodo caerulescentibus. *Gonidia* chroolepoidea, circ. 0,008—0,006 millim. crassa, membrana sat tenui. *Apothecia* disco thallum subaequante, immarginata. *Epithecium* KHO subolivaceum aut vix reagens. *Paraphyses* ramoso-connexae. *Asci* ellipsoideo-ovoidei, parte superiore membrana incrassata. *Sporae* 8:nae, apicibus obtusis aut apice crassiore rotundato.

17. **A. polymorphoides** Wainio (n. sp.).

Thallus tenuis, virescens aut glauco-virescens. *Apothecia* vulgo sat solitaria, suborbicularia aut anguloso- vel subcrenato-rotundata, diametro 1,2—0,6 millim., disco planiusculo, thallum levissime superante, nigricante, epruinoso. *Hypothecium* fuscescens aut rubricoso-fuscescens. *Hymenium* jodo vinose rubens. *Epithecium* fuscescens aut rubricoso-fuscescens. *Sporae* decolores, oblongae, 3-septatae, long. 0,016—0,023, crass. 0,005—0,006 millim., cellulis fere aeque longis aut apicalibus paullulo brevioribus.

Ad corticem arbustorum prope Rio de Janeiro, n. 192. — Habitu subsimilis est A. exili var. dispunctae (Wainio, Adj. II p. 163). — *Thallus* epiphloeodes, opacus, jodo haud reagens. *Gonidia* chroolepoidea, circ. 0,009—0,006 millim. crassa, membrana sat tenui. *Perithecium* laterale leviter evolutum, hypothecio subsimile. *Hymenium* circ. 0,050 millim. crassum. *Lamina* apothecii KHO non reagens. *Paraphyses* ramoso-connexae ($H_2 SO_4$). *Asci* subellipsoidei aut obovoideo-ellipsoidei, circ. 0,016—0,020 millim. crassi, apice membrana incrassata. *Sporae* 8:nae, decolores aut morbose obscuratae, apicibus obtusis.

18. **A. biseptata** Wainio (n. sp.).

Thallus tenuissimus, albido-glaucescens. *Apothecia* approximata, difformia, saepe oblonga aut anguloso-rotundata, long. 0,3—0,1 millim., latit. circ. 0,1 millim., simplicia aut parcissime ramulosa, recta aut curvata, disco nigro, epruinoso. *Hypothe-cium* pallidum. *Hymenium* jodo persistenter caerulescens. *Epi-thecium* fuscum. *Sporae* decolores aut rarius demum obscuratae. ovoideo-oblongae, 2-septatae, long. 0,007—0,011, crass. 0,002—0.0025 millim., cellulis fere aeque longis aut cellula mediana re-liquis breviore.

Ad ramulos arbustorum prope Rio de Janeiro, n. 84. — *Thallus* sat laevigatus, opacus, hyphis circa et infra apotheciis jodo caerulescentibus. *Gonidia* chroolepoidea, circ. 0,008 millim. crassa, membrana sat tenui. *Hymenium* dilute pallidum, latere (vel perithecium laterale) anguste fuscescens. *Paraphyses* tenuis-simae. ramoso-connexae. *Asci* obovoidei, apicem versus mem-brana incrassata. *Sporae* 8:nae, altero apice rotundato, altero obtuso.

Stirps 2. **Pachnolepia** (Mass.) Almqu. *Apothecia* pruinosa, atra sub pruina, materias KHO intensius reagentes haud conti-nentia.

Arthonia sect. III. *Pachnolepia* Almqu., Mon. Arth. Scand. (1880) p. 22. *Pachnolepia* Mass., Framm. (1855) p. 6; Koerb.. Syst. Germ. (1855; p. 296. *Leprantha* Koerb., Syst. Germ. (1855; p. 291.

19. A. polystigmatea Wainio (n. sp.).

Thallus tenuis aut sat tenuis, albidus. *Apothecia* approxi-mata, anguloso-rotundata aut pro minore parte oblonga difform-miave aut varie confluentia, diam. 0,15—0,5 millim., aut raro — 1,5 millim. longa, disco plano, thallum subaequante, pruinoso. *Hypothecium* albidum. *Hymenium* jodo caerulescens. *Epithecium* fuscescens. *Sporae* decolores, vulgo ovoideo-oblongae, 4- aut pro parte 5-septatae, long. 0,016—0,023, crass. 0,006—0,010 millim., cellula apicali crassiore reliquis multo longiore et vulgo etiam crassiore.

Ad corticem arborum prope Rio de Janeiro, n. 214 b, 185. — *Thallus* continuus aut rimulosus, sat laevigatus, opacus. *Go-nidia* chroolepoidea, circ. 0,012—0,008 millim. crassa, membrana crassiuscula aut sat tenui. *Apothecia* numerosissima, disco fusco-vel pallido-cinerascente, pruinoso. *Epithecium* KHO olivaceum. *Paraphyses* 0,0015 millim. crassae, ramoso-connexae. *Asci* ob-ovoidei, apicem versus membrana incrassata. *Sporae* 8:nae, apicibus rotundatis aut altero apice obtuso, in n. 214 b 4-septatae et long. 0,023, crass. 0,010 millim., in. n. 185 4—5-septatae et long. 0,016—0,020, crass. 0,006—0,008 millim., cellulis, summa excepta, sat brevibus.

20. **A. Mülleri** Wainio. *A. serialis* Müll. Arg., Lich. Beitr. (Fl. 1888) n. 1449 (nomen jam antea adhibitum: conf. Müll. Arg., Graph. Féean. 1887 p. 56).

Thallus sat tenuis aut crassitudine mediocris, albidus aut stramineo-albicans. *Apothecia* approximata, elongata aut anguloso-rotundata difformiave, saepe seriatim aut varie coadunata, simplicia aut varie ramosa dentatave, long. 1,2—0,3, latit. 0,6—0,15 millim., disco caesio-pruinoso. *Hypothecium* (peritheciumve) fusco-fuligineum. *Hymenium* jodo caerulescens (ascis violascentibus). *Epithecium* fusco-fuligineum fuscescensve. *Sporae* decolores, ovoideae aut oblongo-ovoideae, 2-septatae aut raro 3-septatae, long. 0,008—0,015, crass. 0,003—0,005 millim.

Ad rupes in Carassa (circ. 1500 metr. s. m.) in civ. Minarum, n. 1237, 1541. — *Thallus* verruculoso-inaequalis aut sat laevigatus, crebre rimulosus aut areolato-diffractus, Ca Cl$_2$ O$_2$ non reagens, KHO flavescens, medulla jodo intense caerulescente, partim violascente. *Gonidia* chroolepoidea, circ. 0,010—0,016 millim. crassa, membrana sat tenui aut crassiuscula. *Apothecia* thallo immersa aut demum emersa, vulgo fissura circumscissa. *Perithecium* laterale sat tenue aut passim evanescens. *Hypothecium* vel pars basalis perithecii fusco-fuligineum, parte subhymeniali tenui albida. *Hymenium* pallidum aut sordide albidum. *Epithecium* KHO olivaceum aut immutatum. *Paraphyses* 0,0005 millim. crassae, apice haud incrassatae, ramoso-connexae. *Asci* pyriformi-clavati, circ. 0,016—0,018 millim. crassi, apice membrana incrassata. *Sporae* 8:nae, altero apice rotundato, altero obtuso, cellulis apicalibus, praesertimque cellula crassiore, reliquis longioribus.

Stirps 3. **Ochrocarpon** Wainio. *Apothecia* laetius colorata vel pallescentia (haud persistenter nigra), materias KHO intensius reagentes haud continentia.

21. **A. Antillarum** (Fée) Nyl., Fl. 1867 p. 7, Syn. Lich. Nov. Caled. (1868) p. 61; Müll. Arg., Rev. Lich. Mey. p. 318,

Graph. Féean. (1887) p. 55. *A. varia* var. *Antillarum* Nyl., Lich. Nov.-Gran. ed. 2 (1863) p. 267.

Thallus tenuissimus, partim hypophloeodes, stramineus aut albidus. *Apothecia* sat approximata aut sat solitaria, difformia, saepe angulosa aut dentata subradiatave, circ. 2—0,4 millim. longa, circ. 0,8—0,2 millim. lata, disco pallido aut stramineo-pallido. *Hypothecium* pallidum. *Hymenium* jodo dilutissime [aut bene] caerulescens, demum varie subvinose coloratum. *Epithecium* pallidum. *Sporae* decolores, ovoideo-oblongae, 3-septatae, „long. 0,014 0,018, crass. 0,004—0,006 millim." (Müll. Arg. et Nyl., l. c.), cellulis fere aeque longis.

Ad corticem arborum prope Sepitiba in civ. Rio de Janeiro, n. 478. — *Thallus* sat laevigatus, hyphis jodo non reagentibus aut interdum caerulescentibus, hypothallo fusco interdum anguste limitatus. *Apothecia* demum leviter elevata. *Perithecium* indistinctum. *Hymenium* dilute pallidum, in specimine nostro jodo parum aut dilutissime caerulescens, demum dilutissime subvinose coloratum. *Hypothecium* et *epithecium* KHO lutescentia. *Paraphyses* ramoso-connexae, apice haud incrassatae. *Asci* ellipsoideo-oblongi aut obovoidei, apicem versus membrana incrassata. *Sporae* 8:nae aut abortu pauciores, apicibus rotundatis aut apice tenuiore obtuso, in specimine nostro long. 0,018, crass. 0,005 millim., cellulis fere aeque longis aut mediis levissime longioribus.

Stirps 4. **Coniocarpon** (D. C.) Wainio. *Apothecia* varie lactius colorata (haud persistenter nigra), materias rubras aut fulvescentes, KHO violascentes aut raro cyanescentes continentia.

Coniocarpon D. C., Fl. Fr. II (1805) p. 323 (pr. p.); Mass., Ric. Lich. Crost. (1852) p. 46 (pr. p.). *Arthonia* sect. I. *Coniangium* et sect. II. *Conioloma* Almqu., Mon. Arth. Scand. (1880) p. 13 et 19.

22. **A. gregaria** (Weig.) Koerb., Syst. Germ. (1855) p. 291; Almqu., Mon. Arth. Scand. (1880) p. 20; Müll. Arg., Fl. 1888 p. 524, 527; Bachmann, Yeb. Nichtkryst. Flechtenfarbst. (1889) p. 27 et 53, tab. I fig. 1—2. *Sphaeria gregaria* Weig., Obs. Bot. (1772) pag. 43 (ex cit.). *Coniocarpon cinnabarinum* D. C., Fl. Fr. II (1805) p. 323. *Arthonia cinnabarina* Wallr., Comp. Fl. Germ. II (1831) p. 320; Nyl., Syn. Arth. (1856) p. 88 (pr. p.); Kickx, Mon. Graph. Belg. (1865) p. 23 (pr. p.); Leight., Lich. Great Brit. 3 ed. (1879) p. 421.

Thallus tenuis aut tenuissimus, albidus aut rarius cinerascens vel violaceo-maculatus. *Apothecia* approximata et vulgo etiam conferta, vulgo anguloso-rotundata, aut difformia, long. vulgo circ. 0,5—0,2, raro 1 millim., crass. 0,3—0,2 millim., disco vulgo caesio-pruinoso, KHO solutionem violaceam effundentia. *Perithecium* rubescens. *Hypothecium* dilute rubescens. *Hymenium* jodo vinose rubens aut vulgo primum caerulescens. *Epithecium* albidum aut lividum aut livido-rubescens. *Sporae* decolores aut demum obscuratae, ovoideo-oblongae, 5—4-septatae, long. 0,021—0,026 millim. [—„0,018" millim.: Almqu., l. c.], crass. 0,007—0,009 millim., cellula apicali crassiore reliquis multo longiore.

Var. **tumidula** Almqu., Mon. Arth. Scand. (1880) p. 21.

Apothecia disco caesiopruinoso, margine cinnabarino-pruinoso. — Ad corticem arborum prope Rio de Janeiro frequenter obvenit, n. 61, 116, 128, 200, 214, 414, 472, 499; etiam in Carassa (1400 metr. s. m.) in civ. Minarum lecta, n. 1367. *Thallus* epiphloeodes, vulgo continuus, vulgo leviter inaequalis, opacus, jodo solo haud reagens. *Gonidia* chroolepoidea, circ. 0,008 millim. crassa, membrana sat tenui. *Apothecia* praesertimque perithecium solutionem violaceam effundentia, materiam rubram et passim etiam violaceam continentia. *Perithecium* laterale, tenue, rubescens, basi deficiens. *Hymenium* decoloratum aut dilutissime rubescens, jodo intense (in n. 61) aut dilutissime (in n. 414) caerulescens, demum vinose rubens. *Epithecium* KHO saepe olivaceum. *Paraphyses* 0,0015 millim. crassae, ramoso-connexae. *Asci* oblongi clavative, apicem versus membrana incrassata. *Sporae* 8:nae, apicibus rotundatis obtusisve.

Var. **adspersa** (Mont.) Wainio. *Ustalia adspersa* Mont., Lich. Guyan. (1842) p. 278 (mus. Paris.). *A. cinnabarina* f. *adspersa* Nyl., Syn. Arth. (1856) p. 89, Syn. Cal. (1868) p. 60, Lich. Nov.-Gran. ed. 2 (1863) p. 228. *Arthonia adspersa* Nyl., Lich. Nov. Zel. (1888) p. 119.

Apothecia disco et margine caesio-pruinoso. — Ad corticem arborum prope Rio de Janerio, n. 102 (n. 414 b in v. tumidulam transiens). — *Perithecium* tenue, integrum, intense rubescens, in margine strato tenui albido obductum. *Hypothecium* dilute rubescens. *Hymenium* jodo vinose rubens. *Asci* ellipsoideo-clavati. *Sporae* ovoideo-oblongae, 5—4-septatae, decolores aut morbose fuscescentes, long. 0,021—0,024, crass. 0,007 millim., cellula apicali crassiore reliquis multo longiore.

23. **A. interducta** Nyl., Lich. Nov.-Gran. (1863) p. 496; Krempelh., Fl. 1876 p. 511 (coll. Glaz. n. 3411: hb. Warm.).

Thallus tenuissimus, albidus aut glaucescenti-albidus. *Apothecia* approximata, difformia, oblonga et pro parte rotundata aut varie angulosa, long. 0,9—0,2, latit. circ. 0,2 millim., simplicia aut pro parte parce ramosa, pro parte flexuosa curvatave, disco cinereo-fuscescente aut fuscescente, tenuissime pruinoso aut nudo. *Perithecium laterale* violaceo- aut purpureo-fuligineum, KHO solutionem violaceam effundens. *Hypothecium* pallidum aut dilute pallido-rubescens. *Hymenium* jodo caerulescens et demum vinose rubens. *Epithecium* pallido-rubescens aut pallido-fuscescens. *Sporae* decolores aut demum obscuratae, oblongo-ovoideae, 3—4-septatae, long. 0,016—0,020 millim. [—„0,025" millim.: Nyl., l. c.], crass. 0,005—0,007 millim. [„0,007—0,009" millim.: Nyl., l. c.], cellula apicali crassiore reliquis multo longiore.

Ad corticem arboris prope Sepitiba in civ. Rio de Janeiro, n. 475. — Specimen Nylanderianum, quod non vidi, secundum descriptionem paululum differre videtur, at cum planta a Krempelhubero commemorata specimen nostrum bene congruit. — *Thallus* epiphloeodes, sat laevigatus, opacus, jodo non reagens. *Gonidia* chroolepoidea, circ. 0,008 millim. crassa, membrana sat tenui. *Apothecia* saepe demum leviter emergentia. *Perithecium* dimidiatum, sat tenue, basi deficiens. *Hymenium* dilute pallido-rubescens pallidumve, KHO solutionem violaceam effundens. *Paraphyses* 0,0015—0,001 millim. crassae, ramoso-connexae, apice haud incrassatae. *Asci* clavati aut obovoidei, circ. 0,012—0,026 millim. crassi, apice membrana bene incrassata. *Sporae* 8:nae, apicibus rotundatis, vulgo 3-septatae, pro parte 4-septatae, raro 2-septatae, cellulis inaequalibus.

24. **A. ferruginea** Wainio (n. sp.).

Thallus tenuis, glaucescenti-albidus. *Apothecia* saepe sat approximata, difformia aut anguloso-rotundata dentatave, long. circ. 1,5—0,8, latit. 1—0,4 millim., disco ferrugineo-fuscescente, ad ambitum ochraceo ferrugineove. *Hypothecium* ferrugineo-fulvescens, KHO solutionem cyanescentem effundens. *Hymenium* jodo persistenter caerulescens. *Epithecium* fulvescens aut rufovel ferrugineo-fulvescens. *Sporae* decolores, ovoideo-oblongae, 5

(—3)-septatae, long. 0,020—0,024, crass. 0,005—0,008 millim., cellula apicali crassiore reliquis multo longiore.

Ad corticem arboris prope Rio de Janeiro, n. 25. — *Thallus* leviter verruculoso-inaequalis, opacus, hypothallo nigricante saepe limitatus. *Gonidia* chroolepoidea, circ. 0,012—0,008 millim. crassa, membrana sat tenui aut sat crassa. *Apothecia* maculaeformia, disco thallum aequante, KHO solutionem cyanescentem (haud violascentem) effundentia. *Hypothecium* tenue. *Hymenium* circ. 0,040 millim. crassum, electrino-lutescens. *Paraphyses* ramoso-connexae, apice haud incrassatae. *Asci* globosi aut raro ellipsoidei, membrana majore parte incrassata. *Sporae* 8:nae, apicibus rotundatis.

Subg. III. **Allarthonia** Nyl. *Sporae* 1—pluri-septatae. *Gonidia* palmellacea.

Nyl., Fl. 1878 p. 246 (pr. p.); Hue, Addend. (1888) p. 258 (pr. p.). *Lecideopsis* Almqu., Mon. Arth. Scand. (1880) p. 46.

25. **A. catillaria** Wainio (n. sp.).

Thallus crassitudine mediocris aut tenuissimus, fuscescenti- aut cinerascenti-obscuratus. *Apothecia* vulgo sat approximata, rotundata, diam. vulgo 0,4—0,2 millim. aut rarius —0,8 millim., disco atro, epruinoso. *Hypothecium* fulvo-rubescens aut coccineo-rubricosum, KHO solutionem violaceam effundens. *Hymenium* jodo caerulescens et demum vinose rubens. *Epithecium* caeruleo-smaragdulo-fuligineum. *Sporae* decolores (aut morbose obscuratae), oblongae aut ovoideo-oblongae, demum 1-septatae, long 0,007—0,0013, crass. 0,002—0,0035 millim., septa fere in medio

Ad rupem itacolumiticam in Carassa (1400—1500 metr. s. m.) in civ. Minarum, n. 1228 (f. **endococcinea** Wainio), 1206. — *Thallus* verruculoso-inaequalis, areolato-diffractus aut dispersus, jodo haud reagens, hyphis 0,003—0,002 millim. crassis, membranis leviter incrassatis, medulla in n. 1228 materiam coccineam KHO violascentem continente. *Gonidia*, ut videtur, pleurococcoidea (neque protococcoidea, nec chroolepoidea), flavida, globosa aut subglobosa, simplicia, diametro circ. 0,017—0,008 millim., membrana bene incrassata aut sat crassa (circ. 0,3—0,02 millim.). *Apothecia* habitu lecideina, convexiuscula, interdum (in n. 1228) tuberculosa proliferave, immarginata, interdum nitidiuscula. *Hy-menium* circ. 0,040 millim. crassum. saepe totum dilute smarag-dulum. *Epithecium* KHO non reagens. *Perithecium* caeruleo-smaragdulo- aut olivaceo-fuligineum, tenue. *Paraphyses* parcae, ramoso-connexae, ad latera hymenii evolutae. *Asci* clavati, circ. 0,010—0,014 millim. crassi, apice membrana incrassata. *Sporae* 8:nae, apicibus obtusis aut rotundatis.

7. Melaspilea.

Nyl., Prodr. Lich. Gall. et Alg. (1857) p. 170, Lich. Scand. (1861) p. 196; Th. Fr., Gen. Heterolich. (1861) p. 98; Tuck., Gen. Lich. (1872) p. 196; Almqu., Mon. Arth. Scand. (1880) p. 8; Müll. Arg., Graph. Féean. (1887) p. 4 et 19, Lich. Parag. (1888) p. 20; Hue, Addend. (1888) p. 262; Rehm in Ra-benh. Krypt.-Fl. (1890) p. 300, 362 (excl. speciebus ad fungos pertinentibus). *Melanographa* Müll. Arg., Lich. Beitr. (Fl. 1882) n. 535, Graph. Féean. (1887) p. 19. *Micrographa* Müll. Arg., Lich. Beitr. (Fl. 1890) n. 1541.

Thallus crustaceus, uniformis, epiphlocodes aut hypophloco-des, hypothallo aut hyphis medullaribus substrato affixus, rhizi-nis et strato corticali destitutus. *Stratum medullare* stuppeum, hyphis complexis, tenuibus, leptodermaticis. *Gonidia* vulgo chroo-lepoidea, cellulis minutis, anguloso-globosis aut ellipsoideis aut parcius etiam oblongis, primum concatenatis, filamenta saepe parce ramosa formantibus, demum saepe pro parte etiam liberis, membrana vulgo sat tenui instructis, aut rarius phycopeltidea, serie-bus cellularum dichotomis, e centro radiantibus et in discum coadu-natis (in sect. Micrographa Müll. Arg.). *Apothecia* thallo substra-tove innata, immersa permanentia aut vulgo demum emergentia adpressave, rotundata aut elongata, disco aperto aut rimaeformi, vulgo distincte marginato. *Perithecium* tenue aut sat bene evo-lutum, integrum aut dimidiatum (vel laterale basique deficiens) obscuratum, ex hyphis tenuibus sat leptodermaticis conglutinatis formatum, amphithecio nullo obductum, labiis apertis aut conni-ventibus. *Paraphyses* parce evolutae aut numerosae, neque ra-mosae, nec connexae. *Asci* anguste clavati aut rarius oblongi, leptodermatici aut rarius apice pachydermatici. *Sporae* 8:nae, ovoideae aut ellipsoideae oblongaeve aut fusiformi-oblongae, bi-loculares aut rarius pluriseptatae, loculis subcylindricis aut irre-gularibus (haud lenticularibus), decolores aut vulgo demum obscuratae, jodo haud reagentes. „*Pycnoconidia* oblonga, recta. *Sterigmata* exarticulata." (Nyl., l. c.)

1. **M. arthonioides** (Fée) Nyl., Prodr. Lich. Gall. et Alg. (1857) p. 170 (mus. Paris.); Müll. Arg., Graph. Féean. (1887) p. 21; Rehm in Rabenh. Krypt.-Fl. III (1890) p. 362. *Lecidea* Fée, Ess. Crypt. Écorc. (1824) p. 107, tab. 26 fig. 6. *Abrothallus Ricasolii* Mass., Ric. Lich. Crost. (1852) p. 89. *Buellia Ricasolii* Koerb., Par. Lich. (1855) p. 189.

Thallus tenuis aut tenuissimus, albidus. *Apothecia* approximata [aut sat solitaria], rotundata, diam. 0,3—1 millim., disco nigro, epruinoso. *Perithecium* latere fuscescens, basi deficiens. *Hypothecium* fuscescenti-pallidum vel sordide pallidum. *Hymenium* jodo lutescens. *Epithecium* fuscescens. *Sporae* decolores aut demum fuscescentes, ellipsoideo-ovoideae, 1-septatae, long. circ. 0,015—0,020, crass. 0,006—0,010 millim., septa fere in medio.

Ad corticem arboris prope Rio de Janeiro, n. 176. — *Thallus* sat laevigatus, sat opacus, pro parte fere hypophloeodes, jodo haud reagens, hypothallo nigro interdum limitatus. *Gonidia* chroolepoidea, circ. 0,010—0,008 millim. crassa, saepe cellulis substrati immixta, membrana sat tenui. *Apothecia* lecideina, demum vulgo elevata, in speciminibus nostris diu thallum subaequantia, opaca, immarginata [aut raro tenuissime marginata], plana aut demum convexa. *Perithecium* parte laterali tenui, fusca, basi deficiens, at *hypothecium* fuscescenti- vel sordide pallidum (etiam in specim. Europ.: mus. Paris.), circ. 0,040 millim. crassum, ex hyphis erectis formatum. *Hymenium* circ. 0,070 millim. crassum. *Epithecium* KHO non reagens. *Paraphyses* parce evolutae, 0,0015 millim. crassae, apice non aut levissime incrassatae, neque ramosae, nec connexae. *Asci* oblongo-clavati oblongive, 0,020—0,018 millim. crassi, membrana tota sat tenui. *Sporae* 8:nae, apicibus rotundatis, medio vulgo plus minusve constrictae.

2. **M. Brasiliensis** Wainio (n. sp.).

Thallus tenuis, albidus. *Apothecia* sat approximata aut sat solitaria, varie angulosa difformiave, long. circ. 1,6—0,5, latit. 1,2—0,3 millim., disco nigro, epruinoso. *Perithecium* latere fuscescens. *Hypothecium* fuscescens. *Hymenium* jodo lutescens. *Epithecium* fuscescens. *Sporae* primum decolores et demum le-

viter fuscescentes, ovoideo-oblongae, 1-septatae, long. 0,018—0,026,
crass. 0,008—0,010 millim., septa fere in medio.

Ad corticem arboris prope Sepitiba in civ. Rio de Janeiro,
n. 440. — A M. Esenbeckiana (Fée) Müll. Arg., Graph. Fécan.
p. 22, sporis minoribus differt. — *Thallus* sat laevigatus, epiphloeodes, hypothallo nigro interdum limitatus. *Gonidia* chroolepoidea, 0,010—0,008 millim. crassa, membrana sat tenui. *Apothecia*
parum aut demum leviter elevata, opaca, tenuissime marginata
immarginatave, plana aut rarius demum convexa. *Perithecium*
laterale tenue, basi ceteroquin deficiens, aut *hypothecium* fuscescens. *Epithecium* KHO non reagens. *Paraphyses* numerosae,
0,0015 millim. crassae, apice haud incrassatae, arcte cohaerentes,
neque ramosae, nec connexae. *Asci* oblongi aut clavati, circ.
0,016 millim. crassi, apice saepe membrana modice incrassata.
Sporae 8:nae, distichae, apicibus obtusis, medio plus minusve constrictae.

C. Coniocarpeae.

Paraphyses in capillitium plus minusve evolutum (raro
evanescens) continuatae. *Sporae* ex ascis mature evanescentibus
evacuatae, hyphis capillitii et disco hymenii diu adhaerentes et
mazaedium vel massam sporalem plus minusve abundantem
formantes. — *Thallus* varie evolutus, crustaceus aut effigurato-
lobatus aut squamosus aut fruticulosus, rhizinis veris destitutus.
Gonidia palmellacea aut chroolepoidea. *Excipulum* demum plus
minusve apertum, rarius ostiolo valde angustato instructum.

Trib. 1. **Sphaerophoreae.**

Thallus fruticulosus, teres aut compressus, erectus aut pro-
cumbenti-adscendens, heteromericus, solidus aut fistulosus (Pleurocybe Müll. Arg.). *Stratum corticale* plus minusve evolutum,
cartilagineum. *Stratum medullare* stuppeum, hyphis pachydermaticis, laxe contextis. *Gonidia* protococcoidea. *Apothecia* thallo
innata, primum excipulo thallode clausa, demum aperta excipuloque varie dehiscente. *Paraphyses* arcte cohaerentes et in *ca-*

pillitium continuatae. *Asci* cylindrici, membrana tenui, mature evanescente. *Sporae* 8:nae, monostichae, simplices aut dyblastae, globosae aut loculis subglobosis, obscure coloratae, ejectae capillitio adhaerentes et *mazaedium* vel massam sporalem capillitio immixtam formantes.

1. Sphaerophorus.

Pers. in Ust. Neue Ann. 1 St. (1794) p. 23; Koerb., Syst. Lich. Germ. (1855) p. 51; Schwend., Unters. Flecht. (1860) p. 163, tab. V fig. 14—16, tab. VI fig. 1; Th. Fr., Gen. Heterolich. (1861) p. 100; Tuck., Gen. Lich. (1872) p. 231. *Sphaerophoron* Ach., Meth. Lich. (1803) p. 134, Lich. Univ. (1810) p. 116, 585, Syn. Lich. (1814) p. 286; Fr., Lich. Eur. (1831) p. 404; Tul., Mém. Hist. Lich. II (1852) p. 209, t. 15 f. 1—9; Mass., Mem. Lich. (1853) p. 71; Nyl., Syn. Lich. (1858—60) p. 169; Linds., Mem. Sperm. (1859) p. 146, tab. VI fig. 43—53.

Thallus fruticulosus, ramulosus, solidus. *Stratum corticale* cartilagineum, ex hyphis crassis irregulariter contextis conglutinatis aut partim subliberis membrana incrassata et loculis tenuissimis instructis formatum. *Stratum medullare* stuppeum, ex hyphis laxe contextis, pachydermaticis, lumine tenui instructis constans. *Gonidia* protococcoidea. *Apothecia* apicibus ramorum crassiorum innata, subglobosa, primum clausa, demum excipulo thallode laceratim dehiscente et hymenio denudato, materiam violaceo- vel caeruleo-nigricantem in partibus omnibus interioribus et adhuc in strati interiore excipuli continentia. *Hypothecium* demum subglobosum aut bene convexum. *Paraphyses* arcte cohaerentes et in *capillitum* continuatae. *Capillitium* bene evolutum, ex hyphis tenuibus, creberrime ramoso-connexis ramosisque, arcte conglutinatis formatum. *Asci* cylindrici, membrana tenui. *Sporae* 8:nae, monostichae, subglobosae, simplices, materia caeruleo-atra incrustatae. „*Sterigmata* exarticulata aut pauciarticulata, interdum anaphysibus vel filamentis anastomosantibus immixta" (Linds., l. c.). *Pycnoconidia* oblonga, brevia.

1. **S. compressus** (Ach.) Koerb., Syst. Lich. Germ. (1855) p. 52. *Sphaerophoron compressum* Ach., Meth. Lich. (1803) p. 135; Nyl., Syn. Lich. (1858—60) p. 170.

Thallus superne cinereo-glaucescenti-albicans aut pallidum, inferne albidus, passim teres, passim leviter aut sat bene compressus, totus vulgo laevigatus, subtus vulgo haud rugosus, ramulis crebris teretibus aut compressis saepe passim instructus. [*Apothecia* oblique in apicibus ramorum crassiorum teretium disposita, demum depressa disciformiaque, excipulo laceratim dehiscente.]

Sterilis ad truncum putridum in Carassa in civ. Minarum (1470 metr. s. m.) parce lectus, n. 1175. — *Thallus* circ. 60—10 millim. altus, ramis primariis circ. 1—4 millim. crassis, KHO superne leviter flavescens, inferne —, Ca Cl$_2$ O$_2$ =. *Stratum corticale* circ. 0,020 millim. crassum, subpellucidum, hyphis crassis, irregulariter contextis, membranis crassis, conglutinatis, sat distinctis, partim liberis. *Stratum medullare* I—, hyphis 0,008—0,004 millim. crassis. *Sporae* diam. 0,007—0,011 millim. (Nyl., l. c.). *Pycnoconidia* oblonga, long. 0,003 millim., crass. 0,001 millim. (Nyl. l. c.). *Conceptacula pycnoconidiorum* in apicibus aut praecipue in latere inferiore ramorum sita, thallo immersa et macula ostiolari parva nigra indicata aut verruculas nigras formantia. „Sterigmata anaphysibus vel filamentis anastomosantibus immixta" (Linds., Mem. Sperm. p. 150, tab. VI fig. 47).

*S. australis (Laur.) Wainio. *Spaerophoron australe* Laur. in Linnaea II (1827) p. 44; Nyl., Syn. Lich. (1858—60) p. 170 (subsp.).

Thallus superne cinereo-glaucescens aut pallidus aut albicans, inferne albidus, compressus aut ramis praesertimque fertilibus interdum apicem versus teretibus, superne convexus laevigatusque, subtus explanatus et plus minusve lacunoso-rugosus, sat aequaliter ramosus. [*Apothecia* oblique in apicibus ramorum crassiorum, saltem parte inferiore compressorum disposita, demum depressa disciformiaque, excipulo laceratim dehiscente.]

Sterilis ad truncum putridum in Carassa in civ. Minarum (1470 metr. s. m.) parce et partim in S. compressum (ut videtur) transiens lectus. — *Thallus* circ. 30—50 millim. altus (Nyl., l. c.), ramis primariis circ. 1—10 millim. crassis, KHO superne leviter flavescens, inferne —, Ca Cl$_2$ O$_2$ =. *Stratum corticale* circ. 0,030—0,020 millim. crass. *Stratum medullare* hyphis 0,006—0,003 millim. crassis. *Sporae* diam. 0,011—0,015 millim. (Nyl., l. c.).

Trib. 2. Calicieae.

Thallus crustaceus aut rarius squamosus aut raro radiato-lobatus effiguratusque, ex hyphis tenuibus, vulgo 0,002 (rarius

0,005—0,003) millim. crassis, leptodermaticis formatus, vulgo homoeomericus, rarius zonam gonidialem et medullarem diversam
distinctamque continens, raro adhuc *strato corticali* superne obductus (in Acolio Californico Tuck.). *Gonidia* flavovirescentia, protococcoidea, stichococcoidea, pleurococcoidea aut chroolepoidea. *Apothecia* capituliformia, excipulo proprio gonidiisque
destituto, ex hyphis sat tenuibus vulgo irregulariter contextis conglutinatis formato, vulgo basi in stipitem ex hyphis longitudinalibus conglutinatis constantem elongato, rarius sessilia, raro adhuc
excipulo thallode, gonidia continente, excipulum proprium plus
minusve obtegente. *Hymenium* ascos novos post vetustiores va-
cuandos abundanter efferens. *Asci* numerosissimi, cylindrici aut
raro late clavati (in Tylophorella polyspora Wain.), membrana tenui, mox evanescente. *Paraphyses* tenues, in hymenio
simplices, pro parte apice vulgo in *capillitium* ramoso-connexum
ramosumve continuatae, raro totae simplices, sat raro capillitio
evanescente, laxissime cohaerentes, increbre septatae (in $Zn\ Cl_2 + I$
visae). *Sporae* 8:nae aut numerosae, vulgo obscuratae, raro pallidae, sphaericae aut oblongae aut ellipsoideae aut fusiformes,
simplices aut 1—3-septatae aut varie divisae, ejectae capillitio et
epithecio adhaerentes et *mazaedium* vel massam sporalem capillitio immixtam formantes.

1. Tylophoron.

Nyl., Bot. Zeit. 1862 p. 279, Lich. Nov.-Gran. (1863) p. 430, ed. 2
(1863) p. 291. — *Acolium* Tuck., Gen. Lich. (1872) p. 233 pr. p.

Thallus crustaceus aut evanescens. *Gonidia* chroolepoidea.
Apothecia primum verrucas globosas clausas formantia, demum
apice aperta, subcylindrica aut turbinata aut ampullacea. *Excipulum* cupulare aut ampullaceum, sessile aut parte basali sub-
stipitato-incrassata, e strato proprio interiore gonidiis destituto et
strato thallode exteriore gonidia continente formatum. *Asci* cylindrici, membrana tenui. *Sporae* 8:nae, monostichae, 1-septatae,
loculis angulosis, sat parvis, membrana intus incrassata. „*Conceptacula pycnoconidiorum* thallo immersa, decoloria. *Sterigmata*
cylindrica, nonnihil ramosa. *Pycnoconidia* cylindrico-filiformia.
(Nyl., l. c.).

Excipulum thallodes ex hyphis 0,003 millim. crassis, plus minusve conglutinatis, materia amorpha subgranulosa impellucida sublutescente incrustante obductis, formatum, praecipue in parte exteriore gonidia continens (saepe sat parce).

1. **T. mamillatum** Wainio (n. sp.).

Thallus tenuis, continuus, laevigatus, glaucescens. *Apothecia* ampullaceo-verrucaeformia, 1,5—0,8 millim. lata, breviter obovata aut compresso-sphaeroidea, basi angustiora constrictave, apice in tubulum brevem, fimbriatum, capillitio et sporis impletum, parietibus fragillimis tenuissimisque instructum abrupte angustata. *Excipulum* extus parte inferiore glaucescens, parte superiore albidum, in lamina tenui strato interiore albido, strato exteriore maxima parte sublutescente vel subpallescente. *Hypothecium* parte superiore albidum, parte inferiore sublutescens. *Capillitium* albidum. *Sporae* 8:nae, ellipsoideae aut breviter ellipsoideae aut subglobosae, apicibus vulgo rotundatis, rarius obtusis, medio non aut sat bene constrictae, 1-septatae, fusco-nigrae, long. 0,011—0,005, crass. 0,005—0,004 millim.

Ad truncos arborum in silva prope Lafayette in civ. Minarum (1000 metr. s. m.), n. 314. — *Thallus* KHO primo subflavescens, dein rufescens, Ca Cl$_2$ O$_2$ —, parte summa subamorpha, parte inferiore endophloeode. *Gonidia* chroolepoidea, subglobosa aut anguloso-subglobosa, diam. 0,008—0,012 millim., aut irregulariter ellipsoidea aut rarius oblonga (longit. 0,016—0,018 millim.), membrana leviter incrassata, demum maxima parte simplicia, primo etiam concatenata, parce etiam filamenta ramosa formantia. *Hymenium* albidum. *Paraphyses* 0,001 millim. crassae. *Asci* cylindrici, 0,006—0,005 millim. crassi. *Capillitium* hyphis 0,0015 millim. crassis. *Massa sporalis* fusco-nigricans, e tubulo excipulari vix prorumpens.

2. **T. cupulare** Wainio (n. sp.).

Thallus tenuis, subradiato-dispersus, opacus, glaucescenti-albidus vel albus. *Apothecia* hemisphaerico-turbinata, circ. 1,5—0,7 millim. lata, massa sporali mature marginem excipuli obtegente. *Excipulum* extus parte inferiore albidum, parte superiore nigrum, superne cupulari-dilatatum, basi angustiore constrictaque, strato interiore in hypothecium transeunte, fusco-fuli-

gineo, in marginem continuato et infra hypothecium zonam crassam obconicam strato albido impositam formante, strato exteriore basalique albido. *Hypothecium* parte superiore fusco-rufescens, parte inferiore in excipuli stratum fusco-fuligineum transiens. *Capillitium* materia subfusca, KHO violascente, ad instar
nodulorum incrustatum. *Sporae* 8:nae, ellipsoideo-fusiformes aut
ellipsoideae, apicibus breviter acutatis aut obtusis, medio non
aut rarius parum constrictae, 1-septatae, nigricantes, juniores olivaceo-fuscescentes, long. 0,016—0,012, crass. 0,008—0,006 millim.

Ad saxa itacolumitica in montibus Carassae (circ. 1500 metr.
s. m.) in civ. Minarum, n. 1171, 1290. — *Thallus* fere homoeomericus, KHO fere —, Ca Cl$_2$ O$_2$ rubescens. *Gonidia* chroolepoidea. *Hymenium* albidum. *Paraphyses* 0,001—0,0015 millim. crassae. *Asci* cylindrici. *Capillitium* hyphis 0,0015 millim. crassis,
increbre septatis (in Zn Cl$_2$ + I examinatum). *Massa sporalis* ru-
fescenti- vel fuscescenti-nigricans, pruina livida primo tenuissime
inspersa, ex excipulo parum prorumpens.

3. **T. moderatum** Nyl. var. **consociata** Wainio.

Thallus tenuis et subcontinuus aut evanescens, opacus, albidus vel cinereo-glaucescenti-albidus. *Apothecia* breviter cylindrica aut verrucaeformia circ. 1—0,5 millim. lata, circ. 0,5 millim. alta, albido-marginata aut demum massa sporali marginem
excipuli plus minusve obtegente. *Excipulum* extus albidum, sub-
cylindricum aut demum parte superiore leviter dilatatum, basi
haud constricta, strato interiore fuligineo, tenui in parte marginali vel in tubo excipuli, at incrassato in parte hypotheciali et
usque in basin apothecii continuato, strato exteriore albido. *Hypothecium* fusco-nigrum aut parte superiore fuscescens. *Capillitium* materia subfusca, KHO violascente, passim parce incrustatum. *Sporae* 8:nae, subfusiformi-ellipsoideae aut ellipsoideae, apicibus acutiusculis aut obtusis aut rarius rotundatis, medio non
aut leviter constrictae, 1-septatae, nigrae, long. 0,014—0,010 millim., crass. 0,007—0,005 millim.

Parasita ad thallum et apothecia Chiodecti [epileuci (Nyl.)?]
corticolae, unde etiam supra ipsum corticem expansa est. Prope
Lafayette in civ. Minarum, n. 367. — Supra apothecia Chiodecti
crescens thallo conspicuo caret. *Thallus* homoeomericus, KHO
+ flavescens, Ca Cl$_2$ O$_2$ —. *Gonidia* chroolepoidea, 0,012—0,018

millim. crassa, distincte concatenata. *Excipuli* stratum exterius albidum, KHO intense lutescens deindeque fulvo-fuscescens. *Hymenium* albidum, demum in massam sporalem omnino fatiscens. *Paraphyses* 0,0015—0,002 millim. crassae. *Asci* cylindrici. *Capillitium* hyphis 0,0015 millim. crassis. *Massa sporalis* nigra aut fusco-nigra, ex excipulo demum aliquantum prorumpens.

Facie externa subsimile est T. moderato Nyl. (Bot. Zeit. 1862 p. 279, Lich. Nov.-Granat. 1863 p. 430), quod fere solum sporis minoribus differt, et forsan subspecies est ejus. In specimine originali T. moderati in mus. Paris. (sc. n. 2659 vel n. 2653 in Nyl. op.) sporae in eodem apothecio sunt ellipsoideae et fusiformi-ellipsoideae, capillitium decoloratum. — T. protrudens Nyl., l. c., capillitium habet materia aureo-fulvescente, KHO non reagente, abundanter incrustatum (ex specim. orig. in mus. Paris.), et sporas majores.

Coll. Lindig n. 2891 pro minore parte ad speciem insignem novam Caliciearum pertinet, quam **Tylophorellam polysporam** Wainio (nov. gen.) in mus. Paris. nuncupavi. *Thallus* tenuis, continuus, albidus, opacus. *Gonidia* chroolepoidea, distincte concatenata. *Apothecia* subcylindrica, circ. 0,3—0,5 millim. lata, circ. 0,3 millim. alta, primo verrucas depressas, strato tenuissimo albido obductas clausasque formantia, dein mox hymenio denudato. *Excipulum* fuligineum, parte hypotheciali paullo crassiore quam marginali, extus partim strato tenui albido, gonidiis destituto, ex hyphis laxe contextis, tenuibus (0,0015 millim. crassis) formato. *Paraphyses* 0,0015 millim. crassae, in capillitium continuatae. *Capillitium* bene evolutum, hyphis 0,0015 millim. crassis, ramoso-connexis. *Asci* late clavati, 0,016—0,014 millim. crassi, circ. 0,040 millim. longi, membrana tota sat tenui, at paululum crassiore quam in ceteris Calicieis. *Sporae* globosae, aut irregulariter anguloso-subglobosae, diam. 0,003—0,0045 millim., simplices, membrana intus leviter incrassata, polysporae, polystichae, in seriebus pluribus longitudinalibus regularibus. *Massa sporalis* vulgo sat bene protrusa, umbrina. Genus **Tylophorella** ascis late clavatis polysporeis ab omnibus aliis Calicieis differt.

2. Pyrgillus.

Nyl., Syn. Lich. (1858—60) p. 168 (charact. mut.); Trev., Fl. 1862 p. 4. — *Acolium* Tuck., Gen. Lich. (1872) p. 233 pr. p.

Thallus crustaceus. *Gonidia* chroolepoidea (sultem in speciebus a me examinatis). *Apothecia* breviter subcylindrica aut subconoidea. *Excipulum* proprium, saccato-ampullaceum aut cupulare, basi saccata innata aut solida et substipitatim evoluta.

Asci cylindrici, membrana tenui. *Sporae* 8:nae, monostichae, 3-septatae (aut 1-septatae: Nyl., Fl. 1876 p. 559), loculis lenticularibus, membrana intus incrassata.

1. P. substipitatus Wainio (n. sp.).

Thallus tenuis, verruculoso-inaequalis, opacus, dispersus, albido-stramineus. *Apothecia* (cum stipite) breviter subcylindrica aut basin versus leviter subampullaceo-incrassata, circ. 0,5—0,6 millim. lata, circ. 0,005—0,007 millim. alta, massa sporali saepe marginem excipuli obtegente, aut demum vacuata apice cupuliformi, basi solida substrato adnata, stipitem brevissimum formante. *Excipulum* proprium, extus fuligineum, in lamina tenui fuscofuligineum, intus in parte superiore usque ad hymenium strato albido, saepe in margine apothecii jam lente conspicuo instructum. *Hypothecium* fusco-fuligineum, ab strato fusco-fuligineo excipuli colore haud differens. *Sporae* 8:nae, ellipsoideae, apicibus rotundatis, haud constrictae, 3-septatae, loculis lenticularibus, compressis, fuligineae aut fusco-fuligineae, long. 0,014—0,010 millim., crass. 0,008—0,006 millim.

Ad saxa itacolumitica in montibus Carassae in civ. Minarum (circ. 1500 metr. s. m.), n. 1179. — Apotheciis haud innatis a genere Pyrgillo, in Nyl. Syn. Lich. p. 168 descripto, differt et Trachyliae congruit, at sporis 3-septatis loculis lenticularibus instructis a posteriore recedit. — *Thallus* fere homoeomericus, neque KHO, nec Ca Cl$_2$ O$_2$ reagens. *Gonidia* chroolepoidea, anguloso-globosa vel anguloso-ellipsoidea, 0,010—0,008 millim. crassa, distincte moniliformi-concatenata. *Apothecia* hypothecio vel basi excipuli solida et fere ad instar stipitis crassi subcylindrici vel subampullaceo-dilatati evoluta. *Hymenium* albidum, jodo —. *Paraphyses* 0,0015 millim. crassae. *Capillitium* albidum, hyphis 0,0015 millim. crassis, sat increbre ramosis et ramoso-connexis. *Massa sporalis* nigra vel fusco-nigra, ex excipulo parum prorumpens. *Excipula* saepe demum vacuata.

3. Calicium.

Pers. in Ust. Neue Ann. 1 St. (1794) p. 20 (pr. p.); Ach., Lich. Univ. (1810) p. 39 et 232 (pr. p.); Fr., Lich. Eur. (1831) p. 384 (pr. p.); Tul., Mém.

Lich. II (1852) p. 209, tab. 15 fig. 15—17; Nyl., Mon. Calic. (1857) p. 7, Syn. Lich. (1858—60) p. 145 (excl. spec. gonidiis egentes); Tuck., Gen. Lich. (1872) p. 238 (pr. p.), Saccardo, Consp. Discomycet. (Bot. Centralbl. 1884) p. 254. — *Calicium* et *Cyphaelium* Mass., Mem. Lich. (1853) p. 151 et 155 (pr. p.); Koerb., Syst. Lich. Germ. (1855) p. 307 et 313 (pr. p.). *Calicium* et *Chaenotheca* Th. Fr., Gen. Heterolich. (1861) p. 102 (pr. p.); Müll. Arg., Princ. Classif. (1862) p. 19, 20 (pr. p.). *Calicium* et *Phacotium* Trev., Fl. 1862 p. 4, 5.

Thallus crustaceus aut rarius squamulosus, aut evane-scens. *Gonidia* vulgo protococcoidea, aut rarius stichococcoi-dea aut pleurococcoidea (ut ait Neubner, Beitr. Calic. p. 8 et 9). *Apothecia* vulgo stipitata, aut rarius subsessilia sessiliave, stipite excipulo angustiore, majore minoreve parte obscura atrave. *Excipulum* proprium, primo verrucas clausas sessiles formans, dein mox mature apice apertum, crateriforme turbinatumve, parte marginali bene evoluta, hypothecio planiusculo aut concavo. *Ca-pillitium* bene evolutum aut rarius evanescens. *Asci* cylindrici, membrana tenui. *Sporae* 8:nae, monostichae, 1—3-septatae aut simplices, oblongae aut fusiformes aut ellipsoideae aut globosae. *Conceptacula pycnoconidiorum* verrucas nigras formantia. *Sterig-mata* simplicia aut articulata. *Pycnoconidia* brevia, oblonga aut ellipsoidea (conf. Linds., Mem. Spermog. Crust. Lich. tab. XV fig. 22—33).

Subg. I. **Eucalicium** Th. Fr. *Sporae* oblongae aut ellipsoi-deae aut fusiformes, 1-septatae aut rarius simplices. *Massa spo-ralis* nigra aut in flavescentem vel cinereum vergens.

Th. Fr., Fl. 1857 p. 633 (pr. p.). *Calicium* De Not., Framm. Lich. (Giorn. Bot. It. II, 1847) p. 309 (pr. p.); Mass., Mem. Lich. (1853) p. 151 (pr. p.); Trev. in Flora 1862 p. 4 (pr. p.); Müll. Arg., Princ. Classif. (1862) p. 19 (pr. p.); Saccardo, Syllog. Fung. VIII (1889) p. 826, 834 (excl. spec. go-nidiis egentes); Rehm in Rabenh. Krypt.-Fl. III (1890) p. 383 (pr. p.). *Caly-cium* Koerb., Syst. Germ. (1855) p. 307 (pr. p.).

1. **C. trachelinum** Ach., Lich. Univ. (1810) p. 237; Nyl., Syn. Lich. (1858—60) p. 154. *C. claviculare* γ *C. trachelinum* Ach., Meth. Lich. (1803) p. 91.

Thallus tenuis aut tenuissimus, verruculosus aut hypophloe-odes aut protothallodes, esorediosus, albidus aut albido-glauce-scens. *Apothecia* capitulo turbinato aut subgloboso aut ovoideo, sat magno aut mediocri. *Excipulum* extus rufescens vel cinereo-fuscescens. *Stipes* vulgo sat elongatus, sat firmus aut sat tenuis, ater aut parte superiore rufescente. *Sporae* nigricantes, ellipsoideae aut oblongae, 1-septatae, long. 0,012—0,006, crass. 0,006 —0,003 millim.

„*Pycnoconidia* duarum formarum: 1) *microconidia* ellipsoidea, long. 0,003—0,0025, crass. 0,002—0,0015 millim.; 2) *macroconidia* 0,007—0,005, crass. 0,002—0,0015 millim. *Sterigmata* articulata.“ (Linds., Mem. Spermog. Crust. Lich. 1870 tab. XV fig. 29—31, Möller, Yeber Cult. Flechtenb. Ascom. 1887 p. 44.)

Var. **rufescens** Wainio.

Excipulum extus et *stipes* parte superiore fere usque ad medium aut infra medium testaceo-rufescens.

Ad lignum trunci vetusti in silva in Carassa (1400 metr. s. m.) in civ. Minarum, n. 1564, 1563. N. 1577 partim ad var. rufescentem, partim ad statum satis normalem C. trachelini, excipulo solo rufescente instructum, pertinet itaque transitum eorum ostendit. — *Thallus* cellulis substrati immixtus, maculas albidas, parcissime verruculis albidis obsitas, formans. *Gonidia* protococcoidea, globosa, diam. 0,012—0,008 millim. *Apothecia* (cum stipite) 2—0,7 millim. alta, capitulo turbinato aut ovoideoturbinato aut subcylindrico-globoso, 0,380—0,160 millim. lato. *Stipes* sat tenuis (0,120—0,060 millim. crass.), parte superiore vulgo sensim incrassatus, basi ater, in lamina tenui rufescens. *Paraphyses* 0,001 millim. crass. *Capillitium* hyphis sat numerosis, 0,001 millim. crassis, crebre ramoso-connexis. *Sporae* olivaceae aut olivaceo-nigricantes, oblongae aut ellipsoideae, apicibus obtusis aut rarius subanguloso-rotundatis, 1-septatae, haud constrictae aut raro fortuitoque leviter constrictae, membrana tenui vel sat tenui aut demum modice incrassata loculisque tum subrotundatis, long. 0,006—0,009 (raro 0,010), crass. 0,003—0,004 millim. *Massa sporalis* nigra, non aut leviter protrusa.

Var. **cinereofuscescens** Wainio.

Excipulum extus cinereo-fuscescens. *Stipes* ater.

Ad corticem et lignum arborum in silvis prope Sitio (1000 metr. s. m.) in civ. Minarum, n. 612, 548, 714 b. — A forma in Europa vulgari C. trachelini colore excipuli et apotheciis paullo minoribus recedit, at nonnullis apotheciis in eam transit. C. leucochlorum Tuck., Syn. North Am. II p. 162 (Wright, Lich. Cub. n. 18: mus. Paris.) jam excipulo magis elongato et thallo flavidoglaucescente differt. — *Thallus* tenuissimus, protothallodes aut hypophloeodes aut verruculis inspersus, dispersus aut subcontinuus, albidus, aut evanescens. *Gonidia* protococcoidea, diam. 0,010—0,007 millim. *Apothecia* (cum stipite) 0,8—0,5 millim. alta, capitulo ovoideo aut ovoideo-globoso, 0,210—0,160 millim. lato. *Stipes* sat tenuis (0,090—0,060 millim. crass.). *Paraphyses* 0,001 millim. crass. *Capillitium* hyphis sat raris, 0,001—0,0015 millim. crassis, parce ramosis. *Sporae* nigricantes, anguloso-ellipsoideae, rarius suboblongae, apicibus anguloso-obtusis, 1-septatae, haud aut rarius parum constrictae, membrana modice incrassata, long. 0,012—0,007, crass. 0,006—0,004 millim. *Massa sporalis* nigra, haud aut parum protrusa.

2. **C. quercinum** Pers. Var. **subcinerea** Nyl., Syn. Lich. p. 156.

Thallus tenuis, verruculosus, verruculis minutulis, subdispersis aut dispersis, albidis, esorediosus. *Apothecia* (cum stipite) 1,2—0,8 millim. alta, capitulo breviter turbinato aut demum lenticulari, 0,4—0,25 millim. lato. *Excipulum* extus totum aut plus minusve albido-pruinosum aut in nonnullis apotheciis omnino nigrum. *Stipes* sat tenuis (0,120—0,080 millim. crass.), ater aut basi infima primo pallidus. *Sporae* ellipsoideae, apicibus rotundatis aut parce apicibus obtusis, 1-septatae, long. 0,011—0,006, crass. 0,006—0,004 millim. *Massa sporalis* nigra.

Ad corticem truncorum vetustorum erectorum in montibus Carassae in civ. Minarum (1400 metr. s. m.), n. 1336. — *Thallus* Ca Cl$_2$ O$_2$ lutescens aut in eodem specimine —, homoeomericus. *Gonidia* protococcoidea, diam. 0,008—0,014 millim. *Paraphyses* 0,0015 millim. crassae. *Capillitium* hyphis parcis, 0,001 millim. crassis, increbre ramoso-connexis. *Sporae* olivaceo-nigricantes, medio non aut vix constrictae, extus laevigatae, membrana intus sat leviter incrassata, loculis demum vulgo semiglobosis. *Pycnoconidia* oblonga aut ellipsoidea, 0,003 (—0,002) milllim. long., 0,001 millim. crass. *Sterigmata* brevissima, 0,002 millim. crassa, articulata, articulis paucis.

Specimen authenticum non vidi, sed descriptioni citatae planta nostra satis congruit.

3. **C. curtum** Borr. **C. subcurtum** Wainio (n. subsp.).

Thallus evanescens aut sat tenuis aut fere mediocris, verruculosus vel subleproso-granulosus, glaucescenti-albidus vel rarius flavescenti-stramineus. *Apothecia* (cum stipite) 0,5—0,8 millim.

alta, capitulo cylindrico-turbinato aut demum campanulato-turbi-
nato, 0,38—0,11 millim. lato. *Excipulum* extus nigrum aut tenuiter albido-pruinosum. *Stipes* sat tenuis (0,065—0,140 millim.
crass.), ater. *Sporae* nigricantes, fusiformi-ellipsoideae aut parcius
ellipsoideis immixtae, apicibus obtusiusculis aut obtusis, 1-septa-
tae, long. 0,013—0,009 (raro —0,018), crass. 0,006—0,004 (raro
—0,008) millim. *Massa sporalis* nigra aut cinereo-nigrescens,
saepe bene protrusa.

Haec species proxime affinis est C. curto Borr., cui etiam
facie externa simillima est, at sporis ab eo differt. In C. curto
Borr. sporae sunt ellipsoideae, apicibus rotundatis aut parce apicibus obtusis instructae, medio bene aut non constrictae, membrana laevigata aut subrugulosa, intus modice aut sat leviter incrassata, loculis majusculis rotundatis. Wright, Lich. Cub. n. 20
(in mus. Paris) facie externa subsimilis est var. denudatae et vi-
ridescenti, at sporis non differt a C. curto. Species nostra a
C. quercino *C. curtiusculo Nyl. (Fl. 1879 p. 360, Hue. Add.
p. 22) jam sporis minoribus recedit.

Var. **albosuffusa** Wainio.

Thallus evanescens aut hypophlocodes maculaque albida
indicatus. *Excipulum* extus totum tenuiter vel tenuissime albido-
pruinosum aut solum margine albido aut in aliis apotheciis omnino nigrum.

Ad lignum vetustum in silva prope Sitio in civ. Minarum
(1000 metr. s. m.), n. 714. — *Apothecia* 0,5—0,8 millim. alta,
capitulo 0,110—0,180 millim. lato, stipite 0,065—0,100 millim.
crasso. *Capillitium* hyphis parcis, 0,0015—0,001 millim. crassis,
increbre ramoso-connexis. *Sporae* irregulariter fusiformi-ellipsoideae aut ellipsoideis immixtae, apicibus obtusis, medio haud aut
parce constrictae, membrana laevigata aut demum rugulosa, interne incrassata, membrana primaria ab incrassationibus secundariis bene distincta, loculis demum parvulis, long. 0,009—0,013,
crass. 0,004—0,006 millim., nonnullis magnis, —0,018 millim. longis et —0,008 millim. crassis immixtae. Hae sporae majores liberae in massa sporali adsunt et post evacuationem ascorum
accrescere videntur. *Massa sporalis* cinereo-nigricans vel nigra.

Var. **denudata** Wainio.

Thallus tenuis aut sat tenuis aut tenuissimus, albido-glaucescens aut subalbidus. *Excipulum* extus nigrum aut rarius in margine linea tenuissima albida.

Ad corticem emortuum et lignum vetustum arborum in silvis prope Sitio (1000 metr. s. m.) et in montibus Carassae nec non ad corticem Velloziae in regione aprica subalpina Carassae (circ. 1550 metr. s. m.) in civ. Minarum, n. 1105, 1017, 1520, 1074. N. 612 b, et 1561 minus typici sunt et thallo tenuissimo in v. albosuffusam transeunt. — *Thallus* verruculoso-rugulosus vel verruculosus, verruculis minutulis, contiguis aut dispersis, esorediosis aut rarius soredioso-granulosis, fere homoeomericus, $Ca\,Cl_2\,O_2$ rubescens. *Gonidia* protococcoidea, globosa, diam. 0,012—0,008 millim. *Apothecia* 0,5—0,6 millim. alta, capitulo —0,380 millim. lato, stipite —0,140 millim. crasso. *Paraphyses* 0,001 millim. crass. *Capillitium* hyphis parcis, increbre ramoso-connexis. *Sporae* fusiformi-ellipsoideae, apicibus obtusiusculis, parce rotundato-obtusis, medio leviter aut non constrictae, membrana tenuissime rugulosa, interne incrassata, membrana primaria ab incrassationibus secundariis bene distincta, loculis demum subglobosis parvulis, dyblastae aut demum ad alterum apicem adhuc loculo tertio minutissimo parum distincto, long. 0,009— —0,013 (raro —0,015), crass. 0,005—0,006 millim. *Massa sporalis* cinereo-nigricans vel nigra.

Var. **viridescens** Wainio.

Thallus sat tenuis, flavescens vel flavido-glaucescens. *Excipulum* totum nigrum.

Ad ligna vetusta in silvis prope Sitio (1000 metr. s. m.) et in Carassa (1470 metr. s. m.) in civ. Minarum, n. 595, 638, 1580. — *Thallus* verruculoso-rugulosus aut leproso-granulosus, verruculis vulgo contiguis, fere homoeomericus, $Ca\,Cl_2\,O_2$ rubescens. *Gonidia* protococcoidea. *Apothecia* magnitudine sicut in var. *denudata*. *Capillitium* hyphis parcis, 0,001 millim. crassis, increbre ramoso-connexis. *Sporae* fusiformi-ellipsoideae, apicibus obtusiusculis, parce rotundato-obtusis, medio leviter aut non constrictae, membrana rugulosa, interne incrassata, membrana primaria ab incrassationibus secundariis bene distincta, 1-septatae, long. 0,010—0,016, crass. 0,004—0,006 millim. *Massa sporalis* nigra.

Distincte in *C. subcurtum var. denudatam transit, sed facile cum C. hyperelloide Nyl. (Syn. Lich. p. 153) commiscitur, cui haud parum est similis. Planta nostra tamen magis habitum C. curti et C. trabinelli praebet, at C. hyperelloides proxime est affine C. hyperello Ach. In C. hyperelloide Nyl. secundum specimen orig. in mus. Paris. sporae sunt ellipsoideae, minore parte fusiformi-ellipsoideae, apicibus obtusis aut rotundatis, paullo minores, quam in v. viridescente Wain., non aut parce leviter constrictae, membrana laevigata, exosporium minus distinctum, stipites paullo longiores.

4. **C. subtrabinellum** Wainio.

Thallus tenuissimus, submembranaceus, continuus, fere laevigatus aut minutissime verruculoso-rugulosus, albidus, aut fere evanescens. *Apothecia* (cum stipite) 0,45—0,60 millim. alta, capitulo campanulato- vel subcylindrico-turbinato, 0,36—0,17 millim. lato. *Excipulum* extus nigrum, intus intense luteum. *Stipes* sat tenuis (0,14—0,08 millim. crass.), ater. *Sporae* nigricantes, ellipsoideae vel subfusiformi-ellipsoideae, apicibus obtusis, 1-septatae, long. 0,013—0,009, crass. 0,006—0,0045 millim. *Massa sporalis* nigra aut subcinereonigricans, saepe leviter protrusa.

Ad corticem et lignum arborum in silvis ad Sitio in civ. Minarum (1000 metr. s. m.), n. 612 c, 638 b. — Facie externa vix a C. curto differt, at magis sit affine C. trabinello Ach., cujus forsan est subspecies, et quod distinguitur massa sporali materiam luteam continente et excipulo extus vulgo flavido-pruinoso. In C. curto excipulum intus non est luteum. In C. subtrabinello jam lente saepe videri potest linea lutea in margine interiore excipuli, quae color autem hydrate kalico deletur. *Gonidia* protococcoidea. *Stipes* fuscofuligineus, extus strato amorpho albido. *Hypothecium* fuscofuligineum. *Capillitium* hyphis sat parcis, 0,001 millim. crassis, increbre ramoso-connexis. *Sporae* medio non aut rarius leviter constrictae, membrana laevigata, interne incrassata, membrana primaria ab incrassationibus bene distincta, loculis parvulis rotundatis.

C. parietinum Ach. in Kongl. Vet. Ak. Handl. 1816 p. 260; Nyl., Syn. Lich. (1858—60) p. 158.

Thallus tenuissimus, endophloeodes, macula albida indicatus, aut evanescens, gonidiis destitutus aut symbiotice haud vigentibus fortuito parce instructus. *Apothecia* capitulo turbinato aut lentiformi, minuto aut mediocri aut majusculo. *Excipulum* nigrum aut subtus cinereum. *Stipes* brevis aut sat elongatus, tenuis aut sat firmus, niger aut fuscus aut basi pallescens. *Spo-*

rae fuscae, oblongae aut ellipsoideae aut subfusiformes, simplices, long. 0,010 —0,005, crass. 0,005—0,002 millim. *Mazaedium* evanescens. *Pycnoconidia* „ellipsoidea, paululum curvata, long. 0,005—0,004, crass. 0,0025—0,002 millim., dilutissime fuscescentia" (Möller. Yeber Cult. Flechtenb. Ascom. 1887 p. 39).

Rectius ad *Discomycetes* pertinet, quia gonidiis typice omnino eget, aut talia solum fortuito in thallo ejus sicut etiam universe in corticibus lignisque vetustis adsunt. Nuncupetur eam ob causam **Mycocalicium parietinum** (Ach.) Wainio.

Var. **minutella** (Ach.). *Calicium minutellum* Ach. in Kongl. Vet. Ak. Handl. 1816 p. 200.

Apothecia capitulo minuto aut fere mediocri, nigro. *Stipes* brevis, tenuis aut sat tenuis, niger. *Sporae* oblongae aut ellipsoideae aut subfusiformes, long. 0,010—0,005, crass. 0,0035—0,002 millim.

Ad lignum trunci in silva (n. 1562) et ad parietem ligneum (n. 1578) in Carassa (1400 metr. s. m.) in civ. Minarum. — *Thallus* endophloeodes, macula albida indicatus, aut indistinctus, hyphis 0,002 millim. crassis, lumine haud valde tenui. In thallo substratoque circa apothecia gonidia algaeve aut omnino desunt aut circa alia algae variae (etiam protococcoideae), cum hoc lichene symbiotice haud vigentes, inveniuntur. *Apothecia* 0,8—0,36 millim. alta, capitulo turbinato aut demum lentiformi, 0,130—0,320 millim. lato. *Excipulum* haud pruinosum, sub microscopio fuscum aut fusconigricans, in KHO saepe violaceo-fuscescens. *Stipes* 0,030—0,090 mill. crass., in lamina tenui fusconiger aut fuscus aut basi dilutius fuscescens. *Paraphyses* haud valde numerosae vel sat parcae, 0,001 millim. crass., pro maxima parte ascos longitudine aequantes, parce ad instar capillitii elongatae. *Capillitium* evanescens et vix ullum verum, ex hyphis parcis brevibus subsimplicibus 0,001 millim. crassis formatum. *Sporae* membrana sat tenui, apicibus obtusis aut rotundatis. *Mazaedium* evanescens, sporis sat paucis hymenio adhaerentibus.

Var. **phaeopoda** Wainio.

Apothecia capitulo minuto, nigro. *Stipes* brevis, tenuis, fuscescens. *Sporae* ellipsoideo- aut oblongo-fusiformes, long. 0,010—0,005, crass. 0,005—0,0035 millim.

Abundanter ad corticem arboris in silva prope Rio de Janeiro, n. 216. — *Thallus* hypophloeodes, macula albida indicatus, gonidiis protococcoideis parcissimis, symbiotice cum hac planta haud vigentibus, ut videtur. *Apothecia* 0,30—0,36 millim. alta, capitulo turbinato aut cupulari-turbinato, 0,20—0,25 millim. lato. *Excipulum* haud pruinosum, sub lente nigrum, sub microscopio in KHO pallidum, in aqua fuscum. *Stipes* 0,060—0,070 millim. crass., sub microscopio in KHO pallidus, in aqua fuscus. *Paraphyses* parcae, 0,0015 millim. crass., aliae simplices, aliae furcato-ramosae, in capillitium haud elongatae. *Sporae* simplices, fuscae vel fusco-nigrae, apicibus breviter acutatis aut parcius obtusiusculis, membrana sat tenui. *Mazaedium* evanescens, sporis sat paucis hymenio adhaerentibus.

Subg. II. **Chaenotheca** Th. Fr. *Sporae* globosae aut interdum ellipsoideis immixtae, simplices. *Massa sporalis* umbrina aut olivacea.

Calicium subg. *Chaenotheca* Th. Fr. in Vet. Ak. Förhandl. 1856 p. 128. *Chaenotheca* Th. Fr., Lich. Arct. (1860) p. 350, Gen. Heterolich. (1861) p. 102; Müll. Arg., Princ. Classif. (1862) p. 20. *Cyphelium* De Not., Framm. Lich. (Giorn. Bot. It. II, 1847) p. 316 (haud Ach.); Mass., Mem. Lich. (1855) p. 155; Koerb., Syst. Germ. (1855) p. 313 (pr. p.); Saccardo, Syllog. Fung. (1889) p. 826, 830; Rehm in Rabenh. Krypt.-Fl. III (1890) p. 383, 384, 392. *Chaenotheca* β. *Phacotium* Stizenb., Beitr. Flechtensyst. (1862) p. 157 (haud Ach., Meth. Lich. 1803 p. 88).

5. **C. pulverulentum** Wainio (n. sp.).

Thallus tenuis, soredioso-granulosus, stramineo- vel albido-glaucescens. *Apothecia* (cum stipite) 1—1,5 millim. alta, capitulo subgloboso aut obovoideo aut turbinato, sat minuto (0.140—0.280 millim. lato). *Excipulum* turbinatum, breve, nigrum, haud pruinosum. *Stipes* sat tenuis aut tenuis, (0.075—0,045 millim. crass.), ater. *Sporae* olivaceae aut demum olivaceo-fuscescentes, globosae aut parcius subglobosae, simplices, diam. 0,0025—0,004 (raro 0,005) millim. *Mazaedium* umbrinum vel rufofuscum, semiglobosum, leviter protrusum.

Ad corticem vetustum arborum in silva ad Sitio in civ. Minarum (1000 metr. s. m.), n. 1120, 1013. — Affinitate C. stemoneo et C. brunneolo est proximum, excipulo semper nudo a priore et thallo leproso distincto a posteriore differens. Apotheciis multo minoribus, excipulo magis evoluto et massa sporali obscuriore a Coniocyb. gracilenta Ach. distinguitur. — *Thallus* subtiliter farinoso-leprosus, granulis contiguis, homoeomericus. *Gonidia* protococcoidea (aut forsan pleurococcoidea), globosa, diam. 0,006—0,008 millim., in sorediis hyphis tenuissimis obducta. *Stipes* interdum apice ramosus, in lamina tenui in KHO violaceo-fuscescens. *Capillitium* bene evolutum, hyphis 0,001 millim. crassis, ramosis et ramoso-connexis. *Sporae* membrana sat tenui.

6. **C. olivaceorufum** Wainio (n. sp.).

Thallus protothallodes, evanescens. *Apothecia* (cum stipite) 0,5—0,6 millim. alta, capitulo obovato, minuto (0,085—0,130 millim. lato). *Excipulum* anguste vel subclavato-turbinatum, extus rufescenti-pruinosum aut nigricanti-denudatum. *Stipes* tenuis (0,030

—0,040 millim. crass.), ater. *Sporae* olivaceae, globosae aut subglobosae, simplices, diam. 0,004—0,003 millim. *Mazaedium* olivaceum, leviter protrusum.

Ad lignum truncorum vetustorum in silva ad Sitio in civ.
Minarum (1000 metr. s. m.), n. 729. C. brunneolo Ach. est subsimile, at apotheciis minoribus, excipulo saepe subtus rufo et
massa sporali pallidiore ab eo differt. — *Thallus*-protothallodes
aut hypophloeodes, tantum algas chroolepoideas, forsan fortuito
immixtas, continens. *Apothecia* simplicia. *Stipes* in lamina tenui
in KHO fusconiger. *Paraphyses* 0,001 millim. crass., in hymenio
simplices. *Capillitium* haud bene evolutum, ex hyphis parcis,
0,001 millim. crassis, leviter ramosis aut omnino simplicibus formatum. *Sporae* membrana sat tenui.

4. Coniocybe.

Ach. in Sv. Vet. Akad. Handl. 1816 p. 283 (pr. p.); Fr., Lich. Eur.
(1831) p. 382 (pr. p.); Mass., Mem. Lich. (1853) p. 159 (pr. p.); Koerb., Syst.
Lich. Germ. (1855) p. 318 (pr. p.); Nyl., Mon. Calic. (1857) p. 24, Syn. Lich.
(1858—60) p. 161 (excl. spec. gonidiis egentes); Th. Fr., Gen. Heterolich.
(1861) p. 102 (pr. p.); Müll. Arg., Princ. Class. (1862) p. 21 (pr. p.); Tuck.,
Gen. Lich. (1872) p. 242 (pr. p.); Saccardo, Syllog. Fung. VIII (1889) p. 825,
828 (pr. p.); Rehm in Rabenh., Krypt-Fl. III (1890) p. 384, 395 (pr. p.). *Ful-
gia* Trev., Fl. 1862 p. 6 (pr. p.).

Thallus crustaceus aut protothallodes evanescensque. *Gonidia* stichococcoidea aut protococcoidea. *Apothecia* vulgo stipitata, aut rarius subsessilia sessiliave, stipite excipulo angustiore,
pallida aut fusconigra. *Excipulum* proprium, parte marginali sub-
evanida, valde apertum et fere disciforme (jam primo apertum, ut
videtur), hypothecio semigloboso aut bene convexo. *Capillitium*
evanescens. *Asci* subcylindrici, membrana tenui. *Sporae* 8:nae,
monostichae, globosae aut partim subellipsoideae. „*Conceptacula
pycnoconidiorum* verrucas formantia. *Sterigmata* exarticulata.
Pycnoconidia ellipsoidea aut oblonga.“ (Linds., Mem. Spermog.
Crust. Lich. p. 303).

1. C. straminea Wainio (n. sp.).

Thallus tenuissimus, farinoso-leprosus, stramineo-glaucescens.
Apothecia (cum stipite) —2,5 millim. alta, capitulo globoso, parvo
(circ. 0,260 millim. lato). *Stipes* sat tenuis (circ. 0,100 millim.

crass.), totus aut saltem parte superiore stramineo-flavido- vel stramineo-pruinosus, sat tenuis (circ. 0,100 millim. crass.). *Sporae* olivaceae aut olivaceo-fuscescentes aut fulvescenti-olivaceae, partim globosae, partim ellipsoideo-subglobosae ellipsoideaeve, long. 0,006—0,0025, crass. 0,004—0,0025 millim. *Mazaedium* fulvescenti- vel pallido-umbrinum.

In fissuris trunci vetusti ad Sitio in civ. Minarum (1000 metr. s. m.), n. 730. — C. furfuraceae Ach. proxime est affinis, colore thalli et stipitis et sporis partim subellipsoideis et gonidiis ab ea recedens. *Thallus* homoeomericus, hyphis circ. 0,0005 millim. crassis. *Gonidia* protococcoidea, simplicia, globosa, diam. 0,010—0,006 millim., membrana sat tenui, hyphis vulgo crebre obducta. *Hypothecium* semiglobosum aut bene convexum, fulvofuscescens. *Excipulum* (infra hypothecium) fuscum, late apertum, parte marginali angustissima oblique subhorizontali, inferne inaequale sublaceratumque et hyphis transverse radiantibus. *Stipes* basi nigricans et parte superiore pruinosus aut totus pruinosus, in lamina tenui fusco- vel pallido-rufescens. Partes pruinosae stipitis hyphis 0,001 millim. crassis, verticalibus, haud conglutinatis velutinae (quod etiam in C. furfuracea observatur). *Asci* numerosissimi, cylindrici vel cylindrico-clavati, membrana tenui. *Paraphyses* 0,0015—0,001 millim. crass., laxe cohaerentes, in hymenio vulgo simplices, ascos superantes, sed capillitium verum vix formantes, at parte superiore ramosae et ramoso-connexae. *Sporae* 8:nae, monostichae, abundantissime evolutae, simplices, membrana sat tenui instructae. Ex ascis ejectae aliquantum accrescunt et majores, quam in ascis inclusae, evadunt.

II. Pyrenolichenes

sive

Ascomycetes pyrenocarpi cum algis symbiotice vigentes.

Nucleus (vel hymenium) apotheciorum subglobosus aut hemisphaericus, perithecio inclusus. *Perithecium* ex hyphis conglutinatis crebre aut increbre septatis formatum, thallo aut substrato immersum aut *amphithecio* thallino gonidia continente aut gonidiis destituto obductum, aut elevatum nudumque, diu clausum, demum *ostiolo* rotundato regularique aut raro irregulari instructum. — *Thallus* crustaceus aut squamosus aut foliaceus aut fruticulosus (Pyrenothamnia Tuck.), heteromericus aut homoeomericus. *Stratum corticale* haud evolutum aut cartilagineum parenchymaticumve. *Stratum medullare* stuppeum, hyphis leptodermaticis. *Gonidia* palmellacea aut chroolepoidea aut glococapsoidea. *Paraphyses* bene evolutae aut in gelatinam diffluxae aut deficientes.

1. Dermatocarpon.

Eschw., Syst. Lich. (1824) p. 21; Th. Fr., Lich. Arct. (1860) p. 252, Gen. Heterolich. (1861) p. 103; Stizenb., Beitr. Flechtensyst. (1862) p. 150; Müll. Arg., Pyr. Cub. (1885) p. 375 (em.). *Endocarpon* Ach., Lich. Univ. (1810) p. 55 et 297 pr. p. (haud Hedw., Descr. Musc. II fasc. 2 1788 p. 56); Fr., Lich. Eur. Ref. (1831) p. 407 pr. p.; Tul., Mém. Lich. (1852) p. 22, 90, 213 pr. p., tab. 12; Koerb., Syst. Germ. (1855) p. 100 (em.); Nyl., Exp. Pyrenocarp. (1858) p. 11 (em.); Müll. Arg., Princ. Classif. (1862) p. 71 (em.); Schwend., Unters. Flecht. II (1863) p. 184 (em.), tab. X fig. 1—6, 8—9; Fuist. in Bot. Zeit. 1868 p. 657; Tuck., Gen. Lich. (1872) p. 247 pr. p.; Bornet, Deux. Not. Gon. Lich. (1873) p. 7; Hue, Addend. (1888) p. 269 pr. p. *Endopyrenium* Flot. in Koerb., Syst. Germ. (1855) p. 323 (em.); Müll. Arg., Princ. Classif. (1862) p. 72 (em.); Schwend., Unters. Flecht. II (1863) p. 186 (em.); Müll. Arg., Pyr. Cub. (1885) p. 375, 377 (em.). *Catopyrenium* Koerb., Syst. Germ. (1855) p. 324 (em.); Müll. Arg., Princ. Classif. (1862) p. 73 (em.).

Thallus foliaceus aut squamosus aut rarius squamoso-areolatus, adscendens aut adpressus, gompho centrali aut hyphis hypothallinis substrato affixus, *strato corticali* parenchymatico superne et in nonnullis speciebus (in subg. Entosthelia Wallr., Stizenb.)

etiam inferne instructus. *Stratum medullare* stuppeum. in parte
superiore zona gonidiali instructum, ex hyphis leptodermaticis
contextum. *Gonidia* palmellacea, flavescentia, simplicia aut bicellulosa vel pluricellulosa glomerulosaque. *Apothecia* thallo immersa, gonidiis hymenialibus destituta, haud obliqua. *Paraphyses*
haud evolutae aut evanescentes vel gelatinoso-diffluxae, raro parce
evolutae. *Sporae* 8:nae aut raro 16:nae, decolores, ellipsoideae
oblongaeve, simplices. *Pycnoconidia* brevia, ellipsoidea ovoi-
deave, recta, simplicia. *Sterigmata* ramosa, articulata, articulis
numerosis brevibus. *Conceptacula pycnoconidiorum* thallo immersa.

1. **D. Carassense** Wainio (n. sp.).

Thallus squamuloso-areolatus aut areolato-diffractus, areolis
circ. 0,3—1 millim. latis, difformibus, contiguis, adpressis, fusco-
rufescentibus fuscisve. *Apothecia* ostiolo vulgo leviter umbonato-
prominente, nigricante. *Sporae* 16:nae aut rarius 12—8:nae, ellipsoideae aut oblongae, simplices, decolores aut demum pro parte
pallido-testaceae, long. 0,010—0,020, crass. 0,005—0,008 millim.

Ad rupem itacolumiticam in Carassa (1400—1500 metr. s.
m.) in civ. Minarum, n. 1254 b. — Habitu Acarosporas in memoriam revocat et a Dermatocarpis aliis sporis 16:nis et thallo
minus distincte squamuloso sicut etiam paraphysibus differt. Sub-
genus autonomum constituere videtur. *Thallus* areolis subintegris
aut leviter crenulatis, subopacis aut nitidiusculis, apothecia solitaria aut pauca continentibus, demum saepe convexis, hyphis
circ. 0,003—0,0025 millim. crassis, leptodermaticis, superne minute parenchymaticus, cellulis leptodermaticis, inferne strato parenchymatico destitutus. *Gonidia* globosa aut parcius ellipsoidea,
circ. 0,008—0,012 millim. crassa, simplicia, flavovirescentia, membrana sat tenui aut crassiuscula (ad Cystococcum humicolam
Naeg. forsan non pertinent). *Perithecium* subglobosum, thallo immersum, apice nigricante denudato prominenteque, ceterum pallidum, KHO non reagens. *Nucleus* subglobosus, circ. 0,3 millim.
latus, albidus, jodo non reagens. *Paraphyses* sat parcae, at distinctae, 0,001 millim. crassae, ramoso-connexae. *Asci* oblongi,
apice membrana modice incrassata. *Sporae* distichae aut polystichae, apicibus obtusis aut rotundatis, halone nullo indutae.

2. Normandina.

Nyl., Ess. Class. Lich. (1855) p. 191 (excl. N. viridi [1]), Prodr. Lich. Gall.
(1857) p. 173 (pr. p.), Exp. Pyrenoe. (1858) p. 10 (pr. p.); Th. Fr., Lich. Arct.
(1860) p. 256 (pr. p.). Gen. Heterolich. (1861) p. 104; (pr. p.); Garov. et Gibelli
in Nuov. Giorn. Bot. Ital. II (1870) p. 305; Tuck., Gen. Lich. (1872) p. 251
(pr. p.); Leight., Lich. Great Brit. 3 ed. (1879) p. 440 (pr. p.); Müll. Arg.,
Pyr. Cub. (1885) p. 377 (pr. p.). Lenormandia Del. in Desmaz. Cr. Fr. ed. 2
(1841) n. 544 (nomen jam antea adhib.); Schwend., Unters. Flecht. II (1863)
p. 189. 194 (conf. infra); Koerb., Parerg. (1859—1865) p. 43 (pr. p.).

Thallus squamosus aut foliaceus, ambitu rotundatus aut rotundato-lobatus, adscendens aut adpressus, hypothallo albido, ex
hyphis vulgo sat pachydermaticis haud cohaerentibus constante instructus, homoeomericus, strato corticali nullo, ex hyphis tenuibus,
leptodermaticis, crebre contextis, gonidiis immixtis formatus. Gonidia (pleurococcoidea?) flavescentia aut glauco-flavescentia, pro
parte bicellulosa aut pluricellulosa cellulisque glomerulosis, parvis,
membrana leviter incrassata aut sat tenui. — Apothecia rarissima, thallo immersa, haud obliqua, gonidiis hymenialibus destituta. Paraphyses haud evolutae. Sporae 8:nae aut pauciores,
decolores aut demum fuscidulae, oblongo-cylindricae oblongaeve,
pluriseptatae, loculis cylindricis.

1. **N. pulchella** (Borr.) Leight., Lich. Great Brit. (1871) p.
408, 3 ed. (1879) p. 440 (Brit. Angioc. Lich. 1851 tab. III
fig. 1). Verrucaria pulchella Borr., Engl. Bot. Suppl. (1829—1831)
t. 2602 fig. 1. Lenormandia jungermanniae Del in. Desmaz. Cr. Fr.
ed. 2 (1841) n. 544; Schwend., Unters. Flecht. II (1863) p. 189,
194 (conf. infra); Koerb., Par. Lich. (1865) p. 44. Normandina
jungermanniae Nyl., Prodr. Lich. Gall. (1857) p. 173, Exp. Pyrenoe.
(1858) p. 10; Garov. et Gibelli in Nuov. Giorn. Bot. Ital. 1870 p.
305, tab. VIII.

Thallus squamosus, squamis 0,3—1,5 [—2] millim. longis
latisque rotundatis aut rotundato-lobatis, superne cinereis, demum
partim interdum granuloso-sorediosis, margine limbato-recurvo.
[Apothecia thallo immersa, ostiolo nigro: mus. Paris.]. „Sporae

---

[1] Normandina viridis (Ach.) Nyl. ad genus autonomum pertinet, quod
nuncupetur **Coriscium** Wainio. Thallo heteromerico et gonidiis a Normandina differt. Stratum corticale superius parenchymaticum, series paucas horizontales cellularum continens. Stratum corticale inferius evanescens. Stratum medullare gonidiis destitutum, tenue. Gonidia flavovirescentia, in glome-
ralos magnos hyphis creberrime obductos consociata; glomerulis exsoluta ellipsoidea et „leptogonidiis“ simillima.

8—6:nae, decolores aut demum fuscidulae, oblongo-cylindricae, demum saepius 6—7-septatae, long. 0,018—0,040, crass. 0,006 —0,010 millim." (Nyl., Prodr. p. 174, Garov. et Gib., l. c.).

Ad corticem arborum prope Rio de Janeiro et in Carassa (1400 metr. s. m.) in civ. Minarum parce sterilisque lecta, n. 1435. — *Thallus* parte media aut fere tota lamina substrato laxe affixus, aut adscendens, circ. 0,035—0,40 millim. crassus, totus gonidia continens, ex hyphis circ. 0,003 millim. crassis, leptodermaticis, crebris contextus, *hypothallo* ex hyphis circ. 0,005—0,006 millim. crassis, sat pachydermaticis aut pro parte tenuibus normalibusque, haud cohaerentibus formato instructus. *Gonidia* flavescentia aut glaucoflavescentia, pro parte glomerulosa aut bicellulosa, cellulis 0,006—0,004 millim. crassis, anguloso-globosis, membrana leviter incrassata aut sat tenui (genere incognita, forsan pleurococcoidea). „*Gelatina hymenea* jodo vinose rubens. *Perithecium* nigricans. *Paraphyses* nullae." (Nyl., l. c., Garov. et Gibell., l. c.).

Descriptio, a cel. Schwendener in Unters. Flechtenthall. II (1863) p. 189 (194) data, quoad anatomiam thalli cum hac specie non congruit. Verisimiliter ad *Coriscium viride* (Ach.), in Heppi Flecht. Eur. n. 476 immixtum, spectat.

3. **Aspidothelium** Wainio (nov. gen.).

Thallus crustaceus, uniformis, hypothallo et hyphis medullaribus substrato affixus, rhizinis nullis, fere homoeomericus. *strato corticali* haud evoluto. *Gonidia* protococcoidea, simplicia. *Apothecia* scutelliformia vel parte superiore excipuli in scutellum sive discum cartilagineum dilatata, nucleum simplicem continentia, gonidiis hymenialibus nullis. *Perithecium* rectum, maxima parte albidum, amphithecio gonidia continente parte inferiore lateralive obductum. *Paraphyses* simplices. *Sporae* 4—6:nae, decolores, oblongae aut fusiformes, murales. *Pycnoconidia* oblongo-cylindrica, vulgo curvata, tenuissima. *Sterigmata* simplicia, exarticulata.

1. **A. cinerascens** Wainio (n. sp.).

Thallus sat tenuis, cinereoglaucescens, nitidiusculus. *Apothecia* scutata, parte superiore in discum (vel scutellum) convexum, obscure cinereum aut margine albidum, 0.8—0,6 millim. latum abrupte dilatata, parte inferiore (vel trunco) hemisphaerica, circ. 0.8—0.6 millim. crassa, nucleum continente. *Sporae* vulgo 4:nae. rarius 6:nae, decolores aut demum pallidae, oblongae aut fusiformes, murales, long. circ. 0,032—0,060, crasss. 0,012—0,024 millim.

Ad corticem arboris prope Rio de Janeiro, n. 215. — *Thallus* leviter inaequalis aut sat laevigatus, strato corticali distincto destitutus: hyphae 0.003—0,0015 millim. crassae, leptodermaticae, cellulis brevibus inflatis passim instructae. *Gonidia* protococcoidea, simplicia, globosa, diam. circ. 0,006—0,010 millim., membrana sat tenui. *Apothecia* strato gonidiifero thalli imposita, circ. 0.5 millim. alta, in trunco vel parte stipitiformi zonam gonidialem continentia, scutello (discove) circ. 0,050 millim. crasso, cartilagineo, ex hyphis tenuibus conglutinatis formato, interdum fortuito in parte inferiore gonidia continente. *Perithecium* depresso-globosum, in vertice parte exteriore fuscescens, ceterum albidum, ex hyphis conglutinatis concentricis formatum. *Nucleus* depresso-globosus, circ. 0,520 millim. latus, jodo non reagens. *Paraphyses* numerosae, confertae, 0,0015 millim. crassae, neque ramosae, nec connexae. *Asci* oblongi aut cylindrico-oblongi, circ. 0,020 —0,026 millim. crassi, membrana demum sat tenui aut apice incrassata. *Sporae* distichae, apicibus obtusis, pariete tenui, halone nullo indutae, cellulis vulgo cubicis, numerosissimis. *Pycnoconidia* oblongo-cylindrica, vulgo curvata, long. 0.003, crass. 0,0005 millim., apicibus rotundatis. *Sterigmata* simplicia, haud articulata. *Conceptacula* verrucas conoideas, superne nigricantes formantia.

4. Aspidopyrenium Wainio (nov. gen.).

Thallus crustaceus, uniformis, hypothallo et hyphis medullaribus substrato affixus, rhizinis nullis, fere homoeomericus, *strato corticali* nullo. *Gonidia* protococcoidea, simplicia. *Apothecia* scutelliformia vel parte superiore excipuli in scutellum vel discum cartilagineum dilatata, nucleum simplicem continentia, gonidiis destituta. *Perithecium* rectum, albidum. *Paraphyses* ramoso-connexae. *Sporae* 8:nae. decolores, fusiformes, pluri-septatae, loculis compressis.

1. A. insigne Wainio (n. sp.).

Thallus tenuis, albido-glaucescens. sat opacus. *Apothecia* carneo-albida, scutata, parte superiore circa ostiolum abrupte in discum (vel scutellum) planum rotundatum 1—0,7 millim. latum dilatata, parte inferiore (vel trunco) stipitiformi, conoidea, circ. 0,45—0,40 millim. crassa, nucleum vel basin nuclei continente. *Sporae* 8:nae, decolores, fusiformes, pluriseptatae, long. circ. 0,060 —0,085, crass. 0,010—0,012 millim.

Ad folia perennia arboris prope Lafayette (1000 metr. s. m.) in civ. Minarum, n. 294. — *Thallus* partim subdispersus, hyphis 0,0015 millim. crassis. *Gonidia* protococcoidea, simplicia, globosa, diam. circ. 0,006—0,010 millim., membrana sat tenui. *Apothecia* gonidiis destituta, strato gonidiifero thalli imposita, circ. 0,36 millim. alta, disco (scutellove) circ. 0,050—0,100 millim. crasso, cartilagineo, ex hyphis tenuibus conglutinatis formato; pars stipitiformis extus cartilagineum, intus hyphis laxe contextis; stratum nucleum circumdans (quod est perithecium verum) albidum, parenchymaticum, cellulis minutissimis. *Nucleus* conoideus vel conoideo-globosus, circ. 0,3 millim. latus, jodo non reagens. *Paraphyses* numerosae, confertae, 0,0015 millim. crassae, sat parce ramoso-connexae. *Asci* oblongi, circ. 0,030 millim. crassi, membrana tenui. *Sporae* polystichae, apicibus obtusis, pariete vulgo sat tenui, halone nullo indutae, cellulis brevibus, rotundato-subcylindricis aut sublenticularibus.

5. Heufleria.

Trev., Fl. 1861 p. 23; Stizenb., Beitr. Flechtensyst. (1862) p. 146; Müll. Arg., Pyr. Cub. (1885) p. 375 et 384. *Astrothelium* Nyl., Exp. Pyrenoc. (1858) p. 80 pr. p.

Thallus crustaceus, uniformis, hyphis medullaribus hypothalloque substrato affixus, rhizinis destitutus, *strato corticali* nullo aut amorpho et ex hyphis horizontalibus irregulariterve contextis conglutinatis in materiam cartilagineam reductis formato instructus, *strato medullari* fere toto gonidia continente. *Gonidia* chroolepoidea (Trentepohliae umbrinae Bornet similia), cellulis concatenatis, minutis. *Apothecia* thallo substratoque immersa, aggregata, obliqua, nucleis ostiolo declinato lateralive vulgo in ubulum ostiolumve commune varieve confluentibus. *Paraphyses* bene aut parcissime ramoso-connexae aut raro pro parte subsimplices. *Sporae* 8:nae aut pauciores, decolores, oblongae aut subfusiformes, murales.

1. **H. sepulta** (Mont.) Trev., Fl. 1861 p. 23; Müll. Arg., Pyr. Cub. (1885) p. 385. *Astrothelium sepultum* Mont. in Ann. Sc. Nat. 2 sér. Bot. T. 19 (1843) p. 74, Syllog. (1856) p. 384 (mus. Paris.): Nyl., Exp. Pyrenoc. (1858) p. 81.

Thallus crassitudine mediocris, partim endophloeodes vel substrato immixtus, stramineo- vel pallido- vel olivaceo-glaucescens, nitidiusculus aut subopacus. *Apothecia* thallo substratoque immersa, vulgo demum verrucas circ. 5—3 mlllim. latas, parum aut bene elevatas, hemisphaericas difformesve, thallo (substratoque) obductas, nucleos numerosos in ostiolum commune confluentes continentes formantia; ostiolum commune neque umbilicatum nec annulo distincto cinctum. *Sporae* vulgo binae, rarius —6:nae [,,—8:nae": Nyl.], decolores, vulgo oblongae, murales, long. circ. 0,090—0,220, crass. circ. 0,040—0,050 millim. [,,—0,025 millim.: Müll. Arg.].

Ad corticem arborum prope Lafayette (1000 metr. s. m.), n. 320, et in Carassa (1400 metr.), n. 1409, in civ. Minarum. — *Gonidia* chroolepoidea. circ. 0,008—0,006 millim. crassa, membrana crassiuscula. *Verrucae* fertiles demum saepe fatiscentes vel desquamatae. *Perithecia* fuliginea, integra, tenuia, apice declinato in collum commune breve (in n. 320) aut sat elongatum (in n. 1409) confluentia. *Nuclei* albidi, jodo non reagentes. *Paraphyses* ramoso-connexae. *Asci* oblongi aut ventricoso-oblongi, membrana sat tenui aut crassiuscula. *Sporae* apicibus vulgo rotundatis obtusisve, pariete saepe incrassato, cellulis numerosissimis.

*H. octospora Wainio (n. sp.).

Thallus sat crassus aut crassitudine mediocris, glauco-virescens, nitidulus. *Apothecia* thallo substratoque immersa, verrucas nullas aut minus distinctas formantia: ostiolum commune annulo angusto albido cinctum, haud umbilicatum. *Sporae* 8:nae, decolores, oblongae, murales, long. circ. 0,106—0,120, crass. 0,020—0,024 millim.

Ad corticem arboris prope Sitio (1000 metr. s. m.) in civ. Minarum, n. 1031. — Sporis 8:nis angustioribusque, verrucis minus distinctis et ostiolis annulatis leviter ab H. sepulta (Mont.) reccdit, sed in eam transire videtur. — *Thallus* laevigatus aut partim verrucoso-rugosus, strato corticali 0,060—0,070 millim. crasso, amorpho, semipellucido aut subpellucido, albido, KHO lutescente, instructus. *Gonidia* chroolepoidea, circ. 0,008—0,010 millim. crassa, membrana sat tenui. *Perithecia* fuliginea, integra, tenuia, apice declinato confluentia. *Nuclei* albidi, jodo non reagentes. *Paraphyses* ramoso-connexae. *Asci* oblongi. *Sporae* distichae, apicibus obtusis rotundatisve, pariete tenui et halone nullo indutae, cellulis numerosis.

2. **H. megalostoma** Wainio (n. sp.).

Thallus endophlocodes vel substrato immixtus, macula straminea aut glaucescenti-straminea opaca indicatus. *Apothecia* thallo substratoque immersa, verrucas circ. 1,5—2,5 millim. latas, plus minusve elevatas, fere hemisphaericas, thallo substratoque obductas, nucleos plures irregulariter confluentes continentes formantia; ostiolum commune demum circ. 0,5 millim. latum, umbilicato-impressum, annulo nullo cinctum. *Sporae* binae, decolores, oblongae aut fusiformi-oblongae, murales, long. circ. 0,170—0,220, crass. 0,050—0,064 millim.

Ad corticem arboris in Carassa (1400—1500 metr. s. m.) in civ. Minarum, n. 1587. — Sporis crassioribus et ostiolis latis impressis ab H. sepulta differt. Conferenda etiam cum H. consimili Müll. Arg. (Pyr. Cub. p. 385). *Gonidia* chroolepoidea, circ. 0,008—0,006 millim. crassa, membrana sat tenui. *Perithecia* fuliginea, integra, saepe solum latere intercalariter confluentia, ostiolo communi in latere verrucae. *Nuclei* albidi, jodo non reagentes. *Paraphyses* parcissime ramoso-connexae, subsimplices. *Sporae* apicibus obtusis, pariete crassiusculo, in KHO leviter turgescente, cellulis numerosissimis.

6. Astrothelium.

Eschw., Syst. Lich. (1824) p. 18 (pr. p.); Nyl., Exp. Pyrenoc. (1858) p. 80 (pr. p.); Trev., Fl. 1861 p. 23; Stizenb., Beitr. Flechtensyst. (1862) p. 146; Müll. Arg., Pyr. Cub. (1885) p. 375 et 382, Pyr. Féean. (1888) p. 4 et 6. *Pyrenodium* Fée, Ess. Crypt. Écorc. Suppl. (1837) p. 68, Mém. Lichenogr. (1838) p. 43.

Thallus crustaceus, uniformis, hyphis medullaribus hypothalloque substrato affixus, rhizinis destitutus, *strato corticali* nullo aut amorpho et ex hyphis horizontalibus conglutinatis in materiam cartilagineam reductis formato instructus, *strato medullari* fere toto gonidia continente. *Gonidia* chroolepoidea (Trentepohliae umbrinae Bornet similia), cellulis concatenatis, minutis. *Apothecia* pro majore parte aggregata, thallo substratoque immersa aut pseudostromata formantia, obliqua; nuclei ostiolo declinato vulgo in tubulum ostiolumve commune confluentes. *Paraphyses* ramoso-connexae. *Sporae* 8:nae, decolores, oblongae ellipsoideaeve aut subfusiformes, circ. 3—6-septatae, raro „2-septatae" (Müll. Arg., Pyr. Cub. p. 383), interne membrana incrassata loculisque lenticularibus.

1. A. ochrothelioides Wainio (n. sp.).

Thallus endophloeodes vel substrato immixtus, macula glaucescenti-pallida aut fulvescente indicatus, nitidulus aut subopacus. *Pseudostromata* subglobosa aut elevato-hemisphaerica aut oblonga, ostiolis pluribus aut rarius solitariis instructa, extus fulvescentia, intus fuliginea, basi abrupta aut leviter constricta, nucleos plures collo saepe elongato oblique conniventes confluentesque continentia. *Sporae* 8:nae, decolores, oblongae, 3-septatae, long. 0,020—0,030, crass. 0,008—0,011 millim., loculis lenticularibus.

Ad corticem arborum prope Lafayette (1000 metr. s. m.) in civ. Minarum, n. 310, 327. — Habitu simile est A. ochrothelio (Nyl.) Müll. Arg., a quo sporis minoribus differt. A. minus Müll. Arg. (Pyr. Cub. p. 382) pseudostromatibus minoribus uniostiolatis ab eo recedit. — *Pseudostromata* et partes fulvescentes *thalli* KHO solutionem violaceam effundunt. *Gonidia* chroolepoidea, circ. 0,008 —0,010 millim. crassa. *Pseudostromata* circ. 3—1 millim. longa. *Perithecia* fuliginea, integra, in pseudostromatibus confluentia, ostiolis haud prominentibus. *Nucleus* albidus, jodo non reagens. *Paraphyses* ramoso-connexae. *Asci* oblongi aut cylindrico-oblongi. *Sporae* distichae, apicibus obtusis aut rotundatis, halone saepe praesertimque primum indutae, loculis fere aeque longis.

2. A. simplicatum Wainio (n. sp.).

Thallus crassitudine mediocris, stramineo-glaucescens, opacus. *Apothecia* thallo substratoque immersa, nucleos paucos collo lato brevique oblique conniventes confluentesque continentia, collo ostiolari communi lato brevique, in verrucula circ. 0,5 millim.

lata parum elevata straminea vulgo solitarie aperto. *Sporae* 8:nae, decolores, oblongae, 3-septatae, long. 0,022—0,028, crass. 0,007—0,010 millim., loculis lenticularibus.

Ad corticem arboris prope Sitio (1000 metr. s. m.) in civ. Minarum, n. 1006. — *Thallus* laevigatus, strato corticali circ. 0,080 millim. crasso, cartilagineo, amorpho, subpellucido, KHO non reagente instructus. *Gonidia* chroolepoidea, circ. 0,008— 0,005 millim. crassa, membrana crassiuscula aut sat tenui. *Apothecia* pro parte simplicia. *Perithecia* fuliginea, integra, apice declinato in collum commune confluentia. *Nuclei* albidi, jodo non reagentes. *Paraphyses* gelatinam abundantem percurrentes, ramoso-connexae. *Asci* oblongo-cylindrici. *Sporae* distichae, apicibus rotundatis obtusisve, halone crasso indutae, loculis fere aeque longis.

7. Campylothelium.

Müll. Arg., Lich. Beitr. (Fl. 1883) n. 595, (1885) n. 835. *Parathelium* Nyl. in Bot. Zeit. 1862 p. 279 (pr. p.), Lich. Nov.-Gran. (1863) p. 493 (pr. p.) ed. 2 (1863) p. 256 (pr. p.).

Thallus crustaceus, uniformis, hyphis medullaribus hypothalloque substrato affixus, rhizinis destitutus, saepe *strato corticali* amorpho ex hyphis fere horizontalibus conglutinatis in materiam cartilagineam reductis formato instructus, *strato medullari* fere toto gonidia continente. *Gonidia* chroolepoidea, cellulis concatenatis, minutis. *Apothecia* simplicia. *Perithecia* solitaria, haud confluentia, vertice obliquo et ostiolo sublaterali. *Paraphyses* ramoso-connexae. *Sporae* 8:nae — solitariae, decolores, oblongae, murales.

1. **C. cartilagineum** Wainio (n. sp.).

Thallus crassus aut crassitudine mediocris, inaequalis aut verrucosus, glaucovirescens aut olivaceo-glaucescens, nitidus. *Apothecia* in verrucis thallinis inclusa aut demum superne denudata fusco-nigricantiaque, ostiolo oblique disposito, interdum leviter umbonato-prominente, nigricante. *Perithecium* circ. 1,3—0,8 millim. latum, globosum, fuligineum, integrum, tenue, intus strato tenui fulvescente, KHO solutionem violaceam effundente obduc tum. *Sporae* 4:nae aut 2:nae, oblongae, decolores, murales, long. 0,120—0,160, crass. 0,038—0,050 millim.

Ad corticem arborum prope Sitio (1000 metr. s. m.) in civ. Minarum, n. 1145. — Affine est Campylothelio Puiggarii Müll. Arg., Lich. Beitr. n. 596. *Thallus* strato corticali circ. 0,060 —0,050 millim. crasso, cartilagineo, amorpho, albido, KHO lutescente instructus. *Gonidia* chroolepoidea, circ. 0,008—0,006 millim. crassa, membrana tenui. *Perithecium* collo ostiolari brevi instructum. *Nucleus* vulgo circ. 0,7—0,8 millim. latus, jodo lutescens. *Paraphyses* gelatinam copiosam percurrentes, ramoso-connexae. *Asci* ventricosi aut oblongi, membrana crassiuscula aut demum sat tenui. *Sporae* rectae aut obliquae, apicibus obtusis, pariete crassiusculo, halone saepe indutae, cellulis numerosissimis, rotundatis aut cubicis.

8. Bottaria.

Mass., Misc. Lichenol. (1856) p. 42 (em.); Trev., Fl. 1861 p. 20 (em.); Müll. Arg., Pyr. Cub. (1885) p. 376 et 395 (em.), Pyr. Féean. (1888) p. 4 et 17 (em.). *Anthracothecium* Mass., Esam. Gen. Lich. (1860) p. 49 (em.); Müll. Arg., Lich. Afr. (1880) p. 43 (em.). Pyr. Cub. (1885) p. 376 et 414 (em.), Pyr. Féean. (1888) p. 4 et 36 (em.), Lich. Beitr. (Fl. 1888) n. 1265—1268 (em.).

Thallus crustaceus, uniformis, epiphlocodes aut saepe endophlocodes (vel cellulis substrati immixtus) aut hypophloeodes, hypothallo et hyphis medullaribus substrato affixus, rhizinis destitutus, *strato corticali* nullo aut amorpho et ex hyphis horizontalibus conglutinatis in materiam cartilagineam reductis formato obductus, *strato medullari* fere toto gonidia continente. *Gonidia* chroolepoidea (Trentepohliae umbrinae Bornet similia), cellulis concatenatis, parvis. *Apothecia* simplicia (in subg. Anthracothecio) aut peritheciis amphitheciisve confluentia et pseudostromata formantia (in subg. Eubottaria Wainio). *Perithecium* rectum, fuligineum aut rarius majore parte pallidum (in sect. Porinastro: Müll. Arg., Lich. Beitr. n. 1266). *Paraphyses* simplices aut raro ramoso-connexae (Müll. Arg., Lich. Beitr. n. 912). *Sporae* 8:nae — solitariae, obscuratae, ellipsoideae oblongaeve, demum murales. *Pycnoconidia* (quantum cognita) „filiformi-cylindrica, arcuata, tenuissima. *Sterigmata* breviuscula. *Concepta-*

cula pycnoconidiorum apothecia diminuta simulantia.'' (Nyl., Exp. Pyrenoc. p. 50).

1. **B. variolosa** (Pers.) Wainio. *Verrucaria* Pers. in Gaudich. Voy. Uran. Bot. p. 181 (mus. Paris.); Mont., Syllog. (1856) p. 368 (mus. Paris.); Nyl., Exp. Pyrenoc. (1858) p. 41. *Anthracothecium variolosum* Müll. Arg., Lich. Afr. (1880) p. 44, Pyr. Cub. (1885) p. 414.

Thallus macula olivaceo-pallescente pallidave indicatus. *Apothecia* sat diu thallo substratoque immersa, demum emergentia et verrucas circ. 1,5 [1—2,5] millim. latas, hemisphaericas [aut conoideo-hemisphaericas], nigras nudasque aut sat diu tenuiter cinerascenti-velatas, vertice convexas [aut convexo-conoideas aut interdum minute umbilicatas] formantia. *Perithecium* hemisphaericum fuligineum, integrum, basi tenui. *Sporae* solitariae, oblongae, murales, long. circ. 0,120—0,236 millim. [,,—0,100 millim.'': Nyl.], crass. 0,022—0,034 millim. [,,—0,046 millim.'': Nyl.], cellulis numerosissimis.

Ad corticem arboris prope Sitio (1000 metr. s. m.) in civ. Minarum, n. 700. — *Thallus* endophloeodes, superne strato nitidulo, fere amorpho, albido subpallidove, cellulas destructas substrati (corticis) abundanter continente instructus. *Gonidia* chroolepoidea, circ. 0,008—0,006 millim. crassa, (membrana sat tenui), cellulis substrati immixta. *Perithecium* saepe columella centrali tenui longiore brevioreve instructum. *Nucleus* depressus, jodo non reagens. *Paraphyses* 0,0015 millim. crassae, gelatinam abundantem percurrentes, neque ramosae, nec connexae. *Sporae* olivaceo-fuscescentes, apicibus rotundatis obtusisve, vulgo ad septas primarias transversales constrictae, halone nullo indutae.

2. **B. ochrotropa** (Nyl.) Wainio. *Verrucaria denudata* f. *ochrotropa* Nyl., Syn. Nov. Cal. (1868) p. 90 (mus. Paris.). *V. denudata* Nyl., Syn. Nov. Cal. p. 90 pr. p. (haud Exp. Pyrenoc. p. 49): mus. Paris. *V. confinis* Nyl. pr. p. (Madagasc.: mus. Paris.).

Thallus epiphloeodes, tenuis, albidus aut pro parte lutescens ochraceusve [aut omnino ochraceus rubescensve: specim. Nov. Caled. pr. p.], opacus. *Apothecia* verrucas 0,3—0,4 millim. latas, hemisphaericas aut conoideo-hemisphaericas, majore minoreve parte strato tenui thallino ochraceo [aut rubescente: specim. Nov. Caled. pr. p.], KHO solutionem violaceam effundente, obductas, parte su-

periore demum plus minusve denudatas nigricantesque, vertice convexas aut conoideo-convexas formantia. *Perithecium* subglobosum,
fuligineum, basi media deficiens. *Sporae* 8:nae, ellipsoideae, murales, long. 0,016—0,022, crass. 0,008—0,012 millim., cellulis haud
numerosis.

Ad corticem arboris prope Sepitiba in civ. Rio de Janeiro,
n. 488. — *Gonidia* chroolepoidea, circ. 0,010—0,008 millim. crassa,
membrana sat tenui. *Nucleus* subglobosus, circ. 0,27—0,18 millim. latus, jodo non reagens. *Paraphyses* 0,0015 millim. crassae,
gelatinam abundantem percurrentes, neque ramosae, nec connexae. *Sporae* obscuratae nigricantesve, apicibus rotundatis, halone nullo indutae, septis transversalibus vulg. circ. 3.

3. B. dimorpha Wainio (n. sp.).

Thallus tenuis aut sat tenuis, endophloeodes, olivaceo-pallescens aut glaucescenti-albicans, nitidus. *Apothecia* simplicia aut
pro minore parte confluentia, primum thallo substratoque immersa et tenuiter cinerascenti-velata, demum verrucas 0,6—0,4
millim. latas, hemisphaericas, nigras, vertice convexas et demum
ad ostiolum umbilicato-impressas formantia. *Perithecium* hemisphaericum, fuligineum, dimidiatum. *Sporae* 8:nae, ellipsoideae,
long. 0,013—0,020, crass. 0,008—0,013 millim., 3-septatae et pro
parte demum submurales, cellulis haud numerosis.

Ad corticem arboris prope Rio de Janeiro, n. 3. — Haec
species inter Pyrenulas et Anthracothecia (et Eubottarias)
est intermedia. Affinis sit A. hianti Müll. Arg., Lich. Beitr. n.
912. *Thallus* superne strato fere amorpho ex hyphis horizontalibus conglutinatis formato et cellulas destructas substrati continente instructus. *Gonidia* chroolepoidea, circ. 0,006—0,004 millim. crassa (membrana sat tenui), cellulis substrati immixta. *Perithecium* basi deficiens aut interdum tenue. *Nucleus* hemisphaericus, circ. 0,4—0,38 millim. latus, jodo non reagens. *Paraphyses* 0,001 millim. crassae, neque ramosae, nec connexae. *Asci*
cylindrici. *Sporae* olivaceo-fuscescentes, apicibus rotundatis, pro
majore parte 3-septatae et loculis lenticularibus (loculi apicales
reliquis vulgo minores), demum interdum adhuc nonnullis loculis
lateralibus instructae submuralesque.

9. Pyrenula.

Fée, Ess. Crypt. Écorc. Suppl. (1837) p. 76 em. (haud Ach., Lich. Univ. 1810 p. 314); Mass., Ric. Lich. Crost. (1852) p. 162 (em.); Koerb., Syst. Germ. (1855) p. 359 (em.); Th. Fr., Gen. Heterolich. (1861) p. 106 (em.); Stizenb., Beitr. Flechtensyst. (1862) p. 148 (em.); Müll. Arg., Princ. Classif. (1862) p. 90 (em.); Fuist., Ap. Lich. Evolv. (1865) p. 51, Bot. Zeit. 1868 p. 663, tab. X fig. 5—7; Tuck., Gen. Lich. (1872) p. 270 (em.); Müll. Arg., Lich. Beitr. (Fl. 1885) n. 890—906 (em.), Pyr. Cub. (1885) p. 376 et 409 (em.), Pyr. Féean. (1888) p. 4 et 29 (em.). *Melanotheca* Fée, Ess. Crypt. Écorc. Suppl. (1837) p. 70 (em.), Mém. Lichenogr. (1838) p. 73 (em.); Nyl., Exp. Pyrenoc. (1858) p. 69 (pr. p. et em.); Müll. Arg., Pyr. Cub. (1885) p. 376 et 395 (em.), Pyr. Féean. (1888) p. 4 et 18 (em.).

Thallus crustaceus, uniformis, epiphloeodes aut saepe endophloeodes (vel cellulis substrati immixtus) hypophloeodesve, hypothallo et hyphis medullaribus substrato affixus, rhizinis destitutus, *strato corticali* nullo aut saepe evoluto amorphoque et ex hyphis horizontalibus vel interdum irregulariter contextis conglutinatis in materiam cartilagineam reductis formato obductus, *strato medullari* fere toto gonidia continente. *Gonidia* chroolepoidea (Trentepohliae umbrinae similia; conf. Bornet, Rech. Gon. Lich. p. 11 et 14, tab. 6 fig. 5—8), cellulis concatenatis, parvis. *Apothecia* simplicia (in subg. Eupyrenula Wainio) aut peritheciis confluentia et pseudostromata formantia (in subg. Melanotheca). *Perithecium* rectum, fuligineum. *Paraphyses* simplices aut raro „ramoso-connexae" (Müll. Arg., Pyr. Cub. p. 396). *Sporae* 8:nae aut raro 4:nae (conf. Müll. Arg., l. c. p. 411), obscuratae, ellipsoideae oblongaeve aut ellipsoideo-fusiformes, 1—6-septatae, interne membrana incrassata et loculis lenticularibus. *Pycnoconidia* (quantum cognita) vulgo „filiformi-cylindrica, curvata aut parum arcuata, tenuissima" (conf. Tul., Mém. Lich. p. 217, tab. II fig. 6 et 8, Nyl., Lich. Nov. Zel. p. 131 et 132). *Sterigmata* simplicia (Tul., l. c.).

Subg. I. **Melanotheca** (Fée) Wainio. *Apothecia* pro majore parte peritheciis aut amphitheciis confluentia et pseudostromata formantia.

Melanotheca Fée, l. c. (conf. supra).

1. **P. cruenta** (Mont.) Wainio. *Trypethelium cruentum* Mont. in Ann. Sc. Nat. Bot. 2 sér. VIII (1837) p. 357, Syllog. (1856) p.

372 (mus. Paris.); Nyl., Exp. Pyrenoc. (1858) p. 73. *Stromatothe-lium* Trev., Fl. 1861 p. 20. *Melanotheca* Müll. Arg., Pyr. Cub. (1885) p. 397.

Thallus tenuis aut sat tenuis, partim pallescens vel pallido-glaucescens, partim [aut totus] sanguineo-rubescens, nitidulus aut opacus. *Apothecia* pro parte confluentia et pseudostromata parum aut plus minusve distincta difformia extus sanguineo-rubicunda formantia, pro parte simplicia et verrucas 0,5—0,7 millim. latas, conoideas aut hemisphaericas sanguineo-rubescentes aut demum vertice sat anguste nigricantes formantia. *Perithecium* fuligineum, integrum. *Sporae* 8:nae, ellipsoideo-fusiformes, 3-septatae, nigricantes, long. circ. 0,025—0,030, crass. 0,012—0,015 millim.

Ad corticem arboris prope Rio de Janeiro parce lecta, n. 127 b. — *Thallus* strato corticali cartilagineo, amorpho, ex hyphis irregulariter contextis formato (tubulis hypharum passim conspicuis), partim incrassato instructus, passim substrato immixtus, superne saepe materia rubra coloratus. *Gonidia* chroolepoidea, cellulis circ. 0,010—0,012 millim. crassis, membrana sat crassa. *Apothecia* strato tenui thallino gonidiis destituto at passim cellulas substrati continente maxima parte obducta. *Materia rubra* thalli et apotheciorum KHO solutionem violaceam effundit. *Nucleus* globosus, circ. 0,4 millim. latus, bene oleosus granulosusque, jodo non reagens. *Paraphyses* 0,0015 millim. crassae, neque ramosae, nec connexae. *Asci* subcylindrici aut cylindrico-clavati, membrana tenui. *Sporae* apicibus obtusis, halone nullo indutae, pariete crasso; loculi lenticulares, sat aequales, aut apicales vulgo reliquis minores.

Subg. II. **Eupyrenula** (Fée) Wainio. *Apothecia* simplicia aut subsimplicia.

Pyrenula 2. *Eupyrenula* Fée, Ess. Crypt. Écorc. Suppl. (1837) p. 78 (pr. p.). *Pyrenula* Mass., l. c. (conf. supra), et cet. auct. cit.

1. **Pyramidalis** Müll. Arg. *Perithecium* hemisphaericum aut conoideo-hemisphaericum, integrum. *Nucleus* depressus.

Pyrenula § 2. *Pyramidales* Müll. Arg., Pyr. Féean. (1888) p. 30.

2. **P. marginata** (Hook.) Trev., Caratt. (1853) p. 13; Müll. Arg., Pyr. Féean. (1888) p. 31. *V. marginata* Nyl., Exp. Pyrenoc. (1858) p. 45 pr. p.

Thallus hypophloeodes aut endophloeodes, macula glauce-scente aut olivaceo- vel pallido-glaucescente aut subalbida indi-catus. *Apothecia* verrucas circ. 1,7—1 millim. latas, hemisphae-ricas, nigras, vertice convexas aut rarius leviter minuteque um-bilicatas formantia, *perithecio* fuligineo, integro. *Sporae* 8:nae, vulgo oblongae aut rarius subfusiformes, 3-septatae, long. 0,024 —0,032 millim. [„—0,040 millim.": Müll. Arg.], crass. 0,011—0.014 millim. [—0,018 millim.": Müll. Arg.].

Ad corticem arborum prope Lafayette (1000 metr. s. m.), n. 347, et in Carassa (1400 metr. s. m.), n. 1220, in civ. Mina-rum. — *Thallus* nitidulus. *Hyphae* et gonidia thalli cellulis sub-strati immixta. *Gonidia* chroolepoidea, circ. 0,008 millim. crassa, membrana sat tenui. *Nucleus* depresso-hemisphaericus, jodo non reagens. *Paraphyses* vix 0,001 millim. crassae, neque ramosae, nec nonnexae. *Asci* cylindrici, membrana sat tenui. *Sporae* mo-nostichae, fuscescentes, apicibus rotundatis aut obtusis aut raro acutiusculis, loculis lenticularibus, fere aequalibus.

3. **P. Kunthii** Fée, Etud. Crypt. Écorc. (1837) p. 80; Müll. Arg., Pyrenoc. Cub. (1885) p. 411, Pyr. Féean. (1888) p. 30.

Thallus hypophloeodes aut endophloeodes, macula glauce-scente aut olivacea pallidave indicatus. *Apothecia* verrucas circ. 1—0,5 millim. latas, hemisphaericas, nigras, vertice convexas for-mantia, *perithecio* fuligineo, integro. *Sporae* 8:nae, oblongo- aut ellipsoideo-fusiformes, 3-septatae, long. 0,020—0,024 millim. [„—0,018 millim.": Müll. Arg., Pyr. Féean. p. 31], crass. 0,009— 0,011 millim. [„—0,007 millim.": Müll. Arg., l. c.].

Ad corticem arborum prope Sitio (1000 metr. s. m.) in civ. Minarum, n. 1151. — *Thallus* nitidulus. *Gonidia* chroolepoidea, circ. 0,008—0,010 millim. crassa, membrana crassiuscula aut sat tenui. *Nucleus* depresso-hemisphaericus, jodo non reagens. *Para-physes* 0,001 millim. crassae, neque ramosae, nec constrictae. *Asci* cylindrici. *Sporae* monostichae aut distichae, olivaceo-fusce-scentes, apicibus breviter acutatis aut rarius fere obtusis, loculis lenticularibus, sat aequalibus.

4. **P. mamillana** (Ach.) Trev., Consp. Verr. (1860) p. 13; Müll. Arg., Pyrenoc. Cub. (1885) p. 411, Pyr. Féean. (1888) p. 30. *Verrucaria* Ach., Meth. Lich. (1803) p. 120. *V. marginata* Hook. *V. Santensis* Nyl., Lich. Nov.-Gran. ed. 2 (1863) p. 248.

Thallus endophloeodes vel hypophloeodes, macula pallidoalbescente [aut olivaceo-pallida] indicatus. *Apothecia* verrucas circ. 1—0,3 millim. latas, hemisphaericas, nigras, vertice convexas formantia, *perithecio* fuligineo, integro. *Sporae* 8:nae, fusiformi-oblongae aut suboblongae, 3-septatae, long. 0,016—0,020, crass. 0,005—0,008 millim.

Var. **subconfluens** Wainio. *Perithecia* pro parte confluentia, pro parte solitaria.

Ad corticem arboris prope Sepitiba in civ. Rio de Janeiro, n. 470. — Intermedia est inter subg. Melanothecam (Féc) et Eupyrenulam (Féc). — *Thallus* strato suberoso destructo corticis immixtus, superne fere amorphus, nitidulus. *Gonidia* chroolepoidea, cellulis corticis inclusa immixtaque, circ. 0,010—0,008 millim. crassa, membrana sat tenui. *Nucleus* depresso-hemisphaericus, jodo non reagens. *Paraphyses* neque ramosae, nec connexae. *Asci* subventricosi. *Sporae* saepe distichae, fuscescentes, apicibus acutis aut rarius obtusis, loculis lenticularibus, sat aequalibus.

2. **Subglobosa** Müll. Arg. *Perithecium* subglobosum, integrum. *Nucleus* subglobosus.

Pyrenula § 3. *Subglobosae* Müll. Arg., Pyr. Féean. (1888) p. 31.

5. **P. subducta** (Nyl.) Wainio. *Verrucaria* Nyl., Lich. Nov.-Gran. (1863) p. 489, ed. 2 (1863) p. 247 (mus. Paris.), Lich. Nov.-Gran. Addit. (1867) p. 344.

Thallus hypophloeodes vel endophloeodes, macula glaucescente vel cinereo-glaucescente [aut pallida] indicatus. *Apothecia* diu thallo substratoque immersa subimmersave, demum semiimmersa at diu strato tenuissimo thallode fere ad instar pruinae velata deindeque subdenudata denudatave et verrucas 1,3—0,5 millim. latas, hemisphaericas aut elevato-hemisphaericas, **nigras** (primo cinereo-nigricantes), vertice convexas formantia, *perithecio* fuligineo, integro, globoso. *Sporae* 8:nae, oblongae aut subventricoso-oblongae, 3-septatae, long. (in specim. nostris) circ. 0,048 —0,058 millim. [„0,038—0,102 millim.“: Nyl., ll. cc.], crass. 0,020— 0,024 millim. [„0,016—0,032 millim.“: Nyl.].

Ad corticem arboris prope Sitio (1000 metr. s. m.) in civ. Minarum, n. 742. — *Thallus* hypophloeodes vel endophloeodes, strato suberoso sclerenchymaticoque corticis (substrati) increscens, ibique zonam gonidialem hyphis immixtam formans, nitidulus. *Gonidia* chroolepoidea, circ. 0,008—0,006 millim. crassa, membrana sat tenui. *Nucleus* globosus, jodo non reagens [aut interdum „dilute vinose rubens“: Nyl., Lich. Nov.-Gran. Addit. p. 344]. *Paraphyses* 0,001 millim. crassae, gelatinam abundantem percurrentes, neque ramosae, nec connexae. *Sporae* distichae, fuscescentes, apicibus rotundatis, pariete crasso; loculi crasse anguloso-lenticulares, medii reliquis paullo majores.

6. **P. Minarum** Wainio (n. sp.).

Thallus hypophlocodes vel endoploeodes, macula olivaceopallida olivaceave indicatus. *Apothecia* pro parte confluentia et pro parte simplicia, verrucas 1,5—1 millim. latas, hemisphaericas, basi sat abruptas aut sensim in thallum abeuntes, strato thallode thallo concolore omnino obductas aut apice demum plus minusve denudatas et cinereo-nigricantes nigricantesve, vertice convexas formantia, *perithecio* fuligineo, integro, globoso. *Sporae* 8:nae, oblongae aut fusiformi-oblongae, 3-septatae, long. 0,026—0,036 millim., crass. 0,011—0,015 millim.

Ad corticem arboris prope Sitio (1000 metr. s. m.) in civ. Minarum, n. 677. — Ad species inter Melanothecas et Eupyrenulas intermedias pertinet. — Affinis V. mastophorae Nyl. (Lich. Nov.-Gran. ed. 2 p. 248), quae praecipue apotheciis minoribus ab ea differt. — *Thallus* cellulis substrati immixtus, maculam nitidiusculam formans. *Gonidia* chroolepoidea, circ. 0,010—0,008 millim. crassa, membrana sat tenui. *Nucleus* globosus, circ. 0,38—0,72 millim. latus, jodo dilute violascens. *Periphyses* in vertice vel ad ostiolum apothecii perithecium interne vestientes, pro parte simplices, pro parte parce ramoso-connexae, circ. 0,050 —0,040 millim. longae, suberectae, gelatinam in KHO diffluxam percurrentes. *Paraphyses* 0,001 millim. crassae, gelatinam sat abundantem percurrentes, neque ramosae, nec connexae. *Asci* subcylindrici aut suboblongi. *Sporae* monostichae aut distichae, olivaceo-fuscescentes, apicibus obtusis, pariete incrassato, loculis lenticularibus, fere aequalibus.

10. Pseudopyrenula.

Müll. Arg.. Lich. Beitr. (Fl. 1883) n. 602 (em.), Pyr. Cub. (1885) p. 376 et 407 (em.). Pyr. Féean. (1888) p. 4 et 28 (em.). *Trypethelium* Trev., Fl. 1861 p. 19 (em., conf. infra); Müll. Arg., Pyr. Cub. (1885) p. 376 et 389 (em.), Pyr. Féean. (1888) p. 4 et 389 (em.).

Thallus crustaceus, uniformis, hypothallo et hyphis medullaribus substrato affixus, rhizinis destitutus, *strato corticali* nullo aut saepe fere amorpho et ex hyphis horizontalibus conglutinatis in materiam cartilagineam reductis formato instructus, *strato medullari* fere toto gonidia continente. *Gonidia* chroolepoidea (cellulis minutis, concatenatis). *Apothecia* simplicia [in subg. Heterothelio Wainio] aut peritheciis vel amphitheciis confluentia et pseudostromata formantia [in subg. Trypethelio (Spreng.)]. *Perithecium* rectum, fuligineum aut fuscescens pallidumve. *Paraphyses* ramoso-connexae. *Sporae* 8:nae, decolores, oblongae aut fusiformes, 3—pluri-septatae, interne membrana incrassata et loculis lenticularibus, compressis, aut rotundatis. *Pycnoconidia* brevia, tenuissima, recta, cylindrica aut utroque apice clavatula (in n. 51 et 783). *Sterigmata* simplicia.

Subg. I. **Trypethelium** (Spreng.) Wainio. *Apothecia* pro majore parte peritheciis aut amphiteciis confluentia et pseudostromata formantia.

Trypethelium Spreng., Einl. z. Kenntn. d. Gewächse (1804) p. 350: Ach., Lich. Univ. (1810) p. 58 et 306; Fée, Mon. Tryp. 1831 (pr. p.); Nyl., Exp. Pyrenoc. (1858) p. 71 (pr. p.); Tuck., Gen. Lich. (1872) p. 258 (pr. p.); Müll. Arg., Pyr. Cub. (1885) p. 376 et 389; Pyr. Féean. (1888) p. 4 et 9.

Sect. 1. **Eutrypethelium** Müll. Arg. *Sporae* multiloculares (circ. 5—17-septatae).

Trypethelium sect. 2. *Eutrypethelium* Müll. Arg., Pyr. Cub. (1885) p. 293.

1. **Ps. eluteriae** (Spreng.) Wainio. *Trypethelium eluteriae* Spreng., Einl. z. Kenntn. Gew. (1804) p. 351: Müll. Arg., Pyr. Cub. (1885) p. 393, Pyr. Féean. (1888) p. 15. *Tr. Sprengelii* Ach., Lich. Univ. (1810) p. 306; Fée, Mon. Tryp. (1831) p. 19; Nyl., Exp. Pyrenoc. (1858) p. 77 (pr. p.).

Thallus endophloeodes vel substrato immixtus aut fere hypophloeodes, glaucescens vel stramineo-glaucescens [aut pallescens cinerascensve], sat opacus. *Pseudostromata* elevata, rotundata aut irregulariter oblonga, depresso- vel applanato-convexa, basi abrupta aut leviter constricta, extus cinereo-fuscescentia, intus citrina vel fulvo-lutescentia et KHO solutionem rubescentem et demum violascentem effundentia, perithecia numerosa includentia, verticibus nigricantibus, minute umbonato-elevatis. *Perithecium* globosum aut ovoideum, fuligineum, integrum, tenue. *Sporae* 8:nae, fusiformes, circ. 6—10-septatae [„—14-septatae": Nyl.], long: 0,028 —0,038 millim. [„—0,055 millim.": Nyl.], crass. 0,007—0,009 millim.

Ad corticem arboris prope Rio de Janeiro, n. 19. — *Thallus* laevigatus. *Gonidia* chroolepoidea, circ. 0,010 millim. crassa, membrana crassiuscula. *Nucleus* globosus aut ovoideus, jodo non reagens. *Paraphyses* 0,001 millim. crassae, gelatinam abundantem percurrentes, ramoso-connexae. *Asci* subcylindrici aut cylindrico-clavati, membrana sat tenui. *Sporae* distichae, decolores, apicibus acutis aut subobtusis, loculis brevibus, latere cylindricis aut rotundato-cylindricis, fere aeque longis, halone nullo aut tenui indutae.

*Ps. subsulphurea Wainio (n. subsp.).

Thallus sat tenuis aut crassitudine mediocris, sulphureoflavescens aut sulphureo-glaucescens, opacus. *Pseudostromata* bene elevata, depresso-subglobosa aut irregulariter ellipsoidea oblongave, convexa, basi bene constricta, extus thallo concoloria, intus fulvescentia et KHO solutionem violaceam effundentia, perithecia numerosa includentia, verticibus rarius demum denudatis nigricantibusque et umbonato-elevatis. *Perithecium* globosum aut ovoideum, fuligineum, integrum, tenue. *Sporae* 8:nae, fusiformes, circ. 10—14 (—9)-septatae, long. 0,034—0,047, crass. 0,007— 0,009 millim.

Ad corticem arboris prope Sepitiba in civ. Rio de Janeiro, n. 413. — Colore thalli et pseudostromatum a Ps. eluteriae differt. *Thallus* pruina sulphurea (KHO non reagente) obductus, strato corticali fere amorpho ex hyphis horizontalibus conglutinatis formato KHO fulvescente instructus. *Gonidia* chroolepoidea, circ. 0,008—0,012 millim. crassa, membrana vulgo sat crassa. *Pseudostromata* gonidiis destituta. *Nucleus* ovoideus aut globosus, jodo non reagens. *Paraphyses* gelatinam abundantem percurrentes, crebre ramoso-connexae. *Asci* oblongi aut subcylindrici, membrana sat tenui. *Sporae* distichae, decolores, apicibus acutis aut obtusiusculis, loculis brevibus, parte laterali rotundatis aut rotundato-subcylindricis, fere aeque longis, halone nullo aut tenui indutae.

Sect. 2. **Bathelium** (Ach.) Müll. Arg. *Sporae* 3-septatae.
Bathelium Ach.. Meth. Lich. 1803) p. 111. *Trypethelium* sect. 1. *Bathelium* Müll. Arg., Pyr. Cub. (1885) p. 389.

α. **Chrysothelium** Wainio. *Pseudostromata* extus obscurata, intus fulvescentia et materiam KHO violascentem continentia.

2. **Ps. endochrysea** Wainio (n. sp.).
Thallus sat crassus aut crassitudine mediocris, glaucescens, saepe rugoso- vel verrucoso-inaequalis, nitidus. *Pseudostromata* bene elevata, depresso-subglobosa aut oblonga, convexa, basi vulgo partim constricta, extus fusco-cinerascentia aut testaceofuscescentia, intus fulvescentia et KHO solutionem vinose rubentem effundentia, apothecia numerosa includentia, verticibus sat late aut anguste denudatis, nigris, medio aut totis saepe umbonato-elevatis. *Perithecium* globosum aut ovoideum, superne saepe in collum conoideum continuatum, fuligineum, integrum, tenue. *Sporae* 8:nae, oblongae aut fusiformi-oblongae, 3-septatae, long. $0,032-0,050$, crass. $0,010-0,015$ millim.

Ad corticem arboris in Carassa (1000 metr. s. m.) in civ. Minarum, n. 1157. — Habitu subsimilis Ps. mastoideae (Ach.). *Thallus* strato corticali pellucido, amorpho, chondroideo (tubulis hypharum horizontalibus conspicuis) instructus, subcontinuus. *Gonidia* chroolepoidea, circ. $0,012-0,014$ millim. crassa, membrana sat tenui aut crassiuscula. *Nucleus* ovoideus aut primo erectoellipsoideus, jodo non reagens. *Paraphyses* ramoso-connexae. *Asci* oblongo-clavati. *Sporae* distichae, decolores, apicibus obtusis, loculis anguloso-lenticularibus subglobosisve, vulgo sat aequalibus.

β. **Chrysothallus** Wainio. *Pseudostromata* (et majore minoreve parte etiam *thallus*) solum extus ferruginea vel ochracea fulvescentiave et KHO violascentia.

3. **Ps. aenea** (Eschw.) Wainio. *Verrucaria aenea* Eschw. in
Mart. Icon. Sel. (1828) tab. 8 fig. 3, Lich. Bras. (1833) p. 133
(teste Müll. Arg., Lich. Eschw. 1884 p. 7). *Verrucaria heterochroa*
Mont., Ann. Sc. Nat. 2 sér. Bot. T. 19 (1843) p. 60, Syllog. (1856)
p. 370 (mus. Paris.); Nyl., Exp. Pyrenoc. (1858) p. 52; Krempelh.,
Fl. 1876 p. 522 (hb. Warm.). *Trypethelium Kunzei* Müll. Arg., Pyr.
Cub. (1885) p. 390, Pyr. Féean. (1888) p. 10 (etiam Fée, Mon.
Tryp. 1831 p. 445, tab. 15 fig. 3, secund. specim. authent. obser-
vante Müll. Arg., l. c., sed neque descr. nec. icon. congruentes).

Thallus macula ochraceofulvescente [aut partim olivacea
vel olivaceo-lutescente] indicatus, opacus. *Apothecia* pro parte
confluentia et pseudostromata parum distincta difformia formantia, pro parte simplicia et verrucas 0,3—0,4 millim. latas, hemisphaericas, substrato thalloque obductas thalloque concolores, vertice convexas formantia. *Perithecium* conico-globulosum, fuligineum, integrum. *Sporae* 8:nae, oblongae, 3-septatae, long. 0,019
—0,021 millim. [„—0,027 millim.“: Nyl.], crass. 0,007—0,008
millim.

Ad corticem arborum pluribus locis in Brasilia mihi obvia,
n. 292. — *Thallus* substrato immixtus et fere hypophloeodes, materia fulvescente, KHO solutionem violaceam effundente plus minusve suffusus. *Gonidia* chroolepoidea, circ. 0,010—0,008 millim.
crassa, membrana sat tenui. *Perithecium* tenue. *Nucleus* granulosus oleosusque, jodo non reagens. *Paraphyses* ramoso-connexae (in spir. aether. et KHO). *Asci* oblongi. *Sporae* decolores, apicibus obtusis, halone indutae, loculis lenticularibus, sat
aequalibus.

4. **Ps. aureomaculata** Wainio (n. sp.).

Thallus sat tenuis aut crassitudine mediocris, stramineus
aut partim praesertimque circa apothecia fulvescens, laevigatus,
opacus. *Apothecia* irregulariter aut in zonas elongatas aggregata,
thallo immersa, aut demum verrucas zonasve thallo obductas
difformes parum elevatas ad instar pseudostromatis formantia.
Perithecium subglobosum (collo ostiolari conico), fuligineum (apicem versus pallidum), integrum. *Sporae* 8:nae, oblongae, 3-sep-
tatae, long. 0,030—0,040, crass. 0,009—0,011 millim.

Ad corticem Velloziae in montibus Carassae (1550 metr.
s. m.) in civ. Minarum, n. 1473. — *Thallus* superne strato corticali crasso, fere amorpho, ex hyphis horizontalibus conglutinatis

formato et cellulas destructas substrati abundanter continente obductus, parte fulvescente KHO solutionem violaceam effundente. *Gonidia* chroolepoidea, circ. 0,012—0,008 millim. crassa, membrana saepe crassiuscula. *Perithecium* sat tenue. *Nucleus* globosus, jodo non reagens. *Qstiolum* nigrum, punctiforme. *Paraphyses* gelatinam abundantem percurrentes, ramoso-connexae. *Asci* cylindrici aut cylindrico-oblongi, membrana sat tenui. *Sporae* distichae, decolores, apicibus obtusis, halone indutae, loculis lenticularibus, sat aequalibus.

γ. **Rhyparothelium** Wainio. Neque *thallus* nec *pseudostromata* materiam ochraceam KHO violascentem continentia. *Apothecia* in pseudostroma e thallo et cellulis substrati formatum immersa.

5. **Ps. pulcherrima** (Fée) Wainio. *Trypethelium pulcherrimum* Fée, Mon. Tryp. (1831) p. 41, tab. 11 fig. 2; Nyl., Exp. Pyrenoc. (1858) p. 75 (mus. Paris.).

Thallus crassitudine mediocris aut sat tenuis, glaucescens [aut pallescens], nitidulus aut subopacus. *Apothecia* pro majore parte aggregata et pseudostromatibus plus minusve distinctis, saepe satis obsoletis, parum elevatis, difformibus, basi in thallum sensim abeuntibus, extus et intus pallescentibus aut sordide albicantibus immersa. *Perithecium* globosum, fuligineum, integrum, tenue. *Sporae* 8:nae, oblongae, 3-septatae, long. 0,020—0,024, crass. 0,007—0,008 millim.

Ad corticem arboris prope Lafayette (1000 metr. s. m.) in civ. Minarum, n. 271. — Species est valde dubia. *Thallus* sat laevigatus, strato corticali crasso, amorpho (tubulis hypharum passim distinctis), ex hyphis horizontalibus conglutinatis formato instructus. *Gonidia* chroolepoidea, circ. 0,012—0,010 millim. crassa, membrana sat crassa. *Nucleus* globosus, jodo non reagens. *Pseudostromata* in parte interiore inferioreque substratum continentia. *Paraphyses* ramoso-connexae. *Asci* ventricoso-oblongi. *Sporae* decolores, apicibus obtusis rotundatisve, halone crasso aut nullo indutae, loculis lenticularibus, sat aequalibus.

6. **Ps. duplex** (Fée) Wainio. *Trypethelium* Fée, Mon. Tryp. (1831) p. 28, tab. 13 fig. 4; Nyl., Exp. Pyrenoc. (1858) p. 75. *Tr. cascarillae* Müll. Arg., Pyr. Féean. (1888) p. 14.

Thallus crassitudine mediocris aut sat tenuis, glaucescens [aut stramineo-glaucescens], nitidulus. *Apothecia* in pseudostromata subrotundata vel irregulariter ellipsoidea, hemisphaerica, albida, intus albida [aut e cellulis substrati parcius inclusis sordidescentia] immersa. *Perithecium* globosum, fuligineum, integrum. *Sporae* 8:nae, oblongae, 3-septatae, long. 0,017—0,023, crass. 0,007—0,008 millim.

Ad corticem arboris prope Rio de Janeiro, n. 164, 178. — *Thallus* laevigatus, strato corticali, amorpho, semipellucido, crasso instructus. *Gonidia* chroolepoidea, circ. 0,008—0,006 millim. crassa, membrana sat tenui. *Pseudostromata* praecipue e strato corticali thalli formata, in partibus inferioribus parcius cellulas substrati continentia. *Nucleus* globosus, jodo non reagens. *Paraphyses* 0,001 millim. crassae, bene ramoso-connexae. *Asci* subcylindrici aut cylindrico-clavati. *Sporae* distichae, decolores, apicibus rotundato-obtusis, saepe halone indutae, loculis lenticularibus, apicalibus vulgo reliquis paullo majoribus.

7. **Ps. ochroleuca** (Eschw.) Wainio. *Verrucaria* Eschw. in Mart. Icon. Sel. (1828) tab. 8 fig. IV et III 1—6, Fl. Bras. (1833) p. 135. *Trypethelium ochroleucum* Nyl., Fl. 1869 p. 126; Müll. Arg., Rev. Lich. Eschw. (1884) p. 7, Pyr. Cub. (1885) p. 391, Pyr. Féean. (1888) p. 13.

Thallus hypophloeodes aut substrato immixtus, macula vulgo stramineo-glaucescente aut glaucescente, opaca aut nitida indicatus. *Apothecia* aggregata et pseudostromatibus plus minusve distinctis, difformibus, extus stramineo-albidis, intus (substrato) sordidis pallescentibusve immersa. *Perithecium* conoideo- vel depresso-subglobosum (superne in collum conoideum angustatum), tenue integrumque aut basi tenuissimum deficiensve, fuligineum aut fuscescens aut passim sordide pallidum. *Sporae* 8:nae, oblongae aut raro ovoideo-oblongae, 3-septatae, long. 0,014—0,027, crass. 0,008—0,010 millim.

Var. **pallescens** (Fée) Müll. Arg., Pyr. Cub. (1885) p. 392. *Trypethelium pallescens* Fée, Mon. Tryp. (1831) p. 31, tab. 13 fig. 3.

Pseudostromata pulvuliformia, irregulariter rotundata oblongave aut difformia, depresso-hemisphaerica convexaque. — Ad corticem arborum locis numerosis prope Rio de Janeiro et Sepitiba in eadem civitate, n. 432.

Var. **effusa** Müll. Arg., Pyr. Cub. (1885) p. 392 (em.).

Pseudostromata tenuia depressaque, aut evanescentia. —

14*

Ad corticem arborum locis numerosis prope Sitio, Lafayette et
Carassa in civ. Minarum, n. 637.

Gonidia chroolepoidea, circ. 0,008 millim. crassa, membrana
crassiuscula. — *Apothecia* substrato immersa, quod in pseudostromata, thallo hypophloeode obducta, transformant. *Nucleus*
depresso- vel conoideo-subglobosus (superne in collum conoideum
continuatus), circ. 0,32—0,30 millim. latus, saepe oleosus granulosusque, jodo non reagens. *Paraphyses* gelatinam abundantem
percurrentes, ramoso-connexae. *Asci* subcylindrici aut oblongo-
elongati, membrana sat tenui. *Sporae* distichae, decolores, apicibus obtusis rotundatisve, saepe halone indutae, loculis lenticularibus, sat aequalibus. *Pycnoconidia* „cylindrica, utroque apice clavatula, long. circ. 0,005, crass. vix 0,001 millim." (Nyl., l. c.).

δ. **Melanothelium** Wainio. Neque *thallus* nec *pseudostromata* materiam ochraceam KHO violascentem continentia. *Pseudostromata* e perithecis elevatis confluentibus formata.

7. **Ps. tropica** (Ach.) Müll. Arg., Lich. Beitr. (Fl. 1883) n.
602. *Verrucaria* Ach., Lich. Univ. (1810) p. 278; Nyl., Exp. Pyrenoe. (1858) p. 57 (mus. Paris.). *Sagedia* Mass., Ric. Lich. Crost.
(1852) p. 161. *Trypethelium tropicum* Müll. Arg., Pyr. Cub. (1885)
p. 393, Pyr. Féean. (1888) p. 10. *Verr. Gaudichaudii* Fée, Ess.
Crypt. Écorc. (1824) p. 87, tab. 22 fig. 4.

Thallus crassitudine mediocris aut sat tenuis, glaucoviere-
scens aut olivaceo-glaucescens [aut pallescens], nitidiusculus. *Apothecia* pro parte irregulariter confluentia aggregataque, pro parte
simplicia et verrucas 0,7—0,4 millim. latas, subglobosas, nigras,
basi constrictas, vertice convexas aut leviter umbilicato-impressas truncatasve formantia. *Perithecium* globosum, fuligineum, integrum. *Sporae* 8:nae, oblongae, 3-septatae, long. 0,016—0,022,
crass. 0,005—0,007 millim.

Ad corticem arboris prope Rio de Janeiro, n. 50, 54, 127.
— *Thallus* laevigatus aut ruguloso- vel verruculoso-inaequalis,
strato corticali fere amorpho semipellucido circ. 0,020—0,40 millim. crasso instructus. *Gonidia* chroolepoidea, circ. 0,010—0,008
millim. crassa, membrana sat tenui aut crassiuscula. *Nucleus*
globosus, circ. 0,28 millim. latus, jodo non reagens. *Paraphyses*
ramoso-connexae. *Asci* oblongo-cylindrici, membrana sat tenui.

Sporae distichae, decolores, apicibus obtusis aut rotundatis, halone nullo indutae, loculis globosis aut globoso-lenticularibus, sat aequalibus.

Subg. II. **Heterothelium** Wainio. *Apothecia* simplicia.

Pseudopyrenula Müll. Arg., Lich. Beitr. (1883) n. 602, Pyr. Cub. (1885) p. 376 et 407, Pyr. Féean. (1888) p. 4 et 28.

Sect. 1. **Homalothecium** Müll. Arg. *Perithecium* subglobosum, integrum. *Nucleus* subglobosus.

Pseudopyrenula sect. *Homalothecium* Müll. Arg., Pyr. Cub. (1885) p. 488

8. **Ps. thelotremoides** (Nyl.) Müll. Arg., Lich. Beitr. (Fl. 1883) n. 602. *Verrucaria* Nyl., Lich. Nov.-Gran. Addit. (1867) p. 346 (coll. Wedell in mus. Paris.).

Thallus crassitudine mediocris, glaucescenti-stramineus [aut olivaceo-pallescens], nitidiusculus. *Apothecia* thallo immersa, demum verrucas hemisphaericas aut difformes, apothecia solitaria aut plura ad instar stromatum continentes, thallo obductas formantia, perithecio globoso, fuligineo, integro, thallo omnino obducto aut (in specim. nostris) ad ostiolum anguste vel raro sat late subdenudato, at albido- vel cinereo-velato. *Sporae* 8:nae, oblongae, 3-septatae, long. circ. 0,050—0,062 millim. [,,—0,046 millim.": Nyl.], crass. 0,016—0,020 millim.

Ad corticem arboris in Carassa (1400 metr. s. m.) in civ. Minarum, n. 1239. — Ad species inter Pseudopyrenulas et Trypethelia intermedias pertinet. *Thallus* circ. 0,2 millim. crassus, strato corticali amorpho subpellucido crasso obductus. *Gonidia* chroolepoidea, circ. 0,008 millim. crassa, membrana vulgo crassiuscula. *Verrucae* apothecia solitaria includentes circ. 1—0,7 millim. latae, hemisphaericae, apothecia plura continentes circ. 2—3 millim. latae. *Nucleus* subglobosus, circ. 0,68—0,58 millim. latus, albidus, jodo non reagens. *Paraphyses* ramoso-connexae, gelatinam abundantem percurrentes. *Sporae* decolores, apicibus obtusis aut rotundatis, halone nullo indutae, loculis anguloso-lenticularibus.

9. **Ps. atroalba** Wainio (n. sp.).

Thallus hypophloeodes, macula albida indicatus. *Apothecia* solitaria, verrucas 0,7—0,5 millim. latas, hemisphaericas, nigras, vertice convexas aut levissime umbilicatas formantia, perithecio subgloboso, fuligineo, integro, basi tenui. *Sporae* 8:nae, oblongae, 3-septatae, long. 0,022—0,026, crass. 0,007—0,008 millim.

Ad corticem arboris in Carassa (1400 metr. s. m.) in civ. Minarum, n. 1402. — *Thallus* opacus. *Gonidia* chroolepoidea, circ. 0,008—0,006 millim. crassa, membrana sat tenui aut crassiuscula. *Nucleus* subglobosus aut leviter depressus, circ. 0,45 millim. latus, albidus, jodo non reagens. *Paraphyses* 0,0015 millim. crassae, gelatinam abundantem percurrentes, ramoso-connexae. *Asci* oblongi. *Sporae* distichae, decolores, apicibus obtusis, halone nullo indutae, loculis anguloso-lenticularibus aut demum subglobosis, sat aequalibus.

10. **Ps. araucariae** Wainio (n. sp.).

Thallus tenuissimus, partim epiphlocodes, partim hypophlocodes, macula cinerascente indicatus. *Apothecia* solitaria, verrucas 0,3—0,44 millim. latas, hemisphaericas aut ovoideo-hemisphaericas, nigras, vertice convexas aut interdum minute umbonatas formantia, perithecio subgloboso, fuligineo, integro. *Sporae* 8:nae, oblongae aut fusiformi-oblongae, 3-septatae, long. 0,022—0,026, crass. 0,008—0,009 millim.

Ad corticem Araucariae in Carassa (1400 metr. s. m.) in civ. Minarum, n. 1461. — Apotheciis minoribus et colore thalli a Ps. atroalba differt. *Thallus* partim dispersus. *Gonidia* chroolepoidea, 0,010—0,006 millim. crassa, membrana sat tenui. *Nucleus* subglobosus, circ. 0,2 millim. latus, albidus, jodo non reagens. *Paraphyses* 0,0015 millim. crassae, gelatinam sat abundantem percurrentes, pro parte ramoso-connexae, pro parte simplices. *Asci* oblongi. *Sporae* distichae, decolores, apicibus obtusis, halone primum indutae, demum destitutae, loculis lenticularibus, sat aequalibus.

11. **Ps. cerei** Wainio (n. sp.).

Thallus hypophlocodes, macula albida indicatus. *Apothecia* solitaria, verrucas 0,7—0,5 millim. latas, hemisphaericas, nigras, vertice convexas formantia, perithecio subgloboso, fuligineo, integro, basi tenui. *Sporae* 8:nae, oblongae, 3-septatae, long. 0,018 —0,024, crass. 0,0045—0,0055 millim.

Supra Cereum in littore marino prope Rio de Janeiro, n. 121 (parce lecta). — *Thallus* opacus, hypothallo nigricante partim limitatus. *Gonidia* chroolepoidea, circ. 0,008—0,006 millim. crassa, membrana sat tenui. *Apothecia* primum sat diu fragmentis substrati thallique velata, demum denudata. *Nucleus* subglobosus, jodo non reagens. *Paraphyses* numerosissimae, 0,001—0,0015 millim. crassae, laxe cohaerentes, ramosae et ramoso-connexae, pro parte in eodem apothecio simplices. *Asci* subventricoso-cylindrici aut cylindrico-clavaṭi. *Sporae* distichae, decolores, apicibus obtusis, halone nullo indutae, loculis primum poro confluentibus, subcylindricisque, demum globosis, sat aequalibus.

Sect. 2. **Leptopyrenium** Wainio. *Perithecium* integrum, hemisphaericum. *Nucleus* depressus.

12. **Ps. Sitiana** Wainio (n. sp.).

Thallus hypophloeodes, macula albida indicatus. *Apothecia* verrucas 0,7—0,5 millim. latas, depresso-hemisphaericas, nigras, vertice convexas formantia, perithecio fuligineo, hemisphaerico, integro, basi applanato, latere anguste attenuato-producto. *Sporae* 8:nae, oblongae, 3-septatae, long. 0,022—0,026, crass. 0,007 millim.

Ad corticem arboris prope Sitio (1000 metr. s. m.) in civ. Minarum, n. 1089. — Habitu simillima est Ps. diremtae (Nyl.). A Ps. albonitente Müll. Arg. (Lich. Beitr. 1883 n. 603) perithecio completo, vertice haud mamillato differt. — *Thallus* partim hypothallo nigricante limitatus. *Gonidia* chroolepoidea, circ. 0,006 millim. crassa, membrana sat tenui. *Nucleus* depressus, circ. 0,4 millim. latus, jodo non reagens. *Paraphyses* parcius ramoso-connexae. *Sporae* decolores, apicibus obtusis, halone nullo indutae, loculis lenticularibus.

Sect. 3. **Hemithecium** Müll. Arg. *Perithecium* hemisphaericum conoideumve, dimidiatum. *Nucleus* hemisphaericus.

Pseudopyrenula sect. *Hemithecium* Müll. Arg., Pyr. Cub. (1885) p. 407.

13. **Ps. subgregaria** Müll. Arg., Pyr. Cub. (1885) p. 408 (secund. descr.).

Thallus partim hypophloeodes, macula albida indicatus. *Apothecia* pro parte solitaria, pro parte aggregata aut rarius confluentia, sat diu substrato immersa, demum verrucas 0,8—0,4 millim. latas, hemisphaericas, nigras, vertice convexas aut interdum demum levissime umbilicatas formantia, perithecio fuligineo, dimidiato, latere haud attenuato-producto. *Nucleus* lutescens aut extus fulvescens, KHO solutionem violaceam effundens. *Sporae* 8:nae, oblongae, 3-septatae, long. 0,022—0,028, crass. 0,008—0,009 millim.

Ad corticem arboris prope Lafayette (1000 metr. s. m.) in civ. Minarum, n. 277. — Ad species inter Pseudopyrenulas et Trypethelia intermedias pertinet. *Thallus* cellulis substrati immixtus, partim hypothallo nigricante limitatus. *Gonidia* chroolepoidea, circ. 0,008—0,006 millim. crassa, membrana sat tenui. *Perithecium* parte interiore strato tenui fulvescente, KHO violascente obductum, basi deficiens, primum sat diu substrato immersum et strato thallino velatum, demum denudatum. *Nucleus* hemisphaericus, circ. 0,45—0,26 millim. latus, jodo non reagens. *Paraphyses* gelatinam abundantem percurrentes, ramoso-connexae. *Asci* oblongi, membrana tenui. *Sporae* distichae, decolores, apicibus obtusis, primum halone indutae et demum destitutae; loculi lenticulares, medii reliquis aliquantum majores.

14. Ps. diremta (Nyl.) Müll. Arg., Lich. Beitr. (Fl. 1883) n. 602, Pyr. Cub. (1885) p. 408. *Verrucaria* Nyl., Lich. Nov.-Gran. (1863) p. 492, ed. 2 (1863) p. 253 (mus. Paris.).

Thallus partim hypophloeodes, macula glaucescente aut albida indicatus. *Apothecia* solitaria, verrucas 0,7—0,3 millim. latas, depresso-hemisphaericas [aut rarius hemisphaericas], nigras, vertice convexas formantia, perithecio fuligineo, dimidiato, latere anguste attenuato-producto aut acutato. *Nucleus* albidus. *Sporae* 8:nae, oblongae, 3-septatae, long. 0,024—0,028, crass. 0,007—0,009 millim.

Ad corticem arboris prope Sitio (1000 metr. s. m.) in civ. Minarum, n. 587. — *Thallus* cellulis substrati destructis immixtus aut passim hypophloeodes, partim hypothallo nigricante limitatus. *Gonidia* chroolepoidea, circ. 0,008—0,006 millim. crassa, membrana sat tenui. *Perithecium* basi deficiens aut rarius tenuissimum. *Nucleus* depressus, circ. 0,35—0,27 millim. latus, guttulas oleosas continens, jodo non reagens. *Paraphyses* sat parce ramoso-connexae. *Asci* oblongi, membrana sat tenui. *Sporae* distichae, decolores, apicibus obtusis, halone nullo indutae, loculis saepe anguloso-lenticularibus.

11. Thelenella.

Nyl. in Bot. Notis. 1853 p. 164 (em.), Ess. Nouv. Classif. (1855) p. 193
(em.), Exp. Pyrenoc. (1858) p. 62 (em.). *Verrucaria* st. *Thelenella* Nyl. in
Hue Addend. (1888) p. 289 (em.). *Microglaena* Koerb., Syst. Germ. (1855) p.
388 (em.); Th. Fr., Lich. Arct. (1860) p. 261 (em.); Gen. Heterolich. (1861) p.
105 (em.); Müll. Arg., Princ. Classif. (1862) p. 80 (em.); Th. Fr., Polybl. Scand.
(1877) p. 3 et 6 (em.). *Bathelium* Trev., Fl. 1861 p. 21 (em.), haud Ach.;
Müll. Arg., Pyr. Cub. (1885) p. 376 et 394 (em.), Pyr. Féean. (1888) p. 4 et
16 (em.). *Polyblastia* Müll. Arg., Lich. Beitr. (Fl. 1882) n. 490 (em., neque
Mass., Ric. Lich. Crost. 1852 p. 147, nec Th. Fr., Polybl. Scand. p. 8), Pyr.
Cub. (1885) p. 376 et 407. *Clathroporina* Müll. Arg., Lich. Beitr. (Fl. 1882)
n. 541 (em.), Pyr. Cub. (1885) p. 376 et 403 (em.). *Bathelium* sect. *Phyllobathelium* Müll. Arg., Lich. Beitr. (Fl. 1883) n. 680 (em.). *Phyllobathelium* Müll.
Arg., Lich. Beitr. (Fl. 1890) n. 1547 (em.).

Thallus crustaceus, uniformis, hypothallo et hyphis medullaribus substrato affixus, rhizinis destitutus, *strato corticali* nullo
aut evanescente amorphoque, vulgo fere totus gonidia continens.
Gonidia chroolepoidea (cellulis minutis, concatenatis) aut protococcoidea (in Th. subluridella Wainio) aut pleurococcoidea
(in Th. modesta Nyl.) aut gloeocapsoidea [in Th. sphinctri-
noide (Nyl.)] aut phycopeltidea [cellulis in membranam connatis: in sect. Phyllobathelio Müll. Arg.]. *Apothecia* simplicia (in
sect. Euthelenella Wainio) aut peritheciis amphitheciisve confluentia et pseudostromata formantia [in sect. Meristosporo (Mass.)
vel gen. Bathelio Müll. Arg.]. *Perithecium* rectum, albidum aut
fuligineum fuscescensve. *Paraphyses* simplices aut parcissime vel
bene ramoso-connexae. *Sporae* 8:nae aut pauciores, decolores,
oblongae aut ellipsoideae aut subfusiformes, murales. *Pycnoconidia*[1]) (quantum cognita) „filiformi-cylindrica, arcuata" (Nyl.,
Exp. Pyren. p. 63).

In *Polyblastia rufa* Mass., quae typus est generis *Polyblastiae*, paraphyses non sunt evolutae, in *Thelenella modesta* Nyl. autem bene evolutae et
parce ramoso-connexae (in mus. Paris.) quare nomen posterius huic generi est
praeferendum.

---

[1]) E descriptione „*V. lugescentis*", a cel. Nylandro in Fl. 1886 p. 177
data, non satis elucet, anne planta ab eo spermogoniifera descripta ad hoc
genus pertineat. Aeque defecte plurimas descripsit Verrucarias suas, notas
primarias, quibus in lichenographia hodierna genera sectionesque distinguuntur,
omnino omittens.

Sect. I. **Phyllobathelium** (Müll. Arg.) Wainio. *Apothecia* pro parte confluentia. *Paraphyses* simplices. *Gonidia* phycopeltidea.

Phyllobathelium Müll. Arg., l. c. (vide supra).

1. Th. epiphylla (Müll. Arg.) Wainio. *Bathelium epiphyllum* Müll. Arg., Lich. Beitr. (Fl. 1883) n. 681. *Phyllobathelium* Müll. Arg., Lich. Beitr. (Fl. 1890) n. 1547 (hb. Hariot).

Thallus tenuis, cinereo-glaucescens, nitidulus. *Apothecia* verrucas 0,4—0,6 millim. latas, rapaeformes vel fere hemisphaericas, thallo obductas thalloque concolores, basi leviter constrictas abruptasve, vertice impressas et ad ostiolum vulgo minute umbonatas formantia, vulgo solitaria, raro parce confluentia. *Perithecium* ad instar stromatis latere incrassatum, fuligineum, dimidiatum, KHO solutionem intense virescentem effundens. *Sporae* 4:nae aut 8:nae (sporis 4 rudimentariis), oblongae aut fusiformi-oblongae, murales, decolores, long. circ. 0,044—0,050 millim. [„0,037 millim.“: Müll. Arg.], crass. 0,014—0,020 millim.

Ad folia perennia arboris prope Rio de Janeiro, n. 156. — *Thallus* conceptaculis pycnoconidiorum et saepe etiam pseudostromatibus irregularibus pycnidum crebre instructus, hyphis circ. 0,0015 millim. crassis, vulgo sat leptodermaticis. *Gonidia* phycopeltidea, cellulis circ. 0,008—0,006 millim. crassis, difformibus, membrana crassiuscula. *Perithecia* strato tenuissimo thallino, gonidia continente obducta, basi albida. *Nucleus* circ. 0,28—0,24 millim. latus, jodo non reagens. *Paraphyses* 0,0015 millim. crassae, neque ramosae, nec connexae. *Asci* oblongi, membrana sat tenui. *Sporae* saepe obliquae aut leviter curvatae, apicibus obtusis, medio constrictae, halone nullo indutae, cellulis nnmerosis, irregulariter angulosis aut cubicis. „*Stylosporae* 0,022—0,028 millim. longae, 0,005—0,006 millim. crassae, clavatae, subcurvulae, basin versus sensim attenuatae. Pseudostromata pycnidum circ. 5—12-carpica.“ (Müll. Arg., L. B. n. 681).

Sect. II. **Clathroporina** (Müll. Arg.) Wainio. *Apothecia* simplicia. *Paraphyses* simplices. *Gonidia* chroolepoidea.

Clathroporina Müll. Arg., l. c. (vide supra).

2. Th. cinereonigricans Wainio (n. sp.).

Thallus hypophloeodes, macula albida indicatus. *Apothecia* verrucas 0,4—0,25 millim. latas, hemisphaericas, nigras, vertice convexas formantia. *Perithecium* fuligineum, subintegrum, basi tenue. *Sporae* 8:nae, ovoideo-fusiformes ovoideaeve, murales, long. 0,020—0,031, crass. 0,008—0,010 millim.

Ad corticem arboris prope Sitio (1000 metr. s. m.) in civ. Minarum, n. 657. — *Thallus* parum evolutus, opacus. *Gonidia* chroolepoidea, circ. 0,008 millim. crassa, membrana sat tenui. *Perithecium* elevato-hemisphaericum aut depresso-subglobosum. *Nucleus* subglobosus aut leviter depressus, circ. 0,2 millim. latus, jodo non reagens. *Paraphyses* gelatinam abundantem percurrentes, neque ramosae, nec connexae. *Asci* oblongi. *Sporae* decolores, apicibus obtusis aut altero apice subrotundato, halone nullo indutae, septis transversalibus circ. 8—6, septis longitudinalibus parcis.

Sect. III. **Microglaena** (Koerb.) Wainio. *Apothecia* simplicia. *Paraphyses* bene aut parce ramosae. *Gonidia* chroolepoidea aut protococcoidea aut pleurococcoidea aut gloeocapsoidea. *Thelenella* Nyl., l. c. (vide supra). *Microglaena* Koerb., l. c. *Polyblastia* Müll. Arg., l. c.

1. *Gonidia* protococcoidea.

3. **Th. subluridella** Wainio (n. sp.).

Thallus sat tenuis, plumbeo- aut olivaceo-cinerascens, nitidus. *Apothecia* verrucas circ. 0,4 millim. latas, parum elevatas, depresse conoideo-hemisphaericas, thallo omnino obductas, basi sensim in thallum abeuntes, vertice vel majore parte nigricantes formantia. *Perithecium* globosum, albidum. *Sporae* 6—8:nae, oblongae aut fusiformi-oblongae, murales, long. 0,030—0,060, crass. 0,008—0,020 millim., cellulis demum numerosis.

Ad rupem itacolumiticam in Carassa (1500 metr. s. m.) in civ. Minarum, n. 1478 (parce lecta). — A Microgloena Brasiliensi Müll. Arg., Lich. Beitr. n. 1456, sporis majoribus recedit. Polyblastia luridella (Nyl.) paraphysibus diffluxis et thallo opaco ab ea differt (mus. Paris.). — *Thallus* subcontinuus aut areolato-diffractus. *Gonidia* protococcoidea, simplicia, globosa, diam. circ. 0,010—0,006 millim., membrana tenui. *Nucleus* globosus, circ. 0,3 millim. latus, jodo non reagens. *Paraphyses* bene evolutae, 0,0015 millim. crassae, ramoso-connexae. *Asci* oblongi. *Sporae* decolores, apicibus obtusis, haud constrictae, halone nullo aut tenui indutae, cellulis subcubicis.

2. *Gonidia* chroolepoidea.

4. **Th. obtecta** Wainio (n. sp.).

Thallus endophlocodes et substrato immixtus aut fere hypophloeodes, macula albida aut glaucescenti-albida indicatus. *Apothecia* thallo substratoque immersa, verrucas circ. 1—0,7 millim. latas, parum elevatas, thallo substratoque obductas, convexas, basi sensim in thallum abeuntes formantia, aut solum vertice minute umbonato cinereo-fuscescente fuscescenteve thallum superante indicata. *Perithecium* hemisphaericum, albidum, apice fuscescens vel testaceo-fuscescens. *Sporae* 4—6:nae (aut saepe 8:nae, sporis duabus omnino rudimentaribus), oblongae aut fusiformi-oblongae, murales, long. circ. 0,070—0,086, crass. 0,022—0,026 millim., cellulis numerosissimis.

Ad corticem arboris prope Sitio (1000 metr. s. m.) in civ. Minarum, n. 718. — *Thallus* opacus, gonidia inter cellulas substrati continens. *Gonidia* chroolepoidea, circ. 0,006—0,004 millim. crassa, membrana sat tenui. *Nucleus* hemisphaericus vel depresso-hemisphaericus, circ. 0,37 millim. latus, jodo non reagens. *Paraphyses* bene evolutae, 0,0015 millim. crassae, sat parce ramosae et ramoso-connexae. *Asci* oblongo-ventricosi, membrana sat tenui aut interdum apice incrassata. *Sporae* decolores, apicibus obtusis, medio vulgo constrictae, halone nullo indutae, cellulis cubicis.

5. **Th. amylospora** Wainio (n. sp.).

Thallus endophloeodes et substrato immixtus aut fere hypophloeodes, macula alba indicatus. *Apothecia* verrucas 0,5—0,4 millim. latas, hemisphaericas, diu thallo substratoque velatas, demum subdenudatas nigricantesque, vertice convexas formantia. *Perithecium* hemisphaericum, fuligineum, integrum, basi tenue. *Sporae* 8:nae, oblongae, murales, long. 0,030—0,046, crass. 0,013—0,015 millim., jodo violaceo-caerulescentes, cellulis numerosissimis.

Ad corticem arboris prope Sepitiba in civ. Rio de Janeiro,

n. 419. — *Thallus* opacus, gonidia praecipue inter cellulas substrati continens. *Gonidia* chroolepoidea, circ. 0,010—0,008 millim. crassa, membrana sat tenui. *Apothecia* diu majore parte strato tenuissimo albido fere amorpho aut parce etiam gonidia continente obducta. *Nucleus* hemisphaericus, circ. 0,48 millim. latus, jodo lutescens (sporis violaceo-caerulescentibus). *Paraphyses* gelatinam abundantem percurrentes, ramoso-connexae. *Asci* oblongi, membrana tenui. *Sporae* distichae, decolores, apicibus rotundatis aut rarius obtusis, halone primum indutae, demum nudae, septis transversalibus circ. 11. *Sterigmata* simplicia aut parce ramosa, septis nullis aut articulo uno instructa. *Pycnoconidia* oblonga aut fusiformi-oblonga, apicibus obtusis, recta, long. 0,0035—0,004, crass. 0,0005 millim.

12. Porina.

Ach., Syn. Lich. (1814) p. 109 (pro minore parte); Fée, Ess. Crypt. Écorc. (1824) p. 80 pr. p.; Müll. Arg., Lich. Beitr. (Fl. 1883) n. 644. Pyr. Cub. (1885) p. 376 et 398, Pyr. Féean. (1888) p. 4 et 20. *Segestria* Fr., Syst. Orb. Veg. (1825) p. 263; Trev., Consp. Verr. (1860) p. 5; Th. Fr., Gen. Heterolich. (1861) p. 106. *Segestrella* Fr., Lich. Eur. Ref. (1831) p. 460. *Sagedia* Tuck., Gen. Lich. (1872) p. 263 pr. p.

Thallus crustaceus, uniformis, hypothallo et hyphis medullaribus substrato affixus, rhizinis destitutus, *strato corticali* nullo aut tenui et ex hyphis horizontalibus conglutinatis formato instructus, *strato medullari* fere toto gonidia continente. *Gonidia* chroolepoidea (cellulis concatenatis, minutis aut raro majusculis: Arn., Lich. Tirol XIV p. 459 n. 86) aut phycopeltidea (cellulis in membranam connatis), forsan etiam Protococcis immixta (conf. Müll. Arg., Lich. Beitr. n. 1558 et 1559). *Apothecia* simplicia. *Perithecium* rectum, pallidum aut fuscescens nigricansve. *Paraphyses* simplices aut raro furcatae, haud connexae (conf. p. 220). *Sporae* 8:nae, decolores, fusiformes aut bacillares aut oblongae, 3—pluri-septatae aut 1-septatae, membrana haud interne incrassata, loculis subcylindricis (haud lenticularibus). *Pycnoconidia* recta, brevia, fusiformia aut „oblonga ellipsoideave" (Nyl. in Hue Addend. p. 291 et 293), observante Müll. Arg. (Lich. Beitr. n. 663) etiam filiformia longaque. *Sterigmata* simplicia. *Stylosporae* 1-septatae raro observatae (Müll. Arg., l. c.).

Sect. I. **Segestria** (Fr.) Wainio. Corticola (aut saxicola). *Perithecia* amphithecio thallino, gonidia continente, thallo concolore majore parte obducta. *Gonidia* chroolepoidea.

Segestria Fr., Syst. Orb. Veg. (1825) p. 263; Mass., Ric. Lich. Crost. (1852) p. 158. *Segestrella* Fr., Lich. Eur. Ref. (1831) p. 460 (pr. p.); Koerb., Syst. Germ. (1885) p. 331. *Porina* sect. *Euporina* Müll. Arg., Lich. Beitr. (Fl. 1883) n. 648.

1. **P. Tijucana** Wainio (n. sp.).

Thallus crassitudine mediocris aut sat crassus, leviter inaequalis, glaucescens aut glauco-virescens, opacus. *Apothecia* verrucas hemisphaericas, 1,2—0,8 millim. latas, basin versus sensim dilatatas aut sat abruptas formantia, amphithecio thallino thallo concolore maxima parte obducta, vertice denudato, nigro, vulgo minutissime fuscescenti-umbonata, perithecio ceterum pallido. *Sporae* 8:nae, fusiformi-oblongae oblongaeve, circ. 12—7-septatae, long. 0,050—0,060, crass. 0,012—0,014 millim.

Ad saxa granitica in rivulo in montibus Tijucae prope Rio de Janeiro, n. 198. — Habitu subsimilis est P. mastoideae. *Thallus* substrato demum partim laxe affixus et inflato-rugosus, totus saepe gonidia continens, hypothallo fusconigricante interdum parce limitatus. *Gonidia* chroolepoidea, circ. 0,008—0,006 millim. crassa, membrana sat tenui. *Amphithecium* gonidia continens. *Perithecium* in vertice extus fuscescens, ceterum pallidum, KHO rufescens. *Nucleus* albidus, jodo haud reagens, circ. 0,8 millim. latus. *Paraphyses* 0,001—0,0015 millim. crassae, gelatinam abundantem percurrentes, solum in latere nuclei parce ramoso-connexae, ceterum simplices. *Asci* oblongo-elongati. *Sporae* distichae, decolores, apicibus obtusis, loculis cylindricis, fere aeque longis, pariete gelatinoso incrassato.

2. **P. sordidula** Wainio (n. sp.).

Thallus tenuis, leviter inaequalis aut sat laevigatus, cinerascens, opacus. *Apothecia* verrucas 0,5—0,3 millim. latas, hemisphaericas, basi sat abruptas aut sensim in thallum abeuntes formantia, amphithecio thallino, parte inferiore thallo concolore, maxima parte obducta, vertice convexiusculo, sat late nigricante, perithecio ceterum pallido. *Sporae* 8:nae, fusiformes, 11—6-septatae, long. 0,040—0,060, crass. 0,010—0,014 millim.

Ad corticem arboris in Carassa (1400 metr. s. m.) in civ. Minarum, n. 1557. — Affinis sit P. nuculiformi Müll. Arg., Pyr.

Féean. p. 22. *Thallus* hypothallo nigricante saepe limitatus. *Gonidia* chroolepoidea, circ. 0,010—0,008 millim. crassa, membrana crassiuscula aut sat tenui. *Amphithecium* gonidia continens. *Perithecium* pallidum, KHO roseum. *Nucleus* circ. 0,2 millim. latus, albidus, jodo lutescens. *Paraphyses* 0,001 millim. crassae, neque ramosae, nec connexae. *Asci* oblongi aut ventricoso-oblongi. *Sporae* distichae, decolores, apicibus acutis aut rarius obtusiusculis, halone nullo indutae; loculi cylindrici, mediani reliquis saepe longiores.

2. **P. mastoidea** (Ach.) Mass., Ric. Lich. Crost. (1852) p. 191; Müll. Arg., Pyrenoc. Cub. (1885) p. 400 (em.), Pyr. Féean. (1888) p. 22 (em.). *Pyrenula* Ach., Syn. Lich. (1814) p. 122 pr. p. *Verrucaria* Nyl., Exp. Pyrenoc. (1858) p. 38; Krempelh., Fl. 1876 p. 522.

Thallus crassitudine mediocris aut sat crassus, leviter inaequalis aut sat laevigatus, glaucescens aut cinereo- vel pallido-glaucescens, subopacus aut nitidiusculus. *Apothecia* verrucas 0,7—0,5 millim. latas, hemisphaericas aut parum elevatas, basi sensim in thallum abeuntes aut rarius abruptas formantia, amphithecio thallino, thallo concolore maxima parte obducta, vertice demum sat late aut sat anguste denudato nigricante, saepe minutissime umbonato, perithecio superne rufescenti-nigricante, inferne pallido. *Sporae* 8:nae, fusiformes, vulgo 7-septatae, long. 0,046—0,054 millim., crass. 0,007—0,015 millim.

Ad corticem arborum pluribus locis prope Sitio et Lafayette (1000 metr. s. m.) in civ. Minarum, n. 907, 362. — Hanc speciem variabilem et, ut videtur, adhuc haud satis exacte examinatam limitatamque, solum secundum specimina nostra describimus. *Thallus* haud raro demum substrato pro parte laxe affixus et inflato-rugosus, totus gonidia continens aut strato tenui corticali ex hyphis horizontalibus conglutinatis formato obductus. *Gonidia* chroolepoidea, cellulis bene globosis aut pro parte ellipsoideis, haud angulosis, circ. 0,010—0,006 millim. crassis, pro maxima parte liberis at pro parte etiam concatenatis, membrana crassiuscula. *Amphithecium* gonidia continens. *Perithecium* KHO rufescens aut rubescens, basi tenue aut fere deficiens. *Nucleus* albidus, jodo haud reagens. *Paraphyses* neque ramosae nec connexae. *Asci* oblongi. *Sporae* distichae, decolores, apicibus acutis aut rarius acutiusculis, loculis cylindricis, fere aeque longis aut duobus medianis paullo longioribus, pariete saepe gelatinoso-incrassato.

3. **P. nucula** Ach., Syn. Lich. (1814) p. 112; Müll. Arg., Lich. Beitr. (Fl. 1883) n. 649, Pyrenoc. Cub. (1885) p. 400, Pyr. Féean. (1888) p. 22. *Verrucaria* Nyl., Exp. Pyrenoc. (1858) p. 40, Lich. Nov.-Gran. (1863) p. 488, Syn. Nov. Cal. (1868) p. 85.

Thallus sat tenuis aut crassitudine mediocris, leviter inae-qualis aut verruculosus, glaucescens aut cinereo- vel olivaceo- vel albido-glaucescens, subopacus. *Excipulum* verrucam 0,8—0,4 millim. latam, demum depresso-subglobosam, aut hemisphaericam, basi demum constrictam, aut abruptam, vertice demum saepe anguste umbilicato-impressam formans, amphithecio thallino, thallo concolore (aut apice anguste rufescente) omnino obductum aut apice impresso angustissime denudato, perithecio pallido. *Sporae* 8:nae, fusiformes, vulgo 7-septatae, (raro pro parte 9-septatae), long. circ. 0,048—0,060, crass. 0,008—0,012 [„—0,015"] millim., cellulis vulgo fere aeque longis.

Ad cortices vetustos arborum prope Sitio, n. 1152, et La-fayette, n. 331 (1000 metr. s. m.), et in Carassa (1400 metr. s. m.), n. 1375, in civ. Minarum. — *Hypothallus* indistinctus. *Go-nidia* chroolepoidea, circ. 0,008—0,006 millim. crassa, membrana sat tenui aut crassiuscula. *Amphithecium* gonidia continens. *Pe-rithecium* in vertice extus testaceum, ceterum pallidum, KHO ru-fescens. *Nucleus* albidus, jodo haud reagens, circ. 0,32 millim. latus. *Paraphyses* 0,001 millim. crassae, simplices aut nonnullae furcatae, haud connexae. *Asci* oblongi. *Sporae* decolores, api-cibus acutis aut obtusiusculis aut raro obtusis, loculis cylindricis, pariete vulgo tenui, aut (in eodem apothecio) gelatinoso-in-crassato.

4. **P. desquamescens** Fée, Ess. Crypt. Écorc. Suppl. (1837) p. 75; Mass., Ric. Lich. Crost. (1852) p. 192 pr. p.; Müll. Arg., Pyr. Féean. (1888) p. 23. *Verrucaria* Nyl., Exp. Pyrenoc. (1858) p. 39 pr. p. (excl. specim. in mus. Paris. asservatis).

Thallus sat tenuis aut crassitudine mediocris, sat laeviga-tus, glaucovirescens, nitidiusculus. *Excipulum* verrucam 1—0,4 millim latam, hemisphaericam, basi sensim in thallum abeuntem formans, amphithecio thallino, thallo concolore maxima parte ob-ductum, vertice sat late aut sat anguste denudato, pallido aut rufescente, convexo, perithecio pallido. *Sporae* 8:nae, fusiformes, vulgo circiter 7-septatae, long. circ. 0,034—0,038 millim. [.,—0,055 millim.": Müll. Arg., l. c.], crass. 0,004—0,005 millim. [,,0,0035—0,006 millim."].

Ad corticem arborum in Tijuca prope Rio de Janeiro, n. 14. — *Thallus* fere totus gonidia continens, partim hypothallo nigricante limitatus. *Gonidia* chroolepoidea, circ. 0,008—0,006 millim. crassa, membrana sat tenui. *Amphithecium* gonidia continens. *Perithecium* pallidum, KHO rufescens. *Nucleus* albidus, circ. 0,32 millim. latus. *Paraphyses* neque ramosae, nec connexae. *Sporae* decolores, apicibus acutis, halone nullo indutae, in speciminibus nostris 8—3-septatae, observante Müll. Arg. (l. c.) „5—12-septatae", loculis cylindricis, fere aeque longis.

5. **P. tetracerae** (Ach.) Müll. Arg., Pyrenoc. Cub. (1885) p. 401, Pyr. Féean. (1888) p. 23. *Verrucaria* Ach., Meth. Lich. (1803) p. 121; Nyl., Lich. Nov.-Gran. ed. 2 (1863) p. 245. *V. mastoidea* var. *tetracerae* Nyl., Exp. Pyrenoc. (1858) p. 39 (mus. Paris.).

Thallus sat tenuis aut crassitudine mediocris, sat laevigatus, glauco-virescens aut cinereo-glaucescens, nitidiusculus. *Apothecia* verrucas 0,6—0,4 millim. latas, hemisphaericas, basi sensim in thallum abeuntes formantia, amphithecio tallino, thallo concolore maxima parte obducta, vertice sat late aut sat anguste denudato, nigricante, convexo, perithecio ceterum fulvescente. *Sporae* 8:nae, fusiformes, vulgo circiter 7-septatae, long. circ. 0,028 —0,034 millim. [,,—0,055 millim.": Müll. Arg., l. c.], crass. 0,004— 0,005 millim. [,,—0,007 millim."].

Ad corticem arborum prope Sepitiba in civ. Rio de Janeiro, n. 459, 507. — *Thallus* fere totus gonidia continens, hypothallo nigricante vulgo limitatus. *Gonidia* chroolepoidea, circ. 0,006— 0,008 millim. crassa, membrana sat tenui aut crassiuscula. *Amphithecium* gonidia continens. *Perithecium* KHO rufescens. *Nucleus* albidus, jodo haud reagens. *Paraphyses* 0,001 millim. crassae, neque ramosae, nec connexae. *Sporae* decolores, apicibus acutis, halone nullo indutae, in speciminibus nostris 6—8-septatae, observante Müll. Arg. (Pyr. Cub. p. 401) „5—11-septatae", loculis cylindricis, fere aeque longis. *Conceptacula pycnoconidiorum* pallida, thallo immersa. *Sterigmata* simplicia. *Pycnoconidia* fusiformia, recta, long. 0,003—0,004, crass. 0,001 millim.

6. **P. sceptrospora** Wainio (n. sp.).

Thallus sat tenuis aut crassitudine mediocris, inaequalis aut laevigatus, cinereo-glaucescens, nitidiusculus aut subopacus. *Apothecia* vulgo demum verrucas 0,6—0,3 millim. latas, depresso-subglobosas, aut rarius hemisphaericas vel parum elevatas, basi constrictas aut abruptas formantia, amphithecio thallino, thallo concolore maxima parte obducta, vertice sat late denudato, pallido, planiusculo convexiusculove, perithecio pallido. *Sporae* 8:nae, bacillares elongataeve, 14—9-septatae, long. 0,032—0,050, crass. 0,0025—0,003 millim.

Ad saxa granitica in rivulo in montibus Tijucae prope Rio de Janeiro, n. 158. — *Thallus* hypothallo fusconigricante interdum partim anguste limitatus. *Gonidia* chroolepoidea, circ. 0,008 —0,006 millim. crassa, membrana crassiuscula. *Amphithecium* gonidia continens. *Perithecium* pallidum, KHO rufescens aut fulvorufescens. *Nucleus* albidus, jodo haud reagens, circ. 0,4 millim. latus. *Paraphyses* 0,0005 millim. crassae, gelatinam abundantem percurrentes, neque ramosae, nec connexae. *Asci* subcylindrici, circ. 0,010—0,008 millim. crassi, membrana tenui. *Sporae* distichae aut polystichae, rectae, decolores, apicibus obtusis, loculis cylindricis, membrana tenui aut primum halone indutae.

Sect. II. **Sagedia** (Mass.) Wainio. Corticola aut saxicola. *Perithecia* nuda aut subnuda, strato gonidia continente haud obducta. *Gonidia* chroolepoidea.

Sagedia Mass., Ric. Lich. Crost. (1852) p. 159 (pr. p.); Koerb., Syst. Germ. (1855) p. 362; Müll. Arg., Lich. Beitr. (Fl. 1883) n. 668 (em.).

7. **P. chlorotica** (Ach.) Wainio. *Verrucaria* Ach., Lich. Univ. (1810) p. 283; Nyl., Exp. Pyrenoc. (1858) p. 36 pr. p.; Leight., Lich. Great Brit. 3 ed. (1879) p. 472; Wainio, Adj. Lich. Lapp. II (1883) p. 183; Hue, Addend. (1888) p. 290. *Sagedia* Mass., Ric. Lich. Crost. (1852) p. 159. *L. macularis* Koerb., Syst. Germ. (1855) p. 363; Arn., Lich. Tirol. XIV (1875) p. 446. *Verrucaria macularis* Garov., Tent. Disp. Verr. III (1866) p. 15 pr. p.

Thallus evanescens, fuscescens [aut in specim. Europ. tenuis mediocrisve, crassitudine cinereo-glaucescens aut albidus vel cinerascens olivaceusve], opacus. *Apothecia* verrucas 0,15—0,4 millim. latas, hemisphaericas, nigricantes, vertice convexas for-

mantia, perithecio vulgo rufescente fuscescenteve, basi vulgo fulvescente aut strato tenuissimo rufescente. *Sporae* 8:nae, fusiformes, 3-septatae, long. 0,018—0,027, crass. 0,003—0,0045 millim.

Ad rupem itacolumiticam in Carassa (1400—1500 metr. s.
m.) in civ. Minarum. — *Gonidia* chroolepoidea, cellulis magnis,
circ. 0,016—0,010 millim. crassis (conf. Arn., l. c.), angulosoglo-
bosis aut difformibus, concatenatis, dilute flavovirescentibus aut
chryseis, membrana crassa. *Nucleus* globosus, circ. 0,170 millim.
latus, jodo non reagens. *Paraphyses* 0,001 millim. crassae, neque ramosae, nec connexae. *Asci* oblongo-elongati. *Sporae* distichae, decolores, apicibus acutis aut rarius obtusiusculis obtusisve, halone nullo indutae, cellulis cylindricis, fere aeque longis.

8. **P. rapaeformis** Wainio (n. sp.).

Thallus tenuis aut sat tenuis, glaucescens, opacus. *Apothecia* verrucas 0,4—0,3 millim. latas, depresso-subglobosas, sordide nigricantes, amphithecio thallino evanescente obductas, basi
leviter constrictas aut abruptas, vertice vulgo leviter impressas
cinerascentesque et minutissime umbonatas formantia, perithecio
fuligineo, integro, basi tenui. *Sporae* 8:nae, fusiformes, vulgo 7-
septatae, long. 0,036—0,043, crass. 0,008—0,009 millim.

Ad corticem arboris prope Rio de Janeiro, n. 4. — *Thallus*
partim hypothallo nigricante anguste limitatus. *Gonidia* chroolepoidea, circ. 0,010—0,006 millim. crassa, membrana sat tenui.
Apothecia amphithecio thallino, gonidia continente, tenuissimo, fere
solum microscopio visibili obducta, opaca. *Perithecium* saepe
extus sat inaequale verruculosumve. *Nucleus* subglobosus, circ.
0,32—0,26 millim. latus, jodo non reagens. *Paraphyses* 0,001
millim. crassae, neque ramosae, nec connexae. *Asci* oblongo-
elongati vel fere fusiformes. *Sporae* distichae, decolores, apicibus obtusiusculis, halone nullo indutae, 7- aut rarius 8—9-sep-
tatae, loculis cylindricis, fere aeque longis.

Sect. III. **Phylloporina** Müll. Arg. Foliicola. *Gonidia* phycopeltidea.

Verrucaria st. *Ulvella* Nyl., Fl. 1879 p. 359, Hue Addend. (1888) p.
294 (nomen jam antea algis adhibitum). *Porina* sect. *Phylloporina* Müll. Arg.,
Lich. Beitr. (Fl. 1883) n. 651. *Phylloporina* Müll. Arg., Lich. Epiphyll. (1890)
p. 20, Lich. Beitr. (Fl. 1890) n. 1550.

9. **P. epiphylla** Féc, Ess. Crypt. Écorc. Suppl. (1837) p. 76; Müll. Arg., Lich. Beitr. (Fl. 1883) n. 653, Pyr. Féean. (1888) p. 24. *Verrucaria* Nyl., Exp. Pyrenoc. (1858) p. 38 (em.). *Phylloporina* Müll. Arg., Lich. Epiphyll. (1890) p. 21.

Thallus tenuis, glaucescens [aut pallido-glaucescens], nitidiusculus. *Apothecia* verrucas 0,5—0,3 millim. latas, hemisphaericas aut conoideo-hemisphaericas, basi sat sensim in thallum abeuntes formantia, amphithecio thallino, thallo concolore maxima parte obducta, vertice anguste aut demum sat late denudato, pallido aut ad ostiolum testaceo, convexo aut conoideo-convexo, perithecio pallido. *Sporae* 8:nae, fusiformi-elongatae, vulgo 8—6-septatae, long. 0,025—0,030 millim. [„—0,038 millim.": Müll. Arg.], crass. 0,003—0,004 millim.

Ad folia perennia arborum prope Rio de Janeiro, n. 147. — *Thallus* substratum obtegens, hyphis 0,0025 millim. latis, leptodermaticis. *Gonidia* phycopeltidea, cellulis anguloso-ellipsoideis aut anguloso-subglobosis aut parcius anguloso-oblongis, circ. 0,003 —0,006 millim. crassis, vulgo ad instar membranae dispositis, membrana sat tenui. *Perithecium* pallidum, KHO rufescens. *Nucleus* subglobosus, circ. 0,2—0,17 millim. latus, jodo non reagens. *Paraphyses* 0,0005 millim. crassae, neque ramosae, nec connexae. *Asci* oblongo-elongati. *Sporae* distichae, decolores, apicibus obtusiusculis aut acutiusculis, halone nullo indutae, loculis cylindricis, fere aeque longis.

10. **P. phyllogena** Müll. Arg., Lich. Beitr. (Fl. 1883) n. 663 (hb. Hariot). *Phylloporina* Müll. Arg., Lich. Epiphyll. (1890) p. 22.

Thallus tenuissimus, glaucescens aut cinereo-glaucescens, subopacus aut nitidiusculus. *Apothecia* maculas nigras, 0,4—0,25 millim. latas, centrum versus in verrucam conico-hemisphaericam elevatas formantia, basin versus sensim dilatata, amphithecio thallino, tenuissimo, vulgo solum microscopio visibili obducta, vertice late conoideo aut convexo, perithecio fuligineo, dimidiato, basi extus vulgo acutato-dilatato. *Sporae* 8:nae, elongatae, 1-septatae, long. 0,010—0,012 millim. [„—0,008 millim.": Müll. Arg.], crass. 0,002—0,0025 millim. [„—0,0035 millim.": Müll. Arg.].

Ad folia perennia arborum prope Rio de Janeiro, n. 170 b. — *Thallus* substratum obtegens. *Gonidia* phycopeltidea, cellulis circ. 0,008—0,006 millim. crassis, membrana crassiuscula. *Perithecium* vulgo nudum videtur, at microscopio visum revera strato thallino tenuissimo gonidia continente obductum, basi deficiens. *Nucleus* depresso-hemisphaericus, vulgo circ. 0,37 millim. latus, jodo non reagens. *Paraphyses* neque ramosae, nec connexae, septatae (H$_2$ SO$_4$). *Asci* cylindrici, circ. 0,003 millim. crassi. *Sporae* decolores, monostichae aut distichae, apicibus obtusis, medio vulgo leviter constrictae, halone nullo indutae. *Conceptacula pycnoconidiorum* hemisphaerica, dimidiata, strato thallino tenuissimo obducta, 0,090 millim. lata. *Pycnoconidia* fusiformia, recta, long. 0,003—0,005, crass. 0,001—0,0005 millim., at duarum formarum adesse videntur, nam a cel. Müll. Arg. indicantur 0,015 millim. longa (Lich. Beitr. n. 663). „*Stylosporae* 0,003—0,004 millim. longae, 2-loculares, utrinque obtusae" (Müll. Arg., l. c.).

11. **P. rufula** (Krempelh.) Wainio. *Verrucaria* Krempelh., Lich. Beccar. (1875) p. 53. *Phylloporina* Müll. Arg., Lich. Epiphyll. (1890) p. 21, Lich. Beitr. (Fl. 1890) n. 1555 (hb. Hariot). *Verrucaria rubicolor* Stirt., Lich. Leav. Amaz. (1878) p. 9 (Müll. Arg.). *Porina rubicolor* Müll. Arg., Lich. Beitr. (Fl. 1883) n. 659.

Thallus tenuissimus, vulgo glaucescens aut pallido-glaucescens aut virescens [aut raro „rubescens": Müll. Arg.], opacus. *Apothecia* verrucas 0,25—0,15 millim. latas, hemisphaericas, fuscas aut rufescentes, vertice convexas aut conoideas formantia, perithecio rufescente aut rubescenti-fuligineo, dimidiato, basi extus vulgo acutato. *Sporae* 8:nae, oblongae aut oblongo-elongatae aut fusiformi-oblongae, 3-septatae, long. 0,014—0,020 millim. [„—0,022 millim.": Müll. Arg., L. B. n. 1555], crass. 0,0025 —0,003 millim. [„—0,004 millim.": Müll. Arg., l. c.].

Ad folia perennia arborum prope Rio de Janeiro, n. 170 c, et in Carassa (1400 metr. s. m.) in civ. Minarum, n. 1440. — *Thallus* substratum obtegens. *Gonidia* phycopeltidea. *Perithecium* nudum, basi deficiens. *Nucleus* depresso-hemisphaericus, jodo haud reagens. *Paraphyses* neque ramosae, nec connexae. *Asci* clavati, circ. 0,011 millim. crassi. *Sporae* decolores, distichae aut fere polystichae, apicibus vulgo obtusis, halone nullo indutae, loculis cylindricis, fere aeque longis.

12. **P. dilatata** Wainio (n. sp.).

Thallus tenuis, virescens aut glaucescens vel cinereo-glaucescens, opacus. *Apothecia* verrucas 0,6—0,4 millim. latas, hemisphaericas aut conoideo-hemisphaericas, nigras, vertice saepe minute umbonatas formantia, perithecio fuligineo, integro, basi tenui et extus acutato-dilatato. *Sporae* 8:nae, ovoideo-oblongae oblongaeve, 1-septatae, long. 0,007—0,011, crass. 0,0025—0,003 millim.

Ad folia perennia arbusti in Carassa (1400 metr. s. m.) in civ. Minarum, n. 1500. — *Thallus* substratum obtegens, vulgo dispersus. *Gonidia* phycopeltidea, cellulis vulgo 0,003—0,004 millim. crassis. *Nucleus* depresso-hemisphaericus, jodo haud reagens. *Paraphyses* 0,0005—0,001 millim. crassae, neque ramosae, nec connexae. *Asci* cylindrici, circ. 0,003—0,004 millim. crassi. *Sporae* monostichae, decolores, apicibus obtusis rotundatisve, haud constrictae, halone nullo indutae.

12. Strigula.

Fr., Kongl. Vet. Akad. Handl. (1821) p. 323; Mont. in Ram. de la Sagra, Hist. Fis. de Cuba (1842) p. 130, tab. 7 fig. 1—3 (Syllog. 1856 p. 374); Mass., Ric. Lich. Crost. (1852) p. 148; Nyl., Ess. Nouv. Classif. (1855) p. 194, Exp. Pyrenoc. (1858) p. 65; Th. Fr.. Gen. Heterolich. (1861) p. 112; Stizenb., Beitr. Flechtensyst. (1862) p. 146; Tuck., Gen. Lich. (1872) p. 277; Müll. Arg., Lich. Beitr. (Fl. 1883) n. 678; Ward. Struct. Epiphyll. Lich. (Trans. Linn. Soc. Lond. 1884) p. 87; Müll. Arg., Pyr. Cub. (1885) p. 375 et 379, Pyr. Féean. (1888) p. 3 et 4; Hariot, Not. Cephaleur. (Journ. de Bot. 1889); Müll. Arg., Lich. Beitr. (Fl. 1890) n. 1566—1575.

Thallus crustaceus, plagulaeformis, ambitu effiguratus, hyphis medullaribus substrato arcte adfixus adpressusque, rhizinis destitutus, *strato corticali* nullo at interdum cuticula substrati obductus, *strato medullari* vulgo inferne gonidiis destituto, ex hyphis laxe contextis formato, materia calcarea immixto. *Gonidia* vulgo cephaleuroidea, cellulis in discos superne vulgo passim pilosos connatis, aut rarius phycopeltidea (conf. Hariot, Not. Cephaleur. p. 4). *Apothecia* simplicia. *Perithecium* rectum, fuligineum. *Paraphyses* simplices. *Sporae* 8:nae, decolores, fusiformes aut fusiformi-oblongae, 1—3-septatae, loculis subcylindricis. *Pycnoconidia* ellipsoidea aut oblonga aut fusiformia, recta (conf. Nyl., Exp. Pyrenoc. p. 65—68), sterigmatibus simplicibus, exarticulatis affixa, conceptaculis hemisphaerico- vel conoideo-elevatis, fuligineis, dimidiatis inclusa. *Stylosporae* oblongae aut fusiformes

aut bacillares, 1—7-septatae (conf. Müll. Arg., Pyr. Cub. p. 381),
in pycnidibus hemisphaerico- vel conoideo-elevatis, fuligineis, dimidiatis, interdum anaphyses simplices et paraphyses ramoso-
connexas continentibus formatae.

1. **Str. elegans** (Fée) Müll. Arg., Lich. Afr. (1880) p. 41,
Lich. Beitr. (Fl. 1885) n. 919 (pr. p.), Pyr. Cub. (1885) p. 380 (pr.
p.), Pyr. Féean. (1888) p. 5 (pr. p.), Lich. Beitr. (1890) n. 1566
(pr. p.). *Phyllocharis elegans* Fée, Ess. Crypt. Écorc. (1824) p. C,
tab. 2 fig. 7. *Strigula complanata* Nyl., Exp. Pyrenoc. (1858) p.
65 pr. p., (haud Fée), Syn. Nov. Cal. (1868) p. 96? (conf. Müll.
Arg., Lich. Beitr. 1890 n. 1569). *Str. plana* Müll. Arg., Pyr. Cub.
(1885) p. 381 (hb. Hariot).

Thallus plagulas formans circ. 1,5—4 millim. latas, suborbi-
culares, margine levissime crenatas aut profunde laciniatas, vire-
scentes aut cinerascentes albidasve, glabras, vulgo laevigatas, ni-
tidulas. *Gonidia* pilis destituta. [*Apothecia* thallo immersa, demum verrucas formantia circ. 0,3—0,4 millim. latas, leviter de-
presso-conoideas vel depresso-hemisphaericas, majore parte thallo
obductas, vertice demum plus minusve late nigricantes denuda-
tasque. *Sporae* 8:nae, 1—3-septatae, fusiformes aut fusiformi-
oblongae, long. 0,015 – 0,020, crass. 0,0035—0,006 millim.].

Sine apotheciis at pycnidophora sterilisque supra folia perennia arborum locis numerosis obvia, n. 298, 372. — *Thallus*
ex initiis apotheciorum pycnidumque saepe nigro-punctatus, hyphis albidis, 0,0015—0,002 millim. crassis, leptodermaticis, vulgo
strato tenuissimo amorpho, e cuticula substrati formato obductus,
materiam calcaream (quae in ClH solvitur) abundanter inter
hyphas continens. *Gonidia* cephaleuroidea, at pilis destituta, cellulis vulgo in discos inferne ramulosos connatis, vulgo ob-
longo-rectangularibus, circ. 0,003—0,006 millim. crassis, membrana tenui. [*Perithecium* depresso-hemisphaericum aut depresso-
conoideum, fuligineum, dimidiatum, basi deficiens. *Hypothecium*
subhymeniale albidum. *Nucleus* circ. 0,32 millim. latus. *Para-*
physes numerosae, 0,001—0,0015 millim. crassae, neque ramosae,
nec constrictae. *Asci* cylindrici, circ. 0,012—0,010 millim. crassi,
membrana tenui, articulis dehiscente. *Sporae* vulgo oblique vel imbricatim monostichae, rarius distichae, decolores, apicibus obtusis, pariete sat tenui, halone nullo indutae, loculis sub-

cylindricis, fere aeque longis (apothecia descripta secund. coll. Balansa n. 4147: mus. Paris.)]. *Conidia* 3 formarum observata: 1:o *Pycnoconidia* (= spermatia) ellipsoidea, simplicia, recta, decolora, long. 0,003, crass. 0,0015 millim., apicibus rotundatis, in conceptaculis conoideo-hemisphaericis, nigris, nudis, circ. 0,4—0,3 millim. latis, dimidiatis inclusa (in n. 298). 2:o *Stylosporae* ovoideo-oblongae aut pro parte fere oblongae, 1-septatae aut rarius sat obsolete 3-septatae, decolores, long. 0,008—0,011, crass. 0,003 millim., apicibus rotundatis, in pycnidiis conoideo-hemisphaericis, nigris, nudis, circ. 0,4—0,3 millim. latis, dimidiatis inclusae (in coll. Lindig n. 2819: mus. Paris.). 3:o *Stylosporae* fusiformes, 1—5-septatae, decolores, long. 0,016—0,019, crass. 0,003—0,004 millim., apicibus acutis, in pycnidiis inclusae conoideo-hemisphaericis, nigris, nudis, circ. 0,4 millim. latis, dimidiatis, *paraphysibus* immixtae parcis, ramoso-connexis, 0,001 millim. crassis, et *anaphysibus* parti conceptaculi superiori affixis, haud numerosis, simplicibus (in n. 372).

13. Leptorhaphis.

Koerb., Syst. Germ. (1855) p. 371 (em. et excl. speciebus ad fungos pertinentlbus); Th. Fr., Lich. Arct. (1860) p. 273 (em.), Gen. Heterolich. (1861) p. 111 (em.); Koerb., Parerg. (1865) p. 384 (em.). *Arthopyrenia* sect. *Leptorhaphis* Müll. Arg., Princ. Classif. (1862) p. 90 (em.), Lich. Beitr. (Fl. 1883) n. 641 (em.). *Campylacea* Mass., Sched. Crit. (1855) p. 17 (em.). *Tomasellia* Mass. in Fl. 1856 p. 283 (em.); Trev., Fl. 1861 p. 21 (em.); Müll. Arg., Pyr. Cub. (1885) p. 376 et 397 (em.), Pyr. Féean. (1888) p. 4 et 20 (em.). *Melanotheca* Nyl., Exp. Pyrenoc. (1858) p. 69 (pr. p.); Hue, Addend. (1888) p. 309 (pr. p.).

Thallus crustaceus, uniformis, vulgo hypophloeodes, hypothallo et hyphis medullaribus substrato affixus, rhizinis destitutus, *strato corticali* nullo. *Gonidia* (quantum cognitum) chroolepoidea, cellulis concatenatis, parvis. *Apothecia* simplicia (in subg. Campylacea) aut peritheciis confluentia (in subg. Tomasellia). *Perithecium* rectum, fuligineum. *Paraphyses* ramoso-connexae. *Sporae* 8—4:nae, decolores, aciculares aut filiformes, tenues, pluri-— uni-septatae, loculis cylindricis.

1. **L. aciculifera** (Nyl.) Wainio. *Melanotheca* Nyl., Exp. Pyrenoc. (1858) p. 71 (mus. Paris.), Lich. Nov.-Gran. (1863) p. 493, ed. 2 (1863) p. 257. *Tomasellia* Müll. Arg., Pyr. Cub. (1885) p. 398.

Thallus hypophloeodes, macula albida aut cinerascente indicatus. *Apothecia* confluentia aut aggregata simpliciaque et verrucas 0,4—0,2 millim. latas, late conoideas aut hemisphaericas, nigras, vertice convexas conoideasve formantia. *Perithecium* hemisphaericum aut late conoideum, fuligineum, dimidiatum, basi deficiens. *Sporae* aciculares aut filiformes, circ. 3—15-septatae, decolores, long. 0,023—0,080 millim., crass. 0,0015—0,002 millim.

Ad corticem arborum prope Sitio (1000 metr. s. m.), n. 1090, et Lafayette (1000 metr.), n. 350, et in Carassa (1400 metr.), n. 1423 (f. **diminuta** Wainio: apotheciis pro parte solitariis, pro parte in acervulos minores aggregatis recedens). *Gonidia* chroolepoidea, circ. 0,006—0,004 millim. crassa, membrana sat tenui. *Nucleus* basi circ. 0,26—0,1 millim. latus, jodo non reagens. *Paraphyses* tenuissimae, gelatinam abundantem percurrentes, ramoso-connexae (in H_2SO_4 conspicuae). *Asci* cylindrici, circ. 0,008 millim. crassi, membrana sat tenui. *Sporae* polystichae, rectae aut subrectae, apicibus attenuatis aut altero apice obtuso, loculis cylindricis.

2. **L. cinchonarum** (Müll. Arg.) Wainio. *Tomasellia* Müll. Arg., Lich. Beitr. (Fl. 1885) n. 857.

Thallus hypophloeodes, macula albida cinerascenteve indicatus. *Apothecia* confluentia aut parcius simplicia et verrucas 0,4—0,2 millim. latas, hemisphaericas aut conoideo-hemisphaericas, nigras, vertice convexas conoideasve formantia. *Perithecium* hemisphaericum aut conoideo-hemisphaericum, fuligineum, integrum. *Sporae* aciculares aut filiformes, pluriseptatae, decolores, long. circ. 0,050—0,100, crass. 0,0015 millim. [„—0,0025 millim.“: Müll. Arg.].

Ad corticem arboris prope Sitio (1000 metr. s. m.) in civ. Minarum, n. 689. — *Gonidia* chroolepoidea, circ. 0,010—0,006 millim. crassa, membrana crassiuscula. *Nucleus* jodo non reagens. *Paraphyses* tenuissimae, gelatinam sat abundantem percurrentes, ramoso-connexae. *Asci* cylindrici. *Sporae* 8:nae, polystichae, rectae, loculis cylindricis.

14. Microthelia.

Koerb., Syst. Germ. (1855) p. 372 (excl. spec. gonidiis egentes); Mass.,
Misc. Lich. (1856) p. 27 (em.); Th. Fr., Lich. Arct. (1860) p. 274 (em.), Gen.
Heterolich. (1861) p. 111 (em.); Stizenb.. Beitr. Flechtensyst. (1862) p. 147
(em.); Koerb., Pareg. (1865) p. 396 (pr. p.); Müll. Arg., Pyr. Cub. (1885) p.
376 et 416, Lich. Beitr. (Fl. 1885) n. 886—889, Pyr. Fécan. (1888) p. 4 et 38.
Microtheliopsis Müll. Arg., Lich. Beitr. (Fl. 1890) n. 1548.

Thallus crustaceus, uniformis, vulgo hypophlocodes vel endophloeodes, hypothallo et hyphis medullaribus substrato affixus,
rhizinis destitutus, *strato corticali* nullo. *Gonidia* chroolepoidea,
cellulis concatenatis, parvis, aut (in subg. Microtheliopside)
phycopeltidea, cellulis in membranam connatis. *Apothecia* simplicia. *Perithecium* rectum, fuligineum. *Paraphyses* ramoso-connexae. *Sporae* 8—4:nae, obscuratae, vulgo ovoideae, aut rarius
oblongae vel fusiformi-oblongae, 1-septatae aut raro 3-septatae,
loculis subcylindricis (haud lenticularibus).

1. **M. thelena** (Ach.) Müll. Arg., Rev. Lich. Eschw. (1884) p.
19, Pyr. Cub. (1885) p. 417, Pyr. Féean. (1888) p. 38. *Verrucaria*
Ach., Syn. Lich. (1814) p. 92; Fée, Ess. Crypt. Écorc. (1824) p.
89, tab. 22 fig. 5, Nyl., Exp. Pyrenoc. (1858) p. 60.

Thallus tenuissimus, epiphloeodes aut partim hypophloeodes, macula albido-pallescente albidave indicatus. *Apothecia* verrucas 0,8—0,6 millim. latas, depresso- aut conoideo-hemisphaericas, nigras, vertice convexas aut conoideo-convexas formantia.
Perithecium hemisphaericum, fuligineum, basi deficiens. *Sporae*
8:nae aut 6:nae aut 4:nae, ovoideae, 1-septatae aut rarius 3-sep-
tatae, long. 0,018—0,023 millim. [„—0,032 millim.": Müll. Arg.,
Pyr. Fécan. p. 38], crass. 0,008—0,011 millim.

Var. **subtriseptata** Wainio. *Sporae* maxima parte 1-septa-
tae, parcius in eodem apothecio 3-septatae.

Ad ramulos arborum prope Sitio (1000 metr. s. m.) in civ.
Minarum, n. 715. Haec species inter Microthelias et Didy-
mosphaerias (Pyrenomycetum) est intermedia, thallo gonidia
passim parcissime continente, majore parte gonidiis destituto.
Gonidia chroolepoidea, cellulis concatenatis, 0,008—0,006 millim.
crassis, membrana leviter incrassata. *Nucleus* jodo non reagens.
Paraphyses ramoso-connexae. *Asci* subcylindrici aut cylindrici.

Sporae distichae, nigricantes, altero apice rotundato, altero obtuso, ad septam mediam constrictae, halone nullo indutae, loculis fere aeque longis aut cellula crassiore etiam paullo longiore.

15. Arthopyrenia.

Mass., Ric. Lich. Crost. (1852) p. 165 (em.), Geneac. Lich. (1854) p. 16 (em.); Koerb., Syst. Germ. (1855) p. 366; Th. Fr., Gen. Heterolich. (1861) p. 111; Müll. Arg., Princ. Classif. (1862) p. 88 (em.), Lich. Beitr. (Fl. 1883) p. 612 (em.), Pyr. Cub. (1885) p. 376 et 403 (em.), Pyr. Féean. (1888) p. 4 et 26 (em.). *Verrucaria* † *Leiophloea* Ach., Lich. Univ. (1810) p. 274 (pro minore parte, et excl. speciebus ad pyrenomycetes pertinentibus). *Leiophloea* Gray, Nat. Arrang. Brit. Plants (1821) p. 495 (pr. p.): Trev., Consp. Verr. (1860) p. 9 (pr. p.). *Verrucaria* st. *Leiophloea* Nyl. in Hue Addend. (1888) p. 299 (excl. spec. gonidiis egentes). *Tomasellia* Mass. in Fl. 1856 p. 283 (em.); Müll. Arg., Lich. Beitr. (Fl. 1885) n. 855 (pr. p. et em.), Pyr. Cub. (1885) p. 376 et 397 (excl. sect. *Celothelio* et em.). *Melanotheca* Nyl. Exp. Pyrenoc. (1858) p. 69 (pr. min. p. et em.), Hue Addend. (1888) p. 309 (pr. p.); Garovagl., Rev. Crit. Gen. Lich. (1868) p. 4 (em.).

Thallus crustaceus, uniformis, aut hypophloeodes endophloeodesve, hypothallo et hyphis medullaribus substrato affixus, rhizinis destitutus, tenuissimus et vulgo homoeomericus, *strato corticali* (vulgo?) nullo. *Gonidia* chroolepoidea (cellulis parvis) aut palmellacea et genere haud certe cognita (melanogonidia, ab auctoribus huic generi false indicata, ad fungos parasitantes, pertinent). *Apothecia* simplicia aut confluentia, gonidiis hymenialibus nullis. *Perithecium* rectum, fuligineum. *Paraphyses* ramosoconnexae. *Sporae* 8:nae aut pauciores, decolores, ovoideae aut oblongae aut fusiformes (haud aciculares), uni- aut pauci-septatae (raro 5-septatae: Müll. Arg., Lich. Montev. p. 6), loculis subcylindricis (haud lenticularibus). „*Pycnoconidia* bacillaria vel cylindrica, recta, tenuissima. *Sterigmata* simplicia, haud articulata". (Nyl. in Hue Addend l. c., cet.). „*Stylosporae* oblongae, apicibus rotundato-obtusis, medio leviter constrictae (1-septatae?)", observante Müll. Arg. (Lich. Beitr. 1880 n. 227).

Huic generi a lichenologis hodiernis species plures false adnumerantur, gonidiis in thallo omnino egentes. Ad pyrenomycetes veros praesertimque ad genus *Didymellae* Sacc. pertinent. at transitum inter fungos et lichenes ostendunt, solum defectu gonidiorum ab *Arthopyreniis* differentes. Ad *Didymellam* etiam pertinet **Arthopyrenia cinchonae** (Ach.) Müll. Arg. (Lich. Beitr. n. 615, Pyr. Féean. p. 26; *Verrucaria prostans* Mont., Nyl., Exp. Pyrenoc. p. 57), quae satis est frequens in Brasilia et gonidiis omnino caret.

1. A. stramineoatra Wainio (n. sp.).

Thallus tenuis, epiphloeodes, stramineo-albicans aut cinerascenti-maculatus, opacus. *Apothecia* primum thallo immersa, demum emergentia et verrucas 0,4—0,3 millim. latas, hemisphaericas, nigras, vertice convexas formantia, perithecio fuligineo, integro, fere subgloboso. *Sporae* 8:nae, oblongae aut fusiformi-oblongae, 3-septatae, long. 0,024—0,040, crass. 0,010—0,014 millim.

Ad corticem Araucariae in Carassa (1400 metr. s. m.) in civ. Minarum, n. 1566. — *Thallus* hyphis 0,002—0,003 millim. crassis, leptodermaticis, hypothallo nigricante partim limitatus. *Gonidia* numerosa, palmellacea, globosa aut rarius ellipsoidea, flavescentia, simplicia, membrana sat tenui. *Nucleus* subglobosus aut leviter depressus, circ. 0,4—0,3 millim. latus, jodo non reagens. *Paraphyses* 0,0015 millim. crassae, numerosae, bene ramoso-connexae. *Asci* oblongi. *Sporae* distichae, decolores, apicibus obtusis, pariete gelatinoso-incrassato, loculis subcylindricis, fere aeque longis.

2. A. minutissima Wainio (n. sp.).

Thallus tenuissimus, partim hypophloeodes, macula albida indicatus. *Apothecia* substrato subimmersa aut semi-immersa et verrucas 0,15—0,20 millim. latas, hemisphaericas, nigras, vertice convexas formantia, perithecio fuligineo, integro, subgloboso. *Sporae* 8:nae, oblongae aut subfusiformi-oblongae, 3-septatae, long. 0,020—0,026, crass. 0,006—0.007 millim.

Ad corticem arboris prope Lafayette (1000 metr. s. m.) in civ. Minarum, n. 323. — *Thallus* opacus, inter cellulas substrati gonidia sat abundanter continens. *Gonidia* chroolepoidea, dilute flavescentia, cellulis circ. 0,005—0,006 millim. crassis, membrana sat tenui. *Nucleus* globosus, jodo non reagens. *Paraphyses* 0,0015 millim. crassae, numerosae, gelatinam copiosam percurrentes, ramoso-connexae. *Asci* oblongi, circ. 0,018—0,014 millim. crassi, membrana sat tenui. *Sporae* distichae, decolores, apicibus obtusis, primum interdum halone indutae, loculis subcylindricis, fere aeque longis.

3. A. atroalba Wainio (n. sp.).

Thallus tenuissimus, partim hypophloeodes, macula albida indicatus. *Apothecia* verrucas 0,25—0,15 millim. latas, hemisphaericas, nigras, vertice convexas formantia, perithecio fuligineo, in-

tegro, basi valde tenui, depresso-subgloboso, in substratum semi-
immerso. *Sporae* 8:nae, oblongae aut ovoideo-oblongae, 3-sep-
tatae, long. 0,011—0,016, crass. 0,0035—0,005 millim.

Ad corticem arboris prope Lafayette (1000 metr. s. m.) in
civ. Minarum. — *Thallus* opacus, inter cellulas substrati gonidia
continens anguloso-subglobosa, flavovirescentia, diam. 0,012—0,010
millim., membrana sat crassa (forsan chroolepoidea). *Nucleus*
conoideo-subglobosus, jodo non reagens, guttulas oleosas continens. *Paraphyses* sat parcae, bene ramoso-connexae. *Asci* oblongi, circ. 0,010—0,012 millim. crassi, membrana tenui. *Sporae*
distichae, decolores, apicibus rotundatis, halone nullo aut tenui
indutae, loculis subcylindricis, fere aeque longis.

16. Haplopyrenula.

Müll. Arg., Lich. Beitr. (Fl. 1883) n. 603, Pyr. Cub. (1885) p. 376 et
417, Lich. Beitr. (Fl. 1890) n. 1576.

Thallus crustaceus, uniformis, hypothallo et hyphis medullaribus substrato affixus, rhizinis destitutus, tenuis et fere homoeomericus, strato corticali nullo. *Gonidia* phycopeltidea, cellulis
in membranam connatis. *Apothecia* simplicia, gonidiis hymenialibus nullis. *Perithecium* rectum, fuligineum. *Paraphyses* ramoso-
connexae. *Sporae* 8:nae, obscuratae, oblongae aut ovoideae, simplices. *Pycnoconidia* oblongo-cylindrica (Müll. Arg., Pyr. Cub.
p. 418.).

1. **H. minor** Müll. Arg., Pyr. Cub. (1885) p. 417.

Thallus tenuissimus, cinereo-glaucescens aut partim albido-
cinerascens, nitidulus. *Apothecia* verrucas circ. 0,25—0,15 millim.
latas, hemisphaericas aut conoideo-hemisphaericas, thallo primum
obductas thalloque concolores aut demum superne vel majore
parte denudatas nigricantesque formantia. *Perithecium* depresso-
hemisphaericum, fuligineum, dimidiatum, basi deficiens. *Sporae*
8:nae, oblongae aut ovoideo-oblongae, simplices, nigrae, long.
0,014—0,018, crass. 0,005—0,006 millim.

Ad folia perennia arboris in Carassa (circ. 1400 metr. s. m.)
in civ. Minarum, n. 1500 b. — *Thallus* maculas apotheciiferas
numerosas supra folia formans, hyphis albidis, circ. 0,002 millim.

crassis, valde leptodermaticis. *Gonidia* phycopeltidea, cellulis circ.
0,006—0,005 millim. crassis, in membranam laceratam connatis.
Nucleus circ. 0,2 millim. latus, jodo non reagens. *Paraphyses*
tenuissimae, ramoso-connexae. *Asci* oblongi aut oblongo-ventricosi, membrana saepe apicem versus leviter incrassata. *Sporae*
distichae, apicibus obtusis aut rotundatis, membrana tenui, halone nullo indutae. *Pycnoconidia* „oblonga, long. 0,006 millim.‟
(Müll. Arg.).

Verus est lichen, neque „fungus‟ thallo alieno obductus, ut ait cel. Müll.
Arg. in Lich. Beitr. (Fl. 1890) n. 1576. Quod bene demonstrat specimen nostrum, ubi thallus et apothecia maculatim bene dispersa sunt, at thallus semper solum apothecia circumdat obducitque, inter acervos apotheciorum deficiens. Non est verisimile, ea solum fortuito dispositionem talem habere. Ceterum apothecia in Pyrenolichenibus saepe in substratum profunde penetrant
aut arcte ei affixa sunt, quare ibi restare possunt, etiam quum thallus desquamescit, quod minime ostendit ea et thallum ad diversas plantas pertinere,
ut existimat cel. Müller.

17. Mycoporum.

Flot. in Koerb. Grundr. Crypt. (1848) p. 199; Nyl., Ess. Nouv. Classif.
Lich. (1855) p. 186, Lich. Scand. (1861) p. 291 (excl. speciebus enumeratis,
gonidiis egentibus et ad Pyrenomycetes vel *Cyrtidulam* Minks pertinentibus);
Th. Fr., Gen. Heterolich. (1861) p. 98; Tuck., Gen. Lich. (1872) p. 223 (excl.
species gonidiis egentes); Minks, Gonang. (1876) p. 510; Nyl. in Hue Addend.
(1888) p. 311 et 312 (pro minore parte, excl. spec. gonidiis egentes).

Thallus crustaceus, uniformis, hypothallo aut hyphis medullaribus substrato affixus, rhizinis destitutus, strato corticali nullo,
totus gonidia continens. *Gonidia* flavescentia, palmellacea (pleurococcoidea? aut protococcoidea?), globosa [1]). *Apothecia* peritheciis confluentia et pseudostromata formantia, saepe etiam septis
completis aut defectis plus minusve divisa. *Perithecium* rectum,
fuligineum, poro aut rima irregulari apicali aperientia. *Nucleus*
gelatinam oleosam granulosamque continens. *Paraphyses* deficientes aut obsoletae et ramoso-connexae. *Asci* oblongi aut ellipsoideae ovoideaeve, membrana vulgo apicem versus incrassata. *Sporae* 8:nae aut pauciores, decolores aut demum nigricantes, oblon-

---

[1]) In speciebus paucis, a *Mycoporis* excludendis, gonidia chroolepoidea
indicantur. Conf. Hue, Addend. p. 313, Müll. Arg., Lich. Beitr. n. 1056,
Minks, Gonang. (1876) p. 532.

gae aut ellipsoideae ovoideaeve, murales. „*Conceptacula pycno-conidiorum* nigra. *Sterigmata* exarticulata aut pauciarticulata. *Pycnoconidia* oblonga aut cylindrico-oblonga". (M. elabens Flot.: Linds., Mem. Sperm. Crust. Lich. 1870 p. 285, tab. XIV fig. 24).

1. **M. pyrenocarpum** Nyl., Fl. 1858 p. 381 (mus. Paris.); Krempelh., Lich. Bras. Warm. (1873) p. 30. *M. pycnocarpum* Nyl., Enum. Gén. Lich. (1857) p. 135 (nomen), Lich. Nov. Gran. (1863) p. 487, ed. 2 (1863) p. 242.

Thallus sat tenuis, verruculoso-inaequalis, albidus aut glaucescenti-albidus, opacus. *Apothecia* confluentia aut parcius simplicia et verrucas 0,3—0,15 millim. latas, irregulariter hemisphaericas, nigras, vertice convexas formantia, primum thallo immersa, demum emergentia elevatave. *Perithecium* hemisphaericum, fuligineum, dimidiatum, basi deficiens aut tenue. *Sporae* 8—6:nae, oblongo-ellipsoideae aut ovoideae, murales, decolores, long. 0,032 —0,048, crass. 0,013—0,018 millim.

Ad corticem arborum prope Sitio (1000 metr. s. m., n. 767 et 913 in civ. Minarum, et ad Rio de Janeiro, n. 117. -- *Thallus* distincte evolutus, epiphlocodes aut endophlocodes. *Gonidia* palmellacea, globosa, simplicia, diam. vulgo 0,006 (raro 0,011) millim., membrana sat tenui (in n. 117 Trentepohliis abundanter immixta). *Perithecium* sat tenue, in septas defectas obscuratas passim superne continuatum. *Nucleus* hemisphaericus, oleosus, gelatinam amorpham continens, jodo haud reagens. *Paraphyses* vulgo haud evolutae (in KHO + aether.). *Asci* ellipsoideae, circ. 0,040 millim. crassi, membrana vulgo praesertimque apicem versus incrassata. *Sporae* decolores, apicibus rotundatis, medio leviter constrictae, halone nullo indutae, septis transversalibus circ. 6—9, cellulis numerosis.

In specimine, ad Carassa in civ. Minarum lecta (n. 1211), paraphyses ramoso-connexae 0,0015 millim. crassae in spir. aether. + KHO observantur. Ceterum omnino cum hac specie congruit, quare solum variatio ejus sit. Gonidia palmellacea. In n. 117 paraphyses sunt valde evanescentes, at haud omnino desunt.

Additamentum.

Lichenes in statu imperfecto, apotheciis destituti, vigentes, affinitate incerti.

1. Cora.

Fr., Syst. Orb. Veg. (1825) p. 300, Epicr. (1836—38) p. 556; Mattirolo, Contr. Cora (Nuov. Giorn. Bot. Ital. XIII, 1881) p. 253; Johow, Hymenolich. (Pringsh. Jahrb. Wiss. Bot XV H. 2, 1884) p. 363, 397, 398, tab. XVII fig. 1—3, XVIII, XIX fig. 14—16; Nyl., Syn. Lich. II (1885) p. 49; Saccardo, Syllog. Fung. VI (1888) p. 685.

Thallus foliaceus, reniformi-suborbicularis, demum late rotundato-lobatus, adscendens, superne glaber, inferne *hypothallo* pallescente, ex hyphis haud cohaerentibus aut partim cohaerentibus leptodermaticis increbre septatis constante, passim praesertimque basin versus obsitus, rhizinis veris destitutus, *zona gonidiali* medium versus thalli sita, supra et infra zonam gonidialem *strato medullari* gonidiis destituto instructus, inferne demum majore minoreve parte *strato corticali* („hymenio") obductus. *Stratum medullare* stuppeum, hyphis laxe contextis, $0{,}006$—$0{,}003$ millim. crassis, leptodermaticis, parce increbreve septatis, lumine sat lato. *Zona gonidialis* crebrius contexta, hyphis leptodermaticis, crebre, fere parenchymatice septatis, glomerulos gonidiorum crebre obducentibus. *Gonidia* scytonemea, cellulis caeruleo-virescentibus, in trichomata gyrosa brevia aut sat brevia concatenatis, et *heterocystis* hyalinis intercalaribus instructa, vagina gelatinosa tenui aut parum distincta induta (minime sunt chroococcacea, ut ab auctoribus pluribus false indicatur, at iis Coccocarpiae et Heppiae omnino similia). *Stratum corticale inferius* (quod ab auctoribus pluribus hodiernis *hymenium* nuncupatur) ex hyphis formatum verticalibus, leptodermaticis, parte interiore crebre et fere parencymatice, parte exteriore increbre septatis, apice rotundatis obtusisve aut interdum constrictis (conf. etiam Johow,

l. c. tab. XVIII fig. 13), regulariter constipatis aut irregulariter flexuosis, conglutinatis aut partim subliberis. *Apothecia* et *pycno-conidia* huic generi desunt, quare propagatio praecipue sorediis, prope marginem thalli parce evolutis, indistinctis, et divisione thalli fit.

„*Basidiosporas*" globosas, fuscescentes, simplices, demum verruculosas, diam. 0,012 millim. (,,0,006—0,008": Mattirolo, l. c.), sterigmatibus quaternis, ex apice (,,basidio") hypharum strati corticalis (,,hymenii") excrescentibus affixas, in hoc genere constanter gigni, sed cum sterigmatibus facillime decidentes, difficillime rarissimeque observari posse, existimat Johow (l. c., p. 377). Quamquam observationes Johowi et Mattiroli minime congruunt, et distincte res omnino diversas viderunt iisque solis, quantum cognitum est, has basidiosporas sterigmatibus affixas videre contigit, possibile nobis tamen videtur, eos *conidia* in hoc genere observavisse. Talia etiam, ut pycnoconidia (,,spermatia"), stylosporas et cyphelloblastos (conf. p. 186, pars I), in conceptaculis formata, omittemus, solitaria et parcius in superficie denudata liberave enantia jam antea in nonnullis lichenibus observata sunt [in Collemate (Arnoldiella) minutulo (Bornet), Placodio decipiente (Arn.), cet.], ut auctores nonnulli affirmant (conf· Bornet, Rech. Gon. Lich. 1873 p. 2, tab. 15 fig. 6, cet. auct.). Formationes constantes etiam in classe Lichenum forsan sint, quamquam hucusque nimis neglectae.

Observandum autem est, sporas fungorum saepe supra thallum lichenum germinare et hyphis excrescentibus in eos penetrare, quales formationes facile pro conidiis basidiosporisque sterigmati affixis sumuntur. Sporas tales etiam supra stratum corticale inferius (,,hymenium") Corae saepe observavimus (conf. sub C. reticulifera, p. 241).

Quae cum ita sint, familia *Hymenolichenum* probabili ratione ab *Ascolichenibus* minime sejungi potest. Etiam si sporarum evolutionem in strato corticali (,,hymenio") Corae pro certo sumamus, hae nihil nisi *conidia* sunt, nec basidiosporae verae. *Hymenolichenes* enim hyphis leptodermaticis texturaque thalli, strato cartilagineo destituti, et revera etiam toto habitu a *Thelephoreis*, quibus auctores nonnulli eos affines esse existimant, omnino differunt. Habitu et crescendi modo *Normandinis* et *Pel-*

tigeris sat similes sunt, et novo genere *Corella* Wainio, cujus thallus strato corticali „hymeniove“ auctorum destitutus est et quae *Corae* sine controversia est affinis habituque a *Coriscio (Normandina) viridi* [1]) vix distinguitur, transitum distinctissimum in *Ascolichenes* ostendunt. Neque solae lichenum species sunt, quae apotheciis carent, nam *Coriscium viride* (Ach.) Wainio, planta in terris borealibus haud valde rara, *Leproloma lanuginosum* (Ach.), quod in Europa est frequens, *Leprocaulon nanum* (Ach.), species numerosae *Leprariarum, Siphularum,* cet., apotheciis omnino destituta sunt, sicut „*Hymenolichenes*“.

1. **C. pavonia** (Web.) Fr., Syst. Orb. Veg. (1825) p. 300, Epicr. (1836—38) p. 556; Bornet, Rech. Gon. Lich. (1873) p. 36; Mattirolo, Contrib. Cora (Nuov. Giorn. Bot. Ital. XIII, 1881) p. 253; Johow, Hymenolich. (Pringsh. Jahrb. Wiss. Bot. XV H. 2, 1884) p. 363, tab. XVII fig. 1—3, XVIII, XIX fig. 14—16; Nyl., Syn. Lich. II (1885) p. 49 (pr. maxima parte: mus. Paris.), Fl. 1885 p. 449; Saccardo, Syll. Fung. VI (1888) p. 686 (pr. p.). *Thelephora* Web. in Beitr. Naturk. I (1805) p. 236.

Thallus foliaceus, reniformi-suborbicularis, circ. 5—150 millim. latus, tenuis membranaceusque, ambitu rotundatus aut late rotundato-lobatus, lobis circ. 5—60 millim. latis, demum saepe subimbricatis, adscendens, margine limbato-revoluto, superne glaber, leviter concentrice striatus et subtilissime coriaceo-rugulosus, cinereo-albicans vel albido-glaucescens aut rarius pallescens, subtus pallescens et demum *strato corticali* („hymenio“ Mattiroli et Johowi) carneo vel testaceo-pallido, irregulariter involuto-desquamescente, et *hypothallo* laxissime stuppeo pallido ad basin passim instructus.

Ad terram humosam muscosamque haud rara in Carassa (1400—1500 metr. s. m.) in civ. Minarum, n. 402, 1176, 1182, 1234. — *Thallus* centro basive emoriens et ambitu sat diu accrescens, superne et infra zonam gonidialem laxe contextus, ex hyphis 0,006—0,004 millim. crassis, leptodermaticis, valde increbre septatis constans, *zona gonidiali* medium versus thalli sita, crebre contexta. In latere inferiore thalli inter areolas corticatas hyphae passim *ramulis* brevibus irregularibus instructae sunt (conf.

---

[1]) Conf. p. 188 (pars II).

etiam Johow, l. c. p. 408, tab. XVIII fig. 7, 8 a). *Gonidia* scytonemea, cellulis caeruleo-virescentibus, $0{,}011-0{,}009$ millim. crassis
in trichomata gyrosa pluricellulosa concatenatis, heterocystis (sat
numerosis) dilute cupreis, hyalinis, intercalaribus, vagina gelatinosa tenui instructa, glomerulos pluricellulosos (cellulis vulgo circ.
10—20), hyphis septatis crebre obductos, formantia. *Stratum corticale* („hymenium") ex hyphis verticalibus, leptodermaticis, conglutinatis, superficiem versus increbre et parte interiore crebre
(fere parenchymatice) septatis formatum (in acido lactico examinatum). *Hypothallus* hyphis $0{,}006-0{,}007$ millim. crassis, leptodermaticis, parce septatis, haud cohaerentibus.

Supra thallum interdum (in n. 1234) **Leptosphaeria corae**
(Patouillard in Journ. de Bot. 1888 p. 150) crescit, quam cel. Nylander *apothecia C. pavoniae* esse existimat (Syn. Lich. II p. 50,
Fl. 1885, p. 449). Hyphis nigricantibus a basi apotheciorum excrescentibus et in thallum *Corae* expansis haec planta a *Cora*
omnino differt, et evidentissime est parasita.

A Mattirolo et Johow (l. c.) *conidia* („basidiosporae") hujus
speciei describuntur, globosa, diam. $0{,}012$ millim. ($0{,}006-0{,}008$
millim.: Mattirolo), fuscescentia, demum verruculosa, *sterigmatibus*
quaternis (vel solitariis: Mattirolo) ex strato corticali inferiore
(„hymenio") excrescentibus (rarissimis et difficillime observandis)
affixa [1]).

2. **C. reticulifera** Wainio (n. sp.).

Thallus foliaceus, reniformi-suborbicularis, circ. 20—80 millim. latus, tenuis membranaceusque, ambitu rotundatus aut late
rotundato-lobatus, lobis circ. 7—80 millim. latis, demum saepe
subimbricatis, primum vulgo substrato adnatus, demum adscendens, margine limbato-revoluto, superne glaber, leviter concentrice striatus et subtilissime coriaceo-rugulosus, cinereo-albicans
vel albido-glaucescens aut pallescens, subtus totus *strato corticali*
(„hymenio") primum albido, demum pallido vel fuscescenti-pallido,
demum irregulariter reticulato-diffracto vel reticulato-lacunoso vel
basin versus subareolato, adnato (haud involuto-desquamescente)
obductus, et *hypothallo* evanescente aut interdum bene evoluto,
laxissime stuppeo et spongioso-lacunoso, albido pallescenteve ad
basin passim instructus.

---

[1]) Conf. p. 239.

Ad terram arenosam denudatam subumbrosamque locis ·numerosis prope viam ferratam in civ. Minarum (ad Sitio, cet.), rarius ad truncos ramosque arborum, n. 401, 739. — Non est Cora glabrata (Spreng.) Fr., quae ad statum juniorem, „hymenio" fere destitutum, C. pavoniae spectat. — *Thallus* centro basive emoriens et ambitu sat diu accrescens, superne et infra zonam gonidialem laxe contextus, ex hyphis 0,004—0,003 millim. crassis, leptodermaticis, valde increbre septatis constans, *zona gonidiali* medium versus thalli sita, crebrius contexta. In latere inferiore thalli inter areolas corticatas hyphae passim parce *ramulis* brevibus irregularibus instructae. In margine thalli *soredia* obveniunt, sine microscopio vix conspicua. *Gonidia* scytonemea, cellulis caeruleo-virescentibus aut pro parte olivaceo-glaucescentibus, 0,011 —0,008 millim. crassis, in trichomata gyrosa pluricellulosa concatenatis, heterocystis dilute cupreis, hyalinis, intercalaribus, vagina gelatinosa parum distincta instructa, glomerulos pluricellulosos, hyphis fere parenchymatice septatis crebre obductos, formantia. *Stratum corticale* („hymenium") ex hyphis verticalibus, leptodermaticis superficiem versus increbre aut sat crebre et parte interiore crebre septatis, irregulariter ramosis flexuosisque, partim conglutinatis, partim crebre approximatis, formatum (acid. lactic.). *Hypothallus* hyphis 0,003—0,004 millim. crassis, increbre septatis, apicem versus pannoso-cohaerentibus.

Supra stratum corticale *conidia* saepe observantur *perisporiea,* globosa, dilutissime olivaceo-obscurata, demum subtilissime verruculosa, diam. 0,0035—0,0045 millim., germinantia hyphas 0,001 —0,0005 millim. crassas in stratum corticale („hymenium") penetrantes evolventia. Ad parasitam, quae supra thallum etiam bene evoluta crescit, pertinent, at facile pro „*basidiosporis*" sumuntur.

2. Corella Wainio (nov. gen.).

Thallus squamosus aut minute foliaceus, difformis, rotundato-lobatus, ambitu adscendens, superne glaber, inferne *hypothallo* albido, ex hyphis haud cohaerentibus leptodermaticis parce septatis constante obsitus, rhizinis veris destitutus, *zona gonidiali* partem superiorem maximamque thalli occupante, et *strato medullari* gonidiis destituto tenui in parte inferiore thalli sito, *strato*

corticali („hymeniove") destitutus. *Stratum medullare* stuppeum,
hyphis laxe contextis, 0,004—0,003 millim. crassis, leptodermaticis, increbre septatis, lumine sat lato. *Zona gonidialis* crebrius
contexta, hyphis leptodermaticis, crebre, saepe fere parenchymatice septatis, glomerulos gonidiorum crebre obducentibus. *Gonidia*
scytonemea, cellulis vulgo glaucescentibus, in trichomata gyrosa
brevia aut sat brevia concatenatis, et *heterocystis* hyalinis intercalaribus instructa, vagina gelatinosa tenui induta.

1. C. Brasiliensis Wainio (n. sp.).

Thallus squamosus aut fere foliaceus, difformis, circ. 15—3
millim. longus latusque, circ. 0,180 millim. crassus, ambitu demum rotundato-lobatus, lobis 5—2 millim. latis, ambitu anguste
adscendens, ceterum substrato adnatus, margine limbato-revoluto,
superne glaber, sat laevigatus aut concaviusculus, cinereo-olivaceus aut obscure griseo-olivaceus, subtus albidus pallidusve, *strato
corticali* („hymenio") destitutus, *hypothallo* tenui albido instructus.

Ad terram supra rupem in Carassa (1500 metr. s. m.) in
civ. Minarum, n. 1309 (sterilis). — Corae proxime est affinis, at
habitu vix differt a Coriscio (Normandina) viridi (Ach.),
quod tamen textura thalli et gonidiis ab ea distinguitur. — *Thallus* basin versus demum emoriens, maxima parte et usque in superficiem gonidiis impletus, zona tenui in parte inferiore thalli
gonidiis destituta, hyphis 0,004—0,003 millim. crassis, leptodermaticis, increbre septatis, ramosis, sat laxe contextis. *Hypothallus* tomentosus, hyphis 0,004—0,0045 millim. crassis, leptodermaticis, valde increbre septatis, parce dichotome ramosis, neque fasciculatis, nec conglutinatis. *Gonidia* scytonemea, cellulis vulgo
glaucescentibus aut olivaceo-glaucescentibus, compresso-globosis,
in trichomata 0,010—0,008 millim. crassa, gyrosa, pluricellulosa
concatenatis, heterocystis dilute cupreis, hyalinis, intercalaribus,
vagina gelatinosa tenui induta, glomerulos pluricellulosos hyphis
saepe fere parenchymatice septatis crebre obductos formantia (acid.
lactic.).

Index.

Corrigenda.

I p. 1 lin. 1 inf. *pro:* (Schizopelte. *lege:* (Ramalina, Schizopelte
„ „ 29 „ 19 sup. *addetur:* In specim. ex Ind. Occ. in hb. Ach. medulla thalli KHO primum lutescens et demum dilute subrubescens, Ca Cl₂ O₂ —, KHO (Ca Cl₂ O₂) intense rubescens; sporae long. 0,030—0,022, crass. 0.016—0,010 millim., membrana crassiuscula.

					pro:	*lege:*
„ „ 49	„	20	„		Balansa	Balansae
„ „ 104	„	8 inf.	„		Tuck.	Garov. et Gibelli, De Pert. Eur. Med. (1871) p. 3; Tuck.
„ „ 120	„	18 sup.	„		quae	quod
„ „ 4	„	12 „	„		chrystalla	crystalla
„ „ 5	„	16 inf.	„		„	„
II „ 8	„	3 „	„		adpressaque	adpressaque aut rarissime substipitata
„ „ 14	„	14 sup.	„		Lafayettiana	Lafayetteana
„ „ 51	„	3 „	„		simplices,	simplices (aut rarissime pro parte tenuiter 1-septatae),
„ „ 68	„	17 „	„		Lopadiopsis	Lecaniopsis
„ „ 80	„	4 „	„		Affinis	Affine
„ „ 89	„	1 „	„		genus	genus,
„ „ 137	„	1 inf.	„		Manzosia	Mazosia,
„ „ 217	„	7 „	„		Microgloena	Microglaena.